经济应用数学基础

新形态教材

微积分学习指导

张倩伟　胡长英 / 编著

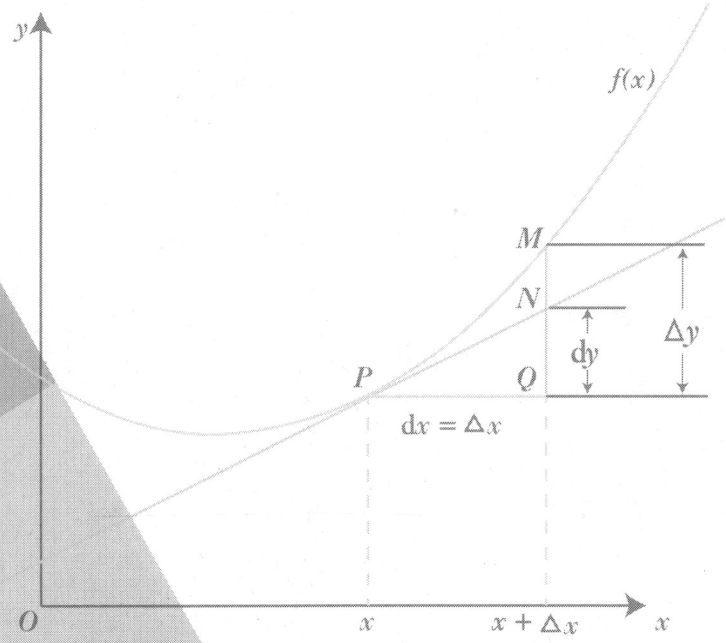

中国人民大学出版社
· 北京 ·

前 言

本书是以赵树嫄主编的教材《微积分》(经济应用数学基础)为基础,以最新考研数学三大纲为指导,同时参考国内外微积分经典教材编写而成的教学辅导类参考书. 结合同类参考书的体系及内容,本书做了一些新的安排,形成自身特色.

本书共有九章,包括函数、极限与连续、导数与微分、中值定理与导数的应用、不定积分、定积分、多元函数微积分学、无穷级数以及微分方程与差分方程初步. 各章分为六大模块.

模块一:本章框架图 简明清晰地介绍该章的主要内容,并通过图形呈现各部分之间的逻辑关系.

模块二:知识点梳理 分类整理本章的基本定义、基本性质、重要方法以及重要结论,方便读者查阅相关内容.

模块三:重难点及易错知识点问答 明确本章重点及难点,并以问答的方式对易错知识点进行探讨,便于读者理解.

模块四:典型题解析 根据不同的知识点,分类整理相关题型,对典型例题给予深入解析,题目新颖、题型全面、题量丰富.

模块五:考研真题举一反三 将考研数三近几年真题归入各章(第一章除外),对真题给出详细解答,并举一反三,从不同角度诠释问题,使读者能够拓展思路,对知识点可以灵活把握.

模块六:自测试题 每章给出自测试题(除第一、九章各一套外,其余各章均两套),并配有详细解答,供读者对学习效果进行自我检测,有助于读者巩固知识并拓展应用.

本书由中国人民大学具有多年教学经验的一线主讲教师编写完成. 第一、二、三、七、八章由张倩伟编写;第四、五、六、九章由胡长英编写;张倩伟完成统稿.

本书结构清晰,内容丰富,既可作为高等院校学生学习微积分课程的参考书,又可作为考研人员的高等数学辅导用书,同时也可作为一线教师的教学资料用书.

本书为新形态教学辅导参考书,自测试题的详细解答请扫描封面二维码查看. 此外,重难点例题视频讲解及其他数字资源均可通过扫描封面二维码获取.

由于编者水平有限,书中不足之处在所难免,恳请广大读者批评指正.

目　录

第一章 函　数

模块一 本章框架图

作为微积分的基本研究对象，本章我们对函数进行回顾和梳理，包括函数的定义、几何性质、几种特殊函数（分段函数、隐函数、复合函数、反函数）以及基本初等函数等.

本章内容框架图如下：

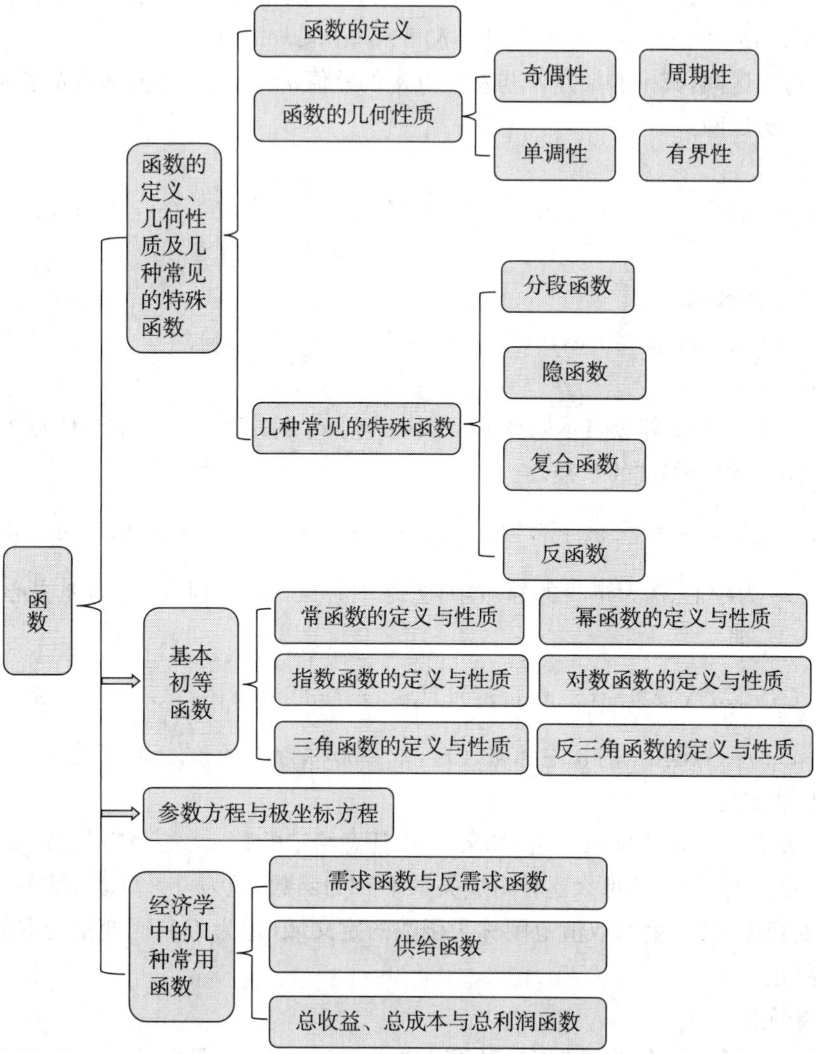

模块二 知识点梳理

一、基本概念

1. 区间

设 a,b 均为实数,并且 $a<b$,则:

满足不等式 $a<x<b$ 的所有实数 x 的集合,称为以 a,b 为端点的开区间,记作 $(a,b)=\{x|a<x<b\}$;

满足不等式 $a\leqslant x\leqslant b$ 的所有实数 x 的集合,称为以 a,b 为端点的闭区间,记作 $[a,b]=\{x|a\leqslant x\leqslant b\}$;

满足不等式 $a<x\leqslant b$(或 $a\leqslant x<b$)的所有实数 x 的集合,称为以 a,b 为端点的半开半闭区间,记作 $(a,b]=\{x|a<x\leqslant b\}$(或 $[a,b)=\{x|a\leqslant x<b\}$).

以上为有限区间,其中右端点 b 与左端点 a 的差值 $b-a$ 称为有限区间的长度. 此外,还有以下几种无穷区间:

(1) 开区间.

$(a,+\infty)=\{x|a<x<+\infty\}$,$(-\infty,b)=\{x|-\infty<x<b\}$,$(-\infty,+\infty)=\{x|-\infty<x<+\infty\}$.

(2)半开半闭区间.

$[a,+\infty)=\{x|a\leqslant x<+\infty\}$,$(-\infty,b]=\{x|-\infty<x\leqslant b\}$.

2. 邻域

设 $\delta>0$,点 x_0 的 δ 邻域表示以点 x_0 为中心、到 x_0 的距离小于 δ 的全体点的集合,记为 $U(x_0,\delta)$,其中 δ 称为邻域的半径,有

$$U(x_0,\delta)=(x_0-\delta,x_0+\delta)=\{x\,|\,|x-x_0|<\delta\}=\{x|x_0-\delta<x<x_0+\delta\}.$$

在以点 x_0 为中心、δ 为半径的邻域中,去除中心点 x_0,得到点 x_0 的 δ **去心邻域**,记为 $U(x_0,\delta)\setminus\{x_0\}$,即

$$U(x_0,\delta)\setminus\{x_0\}=(x_0-\delta,x_0)\cup(x_0,x_0+\delta)=\{x|0<|x-x_0|<\delta\}$$

其中$(x_0-\delta,x_0)$称为点 x_0 的 δ **左邻域**,$(x_0,x_0+\delta)$称为点 x_0 的 δ **右邻域**.

3. 函数的定义

设集合 D 为一个非空实数集合,如果 D 中任意给定的数 x,按照某种对应关系 f,都存在唯一的实数 y 与之对应,那么这种对应关系 f 称为**函数**,记为 $y=f(x)$,其中 x 称为**自变量**,y 称为**因变量**,自变量的取值范围称为函数的**定义域**(记为 D),因变量的取值范围称为函数的**值域**(记为 R).

4. 单调函数

设函数 $y=f(x)$的定义域为 D,对于任意的 $x_1,x_2\in D$,且 $x_1<x_2$,若总有 $f(x_1)<$

$f(x_2)$，则称 $f(x)$ 在 D 内是**单调递增函数**(简称单增)；若总有 $f(x_1)>f(x_2)$，则称 $f(x)$ 在 D 内是**单调递减函数**(简称单减). 单调递增函数和单调递减函数统称为**单调函数**.

5. 单调区间

一般而言，一个函数在定义域的某些区间上是递增的，而在另外一些区间上是递减的，相应的区间为函数的单调递增区间或单调递减区间，单调递增区间和单调递减区间统称为**单调区间**.

注意：说一个函数是单调递增(或单调递减)函数，必须注明相应的单调区间.

6. 函数的界

设函数 $y=f(x)$ 的定义域为 D，若存在一个实数 A，使得对任意 $x\in D$，有 $f(x)\leqslant A$，则称 $f(x)$ 在 D 上有**上界**；若存在一个实数 B，使得对任意 $x\in D$，有 $f(x)\geqslant B$，则称 $f(x)$ 在 D 上有**下界**；若存在一个正数 $M>0$，使得对任意 $x\in D$，有 $|f(x)|\leqslant M$，则称 $f(x)$ 在 D 上**有界**.

7. 奇函数与偶函数

设函数 $y=f(x)$ 的定义域 D 是关于原点对称的区间(即若 $x\in D$，则必有 $-x\in D$)，如果对于任意 $x\in D$，都有 $f(-x)=-f(x)$，则称 $f(x)$ 为**奇函数**；如果对于任意 $x\in D$，都有 $f(-x)=f(x)$，则称 $f(x)$ 为**偶函数**.

8. 周期函数

设函数 $y=f(x)$ 的定义域为 D，若存在一个非零常数 T，使得对任意 $x\in D$，有 $x+T\in D$，且满足

$$f(x+T)=f(x),$$

则称 $y=f(x)$ 为**周期函数**，满足上式的最小正数 T，称为 $f(x)$ 的**最小正周期**，简称 $f(x)$ 的**周期**.

9. 分段函数

通常，函数在其定义域上由一个表达式给出，但有的函数在定义域的不同部分需要由不同的表达式来描述，这样的函数称为**分段函数**. 以下给出几种特殊的分段函数：

符号函数

$$y=\operatorname{sgn}x=\begin{cases}1, & x>0\\ 0, & x=0.\\ -1, & x<0\end{cases}$$

符号函数的定义域为 $(-\infty,+\infty)$，其图像如图 1.1 所示：

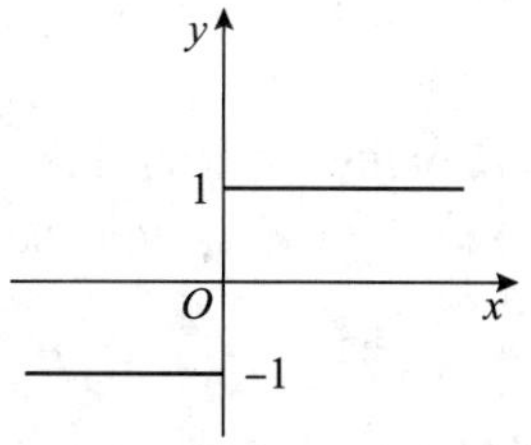

图 1.1

取整函数　设 x 为任意实数，用 $[x]$ 表示不超过 x 的最大整数，称 $y=[x]$ 为**取整函数**.

显然，取整函数 $y=[x]$ 的定义域为 $(-\infty,+\infty)$，值域为整数集合，其图像如图 1.2 所示，呈阶梯状，又称为阶梯形曲线.

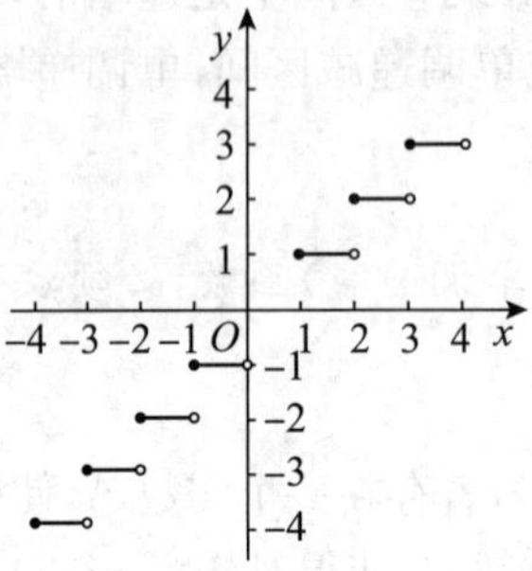

图 1.2

狄利克雷(Dirichlet)函数

$$y=D(x)=\begin{cases}1, & x\text{ 为有理数}\\0, & x\text{ 为无理数}\end{cases}.$$

狄利克雷函数的性质比较特殊：它在任何区间上都没有单调性；它是有界函数，因为 $|D(x)|\leqslant 1$；它是偶函数，即 $D(-x)-D(x)$；它是周期函数，任何非零有理数均为其周期，由于没有最小的正有理数，所以 $D(x)$ 没有最小正周期；它的图像无法画出，可以想象，其图像上有无穷多个点稠密地分布在 x 轴上，也有无穷多个点稠密地分布在直线 $y=1$ 上.

注意：(1)分段函数是一个函数而不是多个函数；
(2)分段函数的定义域是分段函数各段定义域的并集.

10. 隐函数

一般地，如果函数 $y=f(x)$ 满足方程 $F(x,y)=0$，即 $F(x,f(x))=0$，则称 y 是由方程 $F(x,y)=0$ 确定的 x 的**隐函数**.

11. 复合函数

设有两个函数 $y=f(u)$，$u\in D$ 以及 $u=g(x)$，$x\in X$，记 R_g 为函数 $u=g(x)$ 的值域，如果 $R_g\cap D\neq\varnothing$，则函数 $y=f[g(x)]$ 有意义，称函数 $y=f[g(x)]$ 为函数 f 与函数 g 的**复合函数**，称 u 为**中间变量**.

12. 幂指函数

形如 $[f(x)]^{g(x)}$ $(f(x)>0$ 且 $f(x)\neq 1)$ 的函数称为**幂指函数**.

注意：幂指函数在形式上兼具幂函数和指数函数的特点，但它既不是幂函数也不是指数函数，因为它的底数部分和指数部分都是自变量 x 的表达式. 通常，幂指函数可以化为复合的指数函数，即

$$[f(x)]^{g(x)}=e^{g(x)\ln f(x)}.$$

13. 反函数

设函数 $y=f(x)$的定义域为D,值域为R,如果对于任意的 $y\in R$,在D 中都存在唯一的 x 与 y 相对应,则函数 $y=f(x)$有反函数,并将 f 的反函数记为 f^{-1},称 $x=f^{-1}(y)$为 $y=f(x)$的**反函数**.

注意:① 我们习惯用 x 表示自变量,用 y 表示因变量,因此函数 $y=f(x)$的反函数常记为 $y=f^{-1}(x)$,$y\in D$,$x\in R$.

② 函数 $y=f(x)$与 $x=f^{-1}(y)$的图像是相同的,而 $y=f(x)$与 $y=f^{-1}(x)$的图像关于直线 $y=x$ 对称.

14. 基本初等函数

常函数、幂函数、指数函数、对数函数、三角函数以及反三角函数等六类函数统称为**基本初等函数**.

15. 初等函数

由基本初等函数经过有限次四则运算和有限次复合所得到的可以用一个解析式表示的函数称为**初等函数**.

16. 参数方程

一般地,在平面直角坐标系中,如果曲线 C 上任意一点的坐标x,y 都是某个变量t 的函数,即

$$\begin{cases} x=f(t) \\ y=g(t) \end{cases},t\in D,$$

并且对于任意 $t\in D$,由上述方程组所确定的点 $P(x,y)$都在这条曲线 C 上,那么方程组称为这条曲线的**参数方程**,变量 t 叫作参变量,简称**参数**.

17. 极坐标系与极坐标

在平面上选定一点 O,称为**极点**,由 O 引一条射线 Ox(通常选取与直角坐标系中 x 轴的正方向相同的方向),称为**极轴**,取定长度单位,并规定从极轴逆时针旋转的方向为正方向,这便构成了**极坐标系**.

如图 1.3 所示,在极坐标系下,平面上的任一点 P 可由 r 和 θ 来唯一确定,即平面上点 P 的坐标为(r,θ). 其中,r 称为**极半径**,表示从极点 O 到点 P 的有向距离;θ 称为**极角**,表示从极轴出发,沿逆时针方向转动到 $\overrightarrow{OP}$ 的角度;有序数组(r,θ)称为点 P 的**极坐标**.

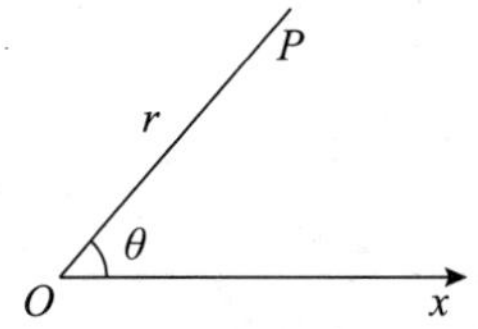

图 1.3

18. 需求函数与反需求函数

商品的需求量受很多因素的影响，在众多影响因素中，商品价格尤为重要，通常假设商品的需求量 Q_d 是价格 P 的函数，即需求函数为

$$Q_d=f(P),$$

其中，P 是商品价格，Q_d 是在价格 P 下消费者购买的商品数量，即需求量.

一般情况下，若不考虑其他因素（如消费者收入等）的影响，需求量 Q_d 是价格 P 的单调递减函数，即商品价格越高，需求量越少；反之，商品价格越低，需求量越多.

需求函数的反函数即反需求函数，它体现的是需求变动对商品价格的反作用. 反需求函数又称为价格函数，即

$$P=f^{-1}(Q_d)\text{或 }P=P(Q),$$

其中 Q 为商品销售量.

19. 供给函数

假设商品的供给量是价格 P 的函数，得到商品的供给函数为

$$Q_s=f(P),$$

其中，P 是商品价格，Q_s 是在价格 P 下生产者供给市场的商品数量，即供给量.

通常，商品的供给量 Q_s 与价格 P 的关系是：涨价使供给量增加，降价使供给量减少，即供给函数是价格 P 的单调递增函数.

20. 总收益函数、总成本函数及总利润函数

总收益是指生产者销售一定数量的商品所得的全部收入，即商品价格 P 与销售量 Q 的乘积，通常记作 R，根据反需求函数 $P=P(Q)$，总收益是销售量 Q 的函数，即

$$R(Q)=P(Q)\cdot Q.$$

总成本是指生产一定数量的产品所需的全部投入的费用总额. 一般地，总成本由固定成本和可变成本两部分构成. 固定成本与产量无关，它包括设备费用、厂房费用以及一般管理费用等；可变成本随产品产量增加而增加. 总成本是产量 Q 的函数，即

$$C(Q)=C_0+C_1(Q),$$

其中，C_0 为固定成本，$C_1(Q)$为可变成本.

总利润是总收益与总成本之差，总利润表示为

$$L(Q)=R(Q)-C(Q).$$

二、基本性质

1. 单调函数的几何性质

从几何角度看，单调递增函数和单调递减函数对应的图像分别为单调上升和单调下降的（如图 1.4y 轴左右两侧图像所示）.

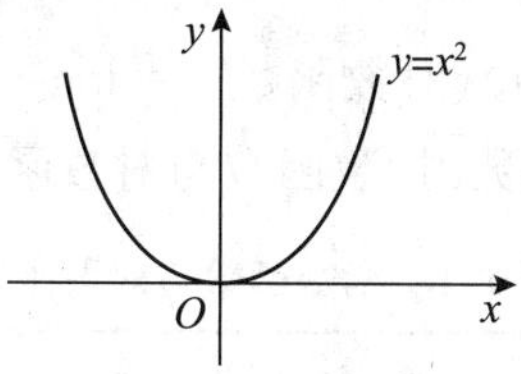

图 1.4

2. 有界函数的几何性质

从几何角度看，函数 $f(x)$在 D 上有界，即存在 $M>0$，使得$|f(x)|\leqslant M$，意味着 $f(x)$ 在 D 上既有上界又有下界，也就是函数 $f(x)$的图像介于直线 $y=-M$ 和 $y=M$ 之间.

3. 奇偶函数的几何性质

从几何角度看，若函数 $y=f(x)$为奇函数，则其图像关于原点对称（如图 1.5(a)所示）；若函数 $y=f(x)$为偶函数，其图像关于 y 轴对称（如图 1.5(b)所示）.

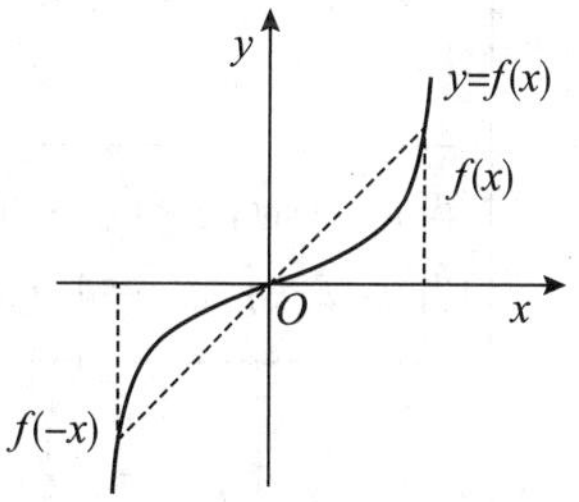

图 1.5(a)

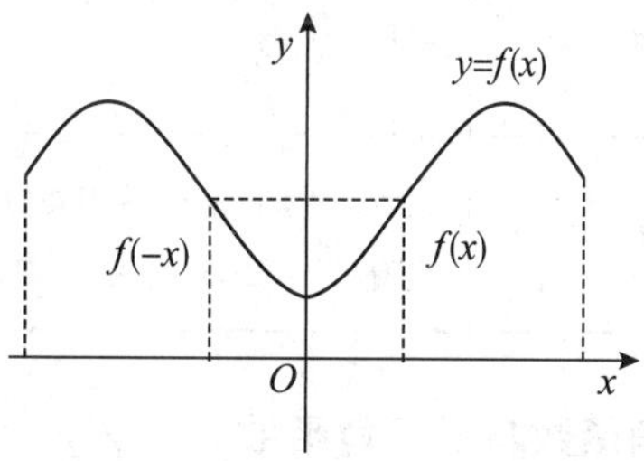

图 1.5(b)

4. 周期函数的几何性质

从几何角度看，若周期函数 $y=f(x)$的最小正周期为 T，那么该函数图像可看作由长度为$|T|$的图像片段向左、右两侧平移$|T|$的整数倍形成的.

5. 常函数

$y=C$（C 为常数）的定义域为$(-\infty,+\infty)$，其图像为一条水平直线，如图 1.6 所示.

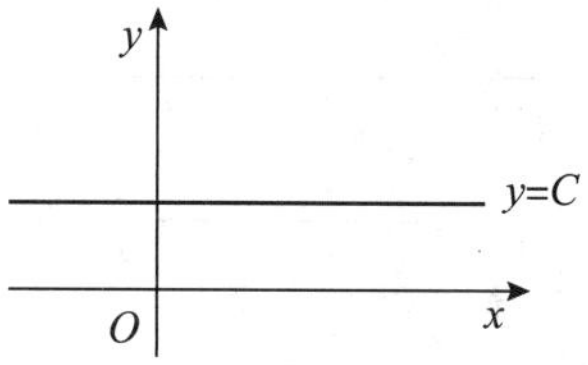

图 1.6

6. 幂函数

$y=x^{\alpha}$（$\alpha\neq 0$，α 为常数）. 当 $\alpha>0$ 时，其定义域为$(-\infty,+\infty)$；当 $\alpha<0$ 时，其定义域为$(-\infty,0)\cup(0,+\infty)$. 不论 α 取值如何，函数 $y=x^{\alpha}$ 都在$(0,+\infty)$上有定义，且图像都过点$(1,1)$. 当 $\alpha>0$ 时，$y=x^{\alpha}$ 在$(0,+\infty)$上单调递增；当 $\alpha<0$ 时，$y=x^{\alpha}$ 在$(0,+\infty)$上单调递减.

7. 指数函数与对数函数

指数函数 $y=a^x(a>0$ 且 $a\neq1)$，对数函数 $y=\log_a x(a>0$ 且 $a\neq1)$. 由反函数的定义可知，$y=a^x$ 与 $y=\log_a x$ 互为反函数. 指数函数与对数函数的相关性质由表 1.1 给出.

表 1.1　指数函数与对数函数

函数	指数函数 $y=a^x(a>0$ 且 $a\neq1)$	对数函数 $y=\log_a x(a>0$ 且 $a\neq1)$
定义域	$(-\infty,+\infty)$	$(0,+\infty)$
值域	$(0,+\infty)$	$(-\infty,+\infty)$
图像	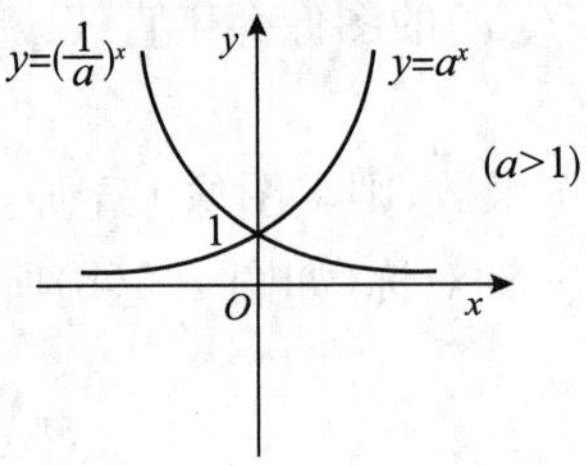	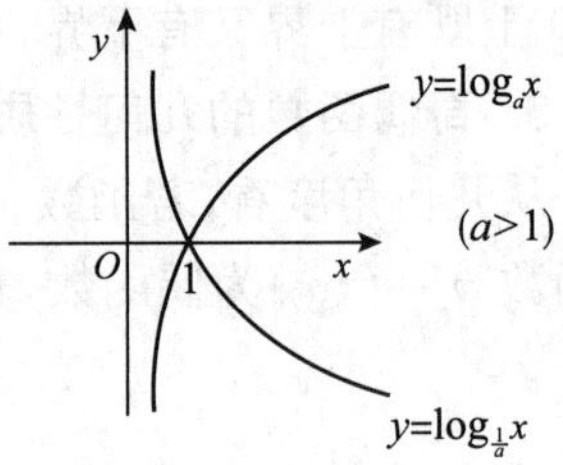
性质	当 $a>1$ 时，$y=a^x$ 单调递增； 当 $0<a<1$ 时，$y=a^x$ 单调递减.	当 $a>1$ 时，$y=\log_a x$ 单调递增； 当 $0<a<1$ 时，$y=\log_a x$ 单调递减.

8. 三角函数与反三角函数

三角函数有六种：正弦函数 $y=\sin x$，余弦函数 $y=\cos x$，正切函数 $y=\tan x$，余切函数 $y=\cot x$，正割函数 $y=\sec x$，余割函数 $y=\csc x$. 常用的反三角函数有四种：反正弦函数 $y=\arcsin x$，反余弦函数 $y=\arccos x$，反正切函数 $y=\arctan x$，反余切函数 $y=\operatorname{arccot} x$. 常用的正(余)弦函数、正(余)切函数以及对应反函数的相关性质分别由表 1.2 至表 1.5 给出.

表 1.2　正弦函数与反正弦函数

函数	正弦函数 $y=\sin x$	反正弦函数 $y=\arcsin x$
定义域	$(-\infty,+\infty)$	$[-1,1]$
值域	$[-1,1]$	$\left[-\frac{\pi}{2},\frac{\pi}{2}\right]$
图像	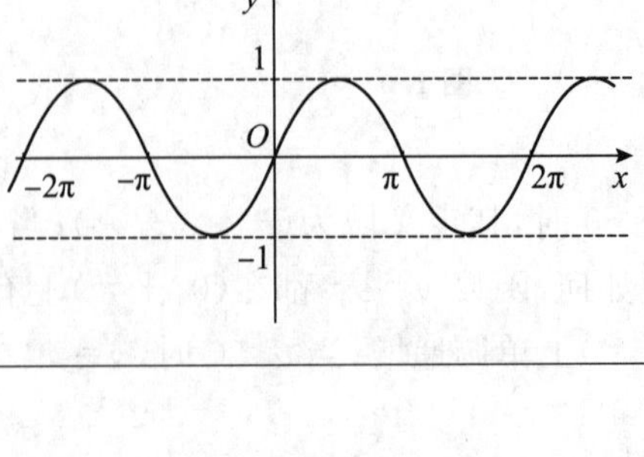	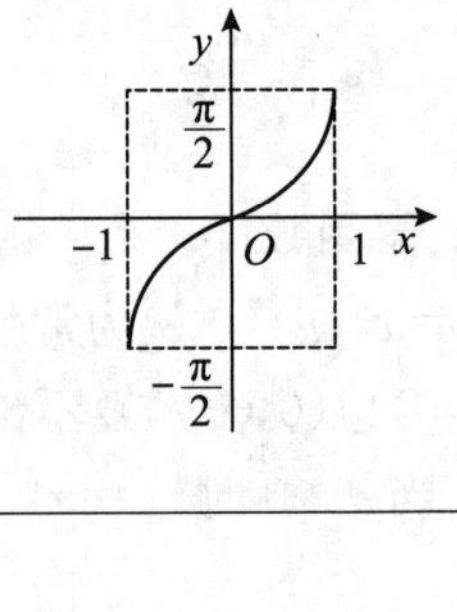

续表

性质	单调递增区间：$\left(-\frac{\pi}{2}+2k\pi,\frac{\pi}{2}+2k\pi\right)$，$k\in\mathbf{Z}$，单调递减区间$\left(\frac{\pi}{2}+2k\pi,\frac{3\pi}{2}+2k\pi\right)$，$k\in\mathbf{Z}$；周期为 2π；奇函数，图像关于原点对称.	在定义域$[-1,1]$上单调递增；奇函数，图像关于原点对称.

表 1.3 余弦函数与反余弦函数

函数	余弦函数 $y=\cos x$	反余弦函数 $y=\arccos x$
定义域	$(-\infty,+\infty)$	$[-1,1]$
值域	$[-1,1]$	$[0,\pi]$
图像	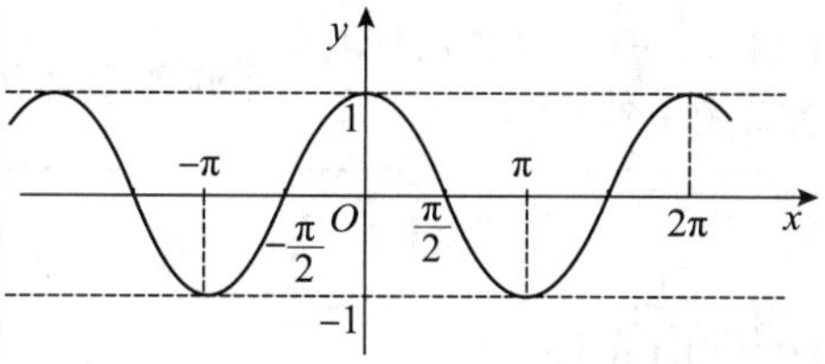	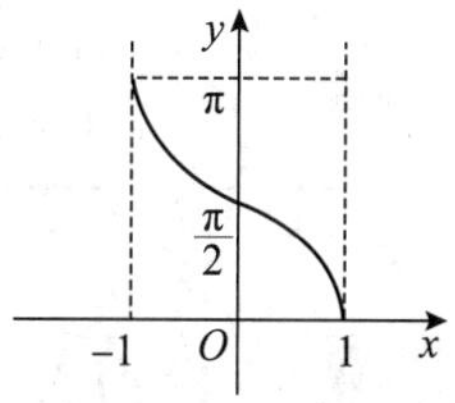
性质	单调递增区间：$(-\pi+2k\pi,2k\pi)$，$k\in\mathbf{Z}$，单调递减区间：$(2k\pi,\pi+2k\pi)$，$k\in\mathbf{Z}$；周期为 2π；偶函数，图像关于 y 轴对称.	在定义域$[-1,1]$上单调递减.

表 1.4 正切函数与反正切函数

函数	正切函数 $y=\tan x$	反正切函数 $y=\arctan x$
定义域	$\left\{x\mid x\neq k\pi+\frac{\pi}{2},k\in\mathbf{Z}\right\}$	$(-\infty,+\infty)$
值域	$(-\infty,+\infty)$	$\left(\frac{\pi}{2},\frac{\pi}{2}\right)$
图像	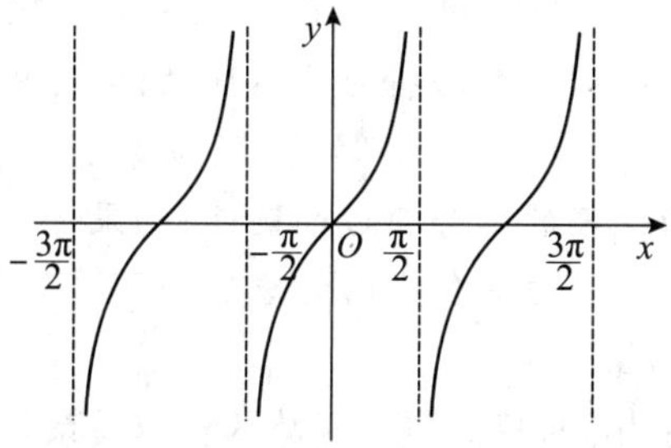	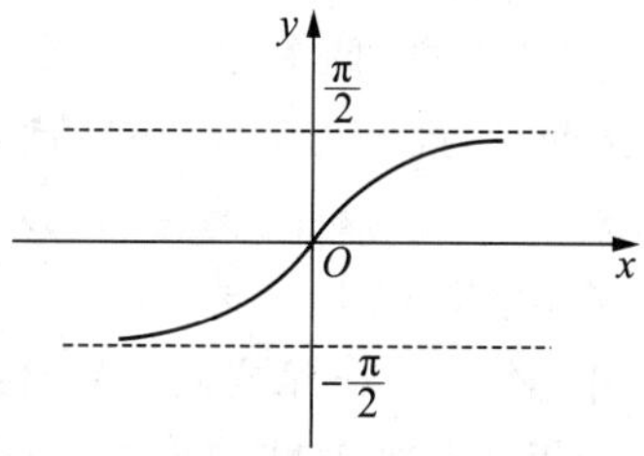
性质	单调递增区间：$\left(-\frac{\pi}{2}+k\pi,\frac{\pi}{2}+k\pi\right)$，$k\in\mathbf{Z}$；周期为 π；奇函数，图像关于原点对称.	单调递增区间$(-\infty,+\infty)$；奇函数，图像关于原点对称.

表 1.5　余切函数与反余切函数

函数	余弦函数 $y=\cot x$	反余弦函数 $y=\operatorname{arccot} x$
定义域	$\{x\mid x\neq k\pi,k\in\mathbf{Z}\}$	$(-\infty,+\infty)$
值域	$(-\infty,+\infty)$	$(0,\pi)$
图像	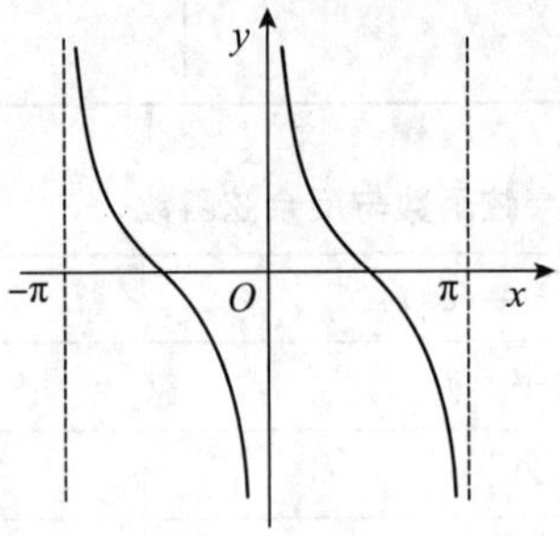	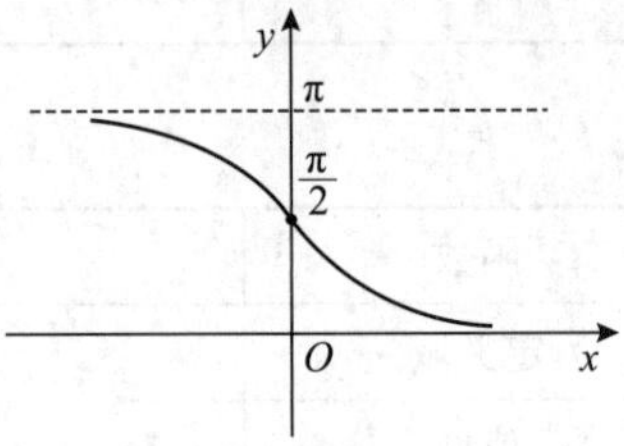
性质	单调递减区间：$(k\pi,\pi+k\pi)$，$k\in\mathbf{Z}$；周期为 π；奇函数，图像关于原点对称.	单调递减区间 $(-\infty,+\infty)$.

模块三　重难点及易错知识点问答

本章重点

1. 函数的定义域与值域；
2. 反函数；
3. 函数的奇偶性、周期性、单调性；
4. 基本初等函数的性质.

本章难点

1. 判别两个函数是不是相同；
2. 复合函数的函数表达式；
3. 初等函数的判别；
4. 用函数关系描述实际问题.

易错知识点问答

问题① 点 x_0 的 δ 邻域 $U(x_0,\delta)$ 与区间 $(x_0-\delta,x_0+\delta)$ 是始终等价的吗？

答 不是. 随着点 x_0 所处维度的不同，邻域将对应不同的范围. 例如，如果 x_0 是一维数轴上的点，则 $U(x_0,\delta)$ 和区间 $(x_0-\delta,x_0+\delta)$ 是等价的；如果 x_0 是二维平面上的点，则 $U(x_0,\delta)$ 表示以 x_0 为圆心、以 δ 为半径的不含圆边的圆面；如果 x_0 是三维空间中的点，则 $U(x_0,\delta)$ 表示以 x_0 为球心、以 δ 为半径的不含球面的球体. 可见，区间和邻域不完全等价，区间是邻域在一维空间上的特殊情况.

问题② 判断两个函数是不是相同，只需要看函数的对应关系是否一致就可以了吗？

答 不可以. 根据函数的定义，当且仅当两个函数的定义域和对应关系都相同时，这两个函数才为相同函数. 因此，判断两个函数是否为相同函数需要两个方面，即定义域和对应关系.

例如，$y=\dfrac{x^2-1}{x-1}$ 和 $y=x+1$ 不是相同的函数. 虽然函数 $y=\dfrac{x^2-1}{x-1}$ 可以化简为 $y=\dfrac{x^2-1}{x-1}=$

$x+1$,但是函数 $y=\frac{x^2-1}{x-1}$ 的定义域为 $\{x\,|\,x\in\mathbf{R}$ 且 $x\neq1\}$,而函数 $y=x+1$ 的定义域为 $\{x\,|\,x\in\mathbf{R}\}$,两者定义域不同,因此不是相同的函数.

问题 3 有界函数的"界"是唯一的吗?

答 不唯一.有界函数的界是不唯一的.例如正弦函数 $y=\sin x$ 有上界 1,所有不小于 1 的数均可为该函数的上界;同理,$y=\sin x$ 有下界 -1,所有不大于 -1 的数均可为该函数的下界.

问题 4 每个周期函数一定都存在最小正周期吗?

答 不一定.例如,狄利克雷函数 $y=D(x)=\begin{cases}1, & x\text{ 为有理数}\\0, & x\text{ 为无理数}\end{cases}$,它是周期函数,任何非零有理数都是它的周期,因为对于任意非零有理数 a,当 x 是有理数时,$x+a$ 也是有理数,从而 $f(x+a)=f(x)=1$;当 x 是无理数时,$x+a$ 也是无理数,从而 $f(x+a)=f(x)=0$.因此,对于任意的 x,有 $f(x+a)=f(x)$,即狄利克雷函数为周期函数,但是不存在最小的正有理数,所以狄利克雷函数为不存在最小正周期的周期函数.

问题 5 由于 $|x|=\begin{cases}-x, & x<0\\x, & x\geqslant0\end{cases}$ 是分段函数,因此函数 $y=|x|$ 不是初等函数.

答 错误.分段函数是在不同范围内需要用不同表达式表述的函数,它是一个函数而不是多个函数.虽然 $y=|x|$ 可以表示为分段函数,但是它也可以表述为 $y=|x|=\sqrt{x^2}$ 的形式,这是由幂函数 $y=\sqrt{u}$ 和 $u=x^2$ 形成的复合函数,由初等函数的定义可知,$y=|x|$ 是初等函数.

问题 6 任意两个函数都可以形成复合函数吗?

答 不一定.两个函数要复合在一起形成复合函数,需要满足外层函数的定义域与里层函数的值域的交集非空.例如,函数 $y=\arcsin u$ 和函数 $u=x^2+2$ 不能复合在一起形成复合函数 $y=\arcsin(x^2+2)$.因为外层函数 $y=\arcsin u$ 的定义域为 $D=\{u\,|\,-1\leqslant u\leqslant1\}$,而里层函数的值域 $R=\{u\,|\,u\geqslant2\}$,$D\cap R=\varnothing$,从而两个函数无法形成复合函数.

模块四 典型题解析

例 1 求解下列函数的定义域.

(1) $y=\frac{1}{1-\sqrt{x}}+\ln(x-1)$;

(2) $y=\arcsin\sqrt{x^2-1}$;

(3) $y=\sqrt{x^2-x-2}$;

(4) $y=\ln(4-x^2)+\sqrt{\frac{x+1}{x-1}}$;

(5) $y=\sqrt{\ln(\sqrt{x-1})}$;

(6) $y=\frac{\ln(3-x)}{\sqrt{x-1}}$;

(7) $y=\arccos\frac{1-x^2}{2}$;

(8) $y=\sin(1-x)+\arcsin(x-1)$;

(9) $y=\dfrac{x^3-1}{x+1}$;　　(10) $y=\begin{cases}x+1, & x<0\\ x-1, & x\geqslant 0\end{cases}$.

解 (1) 要使函数有意义,应有 $1-\sqrt{x}\neq 0$,$x\geqslant 0$ 并且 $x-1>0$,从而可知函数的定义域为 $D=\{x\,|\,x>1\}$.

(2) 要使函数有意义,应有 $-1\leqslant\sqrt{x^2-1}\leqslant 1$,即 $0\leqslant x^2-1\leqslant 1$,从而可知函数的定义域为 $D=\{x\,|\,-\sqrt{2}\leqslant x\leqslant -1$ 或 $1\leqslant x\leqslant\sqrt{2}\}$.

(3) 要使函数有意义,应有 $x^2-x-2\geqslant 0$,即 $(x-2)(x+1)\geqslant 0$,从而可知函数的定义域为 $D=\{x\,|\,x\leqslant -1$ 或 $x\geqslant 2\}$.

(4) 要使函数有意义,应有 $4-x^2>0$ 并且 $\dfrac{x+1}{x-1}\geqslant 0$,从而可知函数的定义域为 $D=\{x\,|\,-2<x\leqslant -1$ 或 $1<x<2\}$.

(5) 要使函数有意义,应有 $\ln(\sqrt{x-1})\geqslant 0$,即 $\sqrt{x-1}\geqslant 1$,从而可知函数的定义域为 $D=\{x\,|\,x\geqslant 2\}$.

(6) 要使函数有意义,应有 $3-x>0$ 且 $x-1>0$,从而可知函数的定义域为 $D=\{x\,|\,1<x<3\}$.

(7) 要使函数有意义,应有 $\left|\dfrac{1-x^2}{2}\right|\leqslant 1$,即 $|1-x^2|\leqslant 2$,从而可知函数的定义域为 $D=\{x\,|\,-\sqrt{3}\leqslant x\leqslant\sqrt{3}\}$.

(8) 要使函数有意义,应有 $|x-1|\leqslant 1$,从而可知函数的定义域为 $D=\{x\,|\,0\leqslant x\leqslant 2\}$.

(9) 要使函数有意义,应有 $x+1\neq 0$,从而可知函数的定义域为 $D=\{x\,|\,x\in\mathbf{R}$ 且 $x\neq -1\}$.

(10) 对于分段函数,其定义域为各部分自变量取值的并集,因此该分段函数的定义域为 $D=\{x\,|\,x\in\mathbf{R}\}$.

分析 函数的定义域是使得函数有意义的自变量的取值范围,一些常用的使函数表达式有意义的条件有:分式的分母不为零,偶次根式下的部分要非负,对数的真数要大于零,某些三角函数、反三角函数的自变量有相应的限制(正切函数 $\arctan x$ 的定义域是 $x\neq k\pi+\dfrac{\pi}{2}(k=0,\pm1,\pm2,\cdots)$;余切函数 $\operatorname{arccot}x$ 的定义域是 $x\neq k\pi(k=0,\pm1,\pm2,\cdots)$;反正弦函数 $\arcsin x$ 和反余弦函数 $\arccos x$ 要满足 $|x|\leqslant 1$),等等. 需要注意的是,如果函数表达式由几部分组成,那么函数的定义域为各部分取值范围的交集;如果函数为分段函数,那么函数的定义域为分段函数各部分自变量取值范围的并集.

例 2 判断下列各组函数是否相同,并说明理由.

(1) $y=x^2$ 与 $y=\sqrt{x^4}$;　　(2) $y=|x|$ 与 $y=\dfrac{x^2}{x}$;

(3) $y=\ln x^2$ 与 $y=2\ln x$;　　(4) $y=\sqrt{x(x+1)}$ 与 $y=\sqrt{x}\cdot\sqrt{x+1}$;

(5) $y=\sqrt[3]{x(x-1)}$ 与 $y=\sqrt[3]{x}\cdot\sqrt[3]{x-1}$;　　(6) $y=\dfrac{x^3+1}{x+1}$ 与 $y=x^2-x+1$;

(7) $y=\sin^2x+\cos^2x$ 与 $y=1$;　　(8) $y=\sin(\arcsin x)$ 与 $y=x$;

(9) $y=\ln(x-1)$ 与 $y=\ln(x^2-1)-\ln(x+1)$;(10) $y=\sin u+1$ 与 $t=\sin x+1$.

解 (1) 由于函数 $y=x^2$ 与 $y=\sqrt{x^4}$ 的定义域都是 $D=\{x\mid x\in\mathbf{R}\}$，并且 $y=\sqrt{x^4}=x^2$，故 $y=x^2$ 与 $y=\sqrt{x^4}$ 为相同的函数.

(2) 由于函数 $y=|x|$ 的定义域为是 $D=\{x\mid x\in\mathbf{R}\}$，而函数 $y=\frac{x^2}{x}$ 的定义域为 $D=\{x\mid x\in\mathbf{R}$ 且 $x\neq0\}$，两者定义域不同，故 $y=|x|$ 与 $y=\frac{x^2}{x}$ 不是相同的函数.

(3) 由于函数 $y=\ln x^2$ 的定义域为是 $D=\{x\mid x\in\mathbf{R}$ 且 $x\neq0\}$，而函数 $y=2\ln x$ 的定义域为 $D=\{x\mid x>0\}$，两者定义域不同，故 $y=\ln x^2$ 与 $y=2\ln x$ 不是相同的函数.

(4) 由于函数 $y=\sqrt{x(x+1)}$ 的定义域为 $D=\{x\mid x\geqslant0$ 或 $x\leqslant-1\}$，而函数 $y=\sqrt{x}\cdot\sqrt{x+1}$ 的定义域为 $D=\{x\mid x\geqslant0\}$，两者定义域不同，故 $y=\sqrt{x(x+1)}$ 与 $y=\sqrt{x}\cdot\sqrt{x+1}$ 不是相同的函数.

(5) 由于函数 $y=\sqrt[3]{x(x-1)}$ 与 $y=\sqrt[3]{x}\cdot\sqrt[3]{x-1}$ 的定义域均为 $D=\{x\mid x\in\mathbf{R}\}$，并且函数 $y=\sqrt[3]{x(x-1)}=\sqrt[3]{x}\cdot\sqrt[3]{x-1}$，故 $y=\sqrt[3]{x(x-1)}$ 与 $y=\sqrt[3]{x}\cdot\sqrt[3]{x-1}$ 是相同的函数.

(6) 由于函数 $y=\frac{x^3+1}{x+1}$ 的定义域为 $D=\{x\mid x\in\mathbf{R}$ 且 $x\neq-1\}$，而函数 $y=x^2-x+1$ 的定义域为 $D=\{x\mid x\in\mathbf{R}\}$，两者定义域不同，故 $y=\frac{x^3+1}{x+1}$ 与 $y=x^2-x+1$ 不是相同的函数.

(7) 由于函数 $y=\sin^2x+\cos^2x$ 与 $y=1$ 的定义域均为 $D=\{x\mid x\in\mathbf{R}\}$，并且函数 $y=\sin^2x+\cos^2x=1$，故 $y=\sin^2x+\cos^2x$ 与 $y=1$ 是相同的函数.

(8) 由于函数 $y=\sin(\arcsin x)$ 的定义域为 $D=\{x\mid -1\leqslant x\leqslant1\}$，而函数 $y=x$ 的定义域为 $D=\{x\mid x\in\mathbf{R}\}$，两者定义域不同，故 $y=\sin(\arcsin x)$ 与 $y=x$ 不是相同的函数.

(9) 由于函数 $y=\ln(x-1)$ 与 $y=\ln(x^2-1)-\ln(x+1)$ 的定义域均为 $D=\{x\mid x>1\}$，并且函数 $y=\ln(x^2-1)-\ln(x+1)=\ln\frac{x^2-1}{x+1}=\ln(x-1)$，故 $y=\ln(x-1)$ 与 $y=\ln(x^2-1)-\ln(x+1)$ 是相同的函数.

(10) $y=\sin u+1$ 与 $t=\sin x+1$ 的定义域都是 $D=\{x\mid x\in\mathbf{R}\}$，并且对应关系一致，从而 $y=\sin u+1$ 与 $t=\sin x+1$ 是相同的函数.

分析 本题考察函数的定义. 由函数定义可知，定义域和对应关系是函数的两个要素，它们决定了函数的本质. 因此，判断两个函数是否为相同的函数，需要看两个函数的定义域和对应关系是否相同，如果这两个要素相同，那么要判别的函数相同. 至于自变量和因变量用什么字母表示，只是形式问题(如本题(10)).

例 3 判断下列函数的奇偶性.

(1) $f(x)=\frac{x}{|x|}$；

(2) $f(x)=\frac{e^x-e^{-x}}{2}$；

(3) $f(x)=\ln\frac{1-x}{1+x}$；

(4) $f(x)=\frac{e^x-e^{-x}}{e^x+e^{-x}}$；

(5) $f(x)=\dfrac{\sin x}{x}+\cos x$；

(6) $f(x)=\ln(\sqrt{1+x^2}-x)$；

(7) $f(x)=x^2+\sin x$；

(8) $f(x)=\dfrac{1-x^2}{\cos x},x\in\left(-\dfrac{\pi}{2},\dfrac{\pi}{2}\right)$；

(9) $f(x)=\begin{cases}-x, & x<0\\ x, & x\geqslant 0\end{cases}$；

(10) $f(x)=\begin{cases}x^2-x, & x<0\\ x^2+x, & x\geqslant 0\end{cases}$.

解 (1) 函数 $f(x)=\dfrac{x}{|x|}$ 的定义域为 $D=\{x\,|\,x\in\mathbf{R}$ 且 $x\neq 0\}$，可知定义域关于原点对称，进一步地，$f(-x)=\dfrac{-x}{|-x|}=-\dfrac{x}{|x|}=-f(x)$，所以 $f(x)$ 是奇函数.

(2) 函数 $f(x)=\dfrac{e^x-e^{-x}}{2}$ 的定义域为 $D=\{x\,|\,x\in\mathbf{R}\}$，可知定义域关于原点对称，进一步地，$f(-x)=\dfrac{e^{-x}-e^x}{2}=-\dfrac{e^x-e^{-x}}{2}=-f(x)$，所以 $f(x)$ 是奇函数.

(3) 函数 $f(x)=\ln\dfrac{1-x}{1+x}$ 的定义域为 $D=\{x\,|\,-1<x<1\}$，可知定义域关于原点对称，进一步地，$f(-x)=\ln\dfrac{1+x}{1-x}=-\ln\dfrac{1-x}{1+x}=-f(x)$，所以 $f(x)$ 是奇函数.

(4) 函数 $f(x)=\dfrac{e^x-e^{-x}}{e^x+e^{-x}}$ 的定义域为 $D=\{x\,|\,x\in\mathbf{R}\}$，可知定义域关于原点对称，进一步地，$f(-x)=\dfrac{e^{-x}-e^x}{e^x+e^{-x}}=-\dfrac{e^x-e^{-x}}{e^x+e^{-x}}=-f(x)$，所以 $f(x)$ 是奇函数.

(5) 函数 $f(x)=\dfrac{\sin x}{x}+\cos x$ 的定义域为 $D=\{x\,|\,x\in\mathbf{R}$ 且 $x\neq 0\}$，可知定义域关于原点对称，进一步地，$f(-x)=\dfrac{\sin(-x)}{-x}+\cos(-x)=\dfrac{\sin x}{x}+\cos x=f(x)$，所以 $f(x)$ 是偶函数.

(6) 函数 $f(x)=\ln(\sqrt{1+x^2}-x)$ 的定义域为 $D=\{x\,|\,x\in\mathbf{R}\}$，可知定义域关于原点对称，进一步地，$f(-x)=\ln(\sqrt{1+x^2}+x)=\ln\dfrac{1}{\sqrt{1+x^2}-x}=-\ln(\sqrt{1+x^2}-x)=-f(x)$，所以 $f(x)$ 是奇函数.

(7) 函数 $f(x)=x^2+\sin x$ 的定义域为 $D=\{x\,|\,x\in\mathbf{R}\}$，可知定义域关于原点对称，进一步地，$f(-x)=x^2-\sin x$，此 $f(x)=x^2+\sin x$ 既不是奇函数也不是偶函数.

(8) 函数 $f(x)=\dfrac{1-x^2}{\cos x},x\in\left(-\dfrac{\pi}{2},\dfrac{\pi}{2}\right)$ 的定义域关于原点对称，进一步地，$f(-x)=\dfrac{1-x^2}{\cos x}=f(x)$，所以 $f(x)$ 是偶函数.

(9) 函数 $f(x)=\begin{cases}-x, & x<0\\ x, & x\geqslant 0\end{cases}$ 的定义域为 $D=\{x\,|\,x\in\mathbf{R}\}$，可知定义域关于原点对称，

进一步地，$f(-x)=\begin{cases}x, & -x<0\\ -x, & -x\geqslant 0\end{cases}=\begin{cases}x, & x>0\\ -x, & x\leqslant 0\end{cases}=\begin{cases}-x, & x<0\\ x, & x\geqslant 0\end{cases}=f(x)$，所以 $f(x)$ 是偶函数.

(10) 函数 $f(x)=\begin{cases}x^2-x, & x<0\\ x^2+x, & x\geqslant 0\end{cases}$ 的定义域为 $D=\{x\mid x\in\mathbf{R}\}$，可知定义域关于原点对称，进一步地，$f(-x)=\begin{cases}x^2+x, & -x<0\\ x^2-x, & -x\geqslant 0\end{cases}=\begin{cases}x^2+x, & x>0\\ x^2-x, & x\leqslant 0\end{cases}=\begin{cases}x^2-x, & x<0\\ x^2+x, & x\geqslant 0\end{cases}=f(x)$，所以 $f(x)$ 是偶函数.

分析 本题考察函数奇偶性的判别. 在判断一个函数的奇偶性时，首先应该写出该函数的定义域，在定义域关于原点对称的前提下，再看 $f(-x)$ 与 $f(x)$ 的关系. 如果 $f(-x)=f(x)$，那么函数为偶函数；如果 $f(-x)=-f(x)$，那么函数为奇函数；如果没有这两种关系，那么函数为非奇非偶函数.

例 4 求下列函数的反函数及反函数的定义域.

(1) $y=\ln(x+1)-2$； (2) $y=2\sin 2x$；

(3) $y=\sqrt{x+2}$； (4) $y=\dfrac{x-1}{x+1}$；

(5) $y=\begin{cases}2x+1, & x\geqslant 0\\ x^3, & x<0\end{cases}$.

解 (1) 由函数 $y=\ln(x+1)-2$，得 $x=e^{y+2}-1$，从而 $y=\ln(x+1)-2$ 的反函数为 $y=e^{x+2}-1$，其定义域为 $D=\{x\mid x\in\mathbf{R}\}$.

(2) 由函数 $y=2\sin 2x$，得 $x=\dfrac{1}{2}\arcsin\dfrac{y}{2}$，从而 $y=2\sin 2x$ 的反函数为 $y=\dfrac{1}{2}\arcsin\dfrac{x}{2}$，其定义域为 $D=\{x\mid -2\leqslant x\leqslant 2\}$.

(3) 由函数 $y=\sqrt{x+2}$，得 $x=y^2-2$，从而 $y=\sqrt{x+2}$ 的反函数为 $y=x^2-2$，其定义域为 $D=\{x\mid x\geqslant 0\}$.

(4) 由函数 $y=\dfrac{x-1}{x+1}$，得 $x=\dfrac{1+y}{1-y}$，从而 $y=\dfrac{x-1}{x+1}$ 的反函数为 $y=\dfrac{1+x}{1-x}$，其定义域为 $D=\{x\mid x\in\mathbf{R}\text{ 且 }x\neq 1\}$.

(5) 当 $x\geqslant 0$ 时，由 $y=2x+1$ 得 $x=\dfrac{1}{2}(y-1)(y\geqslant 1)$，从而 $y=2x+1$ 的反函数为 $y=\dfrac{1}{2}(x-1)(x\geqslant 1)$；当 $x<0$ 时，由 $y=x^3$ 得 $x=\sqrt[3]{y}\,(y<0)$，从而 $y=x^3$ 的反函数为 $y=\sqrt[3]{x}\,(x<0)$，因此，分段函数的反函数为

$$y=\begin{cases}\dfrac{1}{2}(x-1), & x\geqslant 1\\ \sqrt[3]{x}, & x<0\end{cases}.$$

反函数的定义域为 $D=\{x\mid x\geqslant 1\text{ 或 }x<0\}$.

分析 本题考察反函数的求解. 单调函数存在反函数,需要从原来函数的表达式 $y=f(x)$ 中解出 $x=f^{-1}(y)$,由于习惯用 x 表示自变量,y 表示因变量,因此在表达式 $x=f^{-1}(y)$ 中,交换 x 与 y 的位置,得反函数的表达式为 $y=f^{-1}(x)$. 反函数的定义域为 $y=f^{-1}(x)$ 中 x 的取值范围,即原函数 $y=f(x)$ 中 y 的取值范围. 可见,反函数的定义域为原函数的值域. 特别地,对于分段函数,在求反函数时需要分段讨论,而且分段函数反函数的定义域需要通过求解原函数每一段上的值域获得,如本题(5).

例5 求解下列问题:

(1) 若 $f(x)=\dfrac{2x}{1+x}$,求 $f[1-f(x)]$的表达式;

(2) 若 $f(x)=\dfrac{1+x}{1-2x}$,求 $f(1+x^2)$和 $f[f(x)]$的表达式;

(3) 若 $f(x+\dfrac{1}{x})=x^2+\dfrac{1}{x^2}-2$,求 $f(x)$的表达式;

(4) 若 $f(1+\sqrt{x})=\sin x$,求 $f(x)$的表达式;

(5) 若 $f(x)=\begin{cases}x^2, & 0\leqslant x\leqslant 1\\ 3x, & 1<x\leqslant 2\end{cases}$,$g(x)=2^x$,求 $f[g(x)]$的表达式;

(6) 若 $f(x)=\begin{cases}x+1, & x\geqslant 0\\ x^2, & x<0\end{cases}$,求 $f(x-2)$的表达式.

解 (1) 由 $f(x)=\dfrac{2x}{1+x}$可知,

$$f[1-f(x)]=\frac{2[1-f(x)]}{1+[1-f(x)]}=\frac{2-2f(x)}{2-f(x)}$$

$$=\frac{2-2\times\dfrac{2x}{1+x}}{2-\dfrac{2x}{1+x}}=1-x.$$

(2) 由 $f(x)=\dfrac{1+x}{1-2x}$可知,

$$f(1+x^2)=\frac{1+1+x^2}{1-2(1+x^2)}$$

$$=-\frac{2+x^2}{1+2x^2},$$

$$f[f(x)]=\frac{1+f(x)}{1-2f(x)}=\frac{1+\dfrac{1+x}{1-2x}}{1-2\times\dfrac{1+x}{1-2x}}=\frac{x-2}{1+4x}.$$

(3) 由于 $f\left(x+\dfrac{1}{x}\right)=x^2+\dfrac{1}{x^2}-2=\left(x+\dfrac{1}{x}\right)^2-4$,从而可知 $f(x)=x^2-4$.

(4) 设 $1+\sqrt{x}=t$，则 $x=(t-1)^2$，由 $f(1+\sqrt{x})=\sin x$ 可知，$f(t)=\sin(t-1)^2$，从而 $f(x)=\sin(x-1)^2$.

(5) 由 $f(x)=\begin{cases}x^2, & 0<x\leqslant 1\\ 3x, & 1<x\leqslant 2\end{cases}$，$g(x)=2^x$ 可知：当 $0<2^x\leqslant 1$，即 $x\leqslant 0$ 时，$f[g(x)]=2^{2x}=4^x$；当 $1<2^x\leqslant 2$，即 $0<x\leqslant 1$ 时，$f[g(x)]=3\cdot 2^x$. 从而可知

$$f[g(x)]=\begin{cases}4^x, & x\leqslant 0\\ 3\cdot 2^x, & 0<x\leqslant 1\end{cases}.$$

(6) 由 $f(x)=\begin{cases}x+1, & x\geqslant 0\\ x^2, & x<0\end{cases}$ 可知：当 $x-2\geqslant 0$，即 $x\geqslant 2$ 时，$f(x-2)=(x-2)+1=x-1$；当 $x-2<0$，即 $x<2$ 时，$f(x-2)=(x-2)^2$，从而可知

$$f(x-2)=\begin{cases}x-1, & x\geqslant 2\\ (x-2)^2, & x<2\end{cases}.$$

分析 本题考察的是复合函数的求解. 根据函数的定义，如果已知 $f(x)$ 的表达式，求 $f(\cdot)$ 时，只需将括号中的部分“·”视为一个整体，用这个整体替换 $f(x)$ 表达式中的 x 即可，如本题(1)和(2)；反之，如果给出的是 $f(\cdot)$ 的表达式，求函数 $f(x)$ 的表达式，那么可以根据已知表达式与整体“·”之间的关系(如(3))或利用变量替换，将“·”替换为单一变量(如(4))进行求解；对于分段函数则需要首先求解新的自变量的取值范围，然后在对应范围内求出表达式，得到要求解的复合函数的分段形式(如(5)、(6)).

例 6 指出下列函数是由哪些基本初等函数复合而成的.

(1) $y=\sqrt{\ln^2 x-\sin 2x}$；　　(2) $y=(1+3\ln\sqrt{x})^2$；

(3) $y=\sqrt{\ln\sqrt{\ln(x+2)}}$；　　(4) $y=2^{\arcsin(1+x^2)}$；

(5) $y=\sin^2(1+\sqrt{x})$；　　(6) $y=x^{\sin^2\sqrt{x}}$.

解 (1) 函数 $y=\sqrt{\ln^2 x-\sin 2x}$ 是由 $y=\sqrt{u}$，$u=v^2-\sin t$，$v=\ln x$，$t=2x$ 复合而成的.

(2) 函数 $y=(1+3\ln\sqrt{x})^2$ 是由 $y=u^2$，$u=1+3\ln v$，$v=\sqrt{x}$ 复合而成的.

(3) 函数 $y=\sqrt{\ln\sqrt{\ln(x+2)}}$ 是由 $y=\sqrt{u}$，$u=\ln v$，$v=\sqrt{t}$，$t=\ln w$，$w=x+2$ 复合而成的.

(4) 函数 $y=2^{\arcsin(1+x^2)}$ 是由 $y=2^u$，$u=\arcsin v$，$v=1+x^2$ 复合而成的.

(5) 函数 $y=\sin^2(1+\sqrt{x})$ 是由 $y=u^2$，$u=\sin v$，$v=1+\sqrt{x}$ 复合而成的.

(6) 函数 $y=x^{\sin^2\sqrt{x}}$ 为幂指函数，它可以转化为复合的指数函数，即 $y=\mathrm{e}^{\sin^2\sqrt{x}\cdot\ln x}$，可知该函数是由 $y=\mathrm{e}^u$，$u=v^2\cdot\ln x$，$v=\sin t$，$t=\sqrt{x}$ 复合而成.

分析 本题考察初等函数的形式分解. 初等函数是由基本初等函数经过有限次四则运算和有限次复合所得到的可以用一个解析式表示的函数. 在分解时，本着由外及里的原则，得到初等函数的复合步骤. 对初等函数的形式分解有利于对后续复合函数求导等问题的研究.

例 7 已知函数 $f(x)$ 和 $g(x)$ 的定义域为 $(-\infty,+\infty)$，证明下列结论成立：

(1) $f(x)+f(-x)$ 为偶函数，$f(x)-f(-x)$ 为奇函数；

(2) 若 $f(x)$ 和 $g(x)$ 均为奇函数，则 $f(x)+g(x)$ 是奇函数；

(3) 若 $f(x)$ 和 $g(x)$ 均为偶函数，则 $f(x)+g(x)$ 是偶函数；

(4) 若 $f(x)$ 和 $g(x)$ 的奇偶性相同，则 $f(x)\cdot g(x)$ 是偶函数；

(5) 若 $f(x)$ 是奇函数，$g(x)$ 是偶函数，则 $f(x)\cdot g(x)$ 是奇函数.

证明 (1) 令 $F(x)=f(x)+f(-x)$，由于 $F(-x)=f(-x)+f(x)=F(x)$，故 $f(x)+f(-x)$ 为偶函数；同理，令 $G(x)=f(x)-f(-x)$，因 $G(-x)=f(-x)-f(x)=-G(x)$，故 $f(x)-f(-x)$ 为奇函数.

(2) 由于 $f(x)$ 和 $g(x)$ 均为奇函数，即 $f(-x)=-f(x)$，$g(-x)=-g(x)$，从而 $f(-x)+g(-x)=-f(x)-g(x)=-[f(x)+g(x)]$，故 $f(x)+g(x)$ 是奇函数.

(3) 由于 $f(x)$ 和 $g(x)$ 均为偶函数，即 $f(-x)=f(x)$，$g(-x)=g(x)$，从而 $f(-x)+g(-x)=f(x)+g(x)$，故 $f(x)+g(x)$ 是偶函数.

(4) 由于 $f(x)$ 和 $g(x)$ 的奇偶性相同，不妨设它们均为偶函数，即 $f(-x)=f(x)$，$g(-x)=g(x)$，从而 $f(-x)\cdot g(-x)=f(x)\cdot g(x)$，故 $f(x)\cdot g(x)$ 是偶函数，同理可证：如果 $f(x)$ 和 $g(x)$ 均为奇函数，则 $f(x)\cdot g(x)$ 为偶函数.

(5) 由于 $f(x)$ 为奇函数，$g(x)$ 为偶函数，即 $f(-x)=-f(x)$，$g(-x)=g(x)$，从而 $f(-x)\cdot g(-x)=-f(x)\cdot g(x)$，故 $f(x)\cdot g(x)$ 为奇函数.

分析 本题考察奇偶函数的概念. 在函数定义域关于原点对称的前提下，根据定义，可以完成对相应结论的证明.

例 8 将下列极坐标方程化为直角坐标方程：

(1) $r=\sin\theta$；　　　　(2) $r\cos\theta+r\sin\theta=4$.

解 (1) 令 $x=r\cos\theta$，$y=r\sin\theta$，由 $r=\sin\theta$ 得，$r^2=r\sin\theta$，即 $x^2+y^2=y$，从而直角坐标方程为

$$x^2+\left(y-\frac{1}{2}\right)^2=\frac{1}{4}.$$

(2) 令 $x=r\cos\theta$，$y=r\sin\theta$，由 $r\cos\theta+r\sin\theta=4$ 得，$x+y=4$，从而直角坐标方程为

$$y=4-x.$$

例 9 将下列直角坐标方程化为极坐标方程：

(1) $(x-2)^2+y^2=4$；　　　　(2) $y=x^2$.

解 (1) 令 $x=r\cos\theta$，$y=r\sin\theta$，由 $(x-2)^2+y^2=4$ 得，$(r\cos\theta-2)^2+(r\sin\theta)^2=4$，$r^2\cos^2\theta-4r\cos\theta+4+r^2\sin^2\theta=4$，即极坐标方程为 $r=4\cos\theta$.

(2) 令 $x=r\cos\theta$，$y=r\sin\theta$，由 $y=x^2$ 得，$r\sin\theta=r^2\cos^2\theta$，从而极坐标方程为 $r=\tan\theta\sec\theta$.

分析 例 8 和例 9 为极坐标系与直角坐标系方程之间的转化. 将直角坐标系的坐标原点与极坐标系的极点重合，直角坐标系 x 轴的正半轴定为极轴，直角坐标系与极坐标系之间的

关系为：$x=r\cos\theta$，$y=r\sin\theta$. 把这一关系代入相应的方程，通过化简即可完成极坐标系方程与直角坐标系方程之间的转化.

例 10 某服装生产商生产了 1 000 件服装并自行销售，每件定价 150 元. 当销售量在 600 件以下时按原价出售；当销售量超过 600 件时，超出部分按原价的 7 折销售. 写出销售总收益与销售量之间的函数关系.

解 由题意可知，当销售量 Q 满足 $0\leqslant Q\leqslant 600$ 时，销售总收益 $R(Q)=150Q$；当销售量 Q 满足 $600<Q\leqslant 1\,000$ 时，销售总收益

$$R(Q)=150\times 600+0.7\cdot 150(Q-600)=105Q+27\,000.$$

从而，销售总收益与销售量之间的函数关系由分段函数表示如下：

$$R(Q)=\begin{cases}150Q, & 0\leqslant Q\leqslant 600\\ 105Q+27\,000, & 600<Q\leqslant 1\,000\end{cases}\quad (Q\text{ 为正整数}).$$

分析 本题考察简单函数关系式的建立. 基于题设信息以及经济学中的常见函数关系（需求函数与反需求函数、供给函数、总收益函数、总成本函数以及总利润函数）构建相应的函数表达式来表述各变量之间的关系.

模块五 自测试题

自测试题

一、判断题(共 10 道小题)

1. 如果函数 $y=f(x)$ 是单调函数，那么它一定存在反函数.（　　）
2. 如果函数 $y=f(x)$ 是递减函数，那么它的反函数一定单调递增.（　　）
3. 函数 $y=f(x)$ 的图像与它的反函数 $x=f^{-1}(y)$ 的图像关于 $y=x$ 轴对称.（　　）
4. 函数 $y=f(x)$ 的定义域就是它的反函数 $y=f^{-1}(x)$ 的值域.（　　）
5. 函数 $y=x^2$，$x\in[-2,3]$ 是偶函数.（　　）
6. 任意两个函数 $y=f(u)$ 和 $u=g(x)$ 都可以形成复合函数 $y=f[g(x)]$.（　　）
7. 分段函数一定不是初等函数.（　　）
8. 幂指函数 $y=x^{\sin x}(x>0)$ 是初等函数.（　　）
9. 函数 $y=f(x)$ 是周期为 T 的周期函数，那么 $y=f^3(x)$ 也是周期为 T 的周期函数.（　　）
10. 如果 $y=f(x)$ 是奇函数，那么它的反函数 $y=f^{-1}(x)$ 也是奇函数.（　　）

二、填空题(共 5 道小题)

1. 函数 $y=\dfrac{1}{\sqrt{4-x^2}}+\arcsin(2-x)$ 的定义域 $D=$________.
2. 已知函数 $f(x)$ 的定义域为 $[-1,2)$，那么函数 $f(\ln x)$ 的定义域为________.

3. 函数 $y=\ln(\sqrt{x}-2)$ 的反函数及定义域为________.

4. 设函数 $f(x)$ 是以 T 为周期的周期函数，则函数 $f\left(\frac{x}{4}\right)+f\left(\frac{x}{2}\right)+f(x)$ 的周期为________.

5. 如果函数 $f(u)=2e^u+3\sqrt{u}$，$\varphi(x)=\ln(1-x)$，则复合函数 $f[\varphi(x)]=$________，其中 x 的取值范围是________.

三、单项选择题(共 10 道小题)

1. 函数 $f(2x-1)=5\sin(2x+1)-\ln(x+1)$，则 $f(x)=($　　$)$.

(A) $5\sin(1+x)-\ln(2+x)$　　(B) $5\sin(2+x)-\ln\left(\frac{1+x}{2}+1\right)$

(C) $5\sin(1+2x)-\ln\left(\frac{1+x}{2}+2\right)$　　(D) $5\sin(2x+1)-\ln(x+1)$

2. 函数 $f(x)=\frac{1}{\sqrt{x^2-1}}+\arccos(x+1)$，则 $f(x+1)$ 的定义域为(　　).

(A) $(-4,-2)$　　(B) $(-4,-2]$

(C) $(-3,-2)$　　(D) $[-3,-2)$

3. 下列函数为奇函数的是(　　).

(A) $f(x)=\sin(x+\frac{\pi}{3})$　　(B) $f(x)=\cos x+x^3$

(C) $f(x)=x(\tan|x|+1)$　　(D) $f(x)=\frac{1}{2^x+2^{-x}}$

4. 下列函数为奇函数的是(　　).

(A) $f(x)=\begin{cases}x, & x>0\\ 0, & x=0\\ -x, & x<0\end{cases}$　　(B) $f(x)=\begin{cases}1+x, & x>0\\ 0, & x=0\\ 1-x, & x<0\end{cases}$

(C) $f(x)=\begin{cases}x^2, & x\geqslant 0\\ -x^2, & x<0\end{cases}$　　(D) $f(x)=\begin{cases}1+x\sin x, & x\geqslant 0\\ 1-x\sin x, & x<0\end{cases}$

5. 函数 $f(x)=x\cos x, x\in\left(0,\frac{\pi}{2}\right)$ 的反函数 $f^{-1}(x)$ 是(　　).

(A) 奇函数　　(B) 偶函数

(C) 既是奇函数，又是偶函数　　(D) 既非奇函数，又非偶函数

6. 设函数 $f(x)=\begin{cases}\sin x+2\sqrt{x}, & x\geqslant 0\\ \ln(2-x), & x<0\end{cases}$，则函数 $f(x-2)=($　　$)$.

(A) $\begin{cases}\sin(x-2)+2\sqrt{x}, & x\geqslant 0\\ \ln(4-x), & x<0\end{cases}$　　(B) $\begin{cases}\sin(x-2)+2\sqrt{x-2}, & x\geqslant 2\\ \ln(4-x), & x<2\end{cases}$

(C) $\begin{cases}\sin x+2\sqrt{x-2}, & x\geqslant 2\\ \ln(2-x), & x<2\end{cases}$　　(D) $\begin{cases}\sin(x+2)+2\sqrt{x}, & x\geqslant 0\\ \ln(2-x), & x<0\end{cases}$

7. 函数 $y=\sin^2[\ln^2(x+1)+2]$的复合过程是(　　).

(A) $y=\sin^2 u, u=\ln^2 v+2, v=x+1$

(B) $y=\sin^2 u, u=v^2+2, v=\ln t, t=x+1$

(C) $y=u^2, u=\sin v, v=\ln^2 t+2, t=x+1$

(D) $y=u^2, u=\sin v, v=t^2+2, t=\ln w, w=x+1$

8. 函数 $f(x)=\ln(\sqrt{x}+1)$, $f[\varphi(x)]=1-x$,则 $\varphi(x)=$(　　).

(A) $e^{2-2x}-1$　　(B) $(e^{1-x}-1)^2$

(C) $e^{2-2x}+1$　　(D) $(e^{1-x}+1)^2$

9. 下列函数能组成复合函数的是(　　).

(A) $y=\sqrt{4-u^2}, u=x^2+3$　　(B) $y=\ln(u-2), u=\cos x$

(C) $y=\arcsin(u+1), u=2+\sin x$　　(D) $y=\arccos(u-1), u=1+\cos x$

10. 设函数 $f(x)=\begin{cases}1-x, & x\leqslant 0\\ 1+x, & x>0\end{cases}$, $g(x)=\begin{cases}x^2, & x<0\\ -2x, & x\geqslant 0\end{cases}$,则 $f[g(x)]=$(　　).

(A) $f[g(x)]=\begin{cases}1+2x, & x\geqslant 0\\ 1+x^2, & x<0\end{cases}$　　(B) $f[g(x)]=\begin{cases}1-2x, & x\geqslant 0\\ 1+x^2, & x<0\end{cases}$

(C) $f[g(x)]=\begin{cases}1+2x, & x\geqslant 0\\ 1-x^2, & x<0\end{cases}$　　(D) $f[g(x)]=\begin{cases}1-2x, & x\geqslant 0\\ 1-x^2, & x<0\end{cases}$

四、多项选择题(共 5 道小题)

1. 下列各组函数表示相同函数的是(　　).

(A) $f(x)=\sqrt{x^2}$ 和 $f(x)=|x|$　　(B) $f(x)=1$ 和 $f(x)=\dfrac{x}{x}$

(C) $f(x)=-1$ 和 $f(x)=\dfrac{-x}{x}$　　(D) $f(x)=\sqrt[4]{x^2}$ 和 $f(x)=\sqrt{x}$

(E) $f(x)=\sqrt[3]{x^6}$ 和 $f(x)=x^2$

2. 下列说法正确的是(　　).

(A) $f(x)=\sin x, x\in\left[-\dfrac{\pi}{3},\dfrac{\pi}{2}\right]$为奇函数

(B) $f(x)=\cos x, x\in\left[-\dfrac{\pi}{2},\dfrac{\pi}{2}\right]$为偶函数

(C) 如果函数 $f(x)$为有界函数,那么函数的界一定是唯一的

(D) 讨论一个函数的单调性必须说明相应的区间,不能笼统说某个函数是单调递增函数或单调递减函数

(E) 每一个周期函数一定有最小正周期

3. 关于分段函数下列说法正确的是(　　).

(A) 分段函数是一个函数

(B) 分段函数是多个函数

(C) 分段函数是初等函数

(D) 分段函数的定义域是每一段自变量取值范围的并集

(E) 有些分段函数可以转化为初等函数

4. 下列函数中不是初等函数的是(　　).

(A) $y=(\sin x+1)^{2x}$　　(B) $y=|x|$

(C) $y=\operatorname{sgn}x$　　(D) $y=[x]$

(E) $y=\begin{cases}x^2+1, & x\geqslant 0\\ 2x-1, & x<0\end{cases}$

5. 下列说法正确的是(　　).

(A) 在某一区间上任何单调函数都有反函数

(B) 一个函数是否有反函数仅与函数自身相关,与定义区间无关

(C) 在某一区间上递增函数的反函数必为递减函数

(D) 若函数 $y=f(x)$在区间(a,b)上存在反函数 $y=f^{-1}(x)$,则 $y=f^{-1}(x)$的定义域为 $y=f(x)$在区间(a,b)上的值域

(E) 若函数 $y=f(x)$在区间(a,b)上存在反函数 $x=g(y)$,则 $y=f(x)$的图像与 $x=g(y)$的图像关于直线 $y=x$ 对称

五、解答题(共 4 道小题)

1. 函数 $f(x)=\begin{cases}x^2+2, & x>0\\ 2, & x=0\\ 2-x^2, & x<0\end{cases}$,求函数 $f(x)$的反函数 $f^{-1}(x)$.

2. 已知 $f(x^2+1)=\ln\dfrac{x^2-2}{x^2+2}$,且 $f[g(x)]=\ln(x-1)$,求 $g(x)$.

3. 某商品每套售价 100 元,在促销活动中,规定一次性订购 50 套以上的,超过 50 套的部分有优惠,优惠力度为每多出 10 套,每套将降价 2 元,但最低价格为每套 70 元,请写出每套商品的售价 P 与订购量 Q 之间的函数关系.

4. 某商品每台售价 300 元时,每月可销售 600 台,每台降价到 200 元时,每月可增销 300 台,试写出该商品的线性需求函数.

第二章 极限与连续

模块一 本章框架图

本章主要介绍数列极限与函数极限的概念、运算及相关性质，进而讨论函数连续的定义以及闭区间上连续函数的性质.

具体内容框架图如下：

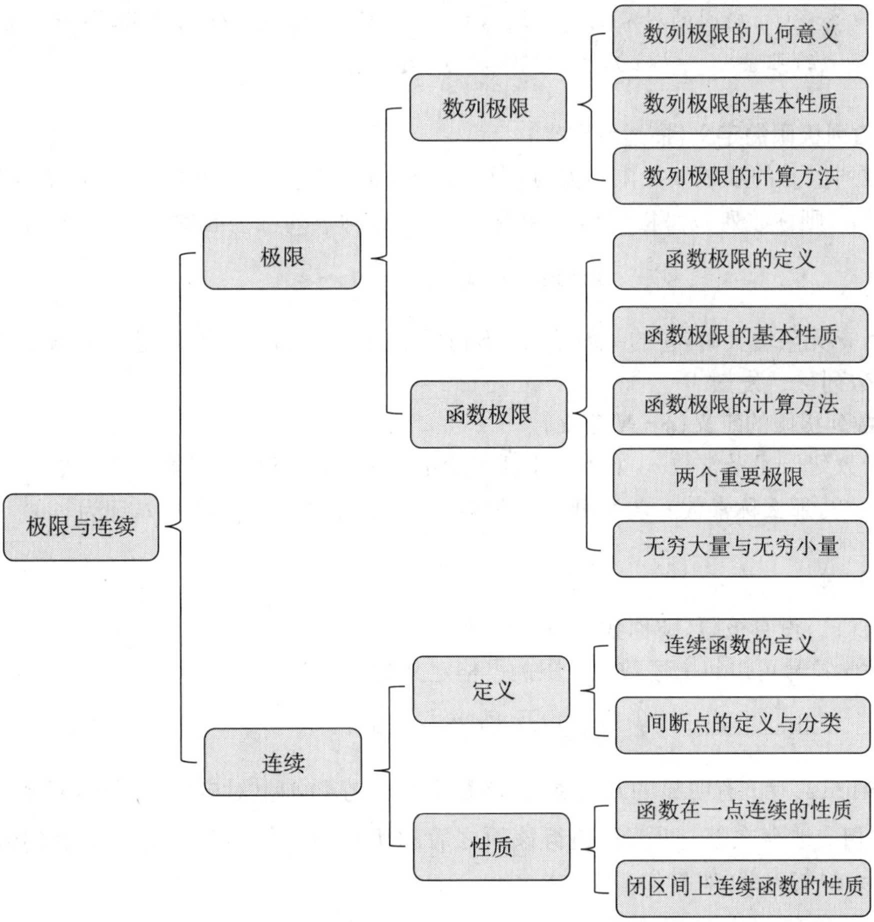

模块二 知识点梳理

一、基本概念

1. 数列的定义

按照一定顺序排成的一列数：

$$x_1, x_2, x_3, \cdots, x_n, \cdots$$

称为一个**无穷数列**，简称**数列**，其中 x_n 表示该数列的第 n 项. 如果从 x_n 的表达式中可以推断出数列的其他项，那么 x_n 称为该数列的一般项或**通项**，数列简记为 $\{x_n\}$.

注意：数列 $\{x_n\}$ 对应于数轴上的无穷点列，随着 n 的不同，x_n 对应数轴上的不同点，形成了项数 n 与项 x_n 之间的对应关系，因此，数列 $\{x_n\}$ 可以看成特殊的函数，即一个定义在正整数集合上的函数 $y_n=f(n)$，故数列又称**整标函数**.

2. 数列极限的定义（描述性定义）

当数列 $\{x_n\}$ 的项数 n 无限增大时，即当 $n\to\infty$ 时，若它的一般项 x_n 无限接近于某个确定的常数 a，则称数列 $\{x_n\}$ **极限存在**，极限值为 a，或称数列 $\{x_n\}$ **收敛于** a，记作

$$\lim_{n\to\infty} x_n=a \text{ 或 } x_n\to a\ (n\to\infty).$$

若当 n 无限增大时，它的一般项 x_n 不趋近于任何确定的常数，则称数列 $\{x_n\}$ **极限不存在**，或称数列 $\{x_n\}$ **发散**.

3. 数列极限的定义（ε-N 定义）

对于数列 $\{x_n\}$ 及常数 a，如果对于任意给定的正数 ε，都存在正整数 N，当 $n>N$ 时，有 $|x_n-a|<\varepsilon$，那么称常数 a 为数列 $\{x_n\}$ 的极限，或称数列 $\{x_n\}$ 收敛于 a，记为

$$\lim_{n\to\infty} x_n=a \text{ 或 } x_n\to a\ (n\to\infty).$$

如果 $\{x_n\}$ 没有极限，则称数列 $\{x_n\}$ 发散.

用数学符号可以将上述数列极限的严格定义描述如下：

$$\lim_{n\to\infty} x_n=a \Leftrightarrow \forall\varepsilon>0, \exists N(N\in\mathbf{N}^+), \text{当 } n>N \text{ 时，有 } |x_n-a|<\varepsilon.$$

极限 $\lim\limits_{n\to\infty} x_n=a$ 有明显的**几何意义**：将数列 $\{x_n\}$ 在数轴上对应的点标出，对于任意给定的 $\varepsilon>0$，相应地存在某一项 N，使得该项之后的所有项（无穷多项）对应的点均落在区间 $(a-\varepsilon, a+\varepsilon)$ 的内部（如图 2.1 所示）.

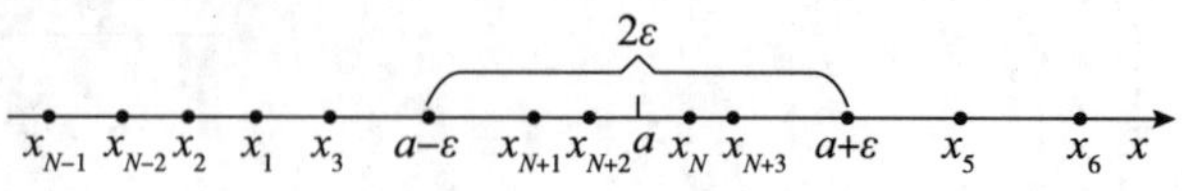

图 2.1

4. 有界的定义

(1) 有界(无界)数列的定义.

如果存在常数 $M>0$,使得数列$\{x_n\}$满足

$$|x_n|\leqslant M, n=1,2,\cdots,$$

则称数列$\{x_n\}$是**有界数列**,M 称为数列$\{x_n\}$的一个界;如果对任何正数 M,至少存在某一项 x_n,满足$|x_n|>M$,则称$\{x_n\}$为**无界数列**.

(2) 有界(无界)函数的定义.

如果存在常数 $M>0$,使得对任意 $x\in(a,b)$,函数 $f(x)$满足

$$|f(x)|\leqslant M, x\in(a,b),$$

则称函数 $f(x)$为区间(a,b)上的**有界函数**,M 称为 $f(x)$在区间(a,b)上的一个界;如果对任何正数 M,至少存在某一项 x_0,满足$|f(x_0)|>M$,则称 $f(x)$为区间(a,b)上的**无界函数**.

5. $x\to\infty$时函数极限的定义(ε-X 定义)

对于函数 $f(x)$及常数 A,如果对于任意给定的正数 ε,总存在一个正数 $X>0$,当$|x|>X$ 时,有$|f(x)-A|<\varepsilon$ 恒成立,则称当 $x\to\infty$时,函数 $f(x)$的极限是 A,记作

$$\lim_{x\to\infty}f(x)=A \text{ 或 } f(x)\to A(x\to\infty).$$

特别地,若当 $x>X$ 时,有$|f(x)-A|<\varepsilon$ 恒成立,则称当 $x\to+\infty$时,函数 $f(x)$的极限是 A,记为 $\lim\limits_{x\to+\infty}f(x)=A$;若当 $x<-X$ 时,有$|f(x)-A|<\varepsilon$ 恒成立,则称当 $x\to-\infty$ 时,函数 $f(x)$的极限是 A,记为 $\lim\limits_{x\to-\infty}f(x)=A$.

6. $x\to x_0$ 时函数极限的定义(ε-δ 定义)

对于函数 $f(x)$及常数 A,如果对于任意给定的正数 ε,总存在一个正数 $\delta>0$,当 $0<|x-x_0|<\delta$ 时,有$|f(x)-A|<\varepsilon$ 恒成立,则称当 $x\to x_0$ 时,函数 $f(x)$的极限是 A,记作

$$\lim_{x\to x_0}f(x)=A \text{ 或 } f(x)\to A(x\to x_0).$$

注意:极限$\lim\limits_{x\to x_0}f(x)=A$ 表示当自变量 x 沿着 x 轴从点 x_0 的左右两侧同时无限靠近 x_0,但又不等于 x_0 时,函数值 $f(x)$无限接近常数 A. $|x-x_0|<\delta$ 表示 x 与 x_0 的距离小于 δ,而 $0<|x-x_0|$表示 x 与 x_0 不相等,因此在 $x\to x_0$ 的极限过程中,有 $x\in(x_0-\delta,x_0)\cup(x_0,x_0+\delta)$,从而可知极限点 x_0 可以不在函数 $f(x)$的定义域中.

7. 左极限与右极限

如果当 x 从 x_0 的左侧($x<x_0$)趋于 x_0 时,$f(x)$以 A 为极限,即对于任意给定的正数 ε,总存在一个正数 $\delta>0$,使得当$-\delta<x-x_0<0$ 时,有$|f(x)-A|<\varepsilon$ 恒成立,则称 A 为当 $x\to x_0$ 时函数 $f(x)$的**左极限**,记作

$$\lim_{x \to x_0^-} f(x)=A \text{ 或 } f(x_0-0)=A.$$

如果当 x 从 x_0 的右侧($x>x_0$)趋于 x_0 时，$f(x)$以 A 为极限，即对于任意给定的正数 ε，总存在一个正数 $\delta>0$，使得当 $0<x-x_0<\delta$ 时，有 $|f(x)-A|<\varepsilon$ 恒成立，则称 A 为当 $x\to x_0$ 时函数 $f(x)$的**右极限**，记作

$$\lim_{x \to x_0^+} f(x)=A \text{ 或 } f(x_0+0)=A.$$

8. 无穷大量与无穷小量的定义

如果用 $x\to X$ 表示函数 $f(x)$的六种($x\to\infty$，$x\to+\infty$，$x\to-\infty$，$x\to x_0$，$x\to x_0^+$，$x\to x_0^-$)极限过程中的任意一种，对于函数 $f(x)$，有$\lim\limits_{x\to X}|f(x)|=+\infty$，则称 $f(x)$为极限过程 $x\to X$ 下的**无穷大量**.

对于函数 $f(x)$，如果$\lim\limits_{x\to X}f(x)=0$，则称 $f(x)$为极限过程 $x\to X$ 下的**无穷小量**.

注意：对于无穷大量有以下结论：

(1) 无穷大量是变量，不能与很大的数(常量)混淆；

(2) 对于无穷大量的讨论必须指明极限过程，不能说某个函数是无穷大量，例如$\dfrac{1}{x}$是极限过程 $x\to 0$ 时的无穷大量，但是在 $x\to 1$ 时，$\dfrac{1}{x}$的极限为 1；

(3) 无穷大量一定是相应极限过程下的无界变量，但无界变量未必是无穷大量. 例如数列$\{(1+(-1)^n)^n\}$，其各项为 $0,2^2,0,2^4,0,\cdots,0,2^n$($n$ 为偶数)，$\cdots$. 显然该数列无界，但当 $n\to\infty$时它不是无穷大量.

对于无穷小量有以下结论：

(1) 无穷小量不能与很小的数混淆；

(2) 对于无穷小量的讨论必须指明极限过程，脱离极限过程讨论某个函数是无穷小量没有意义.

9. 无穷大量阶的定义

设 $f(x)$，$g(x)$是同一极限过程下的两个无穷大量，即$\lim\limits_{x\to X}f(x)=\infty$，$\lim\limits_{x\to X}g(x)=\infty$，那么：

如果$\lim\limits_{x\to X}\dfrac{f(x)}{g(x)}=0$，则称 $f(x)$是 $g(x)$的**低阶无穷大量**，记作 $f(x)=o(g(x))(x\to X)$；

如果$\lim\limits_{x\to X}\dfrac{f(x)}{g(x)}=\infty$，则称 $f(x)$是 $g(x)$的**高阶无穷大量**，记作 $g(x)=o(f(x))(x\to X)$；

如果$\lim\limits_{x\to X}\dfrac{f(x)}{g(x)}=C\neq 0$($C$ 为常数)，则称 $f(x)$是 $g(x)$的**同阶无穷大量**. 特别地，如果$\lim\limits_{x\to X}\dfrac{f(x)}{g(x)}=1$，则称 $f(x)$是 $g(x)$的**等价无穷大量**，记作 $f(x)\sim g(x)(x\to X)$.

10. 无穷小量阶的定义

设 $f(x)$，$g(x)$是同一极限过程下的两个无穷小量，即$\lim\limits_{x\to X}f(x)=0$，$\lim\limits_{x\to X}g(x)=0$，且

$g(x)\neq 0$ 那么：

如果 $\lim\limits_{x\to X}\dfrac{f(x)}{g(x)}=0$，则称 $f(x)$ 是 $g(x)$ 的**高阶无穷小量**，记作 $f(x)=o(g(x))(x\to X)$；

如果 $\lim\limits_{x\to X}\dfrac{f(x)}{g(x)}=\infty$，则称 $f(x)$ 是 $g(x)$ 的**低阶无穷小量**，记作 $g(x)=o(f(x))(x\to X)$；

如果 $\lim\limits_{x\to X}\dfrac{f(x)}{g(x)}=C\neq 0$（$C$ 为常数），则称 $f(x)$ 是 $g(x)$ 的**同阶无穷小量**. 特别地，如果 $\lim\limits_{x\to X}\dfrac{f(x)}{g(x)}=1$，则称 $f(x)$ 是 $g(x)$ 的**等价无穷小量**，记作 $f(x)\sim g(x)(x\to X)$.

注意：由上述内容可知，在极限过程 $x\to X$ 下不论 $f(x)$ 与 $g(x)$ 同为无穷大量还是同为无穷小量，均有

$$f(x)=o(g(x))(x\to X)\Leftrightarrow\lim_{x\to X}\frac{f(x)}{g(x)}=0.$$

11. 函数在一点连续的定义

设函数 $f(x)$ 在 x_0 点的某邻域 $U(x_0,\delta)$ 内有定义，如果当 $x\to x_0$ 时，函数 $f(x)$ 的极限存在，而且极限值等于 $f(x)$ 在 x_0 点的函数值 $f(x_0)$，即 $\lim\limits_{x\to x_0}f(x)=f(x_0)$，则称函数 $f(x)$ 在点 x_0 处连续.

函数在一点连续的等价定义 设函数 $f(x)$ 在 x_0 点的某邻域 $U(x_0,\delta)$ 内有定义，记自变量 x 在点 x_0 处的增量（或称改变量）为 Δx，相应的函数值的改变量 $\Delta y=f(x_0+\Delta x)-f(x_0)$，如果当 $\Delta x\to 0$ 时，有 $\Delta y\to 0$，即 $\lim\limits_{\Delta x\to 0}\Delta y=0$，或者写为 $\lim\limits_{\Delta x\to 0}[f(x_0+\Delta x)-f(x_0)]=0$，则称函数 $f(x)$ 在点 x_0 处连续.

因此 $\lim\limits_{x\to x_0}f(x)=f(x_0)\Leftrightarrow\lim\limits_{\Delta x\to 0}\Delta y=0\Leftrightarrow\lim\limits_{\Delta x\to 0}[f(x_0+\Delta x)-f(x_0)]=0$.

12. 函数在一点左、右连续的定义

设函数 $f(x)$ 在 x_0 点的某邻域 $U(x_0,\delta)$ 内有定义，如果

$$\lim_{x\to x_0^-}f(x)=f(x_0),$$

则称函数 $f(x)$ 在 x_0 点**左连续**；如果

$$\lim_{x\to x_0^+}f(x)=f(x_0),$$

则称函数 $f(x)$ 在 x_0 点**右连续**.

13. 函数在区间连续的定义

如果函数 $f(x)$ 在开区间 (a,b) 内的每一点处都连续，则称 $f(x)$ 在开区间 (a,b) 内连续. 如果函数 $f(x)$ 在开区间 (a,b) 内连续，并且在左端点 a 处右连续，在右端点 b 处左连续，即 $\lim\limits_{x\to a^+}f(x)=f(a)$，$\lim\limits_{x\to b^-}f(x)=f(b)$，则称函数 $f(x)$ 在闭区间 $[a,b]$ 上连续.

14. 间断点的定义

设函数 $f(x)$ 在 x_0 点的某去心邻域 $U(x_0,\delta)\backslash\{x_0\}$ 内有定义，如果出现下列情形之一：

(1) 函数 $f(x)$ 在点 x_0 处没有定义，

(2) 函数 $f(x)$ 在点 x_0 处有定义，但是极限 $\lim\limits_{x\to x_0}f(x)$ 不存在，

(3) 函数 $f(x)$ 在点 x_0 处有定义，并且极限 $\lim\limits_{x\to x_0}f(x)$ 存在，但 $\lim\limits_{x\to x_0}f(x)\neq f(x_0)$，

则称函数 $f(x)$ 在点 x_0 间断(或不连续)，称 x_0 点为函数 $f(x)$ 的**间断点**(或**不连续点**).

15. 间断点的分类

设 x_0 点为函数 $f(x)$ 的间断点，则

第一类间断点　如果 $\lim\limits_{x\to x_0^-}f(x)$ 和 $\lim\limits_{x\to x_0^+}f(x)$ 都存在，即 $f(x)$ 在 x_0 点的左、右极限均存在，则称 x_0 点为 $f(x)$ 的第一类间断点.

第一类间断点又分两种情形：

可去间断点　$f(x)$ 在 x_0 点的左、右极限存在且相等，但是 $\lim\limits_{x\to x_0}f(x)\neq f(x_0)$ 或者 $f(x)$ 在 x_0 点没有定义，则称 x_0 为 $f(x)$ 的可去间断点.

跳跃间断点　$f(x)$ 在 x_0 点的左、右极限存在但不相等，则称 x_0 为 $f(x)$ 的跳跃间断点，并且 $|\lim\limits_{x\to x_0^+}f(x)-\lim\limits_{x\to x_0^-}f(x)|$ 称为 $f(x)$ 在 x_0 点的**跳跃度**.

第二类间断点　如果 $\lim\limits_{x\to x_0^-}f(x)$ 和 $\lim\limits_{x\to x_0^+}f(x)$ 至少有一个不存在，则称 x_0 点为 $f(x)$ 的第二类间断点. 即除去第一类间断点之外的间断点统称为第二类间断点.

第二类间断点又分两种情形：

无穷间断点　如果 $\lim\limits_{x\to x_0^+}f(x)=\infty$ 或 $\lim\limits_{x\to x_0^-}f(x)=\infty$，则称 x_0 为 $f(x)$ 的无穷间断点.

振荡间断点　如果 $\lim\limits_{x\to x_0}f(x)$ 振荡不存在，则称 x_0 为 $f(x)$ 的振荡间断点.

16. 最值的定义

设函数 $f(x)$ 在闭区间 $[a,b]$ 上有定义，如果存在 $x_0\in[a,b]$，使得对任意 $x\in[a,b]$，有 $f(x)\leqslant f(x_0)$ $(f(x)\geqslant f(x_0))$，则称 $f(x_0)$ 是函数 $f(x)$ 在闭区间 $[a,b]$ 上的最大值(最小值).

二、基本性质

1. 数列极限的性质

(1) **唯一性**　若数列 $\{x_n\}$ 的极限存在，则极限值必唯一.

(2) **有界性**　若数列 $\{x_n\}$ 的极限存在，则数列 $\{x_n\}$ 必为有界数列.

(3) **保号性**　如果数列 $\{x_n\}$，$\{y_n\}$ 均收敛，并且存在正整数 N，当 $n>N$ 时，$x_n\geqslant y_n$，那么 $\lim\limits_{n\to\infty}x_n\geqslant\lim\limits_{n\to\infty}y_n$.

特别地，有以下结论成立

① 设数列 $\{x_n\}$ 收敛于 a，即 $\lim\limits_{n\to\infty}x_n=a$，并且存在正整数 N，当 $n>N$ 时，$x_n\geqslant b$(或 $x_n\leqslant b$)，则必有 $a\geqslant b$(或 $a\leqslant b$)；

② 设数列 $\{x_n\}$ 收敛于 a，即 $\lim\limits_{n\to\infty}x_n=a$，并且 $a>b$(或 $a<b$)，那么存在正整数 N，当 $n>N$ 时，有 $x_n>b$(或 $x_n<b$).

(4) **数列极限夹逼性**　假设存在正整数 N，当 $n>N$ 时，数列 $\{x_n\}$，$\{y_n\}$，$\{z_n\}$ 满足不等式

$$y_n \leqslant x_n \leqslant z_n,$$

如果$\lim\limits_{n\to\infty} y_n=\lim\limits_{n\to\infty} z_n=a$，那么数列$\{x_n\}$收敛，并且有$\lim\limits_{n\to\infty} x_n=a$.

2. 数列极限的存在性

(1) $\lim\limits_{n\to\infty} x_n=a \Leftrightarrow \lim\limits_{n\to\infty} x_{n+k}=a(k\in\mathbf{N})$.

上述充要条件意味着一个数列极限存在与否取决于该数列的无穷多项是否趋于某个确定的常数，与数列前面的任意有限项无关. 也就是，一个数列去掉、增加或改变前面任意有限项(从第 1 项至第 k 项)，不会改变数列的收敛性以及极限值.

(2) $\lim\limits_{n\to\infty} x_n=a \Leftrightarrow \lim\limits_{n\to\infty} x_{2n}=\lim\limits_{n\to\infty} x_{2n+1}=a$.

上述充要条件意味着一个数列极限存在等价于该数列的奇数列和偶数列极限存在且相等.

(3) 单调有界数列必有极限，即单调上升有上界的数列必有极限；单调下降有下界的数列必有极限.

3. 数列极限的四则运算法则

设数列$\{x_n\}$，$\{y_n\}$的极限均存在，分别为$\lim\limits_{n\to\infty} x_n=a$，$\lim\limits_{n\to\infty} y_n=b$，那么

(1) $\lim\limits_{n\to\infty}(Cx_n)=C\lim\limits_{n\to\infty} x_n=Ca$，其中 C 为与 n 无关的常数；

(2) $\lim\limits_{n\to\infty}(x_n\pm y_n)=\lim\limits_{n\to\infty} x_n\pm\lim\limits_{n\to\infty} y_n=a\pm b$；

(3) $\lim\limits_{n\to\infty}(x_n y_n)=\lim\limits_{n\to\infty} x_n\cdot\lim\limits_{n\to\infty} y_n=ab$；

(4) 若$\lim\limits_{n\to\infty} y_n=b\neq 0$，则$\lim\limits_{n\to\infty}\dfrac{x_n}{y_n}=\dfrac{\lim\limits_{n\to\infty} x_n}{\lim\limits_{n\to\infty} y_n}=\dfrac{a}{b}$.

注意：数列极限的四则运算法则成立的前提是参与运算的数列极限均存在.

4. 函数极限的性质

(1) **唯一性** 若极限$\lim\limits_{x\to X} f(x)$存在，则极限值必唯一.

(2) **局部有界性** 若$\lim\limits_{x\to X} f(x)=A$，则 $f(x)$在极限过程 $x\to X$ 所允许的某一邻域内有界.

我们以$\lim\limits_{x\to x_0} f(x)=A$ 为例，局部有界性是指：存在常数 $M>0$，使得对任意 $x\in \mathring{U}(x_0,\delta)\backslash\{x_0\}$，有$|f(x)|\leqslant M$. 下面我们给出简单证明：

因为$\lim\limits_{x\to x_0} f(x)=A$，故对任意 $\varepsilon>0$，存在 $\delta>0$，当 $0<|x-x_0|<\delta$ 时，有$|f(x)-A|<\varepsilon$ 恒成立. 不妨设 $\varepsilon=1$，则$|f(x)|<|A|+1$. 取 $M=|A|+1$，则当 x 满足 $0<|x-x_0|<\delta$ 时，$f(x)$满足$|f(x)|\leqslant M$，从而局部有界性得证.

(3) **局部保号性** 若$\lim\limits_{x\to X} f(x)=A$，$\lim\limits_{x\to X} g(x)=B$，并且在极限过程 $x\to X$ 所允许的某一邻域内满足 $f(x)\geqslant g(x)$，则 $A\geqslant B$.

特别地，有以下结论成立：

① 设$\lim\limits_{x\to X}f(x)=A$，如果在极限过程 $x\to X$ 所允许的某一邻域内，有 $f(x)\geqslant B$(或 $f(x)\leqslant B$)，则在该邻域内有 $A\geqslant B$(或 $A\leqslant B$)；

② 设$\lim\limits_{x\to X}f(x)=A$，并且 $A>B$(或 $A<B$)，则在极限过程 $x\to X$ 所允许的某一邻域内满足 $f(x)>B$(或 $f(x)<B$).

(4) **函数极限的夹逼性**　若在极限过程 $x\to X$ 所允许的某一邻域内，函数 $f(x)$，$g(x)$，$h(x)$满足不等式

$$g(x)\leqslant f(x)\leqslant h(x),$$

如果$\lim\limits_{x\to X}g(x)=\lim\limits_{x\to X}h(x)=A$，则$\lim\limits_{x\to X}f(x)=A$.

5. 函数极限的四则运算性质

设函数 $f(x)$，$g(x)$在 $x\to X$ 下的极限均存在，分别为$\lim\limits_{x\to X}f(x)=A$，$\lim\limits_{x\to X}g(x)=B$，那么

(1) $\lim\limits_{x\to X}[Cf(x)]=C\lim\limits_{x\to X}f(x)=CA$，其中 C 为与 x 无关的常数；

(2) $\lim\limits_{x\to X}[f(x)\pm g(x)]=\lim\limits_{x\to X}f(x)\pm\lim\limits_{x\to X}g(x)=A\pm B$；

(3) $\lim\limits_{x\to X}[f(x)g(x)]=\lim\limits_{x\to X}f(x)\cdot\lim\limits_{x\to X}g(x)=AB$；

(4) 若$\lim\limits_{x\to X}g(x)=B\neq 0$，则$\lim\limits_{x\to X}\dfrac{f(x)}{g(x)}=\dfrac{\lim\limits_{x\to X}f(x)}{\lim\limits_{x\to X}g(x)}=\dfrac{A}{B}$.

注意：与数列极限的四则运算法则的使用前提类似，函数极限的四则运算法则要求参与运算的函数极限均存在.

6. 复合函数的极限法则

若$\lim\limits_{x\to x_0}g(x)=A$，并且当 $x\neq x_0$ 时，$g(x)\neq A$，又$\lim\limits_{u\to A}f(u)=B$，则对复合函数 $f[g(x)]$，有$\lim\limits_{x\to x_0}f[g(x)]=B$.

注意：上述法则是变量替换求极限的理论基础，在极限$\lim\limits_{x\to x_0}f[g(x)]$中，令 $u=g(x)$，$x\to x_0$ 时，$u\to A$，则$\lim\limits_{x\to x_0}f[g(x)]=\lim\limits_{u\to A}f(u)=B$；此外，如果去掉条件"当 $x\neq x_0$ 时，$g(x)\neq A$"，则不能保证结论成立.

7. 函数四则运算的连续性

设函数 $f(x)$和 $g(x)$在点 x_0 处连续，那么：

(1) $Cf(x)$，$Cg(x)$(C 为常数)在点 x_0 处连续；

(2) $f(x)\pm g(x)$在点 x_0 处连续；

(3) $f(x)g(x)$在点 x_0 处连续；

(4) $\dfrac{f(x)}{g(x)}$在点 x_0 处连续($g(x_0)\neq 0$).

8. 复合函数的连续性

设函数 $u=g(x)$ 在点 x_0 处连续，函数 $y=f(u)$ 在点 $u_0=g(x_0)$ 处连续，则复合函数 $y=f[g(x)]$ 在点 x_0 处连续.

9. 连续函数的保号性

若函数 $f(x)$ 在点 x_0 处连续，并且 $f(x_0)>0$（或 $f(x_0)<0$），则存在 x_0 的 δ 邻域 $U(x_0,\delta)$，使得对任意 $x\in U(x_0,\delta)$，有 $f(x)>0$（或 $f(x)<0$）.

10. 闭区间上连续函数的性质

(1) **最值性** 设函数 $f(x)$ 在闭区间 $[a,b]$ 上连续，则 $f(x)$ 在 $[a,b]$ 上有最大值 M 和最小值 m，即存在 $x_1,x_2\in[a,b]$，使得 $f(x_1)=M$，$f(x_2)=m$，并且 $m\leqslant f(x)\leqslant M$ 对任意 $x\in[a,b]$ 都成立.

(2) **有界性** 设函数 $f(x)$ 在闭区间 $[a,b]$ 上连续，则 $f(x)$ 在 $[a,b]$ 上有界.

(3) **零点存在性** 设函数 $f(x)$ 在闭区间 $[a,b]$ 上连续，如果 $f(a)f(b)<0$，则至少存在一点 $\xi\in(a,b)$，使得 $f(\xi)=0$.

(4) **介值性** 设函数 $f(x)$ 在闭区间 $[a,b]$ 上连续，$f(x)$ 在 $[a,b]$ 上的最大值为 M、最小值为 m，则对于任意 $c\in[m,M]$，至少存在一点 $\xi\in[a,b]$，使得 $f(\xi)=c$.

三、重要公式与结论

1. 关于数列极限的重要公式

(1) 数列重要极限：

$$\lim_{n\to\infty}\left(1+\frac{1}{n}\right)^n=\mathrm{e}.$$

注意： 此重要极限为“幂指”型极限，它代表一类极限形式，这类极限表明当 $n\to\infty$ 时，若底为 1 加一个极限为零的量，指数部分为该极限为零量的倒数，则极限值为 e.

(2) 夹逼性在数列极限求解中的应用：

$$\lim_{n\to\infty}(a_1^n+a_2^n+\cdots+a_m^n)^{\frac{1}{n}}=A,$$

其中 $a_i>0, i=1,\cdots,m$；$A=\max\{a_1,a_2,\cdots,a_m\}$，即极限值为 $a_1,a_2,\cdots,a_m$ 中的最大者.

2. 关于函数极限的重要公式

(1) 当 $x\to\infty$ 时，多项式之比的极限有如下结论：

$$\lim_{n\to\infty}\frac{a_0x^m+a_1x^{m-1}+\cdots+a_m}{b_0x^n+b_1x^{n-1}+\cdots+b_n}=\begin{cases}0, & m<n\\ \dfrac{a_0}{b_0}, & m=n(a_0b_0\neq 0)\\ \infty, & m>n\end{cases}$$

(2) 两个重要极限(夹逼性在函数极限求解中的应用).

①重要极限一

$$\lim_{x \to 0} \frac{\sin x}{x} = 1.$$

注意:该重要极限代表一类极限形式,不论极限过程如何,只要在该极限过程下,分式分母的极限为 0,分子为分母的正弦函数形式,那么极限值就为 1.

②重要极限二

$$\lim_{x \to \infty} \left(1 + \frac{1}{x}\right)^x = \mathrm{e}.$$

注意:此重要极限为数列重要极限的推广,这种"幂指"型极限代表一类极限形式,不论极限过程如何,只要在该极限过程下,底为 1 加一个极限为零的量,指数部分是该极限为零量的倒数,极限值就为 e.

(3) 关于函数在一点处极限是否存在的判别.

函数 $f(x)$在点 x_0 处极限存在的充分必要条件是 $f(x)$在点 x_0 处左、右极限存在且相等,即

$$\lim_{x \to x_0} f(x) = A \Leftrightarrow \lim_{x \to x_0^-} f(x) = \lim_{x \to x_0^+} f(x) = A.$$

注意:上述充要条件常作为判断分段函数在分界点处极限是否存在的方法.

3. 关于无穷小量与无穷大量的重要公式和结论

(1) 常用的等价无穷小量.

当 $x \to 0$ 时,有以下等价关系成立:

① $x \sim \sin x \sim \tan x \sim \arcsin x \sim \arctan x$;

② $1 - \cos x \sim \frac{1}{2} x^2$;

③ $x \sim \ln(1+x) \sim \mathrm{e}^x - 1$;

④ $(1+x)^\alpha - 1 \sim \alpha x$;

⑤ $a^x - 1 \sim x \ln a \ (a > 0$ 且 $a \neq 1)$.

(2) 函数值与其极限值之间的关系:

$$\lim_{x \to X} f(x) = A \Leftrightarrow f(x) = A + o(1) \ (x \to X),$$

其中 $o(1)$ 表示在极限过程 $x \to X$ 下的无穷小量.

(3) 无穷小量与无穷大量的运算结论.

① 在同一极限过程中,若 $f(x)$为无穷大量,则$\frac{1}{f(x)}$为无穷小量;若 $f(x)$为无穷小量,

并且 $f(x)\neq0$,则$\dfrac{1}{f(x)}$为无穷大量;

② 在同一极限过程中,有限个无穷小量的代数和仍为无穷小量;

③ 在同一极限过程中,有限个无穷小量的乘积仍为无穷小量;

④ 有界变量与无穷小量的乘积为无穷小量;

⑤ 等价无穷小量在乘除运算中可以相互替换,具体可表述如下:

设 $f(x)$和 $g(x)$是 $x\to X$ 下的等价无穷小量,且 $f(x)\neq0,g(x)\neq0$,如果对于 $f(x)$有

$$\lim_{x\to X}f(x)u(x)=A,\lim_{x\to X}\frac{v(x)}{f(x)}=B,$$

那么

$$\lim_{x\to X}g(x)u(x)=A,\lim_{x\to X}\frac{v(x)}{g(x)}=B.$$

注意:等价无穷小量代换只能用于乘除运算,对于加、减项的无穷小量不能随意代换,例如下面的解法是错误的:

$$\lim_{x\to0}\frac{\tan x-\sin x}{\tan x^3}=\lim_{x\to0}\frac{x-x}{x^3}=0.$$

4. 关于函数在一点是否连续的判别

函数 $f(x)$在点 x_0 处连续的充分必要条件是 $f(x)$在点 x_0 处既左连续又右连续,即

$$\lim_{x\to x_0}f(x)=f(x_0)\Leftrightarrow\lim_{x\to x_0^-}f(x)=\lim_{x\to x_0^+}f(x)=f(x_0).$$

注意:上述充要条件常作为判断分段函数在分段点处是否连续的方法.

5. 关于初等函数的连续性

初等函数和基本初等函数在其定义区间内连续.

注意:基本初等函数和初等函数在其定义区间端点处连续是指相应的单侧连续,即左端点满足右连续,右端点满足左连续.

模块三 重难点及易错知识点问答

本章重点

1. 数列极限的定义,包括数列极限的描述性定义和严格的数学定义($\varepsilon-N$ 定义);

本章难点

1. 用数列极限严格的数学定义证明数列极限;
2. 用数列极限的夹逼性求解数列极限;

2. 数列的重要极限；
3. 函数极限的概念，两大类（$x\to\infty$ 和 $x\to x_0$）六种定义形式（$x\to\infty$，$x\to+\infty$，$x\to-\infty$，$x\to x_0$，$x\to x_0^-$，$x\to x_0^+$）以及左右极限的概念；
4. 函数的两个重要极限；
5. 无穷大量与无穷小量的定义；
6. 无穷大量阶的比较与无穷小量阶的比较；
7. 等价无穷小量；
8. 函数在一点连续的两种等价定义形式以及左右连续的定义；
9. 间断点的概念以及间断点的分类；
10. 闭区间上连续函数的性质.

3. 分段函数在分段点处的极限是否存在以及是否连续的判别；
4. 利用“重要极限”求解数列、函数的极限问题；
5. 利用等价无穷小量代换求解极限；
6. 间断点的判别与分类；
7. 利用闭区间上连续函数的性质证明相关问题.

易错知识点问答

问题 1 若数列$\{x_n\}$的极限存在，则数列$\{x_n\}$必为有界数列，反之正确吗？即如果数列$\{x_n\}$为有界数列，那么$\{x_n\}$的极限是否一定存在？

答 反之不一定成立. 例如，数列$\{(-1)^n\}$是有界数列，1 为该数列的一个界，但是该数列的极限不存在，各项交替出现-1和 1. 因此，数列$\{x_n\}$有界是数列$\{x_n\}$极限存在的必要非充分条件.

问题 2 在数列极限的四则运算法则中，以加法计算为例，如果参与运算的各项的极限均存在，那么该加法运算法则适用于无穷多项的加和吗？

答 不适用. 使用数列（或函数）极限的四则运算法则时除了需要注意前提，即参与四则运算的数列（或函数）的极限必须存在，还要注意运算法则适用于有限项，对于无穷多项的运算未必成立. 例如，下面的求解是错误的.

$$\lim_{n\to\infty}\underbrace{\left(\frac{1}{n}+\frac{1}{n}+\cdots+\frac{1}{n}\right)}_{n个}=\lim_{n\to\infty}\frac{1}{n}+\lim_{n\to\infty}\frac{1}{n}+\cdots+\lim_{n\to\infty}\frac{1}{n}=0+0+\cdots+0=0.$$

n 个$\frac{1}{n}$加和，当 $n\to\infty$时，虽然$\lim\limits_{n\to\infty}\frac{1}{n}=0$，但是项数趋于$\infty$，即无穷多个极限为 0 的量加和，此时数列极限的四则运算法则不再适用，正确做法为

$$\lim_{n\to\infty}\left(\frac{1}{n}+\frac{1}{n}+\cdots+\frac{1}{n}\right)=\lim_{n\to\infty}\left(n\cdot\frac{1}{n}\right)=1.$$

此外，还要注意，极限为 0 的量与常数 0 是两个不同的概念，无穷多个常数 0 加和依然为 0，但是无穷多个极限为 0 的量加和未必是 0.

问题 3 在函数极限 $\lim\limits_{x\to x_0}f(x)$ 的求解中，极限点 x_0 是否一定位于函数 $f(x)$ 的定义域中？

答 不一定. 因为极限 $\lim\limits_{x\to x_0}f(x)$ 研究的是当自变量 x 无限趋近点 x_0 但又不等于 x_0 时，函数值的变化趋势，从而 x_0 点不要求一定位于 $f(x)$ 的定义域中. 例如，重要极限 $\lim\limits_{x\to 0}\frac{\sin x}{x}=1$，极限点 $x_0=0$ 就不在函数 $\frac{\sin x}{x}$ 的定义域中.

问题 4 在同一极限过程中，有限个无穷小量的代数和是无穷小量，那么无穷多个无穷小量的代数和依旧是无穷小量吗？

答 不一定. 参见问题 2 的举例.

问题 5 有界变量与无穷大量的乘积是无穷大量吗？

答 不一定. 例如，重要极限 $\lim\limits_{x\to 0}\frac{1}{x}\sin x=1$，其中 $\frac{1}{x}$ 为 $x\to 0$ 时的无穷大量，而 $\sin x$ 是有界变量，但两者的乘积不是无穷大量.

问题 6 在同一极限过程中，如果 $f(x)$ 是 $g(x)$ 的高阶无穷小量，$g(x)$ 是 $u(x)$ 的高阶无穷小量，那么 $f(x)$ 一定是 $u(x)$ 的高阶无穷小量吗？

答 一定是. 因为在同一极限过程 $x\to X$ 中，$f(x)$ 是 $g(x)$ 的高阶无穷小量，即 $\lim\limits_{x\to X}\frac{f(x)}{g(x)}=0$，又 $g(x)$ 是 $u(x)$ 的高阶无穷小量，即 $\lim\limits_{x\to X}\frac{g(x)}{u(x)}=0$，从而

$$\lim_{x\to X}\frac{f(x)}{u(x)}=\lim_{x\to X}\left[\frac{f(x)}{g(x)}\cdot\frac{g(x)}{u(x)}\right]=\lim_{x\to X}\frac{f(x)}{g(x)}\cdot\lim_{x\to X}\frac{g(x)}{u(x)}=0.$$

问题 7 在同一极限过程中，如果 $f(x)$ 是 $g(x)$ 的低阶无穷大量，$g(x)$ 是 $u(x)$ 的低阶无穷大量，那么 $f(x)$ 一定是 $u(x)$ 的低阶无穷大量吗？

答 一定是. 分析方法同问题 6.

问题 8 当 $x\to 0$ 时，如果 $f(x)$ 是 x^2 的高阶无穷小量，那么 $f(x)$ 是 x^3 的高阶无穷小量、低阶无穷小量还是同阶无穷小量呢？

答 不确定. $f(x)=o(x^2)(x\to 0)$，$f(x)$ 与 x^3 之间的关系无法确定. 例如，如果 $f(x)=x^4$，那么当 $x\to 0$ 时 $f(x)$ 是 x^3 的高阶无穷小量；如果 $f(x)=\sqrt{x^5}$，那么当 $x\to 0$ 时 $f(x)$ 是 x^3 的低阶无穷小量；如果 $f(x)=2x^3$，那么当 $x\to 0$ 时 $f(x)$ 是 x^3 的同阶无穷小量.

问题 9 同一极限过程中的两个无穷小量之间一定可以进行阶的比较吗？

答 不一定. 即便是同一极限过程中的无穷小量，也不是任意两个无穷小量之间都可以进行阶的比较的. 例如，$\lim\limits_{x\to 0}x=0$，$\lim\limits_{x\to 0}x\sin\frac{1}{x}=0$（无穷小量与有界变量的乘积为无穷小量），即当 $x\to 0$ 时，x 与 $x\sin\frac{1}{x}$ 都是该极限过程中的无穷小量，但是 $\lim\limits_{x\to 0}\frac{x\sin\frac{1}{x}}{x}=\lim\limits_{x\to 0}\sin\frac{1}{x}$，该极

限不存在，且不为无穷大量. 因此，x 与 $x\sin\frac{1}{x}$ 之间不能进行阶的比较.

问题10 对于函数 $f(x)$ 不连续的点一定是 $f(x)$ 的间断点吗?

答 不一定. 在讨论一个点是否为函数的间断点时，首先要满足函数在该点的去心邻域内有定义这个前提. 例如，考虑函数 $f(x)=\frac{1}{\sqrt{x^2-1}}$，定义域为 $(-\infty,-1)\cup(1,+\infty)$. 那么 $x=-1$，$x=1$ 以及区间 $(-1,1)$ 内的任意一点既不是 $f(x)$ 的连续点，也不是 $f(x)$ 的间断点. 因为函数在这些点处不满足去心邻域内有定义这个前提. 因此，不连续的点不一定就是间断点.

问题11 函数 $f(x)$ 在闭区间 $[a,b]$ 上连续，是函数 $f(x)$ 在该区间上存在最大最小值的充要条件吗?

答 不是充要条件，是充分非必要条件. 例如，考虑分段函数

$$f(x)=\begin{cases}x^2, & x\in[-1,0)\cup(0,1]\\ -1, & x=0\end{cases},$$

显然 $f(x)$ 在闭区间 $[-1,1]$ 上不连续($x=0$ 为 $f(x)$ 的可去间断点)，但是函数 $f(x)$ 在该区间上有最大值 1 和最小值 -1. 因此，函数在此区间上连续是函数在该区间存在最值的充分非必要条件.

模块四 典型题解析

一、数列极限

例1 用数列极限的定义证明下列各式成立.

(1) $\lim\limits_{n\to\infty}\left(3-\frac{2}{n+1}\right)=3$；　　(2) $\lim\limits_{n\to\infty}\frac{2n^2-1}{n^2}=2$.

证明 (1) 因为

$$\left|3-\frac{2}{n+1}-3\right|=\frac{2}{n+1},$$

所以对任意给定的正数 $\varepsilon>0$，要使 $\left|3-\frac{2}{n+1}-3\right|<\varepsilon$，只需 $\frac{2}{n+1}<\varepsilon$，即 $n>\frac{2}{\varepsilon}-1$. 故只要取正整数 $N=\left[\frac{2}{\varepsilon}-1\right]+1$(取整函数)，当 $n>N$ 时，就有 $\left|3-\frac{2}{n+1}-3\right|<\varepsilon$. 因此

$$\lim_{n\to\infty}(3-\frac{2}{n+1})=3.$$

(2) 因为

$$\left|\frac{2n^2-1}{n^2}-2\right|=\frac{1}{n^2},$$

所以对任意给定的正数 $\varepsilon>0$,要使 $\left|\frac{2n^2-1}{n^2}-2\right|<\varepsilon$,只需 $\frac{1}{n^2}<\varepsilon$,即 $n>\frac{1}{\sqrt{\varepsilon}}$. 故只要取正整数 $N=\left[\frac{1}{\sqrt{\varepsilon}}\right]+1$(取整函数),当 $n>N$ 时,就有 $\left|\frac{2n^2-1}{n^2}-2\right|<\varepsilon$. 因此

$$\lim_{n\to\infty}\frac{2n^3-1}{n^2}=2.$$

分析 此题为数列极限的证明. 证明极限存在时,寻找正整数 N 是证明过程的关键. 在证明极限 $\lim\limits_{n\to\infty}x_n=a$ 的过程中,采取如下分析步骤:

步骤一 写出数列通项与极限值之差的绝对值 $|x_n-a|$,并进行化简;

步骤二 按照数列极限的定义,要使 $|x_n-a|<\varepsilon$,由此解得 n 需要满足的不等式,由于项数为正整数,故在选取 N 时通常使用取整函数,显然 N 为 ε 的函数形式,并且 N 不唯一(N 项之后的所有项都能保证 $|x_n-a|<\varepsilon$);

步骤三 当 $n>N$ 时,有不等式 $|x_n-a|<\varepsilon$ 成立,从而结论得证.

例 2 求下列数列的极限:

(1) $\lim\limits_{n\to\infty}\frac{2\sqrt{n}+1}{1-4\sqrt{n}}$; (2) $\lim\limits_{n\to\infty}\frac{2\sqrt{n}+1}{1-2n}$; (3) $\lim\limits_{n\to\infty}\frac{2n^2+1}{1-2n}$.

解 (1) 分子和分母同除以 $\sqrt{n}$,得

$$\lim_{n\to\infty}\frac{2\sqrt{n}+1}{1-4\sqrt{n}}=\lim_{n\to\infty}\frac{2+\frac{1}{\sqrt{n}}}{\frac{1}{\sqrt{n}}-4}=\frac{2}{-4}=-\frac{1}{2}.$$

(2) 分子和分母同除以 n,得

$$\lim_{n\to\infty}\frac{2\sqrt{n}+1}{1-2n}=\lim_{n\to\infty}\frac{\frac{2}{\sqrt{n}}+\frac{1}{n}}{\frac{1}{n}-2}=\frac{0}{-2}=0.$$

(3) 分子和分母同除以 n^2,得

$$\lim_{n\to\infty}\frac{2n^2+1}{1-2n}=\lim_{n\to\infty}\frac{2+\frac{1}{n^2}}{\frac{1}{n^2}-\frac{2}{n}}.$$

由于当 $n\to\infty$ 时，分母 $\lim\limits_{n\to\infty}\left(\frac{1}{n^2}-\frac{2}{n}\right)=0$，分子 $\lim\limits_{n\to\infty}\left(2+\frac{1}{n^2}\right)=2$，从而所求极限不存在，发散为∞，记为

$$\lim_{n\to\infty}\frac{2n^2+1}{1-2n}=\infty.$$

分析 例 2 均为分式的极限求解，如果将数列看成特殊的函数，那么利用函数极限的求解公式：

$$\lim_{n\to\infty}\frac{a_0x^m+a_1x^{m-1}+\cdots+a_m}{b_0x^n+b_1x^{n-1}+\cdots+b_n}=\begin{cases}0, & m<n\\ \dfrac{a_0}{b_0}, & m=n(a_0b_0\neq0)\\ \infty, & m>n\end{cases}$$

可以通过比较分子、分母 n 的次数来得到极限结果. 可见，上述公式也适用于数列极限的求解问题.

例 3 求极限 $\lim\limits_{n\to\infty}(\sqrt{n^2+2n-4}-\sqrt{n^2-n+3})$.

解 由分子有理化，得

$$\begin{aligned}\lim_{n\to\infty}(\sqrt{n^2+2n-4}-\sqrt{n^2-n+3})&=\lim_{n\to\infty}\frac{(n^2+2n-4)-(n^2-n+3)}{\sqrt{n^2+2n-4}+\sqrt{n^2-n+3}}\\&=\lim_{n\to\infty}\frac{3n-7}{\sqrt{n^2+2n-4}+\sqrt{n^2-n+3}}=\frac{3}{2}.\end{aligned}$$

分析 本题是两个根式做差求极限的问题，对于根式和或差求极限，常采用有理化的方法. 将分子有理化，得到关于 n 的多项式分式形式，从而比较分子和分母中 n 的最高次的次数，次数相同时，极限值为 n 的最高次的系数之比，从而本题答案为 $\frac{3}{2}$.

例 4 求极限 $\lim\limits_{n\to\infty}\sqrt{n}\cdot[\ln(1+\sqrt{n})-\ln\sqrt{n}]$.

解
$$\begin{aligned}\lim_{n\to\infty}\sqrt{n}\cdot[\ln(1+\sqrt{n})-\ln\sqrt{n}]&=\lim_{n\to\infty}\sqrt{n}\cdot\ln\left(1+\frac{1}{\sqrt{n}}\right)=\lim_{n\to\infty}\ln\left(1+\frac{1}{\sqrt{n}}\right)^{\sqrt{n}}\\&=\ln\left[\lim_{n\to\infty}\left(1+\frac{1}{\sqrt{n}}\right)^{\sqrt{n}}\right]=\ln e=1.\end{aligned}$$

分析 本题考察的是数列的重要极限. 首先根据对数运算，将对数作差变为真数相除，对数的系数作为真数的次数，构成重要极限形式；其次由于初等函数在定义域内连续，从而极限可以直接作用在真数部分，形成 $\ln\left[\lim\limits_{n\to\infty}\left(1+\frac{1}{\sqrt{n}}\right)^{\sqrt{n}}\right]$；最后利用数列的重要极限，得到本题极限值为 1.

例 5 求极限 $\lim\limits_{n\to\infty}\left(\frac{1}{n^2+1}+\frac{2}{n^2+2}+\frac{3}{n^2+3}+\cdots+\frac{n}{n^2+n}\right)$.

解 令 $x_n=\frac{1}{n^2+1}+\frac{2}{n^2+2}+\frac{3}{n^2+3}+\cdots+\frac{n}{n^2+n}$，通过观察可知，分母最大为 n^2+n，最小为 n^2+1. 如果将各分式分母统一放大为 n^2+n，则 $\frac{1+2+\cdots+n}{n^2+n}\leqslant x_n$；如果将各分式分母统一缩小为 n^2+1，则 $x_n\leqslant\frac{1+2+\cdots+n}{n^2+1}$，从而有如下不等式成立：

$$\frac{\frac{n(n+1)}{2}}{n^2+n}=\frac{1+2+\cdots+n}{n^2+n}\leqslant x_n\leqslant\frac{1+2+\cdots+n}{n^2+1}=\frac{\frac{n(n+1)}{2}}{n^2+1},$$

由于 $\lim\limits_{n\to\infty}\frac{\frac{n(n+1)}{2}}{n^2+n}=\frac{1}{2}$，$\lim\limits_{n\to\infty}\frac{\frac{n(n+1)}{2}}{n^2+1}=\frac{1}{2}$，故根据数列极限的夹逼性可知

$$\lim_{n\to\infty}\left(\frac{1}{n^2+1}+\frac{2}{n^2+2}+\frac{3}{n^2+3}+\cdots+\frac{n}{n^2+n}\right)=\frac{1}{2}.$$

分析 本题考察数列的夹逼性. 这类题目有一个典型特点，即通项为 n 项加和的形式，并且在 $n\to\infty$ 的极限过程中，加和的项数趋于 ∞，此时考虑对通项进行放缩，但需要注意的是，必须保证放大和缩小后两个式子的极限存在且相等，那么使用数列极限的夹逼性便可求得相应极限.

例 6 求极限 $\lim\limits_{n\to\infty}\sqrt[n]{2^n+4^n+6^n}$.

解 令 $x_n=\sqrt[n]{2^n+4^n+6^n}$，显然有 $6^n\leqslant 2^n+4^n+6^n\leqslant 3\cdot 6^n$，从而

$$6=\sqrt[n]{6^n}\leqslant x_n\leqslant\sqrt[n]{3\cdot 6^n}=6\cdot 3^{\frac{1}{n}}.$$

又因为 $\lim\limits_{n\to\infty}6\cdot 3^{\frac{1}{n}}=6\cdot 3^0=6$，由数列极限的夹逼性可知

$$\lim_{n\to\infty}\sqrt[n]{2^n+4^n+6^n}=6.$$

分析 本题是数列夹逼性的另一种形式. 这类题目的特点是在 $n\to\infty$ 的极限过程中，数列通项为“∞^0”型，即 n 次根下有限项的加和，而每一项均是一个正数的 n 次幂，那么该极限值为这些有限的正数中的最大者. 更一般地有如下结论成立：

$$\lim_{n\to\infty}\sqrt[n]{a_1^n+a_2^n+\cdots+a_m^n}=A,$$

其中 $a_i>0, i=1,\cdots,m, A=\max\{a_1,a_2,\cdots,a_m\}$，即极限值为 $a_1,a_2,\cdots,a_m$ 中的最大者.

二、函数极限

例 7 用函数极限的定义证明下列极限成立.

(1) $\lim\limits_{x\to\infty}\left(1-\frac{1}{x-3}\right)=1$； (2) $\lim\limits_{x\to+\infty}\frac{1}{\sqrt{x}}=0$；

(3) $\lim\limits_{x\to-\infty} e^x=0$;　　(4) $\lim\limits_{x\to1}(3x-1)=2$;

(5) $\lim\limits_{x\to1^+}\sqrt{x-1}=0$;　　(6) $\lim\limits_{x\to0^-}2^{\frac{1}{x}}=0$.

证明 (1) 因为

$$\left|1-\frac{1}{x-3}-1\right|=\frac{1}{|x-3|},$$

所以对任意给定的 $\varepsilon>0$,要使 $\left|1-\frac{1}{x-3}-1\right|<\varepsilon$,只需 $\frac{1}{|x-3|}<\varepsilon$,即 $x>\frac{1}{\varepsilon}+3$ 或 $x<-\frac{1}{\varepsilon}+3$. 故取 $X=\frac{1}{\varepsilon}+3>0$,则当 $|x|>X$ 时,有 $\left|1-\frac{1}{x-3}-1\right|<\varepsilon$. 因此

$$\lim_{x\to\infty}\left(1-\frac{1}{x-3}\right)=1.$$

(2) 因为

$$\left|\frac{1}{\sqrt{x}}-0\right|=\frac{1}{\sqrt{x}},$$

所以对任意给定的 $\varepsilon>0$,要使 $\left|\frac{1}{\sqrt{x}}-0\right|<\varepsilon$,只需 $\frac{1}{\sqrt{x}}<\varepsilon$,即 $x>\frac{1}{\varepsilon^2}$. 故取 $X=\frac{1}{\varepsilon^2}>0$,则当 $x>X$ 时,有 $\left|\frac{1}{\sqrt{x}}-0\right|<\varepsilon$. 因此

$$\lim_{x\to+\infty}\frac{1}{\sqrt{x}}=0.$$

(3) 因为

$$|e^x-0|=e^x,$$

所以对任意给定的 $\varepsilon>0(\varepsilon<1)$,要使 $|e^x-0|<\varepsilon$,只需 $x<\ln\varepsilon$. 故取 $X=-\ln\varepsilon>0$,则当 $x<-X$ 时,有 $|e^x-0|<\varepsilon$. 因此

$$\lim_{x\to-\infty}e^x=0.$$

(4) 因为

$$|3x-1-2|=3|x-1|,$$

所以对任意给定的 $\varepsilon>0$,要使 $|3x-1-2|<\varepsilon$,只需 $3|x-1|<\varepsilon$,即 $|x-1|<\frac{\varepsilon}{3}$. 故取 $\delta=\frac{\varepsilon}{3}>0$,则当 $0<|x-1|<\delta$ 时,有 $|3x-1-2|<\varepsilon$. 因此

$$\lim_{x\to1}(3x-1)=2.$$

(5) 因为

$$\left|\sqrt{x-1}-0\right|=\sqrt{x-1},$$

所以对任意给定的 $\varepsilon>0$，要使 $\left|\sqrt{x-1}-0\right|<\varepsilon$，只需 $\sqrt{x-1}<\varepsilon$，即 $x-1<\varepsilon^2$. 故取 $\delta=\varepsilon^2>0$，则当 $0<x-1<\delta$ 时，有 $\left|\sqrt{x-1}-0\right|<\varepsilon$. 因此

$$\lim_{x\to1^+}\sqrt{x-1}=0.$$

(6) 因为

$$\left|2^{\frac{1}{x}}-0\right|=2^{\frac{1}{x}},$$

所以对任意给定的正数 $\varepsilon>0(\varepsilon<1)$，要使 $|2^{\frac{1}{x}}-0|<\varepsilon$，只需 $2^{\frac{1}{x}}<\varepsilon$，从而 $\frac{1}{x}\ln2<\ln\varepsilon$，即 $x>\frac{\ln2}{\ln\varepsilon}$. 故取 $\delta=-\frac{\ln2}{\ln\varepsilon}>0$，则当 $-\delta<x<0$ 时，有 $|2^{\frac{1}{x}}-0|<\varepsilon$. 因此

$$\lim_{x\to0^-}2^{\frac{1}{x}}=0.$$

分析 本题为函数六种极限的证明. 由上述证明过程可知，根据函数极限的六种定义，在 $x\to\infty(x\to-\infty,x\to+\infty)$ 的极限过程中寻找正数 X、在 $x\to x_0(x\to x_0^+,x\to x_0^-)$ 的极限过程中寻找正数 δ 是证明的关键，不论是正数 X 还是正数 δ，它们都是 ε 的函数，即有 $X(\varepsilon)$，$\delta(\varepsilon)$. 函数极限具体的证明步骤与数列极限的证明步骤类似，参见例 1 后的“分析”.

例 8 求解下列函数的极限：

(1) $\lim\limits_{x\to\infty}\frac{2x^2-3x+1}{6x^2-5x}$；　(2) $\lim\limits_{x\to\infty}\frac{x^2-1}{x^3+1}$；　(3) $\lim\limits_{x\to\infty}\frac{x^2+x-1}{3x+5}$.

解 (1) 分子和分母同除以 x^2，得

$$\lim_{x\to\infty}\frac{2x^2-3x+1}{6x^2-5x}=\lim_{x\to\infty}\frac{2-\frac{3}{x}+\frac{1}{x^2}}{6-\frac{5}{x}}=\frac{2}{6}=\frac{1}{3}.$$

(2) 分子和分母同除以 x^3，得

$$\lim_{x\to\infty}\frac{x^2-1}{x^3+1}=\lim_{x\to\infty}\frac{\frac{1}{x}-\frac{1}{x^3}}{1+\frac{1}{x^3}}=\frac{0}{1}=0.$$

(3) 分子和分母同除以 x^2，得

$$\lim_{x\to\infty}\frac{x^2+x-1}{3x+5}=\lim_{x\to\infty}\frac{1+\frac{1}{x}-\frac{1}{x^2}}{\frac{3}{x}+\frac{5}{x^2}}.$$

由于当 $x\to\infty$ 时,分母 $\lim\limits_{x\to\infty}\left(\frac{3}{x}+\frac{5}{x^2}\right)=0$,分子 $\lim\limits_{x\to\infty}\left(1+\frac{1}{x}-\frac{1}{x^2}\right)=1$,所以所求极限不存在,发散为∞,记为

$$\lim_{x\to\infty}\frac{x^2+x-1}{3x+5}=\infty.$$

分析 例 8 与例 2 相似,为分式的极限求解,其中分子和分母均为 x 的多项式函数,可以利用函数极限的求解公式:

$$\lim_{n\to\infty}\frac{a_0x^m+a_1x^{m-1}+\cdots+a_m}{b_0x^n+b_1x^{n-1}+\cdots+b_n}=\begin{cases}0, & m<n\\ \frac{a_0}{b_0}, & m=n(a_0b_0\neq 0),\\ \infty, & m>n\end{cases}$$

通过比较分子、分母中 x 的次数来得到极限结果.

例 9 求解下列函数的极限:

(1) $\lim\limits_{x\to+\infty}(\sqrt{x^2+x+1}-\sqrt{x^2-3})$;

(2) $\lim\limits_{x\to1}\frac{2x-2}{\sqrt{2x^2-1}-\sqrt{2x^2+2x-3}}$;

(3) $\lim\limits_{x\to1}\frac{x^3+x-2}{x^3-1}$;

(4) $\lim\limits_{x\to2}\left(\frac{x}{x-2}-\frac{4}{x^2-2x}\right)$.

解 (1) 将分子有理化,得

$$\lim_{x\to+\infty}(\sqrt{x^2+x+1}-\sqrt{x^2-3})=\lim_{x\to+\infty}\frac{x^2+x+1-x^2+3}{\sqrt{x^2+x+1}+\sqrt{x^2-3}}$$
$$=\lim_{x\to+\infty}\frac{x+4}{\sqrt{x^2+x+1}+\sqrt{x^2-3}}=\frac{1}{2}.$$

(2) 将分母有理化,得

$$\lim_{x\to1}\frac{2x-2}{\sqrt{2x^2-1}-\sqrt{2x^2+2x-3}}=\lim_{x\to1}\frac{(2x-2)(\sqrt{2x^2-1}+\sqrt{2x^2+2x-3})}{2-2x}=-2.$$

(3) $$\lim_{x\to1}\frac{x^3+x-2}{x^3-1}=\lim_{x\to1}\frac{x^3-1+x-1}{x^3-1}=\lim_{x\to1}\left(1+\frac{x-1}{x^3-1}\right)=\lim_{x\to1}\left[1+\frac{x-1}{(x-1)(x^2+x+1)}\right]$$
$$=\lim_{x\to1}\left(1+\frac{1}{x^2+x+1}\right)=\frac{4}{3}.$$

(4) $$\lim_{x\to2}\left(\frac{x}{x-2}-\frac{4}{x^2-2x}\right)=\lim_{x\to2}\frac{x^2-4}{x(x-2)}=\lim_{x\to2}\frac{x+2}{x}=2.$$

分析 本题考察的是运用函数极限的四则运算法则求解极限的问题.在使用四则运算法则时,应注意运算法则成立的前提,即参与四则运算的函数极限均存在(其中除法运算的分母极限不为0).因此,通常在使用运算法则之前需要对函数进行处理.比如,分子有理化(如(1))、分母有理化(如(2))、消去使得分子和分母极限同为0的公因式(如(3))以及通分(如(4))等方法.通过这些处理,函数极限四则运算法则的前提才得以满足,而后根据四则运算法则得到相应的极限结果.

例10 证明极限$\lim\limits_{x\to 0}\dfrac{|x|}{x}$不存在.

证明 根据左右极限可知函数$f(x)=\dfrac{|x|}{x}$在$x=0$点的左极限和右极限分别为:

左极限:$\lim\limits_{x\to 0^-}\dfrac{|x|}{x}=\lim\limits_{x\to 0^-}\dfrac{-x}{x}=-1$; 右极限:$\lim\limits_{x\to 0^+}\dfrac{|x|}{x}=\lim\limits_{x\to 0^+}\dfrac{x}{x}=1$.

由于左右极限存在但不相等,所以极限$\lim\limits_{x\to 0}\dfrac{|x|}{x}$不存在.

例11 讨论极限$\lim\limits_{x\to\infty}\arctan x$是否存在.

解 由于$\lim\limits_{x\to+\infty}\arctan x=\dfrac{\pi}{2}$,$\lim\limits_{x\to-\infty}\arctan x=-\dfrac{\pi}{2}$,故$\lim\limits_{x\to+\infty}\arctan x\neq\lim\limits_{x\to-\infty}\arctan x$,因此极限$\lim\limits_{x\to\infty}\arctan x$不存在.

例12 设函数$f(x)=\begin{cases}e^{\frac{1}{x}}, & x<0,\\ 0, & x=0\\ 2x-1, & 0<x\leqslant 5\\ \ln(x-5), & x>5\end{cases}$,判断函数在点$x=0$及$x=5$处的极限是否存在.

解 由于$f(x)$为分段函数且点$x=0$及$x=5$为$f(x)$的分段点,因此在分段点处的极限问题应该从左右极限的角度进行讨论.

点$x=0$处的左右极限分别为

$$\lim_{x\to 0^-}f(x)=\lim_{x\to 0^-}e^{\frac{1}{x}}=0,\ \lim_{x\to 0^+}f(x)=\lim_{x\to 0^+}(2x-1)=-1.$$

由于在点$x=0$处左右极限存在但不相等,因此函数$f(x)$在点$x=0$处极限不存在.

点$x=5$处的左右极限分别为

$$\lim_{x\to 5^-}f(x)=\lim_{x\to 5^-}(2x-1)=9,\ \lim_{x\to 5^+}f(x)=\lim_{x\to 5^+}\ln(x-5)=-\infty.$$

由于在点$x=5$处的右极限不存在,发散为$-\infty$,因此函数$f(x)$在点$x=5$处极限不存在.

例13 设函数$f(x)=\begin{cases}2a\cos x, & x<0\\ 1, & x=0\\ 1+e^{-\frac{1}{x}}, & x>0\end{cases}$在点$x=0$处极限存在,求参数$a$的值.

解 由于 $f(x)$为分段函数且点 $x=0$ 为 $f(x)$的分段点,因此在分段点处的极限问题应该从左右极限的角度进行讨论.

点 $x=0$ 处的左右极限分别为

$$\lim_{x\to0^-}f(x)=\lim_{x\to0^-}2a\cos x=2a,\lim_{x\to0^+}f(x)=\lim_{x\to0^+}\left(1+e^{-\frac{1}{x}}\right)=1.$$

因此,要使 $f(x)$在点 $x=0$ 处极限存在,则 $2a=1$,即 $a=\dfrac{1}{2}$.

分析 上述例 10、例 12 和例 13 均为对左右极限的考察.根据定理:函数在一点极限存在的充要条件为函数在该点左右极限存在且相等,因此对于判别函数在一点极限是否存在,特别是分段函数在分段点处极限的判别与求解问题(如例 12、例 13),要利用左右极限进行分析.

例 14 求解下列极限:

(1) $\lim\limits_{x\to1}\dfrac{\arcsin(x-1)}{x-1}$; (2) $\lim\limits_{x\to0^+}\dfrac{1-\cos\sqrt{x}}{x}$;

(3) $\lim\limits_{x\to0}\dfrac{3x-\arcsin x}{5x+\sin x}$; (4) $\lim\limits_{x\to0}(1-3x)^{\frac{1}{x}}$;

(5) $\lim\limits_{x\to\infty}\left(\dfrac{x+1}{x-1}\right)^x$; (6) $\lim\limits_{x\to a}\dfrac{x-a}{\ln x-\ln a}(a>0)$.

解 (1) 令 $\arcsin(x-1)=t$,从而 $x-1=\sin t$. 当 $x\to1$ 时,$t\to0$,则

$$\lim_{x\to1}\frac{\arcsin(x-1)}{x-1}=\lim_{t\to0}\frac{t}{\sin t}=1.$$

(2) $$\lim_{x\to0^+}\frac{1-\cos\sqrt{x}}{x}=\lim_{x\to0^+}\frac{2\sin^2\left(\frac{\sqrt{x}}{2}\right)}{x}=2\lim_{x\to0^+}\left(\frac{\sin\frac{\sqrt{x}}{2}}{\sqrt{x}}\right)^2=\frac{1}{2}\lim_{x\to0^+}\left(\frac{\sin\frac{\sqrt{x}}{2}}{\frac{\sqrt{x}}{2}}\right)^2=\frac{1}{2}.$$

(3) 分子和分母同除以 x,得

$$\lim_{x\to0}\frac{3x-\arcsin x}{5x+\sin x}=\lim_{x\to0}\frac{3-\frac{\arcsin x}{x}}{5+\frac{\sin x}{x}}=\frac{3-1}{5+1}=\frac{1}{3}.$$

(4) $\lim\limits_{x\to0}(1-3x)^{\frac{1}{x}}=\lim\limits_{x\to0}\left[(1-3x)^{-\frac{1}{3x}}\right]^{-3}=e^{-3}$.

(5) $$\lim_{x\to\infty}\left(\frac{x+1}{x-1}\right)^x=\lim_{x\to\infty}\left(\frac{x-1+2}{x-1}\right)^x=\lim_{x\to\infty}\left(1+\frac{2}{x-1}\right)^x=\lim_{x\to\infty}\left(1+\frac{2}{x-1}\right)^{\frac{x-1}{2}\cdot2}\cdot\left(1+\frac{2}{x-1}\right)$$

$$=\lim_{x\to\infty}\left(1+\frac{2}{x-1}\right)^{\frac{x-1}{2}\cdot2}\cdot\lim_{x\to\infty}\left(1+\frac{2}{x-1}\right)=e^2.$$

(6) $\lim\limits_{x\to a}\dfrac{x-a}{\ln x-\ln a}=\lim\limits_{x\to a}(x-a)\dfrac{1}{\ln\dfrac{x}{a}}=\lim\limits_{x\to a}(x-a)\dfrac{1}{\ln\left(\dfrac{a+x-a}{a}\right)}=\lim\limits_{x\to a}\dfrac{1}{\dfrac{1}{x-a}\ln\left(\dfrac{a+x-a}{a}\right)}$,

由于分母

$$\lim_{x\to a}\frac{1}{x-a}\ln\left(\frac{a+x-a}{a}\right)=\lim_{x\to a}\ln\left(1+\frac{x-a}{a}\right)^{\frac{1}{x-a}}=\lim_{x\to a}\ln\left(1+\frac{x-a}{a}\right)^{\frac{a}{x-a}\cdot\frac{1}{a}}=\ln e^{\frac{1}{a}}=\frac{1}{a},$$

从而

$$\lim_{x\to a}\frac{x-a}{\ln x-\ln a}=a.$$

分析 例 14 主要是对函数的两个重要极限的考察.

第一个重要极限:

$$\lim_{x\to 0}\frac{\sin x}{x}=1$$

有一些结论可以直接用在极限的求解过程中,如 $\lim\limits_{x\to 0}\dfrac{\arcsin x}{x}=1$, $\lim\limits_{x\to 0}\dfrac{\tan x}{x}=1$, $\lim\limits_{x\to 0}\dfrac{\arctan x}{x}=1$ 以及 $\lim\limits_{x\to 0}\dfrac{1-\cos x}{x^2}=\dfrac{1}{2}$.

第二个重要极限:

$$\lim_{x\to\infty}\left(1+\frac{1}{x}\right)^x=e.$$

在使用过程中主要是对指数部分进行变形,使函数凑成第二个重要极限的形式.该极限的另一种常用形式为:$\lim\limits_{x\to\infty}\left(1-\dfrac{1}{x}\right)^x=\dfrac{1}{e}$,在极限求解中可以直接使用.另外,本题需要注意的是,重要极限常与函数的连续性一起使用,如(4) 和(6) 分别利用了幂函数和对数函数的连续性.

例 15 求解下列极限:

(1) $\lim\limits_{x\to 0}\dfrac{(e^x-1)\sin x}{\ln(1+x^2)}$;

(2) $\lim\limits_{x\to\infty}x[\ln(1+x)-\ln x]$;

(3) $\lim\limits_{x\to 0}\dfrac{(1+x^2)^5-1}{x\sin x}$;

(4) $\lim\limits_{x\to 1}\dfrac{\ln x}{e-e^x}$;

(5) $\lim\limits_{x\to 0}\dfrac{\sqrt[3]{1+6x}-\sqrt[5]{1+5x}}{\sin x}$;

(6) $\lim\limits_{x\to 0}\dfrac{\tan x-\sin x}{(\sin\sqrt{x})^6}$.

解 (1) 当 $x\to 0$ 时,$e^x-1\sim x$,$\sin x\sim x$,$\ln(1+x^2)\sim x^2$,由等价无穷小量代换知

$$\lim_{x\to 0}\frac{(e^x-1)\sin x}{\ln(1+x^2)}=\lim_{x\to 0}\frac{x\cdot x}{x^2}=1.$$

(2) 当 $x\to\infty$ 时,$\frac{1}{x}\to 0$,从而 $\ln(1+\frac{1}{x})\sim\frac{1}{x}$,因此有

$$\lim_{x\to\infty}x[\ln(1+x)-\ln x]=\lim_{x\to\infty}\frac{\ln\left(1+\frac{1}{x}\right)}{\frac{1}{x}}=\lim_{x\to\infty}\frac{\frac{1}{x}}{\frac{1}{x}}=1.$$

(3) 当 $x\to 0$ 时,$(1+x^2)^5-1\sim 5x^2$,$\sin x\sim x$,由等价无穷小量代换知

$$\lim_{x\to 0}\frac{(1+x^2)^5-1}{x\sin x}=\lim_{x\to 0}\frac{5x^2}{x^2}=5.$$

(4) 当 $x\to 1$ 时,$x-1\to 0$,$e^{x-1}-1\sim x-1$,$\ln[1+(x-1)]\sim x-1$,由等价无穷小量代换知

$$\lim_{x\to 1}\frac{\ln x}{e-e^x}=\lim_{x\to 1}\frac{\ln[1+(x-1)]}{e(1-e^{x-1})}=\lim_{x\to 1}\frac{x-1}{-e(x-1)}=-\frac{1}{e}.$$

(5) 当 $x\to 0$ 时,$\sqrt[3]{1+6x}-1\sim\frac{1}{3}\cdot 6x$,$\sqrt[5]{1+5x}-1\sim\frac{1}{5}\cdot 5x$,$\sin x\sim x$,由等价无穷小量代换知

$$\lim_{x\to 0}\frac{\sqrt[3]{1+6x}-\sqrt[5]{1+5x}}{\sin x}=\lim_{x\to 0}\frac{(\sqrt[3]{1+6x}-1)-(\sqrt[5]{1+5x}-1)}{\sin x}$$

$$=\lim_{x\to 0}\frac{\sqrt[3]{1+6x}-1}{\sin x}-\lim_{x\to 0}\frac{\sqrt[5]{1+5x}-1}{\sin x}=\lim_{x\to 0}\frac{\frac{1}{3}\cdot 6x}{x}-\lim_{x\to 0}\frac{\frac{1}{5}\cdot 5x}{x}=2-1=1.$$

(6) 当 $x\to 0$ 时,$\tan x\sim x$,$\sin x\sim x$,$1-\cos x\sim\frac{1}{2}x^2$,由等价无穷小量代换知

$$\lim_{x\to 0}\frac{\tan x-\sin x}{(\sin\sqrt{x})^6}=\lim_{x\to 0}\frac{\tan x(1-\cos x)}{(\sin\sqrt{x})^6}=\lim_{x\to 0}\frac{x\cdot\frac{1}{2}x^2}{x^3}=\frac{1}{2}.$$

分析 本题考察等价无穷小量的代换. 此处题目(2) 的求解除了用等价无穷小量代换以外,还可以根据重要极限来完成,参见例 4. 此外,对于常用的等价无穷小量关系要熟记于心,还要注意等价无穷小量的一些变形形式,如(4) 中当 $x\to 1$ 时,$x-1\to 0$,将 $\ln x$ 变形为 $\ln[1+(x-1)]$,从而 $\ln[1+(x-1)]\sim x-1$. 在使用等价无穷小量代换时,一定要在乘除运算中替换,不能在加减运算中替换,如(6) 中当 $x\to 0$ 时,$\tan x\sim x$,$\sin x\sim x$,不能将其分子 $\tan x-\sin x$ 替换为 $x-x$,否则极限结果将为 0.

例 16 确定 a,b 的值,使得极限 $\lim\limits_{x\to -1}\frac{x^2-ax+2}{x+1}=b$ 成立.

解 由 $\lim\limits_{x\to -1}\frac{x^2-ax+2}{x+1}=b$ 知,$\lim\limits_{x\to -1}\left(\frac{x^2-ax+2}{x+1}-b\right)=0$,即 $\lim\limits_{x\to -1}\frac{x^2-(a+b)x+(2-b)}{x+1}=0.$

令 $x+1=t$，当 $x\to-1$ 时，$t\to0$. 则

$$\lim_{x\to-1}\frac{x^2-(a+b)x+(2-b)}{x+1}=\lim_{t\to0}\frac{t^2-(2+a+b)t+(3+a)}{t}=0.$$

对于上述极限，当 $t\to0$ 时，分母 t 为无穷小量，又极限值等于 0，从而分子为分母 t 的高阶无穷小量. 因此有 $\begin{cases}2+a+b=0\\3+a=0\end{cases}$，解得 $\begin{cases}a=-3\\b=1\end{cases}$.

例 17 已知 $\lim\limits_{x\to\infty}\left(\dfrac{x^2-x+1}{x-2}-ax+b\right)=0$，求 a，b 的值.

解 由 $\lim\limits_{x\to\infty}\left(\dfrac{x^2-x+1}{x-2}-ax+b\right)=0$ 知，

$$\lim_{x\to\infty}\frac{(1-a)x^2-(1-2a-b)x+(1-2b)}{x-2}=0.$$

由于当 $x\to\infty$ 时，分母 $(x-2)$ 为无穷大量，又极限值等于 0，从而分子为分母 $(x-2)$ 的低阶无穷大量. 因此有 $\begin{cases}1-a=0\\1-2a-b=0\end{cases}$，解得 $\begin{cases}a=1\\b=-1\end{cases}$.

例 18 已知当 $x\to0$ 时，$a\ln(1+x)-2x\sim\sin x$，求 a 的值.

解 由 $a\ln(1+x)-2x\sim\sin x\ (x\to0)$ 知，$\lim\limits_{x\to0}\dfrac{a\ln(1+x)-2x}{\sin x}=1$. 又当 $x\to0$ 时，$\sin x\sim x$，$\ln(1+x)\sim x$，从而

$$\lim_{x\to0}\frac{a\ln(1+x)-2x}{\sin x}=\lim_{x\to0}\frac{a\ln(1+x)-2x}{x}=\lim_{x\to0}\frac{a\ln(1+x)}{x}-2=a-2=1.$$

解得 $a=3$.

分析 例 16 和例 18 考察无穷大量和无穷小量阶的比较，其中，例 16 考察高阶无穷小量的概念，例 17 考察低阶无穷大量的概念，例 18 则是考察等价无穷小量的概念. 对于这类题目的求解，需要明确无穷大量与无穷小量阶的定义，并在运算中灵活使用如变量替换（例 16）、等价无穷小量代换（例 18）等方法.

三、连续与间断

例 19 判断下列函数在相应区间上的连续性：

(1) $f(x)=\dfrac{\arctan x^2+\sqrt[3]{x^2-\sin x+2}}{x\ln(1+\sqrt{x})}$，$x\in(1,+\infty)$；

(2) $f(x)=\begin{cases}1+\cos x, & x>0\\2, & x=0\\2+e^{\frac{1}{x}}, & x<0\end{cases}$；

(3) $f(x)=\begin{cases}\dfrac{\sin|x|}{x}, & x\neq 0\\ 1, & x=0\end{cases}$.

解 (1) 由 $f(x)=\dfrac{\arctan x^2+\sqrt[3]{x^2-\sin x+2}}{x\ln(1+\sqrt{x})}$知该函数的定义域为$(0,+\infty)$. 由于$\dfrac{\arctan x^2+\sqrt[3]{x^2-\sin x+2}}{x\ln(1+\sqrt{x})}$为初等函数,初等函数在其定义域内均连续,又 $x\in(1,+\infty)\subset(0,+\infty)$,从而 $f(x)$在区间$(1,+\infty)$上连续.

(2) $x=0$ 为分段函数 $f(x)$的分段点,由于

$\lim\limits_{x\to 0^+}f(x)=\lim\limits_{x\to 0^+}(1+\cos x)=2$, $\lim\limits_{x\to 0^-}f(x)=\lim\limits_{x\to 0^-}(2+e^{\frac{1}{x}})=2$, $f(0)=2$,从而 $\lim\limits_{x\to 0^+}f(x)=\lim\limits_{x\to 0^-}f(x)=f(0)$,即 $f(x)$在点 $x=0$ 处连续.

又当 $x>0$ 时 $f(x)=1+\cos x$,当 $x<0$ 时 $f(x)=2+e^{\frac{1}{x}}$,这两个函数均为初等函数,从而它们在相应区间上连续.

综上可知,$f(x)$在区间$(-\infty,+\infty)$上连续.

(3) $x=0$ 为分段函数 $f(x)$的分段点,由于

$$\lim_{x\to 0^+}f(x)=\lim_{x\to 0^+}\frac{\sin|x|}{x}=\lim_{x\to 0^+}\frac{\sin x}{x}=1,$$

$$\lim_{x\to 0^-}f(x)=\lim_{x\to 0^-}\frac{\sin|x|}{x}=\lim_{x\to 0^-}\frac{\sin(-x)}{x}=-\lim_{x\to 0^-}\frac{\sin x}{x}=-1,$$

$\lim\limits_{x\to 0^+}f(x)\neq\lim\limits_{x\to 0^-}f(x)$,即 $f(x)$在点 $x=0$ 处极限不存在,从而在该点处不连续. 因此 $f(x)$在区间$(-\infty,+\infty)$上除 $x=0$ 点之外均连续.

分析 本题考察的知识点为:基本初等函数和初等函数在其定义域内均连续以及函数在一点连续的充分必要条件为函数在该点既左连续又右连续. 需要注意的是,判定分段函数在分段点处是否连续,一定要从左右连续的角度进行判别,即分析函数在该点的左右极限是否存在并等于该点的函数值.

例20 已知函数 $f(x)=\begin{cases}ax^2, & x<2\\ 4, & x=2\\ x-2b, & x>2\end{cases}$ 在$(-\infty,+\infty)$上为连续函数,求 a,b 的值.

解 由 $f(x)$在$(-\infty,+\infty)$上为连续函数知,$f(x)$在点 $x=2$ 处连续. 又

$$\lim_{x\to 2^-}f(x)=\lim_{x\to 2^-}ax^2=4a,$$

$$\lim_{x\to 2^+}f(x)=\lim_{x\to 2^+}(x-2b)=2-2b,$$

从而 $\lim\limits_{x\to 2^-}f(x)=\lim\limits_{x\to 2^+}f(x)=f(2)=4$. 因此,$a=1,b=-1$.

分析 本题是利用函数的连续性确定相关参数值的问题. 与例 19 类似,根据分段函数

在分段点处连续进而既左连续又右连续的结论，通过求解左右极限得到参数值.

例21 求解下列极限：

(1) $\lim\limits_{x\to+\infty}\dfrac{x}{\sin x}[\ln(x-\sin x)-\ln x]$； (2) $\lim\limits_{x\to 0}(\cos x)^{\frac{1}{x^2}}$.

解 (1) $\lim\limits_{x\to+\infty}\dfrac{x}{\sin x}[\ln(x-\sin x)-\ln x]=\lim\limits_{x\to+\infty}\dfrac{x}{\sin x}\ln\left(1-\dfrac{\sin x}{x}\right)=\lim\limits_{x\to+\infty}\ln\left(1-\dfrac{\sin x}{x}\right)^{\frac{x}{\sin x}}$，

由初等函数的连续性可知

$$\lim_{x\to+\infty}\ln\left(1-\frac{\sin x}{x}\right)^{\frac{x}{\sin x}}=\ln\left[\lim_{x\to+\infty}\left(1-\frac{\sin x}{x}\right)^{\frac{x}{\sin x}}\right].$$

又无穷小量与有界变量的乘积为无穷小量，从而 $\lim\limits_{x\to+\infty}\dfrac{\sin x}{x}=0$.

进一步地，根据函数的第二个重要极限，有

$$\lim_{x\to+\infty}\left(1-\frac{\sin x}{x}\right)^{\frac{x}{\sin x}}=\lim_{x\to+\infty}\left\{\left(1-\frac{\sin x}{x}\right)^{-\frac{x}{\sin x}}\right\}^{-1}=\frac{1}{\mathrm{e}},$$

因此，

$$\lim_{x\to+\infty}\frac{x}{\sin x}[\ln(x-\sin x)-\ln x]=\ln\frac{1}{\mathrm{e}}=-1.$$

(2) 函数 $(\cos x)^{\frac{1}{x^2}}$ 为幂指函数，可以转化为以 e 为底的复合的指数函数，即

$$(\cos x)^{\frac{1}{x^2}}=\mathrm{e}^{\frac{1}{x^2}\ln(\cos x)}.$$

由初等函数的连续性可知

$$\lim_{x\to 0}(\cos x)^{\frac{1}{x^2}}=\lim_{x\to 0}\mathrm{e}^{\frac{1}{x^2}\ln(\cos x)}=\mathrm{e}^{\lim\limits_{x\to 0}\frac{1}{x^2}\ln(\cos x)}.$$

由于当 $x\to 0$ 时，$\ln(1+x)\sim x$，从而当 $x\to 0$ 时，$\ln(1+\cos x-1)\sim\cos x-1$，所以

$$\lim_{x\to 0}\frac{1}{x^2}\ln(\cos x)=\lim_{x\to 0}\frac{\ln(1+\cos x-1)}{x^2}=\lim_{x\to 0}\frac{\cos x-1}{x^2}=-\frac{1}{2},$$

因此，

$$\lim_{x\to 0}(\cos x)^{\frac{1}{x^2}}=\mathrm{e}^{-\frac{1}{2}}.$$

分析 本题是基于初等函数的连续性，利用函数的重要极限以及等价无穷小量代换求解函数极限的问题. 需要注意的是，对于幂指函数极限的求解，通常需要将幂指函数转化为以 e 为底的复合的指数函数，进而求得相应极限.

例22 判断下列分段函数在分段点处是否连续，若不连续，指出间断点的类型.

(1) $f(x)=\begin{cases}x-1, & x\neq 1\\ 1, & x=1\end{cases}$;　　(2) $f(x)=\begin{cases}1, & x>0\\ 0, & x=0;\\ -1, & x<0\end{cases}$

(3) $f(x)=\begin{cases}\ln x, & x>0\\ 1, & x=0\\ \dfrac{\sin x}{x}, & x<0\end{cases}$;　　(4) $f(x)=\begin{cases}\sin\dfrac{1}{x}, & x\neq 0\\ 1, & x=0\end{cases}$.

解 (1) 由于$\lim\limits_{x\to 1}f(x)=\lim\limits_{x\to 1}(x-1)=0$,$f(1)=1$,即函数 $f(x)$在点 $x=1$ 处的极限值不等于在该点的函数值,因此函数 $f(x)$在分段点 $x=1$ 处不连续,$x=1$ 点为 $f(x)$的可去间断点.

(2) 由于 $\lim\limits_{x\to 0^-}f(x)=\lim\limits_{x\to 0^-}(-1)=-1$,$\lim\limits_{x\to 0^+}f(x)=\lim\limits_{x\to 0^+}1=1$,函数 $f(x)$在点 $x=0$ 处有定义,但是在该点的左右极限存在却不相等,因此函数 $f(x)$在分段点 $x=0$ 处不连续,$x=0$ 点为 $f(x)$的跳跃间断点.

(3) $\lim\limits_{x\to 0^-}f(x)=\lim\limits_{x\to 0^-}\dfrac{\sin x}{x}=1$,$\lim\limits_{x\to 0^+}f(x)=\lim\limits_{x\to 0^+}\ln x=-\infty$,可见函数 $f(x)$在点 $x=0$ 处的右极限不存在,发散为$-\infty$,因此函数 $f(x)$在分段点 $x=0$ 处不连续,$x=0$ 点为 $f(x)$的无穷间断点.

(4) $\lim\limits_{x\to 0}f(x)=\lim\limits_{x\to 0}\sin\dfrac{1}{x}$,该极限振荡不存在,因此函数 $f(x)$在分段点 $x=0$ 处不连续,$x=0$ 点为 $f(x)$的振荡间断点.

例23 已知函数 $f(x)=\dfrac{2x^2+x-1}{(x^2-1)(1+e^{\frac{1}{x}})}$,求 $f(x)$的连续区间、间断点并判断间断点的类型.

解 $f(x)$的定义域为$(-\infty,-1)\cup(-1,0)\cup(0,1)\cup(1,+\infty)$. 由于初等函数在其定义域内均连续,故$(-\infty,-1)$,$(-1,0)$,$(0,1)$,$(1,+\infty)$为函数 $f(x)$的连续区间.

对于 $x=-1$,

$$\lim_{x\to -1}f(x)=\lim_{x\to -1}\frac{2x^2+x-1}{(x^2-1)(1+e^{\frac{1}{x}})}=\lim_{x\to -1}\frac{(x+1)(2x-1)}{(x+1)(x-1)(1+e^{\frac{1}{x}})}=\frac{3}{2\left(1+\frac{1}{e}\right)},$$

从而 $f(x)$在 $x=-1$ 处极限存在,但是在该点无定义,因此 $x=-1$ 是 $f(x)$的可去间断点.

对于 $x=0$,

$$\lim_{x\to 0^+}f(x)=\lim_{x\to 0^+}\frac{2x^2+x-1}{(x^2-1)(1+e^{\frac{1}{x}})}=\lim_{x\to 0^+}\frac{2x-1}{(x-1)(1+e^{\frac{1}{x}})}=0,$$

$$\lim_{x\to 0^-}f(x)=\lim_{x\to 0^-}\frac{2x^2+x-1}{(x^2-1)(1+e^{\frac{1}{x}})}=\lim_{x\to 0^-}\frac{2x-1}{(x-1)(1+e^{\frac{1}{x}})}=\frac{-1}{(-1)(1+0)}=1,$$

从而 $f(x)$在 $x=0$ 处左右极限存在但不相等,因此 $x=0$ 是 $f(x)$的跳跃间断点.

对于 $x=1$,

$$\lim_{x\to1^+}f(x)=\lim_{x\to1^+}\frac{2x^2+x-1}{(x^2-1)(1+e^{\frac{1}{x}})}=\lim_{x\to1^+}\frac{2x-1}{(x-1)(1+e^{\frac{1}{x}})}=+\infty,$$

从而 $f(x)$ 在 $x=1$ 处的右极限不存在,发散为 $+\infty$,因此 $x_3=1$ 是 $f(x)$ 的无穷间断点.

分析 例 22 和例 23 均是考察函数间断点的判别. 例 22 分别通过四个小题给出了分段函数在分段点处四种不同的间断点,即可去间断点、跳跃间断点、无穷间断点以及振荡间断点. 例 23 是初等函数的连续性与间断点的判别相结合的题目. 对于这些题目的求解,首先需要寻找可能的间断点,由上述两个例题可知,分段函数的分段点为可能的间断点(例 22),函数定义域中各小区间的端点也可能为函数的间断点(例 23)(注意整个定义域的端点不是函数的间断点,如 $f(x)=\sqrt{x-2}$,$x\in[2,+\infty)$,$x=2$ 不是 $f(x)$ 的间断点,因为 $f(x)$ 在 $x=2$ 的左半邻域内无定义),进而再根据各类间断点的定义进行判别.

四、闭区间上的连续函数

例 24 证明方程 $x^5-3x-1=0$ 在 1 与 2 之间至少有一个实根.

证明 令 $f(x)=x^5-3x-1$,$f(x)$ 在闭区间 $[1,2]$ 上连续,又 $f(1)=-3<0$,$f(2)=25>0$,即 $f(1)\cdot f(2)<0$,根据闭区间上连续函数的零点存在定理可知,至少存在一点 $\xi\in(1,2)$,使得 $f(\xi)=0$,即方程 $x^5-3x-1=0$ 在 1 与 2 之间至少有一个实根.

例 25 证明方程 $x=a\sin x+b(a>0,b>0)$ 至少有一个不超过 $a+b$ 的正实根.

证明 令 $f(x)=a\sin x+b-x$,显然 $f(x)$ 在闭区间 $[0,a+b]$ 上连续,又

$$f(0)=b>0,f(a+b)=a\sin(a+b)-a=a[\sin(a+b)-1]\leqslant0.$$

若 $\sin(a+b)-1=0$,即 $f(a+b)=0$,取 $\xi=a+b>0$,则 ξ 为不超过 $a+b$ 的正实根.

若 $\sin(a+b)-1<0$,即 $f(a+b)<0$,从而 $f(0)f(a+b)<0$,根据闭区间上连续函数的零点存在定理可知,至少存在一点 $\xi\in(0,a+b)$ 使得 $f(\xi)=0$.

综上可知,方程 $x=a\sin x+b(a>0,b>0)$ 至少有一个不超过 $a+b$ 的正实根.

例 26 设函数 $f(x)$ 在闭区间 $[0,1]$ 上连续,并且满足 $0<f(x)<1$,$x\in[0,1]$,证明存在一点 $\xi\in(0,1)$ 使得 $f(\xi)=\xi$.

证明 令 $F(x)=f(x)-x$,由于 $f(x)$ 在闭区间 $[0,1]$ 上连续,从而 $F(x)$ 为 $[0,1]$ 上的连续函数. 因为 $0<f(x)<1$,$x\in[0,1]$,故

$$F(0)=f(0)-0>0,F(1)=f(1)-1<0,$$

从而 $F(0)\cdot F(1)<0$. 根据闭区间上连续函数的零点存在定理可知,至少存在一点 $\xi\in(0,1)$ 使得 $F(\xi)=0$,即 $f(\xi)=\xi$.

例 27 设函数 $f(x)$,$g(x)$ 均在闭区间 $[a,b]$ 上连续,并且 $f(a)<g(a)$,$f(b)>g(b)$,证明至少存在一点 $\xi\in(a,b)$ 使得 $f(\xi)=g(\xi)$.

证明 令 $F(x)=f(x)-g(x)$,由函数 $f(x)$,$g(x)$ 均在闭区间 $[a,b]$ 上连续知,$F(x)$ 在闭区间 $[a,b]$ 上连续. 因为 $f(a)<g(a)$,$f(b)>g(b)$,所以

$$F(a)=f(a)-g(a)<0,F(b)=f(b)-g(b)>0,$$

从而 $F(a)\cdot F(b)<0$. 根据闭区间上连续函数的零点存在定理可知，至少存在一点 $\xi\in(a,b)$使得 $F(\xi)=0$，即 $f(\xi)=g(\xi)$.

例28 设函数 $f(x)$在闭区间$[0,1]$上连续，并且 $f(0)=f(1)$，证明必存在一点 $\xi\in[0,1]$使得 $f\left(\xi+\frac{1}{2}\right)=f(\xi)$.

证明 令 $F(x)=f\left(x+\frac{1}{2}\right)-f(x)$，由于 $f(x)$在闭区间$[0,1]$上连续，从而 $F(x)$在闭区间$\left[0,\frac{1}{2}\right]$上连续. 又 $f(0)=f(1)$，从而

$$F(0)=f\left(\frac{1}{2}\right)-f(0),F\left(\frac{1}{2}\right)=f(1)-f\left(\frac{1}{2}\right)=f(0)-f\left(\frac{1}{2}\right),$$

从而有以下三种情况：

① 若 $F(0)=0$，则取 $\xi=0$，使得 $f\left(\xi+\frac{1}{2}\right)=f(\xi)$；

② 若 $F\left(\frac{1}{2}\right)=0$，则取 $\xi=\frac{1}{2}$，使得 $f\left(\xi+\frac{1}{2}\right)=f(\xi)$；

③ 若 $F(0)\neq0$，则 $F\left(\frac{1}{2}\right)\neq0$，并且 $F(0)\cdot F\left(\frac{1}{2}\right)<0$，由闭区间上连续函数的零点存在定理可知，存在 $\xi\in\left[0,\frac{1}{2}\right]\subset[0,1]$，使得 $F(\xi)=0$，即 $f\left(\xi+\frac{1}{2}\right)=f(\xi)$.

综上可知，必存在一点 $\xi\in[0,1]$使得 $f\left(\xi+\frac{1}{2}\right)=f(\xi)$.

分析 例 24 至例 28 考察闭区间上连续函数零点存在定理的应用. 例 24 和例 25 讨论的是方程根的存在性，因此零点存在定理又称根的存在性定理；例 26 至例 28 证明等式成立，首先根据要证明的等式，构造辅助函数，然后讨论辅助函数在相应区间端点的函数值是否异号，进而利用零点存在定理证明相应结论. 需要注意的是：有时构造辅助函数后，讨论的区间也要相应调整，如例 28 就需要将辅助函数在$[0,1]$的子区间$\left[0,\frac{1}{2}\right]$上进行端点函数值是否异号的讨论.

例29 设函数 $f(x)$在闭区间$[a,b]$上连续，$f(a)+f(b)=1$，证明至少存在一点 $\xi\in[a,b]$，使得 $f(\xi)=\frac{1}{2}$.

证明 由函数 $f(x)$在闭区间$[a,b]$上连续可知，$f(x)$在闭区间$[a,b]$上必存在最大值 M 和最小值 m，即

$$m\leqslant f(a)\leqslant M,m\leqslant f(b)\leqslant M,$$

从而

$$m \leqslant \frac{f(a)+f(b)}{2} \leqslant M,$$

根据闭区间上连续函数的介值定理，至少存在一点 $\xi \in [a,b]$，使得

$$f(\xi)=\frac{f(a)+f(b)}{2}=\frac{1}{2},$$

结论得证.

例30 设函数 $f(x)$ 在闭区间 $[a,b]$ 上连续，证明至少存在一点 $\xi \in [a,b]$ 使得 $f(\xi)=\frac{f(a)+2f(b)}{3}$.

证明 由函数 $f(x)$ 在闭区间 $[a,b]$ 上连续可知，$f(x)$ 在闭区间 $[a,b]$ 上必存在最大值 M 和最小值 m，即

$$m \leqslant f(a) \leqslant M, m \leqslant f(b) \leqslant M,$$

从而 $\frac{1}{3}m \leqslant \frac{f(a)}{3} \leqslant \frac{1}{3}M, \frac{2}{3}m \leqslant \frac{2f(b)}{3} \leqslant \frac{2}{3}M$，即

$$m \leqslant \frac{f(a)+2f(b)}{3} \leqslant M,$$

根据闭区间上连续函数的介值定理，至少存在一点 $\xi \in [a,b]$，使得

$$f(\xi)=\frac{f(a)+2f(b)}{3},$$

结论得证.

分析 例 29 和例 30 考察闭区间上连续函数介值定理的应用. 这类题目的特点是要证明存在一点 ξ，使得 $f(\xi)$ 等于一个常数. 证明思路为：首先根据闭区间上连续函数的最值定理，得到函数在闭区间上存在最大值和最小值，进而验证这个常数位于最大值和最小值之间，最后利用闭区间上连续函数的介值定理得到相应结论.

模块五 考研真题举一反三

例31 【2022 年数三】极限 $\lim\limits_{x \to 0}\left(\frac{1+e^x}{2}\right)^{\cot x}=$________.

解 这是幂指函数求极限问题，需要转换为以 e 为底的复合函数后再求极限.

$$\lim_{x \to 0}\left(\frac{1+e^x}{2}\right)^{\cot x}=e^{\lim\limits_{x \to 0}\cot x \ln\left(\frac{1+e^x}{2}\right)}=e^{\lim\limits_{x \to 0}\cot x \ln\left(1+\frac{e^x-1}{2}\right)}$$

$$=e^{\lim\limits_{x \to 0}\frac{1}{\tan x}\frac{e^x-1}{2}}\text{（应用等价无穷小量代换）}$$

$$=e^{\lim\limits_{x \to 0}\frac{1}{x}\frac{x}{2}}=e^{\frac{1}{2}}\text{（应用等价无穷小量代换）.}$$

注意: 本题三次应用等价无穷小量代换:$\ln\left(1+\frac{e^x-1}{2}\right)\sim\frac{e^x-1}{2}(x\to0)$,$e^x-1\sim x(x\to0)$以及$\tan x\sim x(x\to0)$.

分析 幂指函数求极限时,首先需要将幂指函数转化为以 e 为底的复合的指数函数形式,然后求 e 的次幂的极限. 在此过程中,常用等价无穷小量代换来得到次幂的极限值,进而得到最终极限结果.

例32 【举一反三】若极限$\lim\limits_{x\to0}\left(\frac{1+e^{ax}}{2}\right)^{\cot x}=e$,则 $a=$________.

解 将幂指函数转化为以 e 为底的复合函数,则

$$\lim_{x\to0}\left(\frac{1+e^{ax}}{2}\right)^{\cot x}=e^{\lim\limits_{x\to0}\cot x\ln\left(\frac{1+e^{ax}}{2}\right)}=e^{\lim\limits_{x\to0}\cot x\ln\left(1+\frac{e^{ax}-1}{2}\right)}$$

$$=e^{\lim\limits_{x\to0}\frac{1}{\tan x}\frac{e^{ax}-1}{2}}\text{(应用等价无穷小量代换)}$$

$$=e^{\lim\limits_{x\to0}\frac{1}{x}\frac{ax}{2}}=e^{\frac{a}{2}}=e.$$

显然 $a=2$.

例33 【2022 年数三】已知数列 $a_n=\sqrt[n]{n}-\frac{(-1)^n}{n}(n=1,2,\cdots)$,则$\{a_n\}$( ).

(A) 有最大值,有最小值　　(B) 有最大值,没有最小值

(C) 没有最大值,有最小值　　(D) 没有最大值,没有最小值

答案:(A)

解 显然,当 n 是奇数时 $a_n=\sqrt[n]{n}+\frac{1}{n}$,当 n 是偶数时 $a_n=\sqrt[n]{n}-\frac{1}{n}$,且

$$a_1=2>1,a_2=\sqrt{2}-\frac{1}{2}<1<a_1,$$

$$a_n=\sqrt[n]{n}-\frac{(-1)^n}{n}=n^{\frac{1}{n}}\left[1-\frac{(-1)^n}{nn^{\frac{1}{n}}}\right]\to1(n\to\infty),$$

$$a_2<a_n<a_1,$$

所以数列$\{a_n\}$有最大值和最小值.

例34 【2022 年数三】当 $x\to0$ 时,$\alpha(x)$,$\beta(x)$都是非零无穷小量,给出以下四个命题:

(1) 若$\alpha(x)\sim\beta(x)$,则$\alpha^2(x)\sim\beta^2(x)$

(2) 若$\alpha^2(x)\sim\beta^2(x)$,则$\alpha(x)\sim\beta(x)$

(3) 若$\alpha(x)\sim\beta(x)$,则$\alpha(x)-\beta(x)=o(\alpha(x))$

(4) 若$\alpha(x)-\beta(x)=o(\alpha(x))$,则$\alpha(x)\sim\beta(x)$

其中所有真命题的序号为( ).

(A) (1) (2)　　(B) (1) (4)　　(C) (1) (3) (4)　　(D) (2) (3) (4)

答案:(C)

解 若 $\alpha(x)\sim\beta(x)$,则根据等价无穷小量代换有 $\lim\limits_{x\to0}\dfrac{\alpha^2(x)}{\beta^2(x)}=\lim\limits_{x\to0}\dfrac{\alpha^2(x)}{\alpha^2(x)}=1$,故 $\alpha^2(x)\sim\beta^2(x)$,所以(1) 正确.

取 $\alpha(x)=x,\beta(x)=-x$,在当 $x\to0$ 时,$\alpha(x),\beta(x)$都是非零无穷小量,且

$$\lim_{x\to0}\frac{\alpha^2(x)}{\beta^2(x)}=\lim_{x\to0}\frac{x^2}{(-x)^2}=1,$$

即 $\alpha^2(x)\sim\beta^2(x)$. 但是$\lim\limits_{x\to0}\dfrac{\alpha(x)}{\beta(x)}=\lim\limits_{x\to0}\dfrac{x}{-x}=-1$,$\alpha(x),\beta(x)$不是等价无穷小量,所以(2) 错误,故可排出(A) 和(D) .

(B) 和(C) 的区别在于(3) 是否正确,若 $\alpha(x)\sim\beta(x)$,则$\lim\limits_{x\to0}\dfrac{\beta(x)}{\alpha(x)}=1$,所以 $\lim\limits_{x\to0}\dfrac{\alpha(x)-\beta(x)}{\alpha(x)}=1-\lim\limits_{x\to0}\dfrac{\beta(x)}{\alpha(x)}=0$,因此 $\alpha(x)-\beta(x)=o(\alpha(x))$,说明(3) 正确.

因此本题答案为(C) .

分析 本题是对等价无穷小量、高阶无穷小量概念的考察. 如果 $x\to0$ 时,$\alpha(x)\sim\beta(x)$,则有$\lim\limits_{x\to0}\dfrac{\beta(x)}{\alpha(x)}=1$ 并且 $\alpha^2(x)\sim\beta^2(x)$,但需要注意的是,如果 $\alpha^2(x)\sim\beta^2(x)$,不能保证 $\alpha(x)\sim\beta(x)$(如 $\alpha(x)=x,\beta(x)=-x$)一定成立;此外,对于高阶无穷小量,如果 $\alpha(x)-\beta(x)=o(\alpha(x))$,则$\lim\limits_{x\to0}\dfrac{\alpha(x)-\beta(x)}{\alpha(x)}=0$.

例35 【举一反三】当 $x\to0$ 时,$\alpha(x),\beta(x)$都是非零无穷小量,并且 $x\to0$ 时,$u(x)$,$v(x)$极限存在且不为零,$v(x)\neq0$,给出以下四个命题:

(1) 若 $\alpha(x)\sim\beta(x)$,则$\lim\limits_{x\to0}u(x)\alpha^2(x)=\lim\limits_{x\to0}u(x)\beta^2(x)$

(2) 若 $\alpha^2(x)\sim\beta^2(x)$,则$\lim\limits_{x\to0}\dfrac{u(x)\alpha(x)}{v(x)}=\lim\limits_{x\to0}\dfrac{u(x)\beta(x)}{v(x)}$

(3) 若 $\alpha(x)\sim\beta(x)$,则$\lim\limits_{x\to0}\dfrac{\alpha(x)-\beta(x)}{\alpha(x)}=\lim\limits_{x\to0}\dfrac{\alpha(x)-\beta(x)}{\beta(x)}=0$

(4) 若 $\alpha(x)-\beta(x)=o(2\alpha(x))$,则 $\alpha(x)\sim\beta(x)$

其中所有真命题的序号为(　　).

(A) (1) (2)　　(B) (1) (4)　　(C) (1) (3) (4)　　(D) (2) (3) (4)

答案:(C)

解 由例 34 的讨论知若 $\alpha(x)\sim\beta(x)$,则 $\alpha^2(x)\sim\beta^2(x)$,根据等价无穷小量代换自然有 $\lim\limits_{x\to0}u(x)\alpha^2(x)=\lim\limits_{x\to0}u(x)\beta^2(x)$,所以(1) 正确.

但是,当 $\alpha^2(x)\sim\beta^2(x)$时,并不能推出 $\alpha(x)\sim\beta(x)$,所以无法使用等价无穷小量代换得到$\lim\limits_{x\to0}\dfrac{u(x)\alpha(x)}{v(x)}=\lim\limits_{x\to0}\dfrac{u(x)\beta(x)}{v(x)}$,故(2) 错误.

(3) 中若 $\alpha(x)\sim\beta(x)$,则$\lim\limits_{x\to0}\dfrac{\alpha(x)-\beta(x)}{\alpha(x)}=1-\lim\limits_{x\to0}\dfrac{\beta(x)}{\alpha(x)}=1-1=0$,同时,

$$\lim_{x\to 0}\frac{\alpha(x)-\beta(x)}{\beta(x)}=\lim_{x\to 0}\frac{\alpha(x)}{\beta(x)}-1=1-1=0,$$

故(3) 正确.

(4) 中若 $\alpha(x)-\beta(x)=o(2\alpha(x))$,则 $\lim\limits_{x\to 0}\dfrac{\alpha(x)-\beta(x)}{2\alpha(x)}=\dfrac{1}{2}-\dfrac{1}{2}\lim\limits_{x\to 0}\dfrac{\beta(x)}{\alpha(x)}=0$,所以

$$\lim_{x\to 0}\frac{\beta(x)}{\alpha(x)}=1,$$

故 $\alpha(x)\sim\beta(x)$,因此(4) 正确.

故本题答案为(C).

例36 【2021 年数三】已知 $\lim\limits_{x\to 0}\left[a\cdot\arctan\dfrac{1}{x}+(1+|x|)^{\frac{1}{x}}\right]$ 存在,求 a 的值.

解 由于 $\lim\limits_{x\to 0}\left[a\cdot\arctan\dfrac{1}{x}+(1+|x|)^{\frac{1}{x}}\right]$ 存在,从而在 0 点的左右极限存在且相等,即

$$\lim_{x\to 0^-}\left[a\cdot\arctan\frac{1}{x}+(1+|x|)^{\frac{1}{x}}\right]=\lim_{x\to 0^-}\left[a\cdot\arctan\frac{1}{x}+(1-x)^{\frac{1}{x}}\right]=-\frac{\pi}{2}a+\frac{1}{\mathrm{e}},$$

$$\lim_{x\to 0^+}\left[a\cdot\arctan\frac{1}{x}+(1+|x|)^{\frac{1}{x}}\right]=\lim_{x\to 0^+}\left[a\cdot\arctan\frac{1}{x}+(1+x)^{\frac{1}{x}}\right]=\frac{\pi}{2}a+\mathrm{e},$$

从而

$$-\frac{\pi}{2}a+\frac{1}{\mathrm{e}}=\frac{\pi}{2}a+\mathrm{e},$$

解得 $a=\dfrac{1}{\pi}\left(\dfrac{1}{\mathrm{e}}-\mathrm{e}\right)$.

分析 本题考察的知识点有:函数在一点处极限存在的充要条件为在该点处的左右极限存在且相等;函数的重要极限 $\lim\limits_{x\to 0}(1+x)^{\frac{1}{x}}=\mathrm{e}$ 以及函数重要极限的变形 $\lim\limits_{x\to 0}(1-x)^{\frac{1}{x}}=\dfrac{1}{\mathrm{e}}$.

此外需要注意的是 $\lim\limits_{x\to 0^+}\arctan\dfrac{1}{x}=\dfrac{\pi}{2}$,$\lim\limits_{x\to 0^-}\arctan\dfrac{1}{x}=-\dfrac{\pi}{2}$.

例37 【举一反三】已知极限 $\lim\limits_{x\to 0}\left[\dfrac{a\ln(1+|x|)}{x}+\dfrac{\sin|x|}{x}\right]$ 存在,求 a 的值.

解 由于极限 $\lim\limits_{x\to 0}\left[\dfrac{a\ln(1+|x|)}{x}+\dfrac{\sin|x|}{x}\right]$ 存在,从而在点 0 处的左右极限存在且相等,即

$$\lim_{x\to 0^-}\left[\frac{a\ln(1+|x|)}{x}+\frac{\sin|x|}{x}\right]=\lim_{x\to 0^-}\left[\frac{a\ln(1-x)}{x}+\frac{\sin(-x)}{x}\right]$$

$$=\lim_{x\to 0^-}\frac{a(-x)}{x}-\lim_{x\to 0^-}\frac{\sin x}{x}=-a-1,$$

$$\lim_{x\to0^+}\left[\frac{a\ln(1+|x|)}{x}+\frac{\sin|x|}{x}\right]=\lim_{x\to0^+}\left[\frac{a\ln(1+x)}{x}+\frac{\sin x}{x}\right]$$
$$=\lim_{x\to0^+}\frac{ax}{x}+\lim_{x\to0^+}\frac{\sin x}{x}=a+1,$$

从而

$$-a-1=a+1,$$

解得 $a=-1$.

例38 【2020 年数三】函数 $f(x)=\dfrac{e^{\frac{1}{x-1}}\ln|1+x|}{(e^x-1)(x-2)}$ 的第二类间断点的个数为(　　).

(A) 1　　(B) 2　　(C) 3　　(D) 4

答案:(C)

解 函数 $f(x)=\dfrac{e^{\frac{1}{x-1}}\ln|1+x|}{(e^x-1)(x-2)}$ 的定义域为:$(-\infty,-1)\cup(-1,0)\cup(0,1)\cup(1,2)\cup(2,+\infty)$,从而函数的间断点有 $x_1=-1,x_2=0,x_3=1,x_4=2$. 由于

$$\lim_{x\to-1^+}f(x)=\lim_{x\to-1^+}\frac{e^{\frac{1}{x-1}}\ln|1+x|}{(e^x-1)(x-2)}=\infty;$$

$$\lim_{x\to0}f(x)=\lim_{x\to0}\frac{e^{\frac{1}{x-1}}\ln|1+x|}{(e^x-1)(x-2)}=\lim_{x\to0}\frac{xe^{\frac{1}{x-1}}}{x(x-2)}=-\frac{1}{2e};$$

$$\lim_{x\to1^+}f(x)=\lim_{x\to1^+}\frac{e^{\frac{1}{x-1}}\ln|1+x|}{(e^x-1)(x-2)}=\infty;$$

$$\lim_{x\to2}f(x)=\lim_{x\to2}\frac{e^{\frac{1}{x-1}}\ln|1+x|}{(e^x-1)(x-2)}=\infty.$$

综上可知,$x_1=-1,x_3=1,x_4=2$ 为函数的第二类间断点(无穷间断点),$x_2=0$ 为函数的第一类间断点(可去间断点). 因此本题答案为(C).

分析 本题考察函数间断点的分类. 在求极限 $\lim_{x\to0}f(x)=-\dfrac{1}{2e}$ 时用到了等价无穷小量代换.

例39 【举一反三】已知函数 $f(x)=\dfrac{\arctan\frac{1}{2+x}}{(x-2)\ln|x-1|}$,求 $f(x)$ 的间断点并判断间断点的类型.

解 函数 $f(x)=\dfrac{\arctan\frac{1}{2+x}}{(x-2)\ln|x-1|}$ 的定义域为:$(-\infty,-2)\cup(-2,1)\cup(1,2)\cup(2,+\infty)$,从而函数的间断点有 $x_1=-2,x_2=1,x_3=2$. 由于

$$\lim_{x\to -2^+} f(x)=\lim_{x\to -2^+}\frac{\arctan\dfrac{1}{2+x}}{(x-2)\ln|x-1|}=\frac{\dfrac{\pi}{2}}{-4\cdot\ln 3}=-\frac{\pi}{8\ln 3};$$

$$\lim_{x\to -2^-} f(x)=\lim_{x\to -2^-}\frac{\arctan\dfrac{1}{2+x}}{(x-2)\ln|x-1|}=\frac{-\dfrac{\pi}{2}}{-4\cdot\ln 3}=\frac{\pi}{8\ln 3};$$

$$\lim_{x\to 1} f(x)=\lim_{x\to 1}\frac{\arctan\dfrac{1}{2+x}}{(x-2)\ln|x-1|}=0;$$

$$\lim_{x\to 2^-} f(x)=\lim_{x\to 2^-}\frac{\arctan\dfrac{1}{2+x}}{(x-2)\ln|x-1|}=\infty.$$

综上可知，$x_1=-2$ 为函数 $f(x)$ 的第一类间断点中的跳跃间断点；$x_2=1$ 为函数 $f(x)$ 的第一类间断点中的可去间断点，$x_3=2$ 为函数 $f(x)$ 的第二类间断点中的无穷间断点.

例40 【2019 年数三】$\lim\limits_{n\to\infty}\left[\dfrac{1}{1\cdot 2}+\dfrac{1}{2\cdot 3}+\cdots+\dfrac{1}{n\cdot(n+1)}\right]^n=$______.

答案：e^{-1}.

解 $\lim\limits_{n\to\infty}\left[\dfrac{1}{1\cdot 2}+\dfrac{1}{2\cdot 3}+\cdots+\dfrac{1}{n\cdot(n+1)}\right]^n=\lim\limits_{n\to\infty}\left(1-\dfrac{1}{2}+\dfrac{1}{2}-\dfrac{1}{3}+\dfrac{1}{3}-\dfrac{1}{4}+\cdots+\dfrac{1}{n}-\dfrac{1}{n+1}\right)^n$

$$=\lim_{n\to\infty}\left(1-\frac{1}{n+1}\right)^n=\lim_{n\to\infty}\left[\left(1+\frac{-1}{n+1}\right)^{-n-1}\cdot\left(1+\frac{-1}{n+1}\right)\right]^{-1}=e^{-1}.$$

分析 本题考察幂指型数列的极限. 分析时首先将底化简为 $\left(1-\dfrac{1}{n+1}\right)$，进而根据数列重要极限，得到答案为 e^{-1}.

例41 【举一反三】求极限 $\lim\limits_{n\to\infty}\left[\dfrac{2}{1\cdot 3}+\dfrac{2}{3\cdot 5}+\cdots+\dfrac{2}{(2n-1)\cdot(2n+1)}\right]^n$.

解 $\lim\limits_{n\to\infty}\left[\dfrac{2}{1\cdot 3}+\dfrac{2}{3\cdot 5}+\cdots+\dfrac{2}{(2n-1)\cdot(2n+1)}\right]^n$

$$=\lim_{n\to\infty}\left(1-\frac{1}{3}+\frac{1}{3}-\frac{1}{5}+\frac{1}{5}-\frac{1}{7}+\cdots+\frac{1}{2n-1}-\frac{1}{2n+1}\right)^n=\lim_{n\to\infty}\left(1-\frac{1}{2n+1}\right)^n$$

$$=\lim_{n\to\infty}\left[\left(1+\frac{-1}{2n+1}\right)^{-2n-1}\cdot\left(1+\frac{-1}{2n+1}\right)\right]^{-\frac{1}{2}}=\frac{1}{\sqrt{e}}.$$

例42 【2017 年数三】若函数 $f(x)=\begin{cases}\dfrac{1-\cos\sqrt{x}}{ax}, & x>0\\ b, & x\leqslant 0\end{cases}$ 在 $x=0$ 处连续，则(　　).

(A) $ab=\dfrac{1}{2}$　　(B) $ab=-\dfrac{1}{2}$　　(C) $ab=0$　　(D) $ab=2$

答案：(A)

解 由函数连续的定义可知，$\lim\limits_{x\to 0}f(x)=f(0)$，从而

$$\lim_{x\to0^+}f(x)=\lim_{x\to0^+}\frac{1-\cos\sqrt{x}}{ax}=\lim_{x\to0^+}\frac{\frac{1}{2}(\sqrt{x})^2}{ax}=\frac{1}{2a}=f(0)=b,$$

因此，$2ab=1$，即 $ab=\frac{1}{2}$，故答案选(A).

分析 本题考察分段函数在分段点处的连续性. 根据函数在一点处连续的充分必要条件是函数在该点处既左连续又右连续，利用等价无穷小量代换：$1-\cos x\sim\frac{1}{2}x^2(x\to0)$，从而有 $1-\cos\sqrt{x}\sim\frac{1}{2}(\sqrt{x})^2(x\to0)$，求得右极限 $\lim\limits_{x\to0^+}f(x)=\frac{1}{2a}$，进而得到参数 a，b 之间的关系式.

例43 【举一反三】若函数 $f(x)=\begin{cases}\frac{1-\cos\sqrt{x}}{\ln(1+x)}, & x>0\\ a, & x=0\\ x\cos\frac{1}{x}+2be^x, & x<0\end{cases}$ 在 $x=0$ 处连续，求参数 a、b 的值.

解 由于 $f(x)$ 在 $x=0$ 处连续，因而有

$$\lim_{x\to0^+}f(x)=\lim_{x\to0^+}\frac{1-\cos\sqrt{x}}{\ln(1+x)}=\lim_{x\to0^+}\frac{\frac{1}{2}x}{x}=\frac{1}{2},$$

$$\lim_{x\to0^-}f(x)=\lim_{x\to0^-}\left(x\cos\frac{1}{x}+2be^x\right)=2b,$$

因此，$\frac{1}{2}=a=2b$，即 $a=\frac{1}{2}$，$b=\frac{1}{4}$.

例44 【举一反三】判断函数 $f(x)=\begin{cases}\frac{|x^2-1|}{x-1}, & x\neq1\\ 2, & x=1\end{cases}$ 在 $x=1$ 处是否连续.

解 首先 $f(x)$ 在 $x=1$ 处有定义，且

$$\lim_{x\to1}f(x)=\lim_{x\to1}\frac{|x^2-1|}{x-1}=\lim_{x\to1}\frac{|x+1||x-1|}{x-1}=2\lim_{x\to1}\frac{|x-1|}{x-1},$$

因此

$$\lim_{x\to1^+}f(x)=2\lim_{x\to1^+}\frac{x-1}{x-1}=2=f(1),$$

$$\lim_{x\to1^-}f(x)=2\lim_{x\to1^-}\frac{1-x}{x-1}=-2,$$

从而 $f(x)$ 在 $x=1$ 处右连续但不左连续，故 $f(x)$ 在 $x=1$ 处不连续.

例45【2016年数三】已知函数 $f(x)$ 满足 $\lim\limits_{x\to 0}\dfrac{\sqrt{1+f(x)\sin 2x}-1}{e^{3x}-1}=2$，则 $\lim\limits_{x\to 0}f(x)=$ ________.

答案：6.

解 因为

$$\lim_{x\to 0}\frac{\sqrt{1+f(x)\sin 2x}-1}{e^{3x}-1}=\lim_{x\to 0}\frac{\frac{1}{2}f(x)\sin 2x}{3x}=\lim_{x\to 0}\frac{f(x)x}{3x}=\lim_{x\to 0}\frac{f(x)}{3}=2,$$

从而 $\lim\limits_{x\to 0}f(x)=6$.

分析 本题考察等价无穷小量代换在极限求解中的应用. 由于 $x\to 0$ 时，$e^x-1\sim x$，$(1+x)^{\frac{1}{2}}-1\sim\frac{1}{2}x$ 以及 $\sin x\sim x$. 故 $x\to 0$ 时，$e^{3x}-1\sim 3x$，$\sqrt{1+f(x)\sin 2x}-1\sim\frac{1}{2}f(x)\sin 2x$ 以及 $\sin 2x\sim 2x$，因此解得 $\lim\limits_{x\to 0}f(x)=6$.

例46【举一反三】已知函数 $f(x)$ 在点 $x=0$ 处连续，并且满足极限 $\lim\limits_{x\to 0}\dfrac{f(x)(e^{x^2}-1)}{x\ln(1+x)^2}=1$，求 $f(0)$.

解 由于 $x\to 0$ 时，$\ln(1+x)\sim x$，$e^{x^2}-1\sim x^2$，所以

$$\lim_{x\to 0}\frac{f(x)(e^{x^2}-1)}{x\ln(1+x)^2}=\lim_{x\to 0}\frac{f(x)(e^{x^2}-1)}{2x\ln(1+x)}=\lim_{x\to 0}\frac{f(x)x^2}{2x^2}$$
$$=\frac{1}{2}\lim_{x\to 0}f(x)=\frac{1}{2}f(0)=1,$$

因此，$f(0)=2$.

例47【举一反三】已知极限 $\lim\limits_{x\to 0}\dfrac{\sqrt[3]{1+a\sin x^2}-1}{1-\cos x}=1$，求参数 a 的值.

解 由于 $x\to 0$ 时，$1-\cos x\sim\frac{1}{2}x^2$，$\sqrt[3]{1+a\sin x^2}-1\sim\frac{1}{3}a\sin x^2$，从而

$$\lim_{x\to 0}\frac{\sqrt[3]{1+a\sin x^2}-1}{1-\cos x}=\lim_{x\to 0}\frac{\frac{1}{3}a\sin x^2}{\frac{1}{2}x^2}=\frac{2a}{3}\lim_{x\to 0}\frac{\sin x^2}{x^2}=\frac{2a}{3}=1,$$

因此，$a=\dfrac{3}{2}$.

例48【举一反三】已知极限 $\lim\limits_{x\to 0}2\left[\dfrac{\tan x-\sin x}{\sin(ax)^3}\right]=1$，求参数 a 的值.

解 由于 $x\to 0$ 时，$\sin(ax)^3\sim(ax)^3$，从而

$$\lim_{x\to0}2\left[\frac{\tan x-\sin x}{\sin(ax)^3}\right]=2\lim_{x\to0}\frac{\frac{\sin x}{\cos x}-\sin x}{a^3x^3}=2\lim_{x\to0}\frac{\sin x(1-\cos x)}{a^3x^3\cos x}=2\lim_{x\to0}\frac{x\cdot\frac{1}{2}x^2}{a^3x^3\cos x}=\frac{1}{a^3},$$

因此，$\frac{1}{a^3}=1,a=1$.

例49 【2015 年数三】设$\{x_n\}$是数列，下列命题中不正确的是（　　）.

(A) 若$\lim\limits_{n\to\infty}x_n=a$，则$\lim\limits_{n\to\infty}x_{2n}=\lim\limits_{n\to\infty}x_{2n+1}=a$

(B) 若$\lim\limits_{n\to\infty}x_{2n}=\lim\limits_{n\to\infty}x_{2n+1}=a$，则$\lim\limits_{n\to\infty}x_n=a$

(C) 若$\lim\limits_{n\to\infty}x_n=a$，则$\lim\limits_{n\to\infty}x_{3n}=\lim\limits_{n\to\infty}x_{3n+1}=a$

(D) 若$\lim\limits_{n\to\infty}x_{3n}=\lim\limits_{n\to\infty}x_{3n+1}=a$，则$\lim\limits_{n\to\infty}x_n=a$

答案：(D).

分析 本题考察的知识点为数列极限存在的充要条件. 由数列极限存在的充要条件$\lim\limits_{n\to\infty}x_n=a\Leftrightarrow\lim\limits_{n\to\infty}x_{2n}=\lim\limits_{n\to\infty}x_{2n+1}=a$可知选项(A)、(B)正确；又由于$\lim\limits_{n\to\infty}x_n=a$，从而$\lim\limits_{n\to\infty}x_{2n}=\lim\limits_{n\to\infty}x_{2n+1}=\lim\limits_{n\to\infty}x_{3n}=\lim\limits_{n\to\infty}x_{3n+1}=a$，因此选项(C)正确；从而本题不正确的命题为(D). 选项(D)不正确的原因在于：数列$\{x_n\}$收敛的充要条件是任意子列均收敛于同一个值，但是$\{x_{3n}\}$和$\{x_{3n+1}\}$收敛于a不能保证其他子列也收敛于a. 从而本题答案为(D).

例50 【举一反三】设$\{x_n\}$是数列，下列命题中不正确的是（　　）.

(A) 若$\lim\limits_{n\to\infty}x_n=a$，则$\lim\limits_{n\to\infty}x_{n+k}=a$，其中$k$为任意正整数

(B) 若$\lim\limits_{n\to\infty}x_{n+k}=a$($k$为任意正整数)，则$\lim\limits_{n\to\infty}x_n=a$

(C) 若数列$\{x_n\}$单调递增有上界，则$\{x_n\}$的极限一定存在

(D) 若数列$\{x_n\}$极限存在，则数列$\{x_n\}$一定是单调数列

答案：(D).

分析 由于$\lim\limits_{n\to\infty}x_n=a\Leftrightarrow\lim\limits_{n\to\infty}x_{n+k}=a$，其中$k$为任意正整数，即数列$\{x_n\}$极限是否存在与数列前面的任意有限项无关，因此选项(A)、(B)正确；由单调有界数列必有极限可知：单调递增有上界的数列必有极限，单调递减有下界的数列必有极限，从而选项(C)正确；然而数列极限存在时该数列不一定是单调数列，例如$\lim\limits_{n\to\infty}\left(1+\frac{(-1)^n}{n}\right)=1$，数列$\left\{1+\frac{(-1)^n}{n}\right\}$不是单调数列. 故答案选(D).

模块六 自测试题

自测试题（一）

一、判断题(共10道小题)

1. 如果数列极限存在，那么该数列一定是有界数列.（　　）

2. 单调数列一定存在极限.(　　)

3. 如果数列$\{x_n\}$和$\{y_n\}$均收敛,且满足在某一项N之后,即当$n>N$时,有$x_n>y_n$,那么一定有$\lim\limits_{n\to\infty}x_n\geqslant\lim\limits_{n\to\infty}y_n$.(　　)

4. 对于数列$\{x_n\}$,$\{y_n\}$和$\{z_n\}$满足$x_n\leqslant y_n\leqslant z_n$,如果极限$\lim\limits_{n\to\infty}x_n$和$\lim\limits_{n\to\infty}z_n$存在,则极限$\lim\limits_{n\to\infty}y_n$一定存在.(　　)

5. 如果函数$f(x)$在点x_0处连续,那么x_0点一定在函数$f(x)$的定义域中.(　　)

6. 同一极限过程中有限个无穷小量的乘积仍为该极限过程中的无穷小量.(　　)

7. 同一极限过程中的无穷小量与无穷大量的乘积为无穷小量.(　　)

8. 当$x\to X$时,$f(x)$,$g(x)$,$h(x)$为非零无穷小量,$f(x)=o(g(x))$,$g(x)=o(h(x))$,那么一定有$f(x)=o(h(x))$.(　　)

9. 如果x_0点不在函数$f(x)$的定义域中,那么x_0点一定是$f(x)$的间断点.(　　)

10. 函数$f(x)$在闭区间$[a,b]$上连续,是指在区间(a,b)内各点处均连续,在左端点a处右连续,在右端点b处左连续.(　　)

二、填空题(共10道小题)

1. 极限$\lim\limits_{n\to\infty}\left(1+\dfrac{2}{\sqrt{n}}\right)^{\sqrt{n}}=$______.

2. 极限$\lim\limits_{n\to\infty}\sqrt[n]{a^n+b^n}$(其中$0<a<b$)$=$______.

3. 若$f(x)=\begin{cases}a-\arctan\dfrac{1}{x}, & x<0\\ \pi, & x=0\\ b-\arctan\dfrac{1}{x}, & x>0\end{cases}$在点$x=0$处连续,则$a=$______,$b=$______.

4. 极限$\lim\limits_{x\to+\infty}\dfrac{x^3+x-1}{x^4-x+5}(\sin x+\cos x)=$______.

5. 极限$\lim\limits_{x\to0}\dfrac{e-e^{\cos x}}{\sqrt{1+x^2}-1}=$______.

6. 若$\lim\limits_{x\to-1}\dfrac{ax^2+bx-3}{x^2-x-2}=1$,则$a=$______,$b=$______.

7. 求极限$\lim\limits_{x\to\frac{\pi}{4}}(\cot x)^{\frac{1}{\cos x-\sin x}}=$______.

8. 已知$f(x)=\begin{cases}e^{\frac{1}{x}}, & x<0\\ 2, & x=0\\ \arctan\dfrac{1}{x}, & x>0\end{cases}$,则$x=0$点是$f(x)$的第______类间断点中的______间断点.

9. 设函数 $f(x)=\begin{cases} x+2, & x\leqslant c \\ x^2, & x>c \end{cases}$ 在$(-\infty,+\infty)$内连续,则 $c=$________.

10. 若 $\lim\limits_{x\to+\infty}(\sqrt{ax^2+bx-3}-x)=2$,则 $a=$________,$b=$________.

三、单项选择题(共 10 道小题)

1. 已知常数 q 满足 $0<q<1$,则极限$\lim\limits_{n\to\infty}(1+q+q^2+\cdots+q^n)=$(　　).

(A) 0　　(B) q　　(C) $\dfrac{q}{1-q}$　　(D) $\dfrac{1}{1-q}$

2. 极限$\lim\limits_{x\to2}\left(\dfrac{1}{x-2}+\dfrac{3}{2+x-x^2}\right)=$(　　).

(A) 0　　(B) $\dfrac{1}{4}$　　(C) $\dfrac{1}{3}$　　(D) 不存在

3. 极限$\lim\limits_{x\to0}\dfrac{(e^x-1)\arctan x^3}{(\cos x-1)^2}=$(　　).

(A) 4　　(B) 2　　(C) -4　　(D) -2

4. 当 $x\to0$ 时,$\tan x\cdot\sin x$ 是 x^2 的(　　).

(A) 高阶无穷小　　(B) 低阶无穷小

(C) 同阶(不等价)无穷小　　(D) 等价无穷小

5. 设函数 $f(x)=\sin\dfrac{1}{x-1}$,则 $x=1$ 是函数的(　　).

(A) 可去间断点　　(B) 跳跃间断点　　(C) 无穷间断点　　(D) 振荡间断点

6. 下列计算方式正确的是(　　).

(A) $\lim\limits_{x\to1}\left(\dfrac{1}{x-1}-\dfrac{1}{1-x^2}\right)=\lim\limits_{x\to1}\dfrac{1}{x-1}-\lim\limits_{x\to1}\dfrac{1}{1-x^2}=\infty-\infty=0$

(B) $\lim\limits_{n\to\infty}\underbrace{\left(\dfrac{1}{n}+\dfrac{1}{n}+\cdots+\dfrac{1}{n}\right)}_{n个}=\lim\limits_{n\to\infty}\dfrac{1}{n}+\lim\limits_{n\to\infty}\dfrac{1}{n}+\cdots+\lim\limits_{n\to\infty}\dfrac{1}{n}=0+0+\cdots+0=0$

(C) $\lim\limits_{x\to0}\dfrac{1}{x}\sin x=\lim\limits_{x\to0}\dfrac{1}{x}\lim\limits_{x\to0}\sin x=\infty\cdot0=0$

(D) $\lim\limits_{x\to2}\dfrac{3x^2}{x^2-4}=\dfrac{1}{\lim\limits_{x\to2}\dfrac{x^2-4}{3x^2}}$,又$\lim\limits_{x\to2}\dfrac{x^2-4}{3x^2}=\dfrac{\lim\limits_{x\to2}(x^2-4)}{\lim\limits_{x\to2}3x^2}=\dfrac{0}{12}=0$,从而$\lim\limits_{x\to2}\dfrac{3x^2}{x^2-4}=\infty$

7. 极限$\lim\limits_{x\to\infty}\left(\dfrac{2x^2+ax}{x-1}-bx\right)=1$,则 a,b 分别为(　　).

(A) $a=1,b=-2$　　(B) $a=-1,b=2$　　(C) $a=2,b=-1$　　(D) $a=-2,b=1$

8. 极限$\lim\limits_{n\to\infty}3n\cdot[\ln(3n-2)-\ln3n]=$(　　).

(A) -2　　(B) -1　　(C) 1　　(D) 2

9. 极限$\lim\limits_{x\to 1}\dfrac{e^{x-1}-e^{\ln x}}{x-1-\ln x}=$(　　).

(A) 0　　(B) 1　　(C) 2　　(D) 3

10. 如果$\lim\limits_{x\to 0}\dfrac{x^2}{f(x)}=1$,则$\lim\limits_{x\to 0}\dfrac{f(x)}{\ln(1+x^2)}=$(　　).

(A) 1　　(B) 2　　(C) 3　　(D) 4

四、多项选择题(共 6 道小题)

1. 下列变量为相应极限过程中的无穷大量的是(　　).

(A) $f(x)=e^{\frac{1}{1-x}},x\to 1^+$　　(B) $f(x)=\ln(x-1),x\to 1^+$

(C) $f(x)=e^{\frac{1}{x-1}},x\to 1^+$　　(D) $f(x)=\sin x-x,x\to 0$

(E) $f(x)=\tan x,x\to -\dfrac{\pi}{2}^+$

2. 已知函数 $f(x)$定义在闭区间$[a,b]$上,点 $x_0\in(a,b)$,则下列说法正确的是(　　).

(A) 如果函数 $f(x)$在点 x_0 处连续,则$\lim\limits_{\Delta x\to 0}\Delta y=0$,其中 Δx 为x 在点x_0 的改变量,Δy 为函数值相应的改变量

(B) 如果函数 $f(x)$在点 x_0 处连续,则$\lim\limits_{\Delta x\to 0}[f(x_0+\Delta x)-f(x_0)]=0$

(C) 如果函数 $f(x)$在点 x_0 处连续,则$\lim\limits_{\Delta x\to 0}f(x_0+\Delta x)=f(x_0)$

(D) 如果函数 $f(x)$在区间左端点 a 处连续,则 $f(x)$在端点 a 处右连续,且$\lim\limits_{x\to a^+}f(x)>f(a)$

(E) 如果函数 $f(x)$在区间右端点 b 处连续,则 $f(x)$在端点 b 处左连续,且$\lim\limits_{x\to b^-}f(x)<f(b)$

3. 下列函数 $f(x)$在相应闭区间上是连续函数的有(　　).

(A) $f(x)=\begin{cases}x+1, & x\in[2,5)\\ 7, & x=5\end{cases}$

(B) $f(x)=\sin x,x\in[0,2\pi]$

(C) $f(x)=\arccos x,x\in[-1,1]$

(D) $f(x)=\dfrac{2}{x-4},x\in[2,6]$

(E) $f(x)=\tan x,x\in\left[\dfrac{\pi}{6},\dfrac{\pi}{4}\right]$

4. 下列说法正确的是(　　).

(A) 无穷大量和无穷小量之间一定互为倒数关系

(B) 任意两个无穷小量之间都可以进行阶的比较

(C) 设 α,β 是同一极限过程中的无穷小量,且 $\alpha=o(\beta)$,说明在该极限过程中,α 趋近于 0 的速度比 β 更快

(D) 设α,β是同一极限过程中的无穷小量,且$\alpha\sim\beta$,说明在该极限过程中,α趋近于0的速度与β趋于0的速度一样

(E) 设α,β,γ是同一极限过程中的无穷小量,且$\alpha=o(\beta),\beta=o(\gamma)$,必有$\alpha=o(\gamma)$

5. 下列说法正确的是(　　).

(A) 如果当$x\to x_0$时,函数$f(x)$以A为极限,即$\lim\limits_{x\to x_0}f(x)=A$,那么点$x_0$一定在函数$f(x)$的定义域中

(B) 如果当$x\to x_0$时,函数$f(x)$以A为极限,即$\lim\limits_{x\to x_0}f(x)=A$,那么函数在点$x_0$的左右极限一定存在,并且有$\lim\limits_{x\to x_0^-}f(x)=\lim\limits_{x\to x_0^+}f(x)=A$成立

(C) 只要函数$f(x)$在点x_0的左右极限至少有一个存在,那么函数$f(x)$在点x_0的极限必然存在

(D) $\lim\limits_{x\to\infty}f(x)=A$成立的充分必要条件是$\lim\limits_{x\to-\infty}f(x)=\lim\limits_{x\to+\infty}f(x)=A$

(E) 如果$\lim\limits_{x\to x_0^+}f(x)=A$且$f(x)>0$,那么必有$A>0$

6. 设函数$f(x)$为闭区间$[a,b]$上的连续函数且满足$f(a)f(b)<0$,下列说法正确的是(　　).

(A) $f(x)$在闭区间$[a,b]$上一定有界

(B) $f(x)$在闭区间$[a,b]$上一定存在零点

(C) $f(x)$在闭区间$[a,b]$上一定单调递增

(D) $f(x)$在闭区间$[a,b]$上一定有最大值和最小值

(E) $f(x)$在闭区间$[a,b]$上各点处极限存在且在左端点a处存在右极限,在右端点b处存在左极限

五、计算与证明题(共4道小题)

1. 求极限$\lim\limits_{n\to\infty}\left(\dfrac{1}{2n^2+1}+\dfrac{2}{2n^2+2}+\cdots+\dfrac{n}{2n^2+n}\right)$.

2. 设$a>0,b>0$均为常数,求极限$\lim\limits_{x\to0}\left(\dfrac{2a^x+b^x}{3}\right)^{\frac{3}{x}}$.

3. 已知$f(x)=\begin{cases}\dfrac{\cos\sqrt{x}-1}{a\ln(1+x)}, & x>0\\ 2, & x=0\\ \dfrac{b(e^{x^2}-1)}{(\sin x)^2}, & x<0\end{cases}$在点$x=0$处连续,求$a,b$的值.

4. 设$f(x)$在$[a,b]$上连续,$x_1,x_2,\cdots,x_n\in(a,b)$,$a_1,a_2,\cdots,a_n$为任意$n$个正数,证明:总存在$\xi\in(a,b)$,使$f(\xi)=\dfrac{a_1f(x_1)+a_2f(x_2)+\cdots+a_nf(x_n)}{a_1+a_2+\cdots+a_n}$.

自测试题（二）

一、判断题(共 10 道小题)

1. 如果数列有界,那么该数列一定收敛.(　　)

2. 单调递增有上界的数列的极限一定存在.(　　)

3. 数列$\{x_n\}$,$\{y_n\}$和$\{z_n\}$满足$x_n\leqslant y_n\leqslant z_n$,如果极限$\lim\limits_{n\to\infty}x_n$和$\lim\limits_{n\to\infty}z_n$存在,则数列$\{y_n\}$一定是有界数列.(　　)

4. 如果函数$f(x)$在点x_0处极限存在,那么点x_0一定在函数$f(x)$的定义域中.(　　)

5. 如果函数$f(x)$在点x_0处左右极限都存在,则$f(x)$在点x_0处极限必存在.(　　)

6. 若$x\to X$时,$f(x)=o(1)$,并且存在$M>0$使得$|g(x)|\leqslant M$,那么$f(x)g(x)=o(1)$ $(x\to X)$.(　　)

7. 无界的量一定是无穷大量.(　　)

8. 如果函数$f(x)$在点x_0处连续,那么$f(x)$在点x_0处一定既左连续又右连续.(　　)

9. 若函数$f(x)$在点x_0处间断,那么$f(x)$在点x_0处的左右极限至少有一个不存在.(　　)

10. 若函数$f(x)$在区间(a,b)内连续,那么函数$f(x)$在区间(a,b)内必有最大值M和最小值m.(　　)

二、填空题(共 10 道小题)

1. 极限$\lim\limits_{n\to\infty}\left(1+\dfrac{\sqrt{n}}{2n-1}\right)^{2\sqrt{n}-\frac{1}{\sqrt{n}}}=$________.

2. $\lim\limits_{n\to\infty}(2^{-n}+3^{-n})^{\frac{1}{n}}=$________.

3. 若函数$f(x)=\begin{cases}a+2e^{\frac{1}{x}}-1, & x<0\\ 3x+2, & x\geqslant 0\end{cases}$在点$x=0$处极限存在,则$a=$________.

4. $\lim\limits_{x\to 0}(1-e^{2x})\sin\dfrac{1}{x}=$________.

5. $\lim\limits_{x\to 0}\dfrac{\ln(\cos x)}{\sqrt{1+\sin x^2}-1}=$________.

6. $\lim\limits_{x\to 0}\left[\dfrac{1}{x}-\left(\dfrac{1}{x}-1\right)\sqrt{1+x}\right]=$________.

7. 设函数$f(x)=\begin{cases}x+2, & |x|\leqslant c\\ \dfrac{3}{|x|}, & |x|>c\end{cases}$在点$x=c$处连续,则$c=$________.

8. 若 $\lim\limits_{x\to-\infty}(\sqrt{ax^2-bx+2}+x)=1$,则 $a=$________,$b=$________.

9. 已知 $f(x)$为连续函数且 $f(x)=\begin{cases}\dfrac{a}{2+e^{\frac{1}{x}}}, & x<0\\ 2, & x=0\\ \dfrac{2}{e^{\frac{1}{x}}}+2b, & x>0\end{cases}$,则 $a=$________,$b=$________.

10. 若$\lim\limits_{x\to1}\dfrac{ax^2+x+b}{x^2+2x-3}=-1$,则 $a=$________,$b=$________.

三、单项选择题(共 10 道小题)

1. 极限$\lim\limits_{n\to\infty}\sqrt[n]{1+3^n+5^n+7^n+9^n}=($　　$)$.

(A) 3　　(B) 5　　(C) 7　　(D) 9

2. 数列极限$\lim\limits_{n\to\infty}\dfrac{2^{n+1}+3^n}{2^n+3^{n-1}}=($　　$)$.

(A) 1　　(B) 2　　(C) 3　　(D) 4

3. 极限$\lim\limits_{n\to\infty}\left(\dfrac{4}{n^2}+\dfrac{4}{n}+1\right)^{\frac{n}{4}}=($　　$)$.

(A) e　　(B) e^2　　(C) e^3　　(D) e^4

4. 下列极限存在的是(　　).

(A) $\lim\limits_{x\to1}\dfrac{x^3+x^2}{x^2-1}$　　(B) $\lim\limits_{x\to1}\dfrac{x^3-1}{x^2-1}$

(C) $\lim\limits_{x\to+\infty}\dfrac{\sqrt{x^3+2x+1}}{x+1}$　　(D) $\lim\limits_{x\to0^+}(x+e^{\frac{1}{x}})$

5. 极限$\lim\limits_{x\to0}\dfrac{\sqrt[5]{1+x^3}-1}{\ln(1+x^3)}=($　　$)$.

(A) 0　　(B) $\dfrac{1}{5}$　　(C) $\dfrac{1}{3}$　　(D) $\dfrac{1}{2}$

6. 设函数 $f(x)=\begin{cases}x+2, & x\geqslant1\\ x-2, & x<1\end{cases}$,则 $x=1$ 是函数的(　　).

(A) 可去间断点　　(B) 跳跃间断点　　(C) 无穷间断点　　(D) 振荡间断点

7. 极限$\lim\limits_{n\to\infty}\dfrac{(3n+2)^{10}(3n+1)^{90}}{n\cdot(3n-1)^{99}}=($　　$)$.

(A) 0　　(B) 1　　(C) 2　　(D) 3

8. 极限$\lim\limits_{x\to0}\arctan\left(\dfrac{3\sin x-\tan x}{2x}\right)=($　　$)$.

(A) $\dfrac{\pi}{6}$　　(B) $\dfrac{\pi}{3}$　　(C) $\dfrac{\pi}{4}$　　(D) 0

9. 下列极限不存在的是(　　).

(A) $\lim\limits_{x\to+\infty}\dfrac{x^2-5x+6}{\sqrt{x+1}-\sqrt{x-1}}$　　(B) $\lim\limits_{x\to\infty}\dfrac{3x^4+16}{2x^4-2x-10}$

(C) $\lim\limits_{x\to\infty}\dfrac{x^4-6x^3-100}{x^5-5x^2+4}$　　(D) $\lim\limits_{x\to 2}\dfrac{|x|}{x}$

10. 极限$\lim\limits_{x\to 1}\dfrac{x^2+ax-2b}{\sin(x-1)}=1$,则 a,b 分别为(　　).

(A) $a=-1,b=-2$　　(B) $a=1,b=2$

(C) $a=-1,b=0$　　(D) $a=0,b=-1$

四、多项选择题(共 6 道小题)

1. 下列变量为相应极限过程中的无穷小量的是(　　).

(A) $f(x)=\mathrm{e}^{\frac{1}{x}},x\to 0^+$　　(B) $f(x)=\ln(x-1),x\to 1^+$

(C) $f(x)=\dfrac{\sin x-x}{x},x\to 0$　　(D) $f(x)=1-\cos x,x\to 0$

(E) $f(x)=\mathrm{e}^{\frac{1}{x-1}},x\to 1^-$

2. 要使函数 $f(x)$在点 x_0 处连续,需要满足的条件有(　　).

(A) $f(x)$在点 x_0 的某个邻域内有定义

(B) 当 $x\to x_0$ 时 $f(x)$的极限存在

(C) 点 x_0 为函数 $f(x)$定义域的边界点

(D) $f(x)$在点 x_0 处的极限值等于在该点的函数值,即$\lim\limits_{x\to x_0}f(x)=f(x_0)$

(E) $f(x)$的定义域必须为有界闭区域

3. 函数 $f(x)$在闭区间$[a,b]$上连续,则下列说法正确的是(　　).

(A) 函数 $f(x)$在闭区间$[a,b]$上一定存在最大值和最小值

(B) 函数 $f(x)$在闭区间$[a,b]$上一定有界

(C) 函数 $f(x)$在闭区间$[a,b]$上一定有 $f(a)\leqslant f(b)$

(D) 函数 $f(x)$在闭区间$[a,b]$上一定是严格单调函数

(E) 函数 $f(x)$在闭区间$[a,b]$上一定存在一点 $\xi\in(a,b)$,使得 $f(\xi)=0$

4. 下列说法正确的是(　　).

(A) 正弦函数 $\sin x$ 是无穷小量

(B) 函数 x^2 为无穷大量

(C) 函数$\dfrac{\sin x}{x}$是 $x\to\infty$极限过程中的无穷小量

(D) 同一极限过程中无穷多个无穷小量的加和仍为无穷小量

(E) 同一极限过程中有限个无穷小量的加和仍为无穷小量

5. 下列说法错误的是(　　).

(A) $\lim\limits_{n\to\infty}[1+(-1)^n]$极限存在,且当 n 为奇数时极限为 0,当 n 为偶数时极限为 2

(B) $\lim\limits_{n\to\infty}2^n=+\infty$表示数列 2^n 的极限存在,为$+\infty$

(C) 对任意给定的正数 ε，总存在一个正整数 N，当 $n>N$ 时，$|y_n-A|<\varepsilon$ 是极限 $\lim\limits_{n\to\infty}y_n=A$ 成立的充分必要条件

(D) 对任意给定的正数 ε，总存在一个正整数 N，当 $n>N$ 时，$|y_n-A|<\varepsilon$ 是极限 $\lim\limits_{n\to\infty}y_n=A$ 成立的充分非必要条件

(E) 如果极限 $\lim\limits_{n\to\infty}y_n=A$，那么对任意给定的正数 ε，总存在一个正整数 N，当 $n>N$ 时，有 $|y_n-A|<\varepsilon$，此处的正整数 N 为数列的第 N 项，且与正数 ε 相关，即 N 为 ε 的函数，可记为 $N(\varepsilon)$

6. 当 $x\to1$ 时，下列条件中能够使极限 $\lim\limits_{x\to1}\sin(x-1)f(x)=0$ 成立的是(　　).

(A) $f(x)$ 在点 $x=1$ 处极限存在

(B) $f(x)$ 在点 $x=1$ 处连续

(C) $f(x)$ 在 $x\to1$ 的极限过程所允许的某一邻域内为有界函数

(D) $f(x)$ 为单调递减函数

(E) $f(x)$ 在 $x\to1$ 的极限过程中为无穷小量

五、计算与证明题(共 4 道小题)

1. 求极限 $\lim\limits_{n\to\infty}\left(\dfrac{1}{\sqrt{n^4+2n^2+1}}+\dfrac{2}{\sqrt{n^4+2n^2+2}}+\cdots+\dfrac{n}{\sqrt{n^4+2n^2+n}}\right)$.

2. 求极限 $\lim\limits_{x\to0}(\sin x^2+\cos x)^{\frac{1}{x^2}}$.

3. 已知 $\lim\limits_{x\to+\infty}x^a\left(\mathrm{e}^{\frac{1}{\sqrt{x}-1}}-\mathrm{e}^{\frac{1}{\sqrt{x}+1}}\right)=2$，求 a 的值.

4. 证明方程 $x=\mathrm{e}^{x-3}+1$ 至少有一个不超过 4 的正根.

第三章 导数与微分

模块一 本章框架图

导数描述的是函数因变量关于自变量的变化率，微分是对函数因变量微小改变量的近似估计. 本章给出导数与微分的定义，并着重研究导数与微分的性质及相应的运算方法.

具体内容框架图如下：

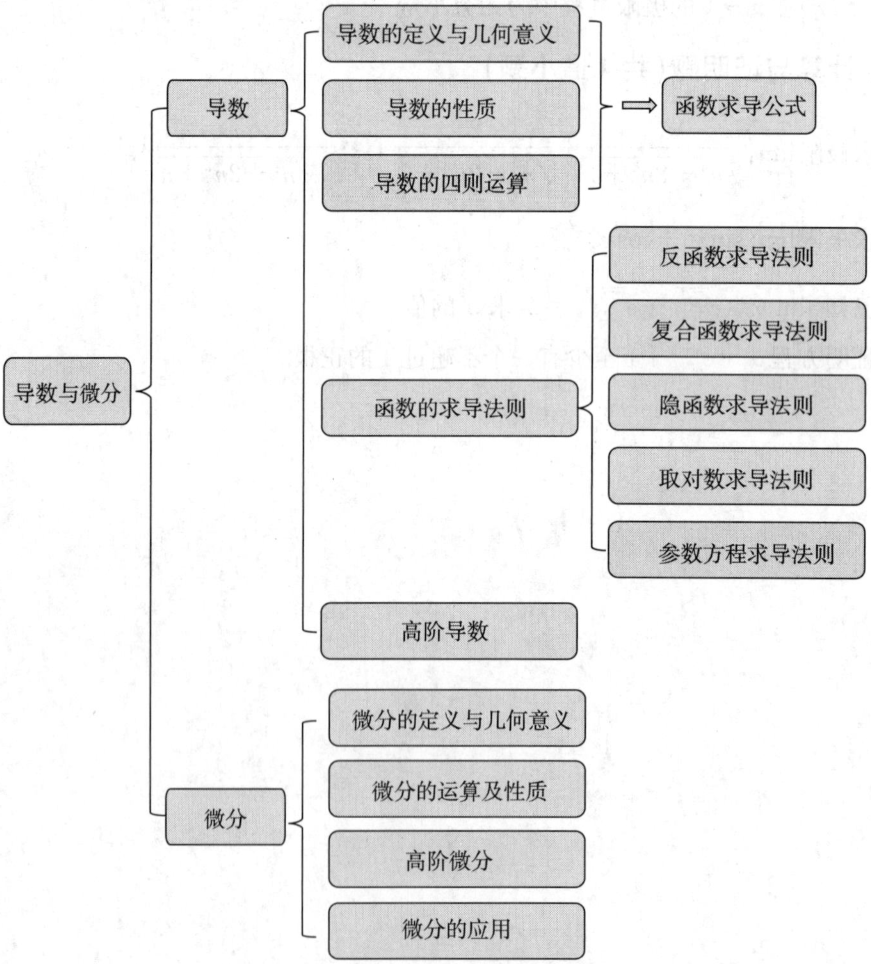

模块二 知识点梳理

一、基本概念

1. 导数的定义

设函数 $y=f(x)$ 在 x_0 点的某邻域内有定义，在该邻域内任给 x_0 一个增量 Δx，得到函数值的增量 $\Delta y=f(x_0+\Delta x)-f(x_0)$，如果极限

$$\lim_{\Delta x\to 0}\frac{\Delta y}{\Delta x}=\lim_{\Delta x\to 0}\frac{f(x_0+\Delta x)-f(x_0)}{\Delta x}$$

存在，则称 $y=f(x)$ 在点 x_0 处可导，并称该极限值为函数 $f(x)$ 在点 x_0 处的**导数**，记为

$$f'(x_0),y'|_{x=x_0},\left.\frac{\mathrm{d}y}{\mathrm{d}x}\right|_{x=x_0}\text{或}\left.\frac{\mathrm{d}f(x)}{\mathrm{d}x}\right|_{x=x_0}.$$

如果极限 $\lim\limits_{\Delta x\to 0}\frac{\Delta y}{\Delta x}$ 不存在，则称函数 $y=f(x)$ 在点 x_0 处不可导，也称导数不存在.

注意：函数 $y=f(x)$ 在点 x_0 处的导数也可以写成其他表述形式，只要分子为函数值的改变量(动点函数值减去定点函数值 $f(x_0)$)、分母为自变量的改变量、极限过程为自变量的改变量趋于 0 即可，如

$$f'(x_0)=\lim_{t\to 0}\frac{f(x_0+t)-f(x_0)}{t};$$

$$f'(x_0)=\lim_{x\to x_0}\frac{f(x)-f(x_0)}{x-x_0};$$

$$f'(x_0)=\lim_{h\to 0}\frac{f(x_0-2h)-f(x_0)}{-2h}.$$

2. 导函数的定义

如果函数 $y=f(x)$ 在开区间 I 内的每点处都可导，则称 $f(x)$ 在开区间 I 内可导或称 $f(x)$ 是 I 内的可导函数. 对于任意 $x_0\in I$，相应的导数 $f'(x_0)$ 随 x_0 的变化而变化，形成了一个函数关系，称其为函数 $y=f(x)$ 的**导函数**，用 $f'(x)$，y'，$\frac{\mathrm{d}y}{\mathrm{d}x}$ 或 $\frac{\mathrm{d}f(x)}{\mathrm{d}x}$ 表示，即

$$f'(x)=\lim_{\Delta x\to 0}\frac{f(x+\Delta x)-f(x)}{\Delta x},$$

可见，上述公式既是求 $y=f(x)$ 在点 x 处的导数公式，也是求导函数的公式.

3. 左导数与右导数的定义

设函数 $y=f(x)$ 在 x_0 点的某邻域内有定义，如果极限

$$\lim_{\Delta x\to 0^-}\frac{f(x_0+\Delta x)-f(x_0)}{\Delta x}\left(或\lim_{x\to x_0^-}\frac{f(x)-f(x_0)}{x-x_0}\right)$$

存在，则称 $f(x)$在点 x_0 处左可导，并称该极限为 $f(x)$在点 x_0 处的**左导数**，记为 $f'_-(x_0)$.

如果极限

$$\lim_{\Delta x\to 0^+}\frac{f(x_0+\Delta x)-f(x_0)}{\Delta x}\left(或\lim_{x\to x_0^+}\frac{f(x)-f(x_0)}{x-x_0}\right)$$

存在，则称 $f(x)$在点 x_0 处右可导，并称该极限为 $f(x)$在点 x_0 处的**右导数**，记为 $f'_+(x_0)$.

4. 高阶导数

如果函数 $f(x)$的导数 $f'(x)$在点 x 处可导，即极限

$$[f'(x)]'=\lim_{\Delta x\to 0}\frac{f'(x+\Delta x)-f'(x)}{\Delta x}$$

存在，则称$[f'(x)]'$为 $f(x)$在点 x 处的**二阶导数**，记为 $f''(x)$，y''，$\frac{d^2y}{dx^2}$或$\frac{d^2f(x)}{dx^2}$.

类似地，$f(x)$的 $n(n\geqslant 2)$阶导数 $f^{(n)}(x)$为

$$f^{(n)}(x)=[f^{(n-1)}(x)]'=\lim_{\Delta x\to 0}\frac{f^{(n-1)}(x+\Delta x)-f^{(n-1)}(x)}{\Delta x}.$$

二阶及二阶以上的导数称为**高阶导数**. 为统一起见，称 $f'(x)$为一阶导数，并约定 $f(x)$为其自身的零阶导数，即 $f^{(0)}(x)=f(x)$.

5. 微分

设函数 $y=f(x)$在点 x_0 的某邻域内有定义，若给 x_0 一个增量 Δx，相应的函数值增量 Δy 可表示为

$$\Delta y=f(x_0+\Delta x)-f(x_0)=A\Delta x+o(\Delta x)(\Delta x\to 0),$$

其中 A 是与 Δx 无关的常数，则称函数 $y=f(x)$在点 x_0 处**可微**，且称 $A\Delta x$ 为函数 $f(x)$在点 x_0 处的**微分**，记作

$$dy|_{x=x_0}=df(x)|_{x=x_0}=A\Delta x.$$

6. 可微函数

如果函数 $f(x)$在开区间(a,b)内每一点处都可微，则称函数 $f(x)$在(a,b)内可微，且称 $f(x)$为(a,b)内的**可微函数**，此时微分

$$dy=df(x)=A(x)\Delta x,x\in(a,b).$$

7. 高阶微分

设函数 $y=f(x)$可微，则 $dy=f'(x)dx$，若 dy 关于自变量 x 仍然可微，则称 $y=f(x)$关于 x 二阶可微，且称 $dy=df(x)$关于 x 的微分为 $y=f(x)$的二阶微分，用d^2y(或$d^2f(x)$)表示. 类似地可以定义 n 阶微分d^ny(或$d^nf(x)$). 其中，

$$\begin{aligned}d^2y&=d(dy)=d[f'(x)dx]=[f'(x)dx]'dx\\&=[f''(x)dx+f'(x)(dx)']dx\\&=f''(x)(dx)^2=f''(x)dx^2;\end{aligned}$$

$$d^ny=d(d^{n-1}y)=d[f^{(n-1)}(x)dx^{n-1}]=f^{(n)}(x)dx^n.$$

二阶及二阶以上的微分统称为**高阶微分**.

二、基本性质

1. 函数在一点可导的充要条件

函数 $y=f(x)$在点 x_0 处可导的充要条件是左导数 $f'_-(x_0)$与右导数 $f'_+(x_0)$都存在且相等,即 $f'_-(x_0)=f'_+(x_0)$.

2. 可导与连续的关系

若函数 $y=f(x)$在点 x_0 处可导,则 $f(x)$在点 x_0 处连续.

注意: 若函数 $y=f(x)$在点 x_0 处连续,则函数 $f(x)$在点 x_0 处不一定可导. 例如,$y=|x|$在 $x=0$ 处连续,但是在 $x=0$ 处却不可导,因为根据左右导数的定义可知

$$f'_-(0)=\lim_{x\to0^-}\frac{f(x)-f(0)}{x-0}=\lim_{x\to0^-}\frac{|x|-0}{x}=\lim_{x\to0^-}\frac{-x}{x}=-1,$$

$$f'_+(0)=\lim_{x\to0^+}\frac{f(x)-f(0)}{x-0}=\lim_{x\to0^+}\frac{|x|-0}{x}=\lim_{x\to0^+}\frac{x}{x}=1.$$

可见,$y=|x|$在 $x=0$ 处的左右导数存在但不相等,从而在该点不可导.

3. 导数的几何意义

导数 $f'(x_0)$是函数 $y=f(x)$在点 x_0 处的变化率,即函数 $y=f(x)$在点(x_0,y_0)处切线的斜率,反映了函数值随自变量变化而变化的快慢程度.

由导数的几何意义可知:如果函数 $y=f(x)$在点 x_0 处可导,则曲线 $y=f(x)$在点 x_0 处的切线方程为

$$y-y_0=f'(x_0)(x-x_0),$$

法线方程为

$$y-y_0=-\frac{1}{f'(x_0)}(x-x_0),f'(x_0)\neq0.$$

4. 反函数求导法则

设函数 $y=f(x)$在某区间 I_x 内严格单调且可导,满足 $f'(x)\neq0$,那么它的反函数 $x=\varphi(y)$在相应区间 I_y 内也可导,并且有

$$\varphi'(y)=\frac{1}{f'(x)},$$

即

$$\frac{dx}{dy}=\frac{1}{\frac{dy}{dx}}.$$

5. 复合函数求导的链式法则

设复合函数 $y=f[g(x)]$，其中 $y=f(u)$，$u=g(x)$. 如果 $u=g(x)$在点 x 处可导，而 $y=f(u)$在对应点 u 处可导，则复合函数 $y=f[g(x)]$在点 x 处可导，并且其导数为

$$\{f[g(x)]\}'=f'[g(x)]g'(x),$$

或

$$\frac{dy}{dx}=\frac{dy}{du}\cdot\frac{du}{dx}.$$

注意：(1) 此链式法则可以推广到多层函数复合的情形. 例如，由 $y=f(u)$，$u=g(v)$，$v=\varphi(x)$形成的复合函数 $y=f[g(\varphi(x))]$，当$\frac{dy}{du}$，$\frac{du}{dv}$，$\frac{dv}{dx}$都存在时，有

$$\{f[g(\varphi(x))]\}'=f'[g(\varphi(x))]g'(\varphi(x))\varphi'(x),$$

或

$$\frac{dy}{dx}=\frac{dy}{du}\cdot\frac{du}{dv}\cdot\frac{dv}{dx}.$$

(2) 求复合函数的导数时，关键在于弄清复合函数的复合关系，采用**“由外及里、逐层求导”**的方式. 复合函数的这种求导方式，被形象地称为“链式法则”.

(3) 在利用“链式法则”对复合函数进行求导时，可以不必设定中间变量，每次求导结果之间以“乘号”相连，直到求导的对象为基本初等函数或基本初等函数的四则运算为止.

6. 隐函数求导法

隐函数 $F(x,y)=0$ 确定了 y 为 x 的函数，运用复合函数求导法则，对方程 $F(x,y)=0$ 两边关于 x 求导，解方程，即得 y'.

注意：(1) 如果隐函数 $F(x,y)=0$ 确定了 x 为 y 的函数，即 $x=x(y)$，则在方程 $F(x,y)=0$ 两边关于 y 求导，解方程，求得 x'；

(2) 在隐函数求导结果 y'的表达式中可以含有 y，同理 x'的表达式中可以含有 x.

7. 取对数求导法

对函数 $y=f(x)$两边取对数，然后利用隐函数的求导方法求导数.

注意：取对数求导法通常用于解决两类问题：

(1) 幂指函数$[f(x)]^{g(x)}$的导数. 例如，$y=x^{\sin x}(x>0)$，则 $\ln y=\sin x\ln x$，两边关于 x 求导，有$\frac{y'}{y}=\cos x\ln x+\frac{\sin x}{x}$，从而 $y'=y\left(\cos x\ln x+\frac{\sin x}{x}\right)$，即 $y'=x^{\sin x}\left(\cos x\ln x+\frac{\sin x}{x}\right)$；

（2）多个因式连乘积的导数. 如 $y=\sqrt{\frac{(x-1)(x-2)}{(x-3)(x-4)}}$，则 $\ln y=\frac{1}{2}[\ln|x-1|+\ln|x-2|-\ln|x-3|-\ln|x-4|]$，两边关于 x 求导，有 $\frac{y'}{y}=\frac{1}{2}\left(\frac{1}{x-1}+\frac{1}{x-2}-\frac{1}{x-3}-\frac{1}{x-4}\right)$，从而 $y'=\frac{1}{2}\sqrt{\frac{(x-1)(x-2)}{(x-3)(x-4)}}\left(\frac{1}{x-1}+\frac{1}{x-2}-\frac{1}{x-3}-\frac{1}{x-4}\right)$. 可见，此类求导中，取对数的目的是将"乘除化加减"以使求导简便.

8. 参数方程求导法

给定参数方程 $\begin{cases}x=f(t)\\y=g(t)\end{cases}$，$t\in[\alpha,\beta]$确定了函数关系 $y=y(x)$，若函数 $x=f(t)$ 与 $y=g(t)$ 均可导，且 $f'(t)\neq 0$，则参数方程确定的函数 $y=y(x)$ 也可导，并且有

$$\frac{\mathrm{d}y}{\mathrm{d}x}=\frac{\mathrm{d}y/\mathrm{d}t}{\mathrm{d}x/\mathrm{d}t}=\frac{g'(t)}{f'(t)}.$$

进一步地，若函数二阶可导，则 $\frac{\mathrm{d}^2y}{\mathrm{d}x^2}=\frac{\mathrm{d}\left(\frac{\mathrm{d}y}{\mathrm{d}x}\right)/\mathrm{d}t}{\mathrm{d}x/\mathrm{d}t}=\frac{g''(t)f'(t)-g'(t)f''(t)}{[f'(t)]^3}$.

9. 高阶导数的运算法则

设函数 $f(x)$，$g(x)$都存在直到 n 阶的导数，则

（1）$[f(x)\pm g(x)]^{(n)}=f^{(n)}(x)\pm g^{(n)}(x)$；

（2）$[Cf(x)]^{(n)}=Cf^{(n)}(x)$，$C$ 为常数；

（3）$[f(x)g(x)]^{(n)}=\sum_{k=0}^{n}C_n^k f^{(n-k)}(x)g^{(k)}(x)$（莱布尼茨公式），其中

$$C_n^k=\frac{n!}{k!(n-k)!},f^{(0)}(x)=f(x),g^{(0)}(x)=g(x).$$

10. 可微的充要条件

函数 $y=f(x)$在点 x_0 处可微的充分必要条件是 $f(x)$在点 x_0 处可导并且 $A=f'(x_0)$.

因此，当函数 $y=f(x)$在点 x 处可微时，有 $\mathrm{d}y=f'(x)\Delta x$. 特别地，取 $y=x$，则 $\mathrm{d}y=\mathrm{d}x=\Delta x$. 通常记 $\mathrm{d}y=f'(x)\mathrm{d}x$，并称 $\mathrm{d}x$ 为自变量 x 的微分，从而 $f'(x)=\frac{\mathrm{d}y}{\mathrm{d}x}$. 可见，导数是函数的微分与自变量的微分之商，故导数又称**微商**.

11. 微分的几何意义

函数 $y=f(x)$在点 x_0 处的微分 $\mathrm{d}y$ 是切线上纵坐标的增量，如图 3.1 所示.

12. 复合函数的微分

设 $y=f[g(x)]$由可微函数 $y=f(u)$和 $u=g(x)$复合而成，则 $y=f(g(x))$关于 x 可微，且

$$\mathrm{d}(f[g(x)])=f'[g(x)]\mathrm{d}g(x)=f'[g(x)]g'(x)\mathrm{d}x,$$

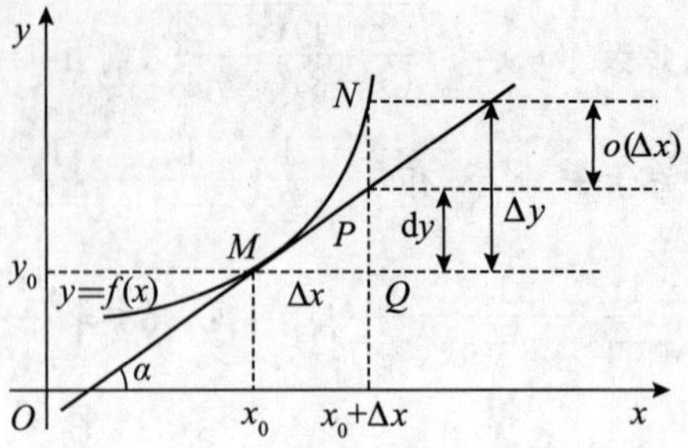

图 3.1

即

$$dy=df(u)=f'(u)du=\frac{df(u)}{du}du=\frac{df(u)}{du}\frac{du}{dx}dx.$$

13. 一阶微分形式不变性

设 $y=f(u)$ 和 $u=g(x)$ 都可微，则复合函数 $y=f[g(x)]$ 的微分为

$$dy=[f(g(x))]'dx=f'(u)g'(x)dx.$$

由于 $g'(x)dx=dg(x)=du$，所以上式也可以写成 $dy=f'(u)du$. 因此，无论 u 是自变量还是中间变量，$dy=f'(u)du$ 始终成立. 微分的这一运算性质称为**一阶微分形式不变性**.

三、重要公式

1. 导数基本公式

(1) $(C)'=0$；

(2) $(x^\mu)'=\mu x^{\mu-1}$；

(3) $(a^x)'=a^x\ln a$， $(e^x)'=e^x$，

(4) $(\log_a x)'=\dfrac{1}{x\ln a}$， $(\ln x)'=\dfrac{1}{x}$；

(5) $(\sin x)'=\cos x$， $(\cos x)'=-\sin x$， $(\tan x)'=\sec^2 x$，
$(\cot x)'=-\csc^2 x$， $(\sec x)'=\sec x\tan x$， $(\csc x)'=-\csc x\cot x$；

(6) $(\arcsin x)'=\dfrac{1}{\sqrt{1-x^2}}$， $(\arccos x)'=-\dfrac{1}{\sqrt{1-x^2}}$，

$(\arctan x)'=\dfrac{1}{1+x^2}$， $(\text{arccot}\, x)'=-\dfrac{1}{1+x^2}$.

2. 常用函数的高阶导数公式

(1) $(x^k)^{(n)}=\begin{cases}k(k-1)\cdots(k-n+1)x^{k-n}, & n\leqslant k\\ 0, & n>k\end{cases}$；

(2) $(e^x)^{(n)}=e^x$；

(3) $(\sin x)^{(n)}=\sin\left(x+\dfrac{n\pi}{2}\right)$，$n=1,2,\cdots$；

(4) $(\cos x)^{(n)}=\cos\left(x+\frac{n\pi}{2}\right),n=1,2,\cdots$;

(5) $(\ln x)^{(n)}=(-1)^{n-1}(n-1)!\,x^{-n},n=1,2,\cdots$.

3. 微分基本公式

(1) $\mathrm{d}(C)=0$;

(2) $\mathrm{d}(x^{\mu})=\mu x^{\mu-1}\mathrm{d}x$;

(3) $\mathrm{d}(a^x)=a^x\ln a\,\mathrm{d}x$, $\quad\mathrm{d}(\mathrm{e}^x)=\mathrm{e}^x\mathrm{d}x$;

(4) $\mathrm{d}(\log_a x)=\frac{1}{x\ln a}\mathrm{d}x$, $\quad\mathrm{d}(\ln x)=\frac{1}{x}\mathrm{d}x$;

(5) $\mathrm{d}(\sin x)=\cos x\,\mathrm{d}x$, $\quad\mathrm{d}(\cos x)=-\sin x\,\mathrm{d}x$, $\quad\mathrm{d}(\tan x)=\sec^2x\,\mathrm{d}x$,

$\mathrm{d}(\cot x)=-\csc^2x\,\mathrm{d}x$, $\quad\mathrm{d}(\sec x)=\sec x\tan x\,\mathrm{d}x$, $\quad\mathrm{d}(\csc x)=-\csc x\cot x\,\mathrm{d}x$;

(6) $\mathrm{d}(\arcsin x)=\frac{1}{\sqrt{1-x^2}}\mathrm{d}x$, $\quad\mathrm{d}(\arccos x)=-\frac{1}{\sqrt{1-x^2}}\mathrm{d}x$,

$\mathrm{d}(\arctan x)=\frac{1}{1+x^2}\mathrm{d}x$, $\quad\mathrm{d}(\mathrm{arccot}\,x)=-\frac{1}{1+x^2}\mathrm{d}x$.

4. 导数的四则运算法则

设函数 $f(x),g(x)$在点 x 处可导,则它们的和、差、积、商(分母不为 0)均可导,且有

(1) $[f(x)\pm g(x)]'=f'(x)\pm g'(x)$;

(2) $[f(x)\cdot g(x)]'=f'(x)g(x)+f(x)g'(x)$;

(3) $\left[\frac{f(x)}{g(x)}\right]'=\frac{f'(x)g(x)-f(x)g'(x)}{g^2(x)}$,其中 $g(x)\neq0$.

5. 函数微分的四则运算法则

设函数 $f(x),g(x)$均可微,则

(1) $\mathrm{d}[f(x)\pm g(x)]=\mathrm{d}f(x)\pm\mathrm{d}g(x)$;

(2) $\mathrm{d}[f(x)\cdot g(x)]=g(x)\mathrm{d}f(x)+f(x)\mathrm{d}g(x)$;

(3) $\mathrm{d}\left[\frac{f(x)}{g(x)}\right]=\frac{g(x)\mathrm{d}f(x)-f(x)\mathrm{d}g(x)}{g^2(x)}$,其中 $g(x)\neq0$.

6. 微分的近似计算公式

设函数 $f(x)$在点 x_0 处可微,则

$f(x_0+\Delta x)\approx f(x_0)+f'(x_0)\Delta x$,其中 Δx 充分小,

上式为 $f(x_0+\Delta x)$的近似计算公式.

模块三 重难点及易错知识点问答

本章重点

1. 函数在一点可导的定义;
2. 导数的几何意义;

本章难点

1. 利用导数的定义求未定式的极限;
2. 分段函数在分段点处可导性的判别;

3. 函数在一点可导的充分必要条件；
4. 可导与连续的关系；
5. 复合函数求导的链式法则；
6. 微分的定义；
7. 可微的充要条件；
8. 微分的几何意义.

3. 幂指函数求导；
4. 参数方程的高阶导数.

易错知识点问答

问题 1 极限$\lim\limits_{\Delta x\to 0}\dfrac{f(x_0+\Delta x)-f(x_0-\Delta x)}{2\Delta x}$存在可以作为函数$f(x)$在点$x_0$处可导的定义吗，即$\lim\limits_{\Delta x\to 0}\dfrac{f(x_0+\Delta x)-f(x_0-\Delta x)}{2\Delta x}=f'(x_0)$是否一定成立？

答 不一定.函数$f(x)$在点x_0处可导的定义为极限$\lim\limits_{\Delta x\to 0}\dfrac{f(x_0+\Delta x)-f(x_0)}{\Delta x}$存在.首先从形式上看，定义中分式的分子是“动点”函数值$f(x_0+\Delta x)$减去“定点”函数值$f(x_0)$，而本问题的分子$f(x_0+\Delta x)-f(x_0-\Delta x)$为“动点”函数值$f(x_0+\Delta x)$减去“动点”函数值$f(x_0-\Delta x)$；其次，由于

$$\lim_{\Delta x\to 0}\frac{f(x_0+\Delta x)-f(x_0-\Delta x)}{2\Delta x}=\lim_{\Delta x\to 0}\frac{f(x_0+\Delta x)-f(x_0)+f(x_0)-f(x_0-\Delta x)}{2\Delta x}$$
$$=\frac{1}{2}\lim_{\Delta x\to 0}\left(\frac{f(x_0+\Delta x)-f(x_0)}{\Delta x}+\frac{f(x_0-\Delta x)-f(x_0)}{-\Delta x}\right),$$

根据极限的四则运算法则：当$\lim\limits_{x\to X}f(x)$和$\lim\limits_{x\to X}g(x)$都存在时，有$\lim\limits_{x\to X}[f(x)+g(x)]=\lim\limits_{x\to X}f(x)+\lim\limits_{x\to X}g(x)$，因此极限$\lim\limits_{\Delta x\to 0}\dfrac{f(x_0+\Delta x)-f(x_0-\Delta x)}{2\Delta x}$存在，并不能推导出

$$\frac{1}{2}\lim_{\Delta x\to 0}\left(\frac{f(x_0+\Delta x)-f(x_0)}{\Delta x}+\frac{f(x_0-\Delta x)-f(x_0)}{-\Delta x}\right)$$
$$=\frac{1}{2}\lim_{\Delta x\to 0}\frac{f(x_0+\Delta x)-f(x_0)}{\Delta x}+\frac{1}{2}\lim_{\Delta x\to 0}\frac{f(x_0-\Delta x)-f(x_0)}{-\Delta x},$$

从而极限$\lim\limits_{\Delta x\to 0}\dfrac{f(x_0+\Delta x)-f(x_0-\Delta x)}{2\Delta x}$存在不能保证函数$f(x)$在点$x_0$处可导；但是，如果函数$f(x)$在点$x_0$处可导，那么$\lim\limits_{\Delta x\to 0}\dfrac{f(x_0+\Delta x)-f(x_0)}{\Delta x}$和$\lim\limits_{\Delta x\to 0}\dfrac{f(x_0-\Delta x)-f(x_0)}{-\Delta x}$均存在且等于$f'(x_0)$，从而

$$\frac{1}{2}\lim_{\Delta x\to 0}\frac{f(x_0+\Delta x)-f(x_0)}{\Delta x}+\frac{1}{2}\lim_{\Delta x\to 0}\frac{f(x_0-\Delta x)-f(x_0)}{-\Delta x}=f'(x_0)$$
$$=\lim_{\Delta x\to 0}\frac{f(x_0+\Delta x)-f(x_0-\Delta x)}{2\Delta x},$$

即如果 $f(x)$ 在点 x_0 处可导，则有 $\lim\limits_{\Delta x\to 0}\dfrac{f(x_0+\Delta x)-f(x_0-\Delta x)}{2\Delta x}=f'(x_0)$ 成立.

问题 2 函数 $f(x)$ 在点 x_0 处极限存在、连续、可导、可微之间的关系是什么？

答 函数 $f(x)$ 在点 x_0 处极限存在、连续、可导、可微之间的关系图如下：

$$\text{可微}\Leftrightarrow\text{可导}\Rightarrow\text{连续}\Rightarrow\text{极限存在}$$

即函数 $f(x)$ 在点 x_0 处可微的充分必要条件是函数 $f(x)$ 在点 x_0 处可导，必在该点连续且在该点极限存在，但反之不成立. 若函数 $f(x)$ 在点 x_0 处连续，则在该点极限必存在，反之不成立.

问题 3 指数函数 $y=a^x$ 与对数函数 $y=\log_a x$ 互为反函数，但是 $y'=(a^x)'=a^x\ln a$，而 $y'=(\log_a x)'=\dfrac{1}{x\ln a}$，显然两者不是倒数关系，即 $a^x\ln a\neq\dfrac{1}{\dfrac{1}{x\ln a}}$，这与反函数的求导法则是否矛盾呢？

答 不矛盾. 反函数的求导法则：设函数 $y=f(x)$ 在某区间 I_x 内严格单调且可导，满足 $f'(x)\neq 0$，那么它的反函数 $x=\varphi(y)$ 在相应区间 I_y 内也可导，并且有 $\varphi'(y)=\dfrac{1}{f'(x)}$. 在该法则中，$y=f(x)$ 与 $x=\varphi(y)$ 互为反函数，但是两者之间并没有交换 x 和 y 的位置，即 $y=f(x)$ 中的 x 与 $x=\varphi(y)$ 中的 x 是一致的. 但是在指数函数 $y=a^x$ 中解得 $x=\log_a y$，交换 x 与 y 的位置得到对数函数 $y=\log_a x$，可见指数函数 $y=a^x$ 中的 x 与对数函数 $y=\log_a x$ 中的 x 是不一致的，从而导致了 $(a^x)'=a^x\ln a$ 与 $(\log_a x)'=\dfrac{1}{x\ln a}$ 没有互为倒数的关系. 因此，在使用反函数的求导法则时，要注意函数 $y=f(x)$ 与反函数 $x=\varphi(y)$ 的导数互为倒数在不交换 x 与 y 位置的前提下才成立.

问题 4 在复合函数的求导问题中，对数函数的真数部分是否有绝对值对求导结果有影响吗？

答 没有影响. 考虑复合函数 $y=\ln|f(x)|$，分两种情形：①若 $f(x)>0$，则 $y=\ln|f(x)|=\ln f(x)$，$y'=[\ln f(x)]'=\dfrac{f'(x)}{f(x)}$；②若 $f(x)<0$，则 $y=\ln|f(x)|=\ln[-f(x)]$，$y'=\{\ln[-f(x)]\}'=\dfrac{1}{-f(x)}\cdot[-f(x)]'=\dfrac{f'(x)}{f(x)}$. 综上可知，$y'=[\ln|f(x)|]'=\dfrac{f'(x)}{f(x)}=[\ln f(x)]'$，即对数函数的真数部分是否有绝对值对求导结果没有影响. 特别地，$[\ln|x|]'=(\ln x)'=\dfrac{1}{x}$.

问题 5 函数 $y=f(x)$ 在点 $x=x_0$ 处可导则在该点处必可微，反之 $y=f(x)$ 在点 $x=x_0$ 处可微则在该点处必可导，那么导数和微分是等价定义吗？

答 不是等价定义. 尽管 $y=f(x)$ 在点 $x=x_0$ 处可导 $\Leftrightarrow y=f(x)$ 在点 $x=x_0$ 处可微，但这只是说明函数在一点处的可导性和可微性等价，即运算上求导数与求微分类似. 但是，

$y=f(x)$在点$x=x_0$处的导数y'表示函数在该点处切线的斜率，反映的是函数在该点附近的变化率；而函数$y=f(x)$在点$x=x_0$处的微分dy表示的是函数$y=f(x)$在点M处切线纵坐标的增量（见图3.1）。因此导数与微分具有不同的几何意义，不是等价定义。

问题 6 高阶微分是否像一阶微分那样具有形式不变性？

答 高阶微分不具有形式不变性。一阶微分的形式不变性是指对于函数$y=f(u)$，不论u是自变量还是中间变量，都有$dy=f'(u)du$成立。但是，对于高阶微分，不妨以二阶微分为例，不再具有这种形式不变性，即$d^2y=f''(u)du^2$这一等式当u是自变量时成立，当u是中间变量时不再成立。考虑复合函数$y=f(u)=u^3+5$，$u=\sin x$的二阶微分。

首先，根据一阶微分形式不变性，得$dy=d(u^3+5)=3u^2du$。

然后，求二阶微分

$$\begin{aligned}d^2y&=d(dy)=d(3u^2du)=d(3u^2)du+3u^2d(du)\\&=6udu^2+3u^2d^2u=y''du^2+3u^2d^2u,\end{aligned}$$

而

$$d^2u=d(du)=d(\cos x dx)=-\sin x dx^2,$$

可见，当u是中间变量时，$d^2u\neq0$，从而$d^2y\neq y''du^2$，即二阶微分不具有形式不变性。

模块四 典型题解析

一、极限的求解

例 1 已知函数$y=f(x)$在点x_0处可导且$f(x_0)=1$，$f'(x_0)=2$，求下列极限：

(1) $\lim\limits_{h\to0}\dfrac{f(x_0-2h)-f(x_0)}{h}$；　(2) $\lim\limits_{\Delta x\to0}\dfrac{f(x_0+2\Delta x)-f(x_0-\Delta x)}{2\Delta x}$；

(3) $\lim\limits_{x\to x_0}\dfrac{f^2(x)-f^2(x_0)}{x-x_0}$；　(4) $\lim\limits_{h\to0}\dfrac{f(x_0+ah)-f(x_0+bh)}{2h}$（$a,b$为非零常数）；

(5) $\lim\limits_{x\to x_0}\dfrac{xf(x_0)-x_0f(x)}{x-x_0}$；　(6) $\lim\limits_{x\to x_0}\dfrac{f(2x-x_0)-f(2x_0-x)}{x-x_0}$.

解 (1) 由于$y=f(x)$在点x_0处可导且$f'(x_0)=2$，由导数的定义可知

$$\lim_{h\to0}\frac{f(x_0-2h)-f(x_0)}{h}=-2\lim_{h\to0}\frac{f(x_0-2h)-f(x_0)}{-2h}=-2f'(x_0)=-4.$$

(2) 由于$y=f(x)$在点x_0处可导且$f'(x_0)=2$，由导数的定义可知

$$\begin{aligned}\lim_{\Delta x\to0}\frac{f(x_0+2\Delta x)-f(x_0-\Delta x)}{2\Delta x}&=\lim_{\Delta x\to0}\frac{f(x_0+2\Delta x)-f(x_0)+f(x_0)-f(x_0-\Delta x)}{2\Delta x}\\&=\lim_{\Delta x\to0}\frac{f(x_0+2\Delta x)-f(x_0)}{2\Delta x}+\frac{1}{2}\lim_{\Delta x\to0}\frac{f(x_0)-f(x_0-\Delta x)}{\Delta x}\\&=f'(x_0)+\frac{1}{2}f'(x_0)=2+\frac{1}{2}\cdot2=3.\end{aligned}$$

(3) 由于 $y=f(x)$ 在点 x_0 处可导，从而 $y=f(x)$ 在点 x_0 处连续，并且 $f(x_0)=1$，$f'(x_0)=2$，由导数的定义可知

$$\begin{aligned}\lim_{x\to x_0}\frac{f^2(x)-f^2(x_0)}{x-x_0}&=\lim_{x\to x_0}\frac{[f(x)-f(x_0)][f(x)+f(x_0)]}{x-x_0}\\&=\lim_{x\to x_0}\frac{f(x)-f(x_0)}{x-x_0}\cdot\lim_{x\to x_0}[f(x)+f(x_0)]\\&=f'(x_0)\cdot 2f(x_0)=2\cdot 2=4.\end{aligned}$$

(4) 由于 $y=f(x)$ 在点 x_0 处可导且 $f'(x_0)=2$，由导数的定义可知

$$\begin{aligned}\lim_{h\to 0}\frac{f(x_0+ah)-f(x_0+bh)}{2h}&=\lim_{h\to 0}\frac{f(x_0+ah)-f(x_0)+f(x_0)-f(x_0+bh)}{2h}\\&=\lim_{h\to 0}\frac{f(x_0+ah)-f(x_0)}{2h}+\lim_{h\to 0}\frac{f(x_0)-f(x_0+bh)}{2h}\\&=\frac{a}{2}\lim_{h\to 0}\frac{f(x_0+ah)-f(x_0)}{ah}-\frac{b}{2}\lim_{h\to 0}\frac{f(x_0)-f(x_0+bh)}{-bh}\\&=\frac{a}{2}f'(x_0)-\frac{b}{2}f'(x_0)=a-b.\end{aligned}$$

(5) 由于 $y=f(x)$ 在点 x_0 处可导且 $f(x_0)=1$，$f'(x_0)=2$，由导数的定义可知

$$\begin{aligned}\lim_{x\to x_0}\frac{xf(x_0)-x_0f(x)}{x-x_0}&=\lim_{x\to x_0}\frac{xf(x_0)-x_0f(x_0)+x_0f(x_0)-x_0f(x)}{x-x_0}\\&=\lim_{x\to x_0}\frac{xf(x_0)-x_0f(x_0)}{x-x_0}+\lim_{x\to x_0}\frac{x_0f(x_0)-x_0f(x)}{x-x_0}\\&=f(x_0)-x_0f'(x_0)=1-2x_0.\end{aligned}$$

(6) 由于 $y=f(x)$ 在点 x_0 处可导且 $f'(x_0)=2$，由导数的定义可知

$$\begin{aligned}\lim_{x\to x_0}\frac{f(2x-x_0)-f(2x_0-x)}{x-x_0}&=\lim_{x\to x_0}\frac{f(2x-x_0)-f(x_0)+f(x_0)-f(2x_0-x)}{x-x_0}\\&=\lim_{x\to x_0}\frac{f(2x-x_0)-f(x_0)}{x-x_0}+\lim_{x\to x_0}\frac{f(x_0)-f(2x_0-x)}{x-x_0}\\&=2\lim_{x\to x_0}\frac{f(2x-x_0)-f(x_0)}{2x-2x_0}+\lim_{x\to x_0}\frac{f(x_0)-f(2x_0-x)}{x-x_0}\\&=2f'(x_0)+f'(x_0)=3\times 2=6.\end{aligned}$$

分析 本题考察利用导数的定义求极限. 这些极限均为“$\frac{0}{0}$”型未定式，在求解过程中根据导数的定义，分子为函数值的改变量(注意：必须是“动点”与“定点”的函数值之差)，分母为自变量的改变量，通过调整系数，建立与导数定义之间的关系，进而得到相应极限结果. 此外，本题(3) 中用到了可导与连续的关系，即可导必连续(连续未必可导)这一结论.

例 2 已知 $f(0)=0, f'(0)=1$，求极限 $\lim\limits_{x\to 0}\dfrac{2f(x)}{x}$.

解 $\lim\limits_{x\to 0}\dfrac{2f(x)}{x}=\lim\limits_{x\to 0}\dfrac{2f(x)-2f(0)}{x-0}=2\lim\limits_{x\to 0}\dfrac{f(x)-f(0)}{x-0}=2f'(0)=2.$

分析 本题利用导数的定义求函数极限时，需要先将所求极限转化为导数定义的形式，即将分子补充为函数值之差，进而根据导数定义求得极限值.

例 3 已知 $f(0)=1, f'(0)=-1, f(1)=1, f'(1)=-2$，求下列极限：

(1) $\lim\limits_{x\to 0}\dfrac{e^x-f(x)}{x}$； (2) $\lim\limits_{x\to 0}\dfrac{a^x f(x)-1}{x}$ $(a>0$ 且 $a\neq 1)$；

(3) $\lim\limits_{x\to 0}\dfrac{\sqrt{1+x}\,f(x)-1}{x}$； (4) $\lim\limits_{x\to 1}\dfrac{\cos(x-1)\cdot f(x)-1}{x-1}$.

解 (1) $\lim\limits_{x\to 0}\dfrac{e^x-f(x)}{x}=\lim\limits_{x\to 0}\dfrac{e^x-1+1-f(x)}{x}=\lim\limits_{x\to 0}\dfrac{e^x-1}{x}+\lim\limits_{x\to 0}\dfrac{1-f(x)}{x}.$

由于当 $x\to 0$ 时，$e^x-1\sim x$，从而

$$\lim_{x\to 0}\frac{e^x-1}{x}=\lim_{x\to 0}\frac{x}{x}=1.$$

又 $f(0)=1, f'(0)=-1$，则

$$\lim_{x\to 0}\frac{1-f(x)}{x}=\lim_{x\to 0}\frac{f(0)-f(x)}{x-0}=-\lim_{x\to 0}\frac{f(x)-f(0)}{x-0}=-f'(0)=1.$$

因此，

$$\lim_{x\to 0}\frac{e^x-f(x)}{x}=1+1=2.$$

(2) $$\lim_{x\to 0}\frac{a^x f(x)-1}{x}=\lim_{x\to 0}\frac{a^x f(x)-f(x)+f(x)-1}{x}$$
$$=\lim_{x\to 0}\frac{(a^x-1)f(x)+[f(x)-1]}{x}$$
$$=\lim_{x\to 0}\frac{a^x-1}{x}f(x)+\lim_{x\to 0}\frac{f(x)-1}{x}.$$

由于当 $x\to 0$ 时，$a^x-1\sim x\ln a$，$f(x)$ 在点 $x=0$ 处可导从而在该点处连续，得

$$\lim_{x\to 0}\frac{a^x-1}{x}f(x)=\ln a\cdot f(0)=\ln a,$$

又 $f(0)=1, f'(0)=-1$，则

$$\lim_{x\to 0}\frac{f(x)-1}{x}=\lim_{x\to 0}\frac{f(x)-f(0)}{x-0}=f'(0)=-1.$$

因此，

$$\lim_{x\to 0}\frac{a^x f(x)-1}{x}=\ln a-1.$$

(3) $\lim\limits_{x\to 0}\frac{\sqrt{1+x}f(x)-1}{x}=\lim\limits_{x\to 0}\frac{\sqrt{1+x}f(x)-f(x)+f(x)-1}{x}$

$=\lim\limits_{x\to 0}\frac{(\sqrt{1+x}-1)f(x)+[f(x)-1]}{x}$

$=\lim\limits_{x\to 0}\frac{\sqrt{1+x}-1}{x}f(x)+\lim\limits_{x\to 0}\frac{f(x)-1}{x}.$

由于当 $x\to 0$ 时，$\sqrt{1+x}-1\sim\frac{1}{2}x$，$f(x)$在点 $x=0$ 处可导从而在该点处连续，因此得

$$\lim_{x\to 0}\frac{\sqrt{1+x}-1}{x}f(x)=\frac{1}{2}f(0)=\frac{1}{2},$$

又 $f(0)=1$，$f'(0)=-1$，从而

$$\lim_{x\to 0}\frac{f(x)-1}{x}=\lim_{x\to 0}\frac{f(x)-f(0)}{x-0}=f'(0)=-1,$$

因此，

$$\lim_{x\to 0}\frac{\sqrt{1+x}f(x)-1}{x}=\frac{1}{2}-1=-\frac{1}{2}.$$

(4) $\lim\limits_{x\to 1}\frac{\cos(x-1)\cdot f(x)-1}{x-1}=\lim\limits_{x\to 1}\frac{\cos(x-1)\cdot f(x)-f(x)+f(x)-1}{x-1}$

$=\lim\limits_{x\to 1}\frac{[\cos(x-1)-1]\cdot f(x)+[f(x)-1]}{x-1}$

$=\lim\limits_{x\to 1}\frac{\cos(x-1)-1}{x-1}f(x)+\lim\limits_{x\to 1}\frac{f(x)-1}{x-1}.$

由于当 $x\to 1$ 时，$\cos(x-1)-1\sim-\frac{1}{2}(x-1)^2$，$f(x)$在点 $x=0$ 处可导从而在该点处连续，因此得

$$\lim_{x\to 1}\frac{\cos(x-1)-1}{x-1}f(x)=-\frac{1}{2}\lim_{x\to 1}(x-1)f(x)=0,$$

又 $f(1)=1$，$f'(1)=-2$，从而

$$\lim_{x\to 1}\frac{f(x)-1}{x-1}=\lim_{x\to 1}\frac{f(x)-f(1)}{x-1}=f'(1)=-2,$$

因此，

$$\lim_{x\to 1}\frac{\cos(x-1)\cdot f(x)-1}{x-1}=-2.$$

分析 本题考察的知识点是导数定义与等价无穷小量代换. 在相应极限过程中, 所求极限均为“$\frac{0}{0}$”型未定式, 故通过对分子“加项减项”的方法, 将原来的极限分解为两个极限, 分别利用等价无穷小量代换以及导数的定义得到相应极限值, 并求得最终结果.

注意: 本题(2) 至(4) 也可以看成相应的复合函数的导数.

(2) 另解: $\lim\limits_{x\to 0}\frac{a^x f(x)-1}{x}=\lim\limits_{x\to 0}\frac{a^x f(x)-a^0 f(0)}{x-0}=[a^x f(x)]'|_{x=0}$

$=a^0\ln a f(0)+a^0 f'(0)=\ln a-1.$

(3) 另解: $\lim\limits_{x\to 0}\frac{\sqrt{1+x}f(x)-1}{x}=\lim\limits_{x\to 0}\frac{\sqrt{1+x}f(x)-\sqrt{1+0}f(0)}{x-0}=[\sqrt{1+x}f(x)]'|_{x=0}$

$=\frac{1}{2\sqrt{1+0}}f(0)+\sqrt{1+0}f'(0)=\frac{1}{2}-1=-\frac{1}{2}.$

(4) 另解: $\lim\limits_{x\to 1}\frac{\cos(x-1)\cdot f(x)-1}{x-1}=\lim\limits_{x\to 1}\frac{\cos(x-1)\cdot f(x)-\cos(1-1)f(1)}{x-1}$

$=[\cos(x-1)\cdot f(x)]'|_{x=1}$

$=-\sin(1-1)f(1)+\cos(1-1)f'(1)=0-2=-2.$

例 4 已知 $f(0)=1, f'(0)=-1, f(1)=2, f'(1)=-2$, 求下列极限:

(1) $\lim\limits_{x\to 1}\frac{f(e^{x-1})-2}{2x-2}$;

(2) $\lim\limits_{x\to 0}\frac{f[\ln(1+x)]-1}{x}$;

(3) $\lim\limits_{x\to 0}\frac{f(e^{x^2}-\cos x)-1}{x^2}$;

(4) $\lim\limits_{x\to 1}\frac{f(\ln x+\sqrt{x})-2}{x-1}$.

解 (1) $\lim\limits_{x\to 1}\frac{f(e^{x-1})-2}{2x-2}=\lim\limits_{x\to 1}\frac{f(e^{x-1})-f(1)}{2x-2}=\lim\limits_{x\to 1}\frac{f(e^{x-1})-f(1)}{e^{x-1}-1}\cdot\frac{e^{x-1}-1}{2x-2}$,

由于 $x\to 1$ 时, $e^{x-1}-1\sim x-1$, 又 $f'(1)=-2$, 从而

$$\lim_{x\to 1}\frac{f(e^{x-1})-f(1)}{e^{x-1}-1}\cdot\frac{e^{x-1}-1}{2x-2}=\lim_{x\to 1}\frac{f(e^{x-1})-f(1)}{e^{x-1}-1}\cdot\lim_{x\to 1}\frac{e^{x-1}-1}{2x-2}$$

$$=f'(1)\cdot\frac{1}{2}=-1.$$

(2) $\lim\limits_{x\to 0}\frac{f[\ln(1+x)]-1}{x}=\lim\limits_{x\to 0}\frac{f[\ln(1+x)]-f(0)}{x}=\lim\limits_{x\to 0}\frac{f[\ln(1+x)]-f(0)}{\ln(1+x)-0}\cdot\frac{\ln(1+x)}{x}$,

由于 $x\to 0$ 时, $\ln(1+x)\sim x$, 又 $f'(0)=-1$, 从而

$$\lim_{x\to 0}\frac{f[\ln(1+x)]-f(0)}{\ln(1+x)-0}\cdot\frac{\ln(1+x)}{x}=\lim_{x\to 0}\frac{f[\ln(1+x)]-f(0)}{\ln(1+x)-0}\cdot\lim_{x\to 0}\frac{\ln(1+x)}{x}$$

$$=f'(0)\cdot 1=-1.$$

(3) $\lim\limits_{x\to 0}\frac{f(e^{x^2}-\cos x)-1}{x^2}=\lim\limits_{x\to 0}\frac{f(e^{x^2}-\cos x)-f(0)}{x^2}=\lim\limits_{x\to 0}\frac{f(e^{x^2}-\cos x)-f(0)}{e^{x^2}-\cos x}\cdot\frac{e^{x^2}-\cos x}{x^2}$,

由于 $x\to 0$ 时，$e^{x^2}-1\sim x^2$，$1-\cos x\sim\frac{1}{2}x^2$，又 $f'(0)=-1$，从而

$$\begin{aligned}&\lim_{x\to 0}\frac{f(e^{x^2}-\cos x)-f(0)}{e^{x^2}-\cos x}\cdot\frac{e^{x^2}-\cos x}{x^2}\\&=\lim_{x\to 0}\frac{f(e^{x^2}-\cos x)-f(0)}{e^{x^2}-\cos x}\cdot\frac{e^{x^2}-1+1-\cos x}{x^2}\\&=\lim_{x\to 0}\frac{f(e^{x^2}-\cos x)-f(0)}{e^{x^2}-\cos x-0}\cdot\left(\lim_{x\to 0}\frac{e^{x^2}-1}{x^2}+\lim_{x\to 0}\frac{1-\cos x}{x^2}\right)\\&=f'(0)\cdot\left(1+\frac{1}{2}\right)=-\frac{3}{2}.\end{aligned}$$

(4) $\lim\limits_{x\to 1}\frac{f(\ln x+\sqrt{x})-2}{x-1}=\lim\limits_{x\to 1}\frac{f(\ln x+\sqrt{x})-f(1)}{x-1}=\lim\limits_{x\to 1}\frac{f(\ln x+\sqrt{x})-f(1)}{\ln x+\sqrt{x}-1}\cdot\frac{\ln x+\sqrt{x}-1}{x-1}$.

由于 $x\to 1$ 时，$\ln[1+(x-1)]\sim x-1$，$\sqrt{1+(x-1)}-1\sim\frac{1}{2}(x-1)$，又 $f'(1)=-2$，从而

$$\begin{aligned}&\lim_{x\to 1}\frac{f(\ln x+\sqrt{x})-f(1)}{\ln x+\sqrt{x}-1}\cdot\frac{\ln x+\sqrt{x}-1}{x-1}\\&=\lim_{x\to 1}\frac{f(\ln x+\sqrt{x})-f(1)}{\ln x+\sqrt{x}-1}\cdot\frac{\ln[1+(x-1)]+\sqrt{1+(x-1)}-1}{x-1}\\&=\lim_{x\to 1}\frac{f(\ln x+\sqrt{x})-f(1)}{\ln x+\sqrt{x}-1}\cdot\left(\lim_{x\to 1}\frac{\ln[1+(x-1)]}{x-1}+\lim_{x\to 1}\frac{\sqrt{1+(x-1)}-1}{x-1}\right)\\&=f'(1)\cdot\left(1+\frac{1}{2}\right)=-3.\end{aligned}$$

分析 本题与例 3 都是导数定义与等价无穷小量代换相结合求极限的题目，所不同的是，本题利用变量替换的思路，将函数 $f(\cdot)$ 括号中的部分视为一个整体，根据导数的定义，构造相应的分式形式，进而利用等价无穷小量代换求得极限结果. 需要注意，利用等价无穷小量进行代换，有时要通过“加项减项”寻找相应的等价关系，例如(3) 中，将 $e^{x^2}-\cos x$ 变为 $e^{x^2}-1+1-\cos x$；(4) 中将 $\ln x$ 变为 $\ln[1+(x-1)]$，将 $\sqrt{x}$ 变为 $\sqrt{1+(x-1)}$. 这些技巧要在熟练掌握等价无穷小量代换公式的基础上灵活运用.

例 5 已知 $f(x)=\sin(x^2-1)$，求极限 $\lim\limits_{x\to 1}\frac{f'(3-2x)-f'(1)}{x-1}$.

解 由高阶导数的定义可知，极限

$$\lim_{x\to 1}\frac{f'(3-2x)-f'(1)}{x-1}=-2\lim_{x\to 1}\frac{f'(3-2x)-f'(1)}{3-2x-1}=-2f''(1).$$

由于 $f(x)=\sin(x^2-1)$，从而

$$f'(x)=2x\cos(x^2-1),\ f''(x)=2\cos(x^2-1)-4x^2\sin(x^2-1).$$

由此可知，$f''(1)=2$. 因此，极限$\lim\limits_{x\to1}\dfrac{f'(3-2x)-f'(1)}{x-1}=-4$.

分析 本题考察的是高阶导数的定义以及复合函数求导. 首先，根据高阶导数的定义可知所求极限为$-2f''(1)$；其次，根据复合函数求导的链式法则解得$f''(x)$，从而可知$f''(1)=2$，进而求得极限结果为-4. 需要注意的是，高阶导数的定义与一阶导数类似，区别仅在于高阶导数定义中分式的分子部分为导函数值的增量.

二、导数与微分的求解

例 6 利用导数的定义求下列函数的导数：

(1) $y=C$；　　(2) $y=x^{\mu}(\mu\neq0)$；

(3) $y=a^x(a>0$ 且 $a\neq1)$；　　(4) $y=\log_a x(a>0$ 且 $a\neq1)$；

(5) $y=\sin x$；　　(6) $y=\cos x$.

解 (1) $\Delta y=f(x+\Delta x)-f(x)=C-C=0$，所以

$$y'=(C)'=\lim_{\Delta x\to0}\frac{\Delta y}{\Delta x}=\lim_{\Delta x\to0}\frac{C-C}{\Delta x}=0,$$

即

$$y'=(C)'=0.$$

(2) $\Delta y=f(x+\Delta x)-f(x)=(x+\Delta x)^{\mu}-x^{\mu}$，所以

$$\begin{aligned}y'=(x^{\mu})'&=\lim_{\Delta x\to0}\frac{\Delta y}{\Delta x}=\lim_{\Delta x\to0}\frac{(x+\Delta x)^{\mu}-x^{\mu}}{\Delta x}\\&=x^{\mu}\lim_{\Delta x\to0}\frac{\left(1+\dfrac{\Delta x}{x}\right)^{\mu}-1}{\Delta x}\\&=x^{\mu}\lim_{\Delta x\to0}\frac{\mu\cdot\dfrac{\Delta x}{x}}{\Delta x}=\mu x^{\mu-1},\end{aligned}$$

即

$$y'=(x^{\mu})'=\mu x^{\mu-1}.$$

(3) $\Delta y=f(x+\Delta x)-f(x)=a^{x+\Delta x}-a^x=a^x(a^{\Delta x}-1)$，所以

$$\begin{aligned}y'=(a^x)'&=\lim_{\Delta x\to0}\frac{\Delta y}{\Delta x}\\&=\lim_{\Delta x\to0}\frac{a^x(a^{\Delta x}-1)}{\Delta x}\\&=a^x\lim_{\Delta x\to0}\frac{\Delta x\ln a}{\Delta x}=a^x\ln a,\end{aligned}$$

即

$$y'=(a^x)'=a^x\ln a.$$

特别地，有$(e^x)'=e^x\ln e=e^x$.

(4) $\Delta y=f(x+\Delta x)-f(x)=\log_a(x+\Delta x)-\log_a x=\log_a\left(1+\frac{\Delta x}{x}\right)$，所以

$$\begin{aligned}y'=(\log_a x)'&=\lim_{\Delta x\to 0}\frac{\Delta y}{\Delta x}=\lim_{\Delta x\to 0}\frac{\log_a\left(1+\frac{\Delta x}{x}\right)}{\Delta x}\\&=\lim_{\Delta x\to 0}\frac{\frac{\Delta x}{x}\cdot\frac{x}{\Delta x}\cdot\log_a\left(1+\frac{\Delta x}{x}\right)}{\Delta x}\\&=\frac{1}{x}\lim_{\Delta x\to 0}\log_a\left(1+\frac{\Delta x}{x}\right)^{\frac{x}{\Delta x}}\\&=\frac{\log_a e}{x}=\frac{1}{x\ln a},\end{aligned}$$

即

$$y'=(\log_a x)'=\frac{1}{x\ln a}.$$

特别地，有$(\ln x)'=\frac{1}{x}$.

(5) $\Delta y=f(x+\Delta x)-f(x)=\sin(x+\Delta x)-\sin x=2\cos\left(x+\frac{\Delta x}{2}\right)\sin\frac{\Delta x}{2}$，所以

$$\begin{aligned}y'=(\sin x)'&=\lim_{\Delta x\to 0}\frac{\Delta y}{\Delta x}=\lim_{\Delta x\to 0}\frac{2\cos\left(x+\frac{\Delta x}{2}\right)\sin\frac{\Delta x}{2}}{\Delta x}\\&=\lim_{\Delta x\to 0}\cos\left(x+\frac{\Delta x}{2}\right)\cdot\lim_{\Delta x\to 0}\frac{\sin\frac{\Delta x}{2}}{\frac{\Delta x}{2}}=\cos x,\end{aligned}$$

即

$$y'=(\sin x)'=\cos x.$$

(6) $\Delta y=f(x+\Delta x)-f(x)=\cos(x+\Delta x)-\cos x=-2\sin\left(x+\frac{\Delta x}{2}\right)\sin\frac{\Delta x}{2}$，所以

$$y'=(\cos x)'=\lim_{\Delta x\to 0}\frac{\Delta y}{\Delta x}=-\lim_{\Delta x\to 0}\frac{2\sin\left(x+\frac{\Delta x}{2}\right)\sin\frac{\Delta x}{2}}{\Delta x}$$

$$=-\lim_{\Delta x\to 0}\sin\left(x+\frac{\Delta x}{2}\right)\cdot\lim_{\Delta x\to 0}\frac{\sin\frac{\Delta x}{2}}{\frac{\Delta x}{2}}=-\sin x,$$

即

$$y'=(\cos x)'=-\sin x.$$

分析 本题是利用导数的定义求基本初等函数(常函数、幂函数、指数函数、对数函数以及三角函数中的正弦函数和余弦函数)的导数. 在求解过程中,首先需要写出 Δy 的表达式,然后求解极限 $\lim\limits_{\Delta x\to 0}\frac{\Delta y}{\Delta x}$,此时需要用到等价无穷小量代换(如(2)、(3))、重要极限(如(4)、(5)、(6))以及三角函数和差化积公式(如(5)、(6)).

例 7 利用导数的四则运算求下列函数的导数:

(1) $y=a\sin x+b\cos x$(a,b 为非零常数);

(2) $y=e^x\ln x$;　　(3) $y=x^2\log_2 x$;

(4) $y=\dfrac{\sin x+2^x}{\ln x+\cos x}$;　　(5) $y=\dfrac{x^2e^x}{\sin x+\cos x}$;

(6) $y=\tan x$;　　(7) $y=\cot x$;

(8) $y=\sec x$;　　(9) $y=\csc x$.

解 (1) $y'=(a\sin x+b\cos x)'$

$=(a\sin x)'+(b\cos x)'=a\cos x-b\sin x.$

(2) $y'=(e^x\ln x)'=(e^x)'\ln x+e^x(\ln x)'=e^x\ln x+\dfrac{e^x}{x}.$

(3) $y'=(x^2\log_2 x)'=(x^2)'\log_2 x+x^2(\log_2 x)'$

$=2x\log_2 x+x^2\cdot\dfrac{1}{x\ln 2}=2x\log_2 x+\dfrac{x}{\ln 2}.$

(4) $$y'=\left(\frac{\sin x+2^x}{\ln x+\cos x}\right)'=\frac{(\sin x+2^x)'(\ln x+\cos x)-(\sin x+2^x)(\ln x+\cos x)'}{(\ln x+\cos x)^2}$$

$$=\frac{(\cos x+2^x\ln 2)(\ln x+\cos x)-(\sin x+2^x)\left(\frac{1}{x}-\sin x\right)}{(\ln x+\cos x)^2}.$$

(5) $$y'=\left(\frac{x^2e^x}{\sin x+\cos x}\right)'=\frac{(x^2e^x)'(\sin x+\cos x)-x^2e^x(\sin x+\cos x)'}{(\sin x+\cos x)^2}$$

$$=\frac{(2xe^x+x^2e^x)(\sin x+\cos x)-x^2e^x(\cos x-\sin x)}{(\sin x+\cos x)^2}$$

$$=\frac{2xe^x(\sin x+\cos x+x\sin x)}{(\sin x+\cos x)^2}.$$

(6) $$y'=(\tan x)'=\left(\frac{\sin x}{\cos x}\right)'=\frac{(\sin x)'\cos x-\sin x(\cos x)'}{\cos^2 x}$$

$$=\frac{\cos x\cdot\cos x+\sin x\cdot\sin x}{\cos^2 x}=\frac{1}{\cos^2 x}$$

$$=\sec^2 x.$$

(7) $y'=(\cot x)'=\left(\frac{\cos x}{\sin x}\right)'=\frac{(\cos x)'\sin x-\cos x(\sin x)'}{\sin^2 x}$

$$=\frac{-\sin x\cdot\sin x-\cos x\cdot\cos x}{\sin^2 x}=\frac{-1}{\sin^2 x}$$

$$=-\csc^2 x.$$

(8) $y'=(\sec x)'=\left(\frac{1}{\cos x}\right)'=\frac{(1)'\cdot\cos x-1\cdot(\cos x)'}{\cos^2 x}$

$$=\frac{0+\sin x}{\cos^2 x}=\sec x\tan x.$$

(9) $y'=(\csc x)'=\left(\frac{1}{\sin x}\right)'=\frac{(1)'\cdot\sin x-1\cdot(\sin x)'}{\sin^2 x}$

$$=\frac{0-\cos x}{\sin^2 x}=-\csc x\cot x.$$

分析 本题基于导数的四则运算法则求函数的导数，要求对导数的四则运算法则公式非常熟悉. 其中，(6) 至(9) 是利用正弦函数和余弦函数的导函数结果求三角函数中另外四种三角函数(正切函数、余切函数、正割函数以及余割函数)的导函数，这些求解结果可作为公式在后续求导中直接使用. 另外，通过观察(8) 和(9) 可以得到求导数的简便方法，即对于可导函数 $f(x)$且 $f(x)\neq 0$，有

$$\left[\frac{1}{f(x)}\right]'=-\frac{f'(x)}{f^2(x)}.$$

例 8 已知 $y=(x-1)(x-2)\cdots(x-100)$，求 $y'|_{x=2}$.

解 由于

$$\begin{aligned}y'&=[(x-1)(x-2)\cdots(x-100)]'\\&=(x-1)'(x-2)\cdots(x-100)+(x-1)(x-2)'\cdots(x-100)\\&\quad+\cdots+(x-1)(x-2)\cdots(x-100)',\end{aligned}$$

从而

$$\begin{aligned}y'|_{x=2}&=(2-1)(2-3)(2-4)\cdots(2-100)\\&=1\cdot(-1)\cdot(-2)\cdot\cdots\cdot(-98)\\&=98!.\end{aligned}$$

分析 本题是导数四则运算公式的推广形式，即多个函数乘积的求导问题. 多个函数乘积的求导公式为：每个函数求导一次且其余函数不变，并将结果相加，即有几个函数相乘，那么它们乘积的导数就为几部分的加和. 因此，在本题中，将 $x=2$ 代入 y'，仅有$(x-1)(x-2)'\cdots(x-100)$这一项得以保留，其余 99 项均为 0，从而解得相应结果.

例9 根据已知函数的导数，利用反函数的求导法则求下列函数的导数：

(1) 已知$(\log_a x)'=\dfrac{1}{x\ln a}$，求 $y=a^x$ 的导数；

(2) 已知$(a^x)'=a^x\ln a$，求 $y=\log_a x$ 的导数；

(3) 已知$(\sin x)'=\cos x$，求 $y=\arcsin x$ 的导数；

(4) 已知$(\cos x)'=-\sin x$，求 $y=\arccos x$ 的导数；

(5) 已知$(\tan x)'=\sec^2 x$，求 $y=\arctan x$ 的导数；

(6) 已知$(\cot x)'=-\csc^2 x$，求 $y=\operatorname{arccot} x$ 的导数.

解 (1) 因为 $y=a^x,x\in(-\infty,+\infty)$是 $x=\log_a y,y\in(0,+\infty)$的反函数，则

$$y'=(a^x)'=\frac{\mathrm{d}y}{\mathrm{d}x}=\frac{1}{\frac{\mathrm{d}x}{\mathrm{d}y}}=\frac{1}{(\log_a y)'}=\frac{1}{\frac{1}{y\ln a}}=y\ln a=a^x\ln a.$$

(2) 因为 $y=\log_a x,x\in(0,+\infty)$是 $x=a^y,y\in(-\infty,+\infty)$的反函数，则

$$y'=(\log_a x)'=\frac{\mathrm{d}y}{\mathrm{d}x}=\frac{1}{\frac{\mathrm{d}x}{\mathrm{d}y}}=\frac{1}{(a^y)'}=\frac{1}{a^y\ln a}=\frac{1}{x\ln a}.$$

(3) 因为 $y=\arcsin x,x\in(-1,1)$是 $x=\sin y,y\in\left(-\dfrac{\pi}{2},\dfrac{\pi}{2}\right)$的反函数，从而 $\cos y>0,y\in\left(-\dfrac{\pi}{2},\dfrac{\pi}{2}\right)$，则

$$y'=(\arcsin x)'=\frac{\mathrm{d}y}{\mathrm{d}x}=\frac{1}{\frac{\mathrm{d}x}{\mathrm{d}y}}=\frac{1}{(\sin y)'}=\frac{1}{\cos y}=\frac{1}{\sqrt{1-\sin^2 y}}=\frac{1}{\sqrt{1-x^2}}.$$

(4) 因为 $y=\arccos x,x\in(-1,1)$是 $x=\cos y,y\in(0,\pi)$的反函数，从而 $\sin y>0,y\in(0,\pi)$，则

$$y'=(\arccos x)'=\frac{\mathrm{d}y}{\mathrm{d}x}=\frac{1}{\frac{\mathrm{d}x}{\mathrm{d}y}}=\frac{1}{(\cos y)'}=-\frac{1}{\sin y}=-\frac{1}{\sqrt{1-\cos^2 y}}=-\frac{1}{\sqrt{1-x^2}}.$$

(5) 因为 $y=\arctan x,x\in(-\infty,+\infty)$是 $x=\tan y,y\in(-\dfrac{\pi}{2},\dfrac{\pi}{2})$的反函数，所以

$$y'=(\arctan x)'=\frac{\mathrm{d}y}{\mathrm{d}x}=\frac{1}{\frac{\mathrm{d}x}{\mathrm{d}y}}=\frac{1}{(\tan y)'}=\frac{1}{\sec^2 y}=\frac{1}{1+\tan^2 y}=\frac{1}{1+x^2}.$$

(6) 因为 $y=\operatorname{arccot} x,x\in(-\infty,+\infty)$是 $x=\cot y,y\in(0,\pi)$的反函数，所以

$$y'=(\operatorname{arccot} x)'=\frac{\mathrm{d}y}{\mathrm{d}x}=\frac{1}{\frac{\mathrm{d}x}{\mathrm{d}y}}=\frac{1}{(\cot y)'}=-\frac{1}{\csc^2 y}=-\frac{1}{1+\cot^2 y}=-\frac{1}{1+x^2}.$$

分析 本题是反函数的求导法则的应用. 在使用反函数求导法则时，需要注意该法则成立的前提为：函数中的 x 与其反函数中的 x 是一致的，同理对变量 y 也是如此.

例10 求下列函数的导数：

(1) $y=(1+e^{2x})\tan x$；

(2) $y=(1+\sin x^2)^3$；

(3) $y=\sqrt[3]{x^2-2x}$；

(4) $y=\dfrac{\ln\sqrt{x}}{\sqrt{1-x^2}}$；

(5) $y=\ln(1+\sqrt{x})$；

(6) $y=\ln[2x\sin(x^2+1)]$；

(7) $y=\ln\dfrac{1+2^x}{1-\sin x^2}$；

(8) $y=\sin^3(\sqrt{1+x^2})$；

(9) $y=\ln(2^{-x}+3^{\sqrt{x}})$；

(10) $y=\dfrac{x}{\sqrt{x^2+2x}-x}$；

(11) $y=\arctan(e^x+x\sin x)^3$；

(12) $y=x\ln|x|$.

解 (1) $y'=[(1+e^{2x})\tan x]'=(1+e^{2x})'\tan x+(1+e^{2x})(\tan x)'$
$=2e^{2x}\tan x+(1+e^{2x})\sec^2 x$.

(2) $y'=[(1+\sin x^2)^3]'=3(1+\sin x^2)^2(1+\sin x^2)'$
$=3(1+\sin x^2)^2\cos x^2(x^2)'$
$=6x(1+\sin x^2)^2\cos x^2$.

(3) $y'=[\sqrt[3]{x^2-2x}]'=\dfrac{1}{3}(x^2-2x)^{-\frac{2}{3}}(x^2-2x)'$

$=\dfrac{1}{3}(x^2-2x)^{-\frac{2}{3}}(2x-2)$.

(4) $y'=\left[\dfrac{\ln\sqrt{x}}{\sqrt{1-x^2}}\right]'=\left[\dfrac{\frac{1}{2}\ln x}{\sqrt{1-x^2}}\right]'=\dfrac{\left(\frac{1}{2}\ln x\right)'\sqrt{1-x^2}-\frac{1}{2}\ln x\left(\sqrt{1-x^2}\right)'}{1-x^2}$

$=\dfrac{\frac{1}{2x}\sqrt{1-x^2}-\frac{1}{2}\ln x\cdot\frac{-2x}{2\sqrt{1-x^2}}}{1-x^2}=\dfrac{1+x^2(\ln x-1)}{2x\sqrt{(1-x^2)^3}}$.

(5) $y'=[\ln(1+\sqrt{x})]'=\dfrac{(1+\sqrt{x})'}{1+\sqrt{x}}=\dfrac{\frac{1}{2\sqrt{x}}}{1+\sqrt{x}}=\dfrac{1}{2\sqrt{x}+2x}$.

(6) $y'=\{\ln[2x\sin(x^2+1)]\}'=\dfrac{[2x\sin(x^2+1)]'}{2x\sin(x^2+1)}$

$=\dfrac{(x)'\sin(x^2+1)+x[\sin(x^2+1)]'}{x\sin(x^2+1)}$

$=\dfrac{\sin(x^2+1)+2x^2\cos(x^2+1)}{x\sin(x^2+1)}$.

(7) $y'=[\ln\frac{1+2^x}{1-\sin x^2}]'=[\ln(1+2^x)]'-[\ln(1-\sin x^2)]'$

$=\frac{(1+2^x)'}{1+2^x}-\frac{(1-\sin x^2)'}{1-\sin x^2}=\frac{2^x\ln 2}{1+2^x}+\frac{2x\cos x^2}{1-\sin x^2}.$

(8) $y'=[\sin^3(\sqrt{1+x^2})]'=3\sin^2(\sqrt{1+x^2})(\sin\sqrt{1+x^2})'$

$=3\sin^2(\sqrt{1+x^2})\cos\sqrt{1+x^2}(\sqrt{1+x^2})'$

$=\frac{3x\sin^2(\sqrt{1+x^2})\cos\sqrt{1+x^2}}{\sqrt{1+x^2}}.$

(9) $y'=[\ln(2^{-x}+3^{\sqrt{x}})]'=\frac{(2^{-x}+3^{\sqrt{x}})'}{2^{-x}+3^{\sqrt{x}}}=\frac{-2^{-x}\ln 2+3^{\sqrt{x}}\frac{\ln 3}{2\sqrt{x}}}{2^{-x}+3^{\sqrt{x}}}$

$=\frac{\ln 3\cdot 3^{\sqrt{x}}-2\sqrt{x}\cdot 2^{-x}\ln 2}{2\sqrt{x}\cdot 2^{-x}+2\sqrt{x}\cdot 3^{\sqrt{x}}}.$

(10) $y'=\left[\frac{x}{\sqrt{x^2+2x}-x}\right]'=\left[\frac{x(\sqrt{x^2+2x}+x)}{(\sqrt{x^2+2x}-x)(\sqrt{x^2+2x}+x)}\right]'$

$=\left(\frac{\sqrt{x^2+2x}+x}{2}\right)'$

$=\frac{1}{2}\left(\frac{x+1}{\sqrt{x^2+2x}}+1\right).$

(11) $y'=[\arctan(\mathrm{e}^x+x\sin x)^3]'=\frac{3(\mathrm{e}^x+x\sin x)^2}{1+(\mathrm{e}^x+x\sin x)^6}\cdot(\mathrm{e}^x+x\sin x)'$

$=\frac{3(\mathrm{e}^x+x\sin x)^2(\mathrm{e}^x+\sin x+x\cos x)}{1+(\mathrm{e}^x+x\sin x)^6}.$

(12) 当 $x>0$ 时，$\ln|x|=\ln x$，从而 $(\ln|x|)'=(\ln x)'=\frac{1}{x}$；

当 $x<0$ 时，$\ln|x|=\ln(-x)$，从而 $(\ln|x|)'=[\ln(-x)]'=\frac{-1}{-x}=\frac{1}{x}$.

综上可知，$(\ln|x|)'=\frac{1}{x}$，即对数求导时，真数部分的绝对值对求导没有影响. 因此，

$$y'=(x\ln|x|)'=\ln|x|+x\cdot\frac{1}{x}=\ln|x|+1.$$

分析 本题为复合函数求导问题. 在使用复合函数求导的链式法则时，需要首先分析复合函数各部分之间的关系，即该复合函数是由哪些基本初等函数复合而成的，然后本着由外及里、逐层求导的原则，根据链式法则，各求导结果之间以乘号相连，直到对初等函数或基本初等函数求导来结束运算.

例11 求下列函数的导数(其中 f 为可导函数且 $f(x)\neq 0$)：

(1) $y=f(x^2)$；

(2) $y=f^2(\sin x)$；

(3) $y=xf[\sin^2(3x)]$；

(4) $y=f^2(x^2+2x\ln x)$；

(5) $y=f(e^x)e^{[f^2(x)+\sin x]}$；

(6) $y=f[f(\sqrt{x}+\tan x^2)]$；

(7) $y=xf(\sin^2 x)+\ln f(\cos^2 x)$；

(8) $y=f[f^2(2x)]$；

(9) 如果 $f\left(\dfrac{1}{x}\right)=\dfrac{2x}{1+x}$,求 $f'(x)$；

(10) 如果 $f(x+\dfrac{1}{x})=x^2+\dfrac{1}{x^2}+1$,求 $f'(x)$.

解 (1) $y'=[f(x^2)]'=f'(x^2)(x^2)'=2xf'(x^2)$.

(2) $y'=[f^2(\sin x)]'=2f(\sin x)[f(\sin x)]'=2f(\sin x)f'(\sin x)(\sin x)'$

$=2\cos xf(\sin x)f'(\sin x)$.

(3) $y'=\{xf[\sin^2(3x)]\}'=f[\sin^2(3x)]+xf'[\sin^2(3x)]\cdot[\sin^2(3x)]'$

$=f[\sin^2(3x)]+6xf'[\sin^2(3x)]\sin(3x)\cos(3x)$

$=f[\sin^2(3x)]+3xf'[\sin^2(3x)]\sin(6x)$.

(4) $y'=[f^2(x^2+2x\ln x)]'=2f(x^2+2x\ln x)[f(x^2+2x\ln x)]'$

$=2f(x^2+2x\ln x)f'(x^2+2x\ln x)(x^2+2x\ln x)'$

$=2f(x^2+2x\ln x)f'(x^2+2x\ln x)(2x+2\ln x+2)$.

(5) $y'=\{f(e^x)e^{[f^2(x)+\sin x]}\}'=e^xf'(e^x)e^{[f^2(x)+\sin x]}+f(e^x)e^{[f^2(x)+\sin x]}[f^2(x)+\sin x]'$

$=f'(e^x)e^{[f^2(x)+\sin x+x]}+f(e^x)e^{[f^2(x)+\sin x]}[2f(x)f'(x)+\cos x]$.

(6) $y'=\{f[f(\sqrt{x}+\tan x^2)]\}'=f'[f(\sqrt{x}+\tan x^2)]f'(\sqrt{x}+\tan x^2)(\sqrt{x}+\tan x^2)'$

$=f'[f(\sqrt{x}+\tan x^2)]f'(\sqrt{x}+\tan x^2)\left(\dfrac{1}{2\sqrt{x}}+2x\sec^2 x\right)$.

(7) $y'=[xf(\sin^2 x)+\ln f(\cos^2 x)]'$

$=f(\sin^2 x)+xf'(\sin^2 x)\cdot 2\sin x\cos x+\dfrac{f'(\cos^2 x)}{f(\cos^2 x)}\cdot 2\cos x(-\sin x)$.

$=f(\sin^2 x)+\sin 2x\left[xf'(\sin^2 x)-\dfrac{f'(\cos^2 x)}{f(\cos^2 x)}\right]$.

(8) $y'=\{f[f^2(2x)]\}'=f'[f^2(2x)]\cdot 2f(2x)f'(2x)(2x)'$

$=4f'[f^2(2x)]f(2x)f'(2x)$.

(9) 方法一:令 $\dfrac{1}{x}=t$,则 $f(t)=\dfrac{\dfrac{2}{t}}{1+\dfrac{1}{t}}=\dfrac{2}{1+t}$,即 $f(x)=\dfrac{2}{1+x}$,从而 $f'(x)=-\dfrac{2}{(1+x)^2}$.

方法二:由 $f\left(\dfrac{1}{x}\right)=\dfrac{2x}{1+x}$知,$f'\left(\dfrac{1}{x}\right)\left(\dfrac{1}{x}\right)'=\left(\dfrac{2x}{1+x}\right)'$,从而$-f'\left(\dfrac{1}{x}\right)\dfrac{1}{x^2}=\dfrac{2}{(1+x)^2}$,即

$$f'\left(\frac{1}{x}\right)=-\frac{2x^2}{(1+x)^2}.$$

令$\frac{1}{x}=t$，则 $f'(t)=-\frac{\frac{2}{t^2}}{\left(1+\frac{1}{t}\right)^2}=-\frac{2}{(1+t)^2}$，因此有 $f'(x)=-\frac{2}{(1+x)^2}$.

(10) 由 $f\left(x+\frac{1}{x}\right)=x^2+\frac{1}{x^2}+1$ 可知，$f\left(x+\frac{1}{x}\right)=\left(x+\frac{1}{x}\right)^2-1$，从而 $f(x)=x^2-1$，因此，$f'(x)=2x$.

分析 本题(1) 至(8) 为抽象复合函数求导问题. 由于最外层没有给出具体函数形式，因此需要根据复合函数求导的链式法则，遵循由外及里、逐层求导的原则求相应的导数. 本题(9) 和(10) 可以根据复合函数的形式求具体的函数表达式，进而求相应的导数.

例12 设 $y=y(x)$是由下列方程确定的隐函数，求$\frac{\mathrm{d}y}{\mathrm{d}x}$：

(1) $1+\sin(x+y)=\mathrm{e}^{-xy}$； (2) $xy+\mathrm{e}^x=\mathrm{e}^y$；

(3) $\sin y=1-xy$； (4) $x^3+y^3=3xy$；

(5) $y=x+\ln y$； (6) $y^2=1+3xy$.

解 (1) 将等式 $1+\sin(x+y)=\mathrm{e}^{-xy}$ 两边关于 x 求导，得

$$(1+y')\cos(x+y)=-(y+xy')\mathrm{e}^{-xy},$$

从而有

$$y'=-\frac{\cos(x+y)+y\mathrm{e}^{-xy}}{\cos(x+y)+x\mathrm{e}^{-xy}}.$$

(2) 将等式 $xy+\mathrm{e}^x=\mathrm{e}^y$ 两边关于 x 求导，得

$$y+xy'+\mathrm{e}^x=y'\mathrm{e}^y,$$

从而有

$$y'=\frac{y+\mathrm{e}^x}{\mathrm{e}^y-x}.$$

(3) 将等式 $\sin y=1-xy$ 两边关于 x 求导，得

$$y'\cos y=-y-xy',$$

从而有

$$y'=-\frac{y}{x+\cos y}.$$

(4) 将等式 $x^3+y^3=3xy$ 两边关于 x 求导，得

$$3x^2+3y^2y'=3y+3xy',$$

从而有

$$y'=\frac{y-x^2}{y^2-x}.$$

(5) 将等式 $y=x+\ln y$ 两边关于 x 求导,得

$$y'=1+\frac{y'}{y},$$

从而有

$$y'=\frac{y}{y-1}.$$

(6) 将等式 $y^2=1+3xy$ 两边关于 x 求导,得

$$2yy'=3y+3xy',$$

从而有

$$y'=\frac{3y}{2y-3x}.$$

分析 本题考察隐函数的求导. 在隐函数求导问题中,需要明确自变量和因变量,方程的左右两边分别关于自变量求导,通过解方程得到相应结果.

例 13 求下列函数的导数:

(1) $y=\frac{(x+1)(x-2)}{(x+3)(x-4)}$;

(2) $y=\sqrt{\frac{2x-3}{(x+1)(x+2)}}$;

(3) $y=\frac{1-x}{x^2}\cdot\sqrt[4]{\frac{(x+2)^2}{(x-3)^3}}$;

(4) $y=(\sin x)^{\tan x}(\sin x>0)$;

(5) $y=\left(1+\frac{1}{x}\right)^x(x>0)$;

(6) $y^x=x^y(x,y>0)$.

解 (1) 将等式 $y=\frac{(x+1)(x-2)}{(x+3)(x-4)}$ 两边取自然对数,得

$$\ln|y|=\ln|x+1|+\ln|x-2|-\ln|x+3|-\ln|x-4|,$$

对上式左右两边关于 x 求导,得

$$\frac{y'}{y}=\frac{1}{x+1}+\frac{1}{x-2}-\frac{1}{x+3}-\frac{1}{x-4},$$

从而

$$y'=\frac{(x+1)(x-2)}{(x+3)(x-4)}\left(\frac{1}{x+1}+\frac{1}{x-2}-\frac{1}{x+3}-\frac{1}{x-4}\right).$$

(2) 将等式 $y=\sqrt{\frac{2x-3}{(x+1)(x+2)}}$ 两边取自然对数,得

$$\ln|y|=\frac{1}{2}(\ln|2x-3|-\ln|x+1|-\ln|x+2|),$$

对上式左右两边关于 x 求导,得

$$\frac{y'}{y}=\frac{1}{2}\left(\frac{2}{2x-3}-\frac{1}{x+1}-\frac{1}{x+2}\right),$$

从而

$$y'=\frac{1}{2}\sqrt{\frac{2x-3}{(x+1)(x+2)}}\left(\frac{2}{2x-3}-\frac{1}{x+1}-\frac{1}{x+2}\right).$$

(3) 将等式 $y=\frac{1-x}{x^2}\cdot\sqrt[4]{\frac{(x+2)^2}{(x-3)^3}}$ 两边取自然对数,得

$$\ln|y|=\ln|1-x|-2\ln|x|+\frac{1}{2}\ln|x+2|-\frac{3}{4}\ln|x-3|,$$

对上式左右两边关于 x 求导,得

$$\frac{y'}{y}=\frac{1}{x-1}-\frac{2}{x}+\frac{1}{2(x+2)}-\frac{3}{4(x-3)},$$

从而

$$y'=\frac{1-x}{x^2}\cdot\sqrt[4]{\frac{(x+2)^2}{(x-3)^3}}\left[\frac{1}{x-1}-\frac{2}{x}+\frac{1}{2(x+2)}-\frac{3}{4(x-3)}\right].$$

(4) 方法一:将等式 $y=(\sin x)^{\tan x}$ 两边取自然对数,得

$$\ln|y|=\tan x\ln\sin x,$$

对上式左右两边关于 x 求导,得

$$\frac{y'}{y}=\sec^2 x\ln\sin x+\tan x\ \frac{\cos x}{\sin x}=1+\sec^2 x\ln\sin x,$$

从而

$$y'=(\sin x)^{\tan x}(1+\sec^2 x\ln\sin x).$$

方法二:$y=(\sin x)^{\tan x}=e^{\tan x\ln\sin x}$,从而

$$y'=(\sin x)^{\tan x}(\tan x\ln\sin x)'=(\sin x)^{\tan x}(1+\sec^2 x\ln\sin x).$$

(5) 方法一:将等式 $y=\left(1+\frac{1}{x}\right)^x$ 两边取自然对数,得

$$\ln y=x\ln\left(1+\frac{1}{x}\right),$$

对上式左右两边关于 x 求导，得

$$\frac{y'}{y}=\ln\left(1+\frac{1}{x}\right)+x\frac{-\frac{1}{x^2}}{1+\frac{1}{x}}=\ln\left(1+\frac{1}{x}\right)-\frac{1}{1+x},$$

从而

$$y'=\left(1+\frac{1}{x}\right)^x\left[\ln\left(1+\frac{1}{x}\right)-\frac{1}{1+x}\right].$$

方法二：$y=\left(1+\frac{1}{x}\right)^x=e^{x\ln\left(1+\frac{1}{x}\right)}$，从而

$$y'=\left(1+\frac{1}{x}\right)^x\left[x\ln\left(1+\frac{1}{x}\right)\right]'=\left(1+\frac{1}{x}\right)^x\left[\ln\left(1+\frac{1}{x}\right)-\frac{1}{1+x}\right].$$

(6) 方法一：将等式 $y^x=x^y$ 两边取自然对数，得

$$x\ln y=y\ln x,$$

对上式左右两边关于 x 求导，得

$$\ln y+x\frac{y'}{y}=y'\ln x+y\cdot\frac{1}{x},$$

从而

$$y'=\frac{xy\ln y-y^2}{xy\ln x-x^2}.$$

方法二：由 $y^x=x^y$ 知，$e^{x\ln y}=e^{y\ln x}$，对等式左右两边关于 x 求导，得

$$e^{x\ln y}(x\ln y)'=e^{y\ln x}(y\ln x)',$$

从而

$$(x\ln y)'=(y\ln x)',$$

即

$$\ln y+x\frac{y'}{y}=y'\ln x+y\cdot\frac{1}{x},$$

因此有

$$y'=\frac{xy\ln y-y^2}{xy\ln x-x^2}.$$

分析 本题考察取对数求导法. 对于多个函数的连乘积形式(如(1) 至(3))，通过取对数，可将“乘除变加减”，从而在求导过程中简化计算步骤；对于幂指函数求导问题(如(4) 至

(6)),通过取对数可将幂指函数的次数变系数,从而根据导数的四则运算法则可以得到相应结果.此外,幂指函数的求导问题除了取对数求导之外,还可以将幂指函数转化为以 e 为底的复合的指数函数形式,进而运用复合函数求导的链式法则进行求解.

例 14 求由下列参数方程表示的函数 $y=y(x)$ 的导数$\frac{dy}{dx}$:

(1) $\begin{cases}x=\ln(1+t^2)\\y=t-\arctan t\end{cases}$; (2) $\begin{cases}x=2t-t^3\\y=3t-t^2\end{cases}$;

(3) $\begin{cases}x=t-\sin t\\y=1-\cos t\end{cases}$; (4) $\begin{cases}x=a(t-\sin t)\\y=a(1-\cos t)\end{cases}$.

解 (1) 由于$\frac{dy}{dx}=\frac{dy/dt}{dx/dt}$,又

$$dy/dt=1-\frac{1}{1+t^2},dx/dt=\frac{2t}{1+t^2},$$

因此

$$\frac{dy}{dx}=\frac{dy/dt}{dx/dt}=\frac{1-\frac{1}{1+t^2}}{\frac{2t}{1+t^2}}=\frac{t^2}{2t}=\frac{t}{2}.$$

(2) 由于$\frac{dy}{dx}=\frac{dy/dt}{dx/dt}$,又

$$dy/dt=3-2t,dx/dt=2-3t^2,$$

因此

$$\frac{dy}{dx}=\frac{dy/dt}{dx/dt}=\frac{3-2t}{2-3t^2}.$$

(3) 由于$\frac{dy}{dx}=\frac{dy/dt}{dx/dt}$,又

$$dy/dt=\sin t,dx/dt=1-\cos t,$$

因此

$$\frac{dy}{dx}=\frac{dy/dt}{dx/dt}=\frac{\sin t}{1-\cos t}.$$

(4) 由于$\frac{dy}{dx}=\frac{dy/dt}{dx/dt}$,又

$$dy/dt=a\sin t,dx/dt=a(1-\cos t),$$

因此

$$\frac{\mathrm{d}y}{\mathrm{d}x}=\frac{\mathrm{d}y/\mathrm{d}t}{\mathrm{d}x/\mathrm{d}t}=\frac{a\sin t}{a(1-\cos t)}=\frac{\sin t}{1-\cos t}.$$

分析 本题考察参数方程的求导问题.在对参数方程进行求导时，有两种方法：如果自变量与因变量之间的函数关系能够通过消去参数来获得，那么可以通过“消参”先建立函数关系式，然后对函数进行求导；如果参数难以消除，那么可以通过公式$\frac{\mathrm{d}y}{\mathrm{d}x}=\frac{\mathrm{d}y/\mathrm{d}t}{\mathrm{d}x/\mathrm{d}t}$，分子和分母分别关于参数求导，进而得到函数的导数.

例 15 求下列函数的二阶导数：

(1) $y=\ln^2(1+x^2)$；　　(2) $y=x\sin(2x^2+\sqrt{x})$；

(3) $y=x^2\arctan 2x$；　　(4) $y=x^{\sin x}$.

解 (1) 首先由复合函数的链式法则知

$$y'=[\ln^2(1+x^2)]'=2\ln(1+x^2)[\ln(1+x^2)]'=\frac{4x\ln(1+x^2)}{1+x^2},$$

进一步地，由求导的四则运算知

$$y''=\frac{[4x\ln(1+x^2)]'(1+x^2)-4x\ln(1+x^2)(1+x^2)'}{(1+x^2)^2}=\frac{4(1-2x^2)\ln(1+x^2)+8x^2}{(1+x^2)^2}.$$

(2) 首先由求导的四则运算及复合函数的链式法则知

$$\begin{aligned}y'&=[x\sin(2x^2+\sqrt{x})]'=\sin(2x^2+\sqrt{x})+x[\sin(2x^2+\sqrt{x})]'\\&=\sin(2x^2+\sqrt{x})+x\cos(2x^2+\sqrt{x})(2x^2+\sqrt{x})'\\&=\sin(2x^2+\sqrt{x})+x\cos(2x^2+\sqrt{x})\left(4x+\frac{1}{2\sqrt{x}}\right),\end{aligned}$$

进一步地，有

$$\begin{aligned}y''&=\left[\sin(2x^2+\sqrt{x})+x\cos(2x^2+\sqrt{x})\left(4x+\frac{1}{2\sqrt{x}}\right)\right]'\\&=\cos(2x^2+\sqrt{x})\left(4x+\frac{1}{2\sqrt{x}}\right)+[x\cos(2x^2+\sqrt{x})]'\left(4x+\frac{1}{2\sqrt{x}}\right)\\&\quad+x\cos(2x^2+\sqrt{x})\left(4x+\frac{1}{2\sqrt{x}}\right)'\\&=\cos(2x^2+\sqrt{x})\left(12x+\frac{3}{4\sqrt{x}}\right)-x\sin(2x^2+\sqrt{x})\left(4x+\frac{1}{2\sqrt{x}}\right)^2.\end{aligned}$$

(3) 首先由求导的四则运算及复合函数的链式法则知

$$y'=[x^2\arctan 2x]'=2x\arctan 2x+\frac{2x^2}{1+4x^2},$$

进一步地，有

$$y''=\left(2x\arctan 2x+\frac{2x^2}{1+4x^2}\right)'$$
$$=2\arctan 2x+2x\cdot\frac{2}{1+4x^2}+\frac{4x(1+4x^2)-2x^2\cdot 8x}{(1+4x^2)^2}$$
$$=2\arctan 2x+\frac{8x+16x^3}{(1+4x^2)^2}.$$

(4) 首先由幂指函数的求导方法知

$$y'=(x^{\sin x})'=(e^{\sin x\ln x})'=e^{\sin x\ln x}(\sin x\ln x)'=x^{\sin x}\left(\cos x\ln x+\frac{\sin x}{x}\right),$$

进一步地，有

$$y''=(x^{\sin x})'\left(\cos x\ln x+\frac{\sin x}{x}\right)+x^{\sin x}\left(\cos x\ln x+\frac{\sin x}{x}\right)'$$
$$=x^{\sin x}\left(\cos x\ln x+\frac{\sin x}{x}\right)^2+x^{\sin x}\left(-\sin x\ln x+\frac{\cos x}{x}+\frac{x\cos x-\sin x}{x^2}\right).$$

例16 求下列隐函数的二阶导数：

(1) 设 $y=y(x)$ 是由方程 $\ln(x^2+y^2)=\arctan\frac{y}{x}$ 确定的隐函数，求 y''；

(2) 设 $y=y(x)$ 是由方程 $e^y+6xy+x^2=1$ 确定的隐函数，求 y''.

解 (1) 方法一：将等式 $\ln(x^2+y^2)=\arctan\frac{y}{x}$ 两边关于 x 求导，得

$$\frac{2x+2yy'}{x^2+y^2}=\frac{1}{1+\frac{y^2}{x^2}}\cdot\frac{xy'-y}{x^2},$$

整理，得

$$2x+2yy'=xy'-y,$$

从而有

$$y'=\frac{2x+y}{x-2y},$$

进一步地，有

$$y''=\frac{10x^2+10y^2}{(x-2y)^3}.$$

方法二：在等式 $2x+2yy'=xy'-y$ 的基础上，进一步两边关于 x 求导，得

$$2+2(y')^2+2yy''=xy'',$$

从而有

$$y''=\frac{2+2(y')^2}{x-2y},$$

将 $y'=\frac{2x+y}{x-2y}$ 代入上式，整理，得

$$y''=\frac{10x^2+10y^2}{(x-2y)^3}.$$

(2) 方法一：将等式 $e^y+6xy+x^2=1$ 两边关于 x 求导，得

$$e^y y'+6y+6xy'+2x=0,$$

从而有

$$y'=-\frac{6y+2x}{6x+e^y},$$

进一步地，有

$$y''=\frac{432xy+72x^2-(24xy+36y^2-72y+4x^2+2e^y)e^y}{(6x+e^y)^3}.$$

方法二：将等式 $e^y+6xy+x^2=1$ 两边关于 x 求导，得

$$e^y y'+6y+6xy'+2x=0.$$

在等式 $e^y y'+6y+6xy'+2x=0$ 的基础上，两边进一步关于 x 求导，得

$$e^y(y')^2+e^y y''+12y'+6xy''+2=0,$$

从而有

$$y''=-\frac{e^y(y')^2+12y'+2}{6x+e^y}.$$

将 $y'=-\frac{6y+2x}{6x+e^y}$ 代入上式，整理，得

$$y''=\frac{432xy+72x^2-(24xy+36y^2-72y+4x^2+2e^y)e^y}{(6x+e^y)^3}.$$

分析 上述例 15 和例 16 为复合函数和隐函数求二阶导数的问题，需要在一阶导数的基础上继续对自变量 x 求导. 需要注意的是，在对隐函数求二阶导数时，可以先解出一阶导数，然后继续求导，也可以在隐函数等式两边关于自变量求导的等式基础上，将等式两边继续关于自变量求导，如例 16 中的方法二.

例 17 求下列函数的 n 阶导数：

(1) $y=\sin^6 x+\cos^6 x$；　　(2) $y=e^{3x+2}$.

解 (1) $y=\sin^6 x+\cos^6 x=(\sin^2 x)^3+(\cos^2 x)^3$

$$=(\sin^2x+\cos^2x)(\sin^4x-\sin^2x\cos^2x+\cos^4x)$$
$$=(\sin^2x+\cos^2x)^2-3\sin^2x\cos^2x$$
$$=1-\frac{3}{4}(\sin2x)^2$$
$$=1-\frac{3}{8}(1-\cos4x),$$

从而

$$y^{(n)}=(\sin^6x+\cos^6x)^{(n)}=\frac{3}{8}\cdot4^n\cdot\cos\left(4x+\frac{n\pi}{2}\right).$$

(2) $y^n=(e^{3x+2})^n=3^n\cdot e^{3x+2}$.

分析 本题考察 n 阶导函数的求解，需要熟练掌握 $\sin x,\cos x,e^x$ 等函数的 n 阶导函数公式. 同时，在使用公式之前，往往需要对函数进行化简，如本题(1)，将函数进行降幂化简，此时 x 前面的系数 4 在求 n 阶导函数时需要注意，每求一次导数，就会出现一次系数 4，因此最终结果中含有 4^n，同理对于本题(2) 也做类似处理.

例 18 求下列函数的微分：

(1) $y=x^2\sin(1+x)$；　　(2) $y=x^2e^{2x}$.

解 (1) $dy=d[x^2\sin(1+x)]=\sin(1+x)d(x^2)+x^2d[\sin(1+x)]$

$$=2x\sin(1+x)dx+x^2\cos(1+x)dx$$
$$=[2x\sin(1+x)+x^2\cos(1+x)]dx.$$

(2) $dy=d(x^2e^{2x})=e^{2x}d(x^2)+x^2d(e^{2x})=(2xe^{2x}+2x^2e^{2x})dx$.

分析 本题使用微分的四则运算求解函数的微分，需要注意微分的四则运算与导数的四则运算相似，只不过求微分比求导多了后缀 dx. 因此，本题也可以直接对函数进行求导运算，然后加上后缀 dx 来完成求解.

三、导数与微分的应用

例 19 讨论函数 $f(x)=\begin{cases}x\sin\frac{1}{x}, & x\neq0\\ 0, & x=0\end{cases}$ 在 $x=0$ 处的连续性和可导性.

解 由于 $\lim\limits_{x\to0}f(x)=\lim\limits_{x\to0}x\sin\frac{1}{x}=0=f(0)$，从而函数 $f(x)$ 在 $x=0$ 处连续；进一步地，讨论函数在 $x=0$ 处的可导性，由导数的定义可知

$$\lim_{x\to0}\frac{f(x)-f(0)}{x-0}=\lim_{x\to0}\frac{x\sin\frac{1}{x}-0}{x-0}=\lim_{x\to0}\sin\frac{1}{x}.$$

由于 $\lim\limits_{x\to0}\sin\frac{1}{x}$ 不存在，因此函数 $f(x)$ 在 $x=0$ 处不可导.

例20 为使函数 $f(x)=\begin{cases}\ln(x+1)+a, & x>0\\ b^x+1, & x\leqslant 0\end{cases}$ $(b>0$ 且 $b\neq 1)$在 $x=0$ 处可导，求 a，b 的值，并求 $f'(0)$.

解 由于函数 $f(x)$在 $x=0$ 处可导，那么 $f(x)$在 $x=0$ 处必连续，由于

$$\lim_{x\to 0^+}f(x)=\lim_{x\to 0^+}[\ln(x+1)+a]=a,$$

$$\lim_{x\to 0^-}f(x)=\lim_{x\to 0^-}(b^x+1)=2,$$

从而 $a=2$. 进一步地，由于 $f(x)$在 $x=0$ 处可导，$f(0)=b^0+1=2$，由左右导数的定义可知

$$\lim_{x\to 0^+}\frac{f(x)-f(0)}{x-0}=\lim_{x\to 0^+}\frac{\ln(x+1)+2-2}{x-0}=1,$$

$$\lim_{x\to 0^-}\frac{f(x)-f(0)}{x-0}=\lim_{x\to 0^-}\frac{b^x+1-2}{x-0}=\ln b,$$

从而 $\ln b=1$，即 $b=\mathrm{e}$.

综上可知，$a=2$，$b=\mathrm{e}$，$f'(0)=1$.

分析 例 19 和例 20 两题都是考察分段函数在分段点处的连续性和可导性的问题. 在分段函数的分段点处，无论讨论连续性还是可导性，都应基于连续和可导的定义来完成，并且还要明确可导和连续的关系，即可导必连续，连续未必可导. 在例 20 中尽管题目给的是函数在分段点处可导，但是还要利用函数在分段点处连续这个条件，完成两个参数 a 和 b 的求解.

例21 在 A，B 两点处有两个运动物体，在某一时刻，位于 A 点的物体以 3 公里/小时的速度向东移动，B 点位于 A 点正北方 12 公里处，并且位于 B 点的物体以 2 公里/小时的速度向南移动，求移动 2 小时后两物体之间距离的变化速度.

解 建立直角坐标系，横轴正方向为东，纵轴正方向为北，根据题意，t 小时后两物体之间的距离(如图 3.2 所示)为

$$s=\sqrt{(3t)^2+(12-2t)^2},$$

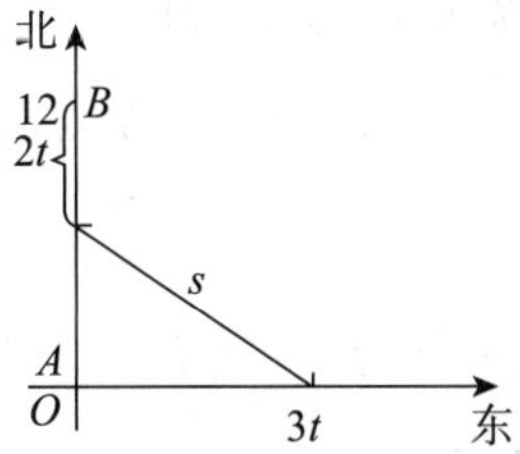

图 3.2

从而

$$\frac{\mathrm{d}s}{\mathrm{d}t}=\frac{9t-2(12-2t)}{\sqrt{(3t)^2+(12-2t)^2}}=\frac{13t-24}{\sqrt{(3t)^2+(12-2t)^2}},$$

因此

$$\left.\frac{\mathrm{d}s}{\mathrm{d}t}\right|_{t=2}=0.2.$$

移动 2 小时后两物体之间距离的变化速度为 0.2 公里/小时.

分析 本题为导数几何意义的应用题,即导数体现的是函数的变化率.首先应该根据题意,构建直角坐标系,写出两物体之间的距离关于时间的函数,那么根据导数的几何意义,两物体之间距离的变化速度为距离函数关于时间的导数,从而通过计算导数在 $t=2$ 处的值完成本题的求解.

例 22 证明:

(1) 可导的偶函数的导数是奇函数;

(2) 可导的奇函数的导数是偶函数;

(3) 可导的周期函数的导数是具有相同周期的周期函数.

证明 (1) 设 $f(x)$为可导的偶函数,即

$$f(x)=f(-x),$$

对上式左右两边关于 x 求导,有

$$f'(x)=[f(-x)]'=f'(-x)(-x)'=-f'(-x),$$

从而 $f'(x)$为奇函数.

(2) 设 $f(x)$为可导的奇函数,即

$$f(x)=-f(-x),$$

对上式左右两边关于 x 求导,有

$$f'(x)=[-f(-x)]'=-f'(-x)(-x)'=f'(-x),$$

从而 $f'(x)$为偶函数.

(3) 设 $f(x)$为可导的周期函数,周期为 T,即

$$f(x)=f(x+T),$$

对上式左右两边关于 x 求导,有

$$f'(x)=[f(x+T)]'=f'(x+T)(x+T)'=f'(x+T),$$

从而 $f'(x)$也是以 T 为周期的周期函数.

分析 本题考察抽象的复合函数的求导问题.对于抽象函数,在求导时要本着“由外及里、逐层求导”的原则,本题的结论体现了奇函数、偶函数以及周期函数的导函数的相关性质.

例23 求曲线 $y=\ln x$ 在点$(e,1)$处的切线方程和法线方程.

解 由 $y'|_{x=e}=(\ln x)'|_{x=e}=\frac{1}{e}$ 可知,曲线 $y=\ln x$ 在点$(e,1)$处的切线斜率为 $k_1=\frac{1}{e}$,法线斜率为 $k_2=-e$,从而根据点斜式方程可得:

切线方程为:$y-1=\frac{1}{e}(x-e)$,即 $y=\frac{1}{e}x$;

法线方程为:$y-1=-e(x-e)$,即 $y+ex=1+e^2$.

例24 曲线 $y=x^3$ 上哪一点的切线与直线 $y=12x-1$ 平行?求此切线方程.

解 由题意,要使过曲线 $y=x^3$ 上一点的切线与直线 $y=12x-1$ 平行,那么应有

$$y'=(x^3)'=3x^2=12,$$

解得 $x=\pm 2$,从而切线方程为

$$y-8=12(x-2),\text{即 } y=12x-16,$$

和

$$y+8=12(x+2),\text{即 } y=12x+16.$$

例25 求由参数方程 $\begin{cases}x=t^2\\y=3t^3\end{cases}$ 确定的曲线在点$(1,3)$处的切线方程和法线方程.

解 由参数方程求导可知

$$\frac{dy}{dx}=\frac{dy/dt}{dx/dt}=\frac{9t^2}{2t}=\frac{9t}{2},$$

在点$(1,3)$处有 $t=1$,从而可知曲线在点$(1,3)$处的切线斜率为 $k_1=\left.\frac{dy}{dx}\right|_{t=1}=\frac{9}{2}$,法线斜率为 $k_2=-\frac{2}{9}$,从而根据点斜式方程可得:

切线方程为:$y-3=\frac{9}{2}(x-1)$,即 $9x-2y-3=0$;

法线方程为:$y-3=-\frac{2}{9}(x-1)$,即 $2x+9y-29=0$.

例26 求椭圆 $\frac{x^2}{9}+\frac{y^2}{4}=1$ 在点 $\left(\frac{3}{2},\sqrt{3}\right)$ 处的切线方程和法线方程.

解 根据隐函数的求导法则,将 y 视为 x 的函数,对方程 $\frac{x^2}{9}+\frac{y^2}{4}=1$ 两边关于 x 求导,得

$$\frac{2x}{9}+\frac{y}{2}y'=0,$$

从而

$$y'=-\frac{4x}{9y}.$$

在点$\left(\frac{3}{2},\sqrt{3}\right)$处切线斜率为$k_1=y'|_{\left(\frac{3}{2},\sqrt{3}\right)}=-\frac{2\sqrt{3}}{9}$,法线斜率为$k_2=\frac{3\sqrt{3}}{2}$,从而根据点斜式方程可得:

切线方程为:$y-\sqrt{3}=-\frac{2\sqrt{3}}{9}\left(x-\frac{3}{2}\right)$,即$9y+2\sqrt{3}x-12\sqrt{3}=0$;

法线方程为:$y-\sqrt{3}=\frac{3\sqrt{3}}{2}\left(x-\frac{3}{2}\right)$,即$4y-6\sqrt{3}x+5\sqrt{3}=0$.

例27 曲线$y=x^2+2ax+b$和$y=\ln x-1$在点$(1,-1)$处相切,求参数a,b的值.

解 由题意可知,曲线$y=x^2+2ax+b$和$y=\ln x-1$在点$(1,-1)$处的切线斜率相同,即

$$y'|_{x=1}=(x^2+2ax+b)'|_{x=1}=2+2a=(\ln x-1)'|_{x=1}=1,$$

从而

$$a=-\frac{1}{2}.$$

进一步地,由于点$(1,-1)$在曲线$y=x^2+2ax+b$上,因此$-1=1-1+b$,$b=-1$.

综上可知,$a=-\frac{1}{2}$,$b=-1$.

分析 例23至例27均是利用导数的几何意义求切线方程和法线方程或相应参数值.根据导数的几何意义:函数在一点的导数为过该点的切线的斜率,从而根据点斜式方程可以写出函数过一点的切线方程,进而由法线斜率与切线斜率互为负倒数,可以得到相应的法线方程.其中涉及参数方程(例25)和隐函数方程(例26)的求导问题.例27则是通过联立方程组解得两个参数.

例28 计算下列各式的近似值:

(1) $\sqrt[3]{7.998}$;　　(2) $e^{0.02}$;　　(3) $\ln 1.002$.

解 (1) 考虑函数$y=\sqrt[3]{x}$,令$x_0=8$,$\Delta x=-0.002$,由近似计算公式

$$f(x_0+\Delta x)\approx f(x_0)+f'(x_0)\Delta x,$$

可知

$$\sqrt[3]{7.998}\approx\sqrt[3]{8}+\frac{1}{3\sqrt[3]{8^2}}\cdot(-0.002)\approx 1.9998.$$

(2) 考虑函数$y=e^x$,令$x_0=0$,$\Delta x=0.02$,由近似计算公式

$$f(x_0+\Delta x)\approx f(x_0)+f'(x_0)\Delta x,$$

可知

$$e^{0.02}\approx e^0+e^0\times 0.02=1.02.$$

(3) 考虑函数 $y=\ln x$，令 $x_0=1,\Delta x=0.002$，由近似计算公式

$$f(x_0+\Delta x)\approx f(x_0)+f'(x_0)\Delta x,$$

可知

$$\ln 1.002\approx \ln 1+1\times 0.002=0.002.$$

分析 本题考察微分在近似计算中的应用.根据近似计算公式 $f(x_0+\Delta x)\approx f(x_0)+f'(x_0)\Delta x$，可以求得函数值 $f(x_0+\Delta x)$ 的近似值.在计算中，需要先明确要考察的函数，以及 x_0 和 Δx 相应的取值，然后利用近似计算公式完成近似值的求解.

模块五 考研真题举一反三

例29 【2022 年数三】已知函数 $f(x)=e^{\sin x}+e^{-\sin x}$，则 $f'''(2\pi)=$________.

答案:0

解 方法一：

$$f'(x)=\cos x e^{\sin x}-\cos x e^{-\sin x},$$

$$f''(x)=(\cos^2 x-\sin x)e^{\sin x}+(\cos^2 x+\sin x)e^{-\sin x},$$

$$f'''(x)=(-2\cos x\sin x-\cos x)e^{\sin x}+\cos x(\cos^2 x-\sin x)e^{\sin x}$$
$$-\cos x(\cos^2 x+\sin x)e^{-\sin x}+e^{-\sin x}(-2\cos x\sin x+\cos x),$$

从而 $f'''(2\pi)=-1+1-1+1=0$.

方法二：$f(x)=e^{\sin x}+e^{-\sin x}$，显然 $f(-x)=e^{-\sin x}+e^{\sin x}=f(x)$，所以 $f(x)$ 是周期为 2π 的偶函数.由于求导不改变周期性，因此 $f'(x),f''(x),f'''(x)$ 的周期均为 2π.又 $f'(x)$ 为奇函数，$f''(x)$ 为偶函数，从而 $f'''(x)$ 为奇函数，因此 $f'''(0)=0$.故

$$f'''(2\pi)=f'''(0)=0.$$

分析 本题为高阶导数的求解，既可以通过对一阶导数的顺次求解，得到 $f'''(x)$ 的表达式，进而求得 $f'''(2\pi)$ 的值；也可以根据函数自身的特点：$f(x)$ 是周期为 2π 的偶函数，由于求导改变函数的奇偶性，但不改变周期性，所以对 $f(x)$ 顺次求导时，奇偶性交替变化，但周期不变，因此由周期性可知 $f'''(2\pi)=f'''(0)$，而由奇偶性可知 $f'''(0)=0$，从而得到最终结果 $f'''(2\pi)=0$.

例30 【举一反三】已知 $g(x)=f(\sin x)$ 且 $g(x)$ 是周期为 π 的可导函数，$f(x)$ 为可导的奇函数，则 $g''(2\pi)+g''(0)=$________.

答案:0.

解 $g'(x)=f'(\sin x)\cos x$，由于 $f(x)$ 为奇函数，则 $f'(x)$ 为偶函数，因此

$$g'(-x)=f'(-\sin x)\cos(-x)=f'(\sin x)\cos x=g'(x),$$

即 $g'(x)$ 为偶函数；进一步地，$g''(x)=f''(\sin x)\cos^2 x-f'(\sin x)\sin x$，由于 $f'(x)$ 为偶函数，从而 $f''(x)$ 为奇函数，因此

$$g''(-x)=f''(-\sin x)\cos^2 x+f'(-\sin x)\sin x=-f''(\sin x)\cos^2 x+f'(\sin x)\sin x=-g''(x),$$

即 $g''(x)$ 为奇函数. 故 $g''(0)=0$.

由于求导不改变函数的周期，因此 $g''(x)$ 的周期为 π，则

$$g''(2\pi)=g''(\pi)=g''(0)=0.$$

从而有 $g''(2\pi)+g''(0)=0$.

例31 【2021 年数三】若 $y=\cos e^{-\sqrt{x}}$，则 $\left.\frac{\mathrm{d}y}{\mathrm{d}x}\right|_{x=1}=$________.

答案：$\frac{\sin e^{-1}}{2e}$.

解 根据复合函数求导的链式法则，有

$$\frac{\mathrm{d}y}{\mathrm{d}x}=-\sin e^{-\sqrt{x}}\cdot e^{-\sqrt{x}}\cdot\left(-\frac{1}{2\sqrt{x}}\right),$$

从而

$$\left.\frac{\mathrm{d}y}{\mathrm{d}x}\right|_{x=1}=\frac{\sin e^{-1}}{2e}.$$

分析 本题考察复合函数的求导问题. 根据复合函数求导的链式法则，复合函数在求导时需要本着“由外及里，逐层求导”的原则，直到最后求导的对象为基本初等函数或基本初等函数的四则运算为止，彼此之间用乘号相连.

例32 【举一反三】若 $y=2^{x^2}\arcsin\sqrt{x}$，求 $\left.\frac{\mathrm{d}y}{\mathrm{d}x}\right|_{x=\frac{1}{2}}$.

解 根据导数的四则运算法则和复合函数求导的链式法则，有

$$\begin{aligned}\frac{\mathrm{d}y}{\mathrm{d}x}&=2^{x^2}\ln 2\cdot(x^2)'\arcsin\sqrt{x}+2^{x^2}\cdot\frac{1}{\sqrt{1-x}}\cdot\frac{1}{2\sqrt{x}}\\&=x\ln 2\cdot 2^{x^2+1}\cdot\arcsin\sqrt{x}+2^{x^2-1}\cdot\frac{1}{\sqrt{x-x^2}}\end{aligned}$$

从而

$$\left.\frac{\mathrm{d}y}{\mathrm{d}x}\right|_{x=\frac{1}{2}}=2^{\frac{1}{4}}\left(\frac{\pi\ln 2}{4}+1\right).$$

例33 【举一反三】若 $y=x^{\sin x}\ln\sqrt{x}\ (x>0)$，求 $\left.\frac{\mathrm{d}y}{\mathrm{d}x}\right|_{x=1}$.

解 根据导数的四则运算法则和复合函数求导的链式法则，有

$$\frac{dy}{dx}=(x^{\sin x})'\ln\sqrt{x}+x^{\sin x}(\ln\sqrt{x})'$$

$$=x^{\sin x}(\sin x\ln x)'\ln\sqrt{x}+x^{\sin x}\cdot\frac{1}{2x}$$

$$=x^{\sin x}\left(\cos x\ln x+\frac{\sin x}{x}\right)\ln\sqrt{x}+x^{\sin x}\cdot\frac{1}{2x},$$

从而

$$\left.\frac{dy}{dx}\right|_{x=1}=\frac{1}{2}.$$

例34 **【举一反三】**若 $y=\tan x^2\arctan 2x$，求$\left.\frac{dy}{dx}\right|_{x=\frac{1}{2}}$.

解 根据导数的四则运算法则和复合函数求导的链式法则，有

$$\frac{dy}{dx}=(\tan x^2)'\arctan 2x+\tan x^2(\arctan 2x)'$$

$$=2x\sec^2 x^2\arctan 2x+\tan x^2\cdot\frac{2}{1+4x^2},$$

从而

$$\left.\frac{dy}{dx}\right|_{x=\frac{1}{2}}=\frac{\pi}{4}\sec^2\frac{1}{4}+\tan\frac{1}{4}.$$

例35 **【2020 年数三】**设$\lim\limits_{x\to a}\frac{f(x)-a}{x-a}=b$，则$\lim\limits_{x\to a}\frac{\sin f(x)-\sin a}{x-a}=(\quad)$.

(A) $b\sin a$　　(B) $b\cos a$

(C) $b\sin f(a)$　　(D) $b\cos f(a)$

答案：(B).

解 $\lim\limits_{x\to a}\frac{\sin f(x)-\sin a}{x-a}=\lim\limits_{x\to a}\frac{\sin f(x)-\sin a}{f(x)-a}\cdot\lim\limits_{x\to a}\frac{f(x)-a}{x-a}=b\cos a.$

分析 本题考察导数的定义. 需要明确，$\lim\limits_{x\to a}\frac{f(x)-a}{x-a}=b$，$b$ 为常数，说明 $x\to a$ 时，有 $f(x)\to a$. 在变形后，对于极限$\lim\limits_{x\to a}\frac{\sin f(x)-\sin a}{f(x)-a}$，令 $f(x)=u$，从而

$$\lim_{x\to a}\frac{\sin f(x)-\sin a}{f(x)-a}=\lim_{u\to a}\frac{\sin u-\sin a}{u-a}=(\sin u)'|_{u=a}=\cos a,$$

因此，本题答案为(B).

例36 **【举一反三】**设$\lim\limits_{x\to 1}\frac{f(x)-1}{x-1}=2$，求极限$\lim\limits_{x\to 1}\frac{\arctan f(x)-\arctan 1}{x-1}$.

解 $\lim\limits_{x\to 1}\frac{\arctan f(x)-\arctan 1}{x-1}=\lim\limits_{x\to 1}\frac{\arctan f(x)-\arctan 1}{f(x)-1}\cdot\lim\limits_{x\to 1}\frac{f(x)-1}{x-1}$

$$=2\cdot(\arctan x)'|_{x=1}=2\cdot\frac{1}{2}=1.$$

例37 【举一反三】设$\lim\limits_{x\to e}\frac{f(x)-e}{x-e}=e$,求极限$\lim\limits_{x\to e}\frac{\ln f(x)-1}{x-e}$.

解 $\lim\limits_{x\to e}\frac{\ln f(x)-1}{x-e}=\lim\limits_{x\to e}\frac{\ln f(x)-\ln e}{f(x)-e}\cdot\lim\limits_{x\to e}\frac{f(x)-e}{x-e}=e\cdot(\ln x)'|_{x=e}=e\cdot\frac{1}{e}=1.$

例38 【2020 年数三】已知曲线满足 $x+y+e^{2xy}=0$,则曲线在点$(0,-1)$处的切线方程为________.

答案:$y=x-1$.

解 在方程两边关于 x 求导,得

$$1+\frac{dy}{dx}+e^{2xy}\left(2y+2x\frac{dy}{dx}\right)=0,$$

代入 $x=0,y=-1$,得$\frac{dy}{dx}=1$,所以由点斜式方程得切线方程为 $y=x-1$.

分析 本题考察导数的几何意义以及隐函数求导问题.曲线由隐函数方程给出,求解曲线在一点处的切线方程,首先要求出隐函数在该点的导数,即切线斜率,然后根据点斜式方程便可得到切线方程.

例39 【举一反三】已知曲线满足 $y-xe^y=1$,求曲线在点$(0,1)$处的切线方程和法线方程.

解 在方程两边关于 x 求导,得

$$\frac{dy}{dx}-e^y-xe^y\cdot\frac{dy}{dx}=0,$$

代入 $x=0,y=1$,得$\frac{dy}{dx}=e$,所以由点斜式方程得:

切线方程为:$y=ex+1$;

法线方程为:$y=-\frac{1}{e}x+1$.

例40 【举一反三】已知曲线满足 $\ln(x^2+y)=x^3y+\sin x$,求曲线在点$(0,1)$处的切线方程和法线方程.

解 在方程两边关于 x 求导,得

$$\frac{1}{x^2+y}\left(2x+\frac{dy}{dx}\right)=3x^2y+x^3\cdot\frac{dy}{dx}+\cos x,$$

代入 $x=0,y=1$,得$\frac{dy}{dx}=1$,所以由点斜式方程得:

切线方程为:$y=x+1$;

法线方程为:$y=1-x$.

例41【2019年数三】已知 $f(x)=\begin{cases}x^{2x}, & x>0\\ xe^x+1, & x\leqslant 0\end{cases}$,求 $f'(x)$.

解 当 $x>0$ 时,$f'(x)=(x^{2x})'=(e^{2x\ln x})'=x^{2x}(2x\ln x)'=2x^{2x}(\ln x+1)$.

当 $x<0$ 时,$f'(x)=(xe^x+1)'=e^x(x+1)$.

进一步地,对于在点 $x=0$ 处的导数,根据左右导数的定义,有

$$\lim_{x\to 0^+}\frac{f(x)-f(0)}{x-0}=\lim_{x\to 0^+}\frac{x^{2x}-1}{x-0}=\lim_{x\to 0^+}\frac{e^{2x\ln x}-1}{x-0}=\lim_{x\to 0^+}\frac{2x\ln x}{x-0}=2\lim_{x\to 0^+}\ln x=-\infty,$$

$$\lim_{x\to 0^-}\frac{f(x)-f(0)}{x-0}=\lim_{x\to 0^-}\frac{xe^x+1-1}{x-0}=\lim_{x\to 0^-}\frac{xe^x}{x-0}=\lim_{x\to 0^-}e^x=1.$$

从而可知 $f(x)$ 在点 $x=0$ 处不可导,因此有

$$f'(x)=\begin{cases}2x^{2x}(\ln x+1), & x>0\\ e^x(x+1), & x<0\end{cases}.$$

例42【举一反三】已知 $f(x)=\begin{cases}x^2-1, & |x|\geqslant 1\\ 1-x^2, & |x|<1\end{cases}$,求 $f'(x)$.

解 当 $x>1$ 或 $x<-1$ 时,$f'(x)=(x^2-1)'=2x$.

当 $-1<x<1$ 时,$f'(x)=(1-x^2)'=-2x$.

进一步地,对于点 $x=1$ 处的导数,根据左右导数的定义,有

$$\lim_{x\to 1^+}\frac{f(x)-f(1)}{x-1}=\lim_{x\to 1^+}\frac{x^2-1}{x-1}=\lim_{x\to 1^+}(x+1)=2,$$

$$\lim_{x\to 1^-}\frac{f(x)-f(1)}{x-1}=\lim_{x\to 1^-}\frac{1-x^2}{x-1}=-\lim_{x\to 1^-}(x+1)=-2,$$

从而可知 $f(x)$ 在点 $x=1$ 处不可导.

同理,对于点 $x=-1$ 处的导数,根据左右导数的定义,有

$$\lim_{x\to -1^+}\frac{f(x)-f(-1)}{x+1}=\lim_{x\to -1^+}\frac{1-x^2}{x+1}=-\lim_{x\to -1^+}(x-1)=2,$$

$$\lim_{x\to -1^-}\frac{f(x)-f(-1)}{x+1}=\lim_{x\to -1^-}\frac{x^2-1}{x+1}=\lim_{x\to -1^-}(x-1)=-2,$$

可见,$f(x)$ 在点 $x=-1$ 处也不可导.

综上可知,

$$f'(x)=\begin{cases}2x, & |x|>1\\ -2x, & |x|<1\end{cases}.$$

例43【2018年数三】下列函数中,在 $x=0$ 处不可导的是(　　).

(A) $f(x)=|x|\sin|x|$　　(B) $f(x)=|x|\sin\sqrt{|x|}$

(C) $f(x)=\cos|x|$　　　　　　　　(D) $f(x)=\cos\sqrt{|x|}$

答案：(D).

解 选项(A)：$f(x)=|x|\sin|x|$ 在点 $x=0$ 处的左右导数分别为

$$\lim_{x\to0^+}\frac{f(x)-f(0)}{x-0}=\lim_{x\to0^+}\frac{|x|\sin|x|}{x}=\lim_{x\to0^+}\frac{x\sin x}{x}=\lim_{x\to0^+}\sin x=0,$$

$$\lim_{x\to0^-}\frac{f(x)-f(0)}{x-0}=\lim_{x\to0^-}\frac{|x|\sin|x|}{x}=\lim_{x\to0^-}\frac{(-x)\sin(-x)}{x}=-\lim_{x\to0^-}\sin(-x)=0,$$

因此 $f(x)=|x|\sin|x|$ 在点 $x=0$ 处可导.

选项(B)：$f(x)=|x|\sin\sqrt{|x|}$ 在点 $x=0$ 处的左右导数分别为

$$\lim_{x\to0^+}\frac{f(x)-f(0)}{x-0}=\lim_{x\to0^+}\frac{|x|\sin\sqrt{|x|}}{x}=\lim_{x\to0^+}\frac{x\sin\sqrt{x}}{x}=\lim_{x\to0^+}\sin\sqrt{x}=0,$$

$$\lim_{x\to0^-}\frac{f(x)-f(0)}{x-0}=\lim_{x\to0^-}\frac{|x|\sin\sqrt{|x|}}{x}=\lim_{x\to0^-}\frac{(-x)\sin\sqrt{(-x)}}{x}=-\lim_{x\to0^-}\sin\sqrt{(-x)}=0,$$

因此 $f(x)=|x|\sin\sqrt{|x|}$ 在点 $x=0$ 处可导.

选项(C)：$f(x)=\cos|x|$ 在点 $x=0$ 处的左右导数分别为

$$\lim_{x\to0^+}\frac{f(x)-f(0)}{x-0}=\lim_{x\to0^+}\frac{\cos|x|-1}{x}=\lim_{x\to0^+}\frac{\cos x-1}{x}=\lim_{x\to0^+}\frac{-\frac{1}{2}x^2}{x}=0,$$

$$\lim_{x\to0^-}\frac{f(x)-f(0)}{x-0}=\lim_{x\to0^-}\frac{\cos|x|-1}{x}=\lim_{x\to0^-}\frac{\cos(-x)-1}{x}=\lim_{x\to0^-}\frac{-\frac{1}{2}x^2}{x}=0,$$

因此 $f(x)=\cos|x|$ 在点 $x=0$ 处可导.

选项(D)：$f(x)=\cos\sqrt{|x|}$ 在点 $x=0$ 处的左右导数分别为

$$\lim_{x\to0^+}\frac{f(x)-f(0)}{x-0}=\lim_{x\to0^+}\frac{\cos\sqrt{|x|}-1}{x}=\lim_{x\to0^+}\frac{\cos\sqrt{x}-1}{x}=\lim_{x\to0^+}\frac{-\frac{1}{2}(\sqrt{x})^2}{x}=-\frac{1}{2},$$

$$\lim_{x\to0^-}\frac{f(x)-f(0)}{x-0}=\lim_{x\to0^-}\frac{\cos\sqrt{|x|}-1}{x}=\lim_{x\to0^-}\frac{\cos\sqrt{-x}-1}{x}=\lim_{x\to0^-}\frac{-\frac{1}{2}(\sqrt{-x})^2}{x}=\frac{1}{2},$$

因此 $f(x)=\cos\sqrt{|x|}$ 在点 $x=0$ 处不可导.

分析 本题是对左右导数概念的考察. 对于含有绝对值的函数，讨论在点 $x=0$ 处是否可导时，需要去掉绝对值号，因此要利用左右导数的定义来分析.

例44 【举一反三】下列函数中，在 $x=0$ 处不可导的是(　　).

(A) $f(x)=\tan|x|^2$　　　　　　　　(B) $f(x)=x\cos|x|$

(C) $f(x)=|\sin x|$ (D) $f(x)=\ln|x+1|$

答案:(C).

解 选项(A):$f(x)=\tan|x|^2$在点 $x=0$ 处的左右导数分别为

$$\lim_{x\to0^+}\frac{f(x)-f(0)}{x-0}=\lim_{x\to0^+}\frac{\tan|x|^2}{x}=\lim_{x\to0^+}\frac{x^2}{x}=\lim_{x\to0^+}x=0,$$

$$\lim_{x\to0^-}\frac{f(x)-f(0)}{x-0}=\lim_{x\to0^-}\frac{\tan|x|^2}{x}=\lim_{x\to0^-}\frac{(-x)^2}{x}=\lim_{x\to0^-}x=0,$$

因此 $f(x)=\tan|x|^2$ 在点 $x=0$ 处可导.

选项(B):$f(x)=x\cos|x|$在点 $x=0$ 处的左右导数分别为

$$\lim_{x\to0^+}\frac{f(x)-f(0)}{x-0}=\lim_{x\to0^+}\frac{x\cos|x|}{x}=\lim_{x\to0^+}\frac{x\cos x}{x}=\lim_{x\to0^+}\cos x=1,$$

$$\lim_{x\to0^-}\frac{f(x)-f(0)}{x-0}=\lim_{x\to0^-}\frac{x\cos|x|}{x}=\lim_{x\to0^-}\frac{x\cos(-x)}{x}=\lim_{x\to0^-}\cos(-x)=1,$$

因此 $f(x)=x\cos|x|$在点 $x=0$ 处可导.

选项(C):$f(x)=|\sin x|$ 在点 $x=0$ 处的左右导数分别为

$$\lim_{x\to0^+}\frac{f(x)-f(0)}{x-0}=\lim_{x\to0^+}\frac{|\sin x|}{x}=\lim_{x\to0^+}\frac{\sin x}{x}=1,$$

$$\lim_{x\to0^-}\frac{f(x)-f(0)}{x-0}=\lim_{x\to0^-}\frac{|\sin x|}{x}=\lim_{x\to0^-}\frac{-\sin x}{x}=-1,$$

因此 $f(x)=|\sin x|$在点 $x=0$ 处不可导.

选项(D):$f(x)=\ln|x+1|$在点 $x=0$ 处的左右导数分别为

$$\lim_{x\to0^+}\frac{f(x)-f(0)}{x-0}=\lim_{x\to0^+}\frac{\ln|x+1|}{x}=\lim_{x\to0^+}\frac{\ln(x+1)}{x}=\lim_{x\to0^+}\frac{x}{x}=1,$$

$$\lim_{x\to0^-}\frac{f(x)-f(0)}{x-0}=\lim_{x\to0^-}\frac{\ln|x+1|}{x}=\lim_{x\to0^-}\frac{\ln(x+1)}{x}=\lim_{x\to0^-}\frac{x}{x}=1,$$

因此 $f(x)=\ln|x+1|$在点 $x=0$ 处可导.

模块六 自测试题

自测试题(一)

一、判断题(共 10 道小题)

1. 如果函数 $f(x)$在点 $x=x_0$ 处可导,那么一定在该点处连续.(　　)
2. 如果函数 $f(x)$在点 $x=x_0$ 处可导,那么一定在该点处可微.(　　)

3. 如果函数 $f(x)$在点 $x=x_0$ 处可微,那么一定在该点处既左可导又右可导.(　　)

4. 函数 $f(x)$在点 x_0 处左连续,那么函数在该点处一定左可导.(　　)

5. 函数 $f(x)$在点 $x=x_0$ 处的导数就是在该点处的微分.(　　)

6. 函数 $f(x)$在点 $x=x_0$ 处的导数就是过点$(x_0,f(x_0))$的切线的斜率.(　　)

7. 函数 $f(x)$在点 x_0 处的导数就是函数在该点处的微分 $\mathrm{d}y$ 与自变量微分 $\mathrm{d}x$ 之比.(　　)

8. 函数的一阶微分具有形式不变性.(　　)

9. 函数 $f(x)$一阶连续可导是指 $f'(x)$存在且连续.(　　)

10. 位移函数 $s(t)$的一阶导数 $s'(t)$为 t 时刻的瞬时速度 $v(t)$.(　　)

二、填空题(共 10 道小题)

1. 设 $f(x)$为可导函数,则极限$\lim\limits_{\Delta x\to 0}\dfrac{f^3(x+\Delta x)-f^3(x)}{\Delta x}=$________.

2. 已知 $f(x)$为可导函数且 $f(0)=0,f'(0)=2$,则极限$\lim\limits_{x\to 0}\dfrac{\cos x\cdot f(x)}{\sin x}=$________.

3. 已知 $f'(1)=2$,则极限$\lim\limits_{x\to 0}\dfrac{f(\mathrm{e}^x)-f(1)}{x}=$________.

4. 设 $f(x)$一阶可导,$y=x^2f(\ln x)$,则 $y'=$________.

5. 曲线 $y=x^2+3x+4$ 在点$(-1,2)$处的切线方程为________.

6. 若曲线 $y=x^3+ax-b$ 和 $y=2\ln x+3x-2$ 在点$(1,1)$处相切,则 $a=$________,$b=$________.

7. 已知曲线 $y=3x^2-2x+\ln x$ 的一条切线方程为 $y=5x-4$,则切点坐标为________.

8. 已知方程 $y-x\mathrm{e}^y=1$ 确定了 y 是 x 的函数,则 $y'|_{x=0}=$________.

9. 已知 $f\left(\dfrac{1}{x}\right)=\dfrac{x}{1-x}$,则 $\mathrm{d}f(\mathrm{e}^x)=$________.

10. 已知$\begin{cases}x=2t-3t^2\\y=5t+t^3\end{cases}$,则$\left.\dfrac{\mathrm{d}y}{\mathrm{d}x}\right|_{t=1}=$________.

三、单项选择题(共 10 道小题)

1. 设函数 $f(x)=\begin{cases}x^n\sin\dfrac{1}{x}, & x\neq 0\\0, & x=0\end{cases}$ 在点 $x=0$ 处可导,则 n 的取值范围是(　　).

(A)$(1,+\infty)$　　(B) $[1,+\infty)$　　(C) $(-\infty,1)$　　(D)$(-\infty,1]$

2. 设函数 $f(x)$在点 x_0 处可导,则极限$\lim\limits_{h\to 0}\dfrac{f(x_0+2h)-f(x_0-2h)}{6h}=$(　　).

(A) $f'(x_0)$　　(B) $\dfrac{1}{6}f'(x_0)$　　(C) $\dfrac{1}{3}f'(x_0)$　　(D) $\dfrac{2}{3}f'(x_0)$

3. 过曲线 $y=ax^2+2$ 上横坐标为 1 的切线平行于直线 $y=2x-1$,则 $a=$(　　).

(A) $a=-1$　　(B) $a=1$　　(C) $a=-2$　　(D) $a=2$

4. 设 $f(x)=\frac{\sec x}{\tan x}+\sin x\cos x$,则 $f'\left(\frac{\pi}{4}\right)=$(　　).

(A) $-\sqrt{2}$　　(B) $1-\sqrt{2}$　　(C) 1　　(D) 0

5. 曲线 $e^y+6xy+x^2=1$ 上对应于 $x=0$ 点的切线斜率 $k=$(　　).

(A) 3　　(B) 2　　(C) 1　　(D) 0

6. 由参数方程 $\begin{cases}x=2t\cos t\\y=3\sin t\end{cases}$, $t\in\left[0,\frac{\pi}{2}\right]$ 确定的曲线在点(0,0)处的切线斜率 $k=$(　　).

(A) $\frac{1}{2}$　　(B) $\frac{3}{2}$　　(C) $\frac{2}{3}$　　(D) $\frac{5}{2}$

7. 设函数 $y=\frac{(x+1)\sqrt{x-2}}{(x-4)^3e^x}$,则 $y'(3)=$(　　).

(A) $\frac{11}{e^3}$　　(B) $\frac{15}{e^3}$　　(C) $-\frac{11}{e^3}$　　(D) $-\frac{15}{e^3}$

8. 函数 $y=\arcsin\sqrt{1-x^2}+e^{\sin x}$, $x\in[0,1]$,则 $y''(0)=$(　　).

(A) 0　　(B) 1　　(C) 2　　(D) 3

9. $\sqrt[3]{8.012}$ 的近似值为(　　).

(A) 2.001　　(B) 2.002　　(C) 2.003　　(D) 2.004

10. 已知函数 $f(x)$ 在区间 $(-\infty,+\infty)$ 内可导,则极限 $\lim\limits_{x\to1}\frac{f[\ln(1+x^3)]-f(\ln2)}{x-1}=$(　　).

(A) $\frac{3}{2}f'(\ln2)$　　(B) $f'(\ln2)$　　(C) $\frac{1}{2}f'(\ln2)$　　(D) $\frac{1}{3}f'(\ln2)$

四、多项选择题(共 5 道小题)

1. 下列说法正确的是(　　).

(A) 若函数 $f(x)$ 在点 x_0 处可导,则点 x_0 必在函数 $f(x)$ 的定义域内

(B) 若函数 $f(x)$, $x\in[a,b]$ 在点 x_0 处可导且 $x_0\in(a,b)$,则函数 $f(x)$ 在点 x_0 处必满足左右导数存在且相等

(C) 如果函数 $f(x)$ 在点 x_0 处左右导数都存在但不相等,则 $f(x)$ 在点 x_0 处可能可导

(D) 如果函数 $f(x)$ 在区间 $[a,b]$ 上可导,则 $f(x)$ 在区间 (a,b) 内每一点处都可导,且在区间左端点 a 处右可导,在右端点 b 处左可导

(E) 如果函数 $f(x)$ 在点 x_0 处左右导数都存在但在该点不可导,那么在该点的右导数大于左导数

2. 下列分段函数在定义域内可导的是(　　).

(A) $f(x)=\begin{cases} x\sin\dfrac{1}{x}, & x<0 \\ x+1, & x\geqslant 0 \end{cases}$　　(B) $f(x)=\begin{cases} \dfrac{|x|}{x}, & x\neq 0 \\ 2, & x=0 \end{cases}$

(C) $f(x)=\begin{cases} \sin x+2, & x<0 \\ e^x+1, & x\geqslant 0 \end{cases}$　　(D) $f(x)=\begin{cases} x^2+1, & x<0 \\ e^{\frac{1}{x}}, & x\geqslant 0 \end{cases}$

(E) $f(x)=\begin{cases} x^2\sin\dfrac{1}{x}, & x<0 \\ 0, & x\geqslant 0 \end{cases}$

3. 下列说法正确的是(　　).

(A) 设函数 $f(x)$在点 x_0 处的自变量和因变量的改变量分别记为 Δx,Δy,若 $f(x)$在点 x_0 处可导,那么当 $\Delta x\to 0$ 时,Δy 与 Δx 必为等价无穷小量

(B) 设位移 s 关于时间 t 的函数为 $s=f(t)$,若函数可导,那么导函数 $s'=f'(t)$表示时刻 t 的即时速度

(C) 如果函数 $f(x)$在区间(a,b)上可导,则称 $f(x)$为区间(a,b)上的可微函数

(D) 如果函数 $y=f(x)$可微,那么函数值的改变量 $\Delta y>\mathrm{d}y$

(E) 函数 $y=f(x)$的微分 $\mathrm{d}y$ 为过点$M(x,y)$的切线的纵坐标的改变量

4. 设函数 $f(x)$可微,则当 $\Delta x\to 0$ 时,(　　).

(A) $\mathrm{d}y-\Delta y$ 是 Δx 的高阶无穷小

(B) $\mathrm{d}y-\Delta y$ 是 Δx 的低阶无穷小

(C) $\mathrm{d}y-\Delta y$ 是 Δx 的同阶(非等价)无穷小

(D) $\mathrm{d}y-\Delta y$ 是 Δx 的等价无穷小

(E) $\lim\limits_{\Delta x\to 0}\dfrac{\Delta x}{\mathrm{d}y-\Delta y}$极限不存在,发散为$\infty$

5. 下列函数在点 $x=0$ 处连续但不可导的是(　　).

(A) $f(x)=|x|$　　(B) $f(x)=|x|\cos x$

(C) $f(x)=|x|\sin x$　　(D) $f(x)=|x|\cos|x|$

(E) $f(x)=\sqrt{|x|}\sin\sqrt{|x|}$

五、解答题(共 4 道小题)

1. 设 $y=f(x)$具有连续的一阶导数,已知 $f(1)=3$,$f'(1)=4$,求$[f^{-1}(y)]'|_{y=3}$.

2. 设参数方程为$\begin{cases} x=\ln(1+t^2) \\ y=t-\arctan t \end{cases}$,求$\dfrac{\mathrm{d}^2y}{\mathrm{d}x^2}\Big|_{t=1}$.

3. 已知 $f'(1)=2$,求极限$\lim\limits_{x\to 0}\dfrac{f(2^x)-f(1)}{\sqrt{x+1}-1}$.

4. 设函数 $f(x)=\begin{cases} 3ae^x+b, & x>0 \\ 6e^x+a, & x\leqslant 0 \end{cases}$,试确定 a,b 的值,使得 $f(x)$在 $x=0$ 处可导.

自测试题（二）

一、判断题（共 10 道小题）

1. 如果函数 $f(x)$ 在点 $x=x_0$ 处连续，那么一定在该点可导.（　　）

2. 如果函数 $f(x)$ 在点 $x=x_0$ 处可微，那么一定在该点连续.（　　）

3. 如果函数 $f(x)$ 在点 $x=x_0$ 处既左可导又右可导，那么 $f(x)$ 一定在该点可微.（　　）

4. 函数 $f(x)$ 在点 x_0 处左可导，那么函数在该点一定左连续.（　　）

5. 函数 $f(x)$ 在闭区间 $[a,b]$ 上可导是指在区间内部各点处可导，且在左端点 a 处右可导，在右端点 b 处左可导.（　　）

6. 函数 $f(x)$ 在点 x_0 处的微分 $\mathrm{d}y$ 就是函数值的改变量 Δy 在切线上纵坐标的增量.（　　）

7. 一个函数的导数与它反函数的导数之间互为倒数关系.（　　）

8. 函数的二阶微分和一阶微分一样，都具有形式不变性.（　　）

9. 函数 $f(x)$ 可导，那么 $f'(x)$ 一定连续.（　　）

10. 位移函数 $s(t)$ 的二阶导数 $s''(t)$ 为 t 时刻的加速度 $a(t)$.（　　）

二、填空题（共 10 道小题）

1. $f(x)$ 为可导函数且 $f(x)>0$，则极限 $\lim\limits_{\Delta x\to 0}\dfrac{\sqrt{f(x+\Delta x)}-\sqrt{f(x)}}{\Delta x}=$________.

2. 已知 $f(x)$ 为可导函数且 $f(0)=1, f'(0)=2$，则极限 $\lim\limits_{x\to 0}\dfrac{\mathrm{e}^x\cdot f(x)-1}{\ln(x+1)}=$________.

3. 已知 $f'(0)=1$，则极限 $\lim\limits_{x\to 0}\dfrac{f[\ln(1+x)]-f(0)}{\mathrm{e}^x-1}=$________.

4. 设 $f(x)$ 一阶可导且 $f'(0)=2, y=\mathrm{e}^{\cos x}f(\sin 2x)$，则 $y'|_{x=0}=$________.

5. 曲线 $y=x^2+\ln x-3$ 在点 $(1,-2)$ 处的法线方程为________.

6. 若曲线 $y=\mathrm{e}^{2x}+x+a$ 和 $y=bx-2$ 在点 $(0,-2)$ 处相切，则 $a=$______，$b=$______.

7. 已知曲线 $y=2x^3-6x^2+3$ 的一条切线方程为 $y=-6x+5$，那么切点坐标为________.

8. 已知方程 $x^y-x^2y=0$ 确定了 y 是 x 的函数，则 $y'|_{x=1,y=1}=$________.

9. 已知 $y=(1+\sin x)^x+f(\mathrm{e}^x)$，其中 $f(x)$ 一阶可导且 $f'(1)=2$，则 $\mathrm{d}y|_{x=0}=$________.

10. 已知 $\begin{cases}x=t\cos t\\ y=t\sin t\end{cases}$，则 $\left.\dfrac{\mathrm{d}y}{\mathrm{d}x}\right|_{t=\frac{\pi}{2}}=$________.

三、单项选择题(共 10 道小题)

1. 设函数 $f(x)=\begin{cases}\sqrt{x}\sin\dfrac{1}{x}, & x>0\\ 0, & x\leqslant 0\end{cases}$,则 $f(x)$ 在点 $x=0$ 处(　　).

(A) 极限不存在　(B) 连续但不可导　(C) 不连续　(D) 连续且可微

2. 设函数 $f(x)$ 在点 $x=a$ 处可导,则极限 $\lim\limits_{h\to\infty}h\left[f\left(a+\dfrac{1}{h}\right)-f\left(a-\dfrac{1}{h}\right)\right]=$(　　).

(A) $f'(a)$　(B) $2f'(a)$　(C) $3f'(a)$　(D) $4f'(a)$

3. 若过曲线 $y=a\sin^2x+\tan x$ 上一点 $x=\dfrac{\pi}{4}$ 的法线平行于直线 $y=\dfrac{1}{4}x+3$,则 $a=$(　　).

(A) $a=-2$　(B) $a=2$　(C) $a=-6$　(D) $a=6$

4. 设函数 $f(x)=\begin{cases}a\sin x+2, x<0\\ \cos x+b, x\geqslant 0\end{cases}$,若 $f(x)$ 在点 $x=0$ 处可导,则 $a,b=$(　　).

(A) $a=0,b=1$　(B) $a=-1,b=1$

(C) $a=0,b=-1$　(D) $a=-1,b=0$

5. 设函数 $y=y(x)$ 由方程 $e^x-e^y=\sin(xy)$ 确定,则 $dy=$(　　).

(A) $dy=\dfrac{e^x-y\cos(xy)}{e^y+x\cos(xy)}dx$　(B) $dy-\dfrac{e^y-x\cos(xy)}{e^x+y\cos(xy)}dx$

(C) $dy=\dfrac{e^x+y\cos(xy)}{e^y-x\cos(xy)}dx$　(D) $dy=\dfrac{e^y+x\cos(xy)}{e^x-y\cos(xy)}dx$

6. 设函数 $f(x)$ 可导,且 $f(0)=1,f'(0)=2$,函数 $y=x^xf(\ln x)$,则 $y'(1)=$(　　).

(A) 1　(B) 2　(C) 3　(D) 4

7. 设函数 $y=y(x)$ 由方程 $e^y+xy-e=0$ 确定,则 $y''(0)=$(　　).

(A) $\dfrac{1}{e}$　(B) $\dfrac{2}{e}$　(C) $\dfrac{1}{e^2}$　(D) $\dfrac{2}{e^2}$

8. 已知 $y=\dfrac{(x-1)(x-2)\cdots(x-10)}{(x+1)(x+2)\cdots(x+10)}$,则 $dy|_{x=1}=$(　　).

(A) $\dfrac{1}{110}dx$　(B) $-\dfrac{1}{110}dx$　(C) $\dfrac{1}{90}dx$　(D) $-\dfrac{1}{90}dx$

9. ln1.02 的近似值为(　　).

(A) 0.02　(B) 0.002　(C) 0.03　(D) 0.003

10. 若 $f(1)=0,f'(1)=2$,则 $\lim\limits_{x\to 0}\dfrac{f(1+2\tan x)}{\sin x}=$(　　).

(A) 1　(B) 2　(C) 3　(D) 4

四、多项选择题(共 5 道小题)

1. 下列说法正确的是(　　).

(A) 若函数 $f(x)$ 在点 x_0 处极限不存在,则 $f(x)$ 在点 x_0 处一定不可导

(B) 若函数 $f(x)$在点 x_0 处不连续，则 $f(x)$在点 x_0 处一定不可导

(C) 若函数 $f(x)$在点 x_0 处不可微，则 $f(x)$在点 x_0 处一定不可导

(D) 若函数 $f(x)$在点 x_0 处可微，则 $f(x)$在点 x_0 处不一定连续

(E) 若函数 $f(x)$在点 x_0 处可导，则 $f(x)$在点 x_0 处一定可微

2. 对于函数 $f(x)=\begin{cases}(x^2-1)\arctan\dfrac{1}{x-1}, & x\neq 1\\ 0, & x=1\end{cases}$，下列说法正确的是(　　).

(A) 函数 $f(x)$在点 $x=1$ 处左可导

(B) 函数 $f(x)$在点 $x=1$ 处右可导

(C) 函数 $f(x)$在区间$(-\infty,+\infty)$内可导

(D) 函数 $f(x)$在区间$(-\infty,+\infty)$内连续

(E) 函数 $f(x)$在区间$(-\infty,+\infty)$内可微

3. 下列说法正确的是(　　).

(A) 若函数 $f(x)$在点 x_0 处既左可导又右可导，那么函数 $f(x)$在点 x_0 处一定可导

(B) 若函数 $f(x)$在点 x_0 处可微，则有 $\Delta y=A\Delta x+o(\Delta x)(\Delta x\to 0)$，$A$ 是与 Δx 无关的常数

(C) 如果函数 $f(x)$在点 x_0 处可微，那么 $f(x)$在点 x_0 处一定连续

(D) 如果函数 $f(x)$在点 x_0 处右可导，那么函数 $f(x)$在点 x_0 处一定右连续

(E) 函数 $f(x)$在点 x_0 处可导和可微具有相同的几何意义

4. 已知$\lim\limits_{x\to a}\dfrac{f(x)-f(a)}{x-a}=b$($b$ 为常数)，则下列说法错误的是(　　).

(A) $x=a$ 一定位于函数 $f(x)$的定义域中

(B) $x=a$ 是函数 $f(x)$的连续点

(C) 函数 $f(x)$在 $x=a$ 处连续但不可导

(D) 当 $x\to a$ 时，$f(x)-f(a)$是 $x-a$ 的低阶无穷小量

(E) 当 $x\to a$ 时，若 $b=1$，则 $f(x)-f(a)$是 $x-a$ 的等价无穷小量

5. 下列高阶导数的计算正确的是(　　).

(A) $(\sin 2x)^{(2\,022)}=2^{2\,022}\cos(2x+1\,011\pi)$

(B) $(\cos 2x)^{(2\,022)}=2^{2\,022}\cos(2x+1\,011\pi)$

(C) $(e^{2x})^{(202\,2)}=2^{2\,022}e^{2x}$

(D) $(2^x)^{(2\,022)}=(\ln 2)^{2\,022}2^x$

(E) $(x^{2\,022})^{(2\,021)}=2\,022!$

五、解答题(共 4 道小题)

1. 函数 $y=y(x)$由方程 $xe^{y-1}+1=y$ 确定，设函数 $z=f(\sin x-ye^x)$且有 $f'(-1)=2$，求$dz|_{x=0}$.

2. 方程 $\ln\sqrt{x^2+y^2}=\arctan\dfrac{y}{x}$ 确定了 y 是 x 的函数，求 y''.

3. 已知 $f'(0)=\dfrac{1}{2}$，求极限 $\lim\limits_{x\to0}\dfrac{f(e^{x^2}-1)-f(0)}{(\sqrt{x+1}-1)\sin x}$.

4. 设函数 $f(x)=\begin{cases}3x\cos x+b, & x>0\\ 3a^x-2, & x\leqslant0\end{cases}$ $(a>0$ 且 $a\neq1)$，试确定 a,b 的值，使得 $f(x)$ 在点 $x=0$ 处可导.

第四章 中值定理与导数的应用

模块一 本章框架图

本章主要讨论微分学基本定理——微分中值定理，并以此为基础，分析如何利用导数求极限、研究函数的几何性质以及导数在经济学中的应用.

具体内容框架图如下：

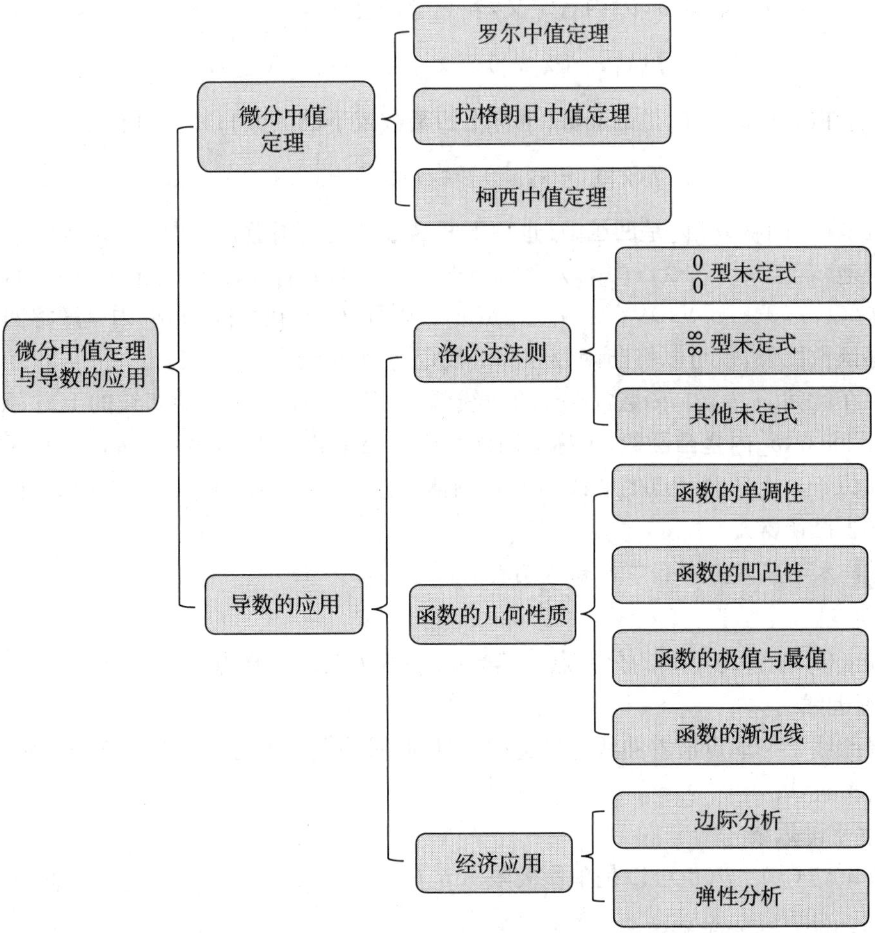

模块二 知识点梳理

一、基本概念

1. 极值的定义

若 $f(x)$ 在 x_0 的某一 δ 邻域 $(x_0-\delta, x_0+\delta)$ 内有定义，对于任意的 $x\in(x_0-\delta, x_0+\delta)\backslash\{x_0\}$，总有 $f(x)<f(x_0)$，则称 $f(x_0)$ 为函数 $f(x)$ 的**极大值**，x_0 称为 $f(x)$ 的**极大值点**；如果对于任意的 $x\in(x_0-\delta, x_0+\delta)\backslash\{x_0\}$，总有 $f(x)>f(x_0)$，则称 $f(x_0)$ 为函数 $f(x)$ 的**极小值**，x_0 称为 $f(x)$ 的**极小值点**.

极大值和极小值统称为**极值**；极大值点、极小值点统称为**极值点**.

2. 凸函数与凹函数

设函数 $f(x)$ 在区间 $[a,b]$ 内有定义，若对于任意 $x_1, x_2\in[a,b]$ 恒有

$$f(\lambda_1x_1+\lambda_2x_2)\leqslant\lambda_1f(x_1)+\lambda_2f(x_2),$$

则称 $f(x)$ 在区间 $[a,b]$ 内是**凸函数(也称上凹函数或下凸函数)**；如果恒有

$$f(\lambda_1x_1+\lambda_2x_2)\geqslant\lambda_1f(x_1)+\lambda_2f(x_2),$$

则称 $f(x)$ 在区间 $[a,b]$ 内是**凹函数(也称下凹函数或上凸函数)**. 其中 $\lambda_1, \lambda_2\geqslant0, \lambda_1+\lambda_2=1$.

特别地，若 $f(\lambda_1x_1+\lambda_2x_2)<\lambda_1f(x_1)+\lambda_2f(x_2)$，则称 $f(x)$ 在区间 $[a,b]$ 内是**严格凸函数**；若 $f(\lambda_1x_1+\lambda_2x_2)>\lambda_1f(x_1)+\lambda_2f(x_2)$，则称 $f(x)$ 在区间 $[a,b]$ 内是**严格凹函数**.

根据函数图像，也可以将凸函数和凹函数定义为如下形式：

如果在区间 $[a,b]$ 内，函数 $f(x)$ 的曲线弧位于其上任意一点的切线的上方，则称函数 $f(x)$ 在区间 $[a,b]$ 内是**凸函数**(也称**上凹函数**或**下凸函数**)；如果在区间 $[a,b]$ 内，函数 $f(x)$ 的曲线弧位于其上任意一点的切线的下方，则称函数 $f(x)$ 在区间 $[a,b]$ 内是**凹函数**(也称**下凹函数**或**上凸函数**).

说明 本书采用上凹和下凹描述函数的凹凸特征.

3. 拐点

曲线 $f(x)$ 上凹与下凹的分界点 $(x_0, f(x_0))$ 称为曲线的拐点.

4. 渐近线

如果曲线上一动点沿着曲线趋于无穷远处时，该点与某直线的距离趋于零，则称此直线为曲线的渐近线.

5. 水平渐近线

如果 $\lim\limits_{x\to\infty}f(x)=b$(也可以是单侧极限 $\lim\limits_{x\to+\infty}f(x)=b$ 或 $\lim\limits_{x\to-\infty}f(x)=b$)，则称 $y=b$ 为曲线 $y=f(x)$ 的一条水平渐近线.

6. 垂直渐近线

如果 $\lim\limits_{x\to a}f(x)=\infty$(也可以是单侧极限 $\lim\limits_{x\to a^+}f(x)=\infty$ 或 $\lim\limits_{x\to a^-}f(x)=\infty$)，则称 $x=a$ 为

曲线 $y=f(x)$ 的一条垂直渐近线.

7. 斜渐近线

如果 $\lim\limits_{x\to\infty}[f(x)-(kx+b)]=0$（也可以是单侧极限 $\lim\limits_{x\to+\infty}[f(x)-(kx+b)]=0$ 或 $\lim\limits_{x\to-\infty}[f(x)-(kx+b)]=0$），其中 $k\neq0$，则称 $y=kx+b$ 为曲线 $y=f(x)$ 的一条斜渐近线.

8. 边际函数

设函数 $y=f(x)$ 可导，则其导函数 $f'(x)$ 称为边际函数.

9. 边际成本

边际成本(marginal cost)是总成本函数 $C=C(Q)=C_0$（固定成本）$+C_1(Q)$（可变成本）（其中 Q 是单位时间内的产量）关于产量 Q 的导数，即

$$MC=C'(Q)=\frac{\mathrm{d}C}{\mathrm{d}Q},$$

边际成本表示的是：当产量为 Q 时，再生产一单位产品所增加的成本，即生产第 $Q+1$ 单位产品需要的花费.

注意： 边际成本仅与可变成本有关，与固定成本无关. 设产品的价格为 p，若 $C'(Q)<p$，则企业还可继续增加产量；若 $C'(Q)>p$，则应立即停止增产.

10. 边际收益

边际收益(marginal revenue)是收益函数 $R=R(Q)$（Q 为销售量）关于销售量 Q 的导数，即

$$MR=R'(Q)=\frac{\mathrm{d}R}{\mathrm{d}Q},$$

边际收益表示的是：当销售量为 Q 时，再多销售一单位商品所增加的收益，即销售第 $Q+1$ 单位商品带来的收益.

11. 边际利润

边际利润是利润函数 $L=L(Q)$（Q 为销售量）关于销售量 Q 的导数，即

$$ML=L'(Q)=\frac{\mathrm{d}L}{\mathrm{d}Q},$$

边际利润表示的是：当销售量为 Q 时，再多销售一单位商品所增加的利润，即销售第 $Q+1$ 单位商品带来的利润.

12. 弹性

设函数 $y=f(x)$ 在点 $x_0(x_0\neq0)$ 的某邻域内有定义，并且在点 x_0 处可导，记 $\Delta x=x-x_0$，$\Delta y=f(x_0+\Delta x)-f(x_0)$，则称 $\frac{\Delta y}{y_0}$ 为函数的相对改变量，称 $\frac{\Delta x}{x_0}$ 为自变量的相对改变量，称 $\frac{\Delta y}{y_0}\Big/\frac{\Delta x}{x_0}$ 为函数 $f(x)$ 从 x_0 到 $x_0+\Delta x$ 两点间的变化率，或称为两点间的**弧弹性**. 当

$\Delta x \to 0$ 时,称

$$\lim_{\Delta x \to 0}\left[\frac{\Delta y}{y_0}\Big/\frac{\Delta x}{x_0}\right]=\lim_{\Delta x \to 0}\frac{x_0}{y_0}\cdot\frac{\Delta y}{\Delta x}=\frac{x_0}{y_0}f'(x_0)$$

为函数 $y=f(x)$ 在点 $x=x_0$ 处的**弹性**,也称为相对导数或者相对变化率. 记作

$$E_f\big|_{x=x_0},\text{或者}\frac{Ey}{Ex}\Big|_{x=x_0},\text{或者}\frac{Ef(x)}{Ex}\Big|_{x=x_0},$$

即

$$\frac{Ey}{Ex}\Big|_{x=x_0}=\frac{x_0}{y_0}f'(x_0).$$

注意: 弹性描述函数 $f(x)$ 对自变量 x 的变化的反应的强烈程度或者灵敏度. 例如当自变量提高或者降低一个百分点时,因变量变化多少个百分点.

13. 弹性函数

若函数 $y=f(x)$ 在区间 (a,b) 内可导,则 $f(x)$ 在 (a,b) 内任一点 x 处的弹性

$$\frac{Ef(x)}{Ex}=f'(x)\cdot\frac{x}{f(x)},$$

称为 $f(x)$ 的弹性函数.

14. 需求价格弹性

若 Q_d 表示某商品的市场需求量,商品价格为 p,需求价格函数 $Q_d=Q(p)$,则该商品的需求价格弹性为

$$E_p=\frac{EQ_d}{Ep}=\frac{p}{Q_d}\cdot\frac{\mathrm{d}Q_d}{\mathrm{d}p}.$$

因为需求价格函数 $Q_d=Q(p)$ 一般为减函数,即 $Q'(p)<0$,所以需求价格弹性 E_p 一般为负. 这表明,当商品的价格上涨(或下跌)1%时,其需求量将减少(或增加)约 $|E_p|$%. 因此,在经济学中,比较商品需求价格弹性的大小时,采用弹性的绝对值 $|E_p|$,当我们说商品的需求价格弹性大时,是指其绝对值大.

高弹性: 当 $|E_p|>1$(即 $E_p<-1$)时,称为需求高弹性,此时商品需求量变动的百分比高于价格变动的百分比,价格变动对需求量影响较大.

单位弹性: 当 $|E_p|=1$(即 $E_p=-1$)时,称为需求单位弹性,此时商品需求量变动的百分比与价格变动的百分比相等.

低弹性: 当 $0<|E_p|<1$(即 $-1<E_p<0$)时,称为需求低弹性,此时商品需求量变动的百分比低于价格变动的百分比,价格变动对需求量影响较小.

15. 供给价格弹性

若 Q_S 表示某商品的市场供给量,商品价格为 p,供给价格函数 $Q_S=Q(p)$,则该商品的供给价格弹性为

$$\widetilde{E_p}=\frac{EQ_S}{Ep}=\frac{p}{Q_S}\cdot\frac{\mathrm{d}Q_S}{\mathrm{d}p}.$$

通常,供给量 Q_S 是价格的单调递增函数,因此 $\widetilde{E_p}$ 一般为正数,表示当商品价格上升(或下降)1%时,商品供给量将上升(或下降)约 $\widetilde{E_p}$%.

16. 需求收入弹性

假设消费者的收入为 M,对某商品的需求量为 Q_d,需求收入函数为 $Q_d=Q_d(M)$,则消费者对该商品的需求收入弹性为

$$E_M=\frac{EQ_d}{EM}=\frac{M}{Q_d}\cdot\frac{\mathrm{d}Q_d}{\mathrm{d}M}.$$

通常,商品的需求量 Q_d 是消费者收入的单调递增函数,因此 E_M 一般为正数,表示当消费者收入上升(或下降)1%时,商品的需求量将上升(或下降)约 E_M%.

二、定理与推论

1. 罗尔中值定理

若函数 $f(x)$在闭区间$[a,b]$上连续,在开区间(a,b)内可导,且 $f(a)=f(b)$,则至少存在一点 $\xi\in(a,b)$,使得 $f'(\xi)=0$.

注意: 罗尔中值定理研究导函数的零点问题,需要与零点存在定理加以区别.

罗尔中值定理的几何意义: 闭区间$[a,b]$上的连续光滑曲线 $f(x)$,若在区间端点处函数值相等,则在(a,b)内部至少存在一点 $\xi\in(a,b)$,使得经过点$(\xi,f(\xi))$的切线平行于 x 轴.

2. 拉格朗日中值定理

若函数 $f(x)$在闭区间$[a,b]$上连续,在开区间(a,b)内可导,则至少存在一点 $\xi\in(a,b)$,使得

$$f'(\xi)=\frac{f(b)-f(a)}{b-a},$$

或者

$$f(b)=f(a)+f'(\xi)(b-a).$$

拉格朗日中值定理的几何意义: 若 $f(x)$在闭区间$[a,b]$上连续光滑,则在(a,b)内部至少存在一点 $\xi\in(a,b)$,使得经过点$(\xi,f(\xi))$的切线平行于区间端点连线.

拉格朗日中值定理推论 1 如果函数 $f(x)$在开区间(a,b)内可导,且 $f'(x)=0,\forall x\in(a,b)$,则 $f(x)=C$.

注意: 根据导数的定义可知,若函数 $f(x)$在开区间(a,b)内是常函数 C,则 $f'(x)=0$. 因此,结合本推论可知

$$f(x)=C\Leftrightarrow f'(x)=0,\ \forall x\in(a,b).$$

拉格朗日中值定理推论 2 如果函数 $f(x)$，$g(x)$都在开区间(a,b)内可导，且 $f'(x)=g'(x)$，$\forall x\in(a,b)$，则

$$f(x)=g(x)+C,\ \forall x\in(a,b).$$

本推论说明导函数相同的两个函数之间至多相差一个常数.

拉格朗日中值定理推论 3 若 $f(x)$在$[a,b]$上满足拉格朗日中值定理的条件，且 $|f'(x)|\leqslant M,x\in a,b)$，则

$$|f(b)-f(a)|\leqslant M|b-a|,x\in(a,b).$$

推论 3 经常用来证明一些不等式.

3. 柯西中值定理

若函数 $f(x)$，$g(x)$在闭区间$[a,b]$上连续，在开区间(a,b)内可导，且在(a,b)内任何一点处 $g'(x)\neq 0$，则至少存在一点 $\xi\in(a,b)$，使得

$$\frac{f'(\xi)}{g'(\xi)}=\frac{f(b)-f(a)}{g(b)-g(a)}.$$

注意：由上述中值定理可知，罗尔中值定理是拉格朗日中值定理当 $f(b)=f(a)$时的情形，拉格朗日中值定理是柯西中值定理当 $g(x)=x$ 的情形. 可见，拉格朗日中值定理是罗尔中值定理的推广，柯西中值定理则是拉格朗日中值定理的推广.

4. 洛必达法则——关于“$\frac{0}{0}$”型的判定性定理 设函数 $f(x)$，$g(x)$满足

(1) $\lim\limits_{\substack{x\to x_0\\(x\to\infty)}} f(x)=0$，$\lim\limits_{\substack{x\to x_0\\(x\to\infty)}} g(x)=0$，

(2) $g(x)$在 $x_0(\infty)$的某个去心邻域内(存在 $M>0$，使得$|x|>M$ 时)可导且 $g'(x)\neq 0$，

(3) $\lim\limits_{\substack{x\to x_0\\(x\to\infty)}} \frac{f'(x)}{g'(x)}=A$(或者$\infty$)，

则必有 $\lim\limits_{\substack{x\to x_0\\(x\to\infty)}} \frac{f(x)}{g(x)}=\lim\limits_{\substack{x\to x_0\\(x\to\infty)}} \frac{f'(x)}{g'(x)}=A$(或者$\infty$).(即原函数比的极限等于导函数比的极限.)

5. 洛必达法则——关于“$\frac{\infty}{\infty}$”型的判定性定理 设函数 $f(x)$，$g(x)$满足

(1) $\lim\limits_{\substack{x\to x_0\\(x\to\infty)}} f(x)=\infty$，$\lim\limits_{\substack{x\to x_0\\(x\to\infty)}} g(x)=\infty$，

(2) $g(x)$在 $x_0(\infty)$的某个去心邻域内(存在 $M>0$，使得$|x|>M$ 时)可导且 $g'(x)\neq 0$，

(3) $\lim\limits_{\substack{x\to x_0\\(x\to\infty)}} \frac{f'(x)}{g'(x)}=A$(或者$\infty$)，

则必有 $\lim\limits_{\substack{x\to x_0\\(x\to\infty)}}\dfrac{f(x)}{g(x)}=\lim\limits_{\substack{x\to x_0\\(x\to\infty)}}\dfrac{f'(x)}{g'(x)}=A$（或者$\infty$）.（即原函数比的极限等于导函数比的极限.）

注意：“$\dfrac{0}{0}$”和“$\dfrac{\infty}{\infty}$”是两个基本类型的未定式类型，可用它们进一步求解其他未定式，如：“$0\cdot\infty$”“$\infty-\infty$”“1^{∞}”“0^0”“∞^0”等.

6. 单调性判定定理

设函数 $f(x)$在开区间(a,b)内可导，那么

(1) 如果对任意的 $x\in(a,b)$，恒有 $f'(x)>0$，则 $f(x)$在开区间(a,b)内单调递增；

(2) 如果对任意的 $x\in(a,b)$，恒有 $f'(x)<0$，则 $f(x)$在开区间(a,b)内单调递减.

7. 函数凹向判定定理 1

函数 $f(x)$在闭区间$[a,b]$上连续，在开区间(a,b)内可导，则

(1) $f(x)$在闭区间$[a,b]$上为上凹（或下凸）的充分必要条件是 $f'(x)$在(a,b)内单调递增；

(2) $f(x)$在闭区间$[a,b]$上为下凹（或上凸）的充分必要条件是 $f'(x)$在(a,b)内单调递减.

8. 函数凹向判定定理 2

设函数 $f(x)$在开区间(a,b)内二阶可导，那么

(1) 如果对任意的 $x\in(a,b)$，恒有 $f''(x)>0$，则 $f(x)$在开区间(a,b)内上凹（或下凸）；

(2) 如果对任意的 $x\in(a,b)$，恒有 $f''(x)<0$，则 $f(x)$在开区间(a,b)内下凹（或上凸）.

9. 拐点的判定定理

函数 $f(x)$在 x_0 的某个邻域$U(x_0)$内连续，在$U(x_0)\backslash\{x_0\}$内二阶可导（$f''(x_0)$可以不存在），如果 $f''(x)$在 x_0 两侧符号相反，则$(x_0,f(x_0))$是拐点.

10. 费马定理（极值的必要条件）

设函数 $f(x)$在区间 I 内有定义，且在 I 内部某点ξ处取极大值（或极小值），如果 $f'(\xi)$存在，则必有 $f'(\xi)=0$. 即**可导的极值点处的导数必为零**.

注意：导数为零的点称为驻点，显然，驻点不一定是极值点，但可导的极值点一定是驻点. 例如，$f(x)=x^3$，$f'(0)=0$，$x=0$ 是驻点，但是 $x=0$ 不是极值点.

11. 极值的判定定理（用一阶导符号）

设 $f(x)$在 x_0 的某一δ邻域$(x_0-\delta,x_0+\delta)$内连续，在$(x_0-\delta,x_0+\delta)\backslash\{x_0\}$内可导（$f'(x_0)$可以不存在），

(1) 如果当 $x\in(x_0-\delta,x_0)$时 $f'(x)>0$，而当 $x\in(x_0,x_0+\delta)$时 $f'(x)<0$，则函数 $f(x)$在 x_0 处取得极大值 $f(x_0)$；

(2) 如果当 $x\in(x_0-\delta,x_0)$时 $f'(x)<0$；而当 $x\in(x_0,x_0+\delta)$时 $f'(x)>0$，则函数 $f(x)$在 x_0 处取得极小值 $f(x_0)$；

(3) 如果当 $x\in(x_0-\delta,x_0)$ 和 $x\in(x_0,x_0+\delta)$ 时 $f'(x)$ 不变号，则函数 $f(x)$ 在 x_0 处无极值.

12. 极值的判定定理(用二阶导符号)

设 $f(x)$ 在 x_0 的某一 δ 邻域 $(x_0-\delta,x_0+\delta)$ 内二阶可导，且 $f'(x_0)=0,f''(x_0)\neq 0$，则

(1) 如果 $f''(x_0)>0$，则 $f(x_0)$ 为函数 $f(x)$ 的极小值；

(2) 如果 $f''(x_0)<0$，则 $f(x_0)$ 为函数 $f(x)$ 的极大值.

注意： 当 $f'(x_0)=0,f''(x_0)=0$ 时，无法判断 $f(x_0)$ 是否为极值. 例如 $f(x)=x^3$，有 $f'(0)=0,f''(0)=0$，但 $x=0$ 不是极值点；而 $f(x)=x^4$，有 $f'(0)=0,f''(0)=0$，但 $x=0$ 是极值点.

三、方法步骤

1. 求函数 $f(x)$ 在定义域上的单调区间的步骤

第一步： 求出函数 $f(x)$ 的定义域.

第二步： 求出函数 $f(x)$ 的所有导数为零的点和导数不存在的点.

第三步： 用这些点将定义域分成几个互不相交的小区间.

第四步： 在每个小区间上求出导函数 $f'(x)$ 的符号，若符号为正，则该区间是单调递增区间，若符号为负，则该区间是单调递减区间.

2. 用二阶导数判断函数 $f(x)$ 的凹向区间的一般步骤

第一步： 给出函数 $f(x)$ 的定义域.

第二步： 求出函数 $f(x)$ 的二阶导数为零的点和二阶导数不存在的点.

第三步： 用这些点将定义域分成几个互不相交的小区间.

第四步： 在每个小区间上判断 $f''(x)$ 的符号，若 $f''(x)>0$，则相应区间为函数的上凹区间(也称凸区间)，若 $f''(x)<0$，则相应区间为函数的下凹区间(也称凹区间).

3. 用一阶导数符号求极值的一般步骤

第一步： 给出函数的定义域，求出 $f'(x)$.

第二步： 求出驻点以及导数不存在的点.

第三步： 检查 $f'(x)$ 在这些点两侧的符号. 若当 $x\in(x_0-\delta,x_0)$ 时 $f'(x)>0$，而当 $x\in(x_0,x_0+\delta)$ 时 $f'(x)<0$，则 x_0 为函数 $f(x)$ 的极大值点. 若当 $x\in(x_0-\delta,x_0)$ 时 $f'(x)<0$，而当 $x\in(x_0,x_0+\delta)$ 时 $f'(x)>0$，则 x_0 为函数 $f(x)$ 的极小值点.

第四步： 求出极值点对应的函数值，即为极值.

4. 用二阶导数符号求极值的一般步骤(适用于二阶可导函数)

第一步： 给出函数的定义域，求出 $f'(x),f''(x)$.

第二步： 解 $f'(x)=0$，求出所有驻点.

第三步： 验证 $f''(x)$ 在这些驻点处的符号. 如果在驻点 $x=x_0$ 处 $f''(x_0)>0$，则 x_0 为 $f(x)$ 的极小值点；如果 $f''(x_0)<0$，则 x_0 为 $f(x)$ 的极大值点.

第四步： 求出极值点对应的函数值，即为极值.

5. 函数 $f(x)$ 在闭区间 $[a,b]$ 上最值的求解步骤

第一步: 求出函数 $f(x)$ 在区间 $[a,b]$ 内所有的驻点和不可导点.

第二步: 计算函数在区间端点、驻点和不可导点处的函数值,对这些函数值进行比较,最大者就是最大值,最小者就是最小值.

6. 函数 $f(x)$ 在开区间上最值的求法

第一步: 求函数 $f(x)$ 在开区间 (a,b),或 $(a,+\infty)$,$(-\infty,b)$,$(-\infty,+\infty)$ 内的所有驻点和导数不存在的点.

第二步: 计算上述所有驻点、导数不存在的点处的函数值,以及区间端点的极限值,然后进行比较,最大者就是最人值,最小者就是最小值.

特别地,若函数 $f(x)$ 在有限开区间 (a,b) 或无限开区间 $(a,+\infty)$、$(-\infty,b)$、$(-\infty,+\infty)$ 内有唯一驻点或唯一不可导点,如果该点为极大值点,那么一定是函数 $f(x)$ 的最大值点;如果该点为极小值点,那么一定是函数 $f(x)$ 的最小值点.

7. 函数作图的一般步骤

第一步: 确定函数 $y=f(x)$ 的定义域,对函数的奇偶性、周期性、曲线与坐标轴的交点等进行讨论.

第二步: 求出函数的一阶导数 $f'(x)$ 和二阶导数 $f''(x)$,并求出 $f'(x)=0$ 和 $f''(x)=0$ 在函数定义域内的所有实根,用这些根连同函数的间断点、不可导点把函数的定义域划分为几个小区间.

第三步: 在这些小区间内计算 $f'(x)$ 和 $f''(x)$ 的符号,并由此确定函数在该区间内的单调性、极值、凹向以及拐点(通常列表讨论).

第四步: 确定函数的水平渐近线、垂直渐近线和斜渐近线以及它们的变化趋势.

第五步: 描出方程 $f'(x)=0$ 和 $f''(x)=0$ 的根对应在曲线上的点,必要时还需要补充一些点,再综合前四步画出函数的图形.

8. 用需求价格弹性分析总收益的变化

在商品经济中,商品经营者关心的是提价($\Delta p>0$)或降价($\Delta p<0$)对总收益的影响. 设销售收益 $R=Qp$(Q 为销售量,p 为价格),则当价格 p 有微小改变量 Δp 时,

$$\Delta R\approx \mathrm{d}R=\mathrm{d}(Qp)=Q\mathrm{d}p+p\mathrm{d}Q=\left(1+\frac{p\mathrm{d}Q}{Q\mathrm{d}p}\right)Q\mathrm{d}p,$$

即

$$\Delta R\approx(1+E_p)Q\mathrm{d}p.$$

由 $E_p<0$ 知,$E_p=-|E_p|$,于是有

$$\Delta R\approx(1+E_p)Q\mathrm{d}p=(1-|E_p|)Q\mathrm{d}p=(1-|E_p|)Q\Delta p.$$

由此可知,当 $|E_p|>1$(高弹性)时,$1-|E_p|<0$,降价($\Delta p=\mathrm{d}p<0$)可使总收益增加($\Delta R>0$),薄利多销多收益;提价($\Delta p=\mathrm{d}p>0$)将使总收益减少($\Delta R<0$).

当 $|E_p|<1$(低弹性)时,$1-|E_p|>0$,降价($\Delta p<0$)可使总收益减少($\Delta R<0$),提价

$(\Delta p>0)$使总收益增加$(\Delta R>0)$.

当$|E_p|=1$(单位弹性)时,$1-|E_p|=0$,总收益的变化近似为零$(\Delta R\approx 0)$,即提价或降价对总收益没有明显的影响.

模块三 重难点及易错知识点问答

本章重点

1. 罗尔中值定理、拉格朗日中值定理、柯西中值定理的证明及其几何意义;
2. 应用洛必达法则求未定式;
3. 判断函数的单调性、凹凸性、极值点、最值点、拐点;
4. 求函数的水平渐近线、垂直渐近线以及斜渐近线;
5. 函数作图;
6. 边际分析、弹性分析.

本章难点

1. 构造辅助函数,利用中值定理证明相关等式;
2. 应用中值定理、函数的单调性、函数的最值、函数凹凸性的定义证明不等式;
3. 复杂型极限问题的求解;
4. 应用需求价格弹性分析总收益的变化;
5. 函数性质的分析及作图.

易错知识点问答

问题① 极值点一定在区间内部取得吗?

答 一定. 由极值的概念可知,函数的极值点一定位于区间的内部.

问题② 罗尔中值定理的条件是充分必要的吗?

答 不是充要条件. 函数$f(x)$满足罗尔中值定理的三个条件:在区间$[a,b]$上连续,在开区间(a,b)内可导,且端点值相等$f(b)=f(a)$,则区间(a,b)内部一定存在使得导函数$f'(x)$为零的点ξ,即$f'(\xi)=0$. 但是反之不一定成立,即若函数$f(x)$在某个开区间(a,b)内有使得导函数为零的点,则$f(x)$不一定满足罗尔中值定理的三个条件. 例如$f(x)=x^2$,在区间$[-1,3]$上有使得导函数为零的点$\xi=0$,但是函数在该区间上不满足端点值相等,即$f(-1)=1\neq f(3)=9$. 因此罗尔中值定理的条件是充分而非必要的.

同理,拉格朗日中值定理和柯西中值定理的条件都是充分而非必要的.

问题③ 对于柯西中值定理,下面的证明方法正确吗?

设$f(x)$和$g(x)$在区间$[a,b]$上连续,在(a,b)内可导,且$g'(x)\neq 0$,那么必存在一点$\xi\in(a,b)$,使得$\dfrac{f(b)-f(a)}{g(b)-g(a)}=\dfrac{f'(\xi)}{g'(\xi)}$.

证明 由于$f(x)$和$g(x)$在区间$[a,b]$上连续,在(a,b)内可导,故对于两个函数$f(x)$和$g(x)$,由拉格朗日中值定理可知,存在一点$\xi\in(a,b)$,

$$\frac{f(b)-f(a)}{b-a}=f'(\xi), \tag{1}$$

和

$$\frac{g(b)-g(a)}{b-a}=g'(\xi). \tag{2}$$

式(1)除以式(2),得

$$\frac{f(b)-f(a)}{g(b)-g(a)}=\frac{f'(\xi)}{g'(\xi)}.$$

从而柯西中值定理得证.

答 上述证明方法不正确.虽然两个函数 $f(x)$ 和 $g(x)$ 在区间 $[a,b]$ 上均满足拉格朗日中值定理的条件,但是对 $f(x)$ 和 $g(x)$ 分别使用拉格朗日中值定理不能保证式(1)中的 ξ 与式(2)中的 ξ 是同一个值,因此,这种证明方法不正确.

问题 4 洛必达法则适用于所有未定式的极限问题吗?

答 不是,例如 $\lim\limits_{x\to 0}\dfrac{x^2\sin\frac{1}{x}}{\sin x}$,这是"$\frac{0}{0}$"型未定式,如果用洛必达法则,则有

$$\lim_{x\to 0}\frac{x^2\sin\frac{1}{x}}{\sin x}=\lim_{x\to 0}\frac{2x\sin\frac{1}{x}-\cos\frac{1}{x}}{\cos x}.$$

在极限过程 $x\to 0$ 下,分子 $2x\sin\frac{1}{x}-\cos\frac{1}{x}$ 的极限不存在,所以求解失败.本题的正确解法是

$$\lim_{x\to 0}\frac{x^2\sin\frac{1}{x}}{\sin x}=\lim_{x\to 0}\frac{x}{\sin x}\left(x\sin\frac{1}{x}\right)=1\times 0=0,$$

其中 $x\sin\frac{1}{x}$ 在 $x\to 0$ 下是无穷小量乘以有界量,所以极限为零.或者直接用等价无穷小量代换:

$$\lim_{x\to 0}\frac{x^2\sin\frac{1}{x}}{\sin x}=\lim_{x\to 0}\frac{x^2\sin\frac{1}{x}}{x}=\lim_{x\to 0}\frac{x\sin\frac{1}{x}}{1}=0(\sin x\sim x(x\to 0)).$$

问题 5 利用洛必达法则求极限时,如果解得极限不存在,那么原极限一定不存在吗?

答 不一定.利用洛必达法则求极限时,解得极限不存在,发散为 ∞,那么此时原极限一定发散为 ∞,但是,如果解得极限不存在而非发散为 ∞,那么原极限也可能存在.例如问题 4 中的极限 $\lim\limits_{x\to 0}\dfrac{x^2\sin\frac{1}{x}}{\sin x}$ 为"$\frac{0}{0}$"型未定式,用洛必达法则求解时极限不存在,但是极限

$\lim\limits_{x\to 0}\dfrac{x^2\sin\dfrac{1}{x}}{\sin x}$存在且为零.

问题 6 函数 $f(x)$在区间$[a,b]$上的最大值一定是极大值,最小值一定是极小值吗?

答 不一定.函数 $f(x)$在区间$[a,b]$上的最大值和最小值如果在区间内部取得,那么最大值一定是极大值,最小值一定是极小值;但是,如果函数的最值在区间端点取得,那么最大值和最小值不是相应的极大值和极小值.

问题 7 函数 $f(x)$在区间$[a,b]$上的极大值一定是最大值,极小值一定是最小值吗?

答 不一定.极值是局部概念,而最值是整体概念,极大(小)值是一个局部小范围内的最大(小)值,不是区间整体上的最大(小)值.

问题 8 求函数 $f(x)$的单调区间或者凹向区间时,区间端点该如何确定?

答 单调性和凹凸性都是区间性概念,区间端点可以放到相邻单调区间或者凹向区间的任意一侧.以单调性为例来说明:易知 $f(x)=x^2$ 在区间$(-\infty,0)$上单调递减,在$(0,+\infty)$上单调递增,这里0既可以放到递增区间,也可以放到递减区间,故可以说 $f(x)=x^2$ 的递减区间为$(-\infty,0]$,递增区间为$(0,+\infty)$,也可以说 $f(x)=x^2$ 的递减区间为$(-\infty,0)$,递增区间为$[0,+\infty)$.

问题 9 曲线的渐近线可以和曲线相交吗?

答 可以.由水平渐近线以及斜渐近线的定义可知,若单侧极限 $\lim\limits_{x\to+\infty}f(x)=b$ 或 $\lim\limits_{x\to-\infty}f(x)=b$,则 $y=b$ 为曲线 $y=f(x)$的水平渐近线;同理,若单侧极限 $\lim\limits_{x\to+\infty}[f(x)-(kx+b)]=0$ 或 $\lim\limits_{x\to-\infty}[f(x)-(kx+b)]=0$(其中 $k\neq 0$),则 $y=kx+b$ 为曲线 $y=f(x)$的斜渐近线.因此,渐近线与曲线在极限过程的另外一侧完全可以相交.模块四中的例18就是渐近线与曲线相交的例子.

模块四 典型题解析

一、中值定理相关例题

例 1 证明方程 $\cos x-x\sin x=0$ 在$\left(0,\dfrac{\pi}{2}\right)$内必有实根.

证明 (方法一) 由于 $\cos x-x\sin x$ 是 $x\cos x$ 的导函数,故考虑设函数 $F(x)=x\cos x$.因为$F(x)$在$\left[0,\dfrac{\pi}{2}\right]$上连续,在$\left(0,\dfrac{\pi}{2}\right)$内可导,且 $F(0)=F\left(\dfrac{\pi}{2}\right)=0$,故由罗尔中值定理知必存在 $\xi\in\left(0,\dfrac{\pi}{2}\right)$,使得 $F'(\xi)=\cos\xi-\xi\sin\xi=0$,说明 $\cos x-x\sin x=0$ 在$\left(0,\dfrac{\pi}{2}\right)$内必有实根.

(方法二) 令 $f(x)=\cos x-x\sin x$,显然 $f(x)$在$\left[0,\dfrac{\pi}{2}\right]$上连续,且 $f(0)=1>0$,

$f\left(\frac{\pi}{2}\right)=-\frac{\pi}{2}<0$,函数 $f(x)$在区间端点处异号,故由零点存在定理知存在 $\xi\in\left(0,\frac{\pi}{2}\right)$,使得 $f(\xi)=0$,即方程 $\cos x-x\sin x=0$ 在$\left(0,\frac{\pi}{2}\right)$内必有实根.

说明 本题是证明方程有根或者有解的问题,零点存在定理和罗尔中值定理均与此相关,两者的区别在于,罗尔中值定理是研究导函数的零点问题(如方法一),而零点存在定理是研究原函数的零点问题(如方法二).

例 2 设函数 $f(x)=(x^2-3x+2)(x^2-7x+12)$,证明:$f'(x)=0$ 有且仅有三个实根,并指出三个实根所在的范围.

证明 函数 $f(x)=(x^2-3x+2)(x^2-7x+12)=(x-1)(x-2)(x-3)(x-4)$,显然函数 $f(x)$在定义域 R 上连续可导,故在闭区间$[1,2]$,$[2,3]$,$[3,4]$上连续,在开区间$(1,2)$,$(2,3)$,$(3,4)$内可导. 又因为 $f(1)=f(2)=f(3)=f(4)=0$,故函数 $f(x)$在闭区间$[1,2]$,$[2,3]$,$[3,4]$上均满足罗尔中值定理的条件,从而至少存在 $\xi_1\in(1,2)$,$\xi_2\in(2,3)$,$\xi_3\in(3,4)$,使得 $f'(\xi_1)=0$,$f'(\xi_2)=0$,$f'(\xi_3)=0$,即 $f'(x)=0$ 在三个开区间$(1,2)$,$(2,3)$,$(3,4)$内至少各有一根。又因为 $f'(x)=0$ 是三次方程,在实数域上最多有三个实根,故 $f'(x)=0$ 有且仅有三个实根,且分别在开区间$(1,2)$,$(2,3)$,$(3,4)$内.

说明 本题是求导函数方程 $f'(x)=0$ 的根的问题,故使用罗尔中值定理完成根的存在性的证明,进一步地,仅有三个实根则通过 $f'(x)=0$ 为三次方程来保证.

例 3 设函数 $f(x)$在$[0,a]$上连续,在$(0,a)$内可导,证明必存在 $0<\xi<a$,使得

$$f(a)=\frac{1}{a^2}(3\xi^2f(\xi)+\xi^3f'(\xi)).$$

分析 对于等式的证明,先根据需要证明的等式寻找辅助函数,本题将所需证明的等式

$$f(a)=\frac{1}{a^2}(3\xi^2f(\xi)+\xi^3f'(\xi))$$

变形,将含有 ξ 的表达式放在等式的右端,含有常数的表达式放在等式的左端,即

$$a^2f(a)=3\xi^2f(\xi)+\xi^3f'(\xi).$$

通过观察可知,等式右端是函数 $x^3f(x)$在点 ξ 处的导数,进一步将左端写成函数 $x^3f(x)$在端点处的函数值之差除以区间长度的形式,即

$$\frac{a^3f(a)-0}{a-0}=3\xi^2f(\xi)+\xi^3f'(\xi),$$

从而可知,设辅助函数 $F(x)=x^3f(x)$,在区间$[0,a]$上应用拉格朗日中值定理即可证明.

证明 设 $F(x)=x^3f(x)$,因为 $f(x)$在$[0,a]$上连续,在$(0,a)$内可导,所以 $F(x)$在$[0,a]$上连续,在$(0,a)$内可导. 根据拉格朗日中值定理知,存在 $\xi\in(0,a)$,使得

$$\frac{F(a)-F(0)}{a-0}=F'(\xi)=3\xi^2f(\xi)+\xi^3f'(\xi).$$

因为 $F(a)=a^3f(a)$，$F(0)=0$，所以

$$F'(\xi)=3\xi^2f(\xi)+\xi^3f'(\xi)=\frac{F(a)-F(0)}{a-0}=\frac{a^3f(a)}{a}=a^2f(a),$$

整理得
$$f(a)=\frac{1}{a^2}(3\xi^2f(\xi)+\xi^3f'(\xi)).$$

例 4 设函数 $f(x)$ 在 $\left[0,\frac{1}{2}\right]$ 上连续，在 $\left(0,\frac{1}{2}\right)$ 内可导，且 $f\left(\frac{1}{2}\right)=\frac{1}{2}$. 证明：存在 $\xi\in\left(0,\frac{1}{2}\right)$，使得

$$\pi\sqrt{1-\xi^2}=6[\sqrt{1-\xi^2}f'(\xi)\arcsin\xi+f(\xi)].$$

分析 根据要证明的等式，通过变形构造辅助函数，即将等式

$$\pi\sqrt{1-\xi^2}=6[\sqrt{1-\xi^2}f'(\xi)\arcsin\xi+f(\xi)]$$

两端同除以 $6\sqrt{1-\xi^2}$，得

$$\frac{\pi}{6}=f'(\xi)\arcsin\xi+\frac{f(\xi)}{\sqrt{1-\xi^2}}.$$

显然等式右端是函数 $f(x)\arcsin x$ 在点 ξ 处的导数，左端 $\frac{\pi}{6}$ 可以写成

$$\frac{\pi}{6}=\frac{f\left(\frac{1}{2}\right)\arcsin\frac{1}{2}-f(0)\arcsin 0}{\frac{1}{2}-0}.$$

因此，构造辅助 $F(x)=f(x)\arcsin x$，在区间 $x\in\left[0,\frac{1}{2}\right]$ 上应用拉格朗日中值定理即可得证.

证明 令辅助函数为 $F(x)=f(x)\arcsin x$，$x\in\left[0,\frac{1}{2}\right]$. 因为 $f(x)$ 在 $\left[0,\frac{1}{2}\right]$ 上连续，在 $\left(0,\frac{1}{2}\right)$ 内可导，故 $F(x)$ 在 $\left[0,\frac{1}{2}\right]$ 上连续，在 $\left(0,\frac{1}{2}\right)$ 内可导. 由拉格朗日中值定理知存在 $\xi\in\left(0,\frac{1}{2}\right)$ 使得

$$\frac{F\left(\frac{1}{2}\right)-F(0)}{\frac{1}{2}-0}=F'(\xi)=f'(\xi)\arcsin\xi+f(\xi)\frac{1}{\sqrt{1-\xi^2}}.$$

由于 $f\left(\frac{1}{2}\right)=\frac{1}{2}$，$F(0)=0$，$F\left(\frac{1}{2}\right)=f\left(\frac{1}{2}\right)\arcsin\frac{1}{2}=\frac{1}{2}\times\frac{\pi}{6}$，代入上式得

$$\frac{\pi}{6}=F'(\xi)=f'(\xi)\arcsin\xi+f(\xi)\frac{1}{\sqrt{1-\xi^2}},$$

因此

$$\pi\sqrt{1-\xi^2}=6[\sqrt{1-\xi^2}f'(\xi)\arcsin\xi+f(\xi)].$$

例 5 设函数 $f(x)$ 在闭区间 $[a,b]$ 上连续，在 (a,b) 内可导，证明必存在 $\xi\in(a,b)$，使得

$$\frac{f(b)-f(a)}{e^b-e^a}=\frac{1}{2}(e^b+e^a)f'(\xi)e^{-2\xi}.$$

分析 根据要证明的等式，将带有 ξ 的项放在等式右端，其余的常数项放在左端，故整理，得

$$\frac{f(b)-f(a)}{(e^b-e^a)(e^b+e^a)}=\frac{f'(\xi)}{2e^{2\xi}},$$

进一步整理，得

$$\frac{f(b)-f(a)}{e^{2b}-e^{2a}}=\frac{f'(\xi)}{2e^{2\xi}}$$

因此考虑两个函数分别设为 $f(x)$ 和 e^{2x}，在区间 $[a,b]$ 上应用柯西中值定理进行证明.

证明 令 $g(x)=e^{2x}$，$f(x)$ 和 $g(x)$ 在区间 $[a,b]$ 上满足柯西中值定理条件，故存在 $\xi\in(a,b)$，使得

$$\frac{f(b)-f(a)}{g(b)-g(a)}=\frac{f'(\xi)}{g'(\xi)},$$

即

$$\frac{f(b)-f(a)}{e^{2b}-e^{2a}}=\frac{f'(\xi)}{2e^{2\xi}}.$$

又因为 $e^{2b}-e^{2a}=(e^b-e^a)(e^b+e^a)$，将等式两端乘以 (e^b+e^a)，即得

$$\frac{f(b)-f(a)}{e^b-e^a}=\frac{1}{2}(e^b+e^a)f'(\xi)e^{-2\xi}.$$

本题得证.

例 6 设 $a>0,b>0$，证明：$ae^b-be^a=(1-\xi)e^{\xi}(a-b)$，其中 ξ 在 a 与 b 之间.

分析 对于要证明的等式，首先整理，将含有 ξ 的项放在等式右端，其余项放在等式左端，得

$$\frac{ae^b-be^a}{a-b}=(1-\xi)e^{\xi}.$$

进一步地，将等式左端的分子和分母同除以 ab，从而有

$$\frac{\frac{e^b}{b}-\frac{e^a}{a}}{\frac{1}{b}-\frac{1}{a}}=(1-\xi)e^{\xi}.$$

显然左端是函数$\frac{e^x}{x}$和函数$\frac{1}{x}$在区间$[a,b]$端点的函数值之差的比，右端为两个函数在ξ点的导数比，因此应用柯西中值定理即可得证.

证明 令$f(x)=\frac{e^x}{x}$，$g(x)=\frac{1}{x}$，$f(x)$和$g(x)$在区间$[a,b]$上满足柯西中值定理的条件，故存在$\xi\in(a,b)$，使得

$$\frac{\frac{e^b}{b}-\frac{e^a}{a}}{\frac{1}{b}-\frac{1}{a}}=\frac{\frac{\xi e^{\xi}-e^{\xi}}{\xi^2}}{-\frac{1}{\xi^2}}=(1-\xi)e^{\xi},$$

整理，得

$$ae^b-be^a=(1-\xi)e^{\xi}(a-b),\xi\in(a,b).$$

二、洛必达法则求极限

例7 求极限$\lim\limits_{x\to 0}\frac{x-\tan x}{e^x-e^{-x}-2x}$. $\left(\text{“}\frac{0}{0}\text{”型未定式}\right)$

解（方法一） 这是“$\frac{0}{0}$”型未定式，多次使用洛必达法则，有

$$\begin{aligned}\lim_{x\to 0}\frac{x-\tan x}{e^x-e^{-x}-2x}&=\lim_{x\to 0}\frac{1-\sec^2 x}{e^x+e^{-x}-2}\\&=\lim_{x\to 0}\frac{-2\sec^2 x\tan x}{e^x-e^{-x}}\\&=\lim_{x\to 0}\frac{-4\sec^2 x\tan^2 x-2\sec^4 x}{e^x+e^{-x}}\\&=-1.\end{aligned}$$

（方法二） 洛必达法则与等价无穷小量代换结合，能够使计算简便.

$$\begin{aligned}\lim_{x\to 0}\frac{x-\tan x}{e^x-e^{-x}-2x}&=\lim_{x\to 0}\frac{1-\sec^2 x}{e^x+e^{-x}-2}\\&=\lim_{x\to 0}\frac{-2\sec^2 x\tan x}{e^x-e^{-x}}\\&=\lim_{x\to 0}-2\sec^2 x\lim_{x\to 0}\frac{x}{e^x-e^{-x}}(\tan x\sim x,x\to 0)\\&=(-2)\lim_{x\to 0}\frac{1}{e^x+e^{-x}}\\&=-1\end{aligned}$$

例 8 求极限 $\lim\limits_{x\to+\infty}\dfrac{x^{\alpha}}{2^{x}}(\alpha>0)$.（"$\dfrac{\infty}{\infty}$"型未定式）

解 当 $\alpha=n$（正整数）时，根据洛必达法则，有

$$\lim_{x\to+\infty}\frac{x^{n}}{2^{x}}=\lim_{x\to+\infty}\frac{nx^{n-1}}{2^{x}\ln 2}=\lim_{x\to+\infty}\frac{n(n-1)x^{n-2}}{2^{x}\ln^{2}2}=\cdots=\lim_{x\to+\infty}\frac{n!}{2^{x}(\ln 2)^{n}}=0.$$

当 α 为任意正实数时，可知存在正整数 n，使得 $n<\alpha<n+1$，因此当 $x\to+\infty$ 时，有

$$x^{n}<x^{\alpha}<x^{n+1},$$

故

$$\frac{x^{n}}{2^{x}}<\frac{x^{\alpha}}{2^{x}}<\frac{x^{n+1}}{2^{x}}.$$

由于 $\lim\limits_{x\to+\infty}\dfrac{x^{n}}{2^{x}}=\lim\limits_{x\to+\infty}\dfrac{x^{n+1}}{2^{x}}=0$，故由夹逼定理可知

$$\lim_{x\to+\infty}\frac{x^{\alpha}}{2^{x}}=0.$$

分析 由本题可知，当 $x\to+\infty$ 时，幂函数 $y=x^{\alpha}(\alpha>0)$ 是指数函数 $y=\beta^{x}(\beta>1)$ 的低阶无穷大量，即不论 α 与 β 取何值（$\alpha>0,\beta>1$），均有

$$\lim_{x\to+\infty}\frac{x^{\alpha}}{\beta^{x}}=0.$$

例 9 求极限 $\lim\limits_{x\to0}(\csc x^{2\,020}-\cot x^{2\,020})$.（"$\infty-\infty$"型未定式）

解（方法一）

$$\begin{aligned}\lim_{x\to0}(\csc x^{2\,020}-\cot x^{2\,020})&=\lim_{x\to0}\left(\frac{1}{\sin x^{2\,020}}-\frac{\cos x^{2\,020}}{\sin x^{2\,020}}\right)\\&=\lim_{x\to0}\left(\frac{1-\cos x^{2\,020}}{\sin x^{2\,020}}\right)\\&=\lim_{x\to0}\left(\frac{1-\cos x^{2\,020}}{x^{2\,020}}\right)\\&=\lim_{x\to0}\frac{\sin x^{2\,020}\cdot 2\,020x^{2\,019}}{2\,020x^{2\,019}}=0.\end{aligned}$$

（方法二） 利用等价无穷小量代换求解.

$$\begin{aligned}\lim_{x\to0}(\csc x^{2\,020}-\cot x^{2\,020})&=\lim_{x\to0}\left(\frac{1}{\sin x^{2\,020}}-\frac{\cos x^{2\,020}}{\sin x^{2\,020}}\right)\\&=\lim_{x\to0}\left(\frac{1-\cos x^{2\,020}}{\sin x^{2\,020}}\right)\qquad\left(1-\cos x\sim\frac{1}{2}x^{2},\sin x\sim x\,(x\to0)\right)\\&=\lim_{x\to0}\left(\frac{\frac{1}{2}x^{4\,040}}{x^{2\,020}}\right)=0.\end{aligned}$$

例10 求极限$\lim\limits_{x\to0^+}x^{2\,022}\ln x^{2\,022}$.（“$0\cdot\infty$”型未定式）

解 $$\lim_{x\to0^+}x^{2\,022}\ln x^{2\,022}=\lim_{x\to0^+}\frac{2\,022\ln x}{\dfrac{1}{x^{2\,022}}}=2\,022\lim_{x\to0^+}\frac{\dfrac{1}{x}}{-2\,022x^{-2\,023}}$$
$$=\frac{2\,022}{-2\,022}\lim_{x\to0^+}x^{2\,022}=0.$$

例11 求极限$\lim\limits_{x\to+\infty}x^{\frac{3}{2}}(\sqrt{x+3}-3\sqrt{x+1}+\sqrt{x})$.

解 令$t=\dfrac{1}{x}$，当$x\to+\infty$时，$t\to0^+$，则

$$\lim_{x\to+\infty}x^{\frac{3}{2}}(\sqrt{x+3}-3\sqrt{x+1}+\sqrt{x})=\lim_{t\to0^+}\left(\frac{1}{t}\right)^{\frac{3}{2}}\left(\sqrt{\frac{1}{t}+3}-3\sqrt{\frac{1}{t}+1}+\sqrt{\frac{1}{t}}\right)$$
$$=\lim_{t\to0^+}\frac{\sqrt{1+3t}-3\sqrt{1+t}+1}{t^2}\qquad\left(\text{“}\frac{0}{0}\text{”型}\right)$$
$$=\lim_{t\to0^+}\frac{\dfrac{3}{2}(1+3t)^{-\frac{1}{2}}-\dfrac{3}{2}(1+t)^{-\frac{1}{2}}}{2t}$$
$$=\lim_{t\to0^+}\frac{-\dfrac{9}{4}(1+2t)^{-\frac{3}{2}}+\dfrac{3}{4}(1+t)^{-\frac{3}{2}}}{2}=-\frac{3}{4}.$$

例12 求极限$\lim\limits_{x\to+\infty}(e^x+\ln x)^{\frac{1}{x}}$.（“$\infty^0$”型未定式）

解 由于函数$(e^x+\ln x)^{\frac{1}{x}}$为幂指函数，故首先将幂指函数化为复合的指数函数，即

$$(e^x+\ln x)^{\frac{1}{x}}=e^{\frac{\ln(e^x+\ln x)}{x}},$$

从而

$$\lim_{x\to+\infty}(e^x+\ln x)^{\frac{1}{x}}=e^{\lim\limits_{x\to+\infty}\frac{\ln(e^x+\ln x)}{x}}.$$

又由洛必达法则可知

$$\lim_{x\to+\infty}\frac{\ln(e^x+\ln x)}{x}=\lim_{x\to+\infty}\frac{e^x+\dfrac{1}{x}}{e^x+\ln x}=\lim_{x\to+\infty}\frac{xe^x+1}{xe^x+x\ln x}$$
$$=\lim_{x\to+\infty}\frac{e^x+xe^x}{e^x+xe^x+\ln x+1}$$
$$=\lim_{x\to+\infty}\frac{2e^x+xe^x}{2e^x+xe^x+\dfrac{1}{x}}$$

$$=\lim_{x\to+\infty}\frac{\frac{2}{x}+1}{\frac{2}{x}+1+\frac{1}{x^2e^x}} \quad （上下同除以 xe^x）$$

$$=1.$$

因此，原极限

$$\lim_{x\to+\infty}(e^x+\ln x)^{\frac{1}{x}}=e.$$

说明 通常，求幂指函数的极限时，如$\lim\limits_{x\to X}(f(x))^{g(x)}$，需要先将幂指函数转化为以 e 为底的复合的指数函数，即 $\lim\limits_{x\to X}(f(x))^{g(x)}=e^{\lim\limits_{x\to X}g(x)\ln(f(x))}$，通过求极限$\lim\limits_{x\to X}g(x)\ln(f(x))$，进而得到原函数的极限结果.

例 13 求极限$\lim\limits_{x\to0}(\cos x+x\sin x)^{\frac{1}{x^2}}$.（“$1^\infty$”型未定式）

解
$$\lim_{x\to0}(\cos x+x\sin x)^{\frac{1}{x^2}}=\lim_{x\to0}e^{\frac{1}{x^2}\ln(\cos x+x\sin x)}$$
$$=e^{\lim\limits_{x\to0}\frac{1}{x^2}\ln(1+(\cos x+x\sin x-1))}$$
$$=e^{\lim\limits_{x\to0}\frac{\cos x+x\sin x-1}{x^2}}$$
$$=e^{\lim\limits_{x\to0}\frac{-\sin x+\sin x+x\cos x}{2x}}$$
$$=e^{\lim\limits_{x\to0}\frac{\cos x}{2}}=e^{\frac{1}{2}}.$$

说明：本题在第二步借助等价无穷小量代换将 $\ln(\cos x+x\sin x)$ 等价写为 $\cos x+x\sin x-1$，这样可简化运算过程，若不借助等价无穷小量代换，求极限的过程要复杂得多.

三、函数几何性质的分析

例 14 确定函数 $f(x)=(x-2)^{\frac{4}{5}}(1-x)^{\frac{1}{5}}$ 的单调区间.

解 按照求单调区间的一般步骤，首先确定函数的定义域，进而求所有驻点以及导数不存在的点. 由 $f(x)=(x-2)^{\frac{4}{5}}(1-x)^{\frac{1}{5}}$ 可知，函数 $f(x)$的定义域为 R，进而对函数求导，得

$$f'(x)=\frac{4}{5}(x-2)^{\frac{-1}{5}}(1-x)^{\frac{1}{5}}-\frac{1}{5}(x-2)^{\frac{4}{5}}(1-x)^{\frac{-4}{5}}=\frac{(x-2)^{\frac{-1}{5}}(1-x)^{\frac{-4}{5}}}{5}(6-5x).$$

令 $f'(x)=0$，从而有唯一驻点 $x=\frac{6}{5}$，并且 $x=1$ 和 $x=2$ 是导数不存在的点.

驻点和一阶导数不存在的点将定义域 R 分成四个区间：

$$(-\infty,1),\left(1,\frac{6}{5}\right),\left(\frac{6}{5},2\right),(2,+\infty).$$

在四个区间上确定导数符号和单调性：

当 $x\in(-\infty,1)$ 时，$f'(x)<0$，函数 $f(x)$ 在区间 $(-\infty,1)$ 内单调递减；

当 $x\in\left(1,\frac{6}{5}\right)$ 时，$f'(x)<0$，函数 $f(x)$ 在区间 $\left(1,\frac{6}{5}\right)$ 内单调递减；

当 $x\in\left(\frac{6}{5},2\right)$ 时，$f'(x)>0$，函数 $f(x)$ 在区间 $\left(\frac{6}{5},2\right)$ 内单调递增；

当 $x\in(2,+\infty)$ 时，$f'(x)<0$，函数 $f(x)$ 在区间 $(2,+\infty)$ 内单调递减.

综上可知，函数的单调递减区间为 $\left(-\infty,\frac{6}{5}\right)$ 和 $(2,+\infty)$，递增区间为 $\left(\frac{6}{5},2\right)$，函数图像由图 4.1 给出.

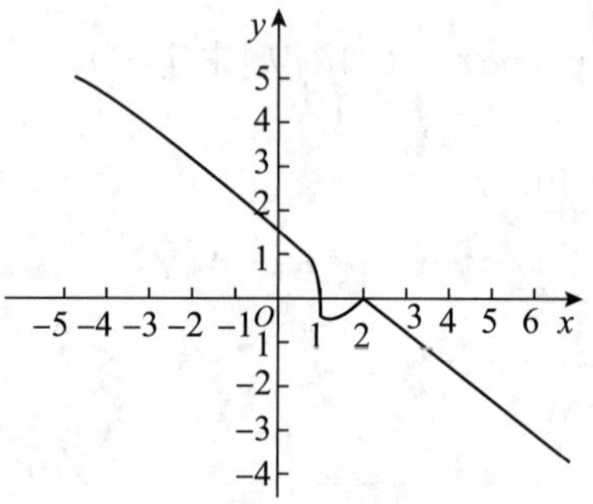

图 4.1

例 15 对任意的 $x>0$，讨论函数 $f(x)=\sqrt{1+x}\ln(1+x)-x$ 的单调性.

解 函数 $f(x)=\sqrt{1+x}\ln(1+x)-x$ 的定义域为 $(-1,+\infty)$，下面在定义域的子集 $(0,+\infty)$ 上讨论函数的单调性.

$$\begin{aligned}f'(x)&=\frac{1}{2\sqrt{1+x}}\ln(1+x)+\frac{\sqrt{1+x}}{1+x}-1\\&=\frac{\sqrt{1+x}\ln(1+x)+2\sqrt{1+x}-2-2x}{2(1+x)}\\&=\frac{\sqrt{1+x}\left[\ln(1+x)+2-2\sqrt{1+x}\right]}{2(1+x)}.\end{aligned}$$

进一步地，令 $g(x)=\ln(1+x)+2-2\sqrt{1+x}$，则

$$g'(x)=\frac{1-\sqrt{1+x}}{1+x}.$$

显然，当 $x>0$ 时，$\sqrt{1+x}>1$，$1-\sqrt{1+x}<0$，$g'(x)<0$，故 $g(x)$ 在 $(0,+\infty)$ 上是单调递减函数，从而对任意的 $x>0$，有 $g(x)<g(0)=0$，可知 $g(x)=\ln(1+x)+2-2\sqrt{1+x}<0$，因此

$$f'(x)=\frac{\sqrt{1+x}\left[\ln(1+x)+2-2\sqrt{1+x}\right]}{2(1+x)}=\frac{\sqrt{1+x}\,g(x)}{2(1+x)}<0\quad(x>0).$$

由上可知，函数 $f(x)$ 在 $(0,+\infty)$ 上是单调递减函数.

例 16 确定函数 $f(x)=(x-2)^{\frac{5}{3}}+4(x-2)^{\frac{2}{3}}$ 的凹向区间和拐点.

解 函数 $f(x)$ 的定义域为 $(-\infty,+\infty)$，且

$$f'(x)=\frac{5}{3}(x-2)^{\frac{2}{3}}+\frac{8}{3}(x-2)^{\frac{-1}{3}},f''(x)=\frac{2}{9}\frac{(5x-14)}{\sqrt[3]{(x-2)^4}}.$$

故 $x=\frac{14}{5}$ 为 $f''(x)$ 的零点，$x=2$ 是二阶导数不存在的点，$\frac{14}{5}$ 和 2 将定义域分为三个区间：$(-\infty,2),\left(2,\frac{14}{5}\right),\left(\frac{14}{5},+\infty\right)$.

当 $x\in(-\infty,2)$ 时，$f''(x)<0$，故 $f(x)$ 在 $(-\infty,2)$ 内是下凹的；

当 $x\in(2,\frac{14}{5})$ 时，$f''(x)<0$，故 $f(x)$ 在 $(2,\frac{14}{5})$ 内是下凹的；

当 $x\in\left(\frac{14}{5},+\infty\right)$ 时，$f''(x)>0$，故 $f(x)$ 在 $\left(\frac{14}{5},+\infty\right)$ 内是上凹的.

故函数在 $\left(-\infty,\frac{14}{5}\right)$ 内是下凹的，在 $\left[\frac{14}{5},+\infty\right)$ 上是上凹的，$\left(\frac{14}{5},\frac{24}{5}\sqrt[3]{\frac{16}{25}}\right)$ 是拐点.

函数图像如图 4.2 所示.

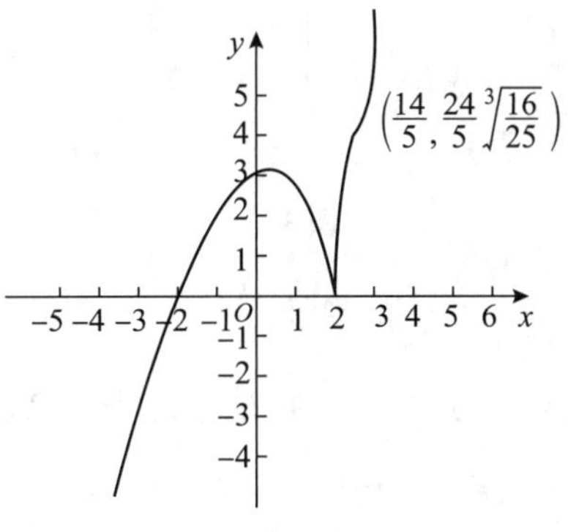

图 4.2

例 17 确定函数 $f(x)=2-2e^{-x^2}$ 的单调性、凹向区间以及拐点.

解 函数 $f(x)=2-2e^{-x^2}$ 的定义域为 R，又

$$f'(x)=4xe^{-x^2},f''(x)=4e^{-x^2}-8x^2e^{-x^2}=4e^{-x^2}(1-2x^2),$$

令 $f'(x)=0,f''(x)=0$，得驻点 $x=0$ 和二阶导数为零的点 $x=\pm\frac{\sqrt{2}}{2}$. 这三个点将定义域划分为四个区间，函数在各区间上的单调性与凹凸性通过 $f'(x)$ 和 $f''(x)$ 的符号确定，具体由

表 4.1 给出.

表 4.1

x	$\left(-\infty,-\frac{\sqrt{2}}{2}\right)$	$-\frac{\sqrt{2}}{2}$	$\left(-\frac{\sqrt{2}}{2},0\right)$	0	$\left(0,\frac{\sqrt{2}}{2}\right)$	$\frac{\sqrt{2}}{2}$	$\left(\frac{\sqrt{2}}{2},+\infty\right)$
$f'(x)$	$-$		$-$	0	$+$		$+$
$f''(x)$	$-$	0	$+$		$+$	0	$-$
$f(x)$	递减下凹	拐点	递减上凹	极小值点	递增上凹	拐点	递增下凹

因此,函数在$\left(-\infty,-\frac{\sqrt{2}}{2}\right)$上递减下凹,在$\left[-\frac{\sqrt{2}}{2},0\right]$上递减上凹,$\left(-\frac{\sqrt{2}}{2},2-\frac{2}{\sqrt{e}}\right)$是拐点;在$\left(0,\frac{\sqrt{2}}{2}\right]$上是递增上凹,在$\left(\frac{\sqrt{2}}{2},+\infty\right)$ 上是递增下凹,$\left(\frac{\sqrt{2}}{2},2-\frac{2}{\sqrt{e}}\right)$是拐点. 函数图像如图 4.3 所示.

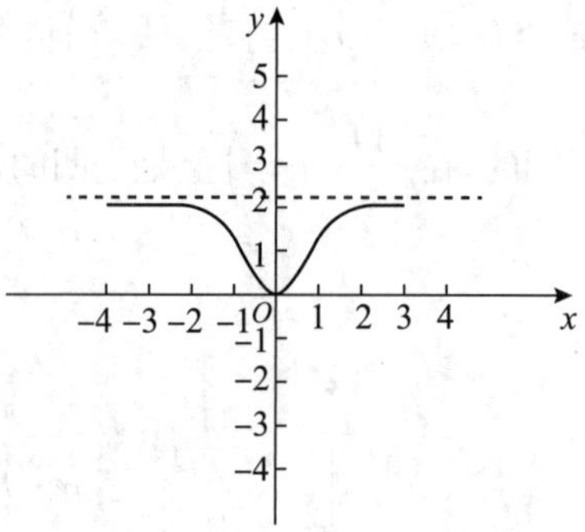

图 4.3

例 18 作函数 $f(x)=\frac{4(x+2)}{x^2}-1$ 的图像.

解 函数的定义域为$(-\infty,0)\cup(0,+\infty)$,是非奇非偶函数,无对称性,无周期性. 曲线与 x 轴的交点为 $(2-2\sqrt{3},0)$,$(2+2\sqrt{3},0)$.

$$f'(x)=\left(\frac{4(x+2)}{x^2}-1\right)'=-\frac{4(x+4)}{x^3},f''(x)=\left(-\frac{4(x+4)}{x^3}\right)'=\frac{8(x+6)}{x^4}.$$

令 $f'(x)=-\frac{4(x+4)}{x^3}=0$,$f''(x)=\frac{8(x+6)}{x^4}=0$,得到驻点 $x=-4$ 和二阶导数为零的点 $x=-6$,另外还有使得一阶导数和二阶导数不存在的点 $x=0$. 这些点将定义域分为四个区间:

$$(-\infty,-6),(-6,-4),(-4,0),(0,+\infty).$$

函数在各区间上的单调性与凹凸性通过 $f'(x)$和 $f''(x)$的符号确定,具体由表 4.2 给出.

表 4.2

x	$(-\infty,-6)$	-6	$(-6,-4)$	-4	$(-4,0)$	0	$(0,+\infty)$
$f'(x)$	$-$		$-$	0	$+$		$-$
$f''(x)$	$-$	0	$+$		$+$		$+$
$f(x)$	递减下凹	拐点	递减上凹	极小值点	递增上凹	无定义	递减上凹

函数的渐近线为：

$\lim\limits_{x\to\infty}\left(\dfrac{4(x+2)}{x^2}-1\right)=-1$，得水平渐近线 $y=-1$；

$\lim\limits_{x\to 0}\left(\dfrac{4(x+2)}{x^2}-1\right)=\infty$，得垂直渐近线 $x=0$，没有斜渐近线. 故函数图像如图 4.4 所示.

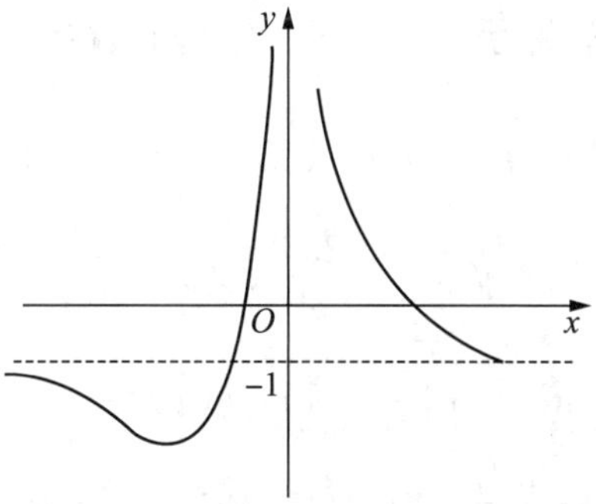

图 4.4

例 19 已知函数 $f(x)=2x^4+ax^3+bx$ 在 $x=1$ 处有极值 10，试确定 a,b 的值.

解 因为函数在 $x=1$ 处有极值 10，故当 $x=1$ 时函数值为 10，得

$$2+a+b=10. \qquad ①$$

又因为可导函数在极值点处导数为零，故有 $f'(1)=0$，而 $f'(x)=8x^3+3ax^2+b$，所以

$$8+3a+b=0. \qquad ②$$

联立式① 和式② 得到 $a=-8,b=16$.

例 20 已知对任意的 $x\in\mathbf{R}$，函数 $f(x)$满足 $2xf''(x)+5xf'(x)=2-2e^{-x}$，若存在 $a\neq 0$，满足 $f'(a)=0$，证明 $f(a)$ 是 $f(x)$的极小值.

分析 若证 $f(a)$是函数 $f(x)$的极小值，只需证明 $f''(a)>0$ 即可.

证明 因为对任意的 $x\in\mathbf{R}$，$2xf''(x)+5xf'(x)=2-2e^{-x}$，所以

$$2af''(a)+5af'(a)=2-2e^{-a}.$$

当 $a\neq 0$ 时，$f'(a)=0$，代入上式，有

$$2af''(a)=2-2e^{-a},$$

故

$$f''(a)=\frac{1-e^{-a}}{a}.$$

显然，当 $a>0$ 时，$e^a>1, 1-e^{-a}=\frac{e^a-1}{e^a}>0$，故 $f''(a)=\frac{1-e^{-a}}{a}>0$，所以 $x=a$ 是极小值点.

当 $a<0$ 时，$e^a<1, 1-e^{-a}=\frac{e^a-1}{e^a}<0$，故 $f''(a)=\frac{1-e^{-a}}{a}>0$，$x=a$ 还是极小值点.

综上可知，只要 $a\neq 0$，且 $f'(a)=0$，$f(a)$ 就是 $f(x)$ 的极小值.

例21 求函数 $f(x)=\frac{x^4}{e^x}$ 的最大值和最小值.

解 函数 $f(x)=\frac{x^4}{e^x}$ 的定义域为$(-\infty,+\infty)$，且函数在$(-\infty,+\infty)$上连续可导，故

$$f'(x)=(x^4e^{-x})'=4x^3e^{-x}-x^4e^{-x}=x^3e^{-x}(4-x)=0,$$

得到驻点 $x=0, x=4$，且 $f(0)=0, f(4)=\frac{256}{e^4}$，又因为

$$\lim_{x\to+\infty}f(x)=0,\ \lim_{x\to-\infty}f(x)=+\infty,$$

比较可知函数 $f(x)$ 在定义域内无最大值，有最小值 $f(0)=0$.

说明 求开区间上的最值时，区间端点要计算极限值.

例22 在平面上过点(12,3)引一条直线，要使该直线在两个坐标轴上的截距都为正，且截距和最小，求该直线方程.

解 设该直线的斜率为 k，则该直线方程为 $y-3=k(x-12)(k\neq 0)$，该直线在 x 轴上的截距为 $12-\frac{3}{k}$，在 y 轴上的截距为 $3-12k$，故截距和为

$$s(k)=12-\frac{3}{k}+3-12k=15-\frac{3}{k}-12k,$$

若要截距和 $s(k)$ 最小，需求 $s(k)$ 的最小值。显然 $s(k)$ 是在 $k\neq 0$ 处连续可导，故

$$s'(k)=\frac{3}{k^2}-12=0,\ k=\pm\frac{1}{2}.$$

若要直线在 x 轴和 y 轴上的截距都为正，则 $k=-\frac{1}{2}$. 而在 $k=-\frac{1}{2}$处，$s''\left(-\frac{1}{2}\right)=48>0$，故 $k=-\frac{1}{2}$是 $s(k)$ 唯一的极小值点，从而是最小值点，此时直线方程为

$$y=k(x-12)+3=-\frac{1}{2}(x-12)+3=-\frac{1}{2}x+9.$$

四、不等式的证明

例23 (用拉格朗日中值定理证明不等式)设 $b>a>0,n>1$,证明:$na^{n-1}<\frac{b^n-a^n}{b-a}<nb^{n-1}$.

证明 令 $f(x)=x^n$,则在区间$[a,b]$上函数 $f(x)$满足拉格朗日中值定理,故存在$\xi\in(a,b)$使得

$$f(b)-f(a)=f'(\xi)(b-a),$$

即

$$b^n-a^n=n\xi^{n-1}(b-a).$$

又因为 $b>a>0,n>1,a<\xi<b$,所以 $a^{n-1}<\xi^{n-1}<b^{n-1}$,故

$$na^{n-1}(b-a)<b^n-a^n=n\xi^{n-1}(b-a)<nb^{n-1}(b-a),$$

左右两边同除以$(b-a)$,得

$$na^{n-1}<\frac{b^n-a^n}{b-a}<nb^{n-1},$$

本题得证.

例24 (用函数的单调性证明不等式)对于任意的 $x>1$,证明不等式 $\ln x>\frac{2(x-1)}{1+x}$.

证明 令 $f(x)=\ln x-\frac{2(x-1)}{1+x}$,则 $f'(x)=\frac{(x-1)^2}{x(1+x)^2}$.

当 $x>1$ 时,$f'(x)>0\Rightarrow f(x)$在$[1,+\infty)$上严格单调增加,所以对于任意的 $x>1$,$f(x)>f(1)=\ln 1-\frac{2(1-1)}{1+0}=0$,即 $\ln x>\frac{2(x-1)}{1+x}$.

例25 (用函数的单调性证明不等式)对于任意的 $x>1$,证明不等式 $2x\ln x-x^2<-1$.

证明 令 $f(x)=2x\ln x-x^2+1$,则

$$f'(x)=2\ln x+2-2x,f''(x)=\frac{2}{x}-2=2\cdot\frac{1-x}{x},$$

显然当 $x>1$ 时,$f''(x)<0$,故 $f'(x)$在$(1,+\infty)$ 上单调递减,故对任意的 $x>1$,$f'(x)<f'(1)=2\ln 1+2-2=0$,说明在$(1,+\infty)$上,$f'(x)<0$,所以函数 $f(x)$在$(1,+\infty)$上单调递减,故对于任意的 $x>1$,$f(x)<f(1)=2\ln 1-1^2+1=0$,所以 $2x\ln x-x^2+1<0$,即

$$2x\ln x-x^2<-1.$$

例26 （用凹向性证明不等式）对任意 $x>0,y>0,x\neq y$，证明

$$\left(\frac{1}{y}+\frac{1}{x}\right)\ln\frac{x+y}{2}<\frac{\ln x}{y}+\frac{\ln y}{x}.$$

证明 令 $f(x)=x\ln x$，则

$$f'(x)=\ln x+1,f''(x)=\frac{1}{x},$$

显然当 $x>0$ 时，$f''(x)>0$，函数在 $(0,+\infty)$ 上是上凹函数，故对任意的 $x,y\in(0,+\infty)$，$x\neq y$，$0\leqslant\lambda\leqslant1$，有

$$f(\lambda x+(1-\lambda)y)<\lambda f(x)+(1-\lambda)f(y).$$

取 $\lambda=\frac{1}{2}$，有

$$f\left(\frac{x+y}{2}\right)<\frac{1}{2}[f(x)+f(y)],$$

又因为 $f(x)=x\ln x$，所以

$$\frac{x+y}{2}\ln\frac{x+y}{2}<\frac{1}{2}(x\ln x+y\ln y),$$

所以有 $(x+y)\ln\frac{x+y}{2}<x\ln x+y\ln y$，两端同除以 xy，有

$$\left(\frac{1}{y}+\frac{1}{x}\right)\ln\frac{x+y}{2}<\frac{\ln x}{y}+\frac{\ln y}{x},$$

本题得证.

例27 （用最值证明不等式）证明 $x^{\frac{1}{3}}-\frac{1}{3}x\leqslant\frac{2}{3},x\in\left[\frac{1}{4},2\right]$.

证明 设 $f(x)=x^{\frac{1}{3}}-\frac{1}{3}x-\frac{2}{3},x\in\left[\frac{1}{4},2\right]$，则 $f(x)$ 在 $\left[\frac{1}{4},2\right]$ 上二阶连续可导.

$$f'(x)=\frac{1}{3}x^{-\frac{2}{3}}-\frac{1}{3}=\frac{1}{3}\left(x^{-\frac{2}{3}}-1\right),f''(x)=-\frac{2}{9}x^{-\frac{5}{3}}.$$

显然 $x=1$ 是驻点，且 $f''(1)=-\frac{2}{9}<0$，故 $x=1$ 是函数的极大值点，且是区间 $\left[\frac{1}{4},2\right]$ 上唯一的极大值点，从而是最大值点，即对任意的 $x\in\left[\frac{1}{4},2\right]$，有 $f(x)<f(1)=1^{\frac{1}{3}}-\frac{1}{3}-\frac{2}{3}=0$，即对任意的 $x\in\left[\frac{1}{4},2\right]$，

$$f(x)=x^{\frac{1}{3}}-\frac{1}{3}x-\frac{2}{3}<0,$$

所以

$$x^{\frac{1}{3}}-\frac{1}{3}x\leqslant\frac{2}{3},x\in\left[\frac{1}{4},2\right].$$

说明 例 23 至例 27 均是证明不等式. 例 23 用的是拉格朗日中值定理对 ξ 进行放缩证得;例 24 和例 25 通过函数的单调性证明;例 26 基于函数凹向的定义证明;例 27 则是利用最值进行证明. 可见,不等式的证明方式有很多种,需要具体问题具体分析.

五、经济应用

例28 2022 年秋收季,新世纪有机农场种植的有机马铃薯全面丰收. 农民将种植的有机马铃薯全部装入麻袋(每麻袋装满重量为 150 公斤),并以整麻袋的形式出售. 根据市场反应,此种有机马铃薯的需求量非常大,且每麻袋的价格 p(元/麻袋)与销量的关系式为 $Q=400-\frac{1}{4}p$,问:

(1) 销量 Q 为多少时,收益 $R(Q)$ 最大? 求最大收益和收益最大时的价格 p_0.

(2) 这种有机马铃薯的需求价格弹性是多少? 判断在收益最大时的价格 p_0 所对应的马铃薯的弹性,并判断继续提高价格能否增加收益.

解 (1) 根据题设,由 $Q=400-\frac{1}{4}p$ 知 $p=1\ 600-4Q$,故收益函数

$$R(Q)=pQ=1\ 600Q-4Q^2.$$

求销量为多少时收益最大,即求 $R(Q)$的最大值,故求导,得

$$R'(Q)=1\ 600-8Q,$$

令 $R'(Q)=0$,解得 $Q=200$,

进一步求二阶导数 $R''(Q)=-8<0$,故 $Q=200$ 是 $R(Q)$唯一的极大值点,从而是收益函数 $R(Q)$的最大值点,故当销量为 200 麻袋时,农民的收益最大,且最大收益为

$$R(200)=1\ 600\times200-4\times200^2=160\ 000(\text{元}).$$

收益最大时的价格为

$$p=1\ 600-4\times200=800(\text{元/麻袋}).$$

(2) 需求价格弹性

$$E_p=\frac{p}{Q}Q'(p)=\frac{p}{400-\frac{1}{4}p}\left(-\frac{1}{4}\right)=-\frac{p}{1\ 600-p}.$$

当 $p=800$ 时，$|E_p|=1$，此时 $\Delta R\approx(1-|E_p|)Q\Delta p=0$，故不论提价还是降价对总收益都没有明显影响，因此，农民继续提高价格并不能增加总收益。

例29 某品牌新款手机问世后，原有的旧款手机的销量呈下降趋势. 为了提高旧款手机的销量，商家将旧款手机的价格降低了 15%，一段时间后统计得知在降价的这段时间内销量同比增加了 20%，试问旧款手机的需求价格弹性是多少？此时继续降价能提高总收益吗？何时继续降价将无法增加总收益？

解 根据所给条件，旧款手机降价了 15% ，即 $\frac{\Delta p}{p}=-15\%$，销量增加了 20%，即 $\frac{\Delta Q}{Q}=20\%$，而需求价格弹性

$$E_p=\frac{p}{Q}Q'(p)=\frac{p}{Q}\frac{\mathrm{d}Q}{\mathrm{d}p}\approx\frac{p}{Q}\frac{\Delta Q}{\Delta p}=\frac{\frac{\Delta Q}{Q}}{\frac{\Delta p}{p}}=\frac{20\%}{-15\%}\approx-1.33.$$

根据总收益与需求价格弹性的关系式：$\Delta R\approx(1-|E_p|)Q\Delta p$ 知，若继续降价，$\Delta p<0$，有 $1-|E_p|<0$ ，则 $\Delta R>0$，所以继续降价可以增加总收益.

当产品的需求价格弹性 $E_p=-1$ 时，$\Delta R\approx(1-|E_p|)Q\Delta p=0$，此时继续降价将无法增加总收益.

例30 红星工厂生产某种型号的车床，年产量为 1 000 台，分若干批次进行生产，每批的生产准备费为 2 000 元。设产品均匀投入市场，且上一批用完立即生产下一批，平均库存量为批量的一半. 已知每年每台机床的库存费为 100 元，显然生产批量大，则库存费高，生产批量小，则批数增多，生产准备费就高. 请选择最优的批量 x，使得库存费和生产准备费之和 $p(x)$ 最少(不考虑生产能力的条件下)，并求最少费用.

解 批量为 x，平均库存量为批量的一半，故库存费为 $\frac{x}{2}\times100$；批量为 x，年产量为 1 000 台，所以批次为 $\frac{1\,000}{x}$，生产准备费为 $\frac{1\,000}{x}\times2\,000$，故

$$\begin{aligned}p(x)&=\text{库存费}+\text{生产准备费}\\&=\frac{x}{2}\times100+\frac{1\,000}{x}\times2\,000=50x+\frac{2\,000\,000}{x},0<x<1\,000,\end{aligned}$$

求导并令导数为零：$p'(x)=50-\frac{2\,000\,000}{x^2}=0$，解得 $x=200$ 台，求二阶导数 $p''(x)=4\,000\,000x^{-3}$，代入 $x=200$ 得 $p''(200)=\frac{1}{2}>0$，根据极值判定定理知 $x=200$ 是 $p(x)$ 唯一的极小值点，从而是最小值点，故当每次生产 200 台，一年生产 5 批时，这一年的库存费和生产准备费之和最少，且最少费用为

$$p(200)=\frac{200}{2}\times100+\frac{1\,000}{200}\times2\,000=20\,000(\text{元}).$$

模块五 考研真题举一反三

例31 【2021 年数三】设函数 $f(x)=ax-b\ln x\ (a>0)$ 有两个零点，则 $\dfrac{b}{a}$ 的取值范围是（　　）.

(A) $(\mathrm{e},+\infty)$　　(B) $(0,\mathrm{e})$　　(C) $\left(0,\dfrac{1}{\mathrm{e}}\right)$　　(D) $\left(\dfrac{1}{\mathrm{e}},+\infty\right)$

答案：(A).

解 本题中函数 $f(x)$ 有两个参数 a,b，已知函数有两个零点，即与 x 轴有两个交点，求两个参数比的取值范围. 显然，函数 $f(x)$ 是 $(0,+\infty)$ 上的连续函数，且 $\lim\limits_{x\to0^+}f(x)=+\infty$，$\lim\limits_{x\to+\infty}f(x)=\lim\limits_{x\to+\infty}x\left(a-\dfrac{b\ln x}{x}\right)=+\infty$，如要 $f(x)$ 与坐标轴有两个交点，则函数的最小值要小于零，即函数曲线的最低点要在 x 轴下方.

下面求函数的最小值：因为 $f(x)=ax-b\ln x$，所以 $f'(x)=a-\dfrac{b}{x}=0$，得驻点 $x=\dfrac{b}{a}$.

因为 $x=\dfrac{b}{a}\in(0,+\infty)$，$a>0$，故 $b>0$. 因而二阶导数 $f''(x)=\dfrac{b}{x^2}>0$，所以 $x=\dfrac{b}{a}$ 是函数唯一的极小值点，从而是最小值点. 若曲线与 x 轴有两个交点，则最小值 $f\left(\dfrac{b}{a}\right)$ 需小于零，即

$$f\left(\frac{b}{a}\right)=a\cdot\frac{b}{a}-b\ln\left(\frac{b}{a}\right)=b-b\ln\left(\frac{b}{a}\right)<0,$$

得到 $\ln\left(\dfrac{b}{a}\right)>1$，即 $\dfrac{b}{a}>\mathrm{e}$. 因此，当 $\dfrac{b}{a}>\mathrm{e}$ 时，函数有两个零点，故选择(A) .

以函数 $f(x)=2x-10\ln x$ 为例，其图像如图 4.5 所示，$f(x)$ 有两个零点，满足 $\dfrac{b}{a}=\dfrac{10}{2}=5>\mathrm{e}$.

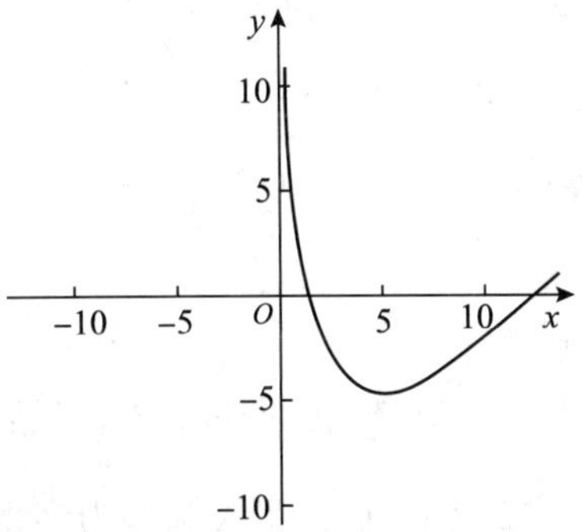

图 4.5

例32 【举一反三】设函数 $f(x)=ax-b\ln x(a>0,b>0)$，如果参数 a,b 满足 $\frac{b}{a}\leqslant e$，则 $f(x)$ 有几个零点？

解 由于 $f(x)$ 的定义域为 $(0,+\infty)$，$f'(x)=a-\frac{b}{x}=0$，得驻点 $x=\frac{b}{a}$. 又二阶导数 $f''(x)=\frac{b}{x^2}>0$，所以 $x=\frac{b}{a}$ 是函数唯一的极小值点，从而是最小值点. 当 $\frac{b}{a}\leqslant e$ 时，$\ln\left(\frac{b}{a}\right)\leqslant 1$，$-b\ln\left(\frac{b}{a}\right)\geqslant -b$，所以 $f\left(\frac{b}{a}\right)=b-b\ln\left(\frac{b}{a}\right)\geqslant 0$. 因此，

(1) 当 $\frac{b}{a}=e$ 时，函数 $f(x)$ 的最低点在 x 轴上，此时函数只有一个零点；

(2) 当 $0<\frac{b}{a}<e$ 时，$f\left(\frac{b}{a}\right)>0$，此时函数曲线全部在 x 轴上方，与坐标轴没有交点，故函数 $f(x)$ 没有零点.

因此，当 $\frac{b}{a}\leqslant e$ 时，$f(x)$ 至多有一个零点.

例33 【举一反三】设函数 $f(x)=ax-b\ln x(a>0)$ 只有一个零点，则 $\frac{b}{a}$ 的值为（ ）.

(A) 3e (B) 2e (C) e (D) $\frac{1}{e}$

答案：(C).

本题求解方法见例 32(1).

例34 【举一反三】设函数 $f(x)=ax-b\ln x(a>0)$ 没有零点，则 $\frac{b}{a}$ 的取值范围是（ ）.

(A) $(e,+\infty)$ (B) $(0,e)$ (C) $\left(0,\frac{1}{e}\right)$ (D) $\left(\frac{1}{e},+\infty\right)$

答案：(B).

本题求解方法见例 32(2).

例35 【举一反三】设函数 $f(x)=ax-b\ln x(a>0)$ 至少有一个零点，则 $\frac{b}{a}$ 的取值范围是（ ）.

(A) $[e,+\infty)$ (B) $(0,e]$ (C) $\left[0,\frac{1}{e}\right]$ (D) $\left[\frac{1}{e},+\infty\right)$

答案：(A).

本题求解方法见例 31 及例 32(1).

例36 【2020 年数三】设某厂生产某产品的产量为 Q，产品的单价为 P，成本函数 $C(Q)=100+13Q$，需求量 $Q(P)=\frac{800}{P+3}-2$，则厂商的最大利润为多少？

解 总利润 = 总收益 − 总成本 $=R(Q)-C(Q)=PQ-C(Q)$，显然利润函数的自变量为产量 Q，但是题中并没有给出价格 P 关于 Q 的函数关系式，不过给出了需求量 Q 关于价格

P 的函数关系式.一般来讲我们默认商家生产的全部产品都能够销售完，即产量 Q 等于需求量 Q，为此可将需求量 $Q(P)$的 Q 理解为产量，由其解出价格，即

$$Q(P)=\frac{800}{P+3}-2,\text{解得 } P=\frac{800}{Q+2}-3,$$

故总收益

$$R(Q)=PQ=\left(\frac{800}{Q+2}-3\right)Q,$$

所以总利润

$$L(Q)=R(Q)-C(Q)=PQ-C(Q)=\left(\frac{800}{Q+2}-3\right)Q-100-13Q=\frac{800Q}{Q+2}-16Q-100,$$

对利润函数求一阶导数，并令其为零，$L'(Q)=\frac{1\ 600}{(Q+2)^2}-16=0$，得到驻点 $Q=8$.

又因为

$$L''(Q)=-3\ 200(Q+2)^{-3}<0,$$

故 $Q=8$ 是利润函数 $L(Q)$唯一的极大值点，从而是最大值点，故当产量为 8 时，利润最大，且最大利润为

$$L(8)=\frac{800\times 8}{8+2}-16\times 8-100=412.$$

例37 **【举一反三】**某厂生产某商品的产量为 Q，商品的单价为 P，成本函数 $C(Q)=100+13Q$，需求量 $Q(P)=\frac{800}{P+3}-2$，在利润最大时，商品的价格是多少？该商品此时是需求高弹性商品还是需求低弹性商品？若想继续增加收益，需要提价还是降价？

解 由例 36 知，$Q=8$ 时厂商利润最大，此时价格为 $P=\frac{800}{Q+2}-3=\frac{800}{8+2}-3=77$，此时需求价格弹性函数为：

$$E_P=\frac{P}{Q(P)}Q'(P)=\frac{P}{\frac{800}{P+3}-2}\left(-\frac{800}{(P+3)^2}\right)=\frac{-800P}{(800-2P-6)(P+3)}.$$

$P=77$ 时的弹性为

$$E_P=\frac{-800P}{(800-2P-6)(P+3)}=-\frac{77}{64}<-1.$$

因为$|E_P|>1$，故商品此时为需求高弹性商品，需要降价来增加收益.

例38 **【2020 年数一、数三】**设函数 $f(x)$在闭区间$[0,2]$上连续可导，$f(0)=f(2)=0$，$M=\max\limits_{x\in[0,2]}\{|f(x)|\}$，证明：

(1) 存在 $\xi\in(0,2)$，使得 $|f'(\xi)|\geqslant M$；

(2) 若对任意的 $x\in(0,2)$，$|f'(x)|\leqslant M$，则 $M=0$.

证明 (1) 当 $M=0$ 时，因为 $f(0)=f(2)=0$，所以在区间 $[0,2]$ 上 $f(x)\equiv 0$，则对任意的 $\xi\in(0,2)$，都有 $|f'(\xi)|=0\geqslant M=0$.

当 $M>0$ 时，不妨设在点 $c(c\in(0,2))$ 处 $|f(x)|$ 取得最大值，即 $|f(c)|=M$.

此时函数 $|f(x)|$ 在区间 $[0,2]$ 端点处的值为零，在内部 c 点达到最大.

(i) 若 $c\in(0,1)$，则由函数 $f(x)$ 在 $[0,2]$ 上连续可导知 $f(x)$ 在区间 $[0,c]$ 上连续可导，故由拉格朗日中值定理知存在 $\xi\in(0,c)$，使得

$$f'(\xi)=\frac{f(c)-f(0)}{c-0}=\frac{f(c)}{c}\ (0<c<1),$$

因而

$$|f'(\xi)|=\left|\frac{f(c)}{c}\right|=\frac{M}{c}\geqslant M\ (0<c<1).$$

(ii) 若 $c\in(1,2)$，与(i)相似，在区间 $[c,2]$ 上应用拉格朗日中值定理知，存在 $\xi\in(c,2)$，得

$$f'(\xi)=\frac{f(2)-f(c)}{2-c}=-\frac{f(c)}{2-c},$$

因而 $|f'(\xi)|=\left|-\frac{f(c)}{2-c}\right|=\frac{M}{2-c}$，因为 $1<c<2$，所以 $0<2-c<1$，故

$$|f'(\xi)|=\frac{M}{2-c}\geqslant M.$$

(iii) 若 $c=1$，在区间 $[0,1]$ 上，应用拉格朗日中值定理知存在 $\xi\in(0,1)$，使得

$$f'(\xi)=\frac{f(1)-f(0)}{1}=f(1),$$

因而

$$|f'(\xi)|=|f(1)|=|f(c)|=M.$$

综上知存在 $\xi\in(0,2)$，使得 $|f'(\xi)|\geqslant M$.

(2) 若对任意的 $x\in(0,2)$，$|f'(x)|\leqslant M$，则

$$-M\leqslant f'(x)\leqslant M.$$

又由(1) 知 $|f(c)|=M$，不妨设 $f(1)=M$. 在区间 $[0,1]$ 上令 $F(x)=f(x)-Mx$，则

$$F(0)=f(0)-M\times 0=0,F(1)=f(1)-M=M-M=0.$$

而 $F'(x)=f'(x)-M\leqslant 0$，说明函数 $F(x)$ 在区间 $[0,1]$ 上是单调非增函数，可是端点值 $F(0)=F(1)=0$，故 $F(x)$ 在区间 $[0,1]$ 上是常函数 0，即 $F(x)=f(x)-Mx=0$，从而

$$f(x)=Mx,\forall x\in[0,1].$$

而函数 $f(x)$ 在 $[0,1]$ 上可导，且 $f'(x)=M$，故在区间右端点 1 处的左导数 $f'_-(1)=M$，又因为 1 是函数在内部的最大值点，所以 $f'(1)=0$，因此 $M=0$.

例39 【举一反三】设函数 $f(x)$ 在闭区间 $[0,2]$ 上连续可导，$f(0)=f(2)=0$，$M=\max\limits_{x\in[0,2]}\{|f(x)|\}$，证明：存在 $\xi_1,\xi_2\in(0,2)$，使得 $|f'(\xi_1)-f'(\xi_2)|\geqslant 2M$.

证明 (1) 当 $M=0$ 时，因为 $f(0)=f(2)=0$，所以在区间 $[0,2]$ 上 $f(x)\equiv 0$，则对任意的 $\xi_1,\xi_2\in(0,2)$，都有 $|f'(\xi_1)-f'(\xi_2)|=0\geqslant 2M=0$，命题得证.

当 $M>0$ 时，不妨设在点 $c(\in(0,2))$ 处 $|f(x)|$ 取得最大值，即 $|f(c)|=M$.

此时函数 $|f(x)|$ 在区间 $[0,2]$ 端点处值为零，在内部点 c 处达到最大值.

由函数 $f(x)$ 在 $[0,2]$ 上连续可导知 $f(x)$ 在区间 $[0,c]$ 上连续可导，故由拉格朗日中值定理知，存在 $\xi_1\in(0,c)$，使得

$$f'(\xi_1)=\frac{f(c)-f(0)}{c-0}=\frac{f(c)}{c}(0<\xi_1<c<2),$$

在区间 $[c,2]$ 上应用拉格朗日中值定理知，存在 $\xi_2\in(c,2)$，使得

$$f'(\xi_2)=\frac{f(2)-f(c)}{2-c}=-\frac{f(c)}{2-c}(0<c<\xi_2<2),$$

所以

$$|f'(\xi_1)-f'(\xi_2)|=\left|\frac{f(c)}{c}-\left(-\frac{f(c)}{2-c}\right)\right|=\left|\frac{2f(c)}{c(2-c)}\right|=\frac{2M}{|1-(c-1)^2|}.$$

显然，当分母 $|1-(c-1)^2|$ 取最大值时，$|f'(\xi_1)-f'(\xi_2)|$ 达到最小值. 因 $|1-(c-1)^2|\leqslant 1$，故

$$|f'(\xi_1)-f'(\xi_2)|=\frac{2M}{|1-(c-1)^2|}\geqslant 2M,$$

命题得证.

例40 【2019 年数三】已知方程 $x^5-5x+k=0$ 有 3 个不同的实根，则 k 的取值范围是 (   ).

(A) $(-\infty,-4)$　　(B) $(4,+\infty)$　　(C) $[-4,4]$　　(D) $(-4,4)$

答案：(D).

解 设函数 $f(x)=x^5-5x+k$，若方程 $x^5-5x+k=0$ 有三个不同的实根，则曲线 $f(x)$ 与 x 轴有三个不同的交点. 但是函数 $f(x)$ 满足 $\lim\limits_{x\to-\infty}f(x)=-\infty$，$\lim\limits_{x\to+\infty}f(x)=+\infty$，即函数 $f(x)$ 的曲线两侧分别趋于负无穷和正无穷，又函数 $f(x)$ 在 R 上连续，因此函数 $f(x)$ 在 $(-\infty,+\infty)$ 内部有三个交点，需要在 $(-\infty,+\infty)$ 内部有一个极大值点和一个极小值点，且极大值位于 x 轴上方，极小值位于 x 轴下方. 为此先求函数 $f(x)$ 的极值点.

令 $f'(x)=5x^4-5=0$，得驻点 $x=-1,x=1$. 因为 $f''(x)=20x^3$，显然 $f''(-1)<0$，

$f''(1)>0$,故 $x=-1$ 是函数的极大值点,极大值 $f(-1)=k+4$,$x=1$ 是函数的极小值点,极小值 $f(1)=k-4$.

当极大值 $k+4>0$ 且极小值 $k-4<0$,即 $-4<k<4$ 时,极大值位于 x 轴上方,极小值位于 x 轴下方,此时函数与 x 轴有三个不同的交点,即方程 $x^5-5x+k=0$ 有三个不同的实根. 故答案为(D).

以 $k=0$ 为例,函数 $f(x)=x^5-5x$ 的图像如图 4.6 所示.

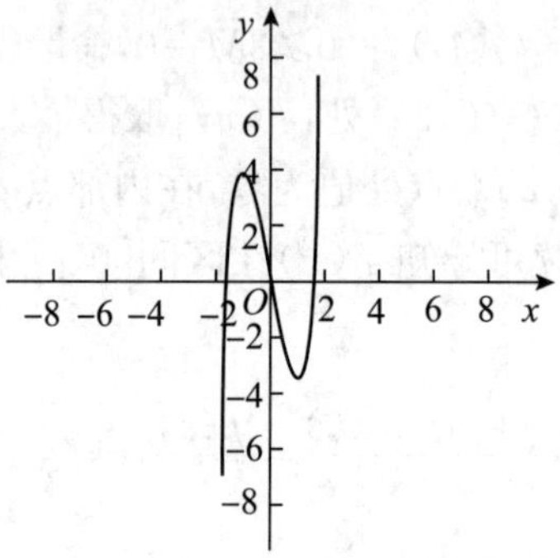

图 4.6

例41【举一反三】分析当 $k=\pm4$ 时,方程 $x^5-5x+k=0$ 根的情况,并分析 k 为何值时,方程 $x^5-5x+k=0$ 只有一个实根.

解 设函数 $f(x)=x^5-5x+k$,令 $f'(x)=5x^4-5=0$,得驻点 $x=-1$,$x=1$. 因为 $f''(x)=20x^3$,显然 $f''(-1)<0$,$f''(1)>0$,故

$x=-1$ 是函数的极大值点,极大值 $f(-1)=k+4$;

$x=1$ 是函数的极小值点,极小值 $f(1)=k-4$.

(1)当 $k=-4$ 时,$f(-1)=k+4=0$,$f(1)=k-4<0$,此时函数在 $x=-1$ 处与 x 轴相交,但是极小值 $f(1)$ 小于零,且 $\lim\limits_{x\to+\infty}f(x)=+\infty$,故函数在 $x=1$ 的右侧与 x 轴还有一个交点(如图 4.7(a)所示). 故 $k=-4$ 时方程 $x^5-5x+k=0$ 有两个实根.

(2)当 $k=4$ 时,$f(-1)=k+4>0$,$f(1)=k-4=0$,此时函数在 $x=1$ 处与 x 轴相交,但是极大值 $f(-1)$ 大于零,且 $\lim\limits_{x\to-\infty}f(x)=-\infty$,说明函数在 $x=-1$ 的左侧与 x 轴还有一个交点(如图 4.7(b)所示),此时方程 $x^5-5x+k=0$ 有两个实根.

可见,当 $k=\pm4$ 时,方程 $x^5-5x+k=0$ 有 2 个不同的实根.

下面分析 k 为何值时,方程 $x^5-5x+k=0$ 只有一个实根.

因为 $\lim\limits_{x\to-\infty}f(x)=-\infty$,$\lim\limits_{x\to+\infty}f(x)=+\infty$,若是方程 $x^5-5x+k=0$ 只有一个实根,那么极大值 $f(-1)=k+4$ 和极小值 $f(1)=k-4$ 要么都大于零(都在 x 轴上方),要么都小于零(都在 x 轴下方),即

$$f(-1)=k+4>0 \text{ 且 } f(1)=k-4>0 \Rightarrow k>4,$$

或者

$$f(-1)=k+4<0 \text{ 且 } f(1)=k-4<0 \Rightarrow k<-4.$$

因此，当 $k>4$ 时，极大值和极小值都在 x 轴上方，但是 $\lim\limits_{x\to-\infty} f(x)=-\infty$，说明函数在极大值点 $x=-1$ 左侧与 x 轴有一个交点(如图 4.7(c)所示).

当 $k<-4$ 时极大值和极小值都在 x 轴下方，但是 $\lim\limits_{x\to+\infty} f(x)=+\infty$，说明在极小值点 $x=1$ 右侧函数与 x 轴有一个交点(如图 4.7(d)所示).

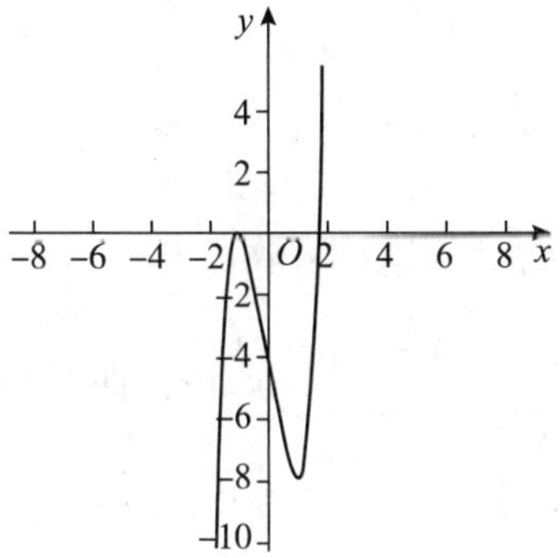

图 4.7(a)($k=-4$)

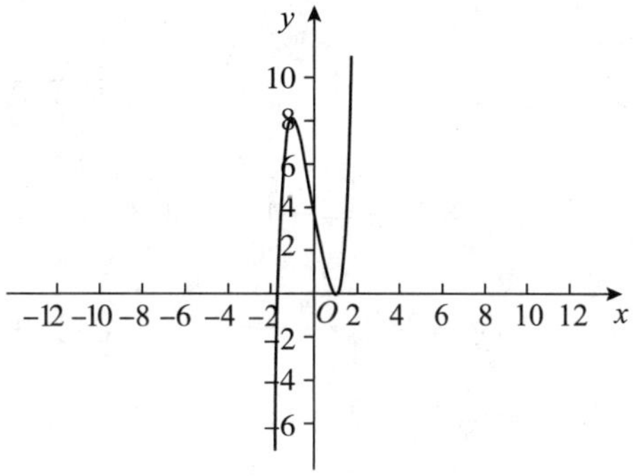

图 4.7(b)($k=4$)

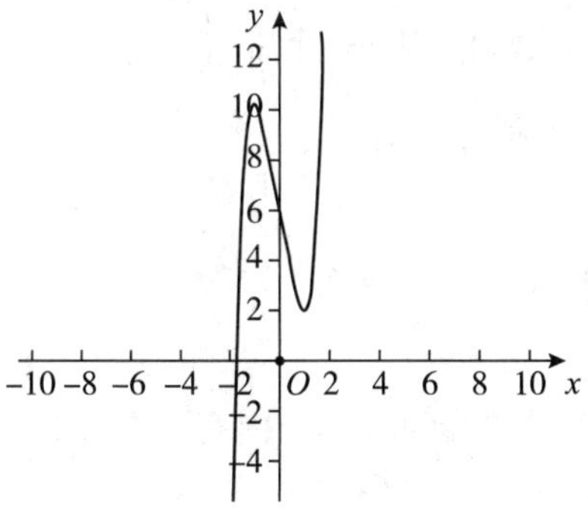

图 4.7(c)($k>4$)

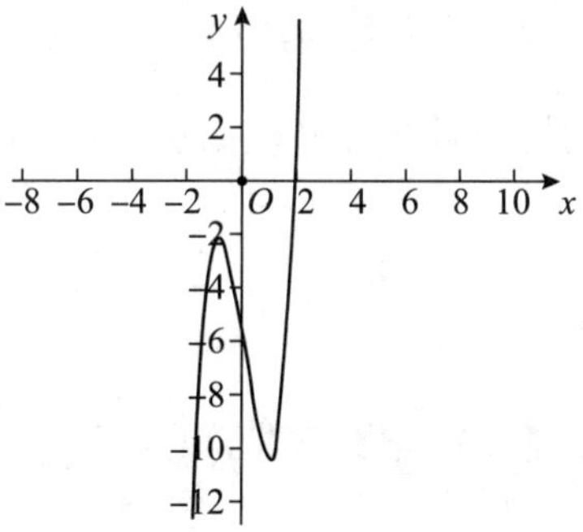

图 4.7(d)($k<-4$)

因此，当 $k>4$ 或者 $k<-4$ 时，方程 $x^5-5x+k=0$ 只有一个实根.

例 42 **【2018 年数三】**设某产品的成本函数 $C(Q)$ 可导，其中 Q 为产量，若产量在 Q_0 时平均成本最小，则(   ).

(A) $C'(Q_0)=0$　　(B) $C'(Q_0)=C(Q_0)$

(C) $C'(Q_0)=Q_0C(Q_0)$　　(D) $Q_0C'(Q_0)=C(Q_0)$

答案：(D).

解 因为成本函数可导，且平均成本 $\bar{C}(Q)=\dfrac{C(Q)}{Q}$，所以平均成本函数 $\bar{C}(Q)(Q>0)$ 可导，且

$$\bar{C}'(Q)=\frac{C'(Q)Q-C(Q)}{Q^2}.$$

既然在 Q_0 处平均成本最小，就说明 Q_0 是 $\bar{C}(Q)$ 的最小值，而 $\bar{C}(Q)$ 在 $Q>0$ 时都可导，故

Q_0 是 $\bar{C}(Q)$ 的可导的极值点，所以 $\bar{C}'(Q_0)=\dfrac{C'(Q_0)Q_0-C(Q_0)}{Q_0^2}=0$，故有 $Q_0C'(Q_0)-C(Q_0)=0$，即 $Q_0C'(Q_0)=C(Q_0)$.

例43【2018年数三】求曲线 $y=x^2+2\ln x$ 在其拐点处的切线方程.

解 函数的定义域为$(0,+\infty)$. 下面首先求拐点.

$$y'=2x+\frac{2}{x},y''=2-\frac{2}{x^2}.$$

令 $y''=2-\dfrac{2}{x^2}=0$，解得 $x=-1,x=1$. 但是 $x=-1$ 不在定义域中，故舍去.

当 $0<x<1$ 时，$y''=2\cdot\dfrac{x^2-1}{x^2}<0$，当 $x>1$ 时，$y''=2\cdot\dfrac{x^2-1}{x^2}>0$，所以曲线在 $x=1$ 处有拐点，且拐点坐标为$(1,1)$. 当 $x=1$ 时，一阶导数值为 $y'(1)=4$，故切线方程为

$$y-1=4(x-1)\text{，即 } y-4x+3=0.$$

例44【举一反三】求曲线 $y=x^2+2\ln x$ 在其拐点处的法线方程.

解 因为切线方程与法线方程的斜率互为负倒数，由例 43 可知，$y=x^2+2\ln x$ 在拐点$(1,1)$处的切线斜率为 4，从而法线斜率为$-\dfrac{1}{4}$，故法线方程为

$$y-1=-\frac{1}{4}(x-1)\text{，即 } 4y+x-5=0.$$

例45【2017年数三】已知方程$\dfrac{1}{\ln(1+x)}-\dfrac{1}{x}=k$ 在区间$(0,1)$内有实根，求 k 的范围.

解（方法一） 设函数 $f(x)=\dfrac{1}{\ln(1+x)}-\dfrac{1}{x}-k$，显然函数在区间$(0,1)$内连续，且在区间$(0,1)$端点处的单侧极限值如下：

$$\begin{aligned}\lim_{x\to0^+}f(x)&=\lim_{x\to0^+}\left(\frac{1}{\ln(1+x)}-\frac{1}{x}-k\right)\\&=\lim_{x\to0^+}\frac{x-\ln(1+x)}{x\ln(1+x)}-k\\&=\lim_{x\to0^+}\frac{x}{(x+1)\ln(1+x)+x}-k\\&=\lim_{x\to0^+}\frac{1}{\ln(1+x)+2}-k\\&=\frac{1}{2}-k\text{（应用两次洛必达法则），}\end{aligned}$$

$$\lim_{x\to1^-}f(x)=\lim_{x\to1^-}\left(\frac{1}{\ln(1+x)}-\frac{1}{x}-k\right)=\frac{1}{\ln2}-1-k\text{（直接求极限）.}$$

要使函数 $f(x)$在区间$(0,1)$内有实根,只需函数 $f(x)$在区间$(0,1)$端点处的极限值异号,即$\lim\limits_{x\to0^+}f(x)\times\lim\limits_{x\to1^-}f(x)<0$,也就是

$$\left(\frac{1}{2}-k\right)\left(\frac{1}{\ln2}-1-k\right)=\left(k-\frac{1}{2}\right)\left(k-\left(-1+\frac{1}{\ln2}\right)\right)<0,$$

从而解得

$$\frac{1}{\ln2}-1<k<\frac{1}{2}.$$

因此,当$\frac{1}{\ln2}-1<k<\frac{1}{2}$时,函数$(x)$在区间$(0,1)$ 端点处的极限值异号,在区间$(0,1)$内必存在零点,即方程$\frac{1}{\ln(1+x)}-\frac{1}{x}=k$ 在区间$(0,1)$内必有实根.

(方法二) 利用单调性证明. 令 $f(x)=\frac{1}{\ln(1+x)}-\frac{1}{x}-k,x\in(0,1)$,则

$$f'(x)=\left(\frac{1}{\ln(1+x)}-\frac{1}{x}-k\right)'=\frac{(1+x)\ln^2(x+1)-x^2}{x^2(1+x)\ln^2(x+1)},x\in(0,1).$$

由于导函数 $f'(x)$的分母在$(0,1)$内为正,故其符号由分子来确定,但是分子的符号无法确定,故令 $g(x)=(1+x)\ln^2(x+1)-x^2$,进一步求 $g(x)$的导数

$$g'(x)=\ln^2(x+1)+2\ln(x+1)-2x,x\in(0,1).$$

此时仍然无法判断 $g'(x)$的符号,故继续求导

$$g''(x)=\frac{2\ln(1+x)-2x}{x+1},x\in(0,1).$$

令 $h(x)=2\ln(1+x)-2x$,显然

$$h'(x)=\frac{2}{1+x}-2=\frac{-2x}{1+x}<0,x\in(0,1),$$

所以 $h(x)$在$(0,1)$内是递减函数,故对于任意的 $x>0,h(x)<h(0)=2\ln(1+0)-2\times0=0$,因此

$$g''(x)=\frac{2\ln(1+x)-2x}{x+1}=\frac{h(x)}{1+x}<0,x\in(0,1).$$

这说明 $g'(x)$在$(0,1)$内是递减函数,从而对于任意的 $x>0,g'(x)<g'(0)=[\ln(0+1)]^2+2\ln(0+1)-2\times0=0$,因此 $g(x)=(1+x)\ln^2(x+1)-x^2$ 在$(0,1)$内是减函数,故对于任意的 $x>0,g(x)<g(0)=0$,所以

$$f'(x)=\left(\frac{1}{\ln(1+x)}-\frac{1}{x}-k\right)'=\frac{(1+x)\ln^2(x+1)-x^2}{x^2(1+x)\ln^2(x+1)}=\frac{g(x)}{x^2(1+x)\ln^2(x+1)}<0,x\in(0,1),$$

因而 $f(x)=\frac{1}{\ln(1+x)}-\frac{1}{x}-k, x\in(0,1)$ 是递减函数. 若要函数 $f(x)$ 在区间 $(0,1)$ 内有根，需要区间左端点处的极限 $\lim\limits_{x\to0^+}f(x)>0$，右端点处的极限 $\lim\limits_{x\to1^-}f(x)<0$，即

$$\lim_{x\to0^+}f(x)=\frac{1}{2}-k>0, \lim_{x\to1^-}f(x)=\frac{1}{\ln2}-1-k<0,$$

从而解得 $\frac{1}{\ln2}-1<k<\frac{1}{2}$.

例46 【举一反三】已知方程 $\frac{1}{\ln(1+x)}-\frac{1}{x}=k$ 在区间 $(0,1)$ 内无实根，求 k 的范围.

证明 设函数 $f(x)=\frac{1}{\ln(1+x)}-\frac{1}{x}-k, x\in(0,1)$，由例 45 可知 $f(x)$ 在区间 $(0,1)$ 内是连续且单调递减的函数，故若要函数在 $(0,1)$ 内无实根，函数需要在区间 $(0,1)$ 内都位于 x 轴上方或者下方，即

$$\lim_{x\to0^+}f(x)=\frac{1}{2}-k>0, \text{且} \lim_{x\to1^-}f(x)=\frac{1}{\ln2}-1-k>0,$$

或者

$$\lim_{x\to0^+}f(x)=\frac{1}{2}-k<0, \text{且} \lim_{x\to1^-}f(x)=\frac{1}{\ln2}-1-k<0,$$

解得 $k<\frac{1}{\ln2}-1$ 或者 $k>\frac{1}{2}$.

例47 【2017 年数三】求由方程 $x^3+y^3-3x+3y-2=0$ 确定的函数 $y(x)$ 的极值.

解 隐函数的极值问题与一般初等函数相似，需要求解驻点及一阶不可导点，并对这些点的极值性进行判别.

方程 $x^3+y^3-3x+3y-2=0$ 两端关于自变量 x 求导，有

$$3x^2+3y^2y'-3+3y'=0,$$

解得

$$y'=\frac{1-x^2}{y^2+1},$$

令 $y'=0$ 得驻点 $x_1=1, x_2=-1$.

进一步地，通过二阶导数的符号对驻点的极值性进行判别，因此对等式 $3x^2+3y^2y'-3+3y'=0$ 两边继续关于 x 求导，有

$$6x+6y(y')^2+3y^2y''+3y''=0,$$

解得

$$y''=\frac{-2x-2y(y')^2}{y^2+1}.$$

在 $x_1=1$ 处，$y'(1)=0,y''(1)=\frac{-2}{y^2+1}<0$；在 $x_1=-1$ 处，$y'(-1)=0,y''(1)=\frac{2}{y^2+1}>0$. 因此，函数 $y(x)$ 在 $x_1=1$ 处取得极大值，且极大值为 $y(1)=1$；函数 $y(x)$ 在 $x_1=-1$ 处取得极小值，且极小值为 $y(-1)=0$.

例48 【举一反三】若由方程 $x^3+y^3-3x+3y-2=0$ 确定的函数 $y(x)$ 的定义域为 $\mathbf{R}$，求 $y(x)$ 的单调区间.

解 根据例 47 的讨论知 $y'=\frac{1-x^2}{y^2+1}$，令 $y'=0$ 得驻点 $x_1=1,x_2=-1$，这两个驻点把定义域 R 分为三个区间：$(-\infty,-1),(-1,1),(1,+\infty)$，依次在三个区间上讨论 y' 的符号：

当 $x\in(-\infty,-1)$ 时，$y'=\frac{(1-x)(1+x)}{y^2+1}<0$，函数在区间 $(-\infty,-1)$ 上是单调递减的；

当 $x\in(-1,1)$ 时，$y'=\frac{(1-x)(1+x)}{y^2+1}>0$，函数在区间 $(-1,1)$ 上是单调递增的；

当 $x\in(1,+\infty)$ 时，$y'=\frac{(1-x)(1+x)}{y^2+1}<0$，函数在区间 $(1,+\infty)$ 上是单调递减的.

故函数 $y(x)$ 的递增区间是 $[-1,1]$，递减区间为 $(-\infty,-1)$ 和 $(1,+\infty)$.

例49 【2017 年数三】$f(x)$ 在闭区间 $[0,1]$ 上具有二阶导数，且 $f(1)>0$，$\lim\limits_{x\to0^+}\frac{f(x)}{x}$ 存在并小于零. 证明：

(1) 方程 $f(x)=0$ 在区间 $(0,1)$ 内至少有一根；

(2) 方程 $f(x)f''(x)+[f'(x)]^2=0$ 在区间 $(0,1)$ 内至少存在两个不同的实根.

证明 (1) 本题要证方程 $f(x)=0$ 在区间 $(0,1)$ 内至少有一根，这是证原函数的零点问题，故需要应用零点存在性定理. 我们需要在区间 $(0,1)$ 内部选取一个子区间，使函数 $f(x)$ 在这个子区间的端点异号.

由已知 $\lim\limits_{x\to0^+}\frac{f(x)}{x}<0$，根据极限保号性知存在 0 点的右邻域 $(0,\delta)$（其中 $\delta<1$），使得任意的 $x\in(0,\delta)$，有 $\frac{f(x)}{x}<0$，取 $x_0\in(0,\delta)$，使得 $\frac{f(x_0)}{x_0}<0$，而 $x_0>0$，故 $f(x_0)<0$.

因为函数 $f(x)$ 在闭区间 $[0,1]$ 上具有二阶导数，故 $f(x)$ 在区间 $[x_0,1]$ 上连续，且 $f(x_0)<0,f(1)>0$，故由零点存在性定理知，存在 $\xi\in(x_0,1)\subseteq(0,1)$，使得 $f(\xi)=0$，即 $f(x)=0$ 在区间 $(0,1)$ 内至少有一根.

(2) 由 $\lim\limits_{x\to0^+}\frac{f(x)}{x}$ 存在且分母当 $x\to0^+$ 时趋于零知，$\lim\limits_{x\to0^+}f(x)=0$（若 $\lim\limits_{x\to0^+}f(x)$ 不趋于零，而是趋于无穷或者其他有限数，则极限 $\lim\limits_{x\to0^+}\frac{f(x)}{x}$ 都将不存在）.

又函数 $f(x)$在闭区间$[0,1]$上连续，即在 0 点右连续，所以 $f(0)=0$. 由(1) 知存在 $\xi\in(0,1)$，使得 $f(\xi)=0$. 故在区间$[0,\xi]\subseteq[0,1]$上，$f(x)$连续可导，且 $f(0)=f(\xi)=0$，由罗尔中值定理知，存在 $\eta\in(0,\xi)$，使得 $f'(\eta)=0$.

令函数 $F(x)=f(x)f'(x)$，则

$$F'(x)=f(x)f''(x)+[f'(x)]^2.$$

接下来只需证明 $F'(x)=0$ 在区间$[0,1]$上有两个不同的实根，这是证明导数的零点问题，故应用罗尔中值定理.

在区间$[0,\eta]$和$[\eta,\xi]$上，由于 $f(x)$二阶连续可导，$f'(x)$连续可导，故 $F(x)$在区间$[0,\eta]$和$[\eta,\xi]$上连续可导，且

$$F(0)=f(0)f'(0)=0,$$

$$F(\eta)=f(\eta)f'(\eta)=0,$$

$$F(\xi)=f(\xi)f'(\xi)=0,$$

说明 $F(x)$在区间$[0,\eta]$和$[\eta,\xi]$上都满足罗尔中值定理的条件，从而至少存在 $x_1\in(0,\eta)$和 $x_2\in(\eta,\xi)$，使得 $F'(x_1)=0$，$F'(x_2)=0$，故

$$F'(x)=f(x)f''(x)+[f'(x)]^2=0$$

在区间$(0,1)$内至少存在两个不同的实根.

例50 【举一反三】$f(x)$在闭区间$[0,1]$上可导，且 $\lim\limits_{x\to1^-}f(x)>0$，$\lim\limits_{x\to0^+}f(x)<0$，证明对于区间$[0,1]$上的任意函数 $g(x)$，方程 $f(x)g(x)=0$ 在区间$(0,1)$内至少有一根.

证明 因为 $f(x)$在闭区间$[0,1]$上可导，故 $f(x)$在闭区间$[0,1]$上连续，从而在区间右端点 1 处左连续，即 $f(1)=\lim\limits_{x\to1^-}f(x)>0$. 同理，函数 $f(x)$在区间$[0,1]$的左端点 0 处右连续，故 $f(0)=\lim\limits_{x\to0^+}f(x)<0$，即函数 $f(x)$在闭区间$[0,1]$上连续且端点值异号，由零点存在定理知，存在 $\xi(-0,1)$，使 $f(\xi)=0$，从而 $f(\xi)g(\xi)=0$. 故对于区间$[0,1]$上的任意函数 $g(x)$，$f(x)g(x)=0$ 在区间$(0,1)$内至少有一根.

例51 【举一反三】$f(x)$在闭区间$[0,1]$上具有二阶导数，且 $\lim\limits_{x\to1^-}\dfrac{f(x)-f(1)}{x-1}>0$，$\lim\limits_{x\to0^+}\dfrac{f(x)}{x}<0$，证明方程 $f'(x)=0$ 在区间$(0,1)$内至少有一根.

证明 由 $\lim\limits_{x\to1^-}\dfrac{f(x)-f(1)}{x-1}>0$ 知 $f'_-(1)>0$；由例 49 知 $f(0)=0$，故

$$\lim_{x\to0^+}\frac{f(x)}{x}=\lim_{x\to0^+}\frac{f(x)-f(0)}{x-0}=f'_+(0)<0.$$

由已知 $f(x)$在闭区间$[0,1]$上具有二阶导数知，$f'(x)$在闭区间$[0,1]$上一阶连续可导，且 $f'_-(1)>0$，$f'_+(0)<0$，说明 $f'(x)$在闭区间$[0,1]$上满足零点存在定理的条件，故至少存在一点 $\xi\in(0,1)$，使得 $f'(\xi)=0$，即方程 $f'(x)=0$ 在区间$(0,1)$内至少有一根.

模块六 自测试题

自测试题（一）

一、判断题（共 10 道小题）

1. 若 x_0 为 $f(x)$的极值点，则必有 $f'(x_0)=0$.（　　）

2. 若 x_0 为 $f(x)$的不可导点，那么 x_0 可能是 $f(x)$的极值点.（　　）

3. 不在函数定义域内的点也可能是函数极值点.（　　）

4. 在闭区间上连续、在开区间内可导是拉格朗日中值定理成立的必要条件.（　　）

5. 闭区间上的连续函数必有最大、最小值；开区间上的连续函数没有最大、最小值.（　　）

6. 单调递增的函数的导数大于零.（　　）

7. 导数大于零的函数单调递增.（　　）

8. 二阶导数存在并且非负的函数是严格上凹函数.（　　）

9. 上凹和下凹的分界点是拐点.（　　）

10. 任何曲线都有渐近线.（　　）

二、填空题（共 10 道小题）

1. 函数 $f(x)=x^3-2$ 在区间$[0,1]$上满足拉格朗日中值定理的 $\xi=$________.

2. 极限 $\lim\limits_{x\to0}\dfrac{2\,022^x+2\,022^{-x}-2}{x^2}=$________.

3. 函数 $f(x)=3x^{\frac{2}{3}}+2x$ 的递减开区间为________.

4. 函数 $f(x)=3(x-1)^{\frac{1}{3}}-x+1$ 的极小值为________.

5. 函数 $f(x)=x|x|$ 的拐点为________.

6. 极限 $\lim\limits_{x\to0}\left(\dfrac{\sin x}{x}\right)^{\frac{6}{x^2}}=$____________.

7. 方程 $4x^2=e^x$ 的实根的个数为________个.

8. 函数 $f(x)=(2x-5)\sqrt[3]{x}$ 在$(-\infty,+\infty)$内有________个极值点.

9. 函数 $y=x-\tan x$ 有________条垂直渐近线.

10. 某商品的利润函数为 $L(Q)=2\,250+Q-0.001Q^2$，最大利润为________.

三、单项选择题(共 10 道小题)

1. 罗尔中值定理的三个前提条件是结论成立的(　　).

(A)充分条件　(B) 必要条件　(C) 充分必要条件　(D)既非充分又非必要条件

2. 极限 $\lim\limits_{x\to\frac{\pi}{2}}(\sin x)^{\frac{1}{\frac{\pi}{2}-x}}=$(　　).

(A) -1　(B) 1　(C) e　(D) e^{-1}

3. 设函数 $f(x)=3x-\sin x$,则下列结论正确的是(　　).

(A) $f(x)$在$[0,2\pi]$上无根　(B) $f(x)$在$[0,2\pi]$上至少有两个根

(C) $f(x)$在$[0,2\pi]$上有唯一根　(D) $f(x)$在$[0,2\pi]$上有无穷多个根

4. 函数 $f(x)=3x^4-4x^3+1$ 的上、下凹区间以及拐点为(　　).

(A) $f(x)$的上凹区间为$(-\infty,0)$,$\left(\frac{2}{3},+\infty\right)$,下凹区间为$\left(0,\frac{2}{3}\right)$,拐点为$(0,1)$和$\left(\frac{2}{3},\frac{24}{27}\right)$

(B) $f(x)$的上凹区间为$(-\infty,0)$,$\left(\frac{2}{3},+\infty\right)$,下凹区间为$\left(0,\frac{2}{3}\right)$,拐点为$(0,1)$和$\left(\frac{2}{3},\frac{11}{27}\right)$

(C) $f(x)$的下凹区间为$(-\infty,0)$,$\left(\frac{2}{3},+\infty\right)$,上凹区间为$\left(0,\frac{2}{3}\right)$,拐点为$(0,1)$和$\left(\frac{2}{3},\frac{24}{27}\right)$

(D) $f(x)$的下凹区间为$(-\infty,0)$,$\left(0,\frac{2}{3}\right)$,上凹区间为$\left(\frac{2}{3},+\infty\right)$,拐点为$(0,1)$和$\left(\frac{2}{3},\frac{11}{27}\right)$

5. 函数 $f(x)=(2x-5)x^{\frac{2}{3}}$ 的极值点和极值为(　　).

(A) $x=0$ 为函数的极大值点,且极大值为 0;$x=1$ 为函数的极小值点,且极小值为-3

(B) $x=0$ 为函数的极小值点,且极小值为 0;$x=1$ 为函数的极大值点,且极大值为-3

(C) $x=-1$ 为函数唯一的极值点,且是极小值点,极小值为-7

(D) $x=1$ 为函数唯一的极大值点,且极大值为-3

6. 极限 $\lim\limits_{x\to0}\dfrac{\ln(1+x+x^2)+\ln(1-x+x^2)}{\sec x-\cos x}=$(　　).

(A) -1　(B)0　(C) 1　(D) 2

7. 已知 $f(x)=x^3+ax^2+bx$ 在 $x=1$ 处有极值-12,则常数 a,b 的值为(　　).

(A) $a=10,b=23$　(B) $a=-10,b=-23$

(C) $a=-10,b=23$　(D) $a=10,b=-23$

8. 函数 $f(x)$在(a,b)内二阶可导,下列说法正确的是( ).

(A) 若 $f''(x)\neq 0,\forall x\in(a,b)$,则 $f(x)$在(a,b)内至少有一个驻点

(B) 若 $f''(x)\neq 0,\forall x\in(a,b)$,则 $f(x)$在(a,b)内至多有一个驻点

(C) 若 $f''(x)=0,\forall x\in(a,b)$,则 $f(x)$在(a,b)内至少有一个驻点

(D) 若 $f''(x)=0,\forall x\in(a,b)$,则 $f(x)$在(a,b)内至多有一个驻点

9. 极限 $\lim\limits_{x\to+\infty}x^{\frac{3}{2}}(\sqrt{x+2}-2\sqrt{x+1}+\sqrt{x})=$( ).

(A) $-\dfrac{1}{4}$　　(B) $\dfrac{1}{4}$　　(C) $-\dfrac{1}{2}$　　(D) $\dfrac{1}{2}$

10. 对于满足$\dfrac{1}{2}\leqslant x\leqslant 2$ 的任意 x,下列结论正确的是( ).

(A) $3\sqrt[3]{x}-x\leqslant 2$　　(B) $3\sqrt[3]{x}-x\geqslant 2$

(C) $3\sqrt[3]{x}-x\leqslant 1$　　(D) $3\sqrt[3]{x}-x\geqslant 3$

四、多项选择题(共 10 小题)

1. 关于极值点,下列说法正确的是( ).

(A) 若函数 $f(x)$在点 x_0 处可导,且 $f'(x_0)=0$,则 x_0 是极值点

(B) 若 x_0 是函数 $f(x)$的极值点,则经过点$(x_0,f(x_0))$的切线平行于 x 轴

(C) 不可导点也可能是极值点,但不可能是最值点

(D) 没有定义的点一定不可能是极值点

(E) 区间内部可导的极值点处的导数必为零

2. 下列函数在$[1,\mathrm{e}]$上满足拉格朗日中值定理的条件的是( ).

(A) $\ln(\ln x)$　　(B) $\ln x$　　(C) $\dfrac{1}{\ln x}$　　(D) $\ln(2-x)$　　(E) $\mathrm{e}^{2\ln x}$

3. 在以下各式中,极限存在,但不能用洛必达法则计算的是( ).

(A) $\lim\limits_{x\to 0}\dfrac{x^2}{\sin x}$　　(B) $\lim\limits_{x\to+\infty}\dfrac{\ln x}{x^2+2}$　　(C) $\lim\limits_{x\to\infty}\dfrac{x+\sin x}{x}$　　(D) $\lim\limits_{x\to+\infty}\dfrac{x^n}{\mathrm{e}^x}$

(E) $\lim\limits_{x\to+\infty}\dfrac{\ln\left(1+\dfrac{1}{x}\right)}{\arctan x}$

4. 函数 $f(x)=\dfrac{x^3}{2(1+x)^2}$ 的渐近线为( ).

(A) $f(x)$ 只有一条垂直渐近线 $x=-1$

(B) $f(x)$ 没有水平渐近线

(C) $f(x)$ 只有一条斜渐近线 $y=\dfrac{1}{2}x-1$

(D) $f(x)$ 有一条垂直渐近线 $x=-1$ 和一条斜渐近线 $y=\dfrac{1}{2}x-1$

(E) $f(x)$ 有一条垂直渐近线 $x=-1$,一条水平渐近线 $y=0$ 和一条斜渐近线 $y=\frac{1}{2}x-1$

5. 设函数 $f(x)$在闭区间$[0,\pi]$上连续,在开区间$(0,\pi)$内可导,且 $f(x)>0$, $\forall x\in[0,\pi]$,则下列结论正确的是(　　).

(A) 存在 $\xi\in(0,\pi)$,使得 $f'(\xi)=-f(\xi)\cot\xi$

(B) 存在 $\xi\in(0,\pi)$,使得 $f'(\xi)=-f(\xi)\cos\xi$

(C) 存在 $\eta\in(0,\pi)$,使得$\frac{\cos\eta\cdot f(\eta)-\sin\eta\cdot f'(\eta)}{[f(\eta)]^2}=0$

(D) 存在 $\eta\in(0,\pi)$,使得 $f'(\eta)=f(\eta)\cot\eta$

(E) 存在 $\eta\in(0,\pi)$,使得 $f'(\eta)=f(\eta)\sin\eta$

6. 已知 $f(x)$在$[a,b]$上可导,且方程 $f(x)=0$ 在(a,b)内有两个不同的根,那么 $f(x)$的导函数在(a,b)内(　　).

(A) 必有零点　　(B) 一定没有零点　　(C) 单调递增　　(D) 单调递减

(E) 单调性无法判断

7. 下列结论正确的是(　　).

(A) $y=e^x$在$(-\infty,+\infty)$上是上凹函数

(B) $y=e^{-x}$在$(-\infty,+\infty)$上是下凹函数

(C) $y=e^x$在$(-\infty,+\infty)$上是单调递增函数

(D) $y=e^{-x}$在$(-\infty,+\infty)$上是单调递减函数

(E) $y=e^x$和$y=e^{-x}$ 都没有渐近线

8. 下面函数中以(0,0)为极值点,但不是拐点的函数有(　　).

(A) $y=x^5$　　(B) $y=x^{\frac{2}{3}}$　　(C) $y=x^4$　　(D) $y=x^{\frac{4}{5}}$　　(E) $y=|\ln x|$

9. 关于函数 $y=\frac{x^3}{4-x^2}$,下列说法正确的是(　　).

(A) 函数只有两条垂直渐近线

(B)(0,0)是函数的拐点

(C) 函数在$(-2,2)$上是下凹函数

(D) 函数在$(-\infty,-2)$上是上凹函数,在$(2,+\infty)$上是下凹函数

(E) 函数有一个极大值点和一个极小值点

10. 已知某商品的需求函数为 $Q=e^{-\frac{P}{3}}$,则下列说法正确的是(　　).

(A) 当价格 $P=2$ 时,商品是低弹性需求商品,需要提价才能增加收益

(B) 当价格 $P=3$ 时,商品是低弹性需求商品,需要降价才能增加收益

(C) 当价格 $P=4$ 时,商品是高弹性需求商品,需要降价才能增加收益

(D) 当价格 $P=2$ 时,商品价格每提高 1%,需求量约降低约 0.67%

(E) 当价格 $P=5$ 时,商品价格每提高 1%,收益降低约 0.67%

五、计算与证明题(本题包含 4 小题)

1. 求极限 $\lim\limits_{x\to 1}\left(\dfrac{2\,022}{1-x^{2\,022}}-\dfrac{2\,020}{1-x^{2\,020}}\right)$.

2. 设函数 $f(x)$ 在$[0,+\infty)$上有二阶导数,且 $f''(x)<0$,$f(0)=0$. 证明:对任何正数 x_1,x_2 都有 $f(x_1+x_2)<f(x_1)+f(x_2)$成立.

3. 求函数 $f(x)=\dfrac{3x^3}{4(1+x)^2}$的渐近线.

4. 在区间$[-2,2]$上求函数 $f(x)=9e^x+e^{-x}$ 的最大值和最小值.

六、综合题(本题共 2 小题)

1. 某家具厂生产学生用桌椅,固定成本是 20 000 元,每生产一套桌椅成本增加 100 元,已知每套桌椅的价格与销售量之间的关系是 $P(Q)=\begin{cases}500-\dfrac{1}{2}Q, & 0\leqslant Q\leqslant 500\\ 250, & Q>500\end{cases}$,问:

(1) 销量是多少时厂家的利润最大?最大利润是多少?

(2) 在最大利润点时的价格是多少?需求价格弹性是多少?此时商家该如何决策才能继续增加收益?

2. 作函数 $y=\dfrac{3x}{(x-2)^2}$ 的图像.

自测试题(二)

一、判断题(共 10 道小题)

1. 若函数 $f(x)$的极值点处有切线,则切线必平行于 x 轴.(   )

2. 函数 $f(x)$的极值点处可能没有切线.(   )

3. 可导的极值点都是驻点,但驻点未必是极值点.(   )

4. 闭区间$[a,b]$上处处有切线的曲线上至少有一点的切线平行于端点的连线.(   )

5. 在闭区间$[a,b]$上连续,在开区间(a,b)内可导且导数为零的函数在$[a,b]$上必为常函数.(   )

6. 函数 $f(x)$在区间$[a,b]$上单调递增的充分必要条件是 $f'(x)\geqslant 0,\forall x\in[a,b]$.(   )

7. 若函数 $f(x)$在(a,b)内二阶可导,则 $f(x)$在(a,b)内下凹的充分必要条件是 $f''(x)\geqslant 0$.(   )

8. 二阶可导的拐点处的二阶导数可能不为零.(   )

9. 函数 $f(x)$在区间(a,b)内不一定有最大、最小值.(   )

10. 不可导点可能是拐点,但不可能是最值点.(   )

二、填空题(共 10 道小题)

1. 若函数 $f(x)$在区间$[a,b]$上连续可导,$f'(x)$在(a,b)内是常数 A,则 $f(x)=$________.

2. $\lim\limits_{x\to\frac{3}{2}\pi}\dfrac{x-\frac{3}{2}\pi}{\cos x}=$________.

3. $f(x)=xe^{-2x}$的极大值为________.

4. $f(x)=|\ln x|$ 有极________值点 $x=$________.

5. $f(x)=3x^{\frac{2}{3}}-2x$ 在区间$[-2,2]$上的最大值为________,最小值为________.

6. $f(x)=|\ln x|$的拐点为________.

7. $f(x)=\sqrt{x^2+2\,020}$ 的渐近线为________.

8. $f(x)=(x+5)e^{\frac{1}{x}}$的斜渐近线为________.

9. 曲线 $f(x)=e^x$ 与 $g(x)=ax^2+bx+c(a>0)$ 的交点最多为________个.

10. 若某商品的需求函数为 $Q=2\,022\left(\frac{1}{2}\right)^P$,则该商品在价格 $P=2$ 时的弹性为________.

三、单项选择题(共 10 道小题)

1. 方程 $\sin x+x\cos x=0$ 在$(0,\pi)$内( ).

(A) 一定没有根　　(B) 至少有一根

(C) 至多有一根　　(D) 无法确定

2. 在区间(0,1)内,方程 $x^5-5x+1=0$( ).

(A) 没有正实根　　(B) 至少有两个以上正实根

(C) 至多有一个正实根　　(D)有且仅有一个小于 1 的正实根

3. 某企业开发出一种新产品.已知生产销售 x 件产品所需成本 $C=25\,000+5x$(元).若每件产品售价为 $P=30\left(1-\dfrac{x}{6\,000}\right)$(单位:元),则企业获得最大利润时的价格为( ).

(A) 17 元　　(B)17.5 元　　(C) 18.5 元　　(D)19 元

4. 极限 $\lim\limits_{x\to0^+}x^2\ln x^2=$( ).

(A) -1　　(B)1　　(C) $-\dfrac{1}{2}$　　(D)0

5. 对任意的 $x>0$,下列结论正确的是( ).

(A) $e^x-x>1$　　(B) $e^x-x<1$　　(C) $e^x-x>3$　　(D)$e^x-x<0$

6. 函数 $f(x)=x^2e^{-x}$ 的最大值和最小值为( ).

(A) 没有最小值,最大值为 $4e^{-2}$

(B) 最小值为 0,最大值为 $4e^{-2}$

(C) 最小值为 0,没有最大值

(D) 既没有最小值,也没有最大值

7. $\lim\limits_{x\to 0}\dfrac{\ln(1+x)-(ax+bx^2)}{x^2}=2$,则 a,b 的值为(　　).

(A) $a=1,b=\dfrac{5}{2}$　　(B) $a=-1,b=-\dfrac{5}{2}$

(C) $a=-1,b=\dfrac{5}{2}$　　(D) $a=1,b=-\dfrac{5}{2}$

8. 关于函数 $f(x)=1-x+\dfrac{x^2}{2}-\cdots+(-1)^n\dfrac{x^n}{n}$,下列说法正确的是(　　).

(A) 当 n 为奇数时,$f(x)$有且仅有一个零点

(B) 当 n 为偶数时,$f(x)$有且仅有一个零点

(C) 当 n 为奇数时,$f(x)$至少有两个以上零点

(D) 当 n 为偶数时,$f(x)$至少有两个以上零点

9. 极限$\lim\limits_{x\to 0}[\cos(2x)+2x\sin x]^{\frac{1}{x^4}}=$(　　).

(A) $e^{\frac{1}{2}}$　　(B) $e^{\frac{1}{3}}$　　(C) $e^{\frac{1}{4}}$　　(D) $e^{-\frac{1}{3}}$

10. 设 $f'(x)$在$[0,1]$上连续,在$(0,1)$内可导,且 $f''(x)>0$,则有(　　).

(A) $f'(0)<f'(1)<f(1)-f(0)$

(B) $f'(1)<f'(0)<f(1)-f(0)$

(C) $f'(0)<f(1)-f(0)<f'(1)$

(D) $f(1)-f(0)<f'(0)<f'(1)$

四、多项选择题(共 10 道小题)

1. 已知函数 $y=f(x)$在闭区间$[a,b]$上连续,开区间(a,b)内可导,且 $\xi\in[a,b]$,则以下结论正确的是(　　).

(A) 若 ξ 是极值点,则 $f'(\xi)=0$

(B) 若 $f'(\xi)=0$,则 ξ 是极值点

(C) 若 ξ 是极值点,则 ξ 也可能是最值点

(D) 若 ξ 是最值点,则 ξ 一定是内部极值点

(E) 若 ξ 是驻点,则 ξ 一定是极值点

2. 下列函数在$(0,+\infty)$内是下凹函数的是(　　).

(A) $\ln x$　　(B) $\ln\dfrac{1}{x}$　　(C) x^3　　(D) $x^{\frac{1}{3}}$　　(E) $x^{\frac{2}{3}}$　　(F) $x^{\frac{5}{3}}$

3. 下列说法中正确的是(　　).

(A) 在区间 I 上 $f(x)=C,\forall x\in I$,则 $f'(x)=0,\forall x\in I$

(B) 若 $f(x)$在区间 I 上可导,且 $f'(x)=0,\forall x\in I$,则 $f(x)=C,x\in I$,其中 C 为常数

(C) 若 $f'(x)=g'(x),x\in I$,则 $f(x)=g(x)+C,x\in I$(C 为常数)

(D) 若 $f(x)$在$[a,b]$上满足拉格朗日中值定理的条件，且$|f'(x)|\leqslant M, x\in(a,b)$，则 $f(b)-f(a)\leqslant M(a-b)$

(E) $\arcsin x+\arccos x=\frac{\pi}{2}, x\in[-1,1]$

(F) $\arctan\frac{1}{1-x}+\arctan(1-x)=\frac{\pi}{2}, x<1$

(G) $\arctan\frac{1}{1+x}+\arctan(1+x)=\frac{\pi}{2}, x>-1$

4. 对任意的 $0<a<b$，下列结论正确的是(　　).

(A) 存在 $\xi\in(a,b)$，使得 $ae^b-be^a=(1+\xi)e^\xi(a-b)$

(B) 存在 $\xi\in(a,b)$，使得 $ae^b-be^a=(1+\xi)e^\xi(b-a)$

(C) 存在 $\xi\in(a,b)$，使得 $ae^b-be^a=(1-\xi)e^\xi(a-b)$

(D) 存在 $\xi\in(a,b)$，使得$\frac{e^b}{b}-\frac{e^a}{a}=(1-\xi)e^\xi\left(\frac{1}{b}-\frac{1}{a}\right)$

(E) 以上结论都不正确

5. 对于任意的 $x>0, y>0, x\neq y$，下列结论正确的是(　　).

(A) $x\ln x+y\ln y>(x+y)\ln\frac{x+y}{2}$

(B) $x\ln x+y\ln y<(x+y)\ln\frac{x+y}{2}$

(C) $x\ln x+y\ln y>(x+y)\ln(x+y)$

(D) $x\ln x+y\ln y>(x+y)\ln(x+y)-(x+y)\ln 3$

(E) $x\ln x-y\ln y>(x-y)\ln(x+y)$

6. 函数 $f(x)=x\left(1-\frac{\sqrt{2}\sin x}{x}\right)-a$ 在区间$\left(0,\frac{\pi}{2}\right)$内的零点个数为(　　).

(A) 当$a<\frac{\pi}{4}-1$ 时，函数 $f(x)$在区间$\left(0,\frac{\pi}{2}\right)$ 内没有零点

(B) 当$a<\frac{\pi}{4}-1$ 时，函数 $f(x)$在区间$\left(0,\frac{\pi}{2}\right)$ 内有唯一的零点

(C) 当$a>\frac{\pi}{2}-\sqrt{2}$ 时，函数 $f(x)$在区间$\left(0,\frac{\pi}{2}\right)$ 内没有零点

(D) 当$a\geqslant\frac{\pi}{2}-\sqrt{2}$ 时，函数 $f(x)$在区间$\left(0,\frac{\pi}{2}\right)$ 内有两个零点

(E) 当$0\leqslant a<\frac{\pi}{2}-\sqrt{2}$ 时，函数 $f(x)$在区间$\left(0,\frac{\pi}{2}\right)$ 内有唯一的零点

(F) 当$\frac{\pi}{4}-1<a<0$ 时，函数 $f(x)$在区间$\left(0,\frac{\pi}{2}\right)$ 内有且仅有两个零点

7. 关于函数 $y=1-e^{-x^2}$，下列说法正确的是(　　).

(A) 函数的定义域为$(-\infty,+\infty)$

(B) 函数有一条水平渐近线 $y=0$

(C) 函数在$(-\infty,0)$上是递增函数

(D) 函数在区间$\left[-\frac{\sqrt{2}}{2},\frac{\sqrt{2}}{2}\right]$上是上凹函数

(E) 0 是函数的极小值点,且极小值为 0

(F) 点$\left(-\frac{\sqrt{2}}{2},1-e^{-\frac{1}{2}}\right)$和$\left(\frac{\sqrt{2}}{2},1-e^{-\frac{1}{2}}\right)$是函数的拐点

8. 关于弹性,下列说法正确的是(　　).

(A) 当需求价格弹性的绝对值为 1 时,提高价格增加收益

(B) 当需求价格弹性的绝对值大于 1 时,提高价格增加收益

(C) 当需求价格弹性的绝对值大于 1 时,提高价格降低收益

(D) 当需求价格弹性的绝对值小于 1 时,提高价格增加收益

(E) 当需求价格弹性的绝对值小于 1 时,提高价格降低收益

9. 若函数 $f(x)$在$[a,b]$上连续,在(a,b)内可导,且 $f'(x)>0$,二阶导数 $f''(x)<0$,则函数 $f(x)$在此区间内(　　).

(A) 单调减少,曲线是下凹的

(B) 单调减少,曲线是上凹的

(C) 单调增加,曲线是下凹的

(D) 单调增加,曲线是上凹的

(E) $f(b)>f(a)$

(F) $f'(b)>f'(a)$

10. 设函数 $f(x)$二阶可导且二阶导函数连续,已知 $f'(0)=0,\lim\limits_{x\to 0}\frac{f''(x)}{|\sin x|}>0$,则下列结论正确的是(　　).

(A) $f(0)$ 可能是 $f(x)$的极大值

(B) $f(0)$可能是 $f(x)$的极小值

(C) $f(0)$ 一定是 $f(x)$的最大值

(D) $(0,f(0))$ 可能是 $f(x)$的拐点

(E) 0 一定是驻点

五、计算题与证明题(共 4 道小题)

1. 计算极限 $\lim\limits_{x\to 0}\left(\frac{1}{\tan x}-\frac{1}{x}\right)$.

2. 当 $0<\alpha<\beta<\frac{\pi}{2}$时,证明不等式 $\alpha\tan\beta>\beta\tan\alpha$.

3. 试求函数 $y=x^3-x^2-x+13$ 的单调区间、极值点、上下凹区间,以及拐点。

4. 制作一个体积为 12 立方米的圆柱形容器,已知其上下底面积的材料价格为每立方米 6 元,侧面积的材料价格为每立方米 9 元,问底面半径为多少时造价最便宜?

六、综合题(共两道小题)

1. 设函数 $f(x)$ 在闭区间 $\left[0,\frac{\pi}{4}\right]$ 上连续,在开区间 $\left(0,\frac{\pi}{4}\right)$ 内可导,且 $f\left(\frac{\pi}{4}\right)=0$. 证明:存在 $\xi\in\left(0,\frac{\pi}{4}\right)$,使得 $2f(\xi)+f'(\xi)\sin2\xi=0$.

2. 试作函数 $y=2+\frac{18x}{(x+2)^2}$ 的图像.

第五章 不定积分

模块一 本章框架图

本章主要讨论原函数的求解问题，即不定积分. 主要包括：不定积分的基本概念、基本性质、不定积分的基本积分公式以及不定积分的求解方法(换元法和分部积分法).

具体内容框架图如下：

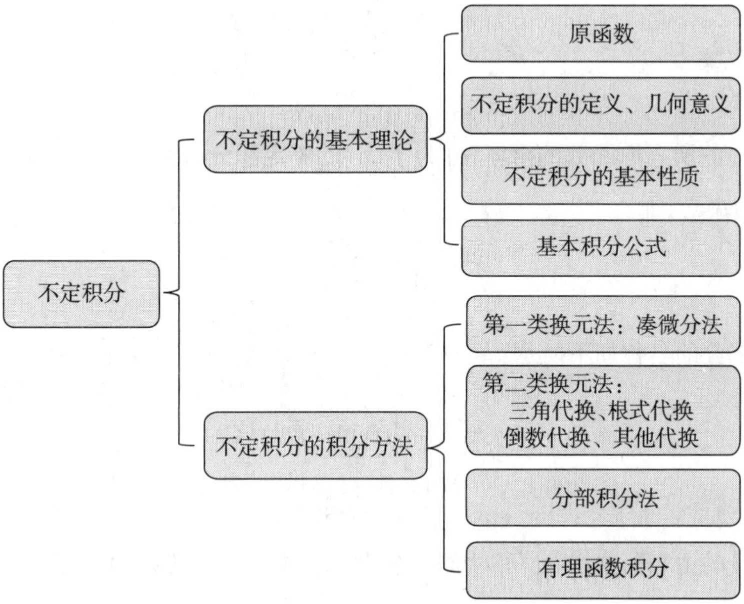

模块二 知识点梳理

一、基本概念与性质

1. 原函数

设 $f(x)$是定义在某区间上的已知函数，如果存在一个函数 $F(x)$，对于该区间上的每一点都满足 $F'(x)=f(x)$，或者 $\mathrm{d}F(x)=f(x)$，则称函数 $F(x)$是 $f(x)$在该区间上的一个**原函数**.

注意:如果一个函数存在原函数,则原函数不是唯一的. 例如,根据原函数的定义可知 $\sin x$ 是 $\cos x$ 的原函数,x^3 是 $3x^2$ 的原函数,但是 $\cos x$ 的原函数不仅仅只有 $\sin x$,$\sin x+C$ $(C\in\mathbf{R})$ 也都是 $\cos x$ 的原函数,同理 $x^3+C(C\in\mathbf{R})$都是 $3x^2$ 的原函数.

2. 原函数定理

若函数 $F(x)$是 $f(x)$在区间 I 上的一个原函数,则集合$\{F(x)+C\mid C\in\mathbf{R}\}$是 $f(x)$的原函数的全体构成的集合,其中 $F(x)+C$ 称为 $f(x)$的原函数的一般表达式.

本定理包含以下两点:

(1) $F(x)+C$ 都是 $f(x)$的原函数;

(2) $f(x)$的任意原函数都可以写成 $F(x)+C$ 的形式.

注意:由本定理可知,若函数 $F(x)$是 $f(x)$的一个原函数,则 $f(x)$的所有原函数可写成 $F(x)+C$ 的形式,因此,$f(x)$的原函数有无穷多个. 我们将 $f(x)$的原函数的全体 $F(x)+C$ $(C\in\mathbf{R})$称为 $f(x)$的不定积分.

3. 不定积分

函数 $f(x)$的所有原函数的全体,称为 $f(x)$的**不定积分**,记作$\int f(x)\mathrm{d}x$,如果 $F(x)$是 $f(x)$的一个原函数,那么

$$\int f(x)\mathrm{d}x=F(x)+C.$$

其中,上式各部分的名称如下所示:

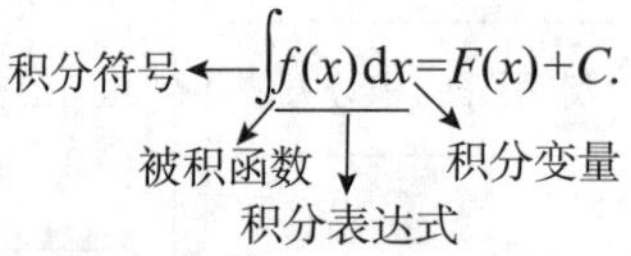

【积分符号的由来】:这里"$\int$"称为积分符号,最早是由德国数学家莱布尼茨在 1675 年 10 月 29 日的一份手稿中首先引用的. 因为在历史上定积分是先于不定积分出现的,而定积分表示的是一个无限求和的过程,为此他将求和一词"sum"的首字母 s 拉长,便得到了积分符号. 同年 11 月 11 日,他又引进微分符号 $\mathrm{d}x$. 1686 年,在莱布尼茨发表的第一篇关于积分学的论文中他用$\int f(x)$表示积分符号,后来后人修改为$\int f(x)\mathrm{d}x$. 这里$\int f(x)\mathrm{d}x$ 是一个整体符号.

注意:由于并不是所有函数都存在原函数,所以我们将原函数不存在的函数称为不可积函数. 但是也存在一些函数,它们的原函数虽然存在,却无法用初等函数表示出来,即通常所说的"积不出来",例如$\int\frac{\sin x}{x}\mathrm{d}x$,$\int\frac{1}{\ln x}\mathrm{d}x$,$\int \mathrm{e}^{x^2}\mathrm{d}x$ 等.

4. 积分曲线

不定积分是求导的逆运算，且每一个确定的常数 C 都对应 $f(x)$ 的一个原函数. 几何上这个原函数对应着一条曲线，称为 $f(x)$ 的**积分曲线**，而 $F(x)+C$ 中的每一条曲线都可以由 $F(x)$ 沿着 y 轴上下平移而得到.

5. 不定积分的几何意义

不定积分 $\int f(x)\mathrm{d}x=F(x)+C$ 表示积分曲线族.

注意：由于 $[F(x)+C]'=f(x)$，所以 $f(x)$ 的原函数的全体对应的积分曲线族在相同的横坐标 x 处导数相同，即经过该点的切线的斜率相同，都等于 $f(x)$，从而 $F(x)+C$ 在相同的横坐标 x 处的切线平行(如图 5.1 所示).

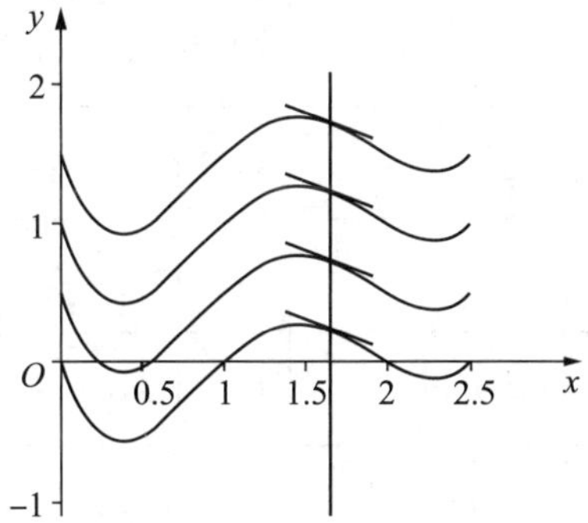

图 5.1

6. 不定积分的基本性质.

(1) 不定积分与求导数或者微分是**互逆运算**.

(A) $\left[\int f(x)\mathrm{d}x\right]'=f(x)$ 或者 $\mathrm{d}\left(\int f(x)\mathrm{d}x\right)=f(x)\mathrm{d}x$.

(B) $\int F'(x)\mathrm{d}x=F(x)+C$ 或者 $\int \mathrm{d}F(x)=F(x)+C$.

注意：上述等式需要关注最终的运算形式，如果最终是求导或者求微分运算，则结果为 $f(x)$ 或者 $f(x)\mathrm{d}x$；如果最终是不定积分的运算，则结果为 $F(x)+C$.

(2) 线性运算性质.

(A) $\int kf(x)\mathrm{d}x=k\int f(x)\mathrm{d}x\,(k\neq 0)$.

(B) $\int [f(x)\pm g(x)]\mathrm{d}x=\int f(x)\mathrm{d}x\pm\int g(x)\mathrm{d}x$.

注意：(A) 式中 k 不能为零，如果 $k=0$，那么等式左边为 $\int kf(x)\mathrm{d}x=\int 0\mathrm{d}x=C$，而等式 $k\int f(x)\mathrm{d}x=0$，因此，(A) 式中要求 $k\neq 0$；此外，线性运算性质中等式成立的充分必要条件是 $f(x)$ 与 $g(x)$ 都可积.

7. 积分公式表

由于不定积分是求导(或求微分)的逆运算,因此根据基本求导公式,可得常见的基本积分公式,在此,我们给出基本积分公式以及在不定积分求解中常作为公式使用的不定积分结果,形成如下的积分公式表(见表5.1).

表5.1 积分公式表

(1) $\int 0\mathrm{d}x=C$	(2) $\int x^{\mu}\mathrm{d}x=\frac{x^{\mu+1}}{\mu+1}+C(\mu\neq-1)$
(3) $\int\frac{1}{x}\mathrm{d}x=\ln\lvert x\rvert+C$	(4) $\int a^x\mathrm{d}x=\frac{a^x}{\ln a}+C(a>0,a\neq1)$
(5) $\int \mathrm{e}^x\mathrm{d}x=\mathrm{e}^x+C$	(6) $\int\sin x\mathrm{d}x=-\cos x+C$
(7) $\int\cos x\mathrm{d}x=\sin x+C$	(8) $\int\sec x\tan x\mathrm{d}x=\sec x+C$
(9) $\int\csc x\cot x\mathrm{d}x=-\csc x+C$	(10) $\int\sec^2x\mathrm{d}x=\tan x+C$
(11) $\int\csc^2x\mathrm{d}x=-\cot x+C$	(12) $\int\frac{1}{\sqrt{1-x^2}}\mathrm{d}x=\arcsin x+C=-\arccos x+C$
(13) $\int\frac{1}{1+x^2}\mathrm{d}x=\arctan x+C=-\mathrm{arccot}\,x+C$	(14) $\int\tan x\mathrm{d}x=-\ln\lvert\cos x\rvert+C=\ln\lvert\sec x\rvert+C$
(15) $\int\cot x\mathrm{d}x=\ln\lvert\sin x\rvert+c=-\ln\lvert\csc x\rvert+C$	(16) $\int\sec x\mathrm{d}x=\ln\lvert\sec x+\tan x\rvert+C$
(17) $\int\csc x\mathrm{d}x=\ln\lvert\csc x-\cot x\rvert+C$	(18) $\int\frac{1}{\sqrt{a^2-x^2}}\mathrm{d}x=\arcsin\frac{x}{a}+C$
(19) $\int\frac{1}{x^2-a^2}\mathrm{d}x=\frac{1}{2a}\ln\left\lvert\frac{x-a}{x+a}\right\rvert+C$	(20) $\int\frac{1}{a^2-x^2}\mathrm{d}x=\frac{1}{2a}\ln\left\lvert\frac{x+a}{x-a}\right\rvert+C$
(21) $\int\frac{1}{x^2+a^2}\mathrm{d}x=\frac{1}{a}\arctan\frac{x}{a}+C$	

二、积分方法

1. 第一类换元法——凑微分法

设 $u=\varphi(x)$ 可导,如果

$$\int f[\varphi(x)]\varphi'(x)\mathrm{d}x$$

存在,并且表达式中 $f(u)$ 具有原函数 $F(u)$,即 $\int f(u)\mathrm{d}u=F(u)+C$,那么

$$\int f[\varphi(x)]\varphi'(x)\mathrm{d}x=\int f(u)\mathrm{d}u=F[\varphi(x)]+C.$$

分析 积分表达式中 $f[\varphi(x)]$ 的中间变量是 $\varphi(x)$,而 d 后面的积分变量是 x,二者不一致,故不能直接用积分公式表求解,为此需要将 d 后面的 x 凑成 $\varphi(x)$,使得 d 后面的积分

变量与被积函数 $f[\varphi(x)]$的中间变量一致,进而使用积分公式表进行计算.这时如果被积表达式中含有 $\varphi'(x)$,则将其直接移到 d 的后面凑成 $d\varphi(x)$,即

$$\int f[\varphi(x)]\varphi'(x)dx=\int f[\varphi(x)]d\varphi(x),$$

将 $\varphi(x)$看成一个变量 u,便可以直接寻找函数 $f(\cdot)$的原函数,从而得到结果.

例如,积分 $\int 2\sin(2x)dx$ 中被积函数 $\sin(2x)$的中间变量是 $2x$,需要将 d 后面的 x 凑成 $2x$,而被积表达式中恰好有 2,故可将 2 直接移到 d 的后面凑成 $2x$,即

$$\int 2\sin(2x)dx=\int \sin(2x)d(2x),$$

此时 d 后面的积分变量与被积函数的中间变量一致,可以直接使用积分公式表进行积分,故

$$\int 2\sin(2x)dx=\int \sin(2x)d(2x)=-\cos(2x)+C.$$

若被积表达式中没有 $\varphi'(x)$,需要想办法凑出 $\varphi'(x)$,再将其移到 d 的后面凑成 $d\varphi(x)$.

例如,积分 $\int \sin(2x+1)dx$ 中被积函数 $\sin(2x+1)$的中间变量是 $2x+1$,需要将 d 后面的 x 凑成 $2x+1$,由于$(2x+1)'=2$,故可在被积表达式中乘以 2 再除以 2,将乘的 2 直接拿到 d 的后面凑成 $2x$,由于常数的导数为零,故可在 d 的后面任意加减常数,即 $d(2x)=d(2x+1)$,因此

$$\int \sin(2x+1)dx=\frac{1}{2}\int 2\sin(2x+1)dx=\frac{1}{2}\int \sin(2x+1)d(2x)=\frac{1}{2}\int \sin(2x+1)d(2x+1).$$

此时 d 后面的积分变量与被积函数的自变量一致,可以直接使用积分公式表进行积分,故

$$\int \sin(2x+1)dx=\frac{1}{2}\int \sin(2x+1)d(2x+1)=-\frac{1}{2}\cos(2x+1)+C.$$

注意:(1) 凑微分法可以看成复合函数求导的逆运算;
(2) 使用"凑微分"法的关键是:将被积函数中的一部分与 dx 结合,凑成 $d\varphi(x)$,而被积函数中剩余部分是 $\varphi(x)$的函数 $f[\varphi(x)]$,这样可以直接利用积分公式表,对不定积分进行求解.

2. 第二类换元法

设 $f(x)$为连续函数,$x=\psi(t)$具有连续导数,且 $x=\psi(t)$存在连续反函数 $t=\psi^{-1}(x)$,如果 $\int f[\psi(t)]\psi'(t)dt=F(t)+C$,则

$$\int f(x)dx=F[\psi^{-1}(x)]+C.$$

第二类换元积分法的思路是:先将 x 代换为 $\psi(t)$,得到 $\int f[\psi(t)]\psi'(t)dt=F(t)+C$,

再反换元,将 t 代换为 $\psi^{-1}(x)$,从而解得 $\int f(x)\mathrm{d}x=F[\psi^{-1}(x)]+C$. 在代换过程中,为保证 $\psi^{-1}(x)$存在,通常取 $x=\psi(t)$为单调函数.

第二类换元法的常见类型有以下几种:

(1) 三角换元.

当被积函数中含有$\sqrt{a^2\pm x^2}$,$\sqrt{x^2-a^2}$ $(a>0)$ 时,一般采取三角代换,用新的变量 t 的三角函数代替原积分变量 x,从而达到去掉根号的目的,具体而言:

(A) 当被积函数中含有$\sqrt{a^2-x^2}$时,可令 $x=a\sin t\left(|t|<\frac{\pi}{2}\right)$或 $x=a\cos t\,(0<t<\pi)$;

(B) 当被积函数中含有$\sqrt{a^2+x^2}$时,可令 $x=a\tan t\left(|t|<\frac{\pi}{2}\right)$或 $x=a\cot t\,(0<t<\pi)$;

(C) 当被积函数中含有$\sqrt{x^2-a^2}$ 时,可令 $x=a\sec t\left(t\in\left(0,\frac{\pi}{2}\right)\cup\left(\pi,\frac{3\pi}{2}\right)\right)$或 $x=a\csc t$ $\left(0<t<\frac{\pi}{2}\right)$.

(2) 根式换元.

令被积函数中的根式为单一变量 t,目的是去掉根式,以便寻找原函数.

例如,当被积函数中含有一个$\sqrt{ax+b}$或者$\sqrt[3]{ax+b}$ 时,令 $ax+b=t^2$ 或者 $ax+b=t^3$ 以去掉根号;当被积函数中同时含有$\sqrt{ax+b}$和$\sqrt[3]{ax+b}$时,令 $ax+b=t^6$,即取两个根指数的最小公倍数,目的是去掉根号;当被积函数中含有$\sqrt{\frac{ax-b}{cx-d}}$时,令$\frac{ax-b}{cx-d}=t^2$;当被积函数中含有$\frac{1}{\sqrt{(ax-b)(cx-d)}}$时,先将分母化为$\frac{1}{(cx-d)\sqrt{\frac{ax-b}{cx-d}}}$ $(cx-d>0)$,再令$\frac{ax-b}{cx-d}=t^2$等.

(3) 倒数换元.

令 $x=\frac{1}{t}$,从而 $\mathrm{d}x=-\frac{1}{t^2}\mathrm{d}t$,取倒数换元适用于被积函数为分式形式,且分式中分母的变量幂次远高于分子的变量幂次的情况,通过取倒数换元,可以"中和"分子和分母的变量幂次.

例如,$\int\frac{x}{x^8-1}\mathrm{d}x$,$\int\frac{1}{x(x^8-1)}\mathrm{d}x$ 使用倒数换元可以非常容易求得原函数.

3. 分部积分法

设 $u(x)$,$v(x)$有连续的导数,则根据乘积的微分公式:

$$\mathrm{d}(uv)=u\mathrm{d}v+v\mathrm{d}u,$$

得到

$$u\mathrm{d}v=\mathrm{d}(uv)-v\mathrm{d}u,$$

两边积分得到分部积分公式：

$$\int u\mathrm{d}v=\int \mathrm{d}(uv)-\int v\mathrm{d}u=uv-\int v\mathrm{d}u$$

或者

$$\int uv'\mathrm{d}x=uv-\int vu'\mathrm{d}x$$

注意：(1) 分部积分法为两个函数乘积求导的逆运算.

(2) 分部积分公式能够应用的前提是积分 $\int v\mathrm{d}u$ 要比 $\int u\mathrm{d}v$ 容易求，否则，积分将变得更加困难.

从积分公式可以看出，该公式一般应用于两类函数相乘，如幂函数乘以指数函数、幂函数乘以三角函数、三角函数乘以指数函数等. 在应用分部积分公式时要适当地选取 u，v. 若 u 和 v 选取不当，可能会使得积分更加困难. 选取 u，v 的具体方法如下：

第一种情形：若被积函数是幂函数(如 x^2)乘以指数函数(如 e^x)，则一般选取幂函数为 u，指数函数为 v，这样在后面的积分中幂函数会不断降幂(假定幂指数是正整数)，从而简化积分运算.

第二种情形：若被积函数是幂函数(如 x^2)和正(余)弦函数(如 $\sin x$，$\cos x$)的乘积，则考虑设幂函数为 u ，正余弦三角函数为 v，目的是在后面的积分中使幂函数降幂(假定幂指数是正整数).

第三种情形：若被积函数是幂函数(如 x^2)和对数函数或反三角函数(如 $\ln x$，$\arcsin x$)的乘积，就考虑设对数函数(反三角函数)为 u，目的是在后面的积分中对数函数或者反三角函数求导后会变为幂函数表达式.

第四种情形：若被积函数是指数函数(如 e^x)与其他函数的乘积，则可能多次用到分部积分，每一次都要把指数函数看作 v，把其他函数设为 u.

第五种情形：若被积函数是单个不易积分的函数，则直接将此函数看作 u，将微分符号 d 后面的积分变量 x 直接看作 v.

4. 有理函数的不定积分

有理函数：我们将形如两个多项式的商 $\dfrac{P(x)}{Q(x)}=\dfrac{a_nx^n+a_{n-1}x^{n-1}+\cdots+a_1x+a_0}{b_mx^m+b_{m-1}x^{m-1}+\cdots+b_1x+b_0}$ 的函数叫作有理函数.

真分式：分子幂次小于分母幂次，且分子、分母没有公因式的有理函数被称为真分式.

假分式：分子幂次高于分母幂次的有理函数被称为假分式.

一般假分式可以转化为多项式和真分式的和，为此，我们希望将真分式转化为几个简单的可积分式的和的形式.

注意：有理函数的原函数都是初等函数，故都可以求出积分.

将有理函数(真分式)化为几个可积分式的和的方法：

(A) 若分母中含有因式$(x-a)^k$，则分解为

$$\frac{A_1}{x-a}+\frac{A_2}{(x-a)^2}+\cdots+\frac{A_k}{(x-a)^k},$$

其中$A_1,\cdots,A_k$都是常数.

(B) 若分母中含有因式$(x^2+px+q)^k$，$p^2-4q<0$，则分解为

$$\frac{A_1x+B_1}{x^2+px+q}+\frac{A_2x+B_2}{(x^2+px+q)^2}+\cdots+\frac{A_kx+B_k}{(x^2+px+q)^k},$$

其中$A_1,\cdots,A_k,B_1,\cdots,B_k$都是常数.

5. 万能代换法

对于$\sin x,\cos x,\tan x,\cot x,\sec x,\csc x$及其有理运算作为被积函数的不定积分，可以通过万能公式$t=\tan\frac{x}{2}$将其化成t的有理函数的不定积分.

令$t=\tan\frac{x}{2}$，则$x=2\arctan t$，$\mathrm{d}x=\frac{2}{1+t^2}\mathrm{d}t$，且

$$\sin x=\frac{\sin x}{1}=\frac{2\sin\frac{x}{2}\cos\frac{x}{2}}{\sin^2\frac{x}{2}+\cos^2\frac{x}{2}}=\frac{2\tan\frac{x}{2}}{1+\tan^2\frac{x}{2}}=\frac{2t}{1+t^2},$$

$$\cos x=\frac{\cos x}{1}=\frac{\cos^2\frac{x}{2}-\sin^2\frac{x}{2}}{\sin^2\frac{x}{2}+\cos^2\frac{x}{2}}=\frac{1-\tan^2\frac{x}{2}}{1+\tan^2\frac{x}{2}}=\frac{1-t^2}{1+t^2},$$

$$\tan x=\frac{\sin x}{\cos x}=\frac{2t}{1-t^2}.$$

模块三 重难点及易错知识点问答

本章重点

1. 不定积分的定义和几何意义；
2. 不定积分的性质；
3. 不定积分的基本公式；
4. 不定积分的积分方法.

本章难点

1. 复杂积分的计算；
2. 含有“不易积分”函数的积分问题.

易错知识点问答

问题1 所有函数都有原函数吗？都可以求不定积分吗？

答 不是所有函数都有原函数，比如狄利克雷函数就没有原函数，自然无法求不定积分.

问题2 什么样的函数一定有原函数？原函数唯一吗？

答 在某个区间上连续的函数一定有原函数；但是，原函数不唯一，同一个被积函数的原函数之间相差任意常数 C，因此，原函数有无穷多个.

问题3 初等函数都有原函数吗？都可以“积出来”吗？

答 初等函数由于在其定义域上都连续，故都有原函数，但不是所有初等函数都可以求出不定积分，例如$\frac{\sin x}{x}$，$\frac{1}{\ln x}$，e^{x^2} 等虽然都是初等函数，但是无法用初等函数表示它们的原函数，故无法求出积分.

模块四 典型题解析

一、不定积分的几何意义

例1 求经过点(1,2)，且其切线的斜率为 $2x^3$ 的曲线方程.

解 因为切线的斜率为函数的导数，故本题是求导数为 $2x^3$ 且经过点(1,2)的函数. 已知导数求原函数用不定积分，故设函数为 $f(x)$，则

$$f(x)=\int 2x^3\mathrm{d}x=\frac{1}{2}x^4+C,$$

代入点(1,2)确定常数 C，得 $2=\frac{1}{2}\times 1^4+C$，$C=\frac{3}{2}$.

故 $f(x)=\frac{1}{2}x^4+\frac{3}{2}$ 即为所求曲线.

例2 已知函数 $y=x^2+a$(a 为常数) 在某一点处的切线方程为 $y=2(x-1)-2$，求将函数 $y=x^2+a$ 沿着 y 轴向下平移 9 个单位所得函数的原函数.

解 因为 $y=x^2+a$，所以 $y'=2x$，即曲线 $y=x^2+a$ 上任一点的切线斜率为 $2x$.

将切线方程 $y=2(x-1)-2$，整理为 $y-(-2)=2(x-1)$，显然斜率 $k=2$，切点为$(1,-2)$，故将$(1,-2)$代入 $y=x^2+a$，得 $a=-3$，所以函数 $y=x^2-3$.

现在将 $y=x^2-3$ 沿着 y 轴向下平移 9 个单位，得到的曲线方程为 $y=x^2-12$，故平移后的函数的原函数为 $\int(x^2-12)\mathrm{d}x=\frac{1}{3}x^3-12x+C$.

分析 例 1 和例 2 是利用不定积分的几何意义求相关题目. 在求解原函数时，有时需要根据题目信息确定相应的常数.

二、不定积分的计算

1 第一类换元方法——凑微分法

例 3 计算不定积分 $\int x e^{2x^2+1} dx$.

解 本题被积函数 e^{2x^2+1} 的中间变量是 $2x^2+1$，需要将 d 后面的 x 凑成 $2x^2+1$. 因为 $(2x^2+1)'=4x$，而被积表达式中恰好有一个 x，故只需将被积表达式中的 x 乘以 4 再除以 4 即可，先将 $4x$ 移到 d 的后面凑成 $2x^2$，再在 $2x^2$ 的后面直接加上 1 便可用积分公式表进行计算了.

$$\begin{aligned}\int x e^{2x^2+1} dx &= \frac{1}{4}\int 4x e^{2x^2+1} dx \\ &= \frac{1}{4}\int e^{2x^2+1} d(2x^2) \\ &= \frac{1}{4}\int e^{2x^2+1} d(2x^2+1) \\ &= \frac{1}{4} e^{2x^2+1} + C.\end{aligned}$$

例 4 计算不定积分 $\int (ax+b)^n dx\,(a,b\neq 0, n\in \mathbf{N}^+)$.

解 本题可以用凑微分方法，只需将 d 后面的积分变量 x 凑成 $ax+b$，就可以用幂函数的积分公式进行计算.

$$\begin{aligned}\int (ax+b)^n dx &= \frac{1}{a}\int (ax+b)^n d(ax) \\ &= \frac{1}{a}\int (ax+b)^n d(ax+b) \\ &= \frac{1}{a(n+1)}(ax+b)^{n+1} + C.\end{aligned}$$

分析 在凑微分时，由于常数的导数为零，从而微分符号“d”的后面可以任意加减常量.

例 5 计算不定积分 $\int \frac{1}{x(a\ln x+b)} dx$.

解 本题中需要将被积表达式中的 $\frac{1}{x}$ 与 dx 结合，凑成微分 $d\ln x$，再继续凑微分得 $d(a\ln x+b)$ 即可.

$$\begin{aligned}\int \frac{1}{x(a\ln x+b)} dx &= \int \frac{1}{a\ln x+b} d(\ln x) \\ &= \frac{1}{a}\int \frac{1}{a\ln x+b} d(a\ln x)\end{aligned}$$

$$=\frac{1}{a}\int\frac{1}{a\ln x+b}\mathrm{d}(a\ln x+b)$$

$$=\frac{1}{a}\ln|a\ln x+b|+C.$$

分析 在凑微分时，由于常数的导数为零，从而微分符号“d”的后面可以任意加减常量（如例 3）. 此外，对于系数，也可以通过乘以系数的倒数形式来凑微分（如例 4 和例 5）.

例 6 计算下列不定积分：

(1) $\int\cos^5 x\,\mathrm{d}x$； (2) $\int\sin^5 x\,\mathrm{d}x$.

解 (1) 本题的被积函数是幂函数，其中间变量是 $\cos x$，故需要将 d 的后面凑成三角函数形式. 为此把被积函数$\cos^5 x$ 拆成$\cos^4 x\cos x$，再将 $\cos x$ 与 $\mathrm{d}x$ 结合形成 $\mathrm{d}\sin x$，即

$$\int\cos^4 x\cos x\,\mathrm{d}x=\int\cos^4 x\,\mathrm{d}\sin x.$$

接下来将被积表达式中的$\cos^4 x$ 都变成正弦函数 $\sin x$ 的表达式，然后用幂函数的积分公式进行计算：

$$\begin{aligned}\int\cos^4 x\cos x\,\mathrm{d}x&=\int\cos^4 x\,\mathrm{d}\sin x\\&=\int(1-\sin^2 x)^2\,\mathrm{d}\sin x\\&=\int(1-2\sin^2 x+\sin^4 x)\,\mathrm{d}\sin x\\&=\sin x-\frac{2}{3}\sin^3 x+\frac{1}{5}\sin^5 x+C.\end{aligned}$$

(2) $$\begin{aligned}\int\sin^5 x\,\mathrm{d}x&=-\int\sin^4 x\,\mathrm{d}\cos x=-\int(1-\cos^2 x)^2\,\mathrm{d}\cos x\\&=-\int(1-2\cos^2 x+\cos^4 x)\,\mathrm{d}\cos x\\&=-\cos x+\frac{2}{3}\cos^3 x-\frac{1}{5}\cos^5 x+C.\end{aligned}$$

分析 由本题可以看出，当被积函数是正弦函数或者余弦函数的奇次方时，可以拆出一个一次的三角函数，将其与 $\mathrm{d}x$ 结合凑微分，形成新的积分变量，被积函数中剩余部分都转化成新积分变量的表达式即可. 此外，在本题计算中需要注意，不定积分 $\int 1\cdot\mathrm{d}\sin x$ 的一个原函数不是 x，而是 $\sin x$，因为此时的积分变量为 $\sin x$，当然也可以根据不定积分与微分是互逆运算来得到结果，同理不定积分 $\int 1\cdot\mathrm{d}\cos x$ 的一个原函数不是 x，而是 $\cos x$.

例 7 计算下列不定积分：

(1) $\int\cos^2 x\,\mathrm{d}x$； (2) $\int\sin^2 x\,\mathrm{d}x$；

(3) $\int\cos^4 x\mathrm{d}x$； (4) $\int\sin^4 x\mathrm{d}x$.

解 (1) 由于被积函数是三角函数的偶次幂，需要对被积函数进行降幂处理，

$$\begin{aligned}\int\cos^2 x\mathrm{d}x&=\int\frac{1+\cos2x}{2}\mathrm{d}x=\int\left(\frac{1}{2}+\frac{\cos2x}{2}\right)\mathrm{d}x\\&=\int\frac{1}{2}\mathrm{d}x+\int\frac{\cos2x}{4}\mathrm{d}2x\\&=\frac{1}{2}x+\frac{1}{4}\sin2x+C.\end{aligned}$$

(2) $$\begin{aligned}\int\sin^2 x\mathrm{d}x&=\int\frac{1-\cos2x}{2}\mathrm{d}x=\int\left(\frac{1}{2}-\frac{\cos2x}{2}\right)\mathrm{d}x\\&=\int\frac{1}{2}\mathrm{d}x-\int\frac{\cos2x}{4}\mathrm{d}(2x)\\&=\frac{1}{2}x-\frac{1}{4}\sin2x+C.\end{aligned}$$

(3) $$\begin{aligned}\int\cos^4 x\mathrm{d}x&=\int\left(\frac{1+\cos2x}{2}\right)^2\mathrm{d}x=\int\left(\frac{1}{4}+\frac{\cos2x}{2}+\frac{\cos^2 2x}{4}\right)\mathrm{d}x\\&=\int\frac{1}{4}\mathrm{d}x+\int\frac{\cos2x}{4}\mathrm{d}(2x)+\int\frac{1+\cos4x}{8}\mathrm{d}x\\&=\frac{3}{8}x+\frac{1}{4}\sin2x+\frac{1}{32}\sin4x+C.\end{aligned}$$

(4) $$\begin{aligned}\int\sin^4 x\mathrm{d}x&=\int\left(\frac{1-\cos2x}{2}\right)^2\mathrm{d}x=\int\left(\frac{1}{4}-\frac{\cos2x}{2}+\frac{\cos^2 2x}{4}\right)\mathrm{d}x\\&=\int\frac{1}{4}\mathrm{d}x-\int\frac{\cos2x}{4}\mathrm{d}2x+\int\frac{1+\cos4x}{8}\mathrm{d}x\\&=\frac{3}{8}x-\frac{1}{4}\sin2x+\frac{1}{32}\sin4x+C.\end{aligned}$$

分析 由本题可以看出，当被积函数是正弦函数或者余弦函数的偶次方时，需要降幂求原函数.

例 8 计算不定积分：

(1) $\int\tan^3 x\sec^7 x\mathrm{d}x$； (2) $\int\cot^5 x\csc^3 x\mathrm{d}x$；

(3) $\int\tan^3 x\sec^6 x\mathrm{d}x$； (4) $\int\sin^6 x\cos^5 x\mathrm{d}x$.

解 (1) 本题被积函数中含有正切和正割，且都是奇次方幂，故可以各拆出一个一次方凑成 $\sec x$ 的导数，被积函数中剩余部分全部写成正割的表达式，即

$$\begin{aligned}\int\tan^3 x\sec^7 x\,\mathrm{d}x&=\int\tan^2 x\sec^6 x\tan x\sec x\,\mathrm{d}x\\&=\int\tan^2 x\sec^6 x\,\mathrm{d}\sec x\\&=\int(\sec^2 x-1)\sec^6 x\,\mathrm{d}\sec x\\&=\int(\sec^8 x-\sec^6 x)\,\mathrm{d}\sec x\\&=\frac{1}{9}\sec^9 x-\frac{1}{7}\sec^7 x+C.\end{aligned}$$

(2) $$\begin{aligned}\int\cot^5 x\csc^3 x\,\mathrm{d}x&=\int\cot^4 x\csc^2 x\cot x\csc x\,\mathrm{d}x=-\int\cot^4 x\csc^2 x\,\mathrm{d}\csc x\\&=-\int(\csc^2 x-1)^2\csc^2 x\,\mathrm{d}\csc x\\&=-\int(\csc^6 x-2\csc^4 x+\csc^2 x)\,\mathrm{d}\csc x\\&=-\frac{1}{7}\csc^7 x+\frac{2}{5}\csc^5 x-\frac{1}{3}\csc^3 x+C.\end{aligned}$$

(3) $$\begin{aligned}\int\tan^3 x\sec^6 x\,\mathrm{d}x&=\int\tan^3 x\sec^4 x\,\mathrm{d}\tan x=\int\tan^3 x(1+\tan^2 x)^2\,\mathrm{d}\tan x\\&=\int\tan^3 x(1+2\tan^2 x+\tan^4 x)\,\mathrm{d}\tan x\\&=\int(\tan^3 x+2\tan^5 x+\tan^7 x)\,\mathrm{d}\tan x\\&=\frac{1}{4}\tan^4 x+\frac{1}{3}\tan^6 x+\frac{1}{8}\tan^8 x+C.\end{aligned}$$

(4) $$\begin{aligned}\int\sin^6 x\cos^5 x\,\mathrm{d}x&=\int\sin^6 x\cos^4 x\cos x\,\mathrm{d}x=\int\sin^6 x\cos^4 x\,\mathrm{d}\sin x\\&=\int\sin^6 x(1-\sin^2 x)^2\,\mathrm{d}\sin x\\&=\int(\sin^6 x-2\sin^8 x+\sin^{10} x)\,\mathrm{d}\sin x\\&=\frac{1}{7}\sin^7 x-\frac{2}{9}\sin^9 x+\frac{1}{11}\sin^{11} x+C.\end{aligned}$$

分析 本题的被积函数均是三角函数高次幂的乘积形式，如果被积函数是正切 $\tan x$ 和正割 $\sec x$ 的奇次幂的乘积(如本题(1))，或者余切 $\cot x$ 和余割 $\csc x$ 的奇次幂的乘积(如本题(2))，则需要各拆出一个一次方与 $\mathrm{d}x$ 凑成 $\mathrm{d}\sec x$ 或者 $\mathrm{d}\csc x$，再把被积表达式都整理成新积分变量的表达式；如果被积函数是正切函数的奇次幂与正割函数的偶次幂的乘积，则可将 $\sec^2 x$ 与 $\mathrm{d}x$ 凑微分得到 $\mathrm{d}\tan x$，然后将被积表达式中的所有正割函数都转化为正切函数(如本题(3))；如果被积函数是正弦和余弦函数的高次幂的乘积，则对二者中方幂为奇次幂的三角函数进行拆分并与 $\mathrm{d}x$ 凑微分(如本题(4)).

2 第二类换元法

(1)三角代换.

例9 计算不定积分$\int\frac{2x}{\sqrt{1+x^2}}\mathrm{d}x$.

解 利用三角公式$\sec^2t=1+\tan^2t$ 去掉被积表达式中的根号.

令 $x=\tan t\left(|t|<\frac{\pi}{2}\right)$, $\mathrm{d}x=\sec^2t\,\mathrm{d}t$,积分后需要将 t 换回变量 x,所以

$$\begin{aligned}\int\frac{2x}{\sqrt{1+x^2}}\mathrm{d}x&=\int\frac{2\tan t}{\sec t}\sec^2t\,\mathrm{d}t\\&=\int 2\tan t\sec t\,\mathrm{d}t=2\sec t+C\\&=2\sqrt{1+x^2}+C.\end{aligned}$$

例10 计算不定积分$\int\frac{2x}{\sqrt{1-x^2}}\mathrm{d}x$.

解 本题需要借助三角公式$\cos^2t=1-\sin^2t$,令 $x=\sin t\left(|t|<\frac{\pi}{2}\right)$, $\mathrm{d}x=\cos t\,\mathrm{d}t$,所以有

$$\begin{aligned}\int\frac{2x}{\sqrt{1-x^2}}\mathrm{d}x=\int\frac{2\sin t}{\sqrt{1-\sin^2t}}\cos t\,\mathrm{d}t&=\int\frac{2\sin t}{\cos t}\cos t\,\mathrm{d}t\\&=\int 2\sin t\,\mathrm{d}t\\&=-2\cos t+C\\&=-2\sqrt{1-x^2}+C.\end{aligned}$$

例11 计算不定积分$\int\frac{2x}{\sqrt{x^2-1}}\mathrm{d}x$.

解 本题需要借助三角公式$\tan^2t=\sec^2t-1$,令 $x=\sec t\left(0<t<\frac{\pi}{2}\right)$, $\mathrm{d}x=\sec t\tan t\,\mathrm{d}t$,所以有

$$\begin{aligned}\int\frac{2x}{\sqrt{x^2-1}}\mathrm{d}x&=\int\frac{2\sec t}{\sqrt{\sec^2t-1}}\sec t\tan t\,\mathrm{d}t\\&=\int\frac{2\sec t}{\tan t}\sec t\tan t\,\mathrm{d}t\\&=\int 2\sec^2t\,\mathrm{d}t\\&=2\tan t+C\\&=2\sqrt{x^2-1}+C.\end{aligned}$$

分析 由例 9 至例 11 可知,当被积函数中出现$\sqrt{x^2+a^2}$, $\sqrt{a^2-x^2}$, $\sqrt{x^2-a^2}$时,使用

三角代换，将根式下凑成完全平方，进而去掉根号. 在使用三角代换时，不要忘记将 $\mathrm{d}x$ 转化为 $\mathrm{d}t$，最后的结果中要进行反换元，将变量 t 换回原始变量 x.

(2)根式代换.

例12 (含有$\sqrt[n]{ax+b}$的类型) 计算不定积分$\int\frac{1}{1+\sqrt[4]{1+x}}\mathrm{d}x$.

解 令 $t=\sqrt[4]{1+x}$，则 $x=t^4-1$，$\mathrm{d}x=4t^3\mathrm{d}t$，所以

$$\begin{aligned}\int\frac{1}{1+\sqrt[4]{1+x}}\mathrm{d}x&=\int\frac{1}{1+t}4t^3\mathrm{d}t\\&=4\int\frac{t^3+1-1}{1+t}\mathrm{d}t\\&=4\int\left(t^2-t+1-\frac{1}{1+t}\right)\mathrm{d}t\\&=\frac{4}{3}t^3-2t^2+4t-4\ln|1+t|+C\\&=\frac{4}{3}\sqrt[4]{(1+x)^3}-2\sqrt[4]{(1+x)^2}+4\sqrt[4]{1+x}-4\ln\left|1+\sqrt[4]{1+x}\right|+C.\end{aligned}$$

例13 (同时含有$\sqrt[n]{ax+b}$ 和$\sqrt[m]{ax+b}$的类型) 计算不定积分$\int\frac{\sqrt{1+x}}{\sqrt[3]{1+x}}\mathrm{d}x$.

解 令 $1+x=t^6$，$\mathrm{d}x=6t^5\mathrm{d}t$，则

$$\begin{aligned}\int\frac{\sqrt{1+x}}{\sqrt[3]{1+x}}\mathrm{d}x&=\int\frac{t^3}{t^2}\cdot 6t^5\mathrm{d}t=6\int t^6\mathrm{d}t=\frac{6}{7}t^7+C\\&=\frac{6}{7}\sqrt[6]{(1+x)^7}+C.\end{aligned}$$

例14 (含有$\sqrt{(x-a)(x-b)}$的类型) 计算不定积分$\int\frac{1}{\sqrt{(x-1)(x-2)}}\mathrm{d}x\ (x>2)$.

解 (方法一) 当 $x>2$ 时，$\sqrt{(x-1)(x-2)}=(x-1)\sqrt{\frac{x-2}{x-1}}$，令$\sqrt{\frac{x-2}{x-1}}=t$，$x=\frac{2-t^2}{1-t^2}$，$\mathrm{d}x=\frac{2t}{(1-t^2)^2}\mathrm{d}t$，故

$$\begin{aligned}\int\frac{1}{\sqrt{(x-1)(x-2)}}\mathrm{d}x&=\int\frac{1}{(x-1)\sqrt{\frac{x-2}{x-1}}}\mathrm{d}x\\&=\int\frac{1}{\left(\frac{2-t^2}{1-t^2}-1\right)t}\frac{2t}{(1-t^2)^2}\mathrm{d}t\\&=\int\frac{2}{1-t^2}\mathrm{d}t=\int\left(\frac{1}{1-t}+\frac{1}{1+t}\right)\mathrm{d}t\end{aligned}$$

$$=\ln\left|\frac{1+t}{1-t}\right|+C=\ln\left|\frac{1+\sqrt{\frac{x-2}{x-1}}}{1-\sqrt{\frac{x-2}{x-1}}}\right|+C$$

$$=\ln\left|(2x-3)+2\sqrt{(x-1)(x-2)}\right|+C.$$

（方法二） $$\int\frac{1}{\sqrt{(x-1)(x-2)}}\mathrm{d}x=\int\frac{1}{\sqrt{x^2-3x+2}}\mathrm{d}x=\int\frac{1}{\sqrt{\left(x-\frac{3}{2}\right)^2-\frac{1}{4}}}\mathrm{d}x$$

$$=\int\frac{1}{\sqrt{\left(x-\frac{3}{2}\right)^2-\left(\frac{1}{2}\right)^2}}\mathrm{d}x$$

$$=\int\frac{1}{\sqrt{(2x-3)^2-1}}\mathrm{d}(2x-3).$$

令 $2x-3=\sec t$，$\mathrm{d}(2x-3)=\sec t\tan t\,\mathrm{d}t$，从而

$$\int\frac{1}{\sqrt{(2x-3)^2-1}}\mathrm{d}(2x-3)=\int\frac{\sec t\tan t}{\tan t}\mathrm{d}t=\int\sec t\,\mathrm{d}t=\ln|\sec t+\tan t|+C$$

$$=\ln\left|(2x-3)+\sqrt{(2x-3)^2-1}\right|+C$$

$$=\ln\left|(2x-3)+2\sqrt{(x-1)(x-2)}\right|+C.$$

分析 在使用根式代换时，遇到不同的根式类型，需要做的代换不同，例 12 至例 14 给出了三种不同类型的根式代换：类型 $\sqrt[n]{ax+b}$ 采取的换元方法是令 $ax+b=t^n$；同时含有 $\sqrt[n]{ax+b}$ 和 $\sqrt[m]{ax+b}$ 时令 $ax+b=t^{mn}$；含有 $\sqrt{(x-a)(x-b)}$ 时，不能直接令整个根式为 t，否则换元后仍含有根式，需要将被开方式转化为分式后再换元，例如将 $\sqrt{(x-a)(x-b)}$ 写为 $(x-a)\sqrt{\frac{x-b}{x-a}}$（保证根式有意义的前提下），然后令 $\sqrt{\frac{x-b}{x-a}}=t$.

三角代换和根式代换的根本目的是去掉被积表达式中的根号，但是有时被积表达式中没有根号也需要进行换元.

(3)倒数代换.

例 15 计算不定积分 $\int\frac{1}{x(x^8-1)}\mathrm{d}x$.

解 由于分母中 x 的幂次远高于分子中 x 的幂次，故令 $t=\frac{1}{x}$，$\mathrm{d}x=-\frac{1}{t^2}\mathrm{d}t$，故

$$\int\frac{1}{x(x^8-1)}\mathrm{d}x=\int\frac{t}{\left(\frac{1}{t}\right)^8-1}\left(-\frac{1}{t^2}\right)\mathrm{d}t$$

$$=-\int\frac{t^7}{1-t^8}\mathrm{d}t$$

$$=\frac{1}{8}\int\frac{1}{1-t^8}\mathrm{d}(1-t^8)$$

$$=\frac{1}{8}\ln|1-t^8|+C$$

$$=\frac{1}{8}\ln\left|1-\frac{1}{x^8}\right|+C.$$

分析 取倒数换元的目的是缩小被积函数中分子和分母关于积分变量次数的差距，以便求原函数.

(4)其他类型换元.

①对数代换.

例16 计算不定积分 $\int\frac{x-1}{x^2-x\ln x}\mathrm{d}x$.

解 令 $t=\ln x$，则 $x=\mathrm{e}^t$，$\mathrm{d}x=\mathrm{e}^t\mathrm{d}t$，于是

$$\begin{aligned}\int\frac{x-1}{x^2-x\ln x}\mathrm{d}x&=\int\frac{\mathrm{e}^t-1}{\mathrm{e}^{2t}-t\mathrm{e}^t}\mathrm{e}^t\mathrm{d}t\\&=\int\frac{\mathrm{e}^t-1}{\mathrm{e}^t-t}\mathrm{d}t\\&=\int\frac{1}{\mathrm{e}^t-t}\mathrm{d}(\mathrm{e}^t-t)\\&=\ln|\mathrm{e}^t-t|+C\\&=\ln|x-\ln x|+C.\end{aligned}$$

② 指数代换.

例17 计算不定积分 $\int\frac{\mathrm{arccot}\,\mathrm{e}^x}{2\mathrm{e}^x}\mathrm{d}x$.

解 令 $t=\mathrm{e}^x$，则 $x=\ln t$，$\mathrm{d}x=\frac{1}{t}\mathrm{d}t$，于是

$$\begin{aligned}\int\frac{\mathrm{arccot}\,\mathrm{e}^x}{2\mathrm{e}^x}\mathrm{d}x&=\int\frac{\mathrm{arccot}\,t}{2t}\frac{1}{t}\mathrm{d}t\\&=-\frac{1}{2}\int\mathrm{arccot}\,t\,\mathrm{d}\left(\frac{1}{t}\right)\\&=-\frac{1}{2t}\mathrm{arccot}\,t-\frac{1}{2}\int\frac{1}{1+t^2}\frac{1}{t}\mathrm{d}t\\&=-\frac{1}{2t}\mathrm{arccot}\,t-\frac{1}{2}\int\frac{1+t^2-t^2}{t(1+t^2)}\mathrm{d}t\\&=-\frac{1}{2t}\mathrm{arccot}\,t-\frac{1}{2}\int\left[\frac{1}{t}-\frac{t}{1+t^2}\right]\mathrm{d}t\\&=-\frac{1}{2t}\mathrm{arccot}\,t-\frac{1}{2}\ln|t|+\frac{1}{4}\ln|1+t^2|+C\end{aligned}$$

$$=-\frac{1}{2e^x}\text{arccot}e^x-\frac{1}{2}\ln|e^x|+\frac{1}{4}\ln|1+e^{2x}|+C$$

$$=-\frac{1}{2e^x}\text{arccot}e^x-\frac{1}{2}x+\frac{1}{4}\ln|1+e^{2x}|+C.$$

③ 反三角函数代换.

例18 计算不定积分$\int\frac{(a+x)\arcsin(a+x)}{\sqrt{1-2ax-x^2-a^2}}dx$.

解 令 $t=\arcsin(a+x)$，则 $a+x=\sin t$，$dx=\cos t\,dt$，于是

$$\begin{aligned}\int\frac{(a+x)\arcsin(a+x)}{\sqrt{1-2ax-x^2-a^2}}dx&=\int\frac{(a+x)\arcsin(a+x)}{\sqrt{1-(x+a)^2}}dx\\&=\int\frac{t\sin t}{\sqrt{1-\sin^2 t}}\cos t\,dt\\&=\int t\sin t\,dt\\&=-\int t\,d\cos t\\&=-t\cos t+\int\cos t\,dt\\&=-t\cos t+\sin t+C_1\\&=-\sqrt{1-(x+a)^2}\arcsin(a+x)+a+x+C_1\\&=-\sqrt{1-(x+a)^2}\arcsin(a+x)+x+C.\end{aligned}$$

注意：上面结果中的常数 a 可以归到常数 C_1 中. 另外，不论是哪一种换元，最后都需要将变量换回 x.

我们知道不定积分没有乘积和商的运算性质，所以当被积表达式中出现乘积或者商时需要转化成和或差的形式，若是无法转化，则可以采用分部积分法进行积分.

3 分部积分方法

(1) 被积函数是幂函数与三角函数的乘积.

例19 计算不定积分$\int x^2\cos x\,dx$.

解
$$\begin{aligned}\int x^2\cos x\,dx&=\int x^2 d\sin x\\&=x^2\sin x-2\int x\sin x\,dx\text{（继续将幂函数看作 }u\text{，采取分部积分法）}\\&=x^2\sin x+2\int x\,d\cos x\\&=x^2\sin x+2x\cos x-2\int\cos x\,dx\\&=x^2\sin x+2x\cos x-2\sin x+C.\end{aligned}$$

分析 采取分部积分法积分时，需要选取合适的 u, v，否则可能使积分更加困难. 本题中若选取三角函数为 u，则在下一步积分时被积函数中仍有三角函数并且幂函数的次数还会升高，比如：

$$\int x^2\cos x\mathrm{d}x=\int\cos x\mathrm{d}\left(\frac{1}{3}x^3\right)=\frac{1}{3}x^3\cos x-\int(-\sin x)\frac{1}{3}x^3\mathrm{d}x.$$

这样计算时积分将变得更加困难. 一般地，若被积函数是幂函数和正(余)弦函数的乘积，就考虑设幂函数为 u，使其降幂(假定幂指数是正整数).

(2)被积函数是幂函数与指数函数的乘积.

例20 计算不定积分 $\int x^2\mathrm{e}^x\mathrm{d}x$.

解
$$\begin{aligned}\int x^2\mathrm{e}^x\mathrm{d}x&=\int x^2\mathrm{d}\mathrm{e}^x=x^2\mathrm{e}^x-2\int x\mathrm{e}^x\mathrm{d}x\\&=x^2\mathrm{e}^x-2\int x\mathrm{d}\mathrm{e}^x\\&=x^2\mathrm{e}^x-2x\mathrm{e}^x+2\int\mathrm{e}^x\mathrm{d}x\\&=x^2\mathrm{e}^x-2x\mathrm{e}^x+2\mathrm{e}^x+C.\end{aligned}$$

分析 本题与例 19 类似，若选取指数函数为 u，则在后面的积分中指数函数无法消掉，并且幂函数的次数会升高，所以我们仍然选取幂函数为 u. 通常，若被积函数是幂函数和指数函数的乘积，就考虑设幂函数为 u，使其降幂(假定幂指数是正整数).

(3) 被积函数是幂函数与对数函数(或者反三角函数)的乘积.

例21 计算不定积分 $\int x^2\ln x\mathrm{d}x$.

解
$$\begin{aligned}\int x^2\ln x\mathrm{d}x&=\int\ln x\mathrm{d}\left(\frac{1}{3}x^3\right)\\&=\frac{1}{3}x^3\ln x-\int\frac{1}{3}x^3\cdot\frac{1}{x}\mathrm{d}x\\&=\frac{1}{3}x^3\ln x-\frac{1}{9}x^3+C.\end{aligned}$$

例22 计算不定积分 $\int x\arctan x\mathrm{d}x$.

解
$$\begin{aligned}\int x\arctan x\mathrm{d}x&=\int\arctan x\mathrm{d}\left(\frac{1}{2}x^2\right)\\&=\frac{1}{2}x^2\arctan x-\frac{1}{2}\int\frac{1}{1+x^2}\cdot x^2\mathrm{d}x\\&=\frac{1}{2}x^2\arctan x-\frac{1}{2}\int\frac{x^2+1-1}{1+x^2}\mathrm{d}x\\&=\frac{1}{2}x^2\arctan x-\frac{1}{2}\int\left(1-\frac{1}{1+x^2}\right)\mathrm{d}x\\&=\frac{1}{2}x^2\arctan x-\frac{1}{2}x+\frac{1}{2}\arctan x+C.\end{aligned}$$

分析 幂函数与对数函数(或者反三角函数)相乘,如果继续将幂函数看作 u,那么需要将对数函数(或者反三角函数)与 dx 结合凑微分,但是这样不可行,故我们此时将对数函数(或者反三角函数)看作 u,这样下一步的积分中对数函数(或者反三角函数)求导变为幂函数,积分将变得简单.因此,若被积函数是幂函数和对数函数(或反三角函数)的乘积,就考虑设对数函数(或反三角函数)为 u.

(4) 被积函数是指数函数与三角函数的乘积.

例23 计算不定积分 $\int e^{2x}\sin x\,dx$.

解
$$\begin{aligned}\int e^{2x}\sin x\,dx &= \frac{1}{2}\int \sin x\,de^{2x}\\ &= \frac{1}{2}e^{2x}\sin x-\frac{1}{2}\int e^{2x}\cos x\,dx\\ &= \frac{1}{2}e^{2x}\sin x-\frac{1}{4}\int \cos x\,de^{2x}\\ &= \frac{1}{2}e^{2x}\sin x-\frac{1}{4}e^{2x}\cos x-\frac{1}{4}\int e^{2x}\sin x\,dx,\end{aligned}$$

将 $-\frac{1}{4}\int e^{2x}\sin x\,dx$ 移项到等号左边,解得

$$\int e^{2x}\sin x\,dx=\frac{2}{5}e^{2x}\sin x-\frac{1}{5}e^{2x}\cos x+C.$$

分析 被积函数是指数函数与正余弦三角函数的乘积时,谁做 u 都可以,这时一般需要多次分部积分,且每一次分部积分时选取的 u 的类型不变.例如第一次若把三角函数看作 u,第二次仍要将三角函数看作 u.

思考 本题若是将指数函数看作 u,结果会怎样呢?请同学们自己尝试计算.

(5) 被积函数为单个函数的不定积分.

例24 计算不定积分:

(1) $\int \arccos x\,dx$;　　　　(2) $\int \ln x\,dx$.

解 (1)
$$\begin{aligned}\int \arccos x\,dx &= x\arccos x-\int \frac{-x}{\sqrt{1-x^2}}dx\\ &= x\arccos x-\frac{1}{2}\int (1-x^2)^{-\frac{1}{2}}d(1-x^2)\\ &= x\arccos x-(1-x^2)^{\frac{1}{2}}+C.\end{aligned}$$

(2)
$$\begin{aligned}\int \ln x\,dx &= x\ln x-\int x\,d\ln x\\ &= x\ln x-\int x\cdot\frac{1}{x}dx\end{aligned}$$

$=x\ln x-x+C.$

分析 本题可以直接将 $\arccos x$(或 $\ln x$)看作 u,将 $\mathrm{d}x$ 后面的积分变量 x 看作 v.

4 被积函数中含有无法积出的函数

例25 计算不定积分 $\int\frac{\mathrm{e}^x(1+\sin x)}{1+\cos x}\mathrm{d}x$.

解 $\int\frac{\mathrm{e}^x(1+\sin x)}{1+\cos x}\mathrm{d}x=\int\frac{\mathrm{e}^x}{1+\cos x}\mathrm{d}x+\int\frac{\mathrm{e}^x\sin x}{1+\cos x}\mathrm{d}x$

积不出来,因为原函数无法用初等函数表示

$$=\int\frac{\mathrm{e}^x}{1+\cos x}\mathrm{d}x+\int\frac{\sin x}{1+\cos x}\mathrm{d}\mathrm{e}^x$$

$$=\int\frac{\mathrm{e}^x}{1+\cos x}\mathrm{d}x+\frac{\mathrm{e}^x\sin x}{1+\cos x}-\int\left(\frac{\sin x}{1+\cos x}\right)'\mathrm{e}^x\mathrm{d}x$$

$$=\int\frac{\mathrm{e}^x}{1+\cos x}\mathrm{d}x+\frac{\mathrm{e}^x\sin x}{1+\cos x}-\int\frac{1}{1+\cos x}\mathrm{e}^x\mathrm{d}x$$

$$=\frac{\mathrm{e}^x\sin x}{1+\cos x}+C.$$

分析 如果被积函数中含有不可积函数,往往能通过抵消的方式将被积函数中的不可积的部分消掉.

5 有理函数求积分

例26 求不定积分 $\int\frac{x-1}{x^2-6x+8}\mathrm{d}x$.

解 被积函数的分母 $x^2-6x+8=(x-2)(x-4)$.

根据有理函数的分解方法,可以将被积函数写成

$$\frac{x-1}{x^2-6x+8}=\frac{A}{x-2}+\frac{B}{x-4},$$

对等号右侧通分

$$\frac{x-1}{x^2-6x+8}=\frac{A}{x-2}+\frac{B}{x-4}=\frac{(A+B)x-4A-2B}{(x-2)(x-4)},$$

等式两侧分子相等,根据多项式相等的充分必要条件是对应项系数相等,得到

$$\begin{cases}A+B=1\\-4A-2B=-1\end{cases},$$

解得

$$A=-\frac{1}{2},B=\frac{3}{2},$$

所以

$$\frac{x-1}{x^2-6x+8}=-\frac{1}{2}\frac{1}{x-2}+\frac{3}{2}\frac{1}{x-4}.$$

因此

$$\begin{aligned}\int\frac{x-1}{x^2-6x+8}\mathrm{d}x&=\int\left(-\frac{1}{2}\frac{1}{x-2}+\frac{3}{2}\frac{1}{x-4}\right)\mathrm{d}x\\&=-\frac{1}{2}\int\frac{1}{x-2}\mathrm{d}x+\frac{3}{2}\int\frac{1}{x-4}\mathrm{d}x\\&=-\frac{1}{2}\ln|x-2|+\frac{3}{2}\ln|x-4|+C.\end{aligned}$$

例27 计算不定积分$\int\frac{x-2}{(x^2+x+1)(x+1)^2}\mathrm{d}x$.

解 首先

$$\frac{x-2}{(x^2+x+1)(x+1)^2}=\frac{Ax+B}{x^2+x+1}+\frac{C}{x+1}+\frac{D}{(x+1)^2}$$

$$=\frac{(A+C)x^3+(2A+B+2C+D)x^2+(A+2B+2C+D)x+B+C+D}{(x^2+x+1)(x+1)^2},$$

两边相等,得到

$$\begin{cases}A+C=0\\2A+B+2C+D=0\\A+2B+2C+D=1\\B+C+D=-2\end{cases},$$

解得 $A=2,B=3,C=-2,D=-3,$

所以

$$\frac{x-2}{(x^2+x+1)(x+1)^2}=\frac{2x+3}{x^2+x+1}+\frac{-2}{x+1}+\frac{-3}{(x+1)^2},$$

因此

$$\begin{aligned}\int\frac{x-2}{(x^2+x+1)(x+1)^2}\mathrm{d}x&=\int\left[\frac{2x+3}{x^2+x+1}+\frac{-2}{x+1}+\frac{-3}{(x+1)^2}\right]\mathrm{d}x\\&=\int\frac{2x+3}{x^2+x+1}\mathrm{d}x+\int\frac{-2}{x+1}\mathrm{d}x+\int\frac{-3}{(x+1)^2}\mathrm{d}x\\&=\int\frac{2x+1}{x^2+x+1}\mathrm{d}x+\int\frac{2}{x^2+x+1}\mathrm{d}x-2\int\frac{1}{x+1}\mathrm{d}x-3\int\frac{1}{(x+1)^2}\mathrm{d}x\\&=\ln|x^2+x+1|+2\int\frac{1}{\left(x+\frac{1}{2}\right)^2+\frac{3}{4}}\mathrm{d}x-2\ln|1+x|+\frac{3}{x+1}\end{aligned}$$

$$=\ln|x^2+x+1|+\frac{8}{3}\int\frac{1}{1+\left(\frac{2x+1}{\sqrt{3}}\right)^2}dx-2\ln|1+x|+\frac{3}{x+1}$$

$$=\ln|x^2+x+1|+\frac{4}{\sqrt{3}}\int\frac{1}{1+\left(\frac{2x+1}{\sqrt{3}}\right)^2}d\left(\frac{2x+1}{\sqrt{3}}\right)-2\ln|1+x|+\frac{3}{x+1}$$

$$=\ln|x^2+x+1|+\frac{4}{\sqrt{3}}\arctan\left(\frac{2x+1}{\sqrt{3}}\right)-2\ln|1+x|+\frac{3}{x+1}+C.$$

6 万能公式

例28 利用万能公式计算不定积分$\int\frac{\sin x}{\cos x-\cos^2 x}dx$.

解 分子和分母同除以 $\cos x$，得

$$\int\frac{\sin x}{\cos x-\cos^2 x}dx=\int\frac{\tan x}{1-\cos x}dx.$$

令 $t=\tan\frac{x}{2}$，则 $x=2\arctan t$，$dx=\frac{2}{1+t^2}dt$，则

$$\begin{aligned}\int\frac{\sin x}{\cos x-\cos^2 x}dx=\int\frac{\tan x}{1-\cos x}dx&=\int\frac{\frac{2t}{1-t^2}}{1-\frac{1-t^2}{1+t^2}}\frac{2}{1+t^2}dt\\&=2\int\frac{1}{t(1-t^2)}dt\\&=2\int\frac{1-t^2+t^2}{t(1-t^2)}dt\\&=2\int\frac{1}{t}dt+2\int\frac{t}{1-t^2}dt\\&=2\ln|t|-\ln|1-t^2|+C\\&=2\ln\left|\tan\frac{x}{2}\right|-\ln\left|1-\tan^2\frac{x}{2}\right|+C.\end{aligned}$$

模块五 考研真题举一反三

例29 【2018 年数三】求不定积分$\int e^x\arcsin\sqrt{1-e^{2x}}dx$.

解（方法一） 用凑微分法和分部积分法，先将 $\arcsin\sqrt{1-e^{2x}}$ 看作 u，将 e^x 看作 v，用分部积分法：

$$\begin{aligned}\int e^x\arcsin\sqrt{1-e^{2x}}\,dx &= \int\arcsin\sqrt{1-e^{2x}}\,de^x\\ &=e^x\arcsin\sqrt{1-e^{2x}}-\int(\arcsin\sqrt{1-e^{2x}})'e^x\,dx\\ &=e^x\arcsin\sqrt{1-e^{2x}}-\int\frac{1}{\sqrt{1-1+e^{2x}}}\frac{-2e^{2x}}{2\sqrt{1-e^{2x}}}e^x\,dx\\ &=e^x\arcsin\sqrt{1-e^{2x}}-\int\frac{-e^{2x}}{\sqrt{1-e^{2x}}}dx\\ &=e^x\arcsin\sqrt{1-e^{2x}}-\frac{1}{2}\int\frac{1}{\sqrt{1-e^{2x}}}d(1-e^{2x})\\ &=e^x\arcsin\sqrt{1-e^{2x}}-\frac{1}{2}\int(1-e^{2x})^{-\frac{1}{2}}d(1-e^{2x})\\ &=e^x\arcsin\sqrt{1-e^{2x}}-(1-e^{2x})^{\frac{1}{2}}+C\\ &=e^x\arcsin\sqrt{1-e^{2x}}-\sqrt{1-e^{2x}}+C.\end{aligned}$$

（方法二） 用换元法和分部积分法：令 $t=e^x$，则

$$\int e^x\arcsin\sqrt{1-e^{2x}}\,dx=\int\arcsin\sqrt{1-e^{2x}}\,de^x=\int\arcsin\sqrt{1-t^2}\,dt,$$

再令 $t=\cos u$，则 $dt=-\sin u\,du$，于是

$$\begin{aligned}\int\arcsin\sqrt{1-t^2}\,dt &= \int\arcsin(\sin u)\left(-\sin u\right)du=-\int u\sin u\,du\\ &=\int u\,d\cos u=u\cos u-\int\cos u\,du=u\cos u-\sin u+C.\end{aligned}$$

换回初始变量 x，得

$$原式=t\arccos t-\sqrt{1-t^2}+C=e^x\arccos e^x-\sqrt{1-e^{2x}}+C.$$

（方法三） 令 $e^x=\cos t$，则 $x=\ln(\cos t)$，$dx=\frac{-\sin t}{\cos t}dt=-\tan t\,dt$，代入原式，得

$$\begin{aligned}\int e^x\arcsin\sqrt{1-e^{2x}}\,dx &= \int\cos t\arcsin(\sin t)(-\tan t)dt\\ &=-\int t\cos t\tan t\,dt\\ &=-\int t\sin t\,dt\\ &=\int t\,d\cos t=t\cos t-\int\cos t\,dt\\ &=t\cos t-\sin t+C.\end{aligned}$$

换回初始变量，得

$$上式=e^x\arccos e^x-\sqrt{1-e^{2x}}+C.$$

分析 本题在求解过程中，需要用两种以上的方法才能完成．一般来讲，被积函数中若含有反三角函数，多数需要借助分部积分法进行计算．

例30 【举一反三】求不定积分$\int e^x\arccos e^x\,dx$．

解 令$e^x=t$，则$x=\ln t$，$dx=\frac{1}{t}dt$，从而有

$$\begin{aligned}\int e^x\arccos e^x\,dx&=\int t\arccos t\cdot\frac{1}{t}dt=\int\arccos t\,dt\\&=t\arccos t-\int t\,d\arccos t\\&=t\arccos t+\int\frac{t}{\sqrt{1-t^2}}dt\\&=t\arccos t-\frac{1}{2}\int\frac{1}{\sqrt{1-t^2}}d(1-t^2)\\&=t\arccos t-\sqrt{1-t^2}+C\\&=e^x\arccos e^x-\sqrt{1-e^{2x}}+C.\end{aligned}$$

例31 【举一反三】求不定积分$\int x\arctan\sqrt{1-x^2}\,dx$．

解 令$\sqrt{1-x^2}=t$，则$x^2=1-t^2$，从而$x\,dx=-t\,dt$．

$$\begin{aligned}\int x\arctan\sqrt{1-x^2}\,dx&=-\int t\arctan t\,dt\\&=-\frac{1}{2}\int\arctan t\,dt^2\\&=-\frac{1}{2}t^2\arctan t+\frac{1}{2}\int\frac{t^2}{1+t^2}dt\\&=-\frac{1}{2}t^2\arctan t+\frac{1}{2}\int\frac{t^2+1-1}{1+t^2}dt\\&=-\frac{1}{2}t^2\arctan t+\frac{1}{2}t-\frac{1}{2}\arctan t+C\\&=-\frac{1}{2}(1-x^2)\arctan\sqrt{1-x^2}+\frac{1}{2}\sqrt{1-x^2}-\frac{1}{2}\arctan\sqrt{1-x^2}+C\\&=\left(\frac{x^2}{2}-1\right)\arctan\sqrt{1-x^2}+\frac{1}{2}\sqrt{1-x^2}+C.\end{aligned}$$

例32 【2012年数三】求不定积分$\int\frac{\arcsin\sqrt{x}+\ln x}{\sqrt{x}}dx$．

解（方法一） 直接凑微分，然后分部积分．

$$\int\frac{\arcsin\sqrt{x}+\ln x}{\sqrt{x}}\mathrm{d}x=2\int(\arcsin\sqrt{x}+\ln x)\,\mathrm{d}\sqrt{x}$$

$$=2(\arcsin\sqrt{x}+\ln x)\sqrt{x}-2\int(\arcsin\sqrt{x}+\ln x)'\sqrt{x}\,\mathrm{d}x$$

$$=2(\arcsin\sqrt{x}+\ln x)\sqrt{x}-2\int\left(\frac{1}{\sqrt{1-x}}\frac{1}{2\sqrt{x}}+\frac{1}{x}\right)\sqrt{x}\,\mathrm{d}x$$

$$=2(\arcsin\sqrt{x}+\ln x)\sqrt{x}-2\int\left(\frac{1}{2\sqrt{1-x}}+\frac{1}{\sqrt{x}}\right)\mathrm{d}x$$

$$=2(\arcsin\sqrt{x}+\ln x)\sqrt{x}+2\sqrt{1-x}-4\sqrt{x}+C.$$

（方法二） 令 $t=\sqrt{x}$，则 $x=t^2$，$\mathrm{d}x=2t\,\mathrm{d}t$，于是

$$\int\frac{\arcsin\sqrt{x}+\ln x}{\sqrt{x}}\mathrm{d}x=\int\frac{\arcsin t+2\ln t}{t}2t\,\mathrm{d}t$$

$$=2\int(\arcsin t+2\ln t)\,\mathrm{d}t$$

$$=2\int\arcsin t\,\mathrm{d}t+4\int\ln t\,\mathrm{d}t$$

分别采用分部积分法

$$=2t\arcsin t-2\int\frac{t}{\sqrt{1-t^2}}\mathrm{d}t+4t\ln t-4\int\frac{t}{t}\mathrm{d}t$$

$$=2t\arcsin t+\int\frac{1}{\sqrt{1-t^2}}\mathrm{d}(1-t^2)+4t\ln t-4t+C$$

$$=2t\arcsin t+2\sqrt{1-t^2}+4t\ln t-4t+C.$$

换回到初始变量，得

上式 $=2\sqrt{x}\arcsin\sqrt{x}+2\sqrt{1-x}+2\sqrt{x}\ln x-4\sqrt{x}+C.$

（方法三） 本题也可以直接拆成两个积分：

$$\int\frac{\arcsin\sqrt{x}+\ln x}{\sqrt{x}}\mathrm{d}x=\int\frac{\arcsin\sqrt{x}}{\sqrt{x}}\mathrm{d}x+\int\frac{\ln x}{\sqrt{x}}\mathrm{d}x$$

$$=2\int\arcsin\sqrt{x}\,\mathrm{d}\sqrt{x}+2\int\ln x\,\mathrm{d}\sqrt{x}$$

$$=2\sqrt{x}\arcsin\sqrt{x}-2\int\frac{\sqrt{x}}{\sqrt{1-x}}\frac{1}{2\sqrt{x}}\mathrm{d}x+2\sqrt{x}\ln x-2\int\frac{\sqrt{x}}{x}\mathrm{d}x$$

$$=2\sqrt{x}\arcsin\sqrt{x}+2\sqrt{1-x}+2\sqrt{x}\ln x-4\sqrt{x}+C.$$

例33【举一反三】求不定积分$\int\frac{\arctan\sqrt{x}+\ln x}{\sqrt{x}}dx$.

解 令$\sqrt{x}=t$,则 $dx=2t\,dt$,于是

$$\begin{aligned}\int\frac{\arctan\sqrt{x}+\ln x}{\sqrt{x}}dx&=\int\frac{\arctan t+2\ln t}{t}2t\,dt=2\int\arctan t\,dt+4\int\ln t\,dt\\&=2t\arctan t-2\int\frac{t}{1+t^2}dt+4t\ln t-4\int t\cdot\frac{1}{t}dt\\&=2t\arctan t-\ln(1+t^2)+4t\ln t-4t+C\\&=2\sqrt{x}\arctan\sqrt{x}-\ln(1+x)+2\sqrt{x}\ln x-4\sqrt{x}+C.\end{aligned}$$

例34【举一反三】求不定积分$\int\frac{\arctan\sqrt{e^x}+x}{\sqrt{e^x}}dx$.

解 令$\sqrt{e^x}=t$,则 $x=2\ln t$,$dx=\frac{2}{t}dt$,于是

$$\begin{aligned}\int\frac{\arctan\sqrt{e^x}+x}{\sqrt{e^x}}dx&=\int\frac{\arctan t+2\ln t}{t}\cdot\frac{2}{t}dt=2\int\frac{\arctan t}{t^2}dt+4\int\frac{\ln t}{t^2}dt\\&=-2\int\arctan t\,d\left(\frac{1}{t}\right)-4\int\ln t\,d\left(\frac{1}{t}\right)\\&=-2\cdot\frac{\arctan t}{t}+2\int\frac{1}{t(1+t^2)}dt-4\frac{\ln t}{t}+4\int\frac{1}{t^2}dt\\&=-2\cdot\frac{\arctan t}{t}+2\int\frac{1}{t(1+t^2)}dt-4\frac{\ln t}{t}-\frac{4}{t}.\end{aligned}$$

进一步地,对于不定积分$\int\frac{1}{t(1+t^2)}dt$,令$t=\frac{1}{u}$,则$dt=-\frac{1}{u^2}du$,从而

$$\int\frac{1}{t(1+t^2)}dt=-\int\frac{u}{1+u^2}du=-\frac{1}{2}\ln(1+u^2)+C_1=\ln t-\frac{1}{2}\ln(1+t^2)+C_1.$$

因此,

$$\int\frac{\arctan\sqrt{e^x}+x}{\sqrt{e^x}}dx=-\frac{2\arctan\sqrt{e^x}}{\sqrt{e^x}}-\ln(1+e^x)+x-\frac{2x+4}{\sqrt{e^x}}+C.$$

例35【2011年数三】求不定积分$\int e^{2x}\arctan\sqrt{e^x-1}\,dx$.

解(方法一) 直接分部积分.

$$\begin{aligned}\int e^{2x}\arctan\sqrt{e^x-1}\,dx&=\frac{1}{2}\int\arctan\sqrt{e^x-1}\,de^{2x}\\&=\frac{1}{2}\left[e^{2x}\arctan\sqrt{e^x-1}-\int(\arctan\sqrt{e^x-1})'e^{2x}dx\right]\end{aligned}$$

$$=\frac{1}{2}\left[e^{2x}\arctan\sqrt{e^x-1}-\int\frac{1}{1+e^x-1}\frac{e^x}{2\sqrt{e^x-1}}e^{2x}dx\right]$$

$$=\frac{1}{2}\left[e^{2x}\arctan\sqrt{e^x-1}-\int\frac{e^{2x}}{2\sqrt{e^x-1}}dx\right]$$

$$=\frac{1}{2}\left[e^{2x}\arctan\sqrt{e^x-1}-\int\frac{e^x-1+1}{2\sqrt{e^x-1}}de^x\right]$$

$$=\frac{1}{2}\left[e^{2x}\arctan\sqrt{e^x-1}-\frac{1}{2}\int\sqrt{e^x-1}\,de^x-\int\frac{1}{2\sqrt{e^x-1}}de^x\right]$$

$$=\frac{1}{2}\left[e^{2x}\arctan\sqrt{e^x-1}-\frac{1}{3}(e^x-1)^{\frac{3}{2}}-\sqrt{e^x-1}\right]+C$$

$$=\frac{1}{2}e^{2x}\arctan\sqrt{e^x-1}-\frac{1}{6}(e^x-1)^{\frac{3}{2}}-\frac{1}{2}\sqrt{e^x-1}]+C.$$

（方法二） 令 $t=\sqrt{e^x-1}$，则 $e^x=t^2+1$，$x=\ln(1+t^2)$，$dx=\frac{2t}{1+t^2}dt$，所以

$$\int e^{2x}\arctan\sqrt{e^x-1}\,dx=\int(1+t^2)^2\arctan t\cdot\frac{2t}{1+t^2}dt$$

$$=\int 2t(1+t^2)\arctan t\,dt$$

$$=\int(1+t^2)\arctan t\,dt^2$$

$$=\int(1+t^2)\arctan t\,d(1+t^2)$$

$$=\frac{1}{2}\int\arctan t\,d(1+t^2)^2\text{（分部积分）}$$

$$=\frac{1}{2}\left[(1+t^2)^2\arctan t-\int(1+t^2)^2\frac{1}{1+t^2}dt\right]$$

$$=\frac{1}{2}\left[(1+t^2)^2\arctan t-\int(1+t^2)dt\right]$$

$$=\frac{1}{2}\left[(1+t^2)^2\arctan t-t-\frac{1}{3}t^3+C\right].$$

换回初始变量 $t=\sqrt{e^x-1}$，得

$$\text{上式}=\frac{1}{2}\left[(1+e^x-1)^2\arctan\sqrt{e^x-1}-\sqrt{e^x-1}-\frac{1}{3}(\sqrt{e^x-1})^3\right]+C\Big]$$

$$=\frac{1}{2}e^{2x}\arctan\sqrt{e^x-1}-\frac{1}{2}\sqrt{e^x-1}-\frac{1}{6}(e^x-1)^{\frac{3}{2}}+C.$$

例36 **【举一反三】** $\int e^{2x}\arctan(e^x-1)dx$.

解 令 $t=e^x-1$，则 $x=\ln(1+t)$，$dx=\frac{1}{1+t}dt$，于是

$$\begin{aligned}
\int e^{2x}\arctan(e^x-1)\mathrm{d}x &= \int (t+1)^2\arctan t\cdot\frac{1}{1+t}\mathrm{d}t \\
&= \int (t+1)\arctan t\,\mathrm{d}t \\
&= \frac{1}{2}\int \arctan t\,\mathrm{d}(t+1)^2 \\
&= \frac{1}{2}\left[(t+1)^2\arctan t-\int\frac{(1+t)^2}{1+t^2}\mathrm{d}t\right] \\
&= \frac{1}{2}[(t+1)^2\arctan t]-\frac{1}{2}\int\frac{1}{1+t^2}\mathrm{d}t-\frac{1}{2}\int\frac{2t}{1+t^2}\mathrm{d}t-\frac{1}{2}\int\frac{t^2+1-1}{1+t^2}\mathrm{d}t \\
&= \frac{1}{2}[(t+1)^2\arctan t]-\frac{1}{2}\arctan t-\frac{1}{2}\ln(1+t^2)-\frac{1}{2}t+\frac{1}{2}\arctan t+C \\
&= \frac{1}{2}e^{2x}\arctan(e^x-1)-\frac{1}{2}\ln[1+(e^x-1)^2]-\frac{1}{2}(e^x-1)+C.
\end{aligned}$$

分析 通过对近些年数三考研试题的考察，大多数关于不定积分的考研题中的被积函数中含有指数函数和反三角函数，且含有根号，多数情况下需要同时使用换元法和分部积分法.

模块六 自测试题

自测试题（一）

一、判断题(共 10 道小题)

1. 如果 $F(x)$是函数 $f(x)$的一个原函数，则 $F(x)+C(C\in\mathbf{R})$都是 $f(x)$的原函数.（　　）

2. 如果 $F(x)$是函数 $f(x)$的一个原函数，那么 $f(x)$的所有原函数是 $F(x)+C(C\in\mathbf{R})$.（　　）

3. 函数 $f(x)$的全体原函数称为 $f(x)$的不定积分.（　　）

4. 求函数 $f(x)$的不定积分就是求 $f(x)$的某个原函数.（　　）

5. 所有函数都可以求不定积分.（　　）

6. 初等函数都可以求不定积分.（　　）

7. 函数 $f(x)$的每一个原函数对应的曲线叫作 $f(x)$的积分曲线.（　　）

8. 两个函数的代数和的积分等于积分的代数和.（　　）

9. 函数 $f(x)$的所有原函数的切线相互平行.（　　）

10. 连续函数也可能没有原函数.（　　）

二、填空题(共 10 道小题)

1. 不定积分 $\int \mathrm{d}\cos x=$________.

2. 不定积分$\int (\sin x)'\mathrm{d}x=$________.

3. 微分 $\mathrm{d}[\int 2^x\mathrm{d}x]=$________.

4. 若 $f'(x)=(3x-4)(2+x)$，$f(1)=2$，则 $f(x)=$________.

5. 若曲线 $f(x)$经过点$(0,2)$，且其上任意一点的斜率为 $2x+\mathrm{e}^x$，则 $f(x)=$________.

6. 一物体做直线运动，已知加速度为 $3t^2-\sin t$，初始速度为 $v_0=3$，初始位移 $s_0=2$，则速度 v 和时间 t 的关系式为________，位移 s 和时间 t 的关系式为________.

7. 若函数 $f(x)$的一个原函数是 $2\mathrm{e}^{-x^2}$，则$\int f'(x)\mathrm{d}x=$________.

8. 若$\int f(x)\mathrm{d}x=\cos^2 x+C$，则$\int \frac{(\sin x+\cos x)^2}{1-f(x)}\mathrm{d}x=$________.

9. 已知$\int f(x)\mathrm{d}x=x\mathrm{e}^{-x}+C$，则$\int \frac{x-1}{f(x)}\mathrm{d}x=$________.

10. 不定积分$\int 2\,022^x\mathrm{d}x=$________.

三、单项选择题(共 10 道小题)

1. 设 $F_1(x)$，$F_2(x)$是区间 I 上连续函数 $f(x)$的两个不同的原函数，则在区间 I 上(　　).

(A) $F_1(x)+F_2(x)=C$　　(B) $F_1(x)-F_2(x)=C$

(C) $F_1(x)F_2(x)=C$　　(D) $F_1(x)=CF_2(x)$

2. 过点$\left(\frac{\pi}{4},4\right)$，切线方程为$\sec^2 x-\csc^2 x$ 的曲线为(　　).

(A) $y=\tan x-\cot x+3$　　(B) $y=\tan x+\cot x+3$

(C) $y=\tan x-\cot x+2$　　(D) $y=\tan x+\cot x+2$

3. 不定积分$\int \frac{1}{x(2\,022+2\,025\ln x)}\mathrm{d}x=$(　　).

(A) $\frac{1}{2\,025}\ln(2\,022+2\,025\ln x)+C$　　(B) $-\frac{1}{2\,025}\ln(2\,022+2\,025\ln x)+C$

(C) $\frac{1}{2\,022}\ln(2\,022+2\,025\ln x)+C$　　(D) $\frac{2\,022}{2\,025}\ln(2\,022+2\,025\ln x)+C$

4. 不定积分$\int \frac{1}{x(x^n+1)}\mathrm{d}x=$(　　).

(A) $\frac{1}{n}\ln\left|1+\frac{1}{x^n}\right|+C$　　(B) $-\frac{1}{n}\ln\left|1+\frac{1}{x^n}\right|+C$

(C) $\ln|x|-\frac{1}{n}\ln|1+x^n|$　　(D) $\ln|x|+\frac{1}{n}\ln|1+x^n|+C$

5. 不定积分 $\int \ln(2\,025x)\mathrm{d}x=($ $)$.

(A) $x\ln(2\,025x)-x+C$ (B) $x\ln(2\,025x)-2\,025x+C$

(C) $x\ln(2\,025x)+2\,025x+C$ (D) $x\ln(2\,025x)+x+C$

6. 不定积分 $\int x\mathrm{e}^{2\,022x}\mathrm{d}x=($ $)$.

(A) $\frac{1}{2\,022}x\mathrm{e}^{2\,022x}+\frac{1}{2\,022^2}\mathrm{e}^{2\,022x}+C$ (B) $\frac{1}{2\,022}x\mathrm{e}^{2\,022x}-\frac{1}{2\,022^2}\mathrm{e}^{2\,022x}+C$

(C) $\frac{1}{2\,022}x\mathrm{e}^{2\,022x}+\frac{1}{2\,022}\mathrm{e}^{2\,022x}+C$ (D) $\frac{1}{2\,022}x\mathrm{e}^{2\,022x}+\mathrm{e}^{2\,022x}+C$

7. 不定积分 $\int \frac{1}{8+x^3}\mathrm{d}x=($ $)$.

(A) $\frac{1}{12}\ln|x+2|-\frac{1}{24}\ln|x^2-2x+4|+\frac{\sqrt{3}}{12}\arctan\left(\frac{x-1}{\sqrt{3}}\right)+C$

(B) $\frac{1}{12}\ln|x-2|-\frac{1}{12}\ln|x^2-2x+4|+\frac{\sqrt{3}}{18}\arctan\left(\frac{x-1}{\sqrt{3}}\right)+C$

(C) $\frac{1}{12}\ln|x+2|-\frac{1}{24}\ln|x^2-2x+4|-\frac{\sqrt{3}}{12}\arctan\left(\frac{x-1}{\sqrt{3}}\right)+C$

(D) $\frac{1}{12}\ln|x+2|+\frac{1}{12}\ln|x^2-2x+4|-\frac{\sqrt{3}}{18}\arctan\left(\frac{x-1}{\sqrt{3}}\right)+C$

8. $I=\int \frac{3x-2}{x^2-4x+5}\mathrm{d}x=($ $)$.

(A) $\frac{2}{3}\ln|x^2-4x+5|+4\arctan(x-2)+C$

(B) $\frac{3}{2}\ln|x^2-4x+5|+4\arctan(x-2)+C$

(C) $\frac{2}{3}\ln|x^2-4x+5|+4\arctan(x+2)+C$

(D) $\frac{3}{2}\ln|x^2-4x+5|-4\arctan(x-2)+C$

9. 不定积分 $\int \frac{1}{x\sqrt{x^2+4x-4}}\mathrm{d}x=($ $)$.

(A) $-\frac{1}{2}\arcsin\frac{2-x}{\sqrt{2}\cdot x}+C$ (B) $\frac{1}{2}\arcsin\frac{2-x}{\sqrt{2}\cdot x}+C$

(C) $-\frac{1}{2}\arcsin\frac{x-2}{\sqrt{2}\cdot x}+C$ (D) $\frac{1}{2}\arcsin\frac{2+x}{\sqrt{2}\cdot x}+C$

10. 不定积分 $\int \frac{\arctan\mathrm{e}^x}{\mathrm{e}^{2x}}\mathrm{d}x=($ $)$.

(A) $-\frac{1}{2}\mathrm{e}^{-2x}\arctan\mathrm{e}^x+\frac{1}{2\mathrm{e}^x}-\frac{1}{2}\arctan\mathrm{e}^x+C$

(B) $-\frac{1}{2}e^{-2x}\arctan e^{x}+\frac{1}{2e^{2x}}+\frac{1}{2}\arctan e^{2x}+C$

(C) $\frac{1}{2}e^{-2x}\arctan e^{x}+\frac{1}{2e^{2x}}+\frac{1}{2}\arctan e^{2x}+C$

(D) $-\frac{1}{2}e^{-2x}\arctan e^{x}-\frac{1}{2e^{x}}-\frac{1}{2}\arctan e^{x}+C$

四、多项选择题(共 10 小题)

1. 已知 $F'(x)=f(x)$,则下列结论正确的是(　　).

(A) $\int dF(x)=F(x)$　　(B) $\int F'(x)dx=F(x)+C$

(C) $\left(\int f(x)dx\right)'=f(x)+C$　　(D) $d\left(\int f(x)dx\right)=f(x)$

(E) $\int f'(x)dx=F(x)+C$　　(F) $\int d\left(\int f(x)dx\right)=F(x)+C$

2. 已知 $F(x)$是 $f(x)$的一个原函数,则下列说法正确的是(　　).

(A) 函数 $F(x)$的图形称为 $f(x)$的一条积分曲线

(B) 曲线 $F(x)$沿着 y 轴平行移动,可以得到 $f(x)$的无限多条积分曲线

(C) 曲线 $F(x)$沿着 x 轴平行移动,可以得到 $f(x)$的无限多条积分曲线

(D) 在横坐标相同的点处,各积分曲线的切线相同

(E) 在横坐标相同的点处,各积分曲线的切线斜率相等

(F) $\int f(x)dx$ 从几何角度看是一族积分曲线

3. 已知 $f(x)$的一个原函数是$\frac{\sin x}{x}$,则 $I=\int x^3 f'(x)dx=$(　　).

(A) $x^2\cos x-4x\sin x-6\cos x+C$　　(B) $x^2\cos x+4x\sin x-6\cos x+C$

(C) $x^2\cos x-4x\sin x+6\cos x+C$　　(D) $x^2\cos x+4x\sin x+6\cos x+C$

(E) $(x^2-6)\cos x-4x\sin x+C$

4. 已知 $f(\sin^2 x)=\frac{x}{\sin x}$,则$\int\frac{\sqrt{x}}{\sqrt{1-x}}f(x)dx=$(　　).

(A) $2\sqrt{1-x}\arcsin\sqrt{x}-2\sqrt{x}+C$　　(B) $\sqrt{1-x}\arcsin\sqrt{x}+2\sqrt{x}+C$

(C) $-2\sqrt{1-x}\arcsin\sqrt{x}+2\sqrt{x}+C$　　(D) $-2\sqrt{1-x}\arcsin\sqrt{x}-2\sqrt{x}+C$

(E) $2(\sqrt{x}-\sqrt{1-x}\arcsin\sqrt{x})+C$

5. 下列说法正确的是(　　).

(A) 区间$[a,b]$上的连续函数一定可积　　(B) 区间$[a,b]$上的可导函数一定可积

(C) 区间$[a,b]$上的有界函数一定可积　　(D) 区间$[a,b]$上的可微函数一定可积

(E) 区间$[a,b]$上的初等函数不一定都可积

6. 下列不定积分计算正确的是(　　).

(A) $\int(2x-1)\mathrm{d}x=x^2-x$

(B) $\int 2^x\mathrm{d}x=\frac{1}{2^x\ln 2}+C$

(C) $\int \ln x\mathrm{d}x=\frac{1}{x}+C$

(D) $\int \cos x\mathrm{d}x=\sin x+C$

(E) $\int 2\,020\mathrm{d}x=2\,020x+C$

7. 下列积分中不能使用凑微分法进行积分的是(　　).

(A) $\int f(ax+b)\mathrm{d}x\ (a\neq 0)$

(B) $\int f(\ln x)\mathrm{d}x$

(C) $\int f(\mathrm{e}^x)\mathrm{d}x$

(D) $\int f\sin x)\cos x\mathrm{d}x$

(E) $\int f(\cot x)\csc^2 x\mathrm{d}x$

8. 下列不定积分计算正确的是(　　).

(A) $\int \sin x\cos x\mathrm{d}x=\frac{1}{2}\sin^2 x+C$

(B) $\int \sin x\cos x\mathrm{d}x=-\frac{1}{2}\cos^2 x+C$

(C) $\int \sin x\cos x\mathrm{d}x=-\frac{1}{4}\cos 2x+C$

(D) $\int \sin x\cos x\mathrm{d}x=\frac{1}{4}\sin 2x+C$

(E) $\int \sin x\cos x\mathrm{d}x=\frac{1}{4}\sin 2x\cos 2x+C$

9. 下列不定积分计算正确的是(　　).

(A) $\int\frac{1}{2\,020^2+x^2}\mathrm{d}x=\frac{1}{2\,020}\arctan\frac{x}{2\,020}+C$

(B) $\int\frac{1}{2\,020^2-x^2}\mathrm{d}x=\frac{1}{4\,040}\ln\left|\frac{2\,020+x}{2\,020-x}\right|+C$

(C) $\int\frac{1}{\sqrt{2\,020^2-x^2}}\mathrm{d}x=\arcsin\frac{x}{2\,020}+C$

(D) $\int\frac{1}{\sqrt{2\,020^2+x^2}}\mathrm{d}x=\ln\left|x+\sqrt{2\,020^2+x^2}\right|+C$

(E) $\int\frac{1}{\sqrt{x^2-2\,020^2}}\mathrm{d}x=\ln\left|x-\sqrt{x^2-2\,020^2}\right|+C$

10. 某课桌生产厂家生产的课桌总成本 C 是产量 x 的函数，固定成本为 5 000 元，边际成本为 $C'(x)=2x-120$，则下列说法正确的是(　　).

(A) 总成本函数为 $C(x)=x^2-120x+5\,000$

(B) 可变本函数为 $C_1(x)=x^2-120x$

(C) 总成本最低时的产量为 $x=60$

(D) 在生产数量 $x=100$ 时，再多生产一个课桌增加的成本为 8 元

(E) 以上说法都不正确

五、计算题(共 4 道小题)

1. 计算不定积分 $\int \sec^6 \mathrm{d}x$.

2. 计算不定积分 $\int \frac{1}{\sqrt{x+2}+\sqrt[3]{x+2}}\mathrm{d}x$.

3. 计算不定积分 $\int \frac{1}{\sqrt{8-2x-x^2}}\mathrm{d}x$.

4. 计算不定积分 $\int \ln(1-\sqrt{x})\mathrm{d}x$.

六、综合题(共 2 道小题)

1. 求不定积分 $\int \max\{|x|,1\}\mathrm{d}x$.

2. 设 $\int \mathrm{e}^x f(\mathrm{e}^x)\mathrm{d}x=\frac{1}{2+\mathrm{e}^{3x}}+C$，求 $\int \mathrm{e}^{2x} f'(\mathrm{e}^x)\mathrm{d}x$.

自测试题（二）

一、判断题(共 10 道小题)

1. 初等函数在其有定义的区间上都有原函数.(　　)

2. $\int af(x)\mathrm{d}x=a\int f(x)\mathrm{d}x\,(a\in \mathbf{R})$.(　　)

3. 函数 $f(x)$ 的所有原函数对应的曲线构成 $f(x)$ 的积分曲线族.(　　)

4. 函数 $f(x)$ 若有原函数，则其所有原函数都可微.(　　)

5. 函数 $f(x)$ 的任意原函数都是有界函数.(　　)

6. 无界函数在任意区间上都不可积.(　　)

7. $\int \left[\int f(x)\mathrm{d}x\right]'\mathrm{d}x=f(x)+C$.(　　)

8. $\int \mathrm{d}F(2x)=2F(2x)+C$.(　　)

9. $\int F'(x+a)\mathrm{d}x=F(x+a)+C$.(　　)

10. $\mathrm{d}\left[\int f(x-2)\mathrm{d}x\right]=f(x-2)$.(　　)

二、填空题(共 10 道小题)

1. 不定积分 $\int \mathrm{d}(2^x)=$________.

2. 不定积分 $\int (\cos x)'\mathrm{d}x=$________.

3. 微分 $\mathrm{d}\left[\int x^{2\,020}\mathrm{d}x\right]=$________.

4. 若 $f'(x)=x^2+\mathrm{e}^x$，$f(0)=2$，则 $f(x)=$________.

5. 若曲线 $f(x)$ 经过点(1,3)，且其上任意一点的斜率为 $2x+\frac{1}{x}$，则 $f(x)=$________.

6. 一物体做直线运动，已知加速度为 t^2+2^t，初始速度为 $v_0=\frac{1}{\ln 2}$，初始位移 $s_0=1$，则 $t=1$ 时的速度________，位移=________.

7. 若函数 $f(x)$ 的一个原函数是 $k\mathrm{e}^{-x^2}(k\neq 0)$，则 $\int f'(x)\mathrm{d}x=$________.

8. 若 $\int f(x)\mathrm{d}x=\sin^2 x+2^x+C$，则 $\int \frac{(\sin x+\cos x)^2}{f(x)-2^x\ln 2+1}\mathrm{d}x=$________.

9. 已知 $\int f(x)\mathrm{d}x=2x\mathrm{e}^{-x^2}+C$，则 $\int \frac{x(2x^2-1)}{f(x)}\mathrm{d}x=$________.

10. 不定积分 $\int(\sqrt{x}-\sqrt[3]{x-1})\mathrm{d}x=$________.

三、单项选择题(共 10 道小题)

1. 已知 $F'(x)=f(x)$，则 $\mathrm{d}\int \mathrm{d}F(x)=$(　　).

(A) $f(x)\mathrm{d}x$　　(B) $F(x)\mathrm{d}x$　　(C) $f(x)+C$　　(D) $F(x)+C$

2. 若 $kx^2\mathrm{e}^{2x}$ 是 $2x\mathrm{e}^{2x}(1+x)$ 的原函数，则 $k=$(　　).

(A) -1　　(B) 1

(C) -2　　(D) 2

3. 已知 $f(x)$ 是连续函数，$F(x)$ 是 $f(x)$ 的一个原函数，则下列结论正确的是(　　).

(A) $\int f(2x+1)\mathrm{d}x=F(2x+1)+C$　　(B) $\int f(x^{2\,025})x^{2\,024}\mathrm{d}x=\frac{1}{2\,024}F(x^{2\,025})+C$

(C) $\int f(\ln 2x)\frac{1}{x}\mathrm{d}x=F(\ln 2x)+C$　　(D) $\int f(\sin x)\cos x\mathrm{d}x=F(\cos x)+C$

4. 已知 $f'(\log_2 x)=2-x$,则 $f(x)=($　　$)$.

(A) $f(x)=2x-\dfrac{2^x}{\ln 2}+C$　　(B) $f(x)=2x-2^x\ln 2+C$

(C) $f(x)=2x-2^x+C$　　(D) $f(x)=2x+\dfrac{2^x}{\ln 2}+C$

5. 不定积分 $\int xf''(x)\mathrm{d}x=($　　$)$.

(A) $xf'(x)-\int f(x)\mathrm{d}x$　　(B) $xf(x)-f(x)+C$

(C) $xf'(x)-f(x)+C$　　(D) $f(x)-xf'(x)+C$

6. 已知 $f(x)$的一个原函数为 e^{-x^2},则 $\int xf'(x)\mathrm{d}x=($　　$)$.

(A) $-2x^2\mathrm{e}^{-x^2}+\mathrm{e}^{-x^2}+C$　　(B) $2x^2\mathrm{e}^{-x^2}-\mathrm{e}^{-x^2}+C$

(C) $-2x^2\mathrm{e}^{-x^2}-\mathrm{e}^{-x^2}+C$　　(D) $2x^2\mathrm{e}^{-x^2}+\mathrm{e}^{-x^2}+C$

7. 不定积分 $\int\dfrac{\mathrm{e}^{3x}+1}{\mathrm{e}^x+1}\mathrm{d}x=($　　$)$.

(A) $\dfrac{1}{2}\mathrm{e}^{2x}-\mathrm{e}^x-x+C$　　(B) $\dfrac{1}{2}\mathrm{e}^{2x}+\mathrm{e}^x+x+C$

(C) $\dfrac{1}{2}\mathrm{e}^{2x}-\mathrm{e}^x+x+C$　　(D) $\dfrac{1}{2}\mathrm{e}^{2x}+\mathrm{e}^x-x+C$

8. $\int x(x+1)^{2\,025}\mathrm{d}x=($　　$)$.

(A) $\dfrac{1}{2\,026}(x+1)^{2\,026}+C$

(B) $\dfrac{1}{2\,026}(x+1)^{2\,026}-\dfrac{1}{2\,025}(x+1)^{2\,025}+C$

(C) $\dfrac{1}{2\,027}(x+1)^{2\,027}+\dfrac{1}{2\,026}(x+1)^{2\,026}+C$

(D) $\dfrac{1}{2\,027}(x+1)^{2\,027}-\dfrac{1}{2\,026}(x+1)^{2\,026}+C$

9. 已知 $f'(\tan x)=\cos x$,则 $f(\tan x)=($　　$)$.

(A) $\sin x+C$　　(B) $\cos x+C$

(C) $\ln|\sec x-\tan x|+C$　　(D) $\ln|\sec x+\tan x|+C$

10. 若 $\int\dfrac{f(\sqrt{x})}{x}\mathrm{d}x=x\sin\sqrt{x}-\int\dfrac{\sin\sqrt{x}}{x}\mathrm{d}x$,则 $f(x)=($　　$)$.

(A) $x^2\sin x^2+\dfrac{x^2}{2}\cos x$　　(B) $\sqrt{x}\sin x^2+\dfrac{x^3}{2}(\cos x-1)$

(C) $(x^2-1)\sin x+\dfrac{x^3}{2}\cos x$　　(D) $(x^2-1)\sin x+\dfrac{x^2}{2}\cos\sqrt{x}$

四、多项选择题(共10道小题)

1. 设函数 $F(x)$ 是函数 $f(x)$ 的原函数,则下列说法错误的是(　　).

(A) 若 $f(x)$ 是连续奇函数,则 $F(x)$ 必为偶函数

(B) 若 $f(x)$ 是偶函数,则 $F(x)$ 必为奇函数

(C) 若 $f(x)$ 是有界函数,则 $F(x)$ 必为有界函数

(D) 若 $f(x)$ 是单调函数,则 $F(x)$ 必为单调函数

(E) 若 $f(x)$ 是初等函数,则 $F(x)$ 必为初等函数

2. 函数 $f(x)$ 的导数为 $\frac{1}{2x}$,且满足 $f(1)=1+\frac{1}{2}\ln 2$,则有(　　).

(A) $f(x)=2\ln x+\frac{1}{2}\ln 2+1$　　(B) $f(x)=\frac{1}{2}\ln 2x$

(C) $f(x)=\frac{1}{2}\ln 2x+C$　　(D) $f(x)=\frac{1}{2}\ln|2x|+1$

(E) $f(x)=\frac{1}{2}\ln|x|+\frac{1}{2}\ln 2+1$

3. 函数 $f(x)$ 在某区间 I 上一定存在原函数的充分条件是(　　).

(A) $f(x)$ 在区间 I 上每一点都有极限

(B) $f(x)$ 在区间 I 上连续

(C) $f(x)$ 在区间 I 上有界

(D) $f(x)$ 在区间 I 上有无穷个间断点

(E) $f(x)$ 在区间 I 上可导

4. 下列函数的原函数能用初等函数表示的是(　　).

(A) e^{-x^2}　　(B) $\frac{1}{\ln x}$　　(C) $\frac{1}{\sqrt{1+x^3}}$

(D) $\frac{\ln x}{x}$　　(E) $\frac{\sin x}{x}$　　(F) $\frac{x^2}{\sqrt{1+x^3}}$

5. 下列说法正确的是(　　).

(A) 一个函数若可导,则其导函数不一定唯一

(B) 一个函数若有原函数,则其原函数不一定唯一

(C) 一个函数若可积,则其不定积分表达式唯一

(D) 基本初等函数都有原函数

(E) 初等函数都有初等函数形式的原函数

6. 下列不定积分计算正确的是(　　).

(A) $\int(x^2+1)\mathrm{d}x=x^3+x+C$

(B) $\int 2\,020^x\mathrm{d}x=\frac{2\,020^x}{\ln 2\,020}+C$

(C) $\int \frac{\ln x}{x}dx=\frac{1}{2}\ln^2 x+C$

(D) $\int \cos 2x\,dx=\sin 2x+C$

(E) $\int \sin x\,dx=\cos x+C$

7. 下列积分中能使用凑微分法进行积分的是(　　).

(A) $\int f(ax^n+b)dx\,(a\neq 0)$

(B) $\int f(\tan x)dx$

(C) $\int f(\arctan x)\frac{1}{1+x^2}dx$

(D) $\int \frac{f'(x)}{f(x)}dx$

(E) $\int f(\arcsin x)\csc^2 x\,dx$

8. 设 $\int x^2 f(x)dx=\arctan x+C$，则下列结论正确的是(　　).

(A) $f(x)=\frac{1}{x^2+x^4}+C$

(B) $f(x)=\frac{\arctan x}{x^2}+C$

(C) $\int \frac{1}{f(x)}dx=\frac{1}{3}x^3+\frac{1}{5}x^5+C$

(D) $\int f(x)dx=-\frac{1}{x}-\arctan x+C$

(E) $\int (1+x^2)f(x)dx=-\frac{1}{x}+C$

9. 下列积分计算正确的是(　　).

(A) $\int f'(2x+3)dx=\frac{1}{2}f(2x+3)+C$

(B) $\int xf'(x)dx=xf(x)-f(x)+C$

(C) $\int xf''(x)dx=xf'(x)-f(x)+C$

(D) $\int f'(x)f''(x)dx=\frac{1}{2}(f'(x))^2+C$

(E) $\int f(x)f''(x)dx=f(x)f'(x)-\frac{1}{2}(f'(x))^2+C$

10. 已知某品牌饮料的需求函数的变化率为 $Q'(P)=-\ln 2\,\dfrac{100}{2^P}$，最大需求量为 500，则下列说法正确的是(　　).

(A) 需求函数为 $Q(P)=100\times 2^{-P}+400$

(B) 需求函数为 $Q(P)=-100\times 2^{-P}+400$

(C) 需求函数是递增函数

(D) 价格为 2 时需求价格弹性为 $-\dfrac{2\ln 2}{17}$

(E) 以上说法都不正确

五、计算题(共 4 道小题)

1. 计算不定积分 $\displaystyle\int\frac{2\ 021\ln x-2\ 021}{(\ln x)^2}\mathrm{d}x$.

2. 计算不定积分 $\displaystyle\int\frac{1}{\sqrt{1+\mathrm{e}^{2x}}}\mathrm{d}x$.

3. 计算不定积分 $\displaystyle\int\frac{\mathrm{e}^{\arctan x}}{(1+x^2)^2}\mathrm{d}x$.

4. 计算不定积分 $\displaystyle\int\frac{\arctan \mathrm{e}^{2x}}{\mathrm{e}^{4x}}\mathrm{d}x$.

六、综合题(共 2 道小题)

1. 求不定积分 $\displaystyle\int\max\{x^3,x^2,1\}\mathrm{d}x$.

2. 已知 $F(x)$ 是函数 $y=\mathrm{e}^{x^2}$ 的一个原函数，求不定积分 $\displaystyle\int x^2 3^{x^2}\mathrm{d}x$.

第六章 定 积 分

模块一 本章框架图

本章主要讨论定积分的基本理论(包括定积分的概念、基本性质以及微积分基本定理)、定积分的计算方法(换元积分法和分部积分法) 以及定积分的应用(包括利用定积分求平面图形的面积、求旋转体的体积,以及定积分在经济学中的简单应用). 此外,本章最后对广义积分(无穷限积分和瑕积分) 以及 Γ 函数给予了简单介绍.

本章内容框架图如下:

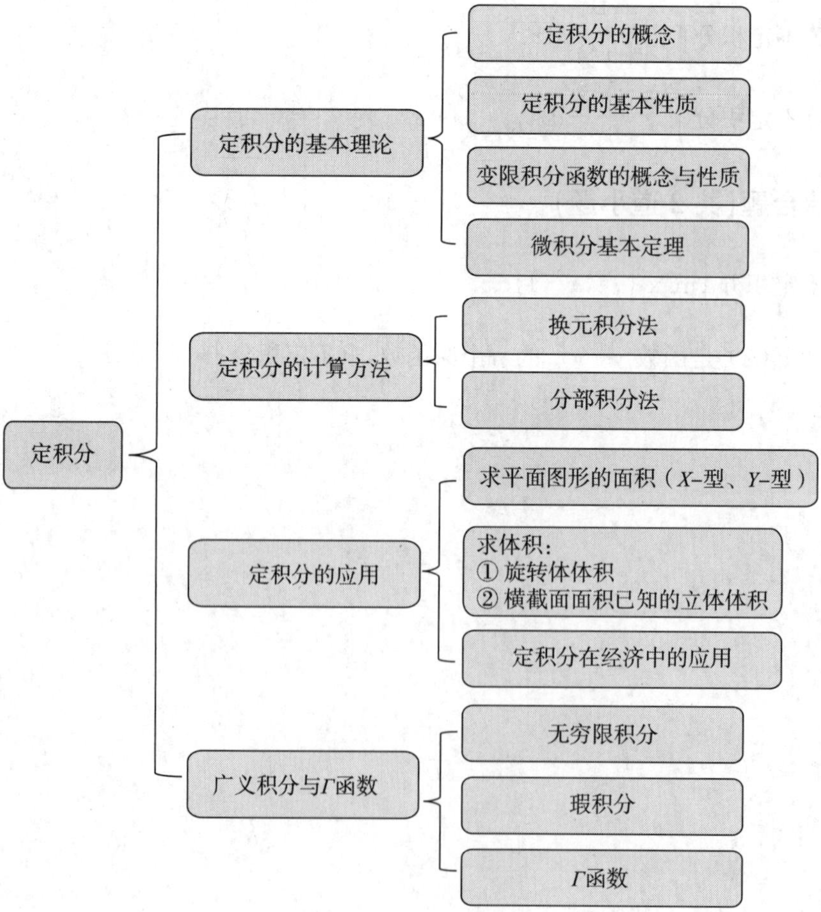

模块二 知识点梳理

一、基本概念

1. 定积分概念的引入 —— 求曲边梯形的面积

求区间$[a,b]$上由$f(x)(f(x)\geqslant 0)$，$x=a$，$x=b$，以及x轴围成的曲边图形(如图6.1所示)的面积的步骤：

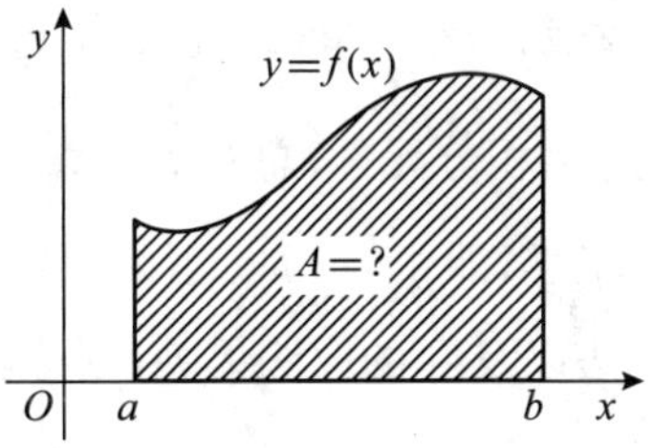

图 6.1

步骤 1:分割

把区间$[a,b]$用$n-1$个分点$a=x_0<x_1<x_2<\cdots<x_{n-1}<x_n=b$分成$n$个小区间：$[x_0,x_1]$，$[x_1,x_2]$，…，$[x_{n-1},x_n]$，小区间长度记作$\Delta x_i=x_i-x_{i-1}(i=1,2,\cdots,n)$. 过点$x_i$做$y$轴的平行线，将曲边梯形分割成$n$个小曲边梯形，分别记它们的面积为$\Delta S_i(i=1,2,\cdots,n)$，则整个曲边梯形的面积$S$等于

$$S=\Delta S_1+\Delta S_2+\cdots+\Delta S_n.$$

步骤 2:取点(近似替代)

在$[x_{i-1},x_i]$上任取一点ξ_i，当函数$f(x)$连续，且分割得较细时，每个小区间内$f(x)$的值变化不大，故第i个小区间上的曲边梯形的面积可以用矩形面积近似替代(如图 6.2 所示)：

$$\Delta S_i\approx f(\xi_i)\Delta x_i(i=1,2,\cdots,n).$$

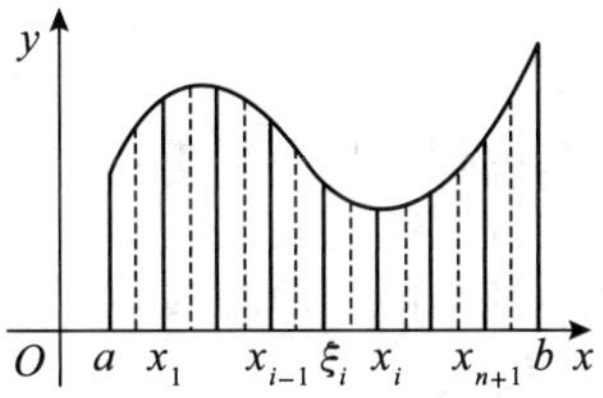

图 6.2

步骤 3:求和

将n个小矩形的面积加起来，得到的和是曲边梯形的近似值：

$$S\approx\sum_{i=1}^{n}\Delta S_i=\sum_{i=1}^{n}f(\xi_i)\Delta x_i.$$

步骤 4:取极限

若想分割无限加细,则需要最长小区间的长度无限小,故记 $\lambda=\max\limits_{1\leqslant i\leqslant n}\{\Delta x_i\}$,当 $\lambda\to 0$ 时,分割无限加细,此时

$$S=\lim_{\lambda\to 0}\sum_{i=1}^{n}f(\xi_i)\Delta x_i.$$

2. 定积分的基本定义

如果函数 $f(x)$ 在区间$[a,b]$上有定义,用点 $a=x_0<x_1<x_2<\cdots<x_{n-1}<x_n=b$ 将区间$[a,b]$分成 n 个小区间:$[x_0,x_1]$,$[x_1,x_2]$,$\cdots$,$[x_{n-1},x_n]$,每个小区间的长度为 $\Delta x_i=x_i-x_{i-1}(i=1,2,\cdots,n)$,在每个小区间$[x_{i-1},x_i]$上任取一点$\xi_i(x_{i-1}\leqslant\xi_i\leqslant x_i)$,则乘积 $f(\xi_i)\Delta x_i(i=1,2,\cdots,n)$ 称为积分元素,总和 $S_n=\sum\limits_{i=1}^{n}f(\xi_i)\Delta x_i$ 称为积分和. 当 n 无限增大,而 Δx_i 中长度最大者趋于零,即 $\lambda=\max\limits_{1\leqslant i\leqslant n}\{\Delta x_i\}\to 0$ 时,若总和 S_n 的极限存在,且此极限值与区间$[a,b]$的分割方法以及ξ_i 的取法无关,则称函数 $f(x)$ 在区间$[a,b]$上是可积的,并将此极限值称为函数 $f(x)$ 在区间$[a,b]$上的定积分,记作 $\int_a^b f(x)\mathrm{d}x$,即

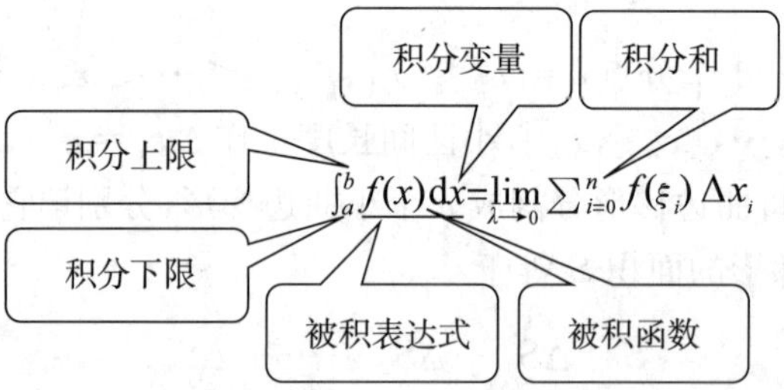

注意: 如果积分和的极限存在,则此极限是常量,它只与被积函数和区间$[a,b]$有关,而与积分变量用什么字母表示无关,即$\int_a^b f(x)\mathrm{d}x=\int_a^b f(t)\mathrm{d}t=\int_a^b f(u)\mathrm{d}u$.

3. 变限积分函数

设 $f(x)$ 在$[a,b]$上可积,那么定积分$\int_a^x f(t)\mathrm{d}t,x\in[a,b]$是其上限 x(定义在$[a,b]$上)的函数,称为变上限积分函数. 同理,$\int_x^b f(t)\mathrm{d}t,x\in[a,b]$称为变下限积分函数.

4. 无穷限积分的定义

定义 1 设函数 $f(x)$ 在区间$[a,+\infty)$上有定义,且对任意的实数 $b(b>a)$,$f(x)$ 在区间$[a,b]$上可积,则称符号$\int_a^{+\infty}f(x)\mathrm{d}x$ 为 $f(x)$ 在区间$[a,+\infty)$上的无穷限积分. 若极限 $\lim\limits_{b\to+\infty}\int_a^b f(x)\mathrm{d}x$ 存在,则称无穷限积分$\int_a^{+\infty}f(x)\mathrm{d}x$ 收敛,且定义极限值为该无穷限积分的值,记为

$$\int_a^{+\infty} f(x)\mathrm{d}x = \lim_{b\to+\infty}\int_a^b f(x)\mathrm{d}x.$$

若极限 $\lim\limits_{b\to+\infty}\int_a^b f(x)\mathrm{d}x$ 不存在，则称无穷限积分 $\int_a^{+\infty} f(x)\mathrm{d}x$ 发散.

注意： 当无穷限积分 $\int_a^{+\infty} f(x)\mathrm{d}x$ 发散时，$\int_a^{+\infty} f(x)\mathrm{d}x$ 只是一个符号，没有数值意义.

定义 2 设函数 $f(x)$ 在区间 $(-\infty,b]$ 上有定义，且对任意的实数 $a(a<b)$，$f(x)$ 在区间 $[a,b]$ 上可积，则称符号 $\int_{-\infty}^b f(x)\mathrm{d}x$ 为 $f(x)$ 在区间 $(-\infty,b]$ 上的无穷限积分. 若极限 $\lim\limits_{a\to-\infty}\int_a^b f(x)\mathrm{d}x$ 存在，则称无穷限积分 $\int_{-\infty}^b f(x)\mathrm{d}x$ 收敛，且定义极限值为该无穷限积分的值，记为

$$\int_{-\infty}^b f(x)\mathrm{d}x = \lim_{a\to-\infty}\int_a^b f(x)\mathrm{d}x.$$

否则称无穷限积分 $\int_{-\infty}^b f(x)\mathrm{d}x$ 发散.

定义 3 设函数 $f(x)$ 在区间 $(-\infty,+\infty)$ 上有定义，且对任意的实数 c，积分

$$\int_c^{+\infty} f(x)\mathrm{d}x \text{ 和 } \int_{-\infty}^c f(x)\mathrm{d}x$$

都收敛，则称无穷限积分 $\int_{-\infty}^{+\infty} f(x)\mathrm{d}x$ 收敛，记作

$$\int_{-\infty}^{+\infty} f(x)\mathrm{d}x = \int_{-\infty}^c f(x)\mathrm{d}x + \int_c^{+\infty} f(x)\mathrm{d}x.$$

否则，无穷限积分 $\int_c^{+\infty} f(x)\mathrm{d}x$ 和 $\int_{-\infty}^c f(x)\mathrm{d}x$ 中至少有一个发散，于是称无穷限积分 $\int_{-\infty}^{+\infty} f(x)\mathrm{d}x$ 发散.

5. 瑕积分的定义

定义 1 若 $f(x)$ 在区间 $(a,b]$ 上有定义，且 $f(x)$ 在 $x\to a^+$ 时无界，对任意的 $\varepsilon>0(0<\varepsilon<b-a)$，$f(x)$ 在区间 $[a+\varepsilon,b]$ 上可积，则称 a 为函数 $f(x)$ 的瑕点，称 $\int_a^b f(x)\mathrm{d}x$ 为函数 $f(x)$ 在区间 $(a,b]$ 上的**瑕积分**. 若极限

$$\lim_{\varepsilon\to0^+}\int_{a+\varepsilon}^b f(x)\mathrm{d}x$$

存在，则称瑕积分 $\int_a^b f(x)\mathrm{d}x$ 收敛，并称此极限值为该瑕积分的值，即

$$\int_a^b f(x)\mathrm{d}x = \lim_{\varepsilon\to0^+}\int_{a+\varepsilon}^b f(x)\mathrm{d}x.$$

否则，若极限$\lim\limits_{\varepsilon\to0^+}\int_{a+\varepsilon}^{b}f(x)\mathrm{d}x$ 不存在，则称瑕积分$\int_a^b f(x)\mathrm{d}x$ 发散.

定义 2 若$f(x)$在区间$[a,b)$上有定义，且$f(x)$在$x\to b^-$时无界，对任意的$\varepsilon>0(0<\varepsilon<b-a)$，$f(x)$在区间$[a,b-\varepsilon]$上可积，则称$b$为函数$f(x)$的瑕点，称$\int_a^b f(x)\mathrm{d}x$为函数$f(x)$在区间$[a,b)$上的**瑕积分**. 若极限

$$\lim_{\varepsilon\to0^+}\int_a^{b-\varepsilon}f(x)\mathrm{d}x$$

存在，则称瑕积分$\int_a^b f(x)\mathrm{d}x$ 收敛，并称此极限值为该瑕积分的值，即

$$\int_a^b f(x)\mathrm{d}x=\lim_{\varepsilon\to0^+}\int_a^{b-\varepsilon}f(x)\mathrm{d}x.$$

否则，若极限$\lim\limits_{\varepsilon\to0^+}\int_a^{b-\varepsilon}f(x)\mathrm{d}x$ 不存在，则称瑕积分$\int_a^b f(x)\mathrm{d}x$ 发散.

定义 3 设$f(x)$在区间$[a,b]$上有定义，$c\in[a,b]$，且$f(x)$在$x\to c$时无界，则当瑕积分$\int_a^c f(x)\mathrm{d}x$ 和$\int_c^b f(x)\mathrm{d}x$ 都收敛时，称瑕积分$\int_a^b f(x)\mathrm{d}x$ 收敛，且

$$\begin{aligned}\int_a^b f(x)\mathrm{d}x&=\int_a^c f(x)\mathrm{d}x+\int_c^b f(x)\mathrm{d}x\\&=\lim_{\varepsilon\to0^+}\int_a^{c-\varepsilon}f(x)\mathrm{d}x+\lim_{\varepsilon\to0^+}\int_{c+\varepsilon}^{b}f(x)\mathrm{d}x.\end{aligned}$$

否则，若瑕积分$\int_a^c f(x)\mathrm{d}x$ 和 $\int_c^b f(x)\mathrm{d}x$ 中至少有一个发散，则称瑕积分$\int_a^b f(x)\mathrm{d}x$ 发散.

6. 绝对收敛

若函数$f(x)$在任何有限区间$[a,b]$上可积，且无穷限积分$\int_a^{+\infty}|f(x)|\mathrm{d}x\left(\int_{-\infty}^{c}|f(x)|\mathrm{d}x,\int_{-\infty}^{+\infty}|f(x)|\mathrm{d}x\right)$ 收敛，则称无穷限积分$\int_a^{+\infty}f(x)\mathrm{d}x\left(\int_{-\infty}^{c}f(x)\mathrm{d}x,\int_{-\infty}^{+\infty}f(x)\mathrm{d}x\right)$ 绝对收敛，其中c为任意实数.

注意： 若无穷限积分绝对收敛，则其本身一定收敛.

7. 条件收敛

若函数$f(x)$在任何有限区间$[a,b]$上可积，且无穷限积分$\int_a^{+\infty}f(x)\mathrm{d}x\left(\int_{-\infty}^{c}f(x)\mathrm{d}x,\int_{-\infty}^{+\infty}f(x)\mathrm{d}x\right)$收敛，$\int_a^{+\infty}|f(x)|\mathrm{d}x\left(\int_{-\infty}^{c}|f(x)|\mathrm{d}x,\int_{-\infty}^{+\infty}|f(x)|\mathrm{d}x\right)$发散，则称无穷限积分$\int_a^{+\infty}f(x)\mathrm{d}x\left(\int_{-\infty}^{c}f(x)\mathrm{d}x,\int_{-\infty}^{+\infty}f(x)\mathrm{d}x\right)$条件收敛，其中$c$为任意实数.

说明 任何一个无穷限积分，要么发散，要么条件收敛，要么绝对收敛，三者必居其一.

8. Γ 函数

广义积分$\int_0^{+\infty}x^{\alpha-1}\mathrm{e}^{-x}\mathrm{d}x$ 称为参变量是α 的**Γ 函数**. 记为

$$\Gamma(\alpha)=\int_{0}^{+\infty}x^{\alpha-1}\mathrm{e}^{-x}\,\mathrm{d}x$$

$\boldsymbol{\Gamma(\alpha)}$ 的定义域:使得广义积分$\int_{0}^{+\infty}x^{\alpha-1}\mathrm{e}^{-x}\,\mathrm{d}x$ 收敛的α，所以$\alpha>0$.

二、性质与定理

1. 定积分的几何意义

若连续函数 $f(x)\geqslant 0$，则定积分$\int_a^b f(x)\mathrm{d}x$ 描述的是由曲线$f(x)$,$x=a$,$x=b$,以及x 轴围成的曲边图形的面积(如图 6.3 所示),即

$$S=\int_a^b f(x)\mathrm{d}x.$$

若连续函数 $f(x)\leqslant 0$，则定积分$\int_a^b f(x)\mathrm{d}x$ 描述的是由曲线$f(x)$,$x=a$,$x=b$,以及x 轴围成的曲边图形的面积的负值(如图 6.4 所示),即

$$S=-\int_a^b f(x)\mathrm{d}x.$$

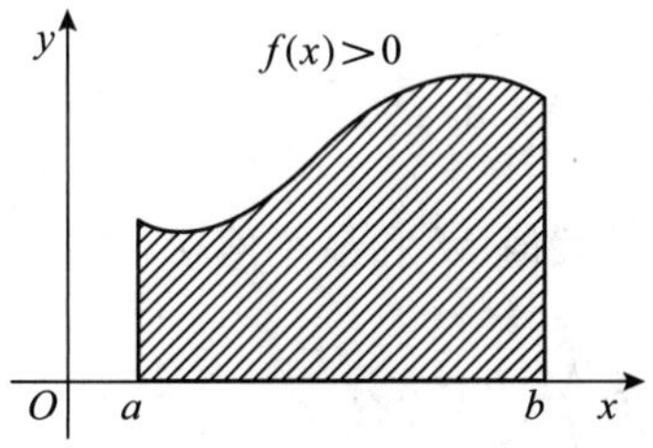

图 6.3

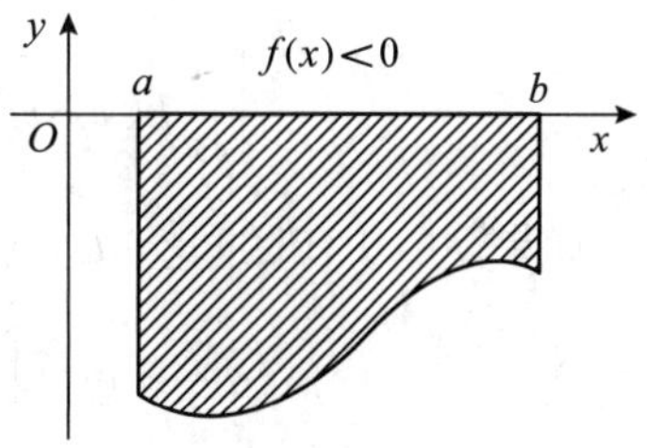

图 6.4

若连续函数 $f(x)$ 在区间$[a,b]$ 上有正有负，则定积分$\int_a^b f(x)\mathrm{d}x$ 表示的是由曲线$f(x)$,$x=a$,$x=b$,以及x 轴围成的曲边图形的面积的代数和(如图 6.5 所示):

$$\int_a^b f(x)\mathrm{d}x=A_1-A_2+A_3-A_4.$$

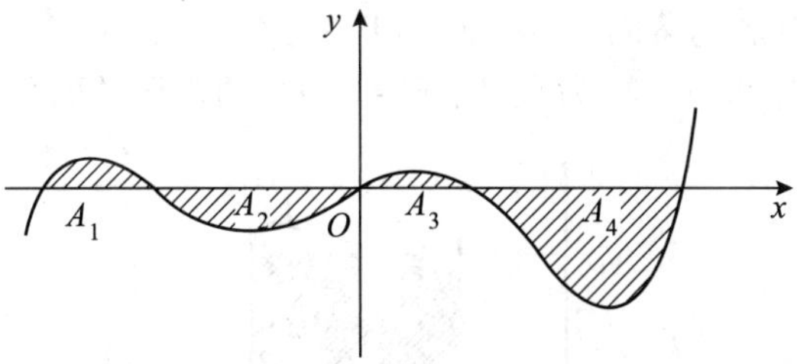

图 6.5

2. 定积分的基本性质

在以下性质中,所给的定积分均存在.

性质 1 $\int_a^a f(x)\mathrm{d}x = 0$ (**积分上、下限相同时积分值为零**).

性质 2 $\int_b^a f(x)\mathrm{d}x = -\int_a^b f(x)\mathrm{d}x$(**交换积分上、下限,积分符号发生改变**).

性质 3(线性组合性质) $\int_a^b [kf(x) \pm lg(x)]\mathrm{d}x = k\int_a^b f(x)\mathrm{d}x \pm l\int_a^b g(x)\mathrm{d}x(k,l \in \mathbf{R})$.

性质 4(积分区域可加性) $\int_a^b f(x)\mathrm{d}x = \int_a^c f(x)\mathrm{d}x + \int_c^b f(x)\mathrm{d}x$.

注意: 不论 a,b,c 的大小关系如何,上式总成立.

性质 5 $\int_a^b k\mathrm{d}x = k(b-a)$,$\int_a^b 1\mathrm{d}x = b-a$ (**常数的积分等于常数本身乘以区间长度**).

性质 6(非负性质) 如果 $f(x) \geqslant 0$,则$\int_a^b f(x)\mathrm{d}x \geqslant 0(a \leqslant b)$.

性质 7(不等式性质) 如果 $f(x) \leqslant g(x)$,则$\int_a^b f(x)\mathrm{d}x \leqslant \int_a^b g(x)\mathrm{d}x(a \leqslant b)$.

性质 8 如果 $f(x)$ 在区间$[a,b]$上可积,则 $|f(x)|$ 在区间$[a,b]$上可积,且

$$\left|\int_a^b f(x)\mathrm{d}x\right| \leqslant \int_a^b |f(x)|\mathrm{d}x.$$

性质 9 如果 $f(x)$ 在区间$[a,b]$上可积且有最大值 M 和最小值 m,则

$$m(b-a) \leqslant \int_a^b f(x)\mathrm{d}x \leqslant M(b-a).$$

注意: 性质 9 一般用来估计积分的取值范围.

性质 10(积分中值定理) 如果 $f(x)$ 在区间$[a,b]$上连续,则在区间$[a,b]$上至少存在一点 ξ,使得

$$\int_a^b f(x)\mathrm{d}x = f(\xi)(b-a).$$

【几何解释】性质 10 表明区间$[a,b]$上的非负连续函数 $f(x)$ 与 $x=a$,$x=b$ 形成的曲边梯形的面积等于某一个以 $b-a$ 为底、以 $f(\xi)$ 为高的矩形的面积(如图 6.6 所示).

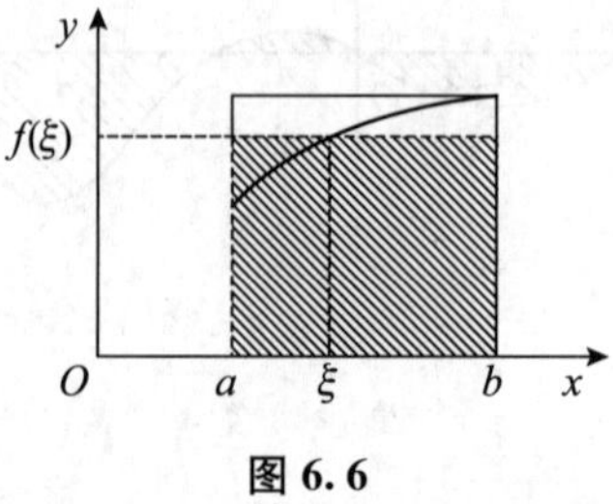

图 6.6

3. 微积分基本定理

定理 1 如果函数 $f(x)$ 在区间$[a,b]$上可积，令 $F(x)=\int_a^x f(t)\mathrm{d}t$，$F(x)$ 称为积分上限函数，则 $F(x)$ 在$[a,b]$上连续.

定理 2 如果函数 $f(x)$ 在区间$[a,b]$上连续，则 $F(x)=\int_a^x f(t)\mathrm{d}t$ 在$[a,b]$上连续可导，且

$$F'(x)=\left[\int_a^x f(t)\mathrm{d}t\right]'=f(x),x\in[a,b].$$

注意：这里需要注意的是，若函数 $f(x)$ 在区间$[a,b]$上可积(可能不连续，但是有有限个间断点也可积)，则 $F(x)=\int_a^x f(t)\mathrm{d}t$ 在$[a,b]$上只是连续，不一定可导. 若要 $F(x)$ 可导，则 $f(x)$ 必须在区间$[a,b]$上连续.

定理 3 如果函数 $f(x)$ 在区间$[a,b]$上连续，$u(x)$，$v(x)$ 在$[a,b]$上可导，且 $a\leqslant u(x),v(x)\leqslant b,x\in[a,b]$，则

$$\left[\int_{v(x)}^{u(x)} f(t)\mathrm{d}t\right]'=f[u(x)]u'(x)-f[v(x)]v'(x),x\in[a,b].$$

定理 4 设函数 $f(x)$ 在区间$[a,b]$上连续，$F(x)$ 是 $f(x)$ 在区间$[a,b]$上的任意一个原函数，则

$$\int_a^b f(x)\mathrm{d}x=F(b)-F(a)\quad\text{(牛顿-莱布尼茨公式)}.$$

注意：牛顿-莱布尼茨公式揭示了定积分与被积函数的原函数或者不定积分之间的联系. 它的最大贡献在于将一个复杂的定积分计算(和式的极限)转化为被积函数的一个原函数在积分上限的值与积分下限的值的差. 但是，当被积函数的原函数无法用初等函数表示时，该公式无效.

牛顿-莱布尼茨公式是联系微分学与积分学的桥梁，它是微积分中最基本的公式之一. 它证明了微分与积分是可逆运算，同时在理论上标志着微积分完整体系的形成，从此微积分成为一门真正的学科.

4. 无穷限积分的性质

性质 1 积分$\int_a^{+\infty} f(x)\mathrm{d}x$ 与$\int_b^{+\infty} f(x)\mathrm{d}x\,(b>a)$ 具有相同的敛散性.

性质 2 积分$\int_a^{+\infty} kf(x)\mathrm{d}x$ 与$k\int_a^{+\infty} f(x)\mathrm{d}x\,(k\neq 0)$ 具有相同的敛散性.

性质 3 若$\int_a^{+\infty} f(x)\mathrm{d}x$ 与$\int_a^{+\infty} g(x)\mathrm{d}x$ 都收敛，则$\int_a^{+\infty}[f(x)\pm g(x)]\mathrm{d}x$ 收敛.

性质 4 设 $F(x)$ 是函数 $f(x)$ 在区间$[a,+\infty)$上的原函数，且 $\lim\limits_{x\to+\infty}F(x)$ 存在，记

$F(+\infty)=\lim\limits_{x\to+\infty}F(x)$，则

$$\int_a^{+\infty}f(x)\mathrm{d}x=F(x)\Big|_a^{+\infty}=F(+\infty)-F(a).$$

5. 无穷限积分的判别方法

定理 1(比较判别法) 若函数 $f(x)$，$g(x)$ 在任何有限区间 $[a,b]$ 上都可积，且 $x\to+\infty$ 时，有

$$0\leqslant f(x)\leqslant g(x),$$

则当 $\int_a^{+\infty}g(x)\mathrm{d}x$ 收敛时 $\int_a^{+\infty}f(x)\mathrm{d}x$ 也收敛，当 $\int_a^{+\infty}f(x)\mathrm{d}x$ 发散时 $\int_a^{+\infty}g(x)\mathrm{d}x$ 也发散.

注意： 该判别方法可以简记为：大的收敛，可推出小的也收敛；小的发散，可推出大的也发散.

定理 2(比较判别法的极限形式) 设函数 $f(x)$，$g(x)$ 是非负函数，且在任何有限区间 $[a,b]$ 上都可积，若

$$\lim_{x\to+\infty}\frac{f(x)}{g(x)}=l,$$

则以下结论成立：

(1) 当 $0<l<+\infty$ 时，积分 $\int_a^{+\infty}f(x)\mathrm{d}x$ 与 $\int_a^{+\infty}g(x)\mathrm{d}x$ 有相同的敛散性；

(2) 当 $l=0$ 时，若 $\int_a^{+\infty}g(x)\mathrm{d}x$ 收敛，则 $\int_a^{+\infty}f(x)\mathrm{d}x$ 也收敛(分母收敛推分子收敛)；

(3) 当 $l=+\infty$ 时，若 $\int_a^{+\infty}g(x)\mathrm{d}x$ 发散，则 $\int_a^{+\infty}f(x)\mathrm{d}x$ 也发散(分母发散推分子发散).

在上面的定理中若令 $g(x)=x^{-p}$，则得到下面的柯西判别法.

定理 3(柯西判别法) 设 $f(x)\geqslant0$，$x\in[a,+\infty)$，且 $f(x)$ 在任何有限区间 $[a,b]$ 上可积，如果

$$\lim_{x\to+\infty}x^pf(x)=l,$$

则以下结论正确：

(1) 当 $0\leqslant l<+\infty$ 时，若 $p>1$，则积分 $\int_a^{+\infty}f(x)\mathrm{d}x$ 收敛；

(2) 当 $0<l\leqslant+\infty$ 时，若 $p\leqslant1$，则 $\int_a^{+\infty}f(x)\mathrm{d}x$ 发散.

6. 瑕积分的判别方法

定理 1(比较判别法) 若函数 $f(x)$，$g(x)$ 在任何有限区间 $[a+\varepsilon,b]$ $(0<\varepsilon<b-a)$ 上都可积，

$$\lim_{x\to a^+}f(x)=+\infty,\ \lim_{x\to a^+}g(x)=+\infty,$$

并且当 $x \in (a,b]$ 时，

$$0 \leqslant f(x) \leqslant g(x),$$

则有以下结论成立：

(1) 当瑕积分 $\int_a^b g(x)\mathrm{d}x$ 收敛时，瑕积分 $\int_a^b f(x)\mathrm{d}x$ 也收敛；

(2) 若瑕积分 $\int_a^b f(x)\mathrm{d}x$ 发散时，则瑕积分 $\int_a^b g(x)\mathrm{d}x$ 也发散.

注意： 该定理可简记为：大的收敛，可推出小的也收敛；小的发散，可推出大的也发散.

定理 2（比较判别法的极限形式） 设函数 $f(x)$，$g(x)$ 是 $(a,b]$ 上的非负函数，且在任何有限区间 $[a+\varepsilon,b]$ $(0<\varepsilon<b-a)$ 上都可积，若

$$\lim_{x\to a^+} f(x)=\infty,\ \lim_{x\to a^+} g(x)=+\infty,\quad \lim_{x\to a^+}\frac{f(x)}{g(x)}=l,$$

则以下结论成立：

(1) 当 $0<l<+\infty$ 时，积分 $\int_a^b f(x)\mathrm{d}x$ 与 $\int_a^b g(x)\mathrm{d}x$ 有相同的敛散性；

(2) 当 $l=0$ 时，若 $\int_a^b g(x)\mathrm{d}x$ 收敛，则 $\int_a^b f(x)\mathrm{d}x$ 也收敛（分母收敛推出分子也收敛）；

(3) 当 $l=+\infty$ 时，若 $\int_a^b g(x)\mathrm{d}x$ 发散，则 $\int_a^b f(x)\mathrm{d}x$ 也发散（分母发散推出分子也发散）.

同理，在上面的定理中若令 $g(x)=(x-a)^{-p}$，则得到下面的柯西判别法.

定理 3（柯西判别法） 设 $f(x)$ 在任何有限区间 $[a+\varepsilon,b]$ $(0<\varepsilon<b-a)$ 上可积，如果

$$\lim_{x\to a^+} f(x)=+\infty,\quad \lim_{x\to+\infty}(x-a)^p f(x)=l,$$

则以下结论正确：

(1) 当 $0\leqslant l<+\infty$ 时，若 $p<1$，则瑕积分 $\int_a^b f(x)\mathrm{d}x$ 收敛；

(2) 当 $0<l\leqslant+\infty$ 时，若 $p\geqslant 1$，则瑕积分 $\int_a^b f(x)\mathrm{d}x$ 发散.

7. $\Gamma(\alpha)$ 满足的关系和性质

(1) $\Gamma(\alpha+1)=\alpha\Gamma(\alpha)$ $(\alpha>0)$.

(2) $\Gamma(1)=1, \Gamma\left(\frac{1}{2}\right)=\sqrt{\pi}$.

(3) $\Gamma(n+1)=n!$ $(n\in\mathbf{N})$.

三、定积分的计算

1. 第一类换元法 —— 凑微分法

本章的凑微分法理论上与第五章相同，即凑 d 后面的积分变量为被积函数 $f(\varphi(x))$ 的中间变量 $\varphi(x)$，或者把被积函数凑成一个复合函数的导数形式，即凑原函数. 最后计算积分值时不需要更换积分上、下限. 凑微分法本质上是换元法，但是由于该方法不需要换积分上、下限，故又称为第一类换元法.

2. 第二类换元法 —— 根式代换、三角代换、倒数代换、其他代换

假设函数 $f(x)$ 在区间$[a,b]$上连续，函数 $x=\varphi(t)$ 在区间$[\alpha,\beta]$上是单值的且有连续导数，当 t 在$[\alpha,\beta]$上变化时，$x=\varphi(t)$ 在区间$[a,b]$上变化，且 $\varphi(\alpha)=a,\varphi(\beta)=b$，则

$$\int_a^b f(x)\mathrm{d}x=\int_\alpha^\beta f[\varphi(t)]\varphi'(t)\mathrm{d}t.$$

本章中根式代换、三角代换、倒数代换以及涉及对数代换、指数代换、反三角函数代换的换元法的原理同第五章一样，不同的是换元的同时要换积分的上、下限，即把积分上、下限换成新的积分变量的上、下限，且将 $\mathrm{d}x$ 转化成对新变量的微分，故这些换元法又称为第二类换元法.

3. 分部积分法

设函数 $u(x),v(x)$ 在区间$[a,b]$上具有连续导数，则

$$\int_a^b u(x)v'(x)\mathrm{d}x=u(x)v(x)\Big|_a^b-\int_a^b u'(x)v(x)\mathrm{d}x.$$

本章中分部积分思想仍然与第五章一样，适用于两类函数相乘的情形，选取 $u(x),v(x)$ 的原则也与第五章相同.

四、定积分的应用

1. 求平面图形的面积

(1) 直角坐标系 ——X-型区域.

情形 1　如果连续函数 $f(x)\geqslant 0$，则由曲线 $f(x),x=a,x=b,x$ 轴围成的曲边图形(见图 6.7) 的面积为 $S=\int_a^b f(x)\mathrm{d}x$.

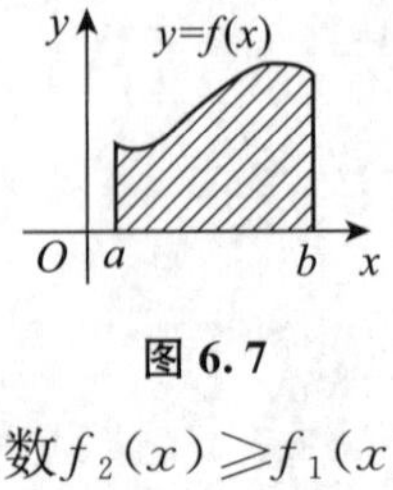

图 6.7

情形 2　如果曲边图形由连续函数 $f_2(x)\geqslant f_1(x)\geqslant 0(a\leqslant x\leqslant b)$ 围成(见图 6.8)，则该曲边图形的面积为

$$S=\int_a^b[f_2(x)-f_1(x)]\mathrm{d}x.$$

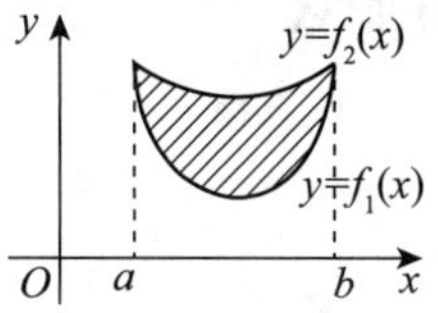

图 6.8

情形 3 如果连续函数 $f(x)\leqslant 0$，则由曲线 $f(x)$，$x=a$，$x=b$，x 轴围成的曲边图形(见图 6.9) 的面积为 $S=-\int_a^b f(x)\mathrm{d}x$.

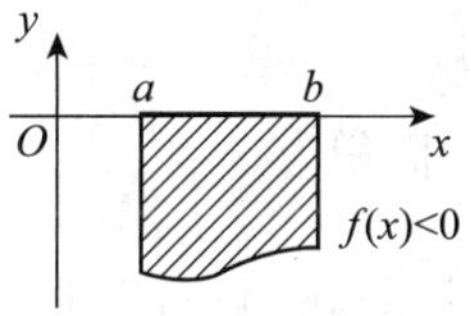

图 6.9

情形 4 若连续函数 $f(x)$ 在区间 $[a,b]$ 上有正有负，则由曲线 $f(x)$，$x=a$，$x=b$，x 轴围成的曲边图形(如图 6.10 所示) 的面积等于

$$S=A_1-A_2+A_3-A_4.$$

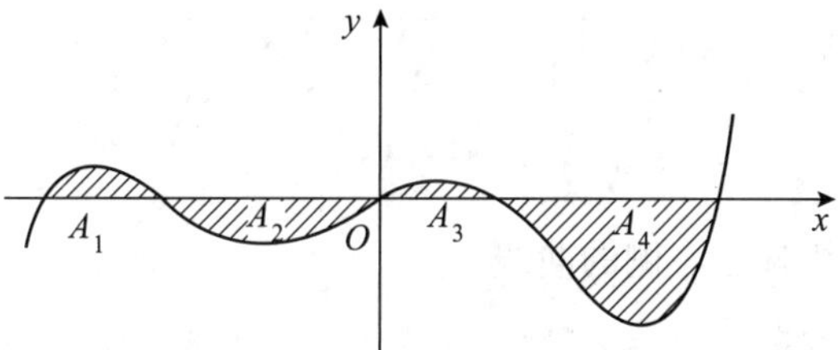

图 6.10

注意： X-型区域的特点是：积分变量是 x，被积函数是上面的边界曲线减去下面的边界曲线.

(2) 直角坐标系 ——Y-型区域.

情形 1 若曲边图形由 $x=\varphi(y)$，$y=c$，$y=d$ 和 y 轴围成，其中 $0\leqslant x\leqslant\varphi(y)$，$c\leqslant y\leqslant d$，则该曲边图形(如图 6.11 所示) 的面积为

$$S=\int_c^d[\varphi(y)]\mathrm{d}y.$$

情形 2 若曲边图形由 $x=\psi_2(y)$，$x=\psi_1(y)$，$y=c$，$y=d$ 围成，其中 $\psi_1(y)\leqslant x\leqslant\psi_2(y)$，$c\leqslant y\leqslant d$，则该曲边图形(如图 6.12 所示) 的面积为

$$S=\int_c^d[\psi_2(y)-\psi_1(y)]\mathrm{d}y,$$

即被积函数是右侧的曲线减去左侧的曲线.

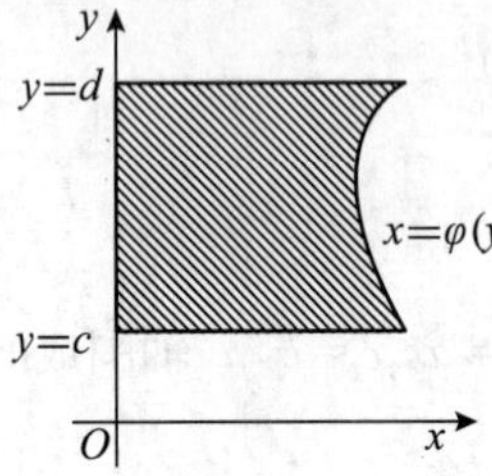

图 6.11

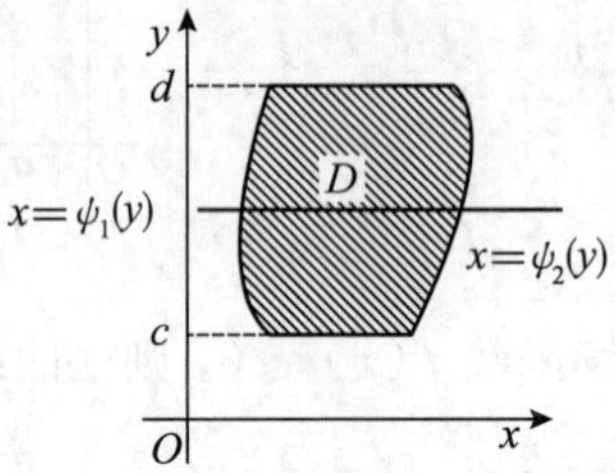

图 6.12

情形 3 若曲边图形由 $x=\psi_2(y)$, $x=\psi_1(y)$ 围成,其中 $\psi_1(y)\leqslant x\leqslant\psi_2(y)$, $c\leqslant y\leqslant d$,则该曲边图形(如图 6.13 所示)的面积为

$$S=\int_c^d[\psi_2(y)-\psi_1(y)]\mathrm{d}y.$$

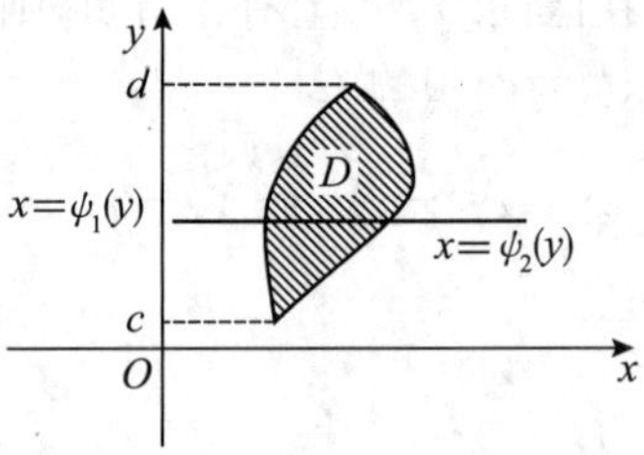

图 6.13

即被积函数是右侧的曲线减去左侧的曲线.

注意: Y-型区域的特点是:积分变量是 y,被积函数是右侧的边界曲线减去左侧的边界曲线.

2. 求旋转体的体积

(1) 绕 x 轴旋转得到的旋转体的体积.

一般地,如果旋转体是由曲线 $f(x)$, $x=a$, $x=b$, x 轴围成的曲边图形绕 x 轴旋转一周得到的立体图形(如图 6.14 所示),则其体积为

$$V=\int_a^b\pi[f(x)]^2\mathrm{d}x.$$

(2) 绕 y 轴旋转得到的旋转体的体积.

一般地,如果旋转体是由曲线 $x=\varphi(y)$, $y=c$, $y=d$, y 轴围成的曲边图形绕 y 轴旋转一周得到的立体图形(如图 6.15 所示),则其体积为

$$V=\int_c^d \pi[\varphi(y)]^2 \mathrm{d}y.$$

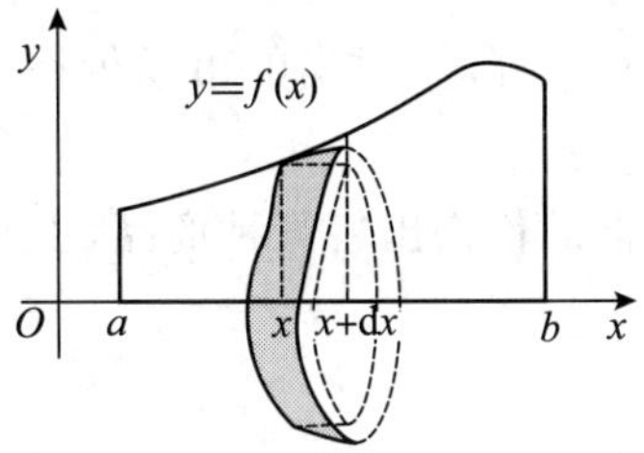

图 6.14

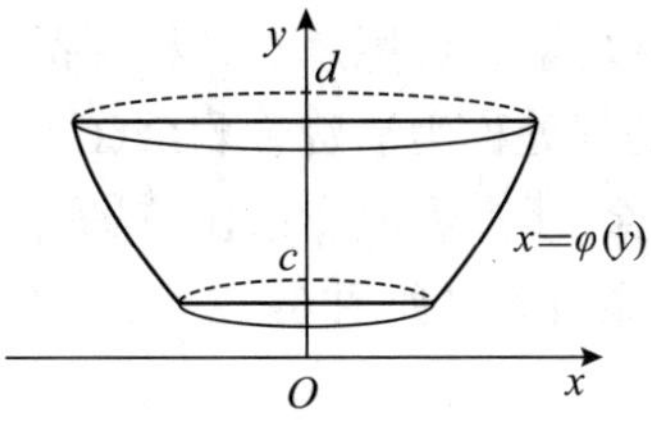

图 6.15

3. 求平行截面面积已知的立体体积

设空间某立体由一曲面和垂直于 x 轴的两个平面 $x=a$，$x=b$ 围成(如图 6.16 所示)，如果用过任意点 x，$a\leqslant x\leqslant b$ 且垂直于 x 轴的平面截立体所得的截面面积 $S(x)$ 是已知的连续函数，则此立体体积为

$$V=\int_a^b S(x)\mathrm{d}x.$$

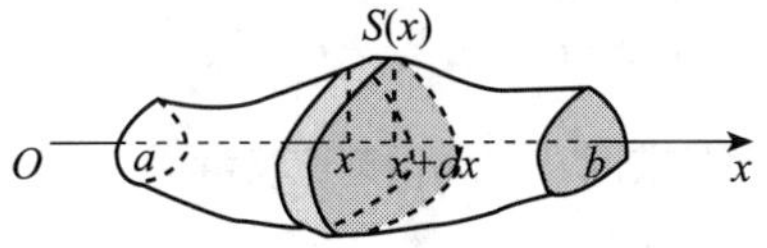

图 6.16

4. 定积分的经济应用

(1) 由边际成本函数求总成本函数.

若总成本函数记为 $C(Q)$，已知边际成本函数是 $MC=\frac{\mathrm{d}C(Q)}{\mathrm{d}Q}$，则总成本函数为

$$C(Q)=\int_0^Q MC\ \mathrm{d}Q+C_0.$$

(2) 由边际收益函数求总收益函数.

若总收益函数记为 $R(Q)$，已知边际收益函数是 $MR=\frac{\mathrm{d}R(Q)}{\mathrm{d}Q}$，则总收益函数为

$$R(Q)=\int_0^Q MR\,\mathrm{d}Q.$$

(3) 由边际收益函数和边际成本函数求总利润函数.

若总利润函数记为 $L(Q)$，则总利润函数为

$$L(Q)=R(Q)-C(Q)=\int_0^Q (MR-MC)\mathrm{d}Q-C_0.$$

(4) 消费者剩余和生产者剩余.

设需求函数为 $D(q)=p(q)$,供给函数为 $S(q)$,则求解 $D(q)=S(q)$,得到使得供需平衡的价格 p^*.

消费者剩余:消费者愿意对某种商品付出比他们实际所付出的市场价格 p^* 更高的价格,由此得到的好处称为消费者剩余(CS).

生产者剩余:生产者愿意以比市场价格 p* 更低的价格出售某种商品,由此得到的好处称为生产者剩余(PS)(如图 6.17 所示).

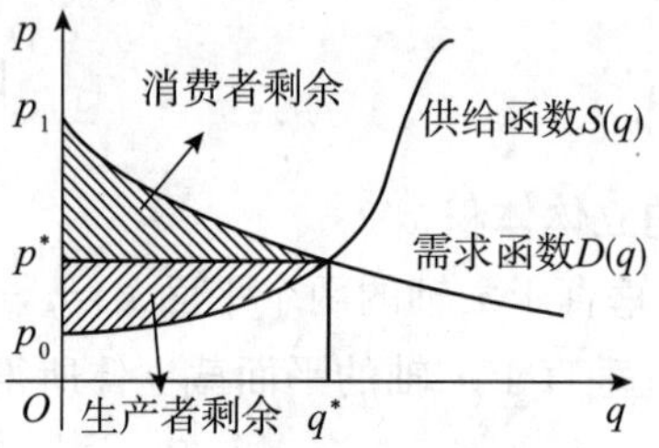

图 6.17

消费者剩余:$CS=\int_0^{q^*}D(q)\mathrm{d}q-p^*q^*$.

生产者剩余:$PS=p^*q^*-\int_0^{q^*}S(q)\mathrm{d}q$.

(其中 p^*,q^* 是使得供给等于需求时的价格和需求量.)

模块三 重难点及易错知识点问答

本章重点

1. 定积分的定义及几何意义;
2. 变限积分函数的性质及应用;
3. 微积分基本定理;
4. 定积分的计算;
5. 定积分的应用;
6. 反常积分的计算.

本章难点

1. 变限积分函数的求导;
2. 复杂的定积分计算;
3. 用定积分求面积及旋转体的体积;
4. 反常积分的计算与敛散性的判别.

易错知识点问答

问题 1 有界闭区间$[a,b]$上的函数如果不连续,还可积吗?

答 在$[a,b]$上有有限个间断点的有界函数也可积.

问题 2 若函数 $y=f(x)$ 在区间$[a,b]$上可积,那么变限积分函数$\int_{v(x)}^{u(x)}f(t)\mathrm{d}t$($u(x)$,$v(x)$ 都可导)一定可导吗?

答 不一定，只有当 $y=f(x)$ 在区间 $[a,b]$ 上连续时，变限积分函数 $\int_{v(x)}^{u(x)} f(t)\mathrm{d}t$（$u(x)$，$v(x)$ 都可导）才一定可导，否则，若 $y=f(x)$ 在区间 $[a,b]$ 上有界，且有有限个间断点，那么虽然 $f(x)$ 仍可积，但是变限积分函数无法保证一定可导.

问题 3 函数 $y=f(x)$ 在区间 $[a,b]$ 上可积，则积分 $\int_a^b f(x)\mathrm{d}x$ 一定可以用牛顿-莱布尼茨公式计算吗？

答 不一定，积分 $\int_a^b f(x)\mathrm{d}x$ 能用牛顿-莱布尼茨公式计算的前提是 $f(x)$ 在 $[a,b]$ 上连续，且 $f(x)$ 的原函数能用初等函数表示. 因为函数 $y=f(x)$ 在区间 $[a,b]$ 上可积，并不意味着函数 $y=f(x)$ 在区间 $[a,b]$ 上一定连续，即使连续，被积函数的原函数也未必能用初等函数表示，因此，不一定可以用牛顿-莱布尼茨公式计算.

问题 4 广义积分 $\int_{-\infty}^{+\infty} f(x)\mathrm{d}x$ 与 $\lim\limits_{a\to+\infty}\int_{-a}^{a} f(x)\mathrm{d}x$ 的含义相同吗？

答 不同，$\int_{-\infty}^{+\infty} f(x)\mathrm{d}x=\int_a^{+\infty} f(x)\mathrm{d}x+\int_{-\infty}^{a} f(x)\mathrm{d}x$，但 $\lim\limits_{a\to+\infty}\int_{-a}^{a} f(x)\mathrm{d}x$ 描述的是 $f(x)$ 在对称区间 $[-a,a]$ 上的积分值（是参数 a 的表达式）在 $a\to+\infty$ 时的极限.

模块四 典型题解析

一、定积分的概念与性质

例 1 用定积分定义求 $\int_0^1 2x^2\mathrm{d}x$.

解 根据定积分的定义，对该积分的求解通过以下四个步骤完成.

第一步：分割. 将区间 $[0,1]$ n 等分，分割点为 $x_i=\frac{i}{n}(i=1,2,\cdots,n)$，每个小区间长度为 $\Delta x_i=\frac{1}{n}(i=1,2,\cdots,n)$.

第二步：取点. 取 $\xi_i=\frac{i}{n}(i=1,2,\cdots,n)$.

第三步：求和.

$$\begin{aligned}\sum_{i=1}^{n} f(\xi_i)\Delta x_i&=\sum_{i=1}^{n}2\left(\frac{i}{n}\right)^2\times\frac{1}{n}=\frac{2}{n^3}\sum_{i=1}^{n}i^2\\&=\frac{2}{n^3}\frac{n(n+1)(2n+1)}{6}\\&=\frac{1}{3}\left(1+\frac{1}{n}\right)\left(2+\frac{1}{n}\right).\end{aligned}$$

第四步：求极限.

$$\int_0^1 2x^2\mathrm{d}x=\lim_{n\to\infty}\frac{1}{3}\left(1+\frac{1}{n}\right)\left(2+\frac{1}{n}\right)=\frac{2}{3}.$$

例 2 用定积分的几何意义求$\int_{-1}^1\sqrt{1-x^2}\,\mathrm{d}x$.

解 由定积分的几何意义知该积分值等于由曲线$y=\sqrt{1-x^2}$和x轴围成的在x轴上方的曲边图形的面积，即单位圆面积的一半，而以原点为圆心、以1为半径的单位圆的面积为π，故

$$\int_{-1}^1\sqrt{1-x^2}\,\mathrm{d}x=\frac{\pi}{2}.$$

例 3 用定积分表示极限$\lim\limits_{n\to\infty}\dfrac{\sum\limits_{k=1}^n k^p}{n^{p+1}}$.

解 $\lim\limits_{n\to\infty}\dfrac{\sum\limits_{k=1}^n k^p}{n^{p+1}}=\lim\limits_{n\to\infty}\dfrac{1}{n}\dfrac{\sum\limits_{k=1}^n k^p}{n^p}=\lim\limits_{n\to\infty}\dfrac{1}{n}\sum\limits_{k=1}^n\left(\dfrac{k}{n}\right)^p$.

对应于定积分，可知$\Delta x_i=\dfrac{1}{n}(i=1,2,\cdots,n)$，说明区间长度是1，又因为$\xi_k=\dfrac{k}{n}(k=1,2,\cdots,n)$，说明区间是$[0,1]$，$f(x)=x^p$，故

$$\lim_{n\to\infty}\frac{\sum\limits_{k=1}^n k^p}{n^{p+1}}=\lim_{n\to\infty}\frac{1}{n}\frac{\sum\limits_{k=1}^n k^p}{n^p}=\lim_{n\to\infty}\frac{1}{n}\sum_{k=1}^n\left(\frac{k}{n}\right)^p=\int_0^1 x^p\mathrm{d}x.$$

例 4 不计算积分，比较下列积分的大小(积分区间相同)：

$$\int_0^1 x^2\mathrm{d}x,\int_0^1 x\,\mathrm{d}x,\int_0^1 x^{-1}\mathrm{d}x,\int_0^1 x^{-2}\mathrm{d}x.$$

解 这组函数积分区间相同，被积函数不同，只需比较积分区间上这组函数的大小即可.显然，当$0\leqslant x\leqslant 1$时，$x^{-2}>x^{-1}>x>x^2$，故根据定积分的不等式性质知

$$\int_0^1 x^{-2}\mathrm{d}x\geqslant\int_0^1 x^{-1}\mathrm{d}x\geqslant\int_0^1 x\,\mathrm{d}x\geqslant\int_0^1 x^2\mathrm{d}x.$$

例 5 不计算积分，比较下列积分的大小(积分区间相同)：

$$\int_0^1 x\mathrm{e}^{-x}\mathrm{d}x,\int_0^1\mathrm{e}^{-\sqrt{x}}\mathrm{d}x.$$

解 这组积分的积分区间相同，但是被积函数不同，且不容易比较大小，故令$f(x)=x\mathrm{e}^{-x}-\mathrm{e}^{-\sqrt{x}}$，显然在区间$[0,1]$上

$$f'(x)=\mathrm{e}^{-x}-x\mathrm{e}^{-x}+\frac{1}{2\sqrt{x}}\mathrm{e}^{-\sqrt{x}}=(1-x)\mathrm{e}^{-x}+\frac{1}{2\sqrt{x}}\mathrm{e}^{-\sqrt{x}}\geqslant 0,x\in[0,1].$$

所以函数 $f(x)$ 在区间$[0,1]$上是单调递增函数，故对任意的 $0\leqslant x\leqslant 1$，有

$$f(x)=x\mathrm{e}^{-x}-\mathrm{e}^{-\sqrt{x}}\leqslant f(1)=1\times\mathrm{e}^{-1}-\mathrm{e}^{-1}=0,$$

故

$$x\mathrm{e}^{-x}\leqslant\mathrm{e}^{-\sqrt{x}},$$

由定积分的性质知

$$\int_0^1 x\mathrm{e}^{-x}\mathrm{d}x\leqslant\int_0^1\mathrm{e}^{-\sqrt{x}}\mathrm{d}x.$$

例 6 不计算积分，比较下列积分的大小(被积函数相同)：

$$\int_0^{\pi}\sin x\,\mathrm{d}x,\int_{-\pi}^{\pi}\sin x\,\mathrm{d}x,\int_{-\pi}^{0}\sin x\,\mathrm{d}x,\int_0^{\frac{\pi}{2}}\sin x\,\mathrm{d}x,\int_{-\frac{\pi}{2}}^{\pi}\sin x\,\mathrm{d}x.$$

解 这组积分的被积函数相同，积分区间不同，此时并不是积分区间越大，积分值就越大，需要具体分析被积函数在各个积分区间上的积分值的大小. 这里由于被积函数是正弦函数，故可借助正弦函数图像以及定积分的几何意义进行比较. 根据 $\sin x$ 的图像(如图 6.18 所示)，显然有

$$\int_0^{\pi}\sin x\,\mathrm{d}x\geqslant\int_0^{\frac{\pi}{2}}\sin x\,\mathrm{d}x=\int_{-\frac{\pi}{2}}^{\pi}\sin x\,\mathrm{d}x\geqslant\int_{-\pi}^{\pi}\sin x\,\mathrm{d}x\geqslant\int_{-\pi}^{0}\sin x\,\mathrm{d}x.$$

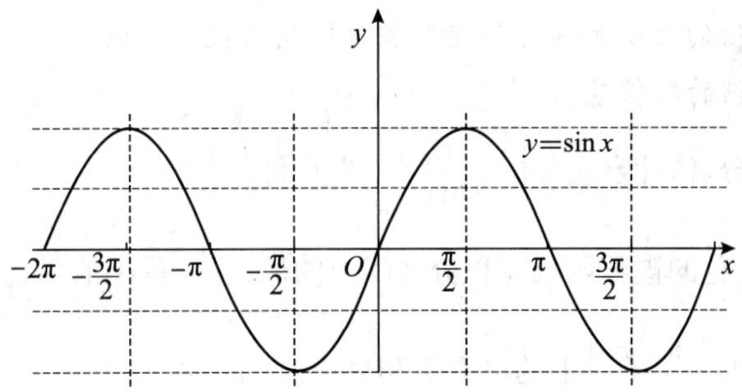

图 6.18

同理可以比较

$$\int_{\frac{\pi}{2}}^{\frac{3\pi}{2}}\cos x\,\mathrm{d}x,\int_{-\pi}^{-\frac{\pi}{2}}\cos x\,\mathrm{d}x,\int_{-\pi}^{0}\cos x\,\mathrm{d}x,\int_0^{\frac{\pi}{2}}\cos x\,\mathrm{d}x,\int_{-\frac{\pi}{2}}^{\frac{\pi}{2}}\cos\mathrm{d}x.$$

借助余弦函数图像(如图 6.19 所示) 和几何意义，可得

$$\int_{-\frac{\pi}{2}}^{\frac{\pi}{2}}\cos\mathrm{d}x\geqslant\int_0^{\frac{\pi}{2}}\cos x\,\mathrm{d}x\geqslant\int_{-\pi}^{0}\cos x\,\mathrm{d}x\geqslant\int_{-\pi}^{-\frac{\pi}{2}}\cos x\,\mathrm{d}x\geqslant\int_{\frac{\pi}{2}}^{\frac{3\pi}{2}}\cos x\,\mathrm{d}x.$$

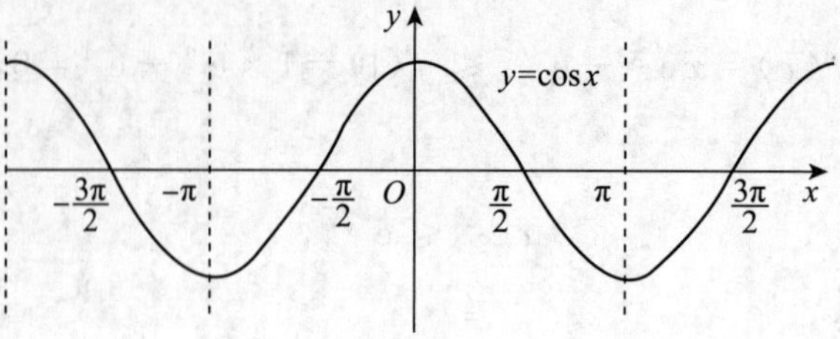

图 6.19

例 7 不计算积分,估计定积分$\int_0^{\pi}\frac{1}{2\,020+\sin^{2\,021}x}dx$ 的范围.

解 对任意的 $x\in[0,\pi]$,$0\leqslant\sin^{2\,021}x\leqslant 1$,$2\,020\leqslant 2\,020+\sin^{2\,021}x\leqslant 2\,021$,所以$\frac{1}{2\,021}\leqslant\frac{1}{2\,020+\sin^{2\,021}x}\leqslant\frac{1}{2\,020}$, 故

$$\int_0^{\pi}\frac{1}{2\,021}dx\leqslant\int_0^{\pi}\frac{1}{2\,020+\sin^{2\,021}x}dx\leqslant\int_0^{\pi}\frac{1}{2\,020}dx,$$

因此

$$\frac{\pi}{2\,021}\leqslant\int_0^{\pi}\frac{1}{2\,020+\sin^{2\,021}x}dx\leqslant\frac{\pi}{2\,020}.$$

分析 估计积分值的大小时需要知道在积分区间上被积函数的最大值、最小值,然后利用积分的性质获得积分值的取值范围.

例 8 不计算积分,估计定积分$\int_{\frac{\pi}{4}}^{\frac{\pi}{2}}\frac{x}{\sin x}dx$ 的范围.

解 不容易看出本题的被积函数在积分区间上的最大值、最小值,故需令 $f(x)=\frac{x}{\sin x}$,然后求函数 $f(x)$ 在区间 $\left[\frac{\pi}{4},\frac{\pi}{2}\right]$ 上的最大值和最小值. 因为

$$f'(x)=\left(\frac{x}{\sin x}\right)'=\frac{\cos x(\tan x-x)}{\sin^2 x}>0\left(\frac{\pi}{4}\leqslant x\leqslant\frac{\pi}{2}\right),$$

故函数 $f(x)=\frac{x}{\sin x}$ 在区间$\left[\frac{\pi}{4},\frac{\pi}{2}\right]$上单调递增,从而在区间左端点处取得最小值 m,在区间右端点处取得最大值 M,故

$$m=f\left(\frac{\pi}{4}\right)=\frac{\frac{\pi}{4}}{\sin\frac{\pi}{4}}=\frac{\sqrt{2}\pi}{4},M=f\left(\frac{\pi}{2}\right)=\frac{\frac{\pi}{2}}{\sin\frac{\pi}{2}}=\frac{\pi}{2},$$

因此

$$\frac{\sqrt{2}\pi^2}{16}=\int_{\frac{\pi}{4}}^{\frac{\pi}{2}}\frac{\sqrt{2}\pi}{4}\mathrm{d}x\leqslant\int_{\frac{\pi}{4}}^{\frac{\pi}{2}}\frac{x}{\sin x}\mathrm{d}x\leqslant\int_{\frac{\pi}{4}}^{\frac{\pi}{2}}\frac{\pi}{2}\mathrm{d}x=\frac{\pi^2}{8}.$$

二、变限积分函数

例 9 已知 $y=\int_{\tan x}^{a}(\sqrt[3]{\mathrm{e}^t-t}+1)\mathrm{d}t$，求 $\mathrm{d}y$.

解 因为

$$\begin{aligned}\frac{\mathrm{d}y}{\mathrm{d}x}&=\left[\int_{\tan x}^{a}(\sqrt[3]{\mathrm{e}^t-t}+1)\mathrm{d}t\right]'\\&=-\left[\int_{a}^{\tan x}(\sqrt[3]{\mathrm{e}^t-t}+1)\,\mathrm{d}t\right]'\\&=-(\sqrt[3]{\mathrm{e}^{\tan x}-\tan x}+1)(\tan x)'\\&=-(\sqrt[3]{\mathrm{e}^{\tan x}-\tan x}+1)\sec^2 x,\end{aligned}$$

所以
$$\mathrm{d}y=-(\sqrt[3]{\mathrm{e}^{\tan x}-\tan x}+1)\sec^2 x\,\mathrm{d}x.$$

例 10 求极限 $\lim\limits_{x\to 0}\dfrac{\int_1^{\cos x}t^2\mathrm{d}t}{2x^2}$.

解 当 $x\to 0$ 时，分子和分母都趋于零，故这是"$\frac{0}{0}$"型未定式，采用洛必达法则，得

$$\lim_{x\to 0}\frac{\int_1^{\cos x}t^2\mathrm{d}t}{2x^2}=\lim_{x\to 0}\frac{\cos^2 x(-\sin x)}{4x}=-\frac{1}{4}.$$

> **注意：** 变限积分函数经常用于极限问题的求解中，需要借助洛必达法则进行计算，在求导时不要忘记乘以上下限的导数.

例 11 设函数 $f(x)$ 在 $(0,+\infty)$ 上连续，证明：不论 $f(x)$ 在 $(0,+\infty)$ 上恒正还是恒负，函数 $F(x)=\dfrac{\int_0^x tf(t)\mathrm{d}t}{\int_0^x f(t)\mathrm{d}t}$ 在 $(0,+\infty)$ 上都是单调递增函数.

证明 因为

$$F'(x)=\left[\frac{\int_0^x tf(t)\mathrm{d}t}{\int_0^x f(t)\mathrm{d}t}\right]'=\frac{xf(x)\int_0^x f(t)\mathrm{d}t-f(x)\int_0^x tf(t)\mathrm{d}t}{\left[\int_0^x f(t)\mathrm{d}t\right]^2}=\frac{f(x)\int_0^x (x-t)f(t)\mathrm{d}t}{\left[\int_0^x f(t)\mathrm{d}t\right]^2}.$$

（注意：上式中 $\int_0^x f(t)\mathrm{d}t$ 的积分变量是 t，x 可以看作常量，故 $x\int_0^x f(t)\mathrm{d}t=\int_0^x xf(t)\mathrm{d}t$.）

(1) 当 $f(x)>0, x\in(0,+\infty)$ 时，由 $x-t\geqslant 0, f(t)>0$ 知

$$\int_0^x (x-t)f(t)\mathrm{d}t\geqslant 0, f(x)\int_0^x (x-t)f(t)\mathrm{d}t\geqslant 0,$$

故

$$F'(x)=\frac{f(x)\int_0^x (x-t)f(t)\mathrm{d}t}{\left[\int_0^x f(t)\mathrm{d}t\right]^2}\geqslant 0.$$

(2) 当 $f(x)<0, x\in(0,+\infty)$ 时，由 $x-t\geqslant 0, f(t)<0$ 知

$$\int_0^x (x-t)f(t)\mathrm{d}t\leqslant 0, f(x)\int_0^x (x-t)f(t)\mathrm{d}t\geqslant 0,$$

故

$$F'(x)=\frac{f(x)\int_0^x (x-t)f(t)\mathrm{d}t}{\left[\int_0^x f(t)\mathrm{d}t\right]^2}\geqslant 0,$$

因此，不论 $f(x)$ 在 $(0,+\infty)$ 上大于零还是小于零，$F(x)$ 都是单调递增函数.

例12 设 $f(x)$ 在区间 $[0,a]$ $(a>0)$ 上连续，且 $f(x)<a, \forall x\in[0,a]$，证明函数 $F(x)=2ax-\int_0^x f(t)\mathrm{d}t-a^2$ 在 $[0,a]$ 上有唯一零点.

证明 因为 $f(x)<a, \forall x\in[0,a]$，所以

$$F'(x)=2a-f(x)>0, \forall x\in[0,a],$$

故 $F(x)$ 在区间 $[0,a]$ 上单调递增，且

$$F(0)=-a^2<0,$$

$$\begin{aligned}F(a)&=2a^2-\int_0^a f(t)\mathrm{d}t-a^2\\&=a^2-\int_0^a f(t)\mathrm{d}t\\&=\int_0^a a\,\mathrm{d}t-\int_0^a f(t)\mathrm{d}t\\&=\int_0^a [a-f(t)]\mathrm{d}t>0.\end{aligned}$$

由零点存在定理和单调性知 $F(x)=2ax-\int_0^x f(t)\mathrm{d}t-a^2$ 在 $[0,a]$ 上有唯一零点.

三、定积分的计算

1. 第一类换元法——凑微分法(不需要换积分上、下限)

例13 计算定积分 $\int_0^1 \mathrm{e}^{x^2}x\,\mathrm{d}x$.

解 $\int_0^1 e^{x^2} x\,dx = \frac{1}{2}\int_0^1 e^{x^2}\,dx^2 = \frac{1}{2}e^{x^2}\Big|_0^1 = \frac{e-1}{2}.$

例14 计算定积分 $\int_0^{\frac{\pi}{4}} \cos^7 x \sin x\,dx$.

解
$$\int_0^{\frac{\pi}{4}} \cos^7 x \sin x\,dx = -\int_0^{\frac{\pi}{4}} \cos^7 x\,d\cos x = -\frac{1}{8}\cos^8 x\Big|_0^{\frac{\pi}{4}}$$
$$= -\frac{1}{8}\left[\left(\frac{\sqrt{2}}{2}\right)^8 - 1\right] = \frac{15}{128}.$$

例15 计算定积分 $\int_{\sqrt{e}}^{e} \frac{1}{x\sqrt{2\ln x}}dx$.

解 $\int_{\sqrt{e}}^{e} \frac{1}{x\sqrt{2\ln x}}dx = \frac{1}{\sqrt{2}}\int_{\sqrt{e}}^{e}\frac{1}{\sqrt{\ln x}}d\ln x = \frac{1}{\sqrt{2}}\int_{\sqrt{e}}^{e}(\ln x)^{-\frac{1}{2}}d\ln x = \frac{2}{\sqrt{2}}\sqrt{\ln x}\Big|_{\sqrt{e}}^{e} = \sqrt{2}-1.$

例16 计算定积分 $\int_0^{\pi}\sqrt{\sin^2 x - \sin^4 x}\,dx$.

解
$$\int_0^{\pi}\sqrt{\sin^2 x - \sin^4 x}\,dx = \int_0^{\pi}\sqrt{\sin^2 x(1-\sin^2 x)}\,dx = \int_0^{\pi}\sqrt{\sin^2 x\cos^2 x}\,dx$$
$$= \int_0^{\pi}|\sin x||\cos x|\,dx = \int_0^{\frac{\pi}{2}}\sin x\cos x\,dx + \int_{\frac{\pi}{2}}^{\pi}\sin x(-\cos x)\,dx$$
$$= \int_0^{\frac{\pi}{2}}\sin x\,d\sin x - \int_{\frac{\pi}{2}}^{\pi}\sin x\,d\sin x$$
$$= \frac{1}{2}\sin^2 x\Big|_0^{\frac{\pi}{2}} - \frac{1}{2}\sin^2 x\Big|_{\frac{\pi}{2}}^{\pi}$$
$$= 1.$$

2. 第二类换元法(需要换积分上、下限)

(1) 三角代换.

例17 计算定积分 $\int_0^2 \frac{1}{x+\sqrt{4-x^2}}dx$.

解 令 $x=2\sin t$,则 $dx=2\cos t\,dt$,$x=0\Rightarrow t=0$,$x=2\Rightarrow t=\frac{\pi}{2}$,所以

$$\int_0^2 \frac{1}{x+\sqrt{4-x^2}}dx = \int_0^{\frac{\pi}{2}}\frac{2\cos t}{2\sin t+2\cos t}dt = \int_0^{\frac{\pi}{2}}\frac{\cos t}{\sin t+\cos t}dt$$
$$= \frac{1}{2}\int_0^{\frac{\pi}{2}}\frac{2\cos t}{\sin t+\cos t}dt$$
$$= \frac{1}{2}\int_0^{\frac{\pi}{2}}\frac{\cos t+\sin t+\cos t-\sin t}{\sin t+\cos t}dt$$
$$= \frac{1}{2}\int_0^{\frac{\pi}{2}}\left(1+\frac{\cos t-\sin t}{\sin t+\cos t}\right)dt$$
$$= \frac{1}{2}\int_0^{\frac{\pi}{2}}1\,dt + \frac{1}{2}\int_0^{\frac{\pi}{2}}\left(\frac{\cos t-\sin t}{\sin t+\cos t}\right)dt$$

$$=\frac{1}{2}t\Big|_0^{\frac{\pi}{2}}+\frac{1}{2}\int_0^{\frac{\pi}{2}}\frac{1}{\sin t+\cos t}\mathrm{d}(\sin t+\cos t)$$

$$=\frac{\pi}{4}+\frac{1}{2}\ln|\sin t+\cos t|\Big|_0^{\frac{\pi}{2}}=\frac{\pi}{4}.$$

例18 计算定积分 $\int_0^2\frac{x}{\sqrt{4+x^2}}\mathrm{d}x$.

解 令 $x=2\tan t$,则 $\mathrm{d}x=2\sec^2 t\,\mathrm{d}t$,$x=0\Rightarrow t=0$,$x=2\Rightarrow t=\frac{\pi}{4}$,所以

$$\int_0^2\frac{x}{\sqrt{4+x^2}}\mathrm{d}x=\int_0^{\frac{\pi}{4}}\frac{2\tan t\cdot 2\sec^2 t}{2\sec t}\mathrm{d}t$$

$$=2\int_0^{\frac{\pi}{4}}\tan t\sec t\,\mathrm{d}t$$

$$=2\sec t\Big|_0^{\frac{\pi}{4}}=2\sqrt{2}-2.$$

例19 计算定积分 $\int_2^4\frac{x^2-1}{x\sqrt{x^2-4}}\mathrm{d}x$.

解 令 $x=2\sec t$,$\mathrm{d}x=2\sec t\tan t\,\mathrm{d}t$,$x=2\Rightarrow t=0$,$x=4\Rightarrow t=\frac{\pi}{3}$,所以

$$\int_2^4\frac{x^2-1}{x\sqrt{x^2-4}}\mathrm{d}x=\int_0^{\frac{\pi}{3}}\frac{4\sec^2 t-1}{2\sec t\cdot 2\tan t}2\sec t\tan t\,\mathrm{d}t$$

$$=\int_0^{\frac{\pi}{3}}\frac{4\sec^2 t-1}{2}\mathrm{d}t$$

$$=2\int_0^{\frac{\pi}{3}}\sec^2 t\,\mathrm{d}t-\frac{1}{2}\int_0^{\frac{\pi}{3}}1\mathrm{d}t$$

$$=2\tan t\Big|_0^{\frac{\pi}{3}}-\frac{1}{2}t\Big|_0^{\frac{\pi}{3}}$$

$$=2\sqrt{3}-\frac{\pi}{6}.$$

(2) 根式代换.

例20 计算定积分 $\int_0^4\frac{x+2}{\sqrt{5-x}}\mathrm{d}x$.

解 令 $t=\sqrt{5-x}$,则 $x=5-t^2$,$\mathrm{d}x=-2t\,\mathrm{d}t$,$x=0\Rightarrow t=\sqrt{5}$,$x=4\Rightarrow t=1$,所以

$$\int_0^4\frac{x+2}{\sqrt{5-x}}\mathrm{d}x=\int_{\sqrt{5}}^1\frac{5-t^2+2}{t}(-2t)\mathrm{d}t$$

$$=-2\int_{\sqrt{5}}^1(7-t^2)\mathrm{d}t$$

$$=-2\left(7t-\frac{1}{3}t^3\right)\Big|_{\sqrt{5}}^{1}$$

$$=-2\left(7-7\sqrt{5}-\frac{1}{3}+\frac{1}{3}(\sqrt{5})^3\right)$$

$$=-\frac{40}{3}+\frac{32}{3}\sqrt{5}.$$

例21 计算定积分$\int_0^4 \frac{x-5}{\sqrt[3]{5-x}\sqrt{5-x}}\mathrm{d}x$.

解 令$5-x=t^6$,则$x=5-t^6$,$\mathrm{d}x=-6t^5\mathrm{d}t$,$x=0\Rightarrow t=\sqrt[6]{5}$,$x=4\Rightarrow t=1$,所以

$$\int_0^4 \frac{x-5}{\sqrt[3]{5-x}\sqrt{5-x}}\mathrm{d}x=\int_{\sqrt[6]{5}}^1 \frac{5-t^6-5}{t^2t^3}(-6t^5\mathrm{d}t)$$

$$=6\int_{\sqrt[6]{5}}^1 t^6\mathrm{d}t$$

$$=\frac{6}{7}t^7\Big|_{\sqrt[6]{5}}^1$$

$$=\frac{6}{7}-\frac{6}{7}5^{\frac{7}{6}}.$$

(3) 倒数代换.

例22 计算定积分$\int_{\frac{1}{2}}^1 \frac{1}{x^{n+1}+x}\mathrm{d}x$.

分析 本题被积函数的分母中x的幂次远高于分子中x的幂次,不容易积分,故采取倒数代换.

解 令$x=\frac{1}{t}$,则$\mathrm{d}x=-\frac{1}{t^2}\mathrm{d}t$,$x=\frac{1}{2}\Rightarrow t=2$,$x=1\Rightarrow t=1$,故

$$\int_{\frac{1}{2}}^1 \frac{1}{x^{n+1}+x}\mathrm{d}x=\int_2^1 \frac{1}{\left(\frac{1}{t}\right)^{n+1}+\frac{1}{t}}\left(-\frac{1}{t^2}\right)\mathrm{d}t$$

$$=-\int_2^1 \frac{t^{n-1}}{1+t^n}\mathrm{d}t$$

$$=\int_1^2 \frac{t^{n-1}}{1+t^n}\mathrm{d}t$$

$$=\frac{1}{n}\int_1^2 \frac{1}{1+t^n}\mathrm{d}t^n$$

$$=\frac{1}{n}\ln|1+t^n|\Big|_1^2=\frac{1}{n}\ln\left|\frac{1+2^n}{2}\right|.$$

(4) 其他代换.

例23 计算定积分$\int_1^{\mathrm{e}} \frac{1}{x[\sin(\ln x)+\cos(\ln x)]}\mathrm{d}x$.

解 令 $\ln x = t$，则 $x = e^t, dx = e^t dt, x = 1 \Rightarrow t = 0, x = e \Rightarrow t = 1$，故

$$\begin{aligned}
\int_1^e \frac{1}{x[\sin(\ln x) + \cos(\ln x)]} dx &= \int_0^1 \frac{1}{e^t(\sin t + \cos t)} e^t dt \\
&= \int_0^1 \frac{1}{\sin t + \cos t} dt \\
&= \int_0^1 \frac{\sin t - \cos t}{\sin^2 t - \cos^2 t} dt \\
&= \int_0^1 \frac{\sin t}{\sin^2 t - \cos^2 t} dt - \int_0^1 \frac{\cos t}{\sin^2 t - \cos^2 t} dt \\
&= -\int_0^1 \frac{1}{1 - 2\cos^2 t} d\cos t - \int_0^1 \frac{1}{2\sin^2 t - 1} d\sin t \\
&= -\frac{1}{2}\int_0^1 \left(\frac{1}{1 - \sqrt{2}\cos t} + \frac{1}{1 + \sqrt{2}\cos t}\right) d\cos t \\
&\quad - \frac{1}{2}\int_0^1 \left[\frac{1}{\sqrt{2}\sin t - 1} - \frac{1}{\sqrt{2}\sin t + 1}\right] d\sin t \\
&= -\frac{1}{2\sqrt{2}} \ln\left|\frac{1 + \sqrt{2}\cos t}{1 - \sqrt{2}\cos t}\right| \Bigg|_0^1 - \frac{1}{2\sqrt{2}} \ln\left|\frac{\sqrt{2}\sin t - 1}{\sqrt{2}\sin t + 1}\right| \Bigg|_0^1 \\
&= -\frac{1}{2\sqrt{2}} \ln \frac{1 + \sqrt{2}\cos 1}{1 - \sqrt{2}\cos 1} + \frac{1}{2\sqrt{2}} \ln\left|\frac{1 + \sqrt{2}}{1 - \sqrt{2}}\right| - \frac{1}{2\sqrt{2}} \ln\left|\frac{\sqrt{2}\sin 1 - 1}{\sqrt{2}\sin 1 + 1}\right|.
\end{aligned}$$

例 24 计算定积分 $\int_0^1 \frac{\arctan e^x}{e^x} dx$.

解 令 $e^x = t$，则 $x = \ln t, dx = \frac{1}{t} dt, x = 0 \Rightarrow t = 1, x = 1 \Rightarrow t = e$，故

$$\begin{aligned}
\int_0^1 \frac{\arctan e^x}{e^x} dx &= \int_1^e \frac{\arctan t}{t} \frac{1}{t} dt \\
&= -\int_1^e \arctan t \, d\left(\frac{1}{t}\right) \\
&= -\frac{1}{t} \arctan t \Big|_1^e + \int_1^e \frac{1}{1 + t^2} \frac{1}{t} dt \\
&= -\frac{1}{e} \arctan e + \frac{\pi}{4} + \int_1^e \frac{1 + t^2 - t^2}{t(1 + t^2)} dt \\
&= -\frac{1}{e} \arctan e + \frac{\pi}{4} + \int_1^e \frac{1}{t} dt - \int_1^e \frac{t}{1 + t^2} dt \\
&= -\frac{1}{e} \arctan e + \frac{\pi}{4} + \ln|t| \Big|_1^e - \frac{1}{2} \ln(1 + t^2) \Big|_1^e \\
&= -\frac{1}{e} \arctan e + \frac{\pi}{4} + 1 - \frac{1}{2} \ln(1 + e^2) + \frac{1}{2} \ln 2.
\end{aligned}$$

总结 凡是第二类换元法都需要将原始积分变量的上下限换为新积分变量的上下限，

并且需要对 dx 进行转换，计算结果时只需要按照新积分变量的上下限进行计算即可.

3. 分部积分法

例25 计算定积分 $\int_0^{\frac{1}{2}}\arcsin x\,dx$.

解 本题采取分部积分法，把 $\arcsin x$ 看作 u，把积分变量 x 看作 v，得

$$\begin{aligned}\int_0^{\frac{1}{2}}\arcsin x\,dx &= x\arcsin x\Big|_0^{\frac{1}{2}}-\int_0^{\frac{1}{2}}x\frac{1}{\sqrt{1-x^2}}dx\\ &=\frac{1}{2}\cdot\frac{\pi}{6}-\frac{1}{2}\int_0^{\frac{1}{2}}\frac{1}{\sqrt{1-x^2}}dx^2\\ &=\frac{1}{2}\cdot\frac{\pi}{6}+\frac{1}{2}\int_0^{\frac{1}{2}}\frac{1}{\sqrt{1-x^2}}d(1-x^2)\\ &=\frac{1}{2}\cdot\frac{\pi}{6}+\frac{1}{2}\int_0^{\frac{1}{2}}(1-x^2)^{-\frac{1}{2}}d(1-x^2)\\ &=\frac{\pi}{12}+\frac{1}{2}\times 2\sqrt{1-x^2}\Big|_0^{\frac{1}{2}}=\frac{\pi}{12}+\frac{\sqrt{3}}{2}-1.\end{aligned}$$

例26 计算定积分 $\int_{\frac{2}{e}}^{e^2}|\ln x|\,dx$.

解

$$\begin{aligned}\int_{\frac{2}{e}}^{e^2}|\ln x|\,dx &= -\int_{\frac{2}{e}}^{1}\ln x\,dx+\int_1^{e^2}\ln x\,dx\\ &=-x\ln x\Big|_{\frac{2}{e}}^{1}+\int_{\frac{2}{e}}^{1}x\cdot\frac{1}{x}dx+x\ln x\Big|_1^{e^2}-\int_1^{e^2}x\cdot\frac{1}{x}dx\\ &=-x\ln x\Big|_{\frac{2}{e}}^{1}+x\Big|_{\frac{2}{e}}^{1}+x\ln x\Big|_1^{e^2}-x\Big|_1^{e^2}\\ &=-1\times\ln 1+\frac{2}{e}\ln\frac{2}{e}+1-\frac{2}{e}+e^2\ln e^2-1\times\ln 1-e^2+1\\ &=\frac{2}{e}\ln 2-\frac{4}{e}+e^2+2.\end{aligned}$$

例27 计算定积分 $\int_0^{\frac{\pi}{4}}\frac{x}{\cos^2 x}dx$.

解

$$\begin{aligned}\int_0^{\frac{\pi}{4}}\frac{x}{\cos^2 x}dx &= \int_0^{\frac{\pi}{4}}x\sec^2 x\,dx\\ &=\int_0^{\frac{\pi}{4}}x\,d\tan x\\ &=x\tan x\Big|_0^{\frac{\pi}{4}}-\int_0^{\frac{\pi}{4}}\tan x\,dx\\ &=x\tan x\Big|_0^{\frac{\pi}{4}}+\ln|\cos x|\Big|_0^{\frac{\pi}{4}}\\ &=\frac{\pi}{4}-\frac{\ln 2}{2}.\end{aligned}$$

例28 计算定积分$\int_0^{\sqrt{\ln 2}} x^3 e^{-x^2} dx$.

解
$$\begin{aligned}\int_0^{\sqrt{\ln 2}} x^3 e^{-x^2} dx &= -\frac{1}{2}\int_0^{\sqrt{\ln 2}} x^2 e^{-x^2} d(-x^2)\\ &= -\frac{1}{2}\int_0^{\sqrt{\ln 2}} x^2 de^{-x^2}\\ &= -\frac{1}{2}\left(x^2 e^{-x^2}\Big|_0^{\sqrt{\ln 2}} - \int_0^{\sqrt{\ln 2}} 2x e^{-x^2} dx\right)\\ &= -\frac{1}{2}x^2 e^{-x^2}\Big|_0^{\sqrt{\ln 2}} - \frac{1}{2}\int_0^{\sqrt{\ln 2}} e^{-x^2} d(-x^2)\\ &= -\frac{1}{2}x^2 e^{-x^2}\Big|_0^{\sqrt{\ln 2}} - \frac{1}{2}e^{-x^2}\Big|_0^{\sqrt{\ln 2}}\\ &= -\frac{1}{4}\ln 2 + \frac{1}{4}.\end{aligned}$$

总结 分部积分法与凑微分法相同,计算过程不需要换积分上下限,自始至终带着原始积分变量的上下限进行计算.

4. 综合题

例29 计算定积分$\int_0^1 2^{\sqrt{x}} dx$.

解 令$\sqrt{x}=t$,则$x=t^2$,$dx=2t\,dt$,当$x=0$时$t=0$,当$x=1$时$t=1$,故

$$\begin{aligned}\int_0^1 2^{\sqrt{x}} dx &= \int_0^1 2^t \cdot 2t\,dt\\ &= 2\int_0^1 e^{t\ln 2} t\,dt\\ &= \frac{2}{\ln 2}\int_0^1 e^{t\ln 2} t\,d(t\ln 2)\\ &= \frac{2}{\ln 2}\int_0^1 t\,de^{t\ln 2}\\ &= \frac{2}{\ln 2}\left(te^{t\ln 2}\Big|_0^1 - \int_0^1 e^{t\ln 2} dt\right)\\ &= \frac{2}{\ln 2}\left(te^{t\ln 2}\Big|_0^1 - \frac{1}{\ln 2}\int_0^1 e^{t\ln 2} dt\ln 2\right)\\ &= \frac{2}{\ln 2}\left(te^{t\ln 2}\Big|_0^1 - \frac{1}{\ln 2}e^{t\ln 2}\Big|_0^1\right)\\ &= \frac{2}{\ln 2}\left(2 - \frac{1}{\ln 2}\right) = \frac{4}{\ln 2} - \frac{2}{\ln^2 2}.\end{aligned}$$

例30 已知函数$f(x)=\begin{cases}x^2-1, & x<0\\ \ln(1+x), & x>0\end{cases}$,求$\int_1^4 f(x-3)dx$.

解 令$x-3=t$,则$dx=dt$,当$x=1$时$t=-2$,当$x=4$时$t=1$,所以

$$\begin{aligned}\int_1^4 f(x-3)\mathrm{d}x &= \int_{-2}^1 f(t)\mathrm{d}t\\&= \int_{-2}^0 f(t)\mathrm{d}t + \int_0^1 f(t)\mathrm{d}t\\&= \int_{-2}^0 (t^2-1)\mathrm{d}t + \int_0^1 \ln(1+t)\mathrm{d}t\\&= \left(\frac{1}{3}t^3 - t\right)\Big|_{-2}^0 + t\ln(1+t)\Big|_0^1 - \int_0^1 \frac{t}{t+1}\mathrm{d}t\\&= \frac{2}{3} + \ln 2 - \int_0^1 \left(1-\frac{1}{t+1}\right)\mathrm{d}t\\&= \frac{2}{3} + \ln 2 - (t - \ln|t+1|)\Big|_0^1\\&= \frac{2}{3} + \ln 2 - 1 + \ln 2 = -\frac{1}{3} + 2\ln 2.\end{aligned}$$

例31 已知函数 $f(x)=\int_2^{x^2}\frac{\sin t}{t}\mathrm{d}t$，求$\int_0^{\sqrt{2}} xf(x)\mathrm{d}x$.

解 因为$\frac{\sin t}{t}$没有初等形式的原函数，无法直接求出 $f(x)$，故对积分$\int_0^{\sqrt{2}} xf(x)\mathrm{d}x$ 采用分部积分法：

$$\begin{aligned}\int_0^{\sqrt{2}} xf(x)\mathrm{d}x &= \frac{1}{2}\int_0^{\sqrt{2}} f(x)\mathrm{d}x^2\\&= \frac{1}{2}\left[x^2 f(x)\Big|_0^{\sqrt{2}} - \int_0^{\sqrt{2}} x^2 f'(x)\mathrm{d}x\right]\\&= f(\sqrt{2}) - \frac{1}{2}\int_0^{\sqrt{2}} x^2 f'(x)\mathrm{d}x.\end{aligned}$$

因为 $f(\sqrt{2})=\int_2^2\frac{\sin t}{t}\mathrm{d}t=0$，而 $f(x)=\int_2^{x^2}\frac{\sin t}{t}\mathrm{d}t$，所以

$$f'(x)=\frac{\sin x^2}{x^2}\cdot 2x = 2\cdot\frac{\sin x^2}{x}.$$

代入$\int_0^{\sqrt{2}} x^2 f'(x)\mathrm{d}x$，得

$$\begin{aligned}\int_0^{\sqrt{2}} x^2 f'(x)\mathrm{d}x &= 2\int_0^{\sqrt{2}} x^2\frac{\sin x^2}{x}\mathrm{d}x\\&= 2\int_0^{\sqrt{2}} x\sin x^2\mathrm{d}x\\&= \int_0^{\sqrt{2}} \sin x^2\mathrm{d}x^2\\&= -\cos x^2\Big|_0^{\sqrt{2}} = 1-\cos 2,\end{aligned}$$

所以

$$\int_0^{\sqrt{2}} xf(x)\mathrm{d}x = f(\sqrt{2}) - \frac{1}{2}\int_0^{\sqrt{2}} x^2 f'(x)\mathrm{d}x$$
$$= -\frac{1}{2}(1-\cos 2).$$

例32 计算定积分$\int_{-1}^{1}\frac{x^2+2x\mathrm{e}^{\cos x}}{1+\sqrt{1-x^2}}\mathrm{d}x$.

解 $\int_{-1}^{1}\frac{x^2+2x\mathrm{e}^{\cos x}}{1+\sqrt{1-x^2}}\mathrm{d}x = \int_{-1}^{1}\frac{x^2}{1+\sqrt{1-x^2}}\mathrm{d}x + \int_{-1}^{1}\frac{2x\mathrm{e}^{\cos x}}{1+\sqrt{1-x^2}}\mathrm{d}x$.

因为积分区间是对称区间,而$\frac{2x\mathrm{e}^{\cos x}}{1+\sqrt{1-x^2}}$是奇函数,所以$\int_{-1}^{1}\frac{2x\mathrm{e}^{\cos x}}{1+\sqrt{1-x^2}}\mathrm{d}x=0$,又因为$\frac{x^2}{1+\sqrt{1-x^2}}$是偶函数,$\int_{-1}^{1}\frac{x^2}{1+\sqrt{1-x^2}}\mathrm{d}x = 2\int_0^1\frac{x^2}{1+\sqrt{1-x^2}}\mathrm{d}x$,所以

$$\int_{-1}^{1}\frac{x^2+2x\mathrm{e}^{\cos x}}{1+\sqrt{1-x^2}}\mathrm{d}x = 2\int_0^1\frac{x^2}{1+\sqrt{1-x^2}}\mathrm{d}x$$
$$= 2\int_0^1\frac{x^2(1-\sqrt{1-x^2})}{1-1+x^2}\mathrm{d}x$$
$$= 2\int_0^1(1-\sqrt{1-x^2})\mathrm{d}x$$
$$= 2\int_0^1 1\mathrm{d}x - 2\int_0^1\sqrt{1-x^2}\mathrm{d}x$$
$$= 2x\Big|_0^1 - 2\times\frac{\pi}{4} = 2-\frac{\pi}{2}.$$

注意:这里$\int_0^1\sqrt{1-x^2}\mathrm{d}x = \frac{\pi}{4}$是利用了积分的几何意义.

例33 已知$f(x)$在区间$[0,1]$上连续,证明$\int_0^{\pi} xf(\sin x)\mathrm{d}x = \frac{\pi}{2}\int_0^{\pi} f(\sin x)\mathrm{d}x$,并由此求$\int_0^{\pi}\frac{4x\sin x}{1+\cos^2 x}\mathrm{d}x$.

证明 令$x=\pi-t$,则$\mathrm{d}x=-\mathrm{d}t$,$x=0\Rightarrow t=\pi$,$x=\pi\Rightarrow t=0$,所以

$$\int_0^{\pi} xf(\sin x)\mathrm{d}x = \int_{\pi}^{0}(\pi-t)f(\sin(\pi-t))(-\mathrm{d}t)$$
$$= \int_0^{\pi}(\pi-t)f(\sin t)\mathrm{d}t$$
$$= \pi\int_0^{\pi} f(\sin t)\mathrm{d}t - \int_0^{\pi} tf(\sin t)\mathrm{d}t$$

$$=\pi\int_0^{\pi}f(\sin x)\mathrm{d}x-\int_0^{\pi}xf(\sin x)\mathrm{d}x.$$

移项后除以 2 得到 $\int_0^{\pi}xf(\sin x)\mathrm{d}x=\frac{\pi}{2}\int_0^{\pi}f(\sin x)\mathrm{d}x$.

根据上面的结果有

$$\begin{aligned}\int_0^{\pi}\frac{4x\sin x}{1+\cos^2 x}\mathrm{d}x&=\frac{\pi}{2}\int_0^{\pi}\frac{4\sin x}{1+\cos^2 x}\mathrm{d}x\\&=-2\pi\int_0^{\pi}\frac{1}{1+\cos^2 x}\mathrm{d}\cos x\\&=-2\pi\arctan\cos x\Big|_0^{\pi}\\&=-2\pi\left(-\frac{\pi}{4}-\frac{\pi}{4}\right)=\pi^2.\end{aligned}$$

总结 对于比较综合的定积分的计算,有时往往需要同时使用换元法和分部积分法,甚至还会借助积分的几何意义、被积函数的奇偶性等,有的题甚至会出现部分被积函数积不出来的现象.遇到这样的题时同学们需要仔细审题,熟练掌握各种积分技巧,方能顺利解决问题.

四、定积分的应用

1. 定积分求面积

例34 求由 $y=x^2-a^2(a>0)$,$x=2a$,$y=0$ 所围成的平面图形的面积(用参数 a 表示面积),并求 $a=3$ 时的面积.

解 显然 $y=x^2-a^2$ 与 x 轴正半轴交于$(a,0)$点(如图 6.20 所示),可以将其看成 X-型区域,故面积为

$$S=\int_a^{2a}(x^2-a^2)\mathrm{d}x=\left(\frac{1}{3}x^3-a^2x\right)\Big|_a^{2a}=\frac{4}{3}a^3.$$

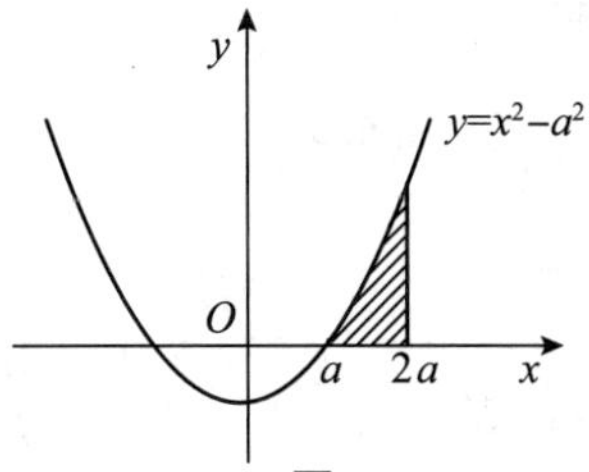

图 6.20

当 $a=3$ 时面积为 $S=\frac{4}{3}\times 3^3=36$.

本题也可以用 Y-型区域来做,当 $x=2a$ 时,$y=3a^2$,所以

$$S=\int_0^{3a^2}(2a-\sqrt{y+a^2})\mathrm{d}y=\left[2ay-\frac{2}{3}(y+a^2)^{\frac{3}{2}}\right]\Big|_0^{3a^2}=\frac{4}{3}a^3.$$

例35 求由 $y=4x$, $y=x$, $y=1$, $y=2$ 所围成的平面图形(如图 6.21 所示)的面积.

解 显然用 Y-型区域做更简单.

$$S=\int_1^2\left(y-\frac{y}{4}\right)\mathrm{d}y=\int_1^2\frac{3y}{4}\mathrm{d}y=\frac{3}{4}\cdot\frac{y^2}{2}\Big|_1^2=\frac{9}{8}.$$

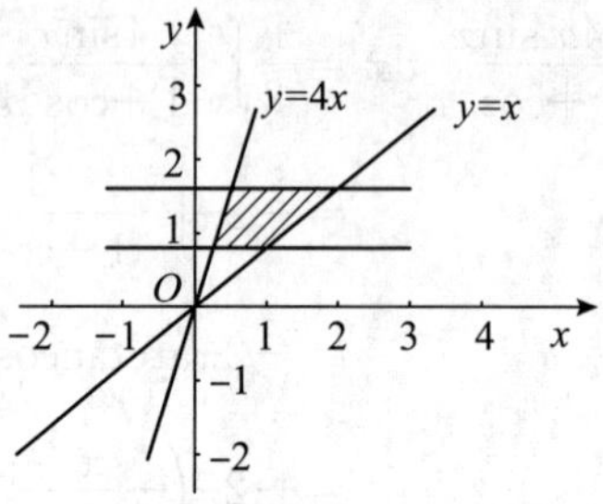

图 6.21

例36 求由 $y=x^3$ 和 $y=\sqrt{x}$ 所围成的平面图形的面积.

解 如图 6.22 所示,显然用 X-型区域还是 Y-型区域做都可以,两条曲线交于(0,0)点和(1,1)点.

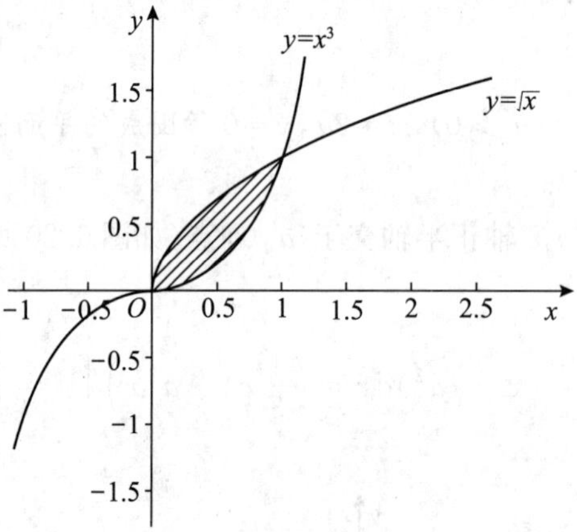

图 6.22

用 X-型区域,得

$$S=\int_0^1(\sqrt{x}-x^3)\mathrm{d}x=\left(\frac{2}{3}x^{\frac{3}{2}}-\frac{1}{4}x^4\right)\Big|_0^1=\frac{5}{12}.$$

用 Y-型区域,得

$$S=\int_0^1(\sqrt[3]{y}-y^2)\mathrm{d}y=\left(\frac{3}{4}y^{\frac{4}{3}}-\frac{1}{3}y^3\right)\Big|_0^1=\frac{5}{12}.$$

例37 过坐标原点作曲线 $y=\ln x$ 的切线，切点横坐标为 x_0，设切线与曲线 $y=\ln x$ 以及 x 轴围成的平面图形的面积为 S_1，$y=\ln x$，$x=x_0$ 以及 x 轴围成的平面图形的面积为 S_2，比较 S_1 与 S_2 的大小.

解 如图 6.23 所示.

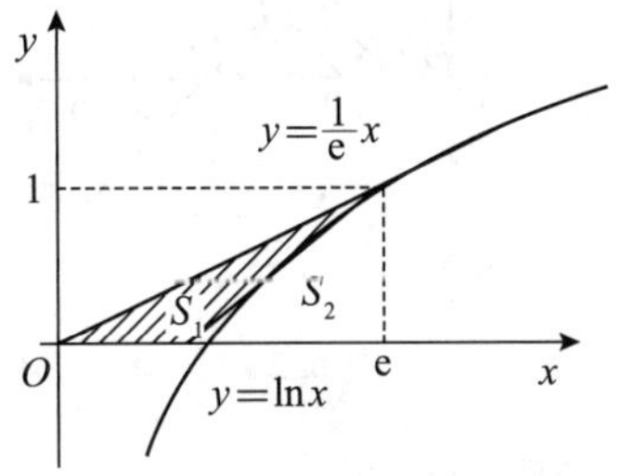

图 6.23

首先求过原点与曲线 $y=\ln x$ 相切的切线方程. 切点横坐标是 x_0，则过该点的切线的斜率为函数 $y=\ln x$ 在点 x_0 处的导数，即 $k=\dfrac{1}{x_0}$，又切线过 $(x_0,\ln x_0)$ 点，故切线方程为 $y-\ln x_0=\dfrac{1}{x_0}(x-x_0)$. 而这条切线过原点 $(0,0)$，故代入 $(0,0)$ 点，有 $-\ln x_0=-1$，所以 $x_0=\mathrm{e}$，切点为 $(\mathrm{e},1)$，所以切线方程为

$$y-1=\frac{1}{\mathrm{e}}(x-\mathrm{e})=\frac{x}{\mathrm{e}}-1, \text{即 } y=\frac{x}{\mathrm{e}}.$$

用 Y-型区域求 S_1，得

$$S_1=\int_0^1(\mathrm{e}^y-\mathrm{e}y)\mathrm{d}y=\left(\mathrm{e}^y-\frac{\mathrm{e}}{2}y^2\right)\Big|_0^1=\frac{\mathrm{e}}{2}-1.$$

用 X-型区域求 S_2，得

$$S_2=\int_1^{\mathrm{e}}\ln x\,\mathrm{d}x=(x\ln x-x)\Big|_1^{\mathrm{e}}=1.$$

所以

$$S_1=\frac{\mathrm{e}}{2}-1\approx\frac{2.718\,28}{2}-1=0.359<1=S_2.$$

2. 定积分求体积

(1) 定积分求旋转体的体积.

例38 求由抛物线 $y^2=2x$，直线 $y=4-x$ 以及 $y=0$ 所围成的第一象限中的平面图形绕 x 轴旋转一周所得的旋转体的体积.

解 如图 6.24 所示.

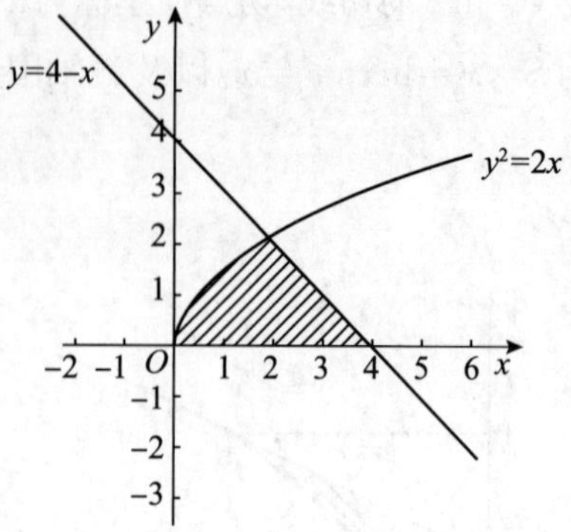

图 6.24

首先求抛物线与直线在第一象限的交点：

$$\begin{cases} y^2=2x \\ y=4-x \end{cases}，第一象限中的交点为 (2,2).$$

故所得旋转体由 $y=\sqrt{2x}\ (0\leqslant x\leqslant 2)$ 绕着 x 轴旋转所得到的体积和直线 $y=4-x\ (2\leqslant x\leqslant 4)$ 绕着 x 轴旋转所得到的体积两部分组成，故该旋转体的体积为

$$V_x=\int_0^2 \pi(\sqrt{2x})^2\,\mathrm{d}x+\int_2^4 \pi(4-x)^2\,\mathrm{d}x=\frac{20\pi}{3}.$$

例39 求由 $y=\frac{1}{2}x^2$，$y=\sqrt{x+2}$ 以及 $x=0$ 所围成的位于第一象限中的平面图形分别绕 x 轴和 y 轴旋转一周所得的旋转体的体积.

解 如图 6.25 所示.

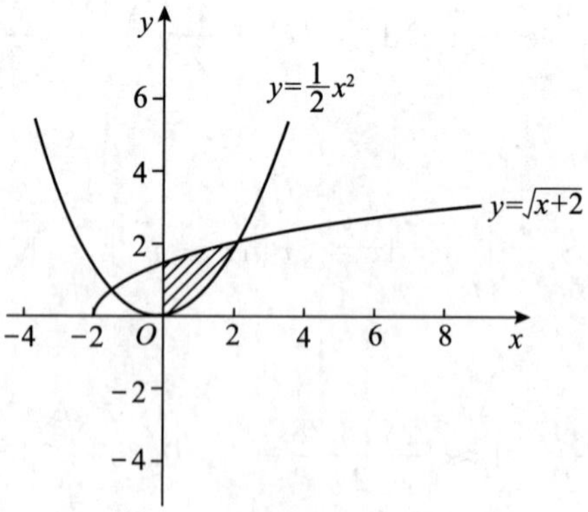

图 6.25

先求两曲线在第一象限的交点：

$$\begin{cases} y=\frac{1}{2}x^2 \\ y=\sqrt{x+2} \end{cases}，得交点为(2,2).$$

所以平面图形绕 x 轴旋转一周所得的旋转体的体积为曲线 $y=\sqrt{x+2}\,(0\leqslant x\leqslant 2)$ 绕 x 轴旋转所得的体积减去 $y=\frac{1}{2}x^2\,(0\leqslant x\leqslant 2)$ 绕 x 轴旋转所得的体积：

$$V_x=\int_0^2\pi(\sqrt{x+2})^2\mathrm{d}x-\int_0^2\pi\left(\frac{1}{2}x^2\right)^2\mathrm{d}x=\frac{22\pi}{5}.$$

同理，平面图形绕 y 轴旋转一周所得的旋转体的体积是由 $x=\sqrt{2y}\,(0\leqslant y\leqslant 2)$ 绕 y 轴旋转所得到的体积减去曲线 $x=y^2-2(\sqrt{2}\leqslant y\leqslant 2)$ 绕着 y 轴旋转所得到的体积：

$$V_y=\int_0^2\pi(\sqrt{2y})^2\mathrm{d}y-\int_{\sqrt{2}}^2\pi(y^2-2)^2\mathrm{d}y=\frac{4}{15}\pi+\frac{32}{15}\sqrt{2}\pi.$$

例40 抛物线 $y=x^2-4$ 上一点 P 的横坐标为 $c(c\geqslant 2)$，过 P 点做 x 轴垂线交 x 轴于 Q 点，直线 $x=c$，$y=0$ 与弧 AP 以及 y 轴围成的图形面积(如图 6.26 所示)为 S，求 S 以及 S 绕 x 轴旋转一周所得的旋转体的体积 V，并判断 c 取何值时面积 S 最小，并求最小面积.

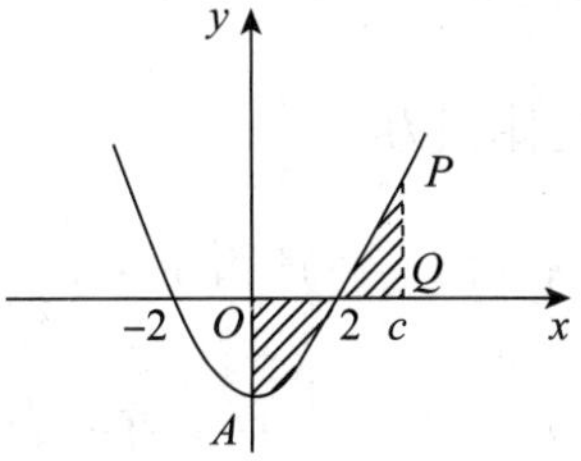

图 6.26

解 面积 $S=\int_0^2(0-x^2+4)\mathrm{d}x+\int_2^c(x^2-4)\mathrm{d}x=\frac{32}{3}+\frac{1}{3}c^3-4c.$

S 绕 x 轴旋转一周所得的旋转体的体积为

$$V_x=\int_0^c\pi(x^2-4)^2\mathrm{d}x=\pi\left(\frac{1}{5}c^5-\frac{8}{3}c^3+16c\right).$$

面积 S 是参数 c 的函数，如要 S 最小，需要对 S 关于参数 c 求导，求 S 的唯一极小值.

$$S'=\left(\frac{32}{3}+\frac{1}{3}c^3-4c\right)'=c^2-4=0,c=\pm 2,$$

显然 $c=-2$ 舍掉，容易验证 $c=2$ 是函数 S 的唯一极小值点，从而是最小值点，故 $c=2$ 时面积最小，且最小面积为

$$S=\frac{32}{3}+\frac{1}{3}\times 2^3-4\times 2=\frac{16}{3}.$$

例41 求由 $y=2x$，$y=4-(x-2)^2$ 围成的区域面积 S(如图 6.27 所示)，并比较 S 分别绕 x 轴和 y 轴旋转一周得到的旋转体体积的大小.

解 先求直线和曲线的交点：

$$\begin{cases} y=2x \\ y=4-(x-2)^2 \end{cases},$$

解得交点坐标为(0,0)，(2,4).

直线和曲线所围成的区域面积 S(如图 6.27 所示）为

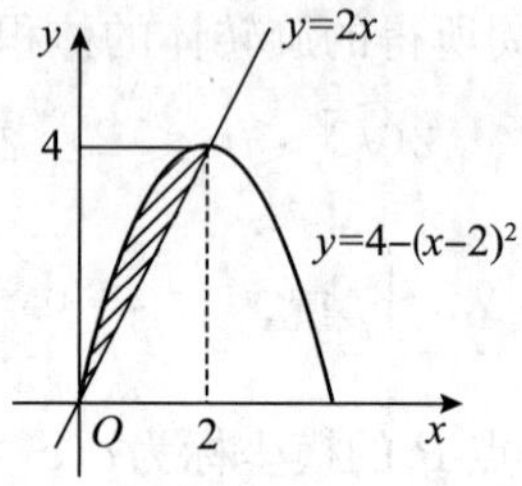

图 6.27

$$S=\int_0^2[4-(x-2)^2-2x]\mathrm{d}x=\int_0^2(2x-x^2)\mathrm{d}x=\left(x^2-\frac{1}{3}x^3\right)\Big|_0^2=\frac{4}{3}.$$

S 绕 x 轴旋转一周得到的旋转体的体积为：

$$\begin{aligned} V_x&=\int_0^2\pi[4-(x-2)^2]^2\mathrm{d}x-\int_0^2\pi(2x)^2\mathrm{d}x \\ &=\pi\int_0^2(x^4-8x^3+12x^2)\mathrm{d}x \\ &=\pi\left[\frac{1}{5}x^5-2x^4+4x^3\right]\Big|_0^2=\frac{32}{5}\pi. \end{aligned}$$

S 绕 y 轴旋转一周得到的旋转体的体积为：

$$\begin{aligned} V_y&=\int_0^4\pi\left(\frac{y}{2}\right)^2\mathrm{d}y-\int_0^4\pi(2-\sqrt{4-y})^2\mathrm{d}y \\ &=\frac{1}{4}\pi\int_0^4 y^2\mathrm{d}y-\pi\int_0^4(8-y-4\sqrt{4-y})\mathrm{d}y \\ &=\frac{1}{4}\pi\times\frac{1}{3}y^3\Big|_0^4-\pi\left[8y-\frac{1}{2}y^2+\frac{8}{3}(4-y)^{\frac{3}{2}}\right]\Big|_0^4=\frac{8}{3}\pi. \end{aligned}$$

$$\because\ \frac{32}{5}\pi=\frac{96}{15}\pi>\frac{40}{15}\pi=\frac{8}{3}\pi$$

$$\therefore V_x>V_y$$

注意：求旋转体的体积时不论是绕着 x 轴还是 y 轴旋转，都是外侧曲线旋转而成的体积减去内侧曲线旋转而成的体积.

(2) 定积分求横截面面积已知的立体体积.

例 42 如图 6.28 所示，这是以 2 为底圆半径，以平行且等于底圆直径的线段为顶，高为 3

的正劈锥体，求该锥体的体积.

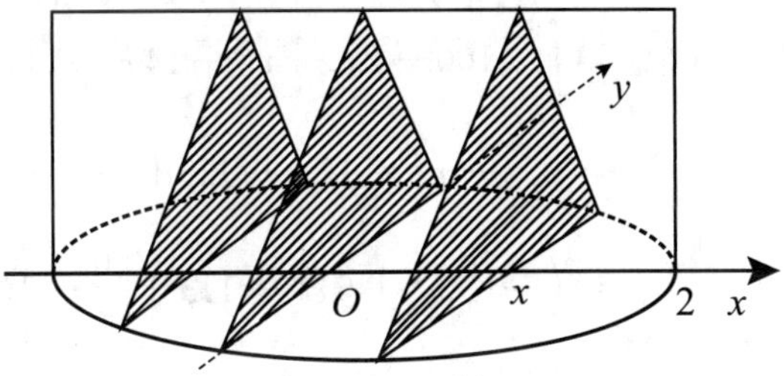

图 6.28

解 因为正劈锥体的底圆中心是坐标原点，故底圆方程是 $x^2+y^2=4$，垂直于 x 轴的截面都是三角形，且三角形的面积为$\frac{1}{2}$ 底边×高.

高为 3，三角形底边为 $2\sqrt{4-x^2}$，故三角形截面的面积为

$$S(x)=\frac{1}{2}\times 2\sqrt{4-x^2}\times 3=3\sqrt{4-x^2}.$$

由已知截面面积求立体体积的公式知，该正劈锥体的体积为

$$V=\int_{-2}^{2}S(x)\mathrm{d}x=3\int_{-2}^{2}\sqrt{4-x^2}\,\mathrm{d}x=6\pi.$$

说明 这里积分$\int_{-2}^{2}\sqrt{4-x^2}\,\mathrm{d}x$ 利用的是几何意义，这是以原点为圆心，以 2 为半径的圆的上半部分，故积分值是圆面积的一半. 而圆的面积为 $\pi r^2=4\pi$，所以一半底面积是 2π，再乘以高 3，故最终体积值为 6π.

3. 定积分在经济中的应用

例 43 已知某打印机生产厂家生产的打印机固定成本为 100 万元，边际成本和边际收益分别为 $MC=x^2-14x+111$（万元 / 百台），$MR=100-2x$（万元 / 百台），其中 x 是生产数量(单位：百台). 试帮助厂家确定产量为多少时利润最大，并求最大利润.

解 根据最大利润原则，取得最大利润的必要条件是 $MC=MR$，即

$$x^2-14x+111=100\quad 2x,$$

解得 $x=1, x=11$.

若想取得最大利润，需要二阶导数小于零，即$\frac{\mathrm{d}(MR-MC)}{\mathrm{d}x}<0$，而

$$\frac{\mathrm{d}(MR-MC)}{\mathrm{d}x}=(100-2x-x^2+14x-111)'=-2x+12.$$

分别代入 $x=1$ 和 $x=11$，只有当 $x=11$ 时$\left.\frac{\mathrm{d}(MR-MC)}{\mathrm{d}x}\right|_{x=1}=-10<0$，故 $x=11$ 百台时厂家的利润最大，且最大利润为

$$\begin{aligned}L&=\int_0^{11}(MR-MC)\mathrm{d}x-C_0\\&=\int_0^{11}(100-2x-x^2+14x-111)\mathrm{d}x-100\\&=\int_0^{11}(-x^2+12x-11)\mathrm{d}x-100\\&=\left(-\frac{1}{3}x^3+6x^2-11x\right)\Big|_0^{11}-100\\&=\frac{184}{3}\ (\text{万元}).\end{aligned}$$

例 44 设某投资企业对某个理财项目投资 1 000 万元，之后在 t 年又追加成本为 $MC=3+2t^{\frac{2}{3}}$（百万元 / 年），而相应得到的收益为 $MR=15-t^{\frac{2}{3}}$（百万元 / 年），请帮助企业确定何时停止投资才能获得最大利润，并求最大利润.

解 由于追加的成本和收益都是时间 t 的函数，相应的利润函数也是时间 t 的函数 $L(t)$，且 $L'(t)=MR-MC$，故若想取得最大利润，需要

$$L'(t)=MR-MC=0,$$

即 $3+2t^{\frac{2}{3}}=15-t^{\frac{2}{3}}$，解得 $t=8$.

而

$$L''(8)=(15-t^{\frac{2}{3}}-3-2t^{\frac{2}{3}})'|_{t=8}=(-2t^{\frac{-1}{3}})|_{t=8}=-1<0,$$

故 $t=8$ 时利润最大，且最大利润为

$$\begin{aligned}L=\int_0^8(MR-MC)\mathrm{d}t-10&=\int_0^8(15-t^{\frac{2}{3}}-3-2t^{\frac{2}{3}})\,\mathrm{d}t-10\\&=\int_0^8(12-3t^{\frac{2}{3}})\,\mathrm{d}t-10\\&=\left(12t-\frac{9}{5}t^{\frac{5}{3}}\right)\Big|_0^8-10\\&=\frac{142}{5}=28.4\ (\text{百万元}).\end{aligned}$$

注意： 这里由于单位是百万元，故要将初始投资的 1 000 万元转换成 10 百万元.

例 45 王先生贷款买房，房价 800 万元，首付 100 万元，其余的分期付款，每年付款的数目相同，贷款期限 20 年，银行的年利率为 6%. 若按照连续复利计算，王先生每年应付款多少？（$e^{-1.2}\approx 0.3$.）

解 设王先生每年付款 x 万元，则第 t 年付款的现值为 $xe^{-0.06t}$ 万元，其贷款总额是

700 万元，则

$$
\begin{aligned}
700 &= \int_0^{20} x\mathrm{e}^{-0.06t}\mathrm{d}t = \frac{x}{-0.06}\int_0^{20}\mathrm{e}^{-0.06t}\mathrm{d}(-0.06t) \\
&= \frac{x}{-0.06}\mathrm{e}^{-0.06t}\Big|_0^{20} \\
&= \frac{x}{-0.06}(\mathrm{e}^{-1.2}-1) \\
&= \frac{70x}{6},
\end{aligned}
$$

解得 $x=60$ 万元，故王先生每年需要还款 60 万元.

例 46 设某种商品的需求函数为 $D(q)=p(q)=21-3q$，供给函数为 $S(q)=2q+6$，求消费者剩余和生产者剩余.

解 先求使得供给等于需求的均衡价格和供需量：

$$D(q)=p(q)=21-3q=S(q)=2q+6,$$

解得 $p^*=12, q^*=3$. 所以消费者剩余为

$$CS=\int_0^{q^*}D(q)\mathrm{d}q-p^*q^*=\int_0^3(21-3q)\mathrm{d}q-3\times 12=\frac{27}{2},$$

生产者剩余为

$$PS=p^*q^*-\int_0^{q^*}S(q)\mathrm{d}q=3\times 12-\int_0^3(2q+6)\mathrm{d}q=9.$$

五、广义积分

例 47 判断广义积分 $\int_{\frac{1}{\pi}}^{+\infty}\frac{1}{x^2}\cos\frac{1}{x}\mathrm{d}x$ 的敛散性.

解
$$
\begin{aligned}
\int_{\frac{1}{\pi}}^{+\infty}\frac{1}{x^2}\cos\frac{1}{x}\mathrm{d}x &= -\int_{\frac{1}{\pi}}^{+\infty}\cos\frac{1}{x}\mathrm{d}\left(\frac{1}{x}\right)=-\sin\frac{1}{x}\Big|_{\frac{1}{\pi}}^{+\infty} \\
&= -\lim_{x\to+\infty}\sin\frac{1}{x}+\sin\pi=0,
\end{aligned}
$$

故广义积分 $\int_{\frac{1}{\pi}}^{+\infty}\frac{1}{x^2}\cos\frac{1}{x}\mathrm{d}x$ 收敛.

例 48 判断广义积分 $\int_{-\infty}^{+\infty}\frac{\mathrm{e}^x}{1+(\mathrm{e}^x)^2}\mathrm{d}x$ 的敛散性.

解
$$
\begin{aligned}
\int_{-\infty}^{+\infty}\frac{\mathrm{e}^x}{1+(\mathrm{e}^x)^2}\mathrm{d}x &= \int_{-\infty}^{+\infty}\frac{1}{1+(\mathrm{e}^x)^2}\mathrm{d}\mathrm{e}^x \\
&= \arctan\mathrm{e}^x\Big|_{-\infty}^{+\infty} \\
&= \lim_{x\to+\infty}\arctan\mathrm{e}^x-\lim_{x\to-\infty}\arctan\mathrm{e}^x
\end{aligned}
$$

$$=\frac{\pi}{2}-0=\frac{\pi}{2},$$

故广义积分$\int_{-\infty}^{+\infty}\frac{e^x}{1+(e^x)^2}dx$ 收敛.

例 49 判断广义积分$\int_{1}^{+\infty}\frac{1}{x+x^2}dx$ 的敛散性.

解
$$\int_{1}^{+\infty}\frac{1}{x+x^2}dx=\int_{1}^{+\infty}\left(\frac{1}{x}-\frac{1}{1+x}\right)dx$$
$$=\ln\frac{x}{1+x}\Big|_{1}^{+\infty}$$
$$=\lim_{x\to+\infty}\ln\frac{x}{1+x}-\ln\frac{1}{1+1}$$
$$=\ln 2,$$

故广义积分$\int_{1}^{+\infty}\frac{1}{x+x^2}dx$ 收敛.

注意：这里$\int_{1}^{+\infty}\left(\frac{1}{x}-\frac{1}{1+x}\right)dx$ 不能拆成两个积分$\int_{1}^{+\infty}\frac{1}{x}dx-\int_{1}^{+\infty}\frac{1}{1+x}dx$，因为这两个积分都发散.

例 50 判断广义积分$\int_{2}^{+\infty}\frac{1}{x\sqrt{x-2}}dx$ 的敛散性.

解 本题既有瑕点又有无穷限区间. 因为被积表达式中含有根式，所以需要先换元，再积分.

令$\sqrt{x-2}=t$，则 $x=t^2+2$，$dx=2t\,dt$，当 $x=2$ 时 $t=0$，当 $x=+\infty$ 时 $t=+\infty$，所以

$$\int_{2}^{+\infty}\frac{1}{x\sqrt{x-2}}dx=\int_{0}^{+\infty}\frac{1}{t(t^2+2)}\cdot 2t\,dt$$
$$=2\int_{0}^{+\infty}\frac{1}{t^2+2}dt$$
$$=\sqrt{2}\int_{0}^{+\infty}\frac{1}{1+\left(\frac{t}{\sqrt{2}}\right)^2}d\left(\frac{t}{\sqrt{2}}\right)$$
$$=\sqrt{2}\arctan\frac{t}{\sqrt{2}}\Big|_{0}^{+\infty}$$
$$=\sqrt{2}\left(\frac{\pi}{2}-0\right)=\frac{\sqrt{2}\pi}{2},$$

故广义积分$\int_{2}^{+\infty}\frac{1}{x\sqrt{x-2}}dx$ 收敛.

例51 判断广义积分$\int_0^2 \frac{\ln x}{\sqrt{x}}dx$ 的敛散性.

解 下限 0 是瑕点，且是两类函数相乘，故采取分部积分法.

$$\begin{aligned}\int_0^2 \frac{\ln x}{\sqrt{x}}dx &= 2\int_0^2 \ln x\, d\sqrt{x} = 2\sqrt{x}\ln x\Big|_0^2 - 2\int_0^2 \frac{1}{\sqrt{x}}dx \\ &= 2\sqrt{2}\ln 2 - 2\lim_{x\to 0^+}\sqrt{x}\ln x - 4\sqrt{x}\Big|_0^2 \\ &= 2\sqrt{2}\ln 2 - 4\sqrt{2},\end{aligned}$$

其中$\lim\limits_{x\to 0^+}\sqrt{x}\ln x = \lim\limits_{x\to 0^+}\frac{\ln x}{\frac{1}{\sqrt{x}}} = \lim\limits_{x\to 0^+}\frac{\frac{1}{x}}{-\frac{1}{2}x^{-\frac{3}{2}}} = -2\lim\limits_{x\to 0^+}\sqrt{x} = 0$. 故广义积分$\int_0^2 \frac{\ln x}{\sqrt{x}}dx$ 收敛.

例52 判断广义积分$\int_{-1}^1 \frac{1}{x^2}dx$ 的敛散性.

解 因为$\lim\limits_{x\to 0}\frac{1}{x^2} = \infty$，故 0 是瑕点，而

$$\int_{-1}^1 \frac{1}{x^2}dx = \int_{-1}^0 \frac{1}{x^2}dx + \int_0^1 \frac{1}{x^2}dx,$$

其中$\int_{-1}^0 \frac{1}{x^2}dx = -\frac{1}{x}\Big|_{-1}^0 = -\lim\limits_{x\to 0}\frac{1}{x} + 1 = \infty$. 故广义积分$\int_{-1}^1 \frac{1}{x^2}dx$ 发散.

模块五 考研真题举一反三

例53 【2022 年数三】设$I_1 = \int_0^1 \frac{x}{2(1+\cos x)}dx$，$I_2 = \int_0^1 \frac{\ln(1+x)}{1+\cos x}dx$，$I_3 = \int_0^1 \frac{2x}{1+\sin x}dx$，则(　　).

(A) $I_1 < I_2 < I_3$　　(B) $I_2 < I_1 < I_3$

(C) $I_1 < I_3 < I_2$　　(D) $I_3 < I_2 < I_1$

答案:(A).

解 $I_1 = \int_0^1 \frac{\frac{x}{2}}{1+\cos x}dx$，先比较$I_1$，$I_2$之间的大小. 令$f(x) = \frac{x}{2} - \ln(1+x)$，$x \in (0,1)$，此时，$f(0) = 0$，$f'(x) = \frac{1}{2} - \frac{1}{1+x} = \frac{x-1}{2(1+x)} < 0$，即 $f(x)$ 单调递减，从而 $f(x) < f(0) = 0$，即$\frac{x}{2} < \ln(1+x)$，因此$I_1 < I_2$.

再比较I_2 与I_3 的大小. 因为 $\ln(1+x) < x$，$\frac{1+\sin x}{2} < 1 + \cos x$，$x \in (0,1)$，所以

$$\frac{\ln(1+x)}{1+\cos x}<\frac{x}{\frac{1+\sin x}{2}}=\frac{2x}{1+\sin x},$$

从而$I_2<I_3$. 因此,$I_1<I_2<I_3$,故选(A).

分析 本文考察定积分的基本性质. 对于定积分$\int_a^b f(x)\mathrm{d}x$和$\int_a^b g(x)\mathrm{d}x$,如果$b>a$,且$f(x)>g(x)$,则$\int_a^b f(x)\mathrm{d}x>\int_a^b g(x)\mathrm{d}x$. 因此,在相同积分区间上,定积分的大小由被积函数的大小决定.

例54 【举一反三】设$I_1=\int_{-1}^{1}[x-\ln(2+x)]\mathrm{d}x$,$I_2=\int_{-1}^{1}(\mathrm{e}^{1+x}-x)\mathrm{d}x$,$I_3=\int_{-1}^{1}(\sin x-x)\mathrm{d}x$,则( ).

(A) $I_1<I_2<I_3$　　(B) $I_2<I_1<I_3$

(C) $I_1<I_3<I_2$　　(D) $I_3<I_2<I_1$

答案:(C).

解 对于I_1,令$f(x)=x-\ln(2+x)$,$x\in(-1,1)$,$f'(x)=1-\frac{1}{2+x}=\frac{1+x}{2+x}>0$,因此函数$f(x)$单调递增,又$f(1)=1-\ln3<0$,所以$f(x)<0$,从而$I_1<0$.

对于I_2,令$g(x)=\mathrm{e}^{1+r}-x$,$x\in(-1,1)$,$g'(x)=\mathrm{e}^{1+x}\quad 1>0$,因此函数$f(x)$单调递增,又$g(-1)=1+1>0$,所以$g(x)>0$,从而$I_2>0$.

对于I_3,令$h(x)=\sin-x$,$x\in(-1,1)$,显然$h(x)$为奇函数,又积分区间关于原点对称,从而$I_3=0$.

因此有$I_1<I_3<I_2$,故选(C).

例55 【2022年数三】积分$\int_0^2\frac{2x-4}{x^2+2x+4}\mathrm{d}x=$_______.

答案:$\ln3-\frac{\sqrt{3}}{3}\pi$.

解
$$\begin{aligned}\int_0^2\frac{2x-4}{x^2+2x+4}\mathrm{d}x&=\int_0^2\frac{2x+2-6}{x^2+2x+4}\mathrm{d}x=\int_0^2\frac{2x+2}{x^2+2x+4}\mathrm{d}x-6\int_0^2\frac{1}{x^2+2x+4}\mathrm{d}x\\&=\int_0^2\frac{\mathrm{d}(x^2+2x+4)}{x^2+2x+4}-6\int_0^2\frac{1}{(x+1)^2+(\sqrt{3})^2}\mathrm{d}x\\&=\ln(x^2+2x+4)\Big|_0^2-\frac{6}{\sqrt{3}}\arctan\frac{x+1}{\sqrt{3}}\Big|_0^2\\&=\ln3-\frac{\sqrt{3}}{3}\pi.\end{aligned}$$

分析 本题考察定积分的凑微分法. 需要注意的是,通过拆项的方式,将原来的定积分拆分为两个定积分,在凑微分的过程中,将x^2+2x+4以及$\frac{x+1}{\sqrt{3}}$分别视为整体,由于没有将整体用单一变量替换,没有换元,因此无须换限.

例56【举一反三】计算积分$\int_0^1 \frac{x+2}{x^2+x+2}dx$.

解 $$\int_0^1 \frac{x+2}{x^2+x+2}dx=\int_0^1 \frac{x}{x^2+x+2}dx+\int_0^1 \frac{2}{x^2+x+2}dx$$
$$=\frac{1}{2}\int_0^1 \frac{2x+1}{x^2+x+2}dx+\frac{3}{2}\int_0^1 \frac{1}{x^2+x+2}dx$$
$$=\frac{1}{2}\int_0^1 \frac{d(x^2+x+2)}{x^2+x+2}+\frac{3}{2}\int_0^1 \frac{1}{\left(x+\frac{1}{2}\right)^2+\left(\frac{\sqrt{7}}{2}\right)^2}dx$$
$$=\frac{1}{2}\ln(x^2+x+2)\Big|_0^1+\frac{3}{\sqrt{7}}\arctan\left(\frac{2}{\sqrt{7}}x+\frac{1}{\sqrt{7}}\right)\Big|_0^1$$
$$=\frac{1}{2}\ln 2+\frac{3}{\sqrt{7}}\left(\arctan\frac{3}{\sqrt{7}}-\arctan\frac{1}{\sqrt{7}}\right).$$

例57【2021年数三】当$x\to 0$时,$\int_0^{x^2}(e^{t^3}-1)dt$是$x^7$的(　　).

(A) 低阶无穷小　　(B) 等价无穷小

(C) 高阶无穷小　　(D) 同阶但非等价无穷小

答案:(C).

解 这道题涉及变上限积分函数、洛必达法则以及无穷小量阶的比较等知识,如果考察$\int_0^{x^2}(e^{t^3}-1)dt$与$x^7$的关系,需要计算极限$\lim\limits_{x\to 0}\frac{\int_0^{x^2}(e^{t^3}-1)dt}{x^7}$的值,根据极限值做出判断. 因为当$x\to 0$时,$\int_0^{x^2}(e^{t^3}-1)dt$和$x^7$都是无穷小量,故用洛必达法则,得

$$\lim_{x\to 0}\frac{\int_0^{x^2}(e^{t^3}-1)dt}{x^7}=\lim_{x\to 0}\frac{(e^{x^6}-1)\cdot 2x}{7x^6}=\frac{2}{7}\lim_{x\to 0}\frac{x^6}{x^5}=0\quad (e^{x^6}-1\sim x^6(x\to 0)),$$

所以$\int_0^{x^2}(e^{t^3}-1)dt$是$x^7$的高阶无穷小,故正确答案为(C).

例58【举一反三】当$x\to 0$时,$\int_0^{x^2}(e^{t^3}-1)dt$是$x^k(k>0)$的同阶无穷小,则$k$的值为(　　).

(A) $k=6$　　(B) $k=7$　　(C) $k=8$　　(D) $k=9$

答案:(C).

解 与例57的思路相同,求极限

$$\lim_{x\to 0}\frac{\int_0^{x^2}(e^{t^3}-1)dt}{x^k}=\lim_{x\to 0}\frac{(e^{x^6}-1)\cdot 2x}{kx^{k-1}}=\frac{2}{k}\lim_{x\to 0}\frac{x^6}{x^{k-2}},$$

若$\int_0^{x^2}(e^{t^3}-1)dt$ 是$x^k(k>0)$的同阶无穷小，则需要$k-2=6$，所以$k=8$，故选择(C).

例59【举一反三】当$x\to 0$时，$\int_0^{x^2}(e^{t^3}-1)dt$ 是$x^k(k>0)$的低阶无穷小，则k的取值范围为(　　).

(A) $k\leqslant 6$　　(B) $k\leqslant 7$　　(C) $k\geqslant 8$　　(D) $k\geqslant 9$

解 由例58可知，本题答案为(D).

例60【2021年数三】计算定积分$\int_{\sqrt{5}}^{5}\frac{x}{\sqrt{|x^2-9|}}dx$.

解 本题被积表达式中含有根号、绝对值，同时需要注意当$x=3$时，分母为零，故3是瑕点，这是一道复杂的瑕积分计算问题，需要在瑕点$x=3$处分开后再计算.

$$\int_{\sqrt{5}}^{5}\frac{x}{\sqrt{|x^2-9|}}dx=\int_{\sqrt{5}}^{3}\frac{x}{\sqrt{|x^2-9|}}dx+\int_{3}^{5}\frac{x}{\sqrt{|x^2-9|}}dx.$$

当$\sqrt{5}\leqslant x\leqslant 3$时$|x^2-9|=9-x^2$，当$3\leqslant x\leqslant 5$时$|x^2-9|=x^2-9$. 故上面的积分可以去掉绝对值，然后凑积分即可算得结果，于是

$$\begin{aligned}\int_{\sqrt{5}}^{5}\frac{x}{\sqrt{|x^2-9|}}dx&=\int_{\sqrt{5}}^{3}\frac{x}{\sqrt{|x^2-9|}}dx+\int_{3}^{5}\frac{x}{\sqrt{|x^2-9|}}dx\\&=\int_{\sqrt{5}}^{3}\frac{x}{\sqrt{9-x^2}}dx+\int_{3}^{5}\frac{x}{\sqrt{x^2-9}}dx\\&=-\frac{1}{2}\int_{\sqrt{5}}^{3}\frac{1}{\sqrt{9-x^2}}d(9-x^2)+\frac{1}{2}\int_{3}^{5}\frac{1}{\sqrt{x^2-9}}d(x^2-9)\\&=-\sqrt{9-x^2}\Big|_{\sqrt{5}}^{3}+\sqrt{x^2-9}\Big|_{3}^{5}\\&=-\lim_{x\to 3^-}\sqrt{9-x^2}+\sqrt{9-(\sqrt{5})^2}+\sqrt{5^2-9}-\lim_{x\to 3^+}\sqrt{x^2-9}\\&=0+2+4-0=6.\end{aligned}$$

例61【举一反三】求解$\int_{\sqrt{5}}^{5}\frac{x}{\sqrt{|x^2-16|}}dx$.

解 与例60相似，积分区间内4是瑕点，需要在4处分开.

$$\begin{aligned}\int_{\sqrt{5}}^{5}\frac{x}{\sqrt{|x^2-16|}}dx&=\int_{\sqrt{5}}^{4}\frac{x}{\sqrt{|x^2-16|}}dx+\int_{4}^{5}\frac{x}{\sqrt{|x^2-16|}}dx\\&=\int_{\sqrt{5}}^{4}\frac{x}{\sqrt{16-x^2}}dx+\int_{4}^{5}\frac{x}{\sqrt{x^2-16}}dx\\&=-\frac{1}{2}\int_{\sqrt{5}}^{4}\frac{1}{\sqrt{16-x^2}}d(16-x^2)+\frac{1}{2}\int_{4}^{5}\frac{1}{\sqrt{x^2-16}}d(x^2-16)\\&=-\sqrt{16-x^2}\Big|_{\sqrt{5}}^{4}+\sqrt{x^2-16}\Big|_{4}^{5}\\&=-\lim_{x\to 4^-}\sqrt{16-x^2}+\sqrt{16-(\sqrt{5})^2}+\sqrt{5^2-16}-\lim_{x\to 4^+}\sqrt{x^2-16}\end{aligned}$$

$$=0+\sqrt{11}+3-0=3+\sqrt{11}.$$

例62 【举一反三】$\int_{\sqrt{5}}^{5}\frac{x}{\sqrt{|x^2-25|}}dx$.

解 本题中上限5是瑕点,可直接去掉绝对值号.

$$\int_{\sqrt{5}}^{5}\frac{x}{\sqrt{|x^2-25|}}dx=\int_{\sqrt{5}}^{5}\frac{x}{\sqrt{25-x^2}}dx=-\sqrt{25-x^2}\Big|_{\sqrt{5}}^{5}=2\sqrt{5}.$$

分析 上述积分若改成$\int_{\sqrt{5}}^{5}\frac{x}{\sqrt{|x^2-36|}}dx$,那么由于瑕点6不在积分区间里,故该积分变成普通积分问题,只需根据积分区间去掉绝对值号即可积分.

例63 【2021年数三】设平面区域D由曲线$y=\sqrt{x}\sin\pi x\ (0\leqslant x\leqslant 1)$与$x$轴所围成,求$D$绕着$x$轴旋转一周得到的旋转体体积$V_x$.

解 曲线$y=\sqrt{x}\sin\pi x\ (0\leqslant x\leqslant 1)$的图形如图6.29所示.根据旋转体体积公式,有

$$V_x=\int_0^1\pi(\sqrt{x}\sin\pi x)^2dx=\int_0^1\pi x\sin^2\pi x\,dx=\frac{1}{\pi}\int_0^1\pi x\sin^2\pi x\,d(\pi x).$$

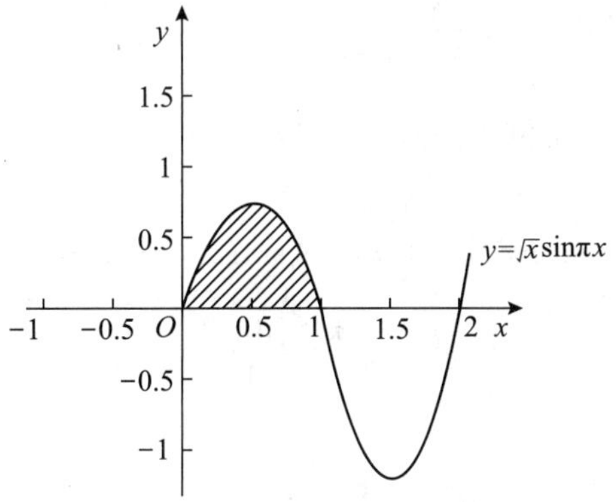

图6.29

令$\pi x=t$,则$x=\frac{t}{\pi}$,$dx=\frac{1}{\pi}dt$,$x=0$时$t=0$,$x=1$时$t=\pi$,于是

$$\begin{aligned}\text{上式}&=\frac{1}{\pi}\int_0^{\pi}t\sin^2t\,dt\\&=\frac{1}{\pi}\int_0^{\pi}t\,\frac{1-\cos2t}{2}dt\\&=\frac{1}{2\pi}\int_0^{\pi}(t-t\cos2t)dt\\&=\frac{1}{2\pi}\left(\frac{t^2}{2}-\frac{1}{2}t\sin2t-\frac{1}{4}\cos2t\right)\Big|_0^{\pi}\\&=\frac{\pi}{4}.\end{aligned}$$

例64 【举一反三】设平面区域 S 由曲线 $y=\sqrt{x}\sin\pi x\ (0\leqslant x\leqslant 2)$ 与 x 轴所围成，求 S 绕着 x 轴旋转得到的旋转体体积.

解 $V_1=\int_0^1\pi(\sqrt{x}\sin\pi x)^2\mathrm{d}x+\int_1^2\pi(\sqrt{x}\sin\pi x)^2=\int_0^2\pi x\sin^2\pi x\,\mathrm{d}x=\frac{1}{\pi}\int_0^2\pi x\sin^2\pi x\,\mathrm{d}(\pi x)$，

同样令 $\pi x=t$，则 $x=\frac{t}{\pi}$，$\mathrm{d}x=\frac{1}{\pi}\mathrm{d}t$，$x=0$ 时 $t=0$，$x=2$ 时 $t=2\pi$，于是

$$
\begin{aligned}
\text{上式}&=\frac{1}{\pi}\int_0^{2\pi}t\sin^2t\,\mathrm{d}t\\
&=\frac{1}{2\pi}\int_0^{2\pi}(t-t\cos2t)\,\mathrm{d}t\\
&=\frac{1}{2\pi}\left(\frac{t^2}{2}-\frac{1}{2}t\sin2t-\frac{1}{4}\cos2t\right)\Big|_0^{2\pi}\\
&=\pi.
\end{aligned}
$$

例65 【举一反三】设由曲线 $y=\sqrt{x}\sin\pi x\ (0\leqslant x\leqslant 1)$ 与 x 轴所围成的区域绕着 x 轴旋转得到的旋转体体积为 V_1，由曲线 $y=\sqrt{x}\sin\pi x\ (1\leqslant x\leqslant 2)$ 与 x 轴所围成的区域绕着 x 轴旋转得到的旋转体体积为 V_2，求 $\frac{V_2}{V_1}$.

解 由例 63 知，$V_1=\frac{\pi}{4}$. 由例 64 知，

$$
\begin{aligned}
V_2=\int_1^2\pi(\sqrt{x}\sin\pi x)^2&=\int_0^2\pi(\sqrt{x}\sin\pi x)^2-\int_0^1\pi(\sqrt{x}\sin\pi x)^2\mathrm{d}x\\
&=\pi-\frac{\pi}{4}=\frac{3\pi}{4},
\end{aligned}
$$

所以
$$\frac{V_2}{V_1}=\frac{\frac{3\pi}{4}}{\frac{\pi}{4}}=3.$$

例66 【2020 年数三】设奇函数 $f(x)$ 在 $(-\infty,+\infty)$ 上具有连续导数，则(　　).

(A) $\int_0^x[\cos f(t)+f'(t)]\mathrm{d}t$ 是奇函数

(B) $\int_0^x[\cos f(t)+f'(t)]\mathrm{d}t$ 是偶函数

(C) $\int_0^x[\cos f'(t)+f(t)]\mathrm{d}t$ 是奇函数

(D) $\int_0^x[\cos f'(t)+f(t)]\mathrm{d}t$ 是偶函数

答案：(A).

解 因为 $f(x)$ 在 $(-\infty,+\infty)$ 上是具有连续导数的奇函数，故 $f'(x)$ 在 $(-\infty,+\infty)$ 上是偶函数，而 $\cos x$ 是偶函数，所以 $\cos f(x)$ 是偶函数，因此 $\cos f(x)+f'(x)$ 是偶函数，而

$\cos f'(t)+f(t)$ 是非奇非偶函数.

令 $F(x)=\int_0^x[\cos f(t)+f'(t)]dt$,则 $F(-x)=\int_0^{-x}[\cos f(t)+f'(t)]dt$.

令 $t=-u$,则 $dt=-du$,$t=0\Rightarrow u=0$,$t=-x\Rightarrow u=x$,所以

$$\begin{aligned}F(-x)&=\int_0^x[\cos f(-u)+f'(-u)](-du)\\&=-\int_0^x[\cos f(u)+f'(u)]du\\&=-F(x),\end{aligned}$$

因此$\int_0^x[\cos f(t)+f'(t)]dt$ 是奇函数,故(A) 正确.

令 $F(x)=\int_0^x[\cos f'(t)+f(t)]dt$, $F(-x)=\int_0^{-x}[\cos f'(t)+f(t)]dt$

令 $t=-u$,则 $dt=-du$,$t=0\Rightarrow u=0$,$t=-x\Rightarrow u=x$,所以

$$\begin{aligned}F(-x)&=\int_0^x[\cos f'(-u)+f(-u)](-du)\\&=-\int_0^x[\cos f'(u)-f(u)]du\\&\neq-F(x)(\text{或 }F(x)),\end{aligned}$$

所以$\int_0^x[\cos f'(t)+f(t)]dt$ 是非奇非偶函数。

故答案选择(A).

例67 **【举一反三】**设偶函数 $f(x)$ 在$(-\infty,+\infty)$ 上具有连续导数,则(　　).

(A) $\int_0^x[\cos f(t)+f'(t)]dt$ 是奇函数

(B) $\int_0^x[\cos f(t)+f'(t)]dt$ 是偶函数

(C) $\int_0^x[\cos f'(t)+f(t)]dt$ 是奇函数

(D) $\int_0^x[\cos f'(t)+f(t)]dt$ 是偶函数

答案:(C).

解 如果$f(x)$ 在$(-\infty,+\infty)$ 上是具有连续导数的偶函数,故 $f'(x)$ 在$(-\infty,+\infty)$ 上是奇函数,而 $\cos x$ 是偶函数,所以 $\cos f'(x)$ 是偶函数,因此 $\cos f'(x)+f(x)$ 是偶函数,而 $\cos f(x)+f'(x)$ 是非奇非偶函数. 与上面的证明相似,可以证明偶函数的变上限积分函数 $\int_0^x[\cos f'(t)+f(t)]dt$ 为奇函数,故选项(C) 正确.

例68 **【2020 年数三】**设平面区域 $D=\left\{(x,y)\mid \frac{x}{2}\leqslant y\leqslant\frac{1}{1+x^2},0\leqslant x\leqslant1\right\}$,求 D 围绕 y 轴旋转所成的旋转体体积.

解 区域 D 如图 6.30 所示. 因为区域 D 围绕 y 轴旋转,故得到的旋转体是由曲线 $x=\sqrt{\frac{1}{y}-1}\left(\frac{1}{2}\leqslant y\leqslant 1\right)$ 旋转而成的旋转体加上直线 $x=2y\left(0\leqslant y\leqslant\frac{1}{2}\right)$ 旋转得到的圆锥体$\left(\text{圆锥体底面半径为 }1,\text{高为}\frac{1}{2}\right)$. 而 $y=\frac{1}{1+x^2}$ 与 $y=\frac{x}{2}$ 的交点为$\left(1,\frac{1}{2}\right)$, $y=\frac{1}{1+x^2}$ 与 y 轴的交点为(0,1),故旋转体体积为

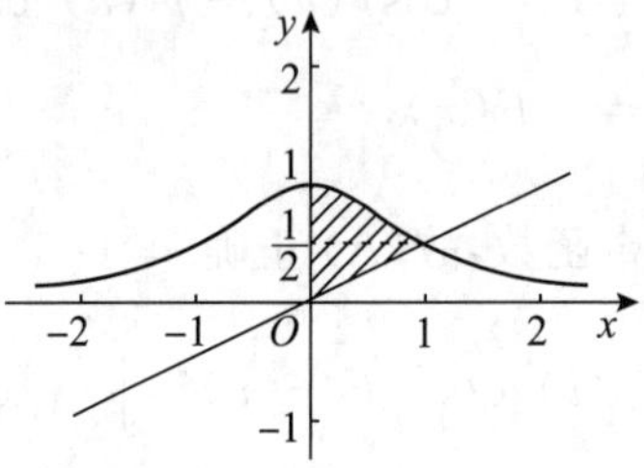

图 6.30

$$\begin{aligned}V_y&=\int_{\frac{1}{2}}^{1}\pi\left(\sqrt{\frac{1}{y}-1}\right)^2\mathrm{d}y+\frac{1}{3}\pi r^2h\\&=\int_{\frac{1}{2}}^{1}\pi\left(\frac{1}{y}-1\right)\mathrm{d}y+\frac{1}{3}\pi\times1^2\times\frac{1}{2}\\&=\pi(\ln y-y)\Big|_{\frac{1}{2}}^{1}+\frac{\pi}{6}\\&=\pi\left(\ln1-1+\ln2+\frac{1}{2}\right)+\frac{\pi}{6}\\&=\pi\ln2-\frac{\pi}{3}.\end{aligned}$$

例69 【举一反三】设平面区域 $D=\{(x,y)\mid\frac{x}{2}\leqslant y\leqslant\frac{1}{1+x^2},0\leqslant x\leqslant1\}$,求 D 分别围绕 x 轴和 y 轴旋转所成的旋转体的体积和.

解 如果是围绕 x 轴旋转,那么得到的旋转体也是由 $y=\frac{1}{1+x^2}$ 旋转得到的旋转体减去直线 $y=\frac{x}{2}(0\leqslant x\leqslant1)$ 旋转得到的圆锥体$\left(\text{底面半径为}\frac{1}{2},\text{高为 }1\right)$,故

$$V_x=\int_0^1\pi\left(\frac{1}{1+x^2}\right)^2\mathrm{d}x-\frac{1}{3}\pi r^2h=\int_0^1\pi\frac{1}{(1+x^2)^2}\mathrm{d}x-\frac{1}{3}\pi\left(\frac{1}{2}\right)^2\times1.$$

令 $x=\tan t$,则 $\mathrm{d}x=\sec^2t\,\mathrm{d}t$, $x=0\Rightarrow t=0$, $x=1\Rightarrow t=\frac{\pi}{4}$,所以

$$\int_0^1 \pi \frac{1}{(1+x^2)^2}\mathrm{d}x = \pi\int_0^{\frac{\pi}{4}} \frac{\sec^2 t}{\sec^4 t}\mathrm{d}t = \pi\int_0^{\frac{\pi}{4}} \frac{1}{\sec^2 t}\mathrm{d}t$$

$$= \pi\int_0^{\frac{\pi}{4}} \cos^2 t\,\mathrm{d}t = \pi\int_0^{\frac{\pi}{4}} \frac{1+\cos 2t}{2}\mathrm{d}t$$

$$= \pi\left(\frac{1}{2}t + \frac{1}{4}\sin 2t\right)\Big|_0^{\frac{\pi}{4}}$$

$$= \frac{\pi^2}{8} + \frac{\pi}{4},$$

而$\frac{1}{3}\pi\left(\frac{1}{2}\right)^2 \times 1 = \frac{\pi}{12}$,所以

$$V_x = \int_0^1 \pi \frac{1}{(1+x^2)^2}\mathrm{d}x - \frac{1}{3}\pi\left(\frac{1}{2}\right)^2 \times 1 = \frac{\pi^2}{8} + \frac{\pi}{4} - \frac{\pi}{12} = \frac{\pi^2}{8} + \frac{\pi}{6}.$$

由例 68 知 $V_y = \pi\ln 2 - \frac{\pi}{3}$,所以 $V_x + V_y = \pi\ln 2 - \frac{\pi}{3} + \frac{\pi^2}{8} + \frac{\pi}{6} = \pi\ln 2 + \frac{\pi^2}{8} - \frac{\pi}{6}$.

例70 【2018 年数三】设函数 $f(x)$ 在$[0,1]$上二阶可导,且$\int_0^1 f(x)\mathrm{d}x = 0$,则(　　).

(A) 当 $f'(x) < 0$ 时, $f\left(\frac{1}{2}\right) < 0$

(B) 当 $f''(x) < 0$ 时, $f\left(\frac{1}{2}\right) < 0$

(C) 当 $f'(x) > 0$ 时, $f\left(\frac{1}{2}\right) < 0$

(D) 当 $f''(x) > 0$ 时, $f\left(\frac{1}{2}\right) < 0$

答案:(D).

解 本题中函数 $f(x)$ 是抽象函数,所给条件也比较少,所以对于各选项正确与否判断起来比较困难. 但是观察选项(A) 至(D),发现都是根据函数的一、二阶导数的符号来判断 $f\left(\frac{1}{2}\right)$ 是否小于零,故我们可以将函数在 $x = \frac{1}{2}$ 处展开,利用泰勒公式来帮助判断.

因为

$$f(x) = f\left(\frac{1}{2}\right) + f'\left(\frac{1}{2}\right)\left(x - \frac{1}{2}\right) + \frac{f''(\xi)}{2}\left(x - \frac{1}{2}\right)^2, x \leqslant \xi \leqslant \frac{1}{2} \text{ 或 } \frac{1}{2} \leqslant \xi \leqslant x,$$

所以

$$0 = \int_0^1 f(x)\mathrm{d}x = \int_0^1 f\left(\frac{1}{2}\right)\mathrm{d}x + f'\left(\frac{1}{2}\right)\int_0^1\left(x - \frac{1}{2}\right)\mathrm{d}x + \frac{f''(\xi)}{2}\int_0^1\left(x - \frac{1}{2}\right)^2\mathrm{d}x$$

$$= f\left(\frac{1}{2}\right) + f'\left(\frac{1}{2}\right)\left(\frac{x^2}{2} - \frac{x}{2}\right)\Big|_0^1 + \frac{f''(\xi)}{2}\left(\frac{x^3}{3} - \frac{x^2}{2} + \frac{x}{4}\right)\Big|_0^1$$

$$= f\left(\frac{1}{2}\right) + \frac{f''(\xi)}{24},$$

于是 $f\left(\frac{1}{2}\right)=-\frac{f''(\xi)}{24}$，若$f''(x)>0$，则 $f\left(\frac{1}{2}\right)<0$,所以选项(D) 正确.

本题选项(A)、(B)、(C) 不容易判断对错,可以通过举反例的形式排除,比如:

(A) 选项中若令 $f(x)=-x+\frac{1}{2}$,则 $f'(x)=-1<0$,$\int_0^1 f(x)\mathrm{d}x=\int_0^1\left(-x+\frac{1}{2}\right)\mathrm{d}x=0$ 满足条件,但是 $f\left(\frac{1}{2}\right)=0$, 错误.

(B) 选项中若令 $f(x)=-x^2+\frac{1}{3}$,则 $f''(x)=-2<0$,$\int_0^1 f(x)\mathrm{d}x=\int_0^1\left(-x^2+\frac{1}{3}\right)\mathrm{d}x=0$,但是 $f\left(\frac{1}{2}\right)=\frac{1}{12}>0$,也错误.

(C) 选项中若令 $f(x)=x-\frac{1}{2}$,则 $f'(x)=1>0$,$\int_0^1 f(x)\mathrm{d}x=\int_0^1\left(x-\frac{1}{2}\right)\mathrm{d}x=0$ 满足条件,但是 $f\left(\frac{1}{2}\right)=0$,也错误.

例71【举一反三】设函数 $f(x)$ 在$[0,1]$上二阶可导,且$\int_0^1 f(x)\mathrm{d}x=0$,$f'\left(\frac{1}{3}\right)>0$,则(　　).

(A) 当 $f'(x)<0$ 时, $f\left(\frac{1}{3}\right)<0$

(B) 当 $f''(x)<0$ 时, $f\left(\frac{1}{3}\right)<0$

(C) 当 $f'(x)>0$ 时, $f\left(\frac{1}{3}\right)<0$

(D) 当$f''(x)>0$ 时, $f\left(\frac{1}{3}\right)<0$

答案:(D).

解 若把$\frac{1}{2}$ 改为$\frac{1}{3}$，结论会有所不同吗?同样,我们利用泰勒公式帮助判断:

$$f(x)=f\left(\frac{1}{3}\right)+f'\left(\frac{1}{3}\right)\left(x-\frac{1}{3}\right)+\frac{f''(\xi)}{2}\left(x-\frac{1}{3}\right)^2,\ \xi \text{ 介于}\frac{1}{3}\text{和 } x \text{ 之间},$$

故

$$\begin{aligned}0=\int_0^1 f(x)\mathrm{d}x&=\int_0^1 f\left(\frac{1}{3}\right)\mathrm{d}x+f'\left(\frac{1}{3}\right)\int_0^1\left(x-\frac{1}{3}\right)\mathrm{d}x+\frac{f''(\xi)}{2}\int_0^1\left(x-\frac{1}{3}\right)^2\mathrm{d}x\\&=f\left(\frac{1}{3}\right)+f'\left(\frac{1}{3}\right)\left(\frac{x^2}{2}-\frac{x}{3}\right)\Big|_0^1+\frac{f''(\xi)}{2}\left(\frac{x^3}{3}-\frac{x^2}{3}+\frac{x}{9}\right)\Big|_0^1\\&=f\left(\frac{1}{3}\right)+\frac{1}{6}f'\left(\frac{1}{3}\right)+\frac{f''(\xi)}{18},\end{aligned}$$

所以 $f\left(\frac{1}{3}\right)=-\frac{1}{6}f'\left(\frac{1}{3}\right)-\frac{f''(\xi)}{18}$，由于 $f'\left(\frac{1}{3}\right)>0$,故当$f''(x)>0$时,$f\left(\frac{1}{3}\right)<0$,所以选

项(D) 正确. 显然(B) 错误. 由 $f(x)$ 的泰勒公式知 $f'(x)$ 的符号对 $f\left(\frac{1}{3}\right)$ 的值没有影响,故(A),(C) 错误.

思考 若是将$\frac{1}{2}$ 换成$\frac{1}{4}$,$\frac{1}{5}$ 以及 0 与 1 之间任意一个分数,结果会如何?

例72 【2018 年数三】设 $M=\int_{-\frac{\pi}{2}}^{\frac{\pi}{2}}\frac{(1+x)^2}{1+x^2}\mathrm{d}x$,$N=\int_{-\frac{\pi}{2}}^{\frac{\pi}{2}}\frac{1+x}{\mathrm{e}^x}\mathrm{d}x$,$K=\int_{-\frac{\pi}{2}}^{\frac{\pi}{2}}(1+\sqrt{\cos x})\mathrm{d}x$,则 M,N,K 的大小关系为(　　).

(A) $M\geqslant N\geqslant K$　　(B) $M\geqslant K\geqslant N$

(C) $K\geqslant M\geqslant N$　　(D) $K\geqslant N\geqslant M$

答案:(C).

解 本题是比较定积分的大小,因为

$$
\begin{aligned}
M&=\int_{-\frac{\pi}{2}}^{\frac{\pi}{2}}\frac{(1+x)^2}{1+x^2}\mathrm{d}x=\int_{-\frac{\pi}{2}}^{\frac{\pi}{2}}\frac{1+x^2+2x}{1+x^2}\mathrm{d}x\\
&=\int_{-\frac{\pi}{2}}^{\frac{\pi}{2}}\left(1+\frac{2x}{1+x^2}\right)\mathrm{d}x\\
&=\int_{-\frac{\pi}{2}}^{\frac{\pi}{2}}1\mathrm{d}x+\int_{-\frac{\pi}{2}}^{\frac{\pi}{2}}\frac{2x}{1+x^2}\mathrm{d}x=\pi,
\end{aligned}
$$

上式中$\int_{-\frac{\pi}{2}}^{\frac{\pi}{2}}\left(\frac{2x}{1+x^2}\right)\mathrm{d}x$ 是奇函数在对称区间上的积分,故积分值为零.

对于 $N=\int_{-\frac{\pi}{2}}^{\frac{\pi}{2}}\frac{1+x}{\mathrm{e}^x}\mathrm{d}x$,无法计算积分值,故这里不计算积分值,而是利用积分中值定理估计积分值:

$$N=\int_{-\frac{\pi}{2}}^{\frac{\pi}{2}}\frac{1+x}{\mathrm{e}^x}\mathrm{d}x=\frac{1+\xi}{\mathrm{e}^{\xi}}\pi\left(-\frac{\pi}{2}\leqslant\xi\leqslant\frac{\pi}{2}\right),$$

而根据 e^x 的麦克劳林公式展开可知 $\mathrm{e}^x=1+x+\frac{\mathrm{e}^{\xi}}{2}x^2$(带有拉格朗日型余项),所以 $\mathrm{e}^x\geqslant 1+x$,即$\frac{1+\xi}{\mathrm{e}^{\xi}}\leqslant 1$,因此 $N=\int_{-\frac{\pi}{2}}^{\frac{\pi}{2}}\frac{1+x}{\mathrm{e}^x}\mathrm{d}x=\frac{1+\xi}{\mathrm{e}^{\xi}}\pi\leqslant\pi=M$.

再看 $K=\int_{-\frac{\pi}{2}}^{\frac{\pi}{2}}(1+\sqrt{\cos x})\mathrm{d}x$,同样由积分中值定理得

$$K=\int_{-\frac{\pi}{2}}^{\frac{\pi}{2}}(1+\sqrt{\cos x})\mathrm{d}x=(1+\sqrt{\cos\xi})\pi.$$

因为 $1+\sqrt{\cos\xi}\geqslant 1$,故

$$K=\int_{-\frac{\pi}{2}}^{\frac{\pi}{2}}(1+\sqrt{\cos x})\mathrm{d}x=(1+\sqrt{\cos\xi})\pi\geqslant\pi=M.$$

由上面的讨论知 $K \geqslant M \geqslant N$，故选择(C).

例73【举一反三】设 $M=\int_0^{\pi}\frac{(1+x)^2}{1+x^2}dx, N=\int_0^{\pi}\frac{1+x}{e^x}dx, K=\int_0^{\pi}(1+\frac{1}{2}\sqrt{|\cos x|})dx$，则 M,N,K 的大小关系为(　　).

(A) $M \geqslant N \geqslant K$　　(B) $M \geqslant K \geqslant N$

(C) $K \geqslant M \geqslant N$　　(D) $K \geqslant N \geqslant M$

答案：(B).

解 此时

$$M=\int_0^{\pi}\frac{(1+x)^2}{1+x^2}dx=\int_0^{\pi}\frac{1+x^2+2x}{1+x^2}dx=\int_0^{\pi}\left(1+\frac{2x}{1+x^2}\right)dx=\pi+\ln(1+\pi^2).$$

因为 $\pi+\ln(1+\pi^2)>\pi+\ln(\pi^2)=\pi+2\ln\pi>\pi+2(\ln\pi>\ln e=1)$，所以 $M>\pi+2$.

对于 $N=\int_0^{\pi}\frac{1+x}{e^x}dx$，同样由积分中值定理，得

$$N=\int_0^{\pi}\frac{1+x}{e^x}dx=\frac{1+\xi}{e^{\xi}}\pi\leqslant\pi(0\leqslant\xi\leqslant\pi).$$

由积分中值定理知

$$K=\int_0^{\pi}\left(1+\frac{1}{2}\sqrt{|\cos x|}\right)dx=\left(1+\frac{1}{2}\sqrt{|\cos\xi|}\right)\pi,$$

因为 $1\leqslant\left(1+\frac{1}{2}\sqrt{|\cos\xi|}\right)\leqslant\frac{3}{2}$，所以 $\pi\leqslant K\leqslant\frac{3}{2}\pi<\pi+2$，因此有 $M\geqslant K\geqslant N$. 故选择(B).

例74【2017年数三】$\int_{-\pi}^{\pi}(\sin^3x+\sqrt{\pi^2-x^2})dx=$________.

解 本题是对称区间上的积分求解问题，考虑把被积函数拆成两个：一个是奇函数，积分为零；另一个是偶函数，积分为一半区间上积分的2倍. 于是

$$\begin{aligned}\int_{-\pi}^{\pi}(\sin^3x+\sqrt{\pi^2-x^2})dx&=\int_{-\pi}^{\pi}\sin^3x\,dx+\int_{-\pi}^{\pi}\sqrt{\pi^2-x^2}\,dx\\&=0+2\int_0^{\pi}\sqrt{\pi^2-x^2}\,dx.\end{aligned}$$

令 $x=\pi\sin t$，则 $dx=\pi\cos t\,dt$，$x=0$ 时 $t=0$，$x=\pi$ 时 $t=\frac{\pi}{2}$，故

$$\begin{aligned}2\int_0^{\pi}\sqrt{\pi^2-x^2}\,dx&=2\int_0^{\frac{\pi}{2}}\pi\cos t\cdot\pi\cos t\,dt=2\pi^2\int_0^{\frac{\pi}{2}}\cos^2t\,dt\\&=2\pi^2\int_0^{\frac{\pi}{2}}\frac{1+\cos 2t}{2}dt\\&=2\pi^2\left(\frac{t}{2}+\frac{1}{4}\sin 2t\right)\Big|_0^{\frac{\pi}{2}}\end{aligned}$$

$$=\frac{\pi^3}{2},$$

所以 $$\int_{-\pi}^{\pi}(\sin^3 x+\sqrt{\pi^2-x^2})\mathrm{d}x=\frac{\pi^3}{2}.$$

分析 在对称区间上,被积函数若是奇函数,则积分为零,若是偶函数,则积分等于一半积分区间上的 2 倍,这是很多积分计算中应考虑的,尤其是对于非常复杂的积分计算问题,一定要注意积分区间是否对称,若是对称的,则可对被积函数进行拆分,拆成若干奇函数和偶函数的代数和的形式. 本题若用几何意义求解会更简便.

例75 【举一反三】计算积分$\int_{-\pi}^{\pi}(x^{2\,020}\sin^3 x+x^{2\,021}\sqrt{\pi^2-x^2})\mathrm{d}x$.

解 显然,被积函数可以拆成 $x^{2\,020}\sin^3 x$ 和 $x^{2\,021}\sqrt{\pi^2-x^2}$,但由于这两个函数都是奇函数,积分区间对称,故最终的积分值为零,即

$$\int_{-\pi}^{\pi}(x^{2\,020}\sin^3 x+x^{2\,021}\sqrt{\pi^2-x^2})\mathrm{d}x=0.$$

例76 【举一反三】计算积分 $\int_{-\pi}^{\pi}(x^{2\,021}\cos^3 x+x^2\sqrt{\pi^2-x^2})\mathrm{d}x$.

解 第一部分 $x^{2\,021}\cos^3 x$ 是奇函数,积分为零,$x^2\sqrt{\pi^2-x^2}$ 是偶函数,因此$\int_{-\pi}^{\pi}(x^{2\,021}\cos^3 x+x^2\sqrt{\pi^2-x^2})\mathrm{d}x=2\int_0^{\pi}(x^2\sqrt{\pi^2-x^2})\mathrm{d}x$.

令 $x=\pi\sin t$,则 $\mathrm{d}x=\pi\cos t\,\mathrm{d}t$,$x=0$ 时 $t=0$,$x=\pi$ 时 $t=\frac{\pi}{2}$,故

$$\begin{aligned}2\int_0^{\pi}x^2\sqrt{\pi^2-x^2}\,\mathrm{d}x&=2\int_0^{\frac{\pi}{2}}\pi^2\sin^2 t\cdot\pi\cos t\cdot\pi\cos t\,\mathrm{d}t=2\pi^4\int_0^{\frac{\pi}{2}}\sin^2 t\cos^2 t\,\mathrm{d}t\\&=2\pi^4\int_0^{\frac{\pi}{2}}\frac{1-\cos 4t}{8}\mathrm{d}t\\&=2\pi^4\left(\frac{t}{8}-\frac{1}{32}\sin 4t\right)\Big|_0^{\frac{\pi}{2}}\\&=\frac{\pi^5}{8}.\end{aligned}$$

例77 【2017 年数三】求极限 $\lim\limits_{x\to0^+}\dfrac{\int_0^x\sqrt{x-t}\,\mathrm{e}^t\mathrm{d}t}{\sqrt{x^3}}$.

解 显然本题分子和分母都趋于零,但是不能直接应用洛必达法则,因为分子的被积表达式中含有$\sqrt{x-t}$,无法直接对变上限函数关于 x 求导,需要将 x 整理出来,故换元后再应用洛必达法则.

令 $x-t=u$,则 $\mathrm{d}t=-\mathrm{d}u$,$t=0$ 时 $u=x$,$t=x$ 时 $u=0$,所以

$$\lim_{x\to0^+}\frac{\int_0^x\sqrt{x-t}\,\mathrm{e}^t\,\mathrm{d}t}{\sqrt{x^3}}=\lim_{x\to0^+}\frac{\int_x^0\sqrt{u}\,\mathrm{e}^{x-u}(-\mathrm{d}u)}{\sqrt{x^3}}$$

$$=\lim_{x\to0^+}\frac{\mathrm{e}^x\int_0^x\sqrt{u}\,\mathrm{e}^{-u}\,\mathrm{d}u}{\sqrt{x^3}}$$

$$=\lim_{x\to0^+}\mathrm{e}^x\lim_{x\to0^+}\frac{\int_0^x\sqrt{u}\,\mathrm{e}^{-u}\,\mathrm{d}u}{\sqrt{x^3}}\quad（应用洛必达法则）$$

$$=\lim_{x\to0^+}\frac{\sqrt{x}\,\mathrm{e}^{-x}}{\frac{3}{2}\sqrt{x}}=\frac{2}{3}.$$

例78【举一反三】求极限 $\lim\limits_{x\to0^+}\dfrac{\int_0^x\sqrt{x+t}\,\mathrm{e}^t\,\mathrm{d}t}{\sqrt{x^3}}$.

解 令 $x+t=u$，则 $\mathrm{d}t=\mathrm{d}u$，$t=0$ 时 $u=x$，$t=x$ 时 $u=2x$，所以

$$\lim_{x\to0^+}\frac{\int_0^x\sqrt{x+t}\,\mathrm{e}^t\,\mathrm{d}t}{\sqrt{x^3}}=\lim_{x\to0^+}\frac{\int_x^{2x}\sqrt{u}\,\mathrm{e}^{u-x}\,\mathrm{d}u}{\sqrt{x^3}}$$

$$=\lim_{x\to0^+}\frac{1}{\mathrm{e}^x}\frac{\int_x^{2x}\sqrt{u}\,\mathrm{e}^{u}\,\mathrm{d}u}{\sqrt{x^3}}$$

$$=\lim_{x\to0^+}\frac{1}{\mathrm{e}^x}\lim_{x\to0^+}\frac{\int_x^{2x}\sqrt{u}\,\mathrm{e}^{u}\,\mathrm{d}u}{\sqrt{x^3}}\quad（应用洛必达法则）$$

$$=\lim_{x\to0^+}\frac{2\sqrt{2x}\,\mathrm{e}^{2x}-\sqrt{x}\,\mathrm{e}^x}{\frac{3}{2}\sqrt{x}}$$

$$=\lim_{x\to0^+}\frac{2\sqrt{2}\,\mathrm{e}^{2x}-\mathrm{e}^x}{\frac{3}{2}}$$

$$=\frac{2}{3}(2\sqrt{2}-1).$$

例79【2016 年数三】设函数 $f(x)=\int_0^1|t^2-x^2|\,\mathrm{d}t\,(x>0)$，求 $f'(x)$，并求 $f(x)$ 的最小值.

解 由于积分区间是[0,1]，故当 $0<x<1$ 时，

$$
\begin{aligned}
f(x)&=\int_0^1 |t^2-x^2|\,dt\\
&=\int_0^x |t^2-x^2|\,dt+\int_x^1 |t^2-x^2|\,dt\\
&=\int_0^x (x^2-t^2)\,dt+\int_x^1 (t^2-x^2)\,dt\\
&=\left(x^2t-\frac{1}{3}t^3\right)\Big|_0^x+\left(\frac{1}{3}t^3-x^2t\right)\Big|_x^1\\
&=\frac{4}{3}x^3-x^2+\frac{1}{3}.
\end{aligned}
$$

当 $x\geqslant 1$ 时,

$$
\begin{aligned}
f(x)&=\int_0^1 |t^2-x^2|\,dt\\
&=\int_0^1 (x^2-t^2)\,dt\\
&=\left(x^2t-\frac{1}{3}t^3\right)\Big|_0^1=x^2-\frac{1}{3},
\end{aligned}
$$

所以
$$
f(x)=\begin{cases}\dfrac{4}{3}x^3-x^2+\dfrac{1}{3}, & 0<x<1\\ x^2-\dfrac{1}{3}, & x\geqslant 1\end{cases},
$$

$$
f'(x)=\begin{cases}4x^2-2x, & 0<x<1\\ 2x, & x>1\end{cases}\ (x=1\text{ 处不可导}).
$$

令 $f'(x)=0$,得驻点 $x=\frac{1}{2}$,而 $f''(x)=8x-2(0<x<1)$,故 $f''\left(\frac{1}{2}\right)=2>0$,说明 $x=\frac{1}{2}$ 是函数 $f(x)$ 唯一的极小值点,从而也是最小值点,且最小值为

$$
f\left(\frac{1}{2}\right)=\frac{4}{3}\left(\frac{1}{2}\right)^3-\left(\frac{1}{2}\right)^2+\frac{1}{3}=\frac{1}{4}.
$$

例80 【举一反三】设函数 $f(x)=\int_0^1 |t^2-x^2|\,dt\,(x>0)$,求 $f'(x)$,并确定 $f(x)$ 的单调区间和极值.

解 同例 79,可求得

$$
f(x)=\begin{cases}\dfrac{4}{3}x^3-x^2+\dfrac{1}{3}, & 0<x<1\\ x^2-\dfrac{1}{3}, & x\geqslant 1\end{cases},
$$

$$
f'(x)=\begin{cases}4x^2-2x, & 0<x<1\\ 2x, & x>1\end{cases},
$$

其中,在 $x=1$ 处,函数不可导.

显然令 $f'(x)=0$ 得到 $x=\frac{1}{2}$，

当 $0<x<\frac{1}{2}$ 时，$f'(x)=2x(2x-1)<0$，函数 $f(x)$ 单调递减；

当 $\frac{1}{2}<x<1$ 时，$f'(x)=2x(2x-1)>0$，函数 $f(x)$ 单调递增；

显然 $x=\frac{1}{2}$ 是极小值点.

当 $x\geqslant 1$ 时，$f'(x)=2x>0$，函数 $f(x)$ 单调递增. 所以在定义域 $(0,+\infty)$ 上，函数 $f(x)$ 在 $\left(0,\frac{1}{2}\right)$ 内单调递减，在 $\left(\frac{1}{2},+\infty\right)$ 内单调递增，在 $x=\frac{1}{2}$ 处取得极小值，且极小值为 $f\left(\frac{1}{2}\right)=\frac{1}{4}$.

例 81 **【举一反三】**设函数 $f(x)=\int_0^1 |t^2-x^2|\,\mathrm{d}t\,(x>0)$，确定函数 $f(x)$ 在 $(0,+\infty)$ 上的凹凸区间.

解 因为 $f''(x)=\begin{cases}8x-2, & 0<x<1\\ 2, & x>1\end{cases}$，故函数在 $x=1$ 处二阶不可导，令 $f''(x)=0$，显然 $x=\frac{1}{4}$，且

当 $0<x<\frac{1}{4}$ 时，$f''(x)=2(4x-1)<0$，函数 $f(x)$ 下凹；

当 $\frac{1}{4}<x<1$ 时，$f''(x)=2(4x-1)>0$，函数 $f(x)$ 上凹；

显然 $\left(\frac{1}{4},\frac{7}{24}\right)$ 是拐点.

当 $x\geqslant 1$ 时，$f''(x)=2>0$，函数 $f(x)$ 上凹.

综合例 79 至例 81 知，在定义域 $(0,+\infty)$ 上，函数 $f(x)$ 在 $\left(0,\frac{1}{4}\right)$ 内单调递减且下凹，在 $\left(\frac{1}{4},\frac{1}{2}\right)$ 内单调递减且上凹，在 $\left(\frac{1}{2},+\infty\right)$ 上单调递增且上凹；在 $x=\frac{1}{2}$ 处取得极小值，且极小值为 $f\left(\frac{1}{2}\right)=\frac{1}{4}$；在 $x=\frac{1}{4}$ 处有拐点，且拐点为 $\left(\frac{1}{4},\frac{7}{24}\right)$.

模块六 自测试题

自测试题（一）

一、判断题（共 10 道小题）

1. 函数 $f(x)$ 在区间 $[a,b]$ 上的定积分值等于 $f(x)$ 与 $x=a$，$x=b$，以及 x 轴所围成

的曲边图形的面积.(　　)

2. 如果积分和的极限存在,则此极限值是个有限数.(　　)

3. 如果函数 $f(x)$ 在积分区间$[a,b]$上无界,则 $f(x)$ 在区间$[a,b]$上不可积.(　　)

4. 任意区间上的连续函数一定在该区间上可积.(　　)

5. 有限区间上的有界函数一定可积.(　　)

6. 定积分中交换积分上、下限,积分值变号.(　　)

7. 对任意 $k \in \mathbf{R}$,$\int_a^b kf(x)\mathrm{d}x = k\int_a^b f(x)\mathrm{d}x$ 一定成立.(　　)

8. 对任意的 $f(x)$,变上限积分函数$\int_a^x f(x)\mathrm{d}x$ 都是 $f(x)$ 的原函数.(　　)

9. 若无穷限积分$\int_a^{+\infty} f(x)\mathrm{d}x$ 收敛,则极限值为某个曲边梯形的面积.(　　)

10. 如果函数 $f(x)$ 在积分区间(a,b)上连续,且 $x \to a^+$ 时,$f(x) \to \infty$,$\lim\limits_{\varepsilon \to 0}\int_{a+\varepsilon}^b f(x)\mathrm{d}x$ 存在,则此极限值为函数 $f(x)$ 在积分区间(a,b)上的广义积分.(　　)

二、填空题(共 10 道小题)

1. $\int_1^{1\,000} x^4\mathrm{d}x$ ________ $\int_1^{1\,000} x^5\mathrm{d}x$.(填 $\geqslant$,$\leqslant$ 或者 $=$)

2. $\int_0^{\pi} \sin^2 x\,\mathrm{d}x$ ________ $\int_0^{\frac{\pi}{2}} \sin^2 x\,\mathrm{d}x$.(填 $\geqslant$,$\leqslant$ 或者 $=$)

3. 积分$\int_1^2 (x^2 - x^3)\mathrm{d}x$ 的取值范围为________.

4. $\dfrac{\mathrm{d}\int_1^{x^3} \mathrm{e}^{2t}\mathrm{d}t}{\mathrm{d}x} =$________.

5. $\dfrac{\mathrm{d}\int_{\sin x}^{x^3} \ln(2t + 2^t)\mathrm{d}t}{\mathrm{d}x} =$________.

6. $\int_0^{\frac{3}{2}\pi} |\sin x|\,\mathrm{d}x =$________.

7. $\int_{-1}^1 \dfrac{x^{2\,021}\cos(x^{2\,020})}{\sin x \tan x}\mathrm{d}x =$________.

8. $\int_0^{2\,022} \dfrac{1}{2\,022}\mathrm{d}x =$________.

9. $\dfrac{\int_0^{2\,021} 2\,022\mathrm{e}^{x+1}\mathrm{d}x}{\mathrm{e}^{2\,022} - \mathrm{e}} =$________.

10. $\int_{-1}^1 |x|\,\mathrm{d}x =$________.

三、单项选择题(共10道小题)

1. 定积分$\int_{-2}^{2}\max\{x,x^2\}dx=$(　　).

(A) $\frac{1}{4}$　　(B) $\frac{1}{2}$　　(C) $\frac{11}{4}$　　(D) $\frac{11}{2}$

2. 定积分$\int_{\frac{1}{e}}^{e}|\ln x|dx=$(　　).

(A) $-\frac{2}{e}+2$　　(B) $-\frac{2}{e}-2$　　(C) $\frac{2}{e}+2$　　(D) $\frac{2}{e}-2$

3. 对于任意的自然数p,$\lim\limits_{n\to\infty}\int_{n}^{n+p}\frac{\sin x}{x}dx=$(　　).

(A) -1　　(B) 1　　(C) 0　　(D) p

4. 定积分$\int_{0}^{\frac{\pi}{4}}\frac{x\,dx}{1+\cos 2x}=$(　　).

(A) $\frac{\pi}{8}+\frac{\ln 2}{4}$　　(B) $-\frac{\pi}{8}-\frac{\ln 2}{4}$　　(C) $\frac{\pi}{8}-\frac{\ln 2}{4}$　　(D) $-\frac{\pi}{8}+\frac{\ln 2}{4}$

5. 由$y=2x$,$x=1$与x轴所围成的平面图形绕x轴旋转一周所得旋转体的体积为(　　).

(A) $\frac{6\pi}{5}$　　(B) $\frac{3\pi}{5}$　　(C) $\frac{4\pi}{3}$　　(D) $\frac{5\pi}{4}$

6. 定积分$\int_{-1}^{1}\frac{2x^2+x\cos x}{1+\sqrt{1-x^2}}dx=$(　　).

(A) $4+\pi$　　(B) $4-\pi$　　(C) $\pi-4$　　(D) $-\pi-4$

7. 过坐标原点作曲线$y=\log_2 x$的切线,该切线与曲线$y=\log_2 x$及x轴围成平面图形D,则D的面积为(　　).

(A) $\frac{e+2}{2\ln 2}$　　(B) $\frac{e-2}{2\ln 2}$　　(C) $\frac{e-2}{\ln 2}$　　(D) $\frac{e+2}{\ln 2}$

8. 积分$\int_{1}^{+\infty}\frac{1}{x\sqrt{x-1}}dx$收敛于(　　).

(A) 2π　　(B) π　　(C) $\frac{1}{2}\pi$　　(D) 1.5π

9. 定积分$\int_{0}^{\ln 5}\frac{e^x\sqrt{e^x-1}}{e^x+3}dx=$(　　).

(A) $3-\pi$　　(B) $4-\pi$　　(C) $4+\pi$　　(D) $\pi-2$

10. 抛物线$y^2=2x$把圆$x^2+y^2=8$分成两部分,则左面部分与右面部分的面积之差为(　　).

(A) $\frac{12\pi-2}{3}$　　(B) $\frac{9\pi+2}{3}$　　(C) $\frac{12\pi-10}{3}$　　(D) $\frac{12\pi-8}{3}$

四、多项选择题(共10小题)

1. 关于定积分,下列说法正确的是( ).

(A) $f(x)$ 在区间 $[a,b]$ 上的定积分值与分割方法无关,与取的点有关

(B) 求 $f(x)$ 在区间 $[a,b]$ 上的定积分时,当分割点无限增加时,极限值就是积分值

(C) 若 $f(x)$ 在区间 $[a,b]$ 上连续且可积,积分值一定是个有限数

(D) 函数 $f(x)$ 在区间 $[a,b]$ 上的定积分值与被积函数和积分区间有关,与积分变量无关

(E) 不论函数 $f(x)$ 在区间 $[a,b]$ 上是否有定义,积分区间是否为闭区间,都可以计算 $f(x)$ 在区间 $[a,b]$ 上的积分值

(F) 若函数 $f(x)$ 可积,则当积分区间缩为一点时,$f(x)$ 在该积分区间上的积分值为零

2. 关于定积分的性质,下列说法正确的是( ).

(A) 若函数 $f(x)$ 在 $[a,b]$ 上可积且有界,则 $f(x)$ 在 $[a,b]$ 上的定积分一定为一个有限值

(B) 若函数 $f(x)$ 在 $[a,b]$ $(a<b)$ 上连续,则 $\int_a^b f(x)\mathrm{d}x$ 一定等于一个以 $b-a$ 为底,以 $f(c)$,$c\in[a,b]$ 为高的矩形的面积

(C) 若在 $[a,b]$ $(a<b)$ 上两个函数都可积,则在该区间上被积函数大的积分值就大

(D) 若被积函数相同,则积分区间越大的积分值越大

(E) 若被积函数非负,则其积分值也非负

3. 设函数 $f(x)$ 在 $(0,+\infty)$ 上连续,且 $f(x)>0$,则函数 $F(x)=\dfrac{\int_0^x f(t)\mathrm{d}t}{\int_0^x (1+t)f(t)\mathrm{d}t}$ 在 $(0,+\infty)$ 内( ).

(A) $F(x)\geqslant 0$　　(B) $F(x)\leqslant 0$

(C) $F'(x)\geqslant 0$　　(D) $F'(x)\leqslant 0$

(E) 以上答案都不正确

4. 关于反常积分,下列说法正确的是( ).

(A) 若 $\int_a^{+\infty} f(x)\mathrm{d}x$ 发散,则 $\int_a^{+\infty} kf(x)\mathrm{d}x$ 也发散

(B) 若 $\int_a^{+\infty} f(x)\mathrm{d}x$,$\int_a^{+\infty} g(x)\mathrm{d}x$ 都发散,则 $\int_a^{+\infty}[f(x)\pm g(x)]\mathrm{d}x$ 可能发散

(C) 若 $\int_a^{+\infty}[f(x)\pm g(x)]\mathrm{d}x$ 收敛,则 $\int_a^{+\infty} f(x)\mathrm{d}x$,$\int_a^{+\infty} g(x)\mathrm{d}x$ 都收敛

(D) 若 $\int_a^{+\infty} f(x)\mathrm{d}x$,$\int_a^{+\infty} g(x)\mathrm{d}x$ 都收敛,则 $\int_a^{+\infty}[f(x)\pm g(x)]\mathrm{d}x$ 可能发散

(E) $\int_a^{+\infty} f(x)\mathrm{d}x$ 与 $\int_b^{+\infty} 2f(x)\mathrm{d}x$ $(b>a)$ 有相同的敛散性

5. 定积分 $\int_2^0 e^{x^2-x}dx$ 的取值范围为(　　).

(A) $2e^{-\frac{1}{4}} \leqslant \int_2^0 e^{x^2-x}dx \leqslant 2e^2$　　(B) $2e^{-\frac{1}{3}} \leqslant \int_2^0 e^{x^2-x}dx \leqslant 2e^3$

(C) $-2e^4 < \int_2^0 e^{x^2-x}dx \leqslant -2e^{-\frac{1}{4}}$　　(D) $-2e^2 \leqslant \int_2^0 e^{x^2-x}dx \leqslant -2e^{-\frac{1}{4}}$

(E) 以上都不正确

6. 关于变限积分函数,下列说法错误的是(　　).

(A) 若函数 $f(x)$ 在$[a,b]$上可积,则$\int_a^x f(t)dt$ 在区间$[a,b]$上连续可导

(B) 若函数 $f(x)$ 在$[a,b]$上可积,则$\left(\int_a^x f(t)dt\right)'=\left(\int_x^a f(t)dt\right)'=f(x)$

(C) 若 $f(x)$ 在$[a,b]$上可积,$F(x)$ 是 $f(x)$ 在$[a,b]$上的任意原函数,则$\int_a^x f(t)dt$ 与 $F(x)$ 至多相差一个常数 C

(D) 若 $f(x)$ 在$[a,b]$上连续,$a\leqslant\varphi(x),\psi(x)\leqslant b$ 在$[a,b]$上可导,则$\left[\int_{\varphi(x)}^{\psi(x)} f(t)dt\right]'=-f(\varphi(x))\varphi'(x)+f(\psi(x))\psi'(x)$

(E) 若 $f(x)$ 在$[a,b]$上连续,$a\leqslant\varphi(x)\leqslant b$ 在$[a,b]$上连续,则$\left[\int_a^{\varphi(x)} f(t)dt\right]'=f(\varphi(x))\varphi'(x)-f(a)$

7. 下列说法正确的是(　　).

(A) $f(x)$ 在$[-a,a](a>0)$上连续,若 $f(x)$ 是奇函数,则$\int_{-a}^a f(x)dx=0$

(B) $f(x)$ 在$[-a,a](a>0)$上连续,若 $f(x)$ 是偶函数,则$\int_{-a}^a f(x)dx=2\int_0^a f(x)dx$

(C) $f(x)$ 在$[-a,a](a>0)$上连续,若$\int_{-a}^a f(x)dx=0$,则 $f(x)$ 是奇函数

(D) $f(x)$ 在$[-a,a](a>0)$上连续,若$\int_{-a}^a f(x)dx=2\int_0^a f(x)dx$,则 $f(x)$ 是偶函数

(E) $f(x)$ 在$[-a,a](a>0)$上连续,则$\int_{-a}^a f(x)dx=\int_0^a[f(x)+f(-x)]dx$

(F) $f(x)$ 在$[-a,a](a>0)$上连续,则$\int_{-a}^a f(x)dx=\int_0^a[f(x)-f(-x)]dx$

8. 下面等式成立的是(　　).

(A) $\int_0^{\frac{\pi}{2}}\sin^3 x\,dx=\int_0^{\frac{\pi}{2}}\cos^3 x\,dx$

(B) $\int_0^{\frac{\pi}{2}}e^{\sin x}dx=\int_0^{\frac{\pi}{2}}e^{\cos x}dx$

(C) $\int_0^{\frac{\pi}{2}}\ln\sin x\,dx=\int_0^{\frac{\pi}{2}}\ln\cos x\,dx$

(D) $\int_0^{\pi}x\,e^{\sin x}dx=\pi\int_0^{\pi}e^{\sin x}dx$

(E) $\int_0^{\pi}\frac{x\sin x}{1+\cos^2 x}dx=\frac{\pi}{2}\int_0^{\pi}\frac{\sin x}{1+\cos^2 x}dx$

(F) $\int_0^{\pi}\frac{x\tan x}{1+\cos^2 x}dx=\frac{\pi}{2}\int_0^{\pi}\frac{\tan x}{1+\cos^2 x}dx$

9. 下列曲边图形的面积计算正确的是(　　).

(A) 曲线 $y=1-x^2$ 与 x 轴围成的图形的面积为$\frac{8}{3}$

(B) 曲线 $y=3+x^2$ 与 $x=-1$,x 轴以及 y 轴围成的曲边图形的面积为$\frac{10}{3}$

(C) 曲线 $y=x^2$ 与 $y=1-x^2$ 围成的曲边图形的面积为$\frac{2}{3}$

(D) 曲线 $y=x^2$ 与 $y=x$ 围成的第一象限的图形的面积为$\frac{1}{3}$

(E) 曲线 $y=e^x$ 与直线 $x=2$,以及坐标轴围成的图形的面积为 e^2-1

10. 已知函数 $f(x)=\int_0^x(t-1)(t-3)dt$ 定义在$(0,+\infty)$上,则下列说法正确的是(　　)

(A) 函数 $f(x)$ 在区间$(0,1)$上递增下凹

(B) 函数 $f(x)$ 在区间$(1,2)$上递减下凹

(C) 函数 $f(x)$ 在区间$(2,3)$上递增上凹

(D) 函数 $f(x)$ 在区间$(2,+\infty)$上递增下凹

(E) $x=1$ 是极大值点;$x=3$ 是极小值点

(F) $x=2$ 是拐点

五、计算题(共4道小题)

1. 计算定积分$\int_0^{\frac{\pi}{2}}\cos^{2\,022}x\sin x\,dx$.

2. 计算定积分$\int_0^1\frac{x-3}{\sqrt{3x+1}}dx$.

3. 计算定积分$\int_0^2\frac{1}{x\sqrt{4-x^2}}dx$.

4. 计算定积分$\int_0^2 e^{\sqrt{2x}}dx$.

六、综合题(共2道小题)

1. 已知曲线 $y=a-x^2(0\leqslant x\leqslant a)$,$y=3ax^2(a>0)$以及 y 轴围成的曲边图形的面积 S_1 等于曲线 $y=a-x^2(0\leqslant x\leqslant 1)$,$y=3ax^2(a>0)$以及 x 轴围成的曲边图形的面积 S_2.

(1) 求 a 的值;

(2) 求 S_1 绕 x 轴旋转一周的旋转体体积V_1；

(3) 求 S_2 绕 y 轴旋转一周的旋转体体积V_2；

(4) 比较V_1，V_2 的大小.

2. 某投资公司计划投资一个大项目，初期一次性投入 1 000 万元，投资的年率为 6%，按照连续复利计算，第 t 年末收益为$R(t)=250t$ 万元，求第 10 年末该公司的净收益的现值(单位：万元，$e^{-0.6}\approx 0.55$).

自测试题（二）

一、判断题(共 10 道小题)

1. 非零连续函数 $f(x)$ 与 $x=a$，$x=b$，x 轴围成的曲边图形的面积等于 $|f(x)|$ 在区间$[a,b]$上的定积分.(　　)

2. 有限区间上的单调函数一定可积.(　　)

3. 有限闭区间上的连续函数一定可积.(　　)

4. 因为区间$[0,\pi]$大于区间 $\left[0,\dfrac{\pi}{2}\right]$，所以 $\int_0^{\pi}\cos x\,\mathrm{d}x>\int_0^{\frac{\pi}{2}}\cos x\,\mathrm{d}x$.(　　)

5. 因为 x^{-3} 是奇函数，所以积分$\int_{-1}^{1}x^{-3}\mathrm{d}x=0$.(　　)

6. $\int_{-1}^{1}\dfrac{1}{x}\mathrm{d}x=\ln|x|\Big|_{-1}^{1}=0$.(　　)

7. $\int_a^b c\,\mathrm{d}u(x)=cu(b)-cu(a)(c\neq 0)$.(　　)

8. 设 $f(x)$ 在积分区间$[a,b]$上可积，且 $F(x)$ 是 $f(x)$ 的一个原函数，则$\int_a^b f(x)\mathrm{d}x=F(b)-F(a)$.(　　)

9. 如果函数 $f(x)$ 在积分区间$[a,+\infty)$上连续，且 $\lim\limits_{b\to+\infty}\int_a^b f(x)\mathrm{d}x\,(a<b)$ 不存在，则 $f(x)$ 在积分区间$[a,+\infty)$上的广义积分发散.(　　)

10. 如果函数 $f(x)$ 在积分区间$[a,b]$上连续，且 $x\to c(c\in(a,b))$，$f(x)\to\infty$，则当 $\lim\limits_{\varepsilon\to0^+}\int_a^{c-\varepsilon}f(x)\mathrm{d}x$ 和 $\lim\limits_{\varepsilon\to0^+}\int_{c+\varepsilon}^{b}f(x)\mathrm{d}x$ 都存在时，函数 $f(x)$ 在积分区间$[a,b]$上的广义积分收敛.(　　)

二、填空题(共 10 道小题)

1. $\lim\limits_{n\to\infty}\dfrac{1}{n^3}\sum\limits_{i=1}^{n}i^2$ 写成定积分的形式为________.

2. $\lim\limits_{n\to\infty}\dfrac{1^p+2^p+\cdots+n^p}{n^{p+1}}$ 写成定积分的形式为________.

3. 积分$\int_0^{\pi}\dfrac{2\ 022}{1+\cos^{2\ 022}x}\mathrm{d}x$ 的取值范围为________.

4. $\lim\limits_{x\to0}\dfrac{\int_{\sec x}^{1}e^{-t^2}dt}{\sin x\tan x}=$________.

5. $\lim\limits_{n\to\infty}\dfrac{\sum\limits_{k=1}^{n}\sqrt[3]{kn^2}}{n^2}=$________.

6. $\lim\limits_{n\to\infty}\int_0^1\dfrac{x^n}{1+x}dx=$________.

7. 由定积分的几何意义知$\int_0^2\sqrt{2x-x^2}\,dx=$________.

8. 定积分 $\int_2^1 e^{x^2}dx$ ________$\int_2^1(1+x)dx$.(填写$\geqslant$,$\leqslant$,$=$)

9. 若广义积分$\int_a^{+\infty}e^{-px}dx$ 收敛,则参数 p 需满足的条件是________.

10. 当 p ________时,广义积分 $\int_a^{+\infty}x^{-p}dx\ (a>0)$ 发散.

三、单项选择题(共 10 道小题)

1. 已知函数 $f(x)=\int_0^{\sin x}\sin(t^{2020})dt$,$g(x)=x^{2021}+x^{2022}$,则当 $x\to0$ 时,$f(x)$ 是 $g(x)$ 的(　　).

(A) 等价无穷小　　(B) 同阶但非等价无穷小

(C) 高阶无穷小　　(D) 低阶无穷小

2. 已知函数 $f(x)=x^2+\int_0^1 e^{\sqrt{x}}dx$,则函数在 $x=1$ 处的切线方程为(　　).

(A) $y=x-1$　　(B) $y=2x-1$　　(C) $y=-x-1$　　(D) $y=2x+1$

3. 由 $y=\dfrac{1}{2}x$,$y=3x$,$y=1$ 所围成的平面图形的面积为(　　).

(A) $\dfrac{5}{3}$　　(B) $\dfrac{2}{5}$　　(C) $\dfrac{5}{6}$　　(D) $\dfrac{5}{4}$

4. 已知 $f(x)=\begin{cases}1+x^2, & x<0\\ e^{-x}, & x\geqslant0\end{cases}$,则$\int_1^3 f(x-2)dx=$(　　).

(A) $\dfrac{7}{3}+\dfrac{1}{e}$　　(B) $-\dfrac{7}{3}-\dfrac{1}{e}$　　(C) $\dfrac{7}{3}-\dfrac{1}{e}$　　(D) $-\dfrac{7}{3}+\dfrac{1}{e}$

5. 已知函数 $f(x)=x^2-x\int_0^2 f(x)dx+2\int_0^1 f(x)dx$,则 $f(x)=$(　　).

(A) $f(x)=x^2-\dfrac{4}{3}x+\dfrac{2}{3}$　　(B) $f(x)=x^2+\dfrac{4}{3}x+\dfrac{2}{3}$

(C) $f(x)=x^2-\dfrac{4}{3}x-\dfrac{2}{3}$　　(D) $f(x)=x^2+\dfrac{4}{3}x-\dfrac{2}{3}$

6. $\int_2^1 e^x dx, \int_2^1 e^{x^2} dx, \int_2^1 (1+x) dx$ 的大小关系为(　　).

(A) $\int_2^1 e^x dx < \int_2^1 e^{x^2} dx < \int_2^1 (1+x) dx$

(B) $\int_2^1 (1+x) dx < \int_2^1 e^x dx < \int_2^1 e^{x^2} dx$

(C) $\int_2^1 e^x dx < \int_2^1 (1+x) dx < \int_2^1 e^{x^2} dx$

(D) $\int_2^1 e^{x^2} dx < \int_2^1 e^x dx < \int_2^1 (1+x) dx$

7. 由抛物线 $y=\frac{1}{2}x^2$ 与 $y=\sqrt{2x}$ 所围成的平面图形绕 x 轴旋转一周所得旋转体的体积为(　　).

(A) $\frac{6\pi}{5}$　　(B) $\frac{12\pi}{5}$　　(C) $\frac{4\pi}{5}$　　(D) $\frac{5\pi}{4}$

8. 定积分 $\int_{\sqrt{e}}^{e^{\frac{3}{4}}} \frac{dx}{x\sqrt{\ln x(1-\ln x)}} =$(　　).

(A) $\frac{\pi}{6}$　　(B) $\frac{\pi}{4}$　　(C) $\frac{\pi}{3}$　　(D) $\frac{\pi}{2}$

9. 下列广义积分发散的是(　　).

(A) $\int_0^{+\infty} 2\,020 x e^{-2x} dx$　　(B) $\int_0^{+\infty} 2x e^{-2x^2} dx$

(C) $\int_0^{+\infty} \frac{\arctan x}{1+x^2} dx$　　(D) $\int_0^{+\infty} \frac{x}{1+x^2} dx$

10. 设函数 $f(x)$ 在$[0,1]$上连续，且 $f(x)<1$，则 $2\,023x-\int_0^x f(t)dt-2\,022=0$ 在区间$[0,1]$上(　　).

(A) 至少有两个根　　(B) 有且只有一个根

(C) 无根　　(D) 无法确定

四、多项选择题(共 10 道小题)

1. 关于定积分，下列说法正确的是(　　).

(A) 区间$[a,b]$上的可积函数必有界

(B) 区间$[a,b]$上的有界函数必可积

(C) 区间$[a,b]$上的连续函数必可积

(D) 区间$[a,b]$上有间断点的有界函数必可积

(E) 区间$[a,b]$上的初等函数都可积

(F) 区间$[a,b]$上的非初等函数一定不可积

2. 关于定积分的性质，下列说法正确的是(　　).

(A) 若函数 $f(x),g(x)$ 在$[a,b]$上可积，则 $f(x),g(x)$ 的任意线性组合在$[a,b]$上

也可积，且线性组合的积分等于积分的线性组合

(B) 函数 $f(x)$ 在 $[a,b]$ 上可积的充要条件是对任意的常数 c，$\int_a^b f(x)\mathrm{d}x=\int_a^c f(x)\mathrm{d}x+\int_c^b f(x)\mathrm{d}x$

(C) 若 $[a,b](a\leqslant b)$ 上的函数 $f(x)<g(x)$，则 $\int_a^b f(x)\mathrm{d}x<\int_a^b g(x)\mathrm{d}x$

(D) 在区间 $[a,b]$ 上可积的非负函数 $f(x)$ 在该区间上的积分值 $\int_a^b f(x)\mathrm{d}x$ 也非负

(E) 被积函数相同时，积分区间越大的积分值越大

(F) 当两个积分的积分上、下限分别相同时，被积函数越大的积分值越大

3. 关于微积分基本定理，下列说法正确的是(　　).

(A) 若函数 $f(x)$ 在 $[a,b]$ 上连续，$F(x)$ 是 $f(x)$ 在 $[a,b]$ 上的任意原函数，则 $\int_a^b f(x)\mathrm{d}x=F(b)-F(a)$

(B) 在积分 $\int_a^b f(x)\mathrm{d}x$ 中，若被积函数 $f(x)$ 是分段函数，则不可使用牛顿-莱布尼茨公式

(C) 若函数 $f(x)$ 在 $[a,b]$ 上连续且 $f(x)>0$，则 $F(x)=\int_a^x f(t)\mathrm{d}t-\int_x^b \frac{1}{f(t)}\mathrm{d}t$ 在 $[a,b]$ 内有且仅有一个零点

(D) 设函数 $f(x)$ 连续，且存在常数 a，满足 $\int_a^x f(t)\mathrm{d}t+\mathrm{e}^{x-1}=x$，则 $a=1$

(E) 函数 $f(x)$ 在 $[a,b]$ 上不连续，但是可积，仍然可以使用牛顿-莱布尼茨公式

4. 关于反常积分，下列说法正确的是(　　).

(A) 无穷区间上的积分和有限区间上无界函数的积分都叫作广义积分

(B) 不论是无穷限积分还是瑕积分，都不要求被积函数一定连续

(C) 无穷限积分描述的是边界可以趋于无穷的图形的面积

(D) 若被积函数连续，则广义积分一定收敛

(E) 若 $\int_a^{+\infty}[f(x)\pm g(x)]\mathrm{d}x$ 收敛，则 $\int_a^{+\infty}f(x)\mathrm{d}x$ 和 $\int_a^{+\infty}g(x)\mathrm{d}x$ 可能都发散

(F) 若 $\int_a^{+\infty}[f(x)\pm g(x)]\mathrm{d}x$ 发散，则 $\int_a^{+\infty}f(x)\mathrm{d}x$ 和 $\int_a^{+\infty}g(x)\mathrm{d}x$ 都发散

5. 已知 $f(x)=\int_1^x \frac{t}{\sin t}\mathrm{d}t$，则下列结论正确的是(　　).

(A) $f'(x)=\frac{x}{\sin x}$　　(B) $f(1)=0$

(C) $\int_0^1 \cos x f(x)\mathrm{d}x=-\frac{1}{2}$　　(D) $\int_0^1 \cos x f(x)\mathrm{d}x=\frac{1}{2}$

(E) $\int_0^1 \sin 2x f(x)\mathrm{d}x=\cos 1-\sin 1$

6. 抛物线 $y=x^2-2x$ 上一点 P 的横坐标为 $c(c\geqslant 1)$，点 Q 的坐标为 $(c,0)$. 直线 $x=c$ 和 $y=0$ 与弧 OP 围成的图形为 S_1，三角形 OPQ 记为 S_2，S_1 和 S_2 绕 x 轴旋转一周所得旋转体的体积分别为 V_1 和 V_2. 则以下结论正确的是(　　).

(A) 若 $c=1$，则 $V_1>V_2$

(B) 若 $c=2$，则 $V_1>V_2$

(C) 若 $c=\dfrac{5}{2}$，则 $V_1=V_2$

(D) 若 $c=3$，则 $V_1<V_2$

(E) 若 $c=4$，则 $V_1>V_2$

7. 对下列无穷限积分判断正确的是(　　).

(A) $\displaystyle\int_1^{+\infty}\frac{1}{x^2}\mathrm{d}x$ 发散

(B) $\displaystyle\int_1^{+\infty}\frac{1}{\sqrt[3]{x}}\mathrm{d}x$ 收敛

(C) $\displaystyle\int_1^{+\infty}\frac{1}{x}\mathrm{d}x$ 发散

(D) $\displaystyle\int_1^{+\infty}\frac{1}{1+x^2}\mathrm{d}x$ 收敛

(E) $\displaystyle\int_1^{+\infty}\frac{1}{x^2-1}\mathrm{d}x$ 收敛

8. 对下列瑕积分判断正确的是(　　).

(A) $\displaystyle\int_0^1\frac{1}{x^5}\mathrm{d}x$ 发散

(B) $\displaystyle\int_0^1\frac{1}{\sqrt[3]{x}}\mathrm{d}x$ 收敛

(C) $\displaystyle\int_{-2}^2\frac{1}{x^2}\mathrm{d}x$ 收敛

(D) $\displaystyle\int_2^4(x-2)^k\mathrm{d}x$ 收敛

(E) $\displaystyle\int_1^2\frac{1}{x^2-1}\mathrm{d}x$ 收敛

9. 关于 Γ 函数，下列结论正确的是(　　).

(A) $\Gamma(r+1)=r\Gamma(r)(\forall r\in\mathbf{R})$

(B) $\Gamma(m+1)=m!\ (\forall m\in\mathbf{N})$

(C) $\Gamma(1)=0$

(D) $\dfrac{\Gamma(6)}{\Gamma(3)}=60$

(E) $\Gamma\left(\dfrac{1}{2}\right)=0$

10. 已知某产品总产量是时间 t(单位:年)的函数:$Q(t)=10t+5$,该产品的价格 $P(Q)=\frac{100}{Q}$,则下列说法正确的是(   ).

(A) 该产品第一个 5 年的产量总和为 150

(B) 该产品第 2 年的价格 $P=4$

(C) 第 2 年该产品是需求高弹性产品

(D) 第一个五年该产品带来的收益为 500

(E) 第一个 5 年中每一年该产品都是需求低弹性产品

五、计算题(共 4 道小题)

1. 计算定积分 $\int_0^{\ln 2}\frac{\sqrt{e^x-1}}{e^x+3}e^x\,dx$.

2. 求函数 $f(x)=\int_0^x(1-t)\operatorname{arccot}t\,dt$ 的极值和单调区间.

3. 设函数 $f(x)$ 连续,且 $\int_0^{x^2}f(t)dt=x$,求 $f(4)$.

4. 计算定积分 $\int_{-\pi}^{\pi}(1-\cos x)^2\sin^2 x\,dx$.

六、综合题(共 2 道小题)

1. 设函数 $f(x)$ 在闭区间$[0,1]$上连续且 $f(x)>0$, $\forall x\in(0,1)$. 已知存在常数 K 使得 $f(x)=xf'(x)-Kx^2$,且曲线 $f(x)$, $x=1$ 以及两个坐标轴在第一象限所围成的图形面积为 $S=\int_0^1 f(x)dx=2$.

(1) 求 $f(x)$;

(2) 求 K 为何值时,图形 S 绕 x 轴旋转一周所得的旋转体体积 $V=\int_0^1\pi f^2(x)dx$ 最小,并求最小体积;

(3) 若已知 $K<0$,则 K 为何值时旋转体的体积大于 $\frac{16\pi}{3}$?

2. 已知某种粮食产量为 Q 个单位时边际收益函数为 $R'(Q)=200-\frac{Q}{2}(Q\geqslant 0)$. 求:

(1) 生产 50 个单位时的总收益和平均收益;

(2) 产量从 50 个单位到 100 个单位增加的总收益;

(3) 求该种粮食的需求价格弹性,判断该种粮食是需求高弹性商品还是需求低弹性商品.

第七章 多元函数微积分学

模块一 本章框架图

在实际问题中，描述一种变化过程时，常常涉及多个自变量，对于变化过程的描述要用到多元函数.本章主要以二元函数为研究对象，着重分析二元函数的微分和积分问题.

本章内容框架图如下：

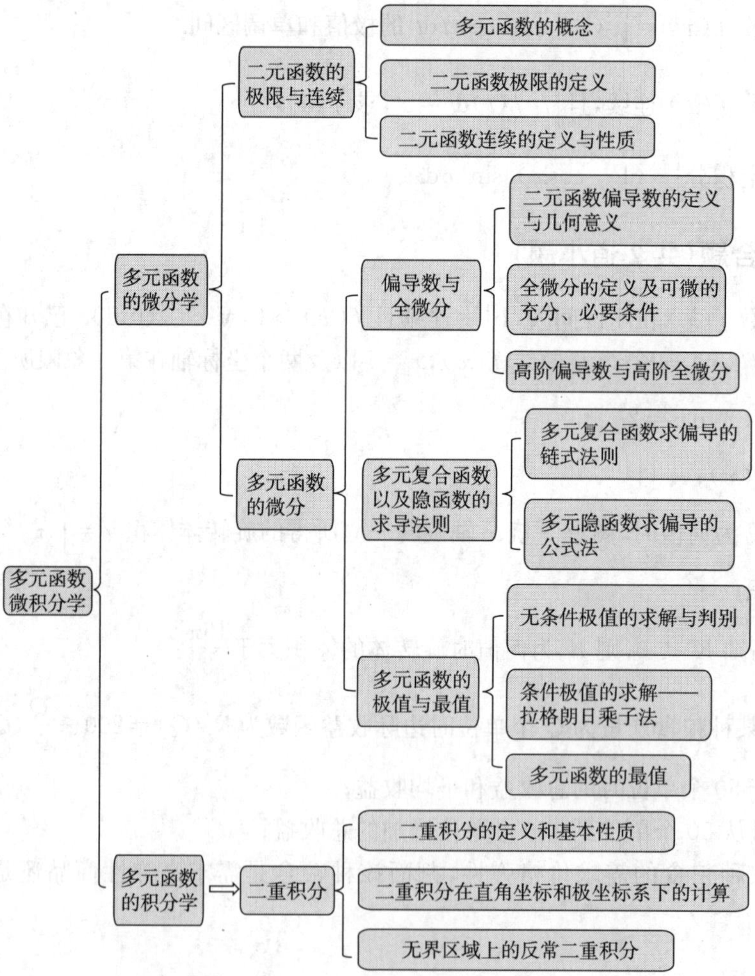

模块二 知识点梳理

一、基本概念

1. *n* 元函数的定义

设 D 是 n 维欧式空间 R^n 中的一个非空点集，若存在一个对应法则 f，使得对于 D 中的每一点 $P(x_1,x_2,\cdots,x_n)\in D$，根据对应法则，有唯一的实数 y 与之对应，则称对应法则 f 为定义在 D 上的 ***n* 元函数**，记为

$$y=f(x_1,x_2,\cdots,x_n),(x_1,x_2,\cdots,x_n)\in D,$$

或

$$y=f(P),P\in D,$$

其中，$(x_1,x_2,\cdots,x_n)$ 称为**自变量**，y 称为**因变量**，点集 D 称为函数的**定义域**，记为 $D(f)$．$f(x_1,x_2,\cdots,x_n)$ 称为点 $P(x_1,x_2,\cdots,x_n)$ 对应的函数值，全体函数值的集合称为函数 f 的**值域**，记为 $R(f)$．

二元及二元以上的函数统称为**多元函数**.

2. 二元函数的几何图形

在空间直角坐标系中，由二元函数 $z=f(x,y)$ 所确定的点 (x,y,z) 构成空间中的一张曲面，曲面在 xOy 平面上的投影区域 D 就是这个二元函数的定义域(如图 7.1 所示)，点 $M_0(x_0,y_0,z_0)$ 在 xOy 平面的投影为 $P_0(x_0,y_0)$.

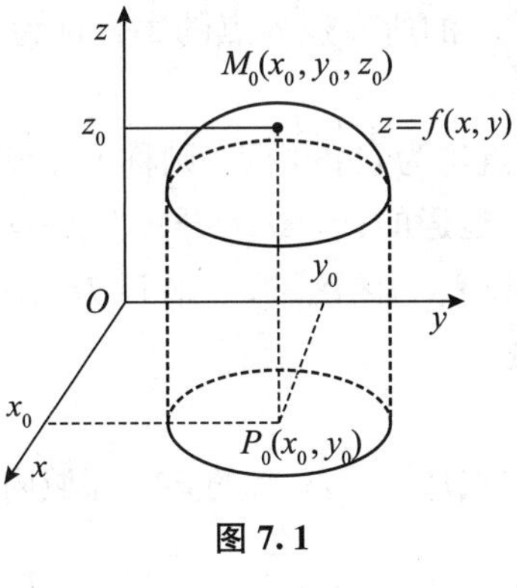

图 7.1

3. 二元函数的极限

设函数 $z=f(x,y)$ 在点 $P_0(x_0,y_0)$ 的某一去心邻域内有定义，若对于该邻域中任一点 $P(x,y)$，当 $(x,y)\to(x_0,y_0)$，即 $P\to P_0$ 时，函数 $f(x,y)$ 无限趋近于某一常数 A，则称 A 为 $f(x,y)$ 当 $(x,y)\to(x_0,y_0)$ 时的**极限**，记为

$$\lim_{(x,y)\to(x_0,y_0)} f(x,y)=A \text{ 或 } \lim_{P\to P_0} f(P)=A,$$

也可记为

$$\lim_{\substack{x \to x_0 \\ y \to y_0}} f(x,y) = A.$$

有时为了区别于一元函数，称二元函数的极限为**二重极限**.

4. 二元函数在一点处连续

若二元函数 $f(x,y)$ 在点$P_0(x_0,y_0)$ 的某一邻域内有定义，如果极限 $\lim\limits_{(x,y)\to(x_0,y_0)} f(x,y)$ 存在，并且满足

$$\lim_{(x,y)\to(x_0,y_0)} f(x,y) = f(x_0,y_0),$$

则称 $f(x,y)$ 在点$P_0(x_0,y_0)$ 处**连续**，否则称 $f(x,y)$ 在点$P_0(x_0,y_0)$ 处间断(不连续).

进一步地，若函数 $f(x,y)$ 在区域 D 内每一点处都连续，则称函数 $f(x,y)$ 在 D 内连续. 在区域 D 内的连续函数 $f(x,y)$ 的几何图形为空间中一张连续的曲面.

5. 二元初等函数

由 x 的初等函数、y 的初等函数及二者经过有限次四则运算和有限次复合而成的并能用一个统一的解析式表示的函数称为**二元初等函数**.

6. 内点、外点与边界点

设 D 是xOy 平面上的一个点集，P 为xOy 平面上的任意一点，则 P 与D 有以下三种关系：

(1) 若存在$\delta>0$，使得 P 点的δ 邻域$U(P,\delta)\subset D$，则称点 P 为D 的**内点**；

(2) 若存在$\delta>0$，使得 P 点的δ 邻域$U(P,\delta)\cap D=\varnothing$，则称点 P 为D 的**外点**；

(3) 若对于任意$\delta>0$，在 P 点的δ 邻域$U(P,\delta)$ 中既含有属于 D 的点，又有不属于 D 的点，则称点 P 为D 的**边界点**，D 的所有边界点的集合称为D 的**边界**.

7. 有界闭区域

如果平面区域 D 内任意一点均为D 的内点，则称 D 为**开集**；若 D 内任意两点可由 D 内有限条折线连接起来，则称 D 为**连通的**；若 D 为开集并且是连通的，则称 D 为**区域**(**或开区域**)；一个开区域与其边界的并集，称为**闭区域**；如果 D 为闭区域，并且存在$R>0$，使得$D\subset U(O,R)$，则称 D 为**有界闭区域**.

8. 二元函数的偏导数

设二元函数 $z=f(x,y)$ 在点$P_0(x_0,y_0)$ 的某一邻域内有定义，如果极限

$$\lim_{\Delta x\to 0}\frac{\Delta_x z}{\Delta x}=\lim_{\Delta x\to 0}\frac{f(x_0+\Delta x,y_0)-f(x_0,y_0)}{\Delta x}$$

存在，则称此极限为 $z=f(x,y)$ 在点$P_0(x_0,y_0)$ 处**关于 x 的偏导数**，记作

$$\frac{\partial z}{\partial x}\Big|_{(x_0,y_0)},\ \frac{\partial f}{\partial x}\Big|_{(x_0,y_0)},\ z'_x\big|_{(x_0,y_0)},\ f'_x(x_0,y_0)\ \text{或}\ f'_1(x_0,y_0),$$

其中，$\Delta_x z=f(x_0+\Delta x,y_0)-f(x_0,y_0)$ 称为 $z=f(x,y)$ **关于 x 的偏增量**.

同理,若

$$\lim_{\Delta y\to 0}\frac{\Delta_y z}{\Delta y}=\lim_{\Delta y\to 0}\frac{f(x_0,y_0+\Delta y)-f(x_0,y_0)}{\Delta y}$$

存在,则称此极限为 $z=f(x,y)$ 在点 $P_0(x_0,y_0)$ 处**关于 y 的偏导数**,记作

$$\frac{\partial z}{\partial y}\Big|_{(x_0,y_0)},\frac{\partial f}{\partial y}\Big|_{(x_0,y_0)},z'_y\big|_{(x_0,y_0)},f'_y(x_0,y_0)\text{ 或 }f'_2(x_0,y_0),$$

其中,$\Delta_y z=f(x_0,y_0+\Delta y)-f(x_0,y_0)$ 称为 $z=f(x,y)$ **关于 y 的偏增量**.

9. 二元函数的全微分

设二元函数 $z=f(x,y)$ 在点 $P_0(x_0,y_0)$ 的某一邻域内有定义,对于 x_0,y_0 的增量 Δx 和 Δy,如果 z 的增量(称为全增量)可以表示成

$$\Delta z=f(x_0+\Delta x,y_0+\Delta y)-f(x_0,y_0)=A\Delta x+B\Delta y+o(\rho),$$

其中 A,B 是仅与 (x_0,y_0) 有关且与 Δx 和 Δy 无关的常数,$\rho=\sqrt{(\Delta x)^2+(\Delta y)^2}$,$o(\rho)$ 表示 $(\Delta x,\Delta y)\to(0,0)$ 时 ρ 的高阶无穷小量,则称 $f(x,y)$ 在点 $P_0(x_0,y_0)$ 处**可微**,用 $\mathrm{d}z$ 表示,即

$$\mathrm{d}z\big|_{(x_0,y_0)}=A\Delta x+B\Delta y.$$

如果函数 $f(x,y)$ 在区域 D 内每一个点处都可微,那么称 $f(x,y)$ 在区域 D 内可微,或称该函数为 D 内的可微函数.

10. 高阶偏导数

设二元函数 $z=f(x,y)$ 在区域 D 内存在偏导数 $f'_x(x,y)$ 或 $f'_y(x,y)$,如果它们分别关于 x 和 y 的偏导数依然存在,则称这种偏导数的偏导数为 $f(x,y)$ 的**二阶偏导数**,分别记为

$$\frac{\partial}{\partial x}\left(\frac{\partial z}{\partial x}\right)=\frac{\partial^2 z}{\partial x^2}=f''_{xx}(x,y),$$

$$\frac{\partial}{\partial y}\left(\frac{\partial z}{\partial x}\right)=\frac{\partial^2 z}{\partial x\partial y}=f''_{xy}(x,y),$$

$$\frac{\partial}{\partial x}\left(\frac{\partial z}{\partial y}\right)=\frac{\partial^2 z}{\partial y\partial x}=f''_{yx}(x,y),$$

$$\frac{\partial}{\partial y}\left(\frac{\partial z}{\partial y}\right)=\frac{\partial^2 z}{\partial y^2}=f''_{yy}(x,y),$$

其中 $f''_{xy}(x,y)$ 和 $f''_{yx}(x,y)$ 称为 $f(x,y)$ 的**二阶混合偏导数**.

类似地,可以定义三阶至 n 阶偏导数,二阶及二阶以上的偏导数统称为**高阶偏导数**.

11. 高阶全微分

对于可微的二元函数 $z=f(x,y)$,如果它的微分 $\mathrm{d}z=f'_x(x,y)\mathrm{d}x+f'_y(x,y)\mathrm{d}y$ 仍然是关于 x 和 y 的可微函数,则称 $\mathrm{d}z$ 的全微分 $\mathrm{d}(\mathrm{d}z)$ 为 $f(x,y)$ 的二阶全微分,记为 d^2z,即

$$d^2z=d(dz).$$

类似地,可以定义二元函数 $f(x,y)$ 的三阶全微分 $d^3z=d(d^2z)$,直至 n 阶全微分 $d^nz=d(d^{n-1}z)$. 二阶及二阶以上的全微分称为**高阶全微分**.

12. 多元函数的极值

设二元函数 $z=f(x,y)$ 在点 $P_0(x_0,y_0)$ 的某一邻域内有定义,如果对于邻域内的任一点 (x,y),满足

$$f(x,y)<f(x_0,y_0),(x,y)\neq(x_0,y_0),$$

则称函数 $z=f(x,y)$ 在点 $P_0(x_0,y_0)$ 处取得**极大值**,并称点 $P_0(x_0,y_0)$ 为 $f(x,y)$ 的**极大值点**.

如果对于邻域内的任一点 (x,y),满足

$$f(x,y)>f(x_0,y_0),(x,y)\neq(x_0,y_0),$$

则称函数 $z=f(x,y)$ 在点 $P_0(x_0,y_0)$ 处取得**极小值**,并称点 $P_0(x_0,y_0)$ 为 $f(x,y)$ 的**极小值点**.

函数 $f(x,y)$ 的极大值和极小值统称为**极值**,极大值点和极小值点统称为**极值点**.

13. 二元函数的驻点

通常,称满足条件 $f_x'(x,y)=0, f_y'(x,y)=0$ 的点为 $z=f(x,y)$ 的**驻点**.

14. 二重积分的定义

设函数 $f(x,y)$ 是定义在有界闭区域 D 上的有界函数,将区域 D 任意分割成 n 个小闭区域 $\Delta\sigma_1,\Delta\sigma_2,\cdots,\Delta\sigma_n$,其中 $\Delta\sigma_i$ 表示第 i 个小闭区域,同时也表示第 i 个小闭区域的面积,在每个 $\Delta\sigma_i$ 上任取一点 $(\xi_i,\eta_i)(i=1,2,\cdots,n)$,记 $\Delta\sigma_i$ 的直径为 $d(\Delta\sigma_i)$,$\lambda=\max\limits_{1\leqslant i\leqslant n}d\{\Delta\sigma_i\}$,作和式

$$\sum_{i=1}^{n}f(\xi_i,\eta_i)\Delta\sigma_i.$$

如果不论对 D 如何划分,也不论点 (ξ_i,η_i) 在 $\Delta\sigma_i$ 上如何选取,只要 $\lambda\to0$,上述和式的极限都存在,则称 $f(x,y)$ 在 D 上可积,并称此极限值为函数 $f(x,y)$ 在闭区域 D 上的**二重积分**,记作 $\iint\limits_D f(x,y)d\sigma$,即

$$\iint\limits_D f(x,y)d\sigma=\lim_{\lambda\to0}\sum_{i=1}^{n}f(\xi_i,\eta_i)\Delta\sigma_i,$$

其中 D 称为**积分区域**,$f(x,y)$ 称为**被积函数**,$f(x,y)d\sigma$ 称为**被积表达式**,$d\sigma$ 称为**面积元素**,x,y 称为**积分变量**.

15. *X*-型区域

如果积分区域 $D=\{(x,y)\mid a\leqslant x\leqslant b,\varphi_1(x)\leqslant y\leqslant\varphi_2(x)\}$(如图 7.2 所示),则称区域 D 为 ***X*-型区域**.

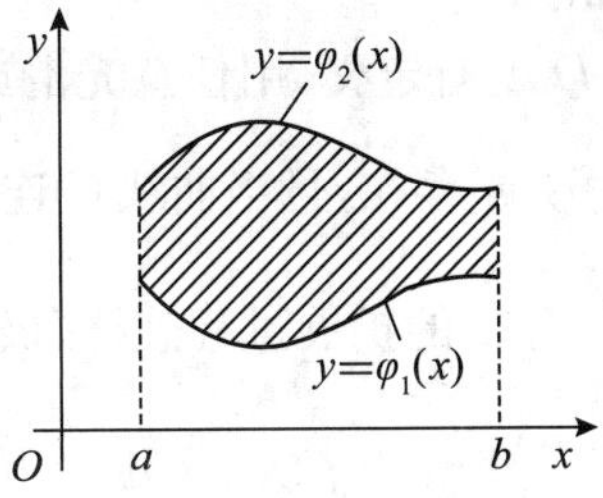

图 7.2

由图 7.2 可知，如果区域 D 为 X -型区域，那么穿过区域 D 的内部且平行于 y 轴的直线与区域 D 的边界的交点不超过两个.

16. Y -型区域

如果积分区域 $D=\{(x,y)\mid c\leqslant y\leqslant d,\psi_1(y)\leqslant x\leqslant \psi_2(y)\}$（如图 7.3 所示），则称区域 D 为 **Y -型区域**.

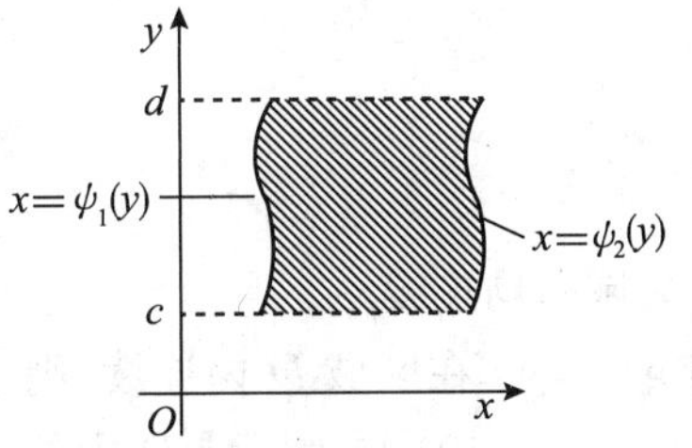

图 7.3

由图 7.3 可知，如果区域 D 为 Y -型区域，那么穿过区域 D 的内部且平行于 x 轴的直线与区域 D 的边界的交点不超过两个.

17. 极坐标系

平面上任取一点 O，称为**极点**，由 O 引射线 Ox，称为**极轴**，再选定长度单位和角度正方向（通常为逆时针方向），构成**极坐标系**.

18. 极径与极角

将直角坐标系原点取为极点，x 轴的正半轴取为极轴，那么 xOy 平面上的任一点 $M(x,y)$ 在极坐标系下为 $M(r,\theta)$，且满足 $\begin{cases}x=r\cos\theta\\ y=r\sin\theta\end{cases}$，其中 r 称为**极径**（$0\leqslant r<+\infty$），θ（$0\leqslant\theta<2\pi$）称为**极角**（如图 7.4 所示）.

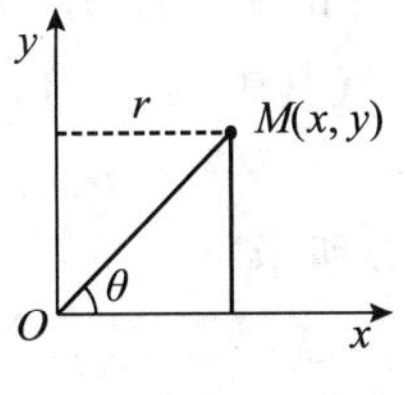

图 7.4

19. 无界区域上的反常二重积分

设函数 $f(x,y)$ 在无界区域 D 上有定义，用任意光滑或分段光滑的曲线 C 在 D 中划出有界区域D_C，若二重积分$\iint\limits_{D_C} f(x,y)\mathrm{d}\sigma$ 存在，且当曲线 C 连续变动，使区域D_C 无限扩展而趋于 D 时，无论 C 的形状如何，也不论 C 的扩展过程怎样，极限

$$\lim_{D_C \to D} \iint\limits_{D_C} f(x,y)\mathrm{d}\sigma$$

总取相同的值 A，则称反常二重积分$\iint\limits_{D} f(x,y)\mathrm{d}\sigma$ 收敛于 A，即

$$\iint\limits_{D} f(x,y)\mathrm{d}\sigma = \lim_{D_C \to D} \iint\limits_{D_C} f(x,y)\mathrm{d}\sigma = A,$$

否则称$\iint\limits_{D} f(x,y)\mathrm{d}\sigma$ 发散.

二、基本性质

1. 二元函数的连续性

(1) 二元初等函数在其定义域内均连续.

(2) 如果函数 $f(x,y)$ 与 $g(x,y)$ 在区域 D 内连续，则 $f(x,y) \pm g(x,y)$，$f(x,y) \cdot g(x,y)$，$f(x,y)/g(x,y)(g(x,y) \neq 0)$ 均为区域 D 内的连续函数.

(3) 连续二元函数的复合函数仍是连续函数.

2. 二元函数在有界闭区域上连续的性质

(1) **(最值性)** 如果函数 $f(x,y)$ 在有界闭区域 D 上连续，则 $f(x,y)$ 在 D 上一定有最大值 M 和最小值 m，即存在$(x_1,y_1) \in D$，$(x_2,y_2) \in D$，使得 $f(x_1,y_1)=M$，$f(x_2,y_2)=m$.

(2) **(有界性)** 如果函数 $f(x,y)$ 在有界闭区域 D 上连续，则 $f(x,y)$ 在 D 上一定有界，即对于任意$(x,y) \in D$，存在 $M>0$，使得 $|f(x,y)| \leqslant M$.

(3) **(介值性)** 如果函数 $f(x,y)$ 在有界闭区域 D 上连续，M 和 m 分别是函数 $f(x,y)$ 在 D 上的最大值和最小值，则对任意 $c \in [m,M]$，至少存在一点$(x_0,y_0) \in D$，使得 $f(x_0,y_0)=c$.

3. 二元函数偏导数的几何意义

二元函数 $f(x,y)$ 在点$P_0(x_0,y_0)$ 的偏导数 $f_x'(x_0,y_0)$ 表示曲面 $z=f(x,y)$ 与平面 $y=y_0$ 的交线在曲面点$M_0(x_0,y_0,z_0)$(其中$z_0=f(x_0,y_0)$) 处沿着 x 轴方向的切线斜率 $\tan\alpha$；$f_y'(x_0,y_0)$ 表示曲面 $z=f(x,y)$ 与平面$x=x_0$ 的交线在曲面点$M_0(x_0,y_0,z_0)$ 处沿着 y 轴方向的切线斜率 $\tan\beta$(如图 7.5 所示).

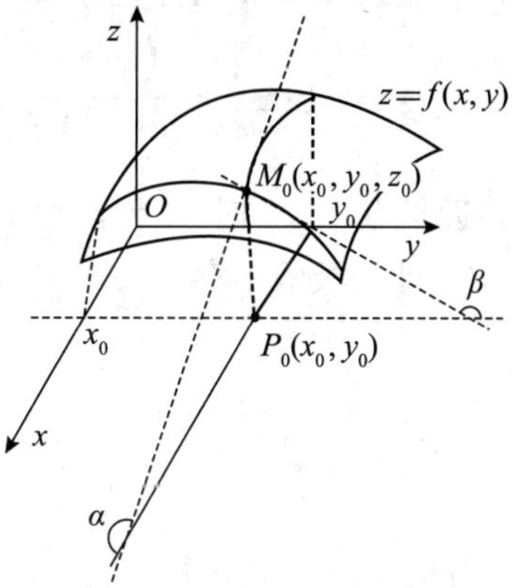

图 7.5

4. 偏导数存在与连续的关系

(1) 二元函数 $z=f(x,y)$ 在点 $P_0(x_0,y_0)$ 处连续，$f(x,y)$ 在点 $P_0(x_0,y_0)$ 处的两个偏导数 $f_x'(x_0,y_0)$，$f_y'(x_0,y_0)$ 不一定存在. 例如

$$f(x,y)=\begin{cases}(x+y)\sin\dfrac{1}{x+y}, & x^2+y^2\neq 0\\ 0, & x^2+y^2=0\end{cases},$$

由无穷小量与有界变量的乘积为无穷小量知

$$\lim_{(x,y)\to(0,0)}(x+y)\sin\frac{1}{x+y}=f(0,0)=0,$$

因此 $f(x,y)$ 在点$(0,0)$ 处连续；进一步地

$$f_x'(0,0)=\lim_{\Delta x\to 0}\frac{f(\Delta x,0)-f(0,0)}{\Delta x}=\lim_{\Delta x\to 0}\frac{\Delta x\sin\dfrac{1}{\Delta x}}{\Delta x}=\lim_{\Delta x\to 0}\sin\frac{1}{\Delta x},$$

$$f_y'(0,0)=\lim_{\Delta y\to 0}\frac{f(0,\Delta y)-f(0,0)}{\Delta y}=\lim_{\Delta y\to 0}\frac{\Delta y\sin\dfrac{1}{\Delta y}}{\Delta y}=\lim_{\Delta y\to 0}\sin\frac{1}{\Delta y}.$$

由于 $\lim\limits_{\Delta x\to 0}\sin\dfrac{1}{\Delta x}$ 和 $\lim\limits_{\Delta y\to 0}\sin\dfrac{1}{\Delta y}$ 不存在，从而 $f(x,y)$ 在点$(0,0)$ 处的两个偏导数 $f_x'(0,0)$，$f_y'(0,0)$ 不存在.

(2) 二元函数 $z=f(x,y)$ 在点 $P_0(x_0,y_0)$ 处的两个偏导数 $f_x'(x_0,y_0)$，$f_y'(x_0,y_0)$ 存在，$f(x,y)$ 在点 $P_0(x_0,y_0)$ 处不一定连续. 例如

$$f(x,y)=\begin{cases}\dfrac{xy}{x^2+y^2}, & x^2+y^2\neq 0\\ 0, & x^2+y^2=0\end{cases},$$

在 xOy 平面上，当点 $P(x,y)$ 沿着直线 $y=kx$ 趋向于点(0,0)时，有

$$\lim_{\substack{(x,y)\to(0,0)\\y=kx}} f(x,y)=\lim_{\substack{(x,y)\to(0,0)\\y=kx}} \frac{kx^2}{(1+k^2)x^2}=\frac{k}{1+k^2},$$

说明点 $P(x,y)$ 在这种路径下趋近于点(0,0)时，二元函数 $f(x,y)$ 将因 k 的不同而趋近于不同常数，因此 $f(x,y)$ 在点(0,0)处的极限不存在. 进一步地，由偏导数的定义可知

$$f_x'(0,0)=\lim_{\Delta x\to 0}\frac{f(\Delta x,0)-f(0,0)}{\Delta x}=\lim_{\Delta x\to 0}\frac{\frac{\Delta x\cdot 0}{(\Delta x)^2+0}}{\Delta x}=0,$$

$$f_y'(0,0)=\lim_{\Delta y\to 0}\frac{f(0,\Delta y)-f(0,0)}{\Delta y}=\lim_{\Delta y\to 0}\frac{\frac{0\cdot \Delta y}{0+(\Delta y)^2}}{\Delta y}=0,$$

综上可知，$f(x,y)$ 在点(0,0)处不连续，但是在该点的两个偏导数 $f_x'(0,0)$，$f_y'(0,0)$ 均存在.

5. 可微的必要条件

如果函数 $z=f(x,y)$ 在点 $P_0(x_0,y_0)$ 处可微，则

(1) $f(x,y)$ 在点 $P_0(x_0,y_0)$ 处必连续；

(2) $f(x,y)$ 在点 $P_0(x_0,y_0)$ 处的两个偏导数都存在，并且 $A=f_x'(x_0,y_0)$，$B=f_y'(x_0,y_0)$，即 $\mathrm{d}z=f'_x(x_0,y_0)\Delta x+f'_y(x_0,y_0)\Delta y$，其中 $\Delta x=\mathrm{d}y$，$\Delta y=\mathrm{d}y$.

6. 可微的充分条件

如果函数 $z=f(x,y)$ 在点 $P_0(x_0,y_0)$ 的某一邻域内偏导数 $f_x'(x_0,y_0)$，$f_y'(x_0,y_0)$ 都存在，并且偏导数均在点 $P_0(x_0,y_0)$ 处连续，则函数在点 $P_0(x_0,y_0)$ 处可微.

7. 一阶全微分形式的不变性

对于可微函数 $z=f(u,v)$，其中 $u=u(x,y)$，$v=v(x,y)$ 均可微，则

$$\mathrm{d}z=\frac{\partial z}{\partial u}\mathrm{d}u+\frac{\partial z}{\partial v}\mathrm{d}v=\frac{\partial z}{\partial x}\mathrm{d}x+\frac{\partial z}{\partial y}\mathrm{d}y,$$

即不论 u，v 是自变量还是中间变量，全微分形式不变，这一性质称为**多元函数的一阶全微分形式的不变性**.

8. 极值存在的必要条件

若函数 $z=f(x,y)$ 在点 $P_0(x_0,y_0)$ 处的一阶偏导数存在，并且 $P_0(x_0,y_0)$ 为该函数的极值点，则必有

$$f_x'(x_0,y_0)=0,f_y'(x_0,y_0)=0.$$

9. 极值存在的充分条件

设函数 $z=f(x,y)$ 在点 $P_0(x_0,y_0)$ 的某邻域内连续且存在二阶连续偏导数，$P_0(x_0,y_0)$ 为函数的驻点，即

$$f_x'(x_0,y_0)=0,f_y'(x_0,y_0)=0,$$

记$A=f''_{xx}(x_0,y_0),B=f''_{xy}(x_0,y_0),C=f''_{yy}(x_0,y_0)$，则

(1) 当$B^2-AC<0$时，$P_0(x_0,y_0)$是$f(x,y)$的极值点，并且当$A>0$时，$P_0(x_0,y_0)$是$f(x,y)$的极小值点，当$A<0$时，$P_0(x_0,y_0)$是$f(x,y)$的极大值点；

(2) 当$B^2-AC>0$时，$P_0(x_0,y_0)$不是$f(x,y)$的极值点；

(3) 当$B^2-AC=0$时，$P_0(x_0,y_0)$是否为$f(x,y)$的极值点需要另行讨论.

10. 二重积分的性质

假设区域D为有界闭区域，所讨论的二元函数在D上均可积.

(1) 线性性质.

$$\iint_D[\alpha f(x,y)\pm\beta g(x,y)]\mathrm{d}\sigma=\alpha\iint_D f(x,y)\mathrm{d}\sigma\pm\beta\iint_D g(x,y)\mathrm{d}\sigma(\alpha,\beta\text{ 为常数}).$$

(2) 可加性.

$$\iint_D f(x,y)\mathrm{d}\sigma=\iint_{D_1}f(x,y)\mathrm{d}\sigma\pm\iint_{D_2}f(x,y)\mathrm{d}\sigma(\text{其中 }D\text{ 分割为}D_1,D_2\text{ 两个互不相交的区域}).$$

(3) 保号性.

若在区域D上有$f(x,y)\leqslant g(x,y)$，则有$\iint_D f(x,y)\mathrm{d}\sigma\leqslant\iint_D g(x,y)\mathrm{d}\sigma$. 特别地，如果$f(x,y)\geqslant 0$，则有$\iint_D f(x,y)\mathrm{d}\sigma\geqslant 0$.

此外，$\left|\iint_D f(x,y)\mathrm{d}\sigma\right|\leqslant\iint_D\left|f(x,y)\right|\mathrm{d}\sigma$.

(4) 如果在区域D上$f(x,y)=1$，σ为区域D的面积，则$\iint_D\mathrm{d}\sigma=\sigma$.

注意： 该性质的几何意义是：高为1的平顶柱体的体积在数值上等于该柱体的底面面积.

(5) 估值性.

设函数$f(x,y)$在区域D上的最大值和最小值分别为M和m，则有

$$m\sigma\leqslant\iint_D f(x,y)\mathrm{d}\sigma\leqslant M\sigma,\text{其中 }\sigma\text{ 为区域 }D\text{ 的面积}.$$

(6) 积分中值定理.

设函数$f(x,y)$在有界闭区域D上连续，则必存在一点$(\xi,\eta)\in D$，使得

$$\iint_D f(x,y)\mathrm{d}\sigma=f(\xi,\eta)\sigma.$$

注意： 该定理的几何意义为：一个曲顶柱体的体积等于与它同底、高为$f(\xi,\eta)((\xi,\eta)\in D)$的平顶柱体的体积.

三、重要公式

1. 多元复合函数的求导法则

设函数 $z=f(x,y)$ 在点(u,v) 处可微，而函数 $u=u(x,y)$，$v=v(x,y)$ 在点(x,y) 处的偏导数存在，则复合函数 $z=f[u(x,y),v(x,y)]$ 在点(x,y) 处的偏导数存在，且有如下求偏导公式：

$$\frac{\partial z}{\partial x}=\frac{\partial z}{\partial u}\cdot\frac{\partial u}{\partial x}+\frac{\partial z}{\partial v}\cdot\frac{\partial v}{\partial x},$$

$$\frac{\partial z}{\partial y}=\frac{\partial z}{\partial u}\cdot\frac{\partial u}{\partial y}+\frac{\partial z}{\partial v}\cdot\frac{\partial v}{\partial y},$$

上述公式称为多元复合函数求导的**链式法则**.

2. 一元隐函数 $F(x,y)=0$ 的求导公式

设二元函数 $F(x,y)$ 在点$P_0(x_0,y_0)$ 的某一邻域内具有连续的偏导数，且

$$F(x_0,y_0)=0,F_y'(x_0,y_0)\neq 0,$$

则方程 $F(x,y)=0$ 在 x_0 的某一邻域内能唯一地确定一个具有连续导数的函数 $y=f(x)$，它满足 $y_0=f(x_0)$，且有

$$\frac{\mathrm{d}y}{\mathrm{d}x}=-\frac{F_x'}{F_y'}.$$

3. 二元隐函数 $F(x,y,z)=0$ 的求导公式

设三元函数 $F(x,y,z)$ 在点$P_0(x_0,y_0,z_0)$ 的某一邻域内具有连续的偏导数，且

$$F(x_0,y_0,z_0)=0,F_z'(x_0,y_0,z_0)\neq 0,$$

则方程 $F(x,y,z)=0$ 在(x_0,y_0) 的某一邻域内能唯一地确定一个具有连续偏导数的函数 $z=f(x,y)$，它满足$z_0=f(x_0,y_0)$，且有

$$\frac{\partial z}{\partial x}=-\frac{F_x'}{F_z'},\frac{\partial z}{\partial y}=-\frac{F_y'}{F_z'}.$$

4. 直角坐标系下二重积分化累次积分

X-型积分区域:$D=\{(x,y)\mid a\leqslant x\leqslant b,\varphi_1(x)\leqslant y\leqslant\varphi_2(x)\}$,

$$\iint_D f(x,y)\mathrm{d}x\,\mathrm{d}y=\int_a^b\left[\int_{\varphi_1(x)}^{\varphi_2(x)}f(x,y)\mathrm{d}y\right]\mathrm{d}x=\int_a^b\mathrm{d}x\int_{\varphi_1(x)}^{\varphi_2(x)}f(x,y)\mathrm{d}y,$$

称上式右端为先对 y、再对 x 的**累次积分(也称为 X-型累次积分)**. 也就是 y 为积分变量，先求积分$\int_{\varphi_1(x)}^{\varphi_2(x)}f(x,y)\mathrm{d}y$(此时被积函数 $f(x,y)$ 中的 x 视为“常量”)，将求解结果(关于 x 的函数) 作为被积函数，对积分变量 x 在区间$[a,b]$ 上计算定积分.

Y-型积分区域:$D=\{(x,y)\mid c\leqslant y\leqslant d,\psi_1(y)\leqslant x\leqslant\psi_2(y)\}$,

$$\iint_D f(x,y)\mathrm{d}x\mathrm{d}y=\int_c^d\left[\int_{\psi_1(y)}^{\psi_2(y)}f(x,y)\mathrm{d}x\right]\mathrm{d}y=\int_c^d\mathrm{d}y\int_{\psi_1(y)}^{\psi_2(y)}f(x,y)\mathrm{d}x,$$

称上式右端为先对 x、再对 y 的**累次积分(也称为 Y-型累次积分)**. 也就是 x 为积分变量,先求积分 $\int_{\psi_1(y)}^{\psi_2(y)}f(x,y)\mathrm{d}x$(此时被积函数 $f(x,y)$ 中的 y 视为"常量"),将求解结果(关于 y 的函数)作为被积函数,对积分变量 y 在区间$[c,d]$上计算定积分.

5. 极坐标系下二重积分化累次积分

(1) 极点 O 在区域 D 的外部(如图 7.6 所示).

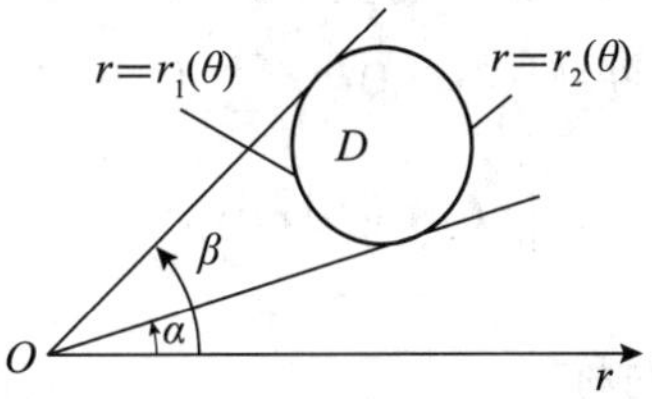

图 7.6

$$\iint_D f(r\cos\theta,r\sin\theta)r\mathrm{d}r\mathrm{d}\theta=\int_\alpha^\beta\mathrm{d}\theta\int_{r_1(\theta)}^{r_2(\theta)}f(r\cos\theta,r\sin\theta)r\mathrm{d}r.$$

(2) 极点 O 在区域 D 的边界上(如图 7.7 所示).

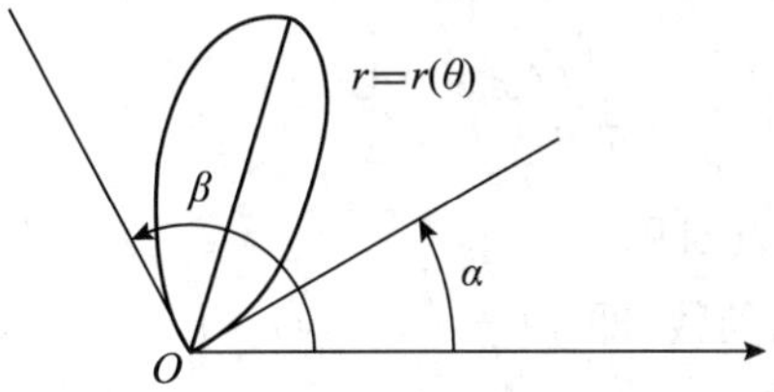

图 7.7

$$\iint_D f(r\cos\theta,r\sin\theta)r\mathrm{d}r\mathrm{d}\theta=\int_\alpha^\beta\mathrm{d}\theta\int_0^{r(\theta)}f(r\cos\theta,r\sin\theta)r\mathrm{d}r.$$

(3) 极点 O 在区域 D 的内部(如图 7.8 所示).

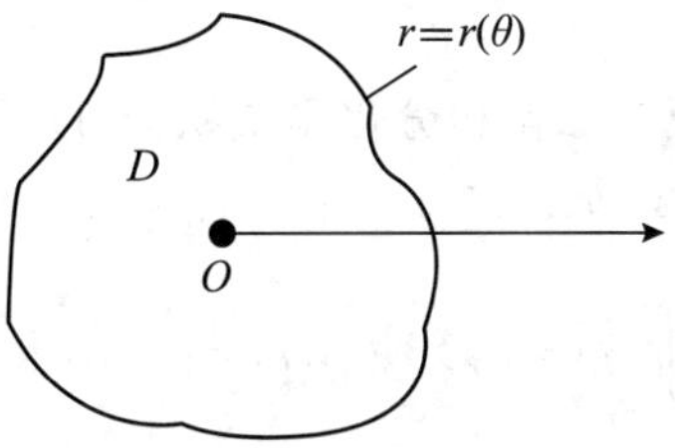

图 7.8

$$\iint_D f(r\cos\theta,r\sin\theta)r\mathrm{d}r\mathrm{d}\theta=\int_0^{2\pi}\mathrm{d}\theta\int_0^{r(\theta)}f(r\cos\theta,r\sin\theta)r\mathrm{d}r.$$

6. 根据积分区域 D 的对称性和被积函数的奇偶性化简二重积分

(1) 积分区域 D 关于 x 轴对称.

被积函数关于 y 是偶函数,即 $f(x,-y)=f(x,y)$,则

$$\iint_D f(x,y)\mathrm{d}x\mathrm{d}y=2\iint_{D_1}f(x,y)\mathrm{d}x\mathrm{d}y,$$

其中,D_1 为关于 x 轴对称的积分区域 D 的上半区域.

被积函数关于 y 是奇函数,即 $f(x,-y)=-f(x,y)$,则

$$\iint_D f(x,y)\mathrm{d}x\mathrm{d}y=0.$$

(2) 积分区域 D 关于 y 轴对称.

被积函数关于 x 是偶函数,即 $f(-x,y)=f(x,y)$,则

$$\iint_D f(x,y)\mathrm{d}x\mathrm{d}y=2\iint_{D_2}f(x,y)\mathrm{d}x\mathrm{d}y,$$

其中,D_2 为关于 y 轴对称的积分区域 D 的右半区域.

被积函数关于 x 是奇函数,即 $f(-x,y)=-f(x,y)$,则

$$\iint_D f(x,y)\mathrm{d}x\mathrm{d}y=0.$$

(3) 积分区域 D 关于原点对称.

被积函数关于 x,y 是偶函数,即 $f(-x,-y)=f(x,y)$,则

$$\iint_D f(x,y)\mathrm{d}x\mathrm{d}y=2\iint_{D_3}f(x,y)\mathrm{d}x\mathrm{d}y,$$

其中,D_3 为关于原点对称的积分区域 D 的上半区域.

被积函数关于 x,y 是奇函数,即 $f(-x,-y)=-f(x,y)$,则

$$\iint_D f(x,y)\mathrm{d}x\mathrm{d}y=0.$$

7. 特殊无界区域 D 上的反常二重积分化累次积分(以下二重积分均存在)

(1) $D=\{(x,y)\mid a\leqslant x\leqslant b,c\leqslant y<+\infty\}$.

$$\begin{aligned}\iint_D f(x,y)\mathrm{d}x\mathrm{d}y&=\lim_{M\to+\infty}\int_a^b\left[\int_c^M f(x,y)\mathrm{d}y\right]\mathrm{d}x=\int_a^b\mathrm{d}x\int_c^{+\infty}f(x,y)\mathrm{d}y\\&=\lim_{M\to+\infty}\int_c^M\left[\int_a^b f(x,y)\mathrm{d}x\right]\mathrm{d}y=\int_c^{+\infty}\mathrm{d}y\int_a^b f(x,y)\mathrm{d}x.\end{aligned}$$

(2) $D=\{(x,y)\mid a\leqslant x<+\infty,c\leqslant y<+\infty\}$.

$$\iint_D f(x,y)\mathrm{d}x\mathrm{d}y=\lim_{M\to+\infty}\int_a^M\left[\int_c^M f(x,y)\mathrm{d}y\right]\mathrm{d}x=\int_a^{+\infty}\mathrm{d}x\int_c^{+\infty}f(x,y)\mathrm{d}y$$

$$=\lim_{M\to+\infty}\int_c^M\left[\int_a^M f(x,y)\mathrm{d}x\right]\mathrm{d}y=\int_c^{+\infty}\mathrm{d}y\int_a^{+\infty}f(x,y)\mathrm{d}x.$$

(3) $D=\{(x,y)\mid -\infty<x<+\infty,-\infty<y<+\infty\}$.

$$\iint_D f(x,y)\mathrm{d}x\mathrm{d}y=\lim_{M\to+\infty}\int_{-M}^M\left[\int_{-M}^M f(x,y)\mathrm{d}y\right]\mathrm{d}x=\int_{-\infty}^{+\infty}\mathrm{d}x\int_{-\infty}^{+\infty}f(x,y)\mathrm{d}y$$

$$=\lim_{M\to+\infty}\int_{-M}^M\left[\int_{-M}^M f(x,y)\mathrm{d}x\right]\mathrm{d}y=\int_{-\infty}^{+\infty}\mathrm{d}y\int_{-\infty}^{+\infty}f(x,y)\mathrm{d}x.$$

$$\iint_D f(x,y)\mathrm{d}x\mathrm{d}y=\lim_{R\to+\infty}\int_0^R\left[\int_0^{2\pi}f(r\cos\theta,r\sin\theta)r\mathrm{d}\theta\right]\mathrm{d}r=\int_0^{+\infty}\mathrm{d}r\int_0^{2\pi}f(r\cos\theta,r\sin\theta)r\mathrm{d}\theta$$

$$=\lim_{R\to+\infty}\int_0^{2\pi}\left[\int_0^R f(r\cos\theta,r\sin\theta)r\mathrm{d}r\right]\mathrm{d}\theta=\int_0^{2\pi}\mathrm{d}\theta\int_0^{+\infty}f(r\cos\theta,r\sin\theta)r\mathrm{d}r.$$

模块三 重难点及易错知识点问答

本章重点

1. 二元函数极限的定义；
2. 多元函数偏导数的定义；
3. 二元函数偏导数的几何意义；
4. 全微分的定义；
5. 可微的充分、必要条件；
6. 全微分在近似计算中的应用；
7. 多元复合函数求偏导的链式法则；
8. 多元隐函数求偏导的公式法；
9. 多元函数的无条件极值、条件极值；
10. 多元函数的最值；
11. 二重积分的概念和基本性质；
12. 二重积分在直角坐标系和极坐标系下的计算.

本章难点

1. 多元函数的连续、偏导数存在、可微以及偏导数连续之间的关系；
2. 多元幂指函数求偏导数；
3. 多元隐函数的高阶偏导数；
4. 二元函数在有界闭区域上的最值；
5. 二重积分在直角坐标系下交换积分次序；
6. 利用积分区域的对称性和被积函数的奇偶性求二重积分.

易错知识点问答

问题① 如果一元函数在一点可导，则在该点一定连续，那么二元函数 $z=f(x,y)$ 在点(x_0,y_0)处偏导数存在，是否一定有 $f(x,y)$ 在点(x_0,y_0)处连续？

答 不一定. 尽管一元函数有“可导必连续”这样一个性质，但是在二元函数中，$z=f(x,y)$ 在点(x_0,y_0)处偏导数存在与在该点连续之间没有必然联系. 也就是由 $z=f(x,y)$ 在点(x_0,y_0)处偏导数存在，得不到在该点必连续；同理，由 $z=f(x,y)$ 在点(x_0,y_0)处连续，也推不出在该点偏导数存在. 反例参见基本性质 4.

问题 2 如果二元函数 $z=f(x,y)$ 在点(x_0,y_0)处可微，那么该函数在点(x_0,y_0)处一定连续吗?

答 一定连续. 由可微的必要条件可知，如果 $z=f(x,y)$ 在点(x_0,y_0)处可微，那么 $f(x,y)$ 在点(x_0,y_0)处必连续. 下面给出证明.

由于函数 $z=f(x,y)$ 在点(x_0,y_0)处可微，由可微的定义可知

$$\Delta z=f(x_0+\Delta x,y_0+\Delta y)-f(x_0,y_0)=A\Delta x+B\Delta y+o(\rho),$$

从而

$$\lim_{(\Delta x,\Delta y)\to(0,0)}\Delta z=\lim_{(\Delta x,\Delta y)\to(0,0)}[A\Delta x+B\Delta y+o(\rho)]=0,$$

即

$$\lim_{(\Delta x,\Delta y)\to(0,0)}f(x_0+\Delta x,y_0+\Delta y)=f(x_0,y_0),$$

所以 $f(x,y)$ 在点(x_0,y_0)处连续.

问题 3 如果二元函数 $z=f(x,y)$ 在点(x_0,y_0)处可微，那么该函数在点(x_0,y_0)处的偏导数 $f_x'(x_0,y_0)$ 和 $f_y'(x_0,y_0)$ 一定存在吗?

答 一定存在. 由可微的必要条件可知，如果 $z=f(x,y)$ 在点(x_0,y_0)处可微，那么 $f(x,y)$ 在点$P_0(x_0,y_0)$处的两个偏导数都存在，并且 $A=f_x'(x_0,y_0)$，$B=f_y'(x_0,y_0)$，即 $\mathrm{d}z=f_x'(x_0,y_0)\Delta x+f_y'(x_0,y_0)\Delta y$. 下面给出证明.

由于函数 $z=f(x,y)$ 在点(x_0,y_0)处可微，由可微的定义可知

$$\Delta z=f(x_0+\Delta x,y_0+\Delta y)-f(x_0,y_0)=A\Delta x+B\Delta y+o(\rho).$$

若令 $\Delta y=0$，则 $\rho=\sqrt{(\Delta x)^2+(\Delta y)^2}=|\Delta x|$，从而函数值的改变量 $\Delta z=\Delta_x z$，即 $\Delta_x z=A\Delta x+o(|\Delta x|)$，因此有

$$\lim_{\Delta x\to 0}\frac{\Delta_x z}{\Delta x}=\lim_{\Delta x\to 0}\frac{A\Delta x+o(|\Delta x|)}{\Delta x}=A,$$

即 $f_x'(x_0,y_0)=A$. 同理可证 $f_y'(x_0,y_0)=B$.

问题 4 如果二元函数 $z=f(x,y)$ 在点(x_0,y_0)处的偏导数 $f_x'(x_0,y_0)$ 和 $f_y'(x_0,y_0)$ 存在，那么 $f(x,y)$ 在点(x_0,y_0)处一定可微吗?

答 不一定可微. 考虑下面的反例

$$f(x,y)=\begin{cases}\dfrac{xy}{\sqrt{x^2+y^2}}, & x^2+y^2\neq 0\\ 0, & x^2+y^2=0\end{cases},$$

$f(x,y)$ 在点$(0,0)$ 处的偏导数

$$f'_x(0,0)=\lim_{\Delta x\to 0}\frac{f(\Delta x,0)-f(0,0)}{\Delta x}=\lim_{\Delta x\to 0}\frac{\frac{\Delta x\cdot 0}{\sqrt{(\Delta x)^2}}-0}{\Delta x}=0,$$

$$f'_y(0,0)=\lim_{\Delta y\to 0}\frac{f(0,\Delta y)-f(0,0)}{\Delta y}=\lim_{\Delta y\to 0}\frac{\frac{\Delta y\cdot 0}{\sqrt{(\Delta y)^2}}-0}{\Delta y}=0,$$

可见 $f(x,y)$ 在点$(0,0)$ 处的偏导数存在且均为 0. 下面验证 $f(x,y)$ 在点$(0,0)$ 处的可微性,根据全微分的定义,如果 $f(x,y)$ 在点$(0,0)$ 处可微,则应有

$$\lim_{\rho\to 0}\frac{f(\Delta x,\Delta y)-f'_x(0,0)\cdot\Delta x-f'_y(0,0)\cdot\Delta y}{\rho}=0,$$

然而

$$\lim_{\sqrt{(\Delta x)^2+(\Delta y)^2}\to 0}\frac{f(\Delta x,\Delta y)-f'_x(0,0)\cdot\Delta x-f'_y(0,0)\cdot\Delta y}{\sqrt{(\Delta x)^2+(\Delta y)^2}}$$
$$=\lim_{\sqrt{(\Delta x)^2+(\Delta y)^2}\to 0}\frac{\Delta x\cdot\Delta y}{(\Delta x)^2+(\Delta y)^2},$$

由特殊路径法可知,在 xOy 平面上,当点 $P(x,y)$ 沿着直线 $y=kx$ 趋向于点$(0,0)$ 时,上述极限为$\frac{k}{1+k^2}$,从而极限不存在. 因此,函数 $f(x,y)$ 在点$(0,0)$ 处不可微.

问题 5 如果二元函数 $z=f(x,y)$ 在点(x_0,y_0) 处的偏导数 $f'_x(x_0,y_0)$ 和 $f'_y(x_0,y_0)$ 存在且偏导数 $f'_x(x,y)$ 与 $f'_y(x,y)$ 在点(x_0,y_0) 处连续,那么 $f(x,y)$ 在点(x_0,y_0) 处一定可微吗?

答 一定可微. 由可微的充分条件可知,如果二元函数在一点的偏导数存在且偏导数连续,那么二元函数一定在该点可微. 证明过程如下:

$$\Delta z=f(x_0+\Delta x,y_0+\Delta y)-f(x_0,y_0)$$
$$=[f(x_0+\Delta x,y_0+\Delta y)-f(x_0,y_0+\Delta y)]+[f(x_0,y_0+\Delta y)-f(x_0,y_0)],$$

由一元函数的微分中值定理可知,存在 $0<\theta_1<1,0<\theta_2<1$,使得

$$f(x_0+\Delta x,y_0+\Delta y)-f(x_0,y_0+\Delta y)=f'_x(x_0+\theta_1\Delta x,y_0+\Delta y)\Delta x,$$
$$f(x_0,y_0+\Delta y)-f(x_0,y_0)=f'_y(x_0,y_0+\theta_2\Delta y)\Delta y,$$

又偏导数 $f'_x(x,y)$ 与 $f'_y(x,y)$ 在点(x_0,y_0) 处连续,从而有

$$\lim_{(\Delta x,\Delta y)\to(0,0)}f'_x(x_0+\theta_1\Delta x,y_0+\Delta y)=f'_x(x_0,y_0),$$
$$\lim_{(\Delta x,\Delta y)\to(0,0)}f'_y(x_0,y_0+\theta_2\Delta y)=f'_y(x_0,y_0),$$

即

$$f_x'(x_0+\theta_1\Delta x, y_0+\Delta y)=f_x'(x_0,y_0)+o(1),$$
$$f_y'(x_0,y_0+\theta_2\Delta y)=f_y'(x_0,y_0)+o(1),$$

因此,全增量

$$\begin{aligned}\Delta z&=[f_x'(x_0,y_0)+o(1)]\Delta x+[f_y'(x_0,y_0)+o(1)]\Delta y\\&=f_x'(x_0,y_0)\Delta x+f_y'(x_0,y_0)\Delta y+o(1)\Delta x+o(1)\Delta y,\end{aligned}$$

由于$\left|\frac{\Delta x}{\rho}\right|\leqslant 1,\left|\frac{\Delta y}{\rho}\right|\leqslant 1$,从而

$$\left|\frac{o(1)\Delta x+o(1)\Delta y}{\rho}\right|\leqslant|o(1)|\cdot\frac{|\Delta x|}{\rho}+|o(1)|\cdot\frac{|\Delta y|}{\rho}\leqslant o(1),$$

所以,当$\rho\to 0$时,$o(1)\Delta x+o(1)\Delta y=o(\rho)$,从而

$$\Delta z=f(x_0+\Delta x,y_0+\Delta y)-f(x_0,y_0)=f_x'(x_0,y_0)\Delta x+f_y'(x_0,y_0)\Delta y+o(\rho),$$

也就是$f(x,y)$在点(x_0,y_0)处可微.

问题 6 如果二元函数$z=f(x,y)$在点(x_0,y_0)处可微,那么偏导数$f_x'(x,y)$与$f_y'(x,y)$在点(x_0,y_0)处连续吗?

答 不一定.考虑下面的反例

$$f(x,y)=\begin{cases}(x^2+y^2)\sin\dfrac{1}{\sqrt{x^2+y^2}}, & x^2+y^2\neq 0\\0, & x^2+y^2=0\end{cases}.$$

$$f_x'(0,0)=\lim_{\Delta x\to 0}\frac{f(\Delta x,0)-f(0,0)}{\Delta x}=\lim_{\Delta x\to 0}\frac{(\Delta x)^2\sin\frac{1}{|\Delta x|}-0}{\Delta x}=0,$$

$$f_y'(0,0)=\lim_{\Delta y\to 0}\frac{f(0,\Delta y)-f(0,0)}{\Delta y}=\lim_{\Delta y\to 0}\frac{(\Delta y)^2\sin\frac{1}{|\Delta y|}-0}{\Delta y}=0,$$

因此,偏导数$f_x'(0,0)$和$f_y'(0,0)$存在.进一步地

$$\Delta z=f(0+\Delta x,0+\Delta y)-f(0,0)=((\Delta x)^2+(\Delta y)^2)\sin\frac{1}{\sqrt{(\Delta x)^2+(\Delta y)^2}},$$

又

$$\begin{aligned}&\lim_{\sqrt{(\Delta x)^2+(\Delta y)^2}\to 0}\frac{f(\Delta x,\Delta y)-f_x'(0,0)\cdot\Delta x-f_y'(0,0)\cdot\Delta y}{\sqrt{(\Delta x)^2+(\Delta y)^2}}\\&=\lim_{\sqrt{(\Delta x)^2+(\Delta y)^2}\to 0}\frac{((\Delta x)^2+(\Delta y)^2)\sin\frac{1}{\sqrt{(\Delta x)^2+(\Delta y)^2}}}{\sqrt{(\Delta x)^2+(\Delta y)^2}}\end{aligned}$$

$$=\lim_{\sqrt{(\Delta x)^2+(\Delta y)^2}\to 0}\sqrt{(\Delta x)^2+(\Delta y)^2}\sin\frac{1}{\sqrt{(\Delta x)^2+(\Delta y)^2}}$$
$$=0.$$

可见 $f(x,y)$ 在点$(0,0)$ 处可微. 但是,由于

$$\lim_{(x,y)\to(0,0)}f'_x(x,y)=\lim_{(x,y)\to(0,0)}\left[2x\sin\frac{1}{\sqrt{x^2+y^2}}-\frac{x}{\sqrt{x^2+y^2}}\cos\frac{1}{\sqrt{x^2+y^2}}\right],$$

$$\lim_{(x,y)\to(0,0)}f'_y(x,y)=\lim_{(x,y)\to(0,0)}\left[2y\sin\frac{1}{x^2+y^2}-\frac{y}{\sqrt{x^2+y^2}}\cos\frac{1}{\sqrt{x^2+y^2}}\right],$$

在 xOy 平面上,当点 $P(x,y)$ 沿着直线 $y=x$ 趋向于点$(0,0)$ 时,极限

$$\lim_{\substack{(x,y)\to(0,0)\\ y=x}}\frac{1}{\sqrt{2}}\cos\frac{1}{\sqrt{x^2+y^2}}$$

不存在,从而偏导数 $f'_x(x,y)$ 和 $f'_y(x,y)$ 在点$(0,0)$ 处不连续.

综合上述【问题 1】至【问题 6】可知,对于多元函数而言,连续、偏导数存在、可微以及偏导数连续之间的关系如图 7.9 所示:

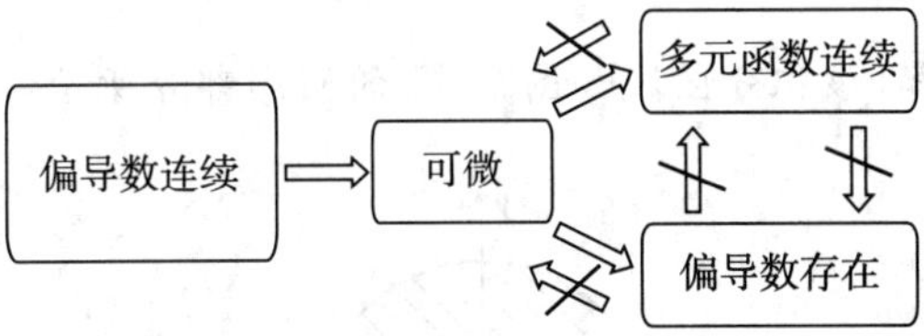

图 7.9

问题⑦ 在直角坐标系下二重积分不论是化为 X-型累次积分(先对 y 积分,再对 x 积分),还是化为 Y-型累次积分(先对 x 积分,再对 y 积分)都一定是可以求解的吗?

答 不一定. 例如,考虑二重积分 $\iint\limits_D\frac{\sin y}{y}\mathrm{d}x\,\mathrm{d}y$,其中

$$D=\{(x,y)\mid 0\leqslant y\leqslant 1, y^2\leqslant x\leqslant y\}.$$

由积分区域的表达式可知,该积分区域如图 7.10 的阴影部分所示:

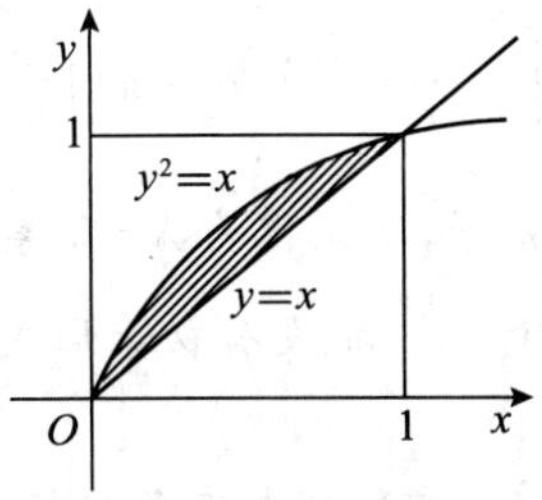

图 7.10

如果将该二重积分化为 Y-型累次积分，则有

$$\iint\limits_D \frac{\sin y}{y}\mathrm{d}x\mathrm{d}y=\int_0^1\left(\int_{y^2}^{y}\frac{\sin y}{y}\mathrm{d}x\right)\mathrm{d}y=\int_0^1\left[\frac{\sin y}{y}(y-y^2)\right]\mathrm{d}y=\int_0^1(\sin y-y\sin y)\mathrm{d}y=1-\sin 1,$$

但是，如果将该二重积分化为 X-型累次积分，则有

$$\iint\limits_D \frac{\sin y}{y}\mathrm{d}x\mathrm{d}y=\int_0^1\left(\int_x^{\sqrt{x}}\frac{\sin y}{y}\mathrm{d}y\right)\mathrm{d}x.$$

由于积分 $\int_x^{\sqrt{x}}\frac{\sin y}{y}\mathrm{d}y$ 中被积函数 $\frac{\sin y}{y}$ 没有初等形式的原函数，从而积分 $\int_x^{\sqrt{x}}\frac{\sin y}{y}\mathrm{d}y$ 无法计算.

可见，在计算二重积分时，并不是 X-型累次积分和 Y-型累次积分都能求解，有时需要“交换积分次序”才能完成计算.

问题 8 任何一个二重积分在直角坐标系下一定都能求解吗?

答 不一定. 例如，考虑二重积分 $\iint\limits_D \mathrm{e}^{-x^2-y^2}\mathrm{d}x\mathrm{d}y$，其中

$$D=\{(x,y)\mid x^2+y^2\leqslant 1\}.$$

由积分区域的表达式可知，该积分区域如图 7.11 的阴影部分所示：

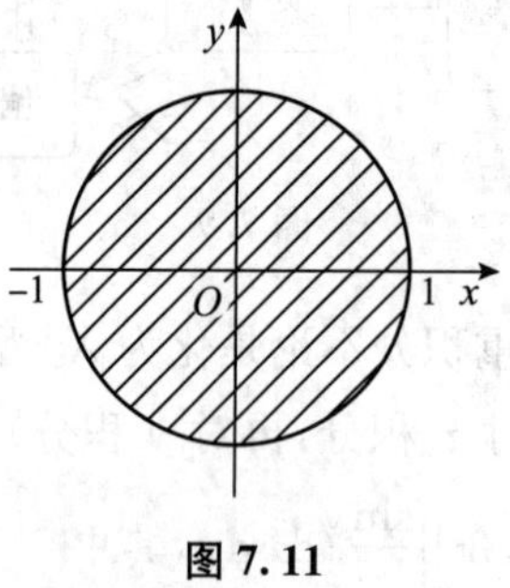

图 7.11

在极坐标系下，将二重积分化为累次积分，有

$$\begin{aligned}\iint\limits_D \mathrm{e}^{-x^2-y^2}\mathrm{d}x\mathrm{d}y&=\int_0^{2\pi}\left(\int_0^1\mathrm{e}^{-r^2}\cdot r\mathrm{d}r\right)\mathrm{d}\theta=-\frac{1}{2}\int_0^{2\pi}\left[\int_0^1\mathrm{e}^{-r^2}\mathrm{d}(-r^2)\right]\mathrm{d}\theta\\&=-\frac{1}{2}\int_0^{2\pi}\left(\frac{1}{\mathrm{e}}-1\right)\mathrm{d}\theta=\pi\left(1-\frac{1}{\mathrm{e}}\right).\end{aligned}$$

但是，该二重积分在直角坐标系下，不论化为 X-型累次积分，还是化为 Y-型累次积分，都无法求解. 因为被积函数为 e^{-x^2} 和 e^{-y^2} 都没有初等形式的原函数，从而二重积分在直角坐标系下无法计算.

可见，在计算二重积分时，有些二重积分在直角坐标系下无法求解，需要在极坐标系下完成计算.

模块四 典型题解析

一、极限与连续

例 1 求解下列函数的定义域并画出定义域.

(1) $z=\arcsin(x+y)$；　　(2) $z=\arccos(x^2+y^2)$；

(3) $z=\ln(x^2+y^2)$；　　(4) $z=\dfrac{1}{\sqrt{x^2+y^2}-2}$；

(5) $z=\sqrt{1-|x|-|y|}$；　　(6) $z=\ln(y-x^2)+\sqrt{1-x^2-y^2}$.

解 (1) 要使函数 $z=\arcsin(x+y)$ 有意义,应有

$$|x+y|\leqslant 1,$$

即

$$-1\leqslant x+y\leqslant 1,$$

从而定义域为 $D=\{(x,y)\mid -1\leqslant x+y\leqslant 1\}$(如图 7.12 所示).

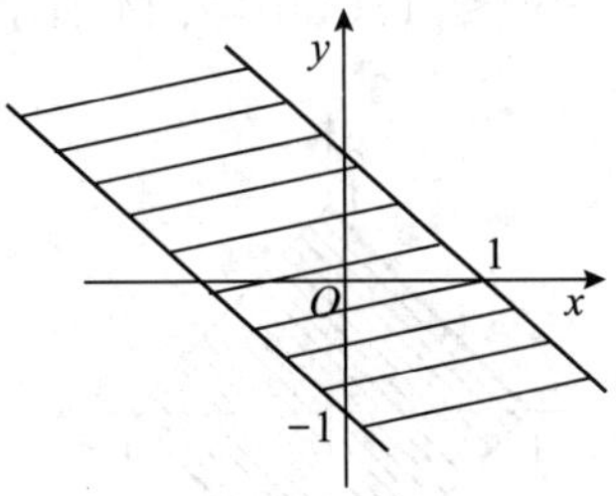

图 7.12

(2) 要使函数 $z=\arccos(x^2+y^2)$ 有意义,应有

$$|x^2+y^2|\leqslant 1,$$

即

$$0\leqslant x^2+y^2\leqslant 1,$$

从而定义域为 $D=\{(x,y)\mid 0\leqslant x^2+y^2\leqslant 1\}$(如图 7.11 所示).

(3) 要使函数 $z=\ln(x^2+y^2)$ 有意义,应有

$$x^2+y^2>0,$$

从而定义域为 $D=\{(x,y)\mid x^2+y^2>0\}$,即定义域为除去原点的 xOy 平面.

(4) 要使函数 $z=\dfrac{1}{\sqrt{x^2+y^2}-2}$ 有意义,应有

$$x^2+y^2\neq 4,$$

从而定义域为 $D=\{(x,y)\mid x^2+y^2\neq 4\}$,即定义域为除去以原点为圆心、半径为 2 的圆边的 xOy 平面(如图 7.13 所示).

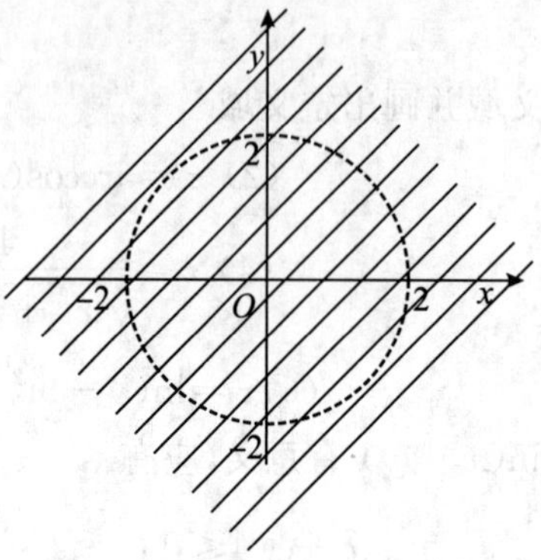

图 7.13

(5) 要使函数 $z=\sqrt{1-|x|-|y|}$ 有意义,应有

$$1-|x|-|y|\geqslant 0,$$

从而定义域为 $D=\{(x,y)\mid |x|+|y|\leqslant 1\}$(如图 7.14 所示).

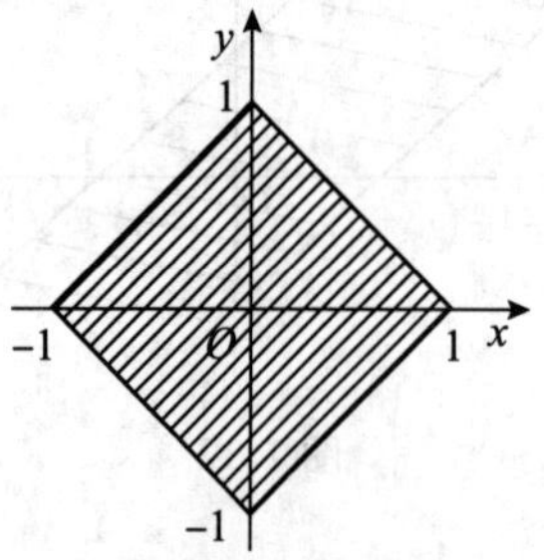

图 7.14

(6) 要使函数 $z=\ln(y-x^2)+\sqrt{1-x^2-y^2}$ 有意义,应有

$$y-x^2>0\text{ 且 }1-x^2-y^2\geqslant 0,$$

即

$$y>x^2\text{ 并且 }x^2+y^2\leqslant 1,$$

从而定义域为 $D=\{(x,y)\mid y>x^2\text{ 并且 }x^2+y^2\leqslant 1\}$(如图 7.15 所示).

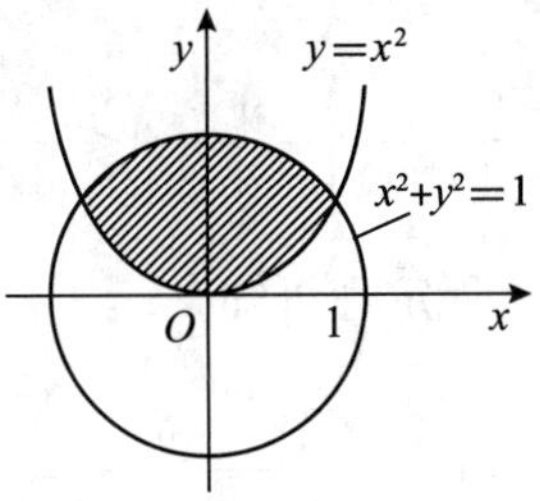

图 7.15

分析 本题考察多元函数定义域的求解. 与一元函数类似，多元函数的定义域是使得多元函数有意义的自变量的取值范围，如：分母不为零，偶次根式下的部分要非负，对数的真数要大于零，某些三角函数、反三角函数的自变量有相应的限制，等等. 需要注意的是，与一元函数需要解出自变量 x 的精确取值范围不同，对于多元函数的定义域而言，大多得到各自变量之间的关系式即可.

例 2 判断下列极限是否存在，若存在，求出极限值.

(1) $\lim\limits_{(x,y)\to(0,2)}(2x^2+y^2+3xy)$；　(2) $\lim\limits_{(x,y)\to(0,2)}\dfrac{\tan xy}{x}$；

(3) $\lim\limits_{(x,y)\to(0,0)}\dfrac{x^2+y^2}{\sqrt{1+x^2+y^2}-1}$；　(4) $\lim\limits_{(x,y)\to(0,0)}(x^2+y^2)\cos\dfrac{1}{x^2+y^2}$；

(5) $\lim\limits_{(x,y)\to(0,0)}\dfrac{x^2+y^2}{|x|+|y|}$；　(6) $\lim\limits_{(x,y)\to(0,0)}\dfrac{xy^2}{x^2+y^2}$；

(7) $\lim\limits_{(x,y)\to(0,0)}\dfrac{xy}{x^2+y^2}$；　(8) $\lim\limits_{(x,y)\to(0,0)}\dfrac{x^3y}{x^6+y^2}$.

解 (1)
$$\lim_{(x,y)\to(0,2)}(2x^2+y^2+3xy)=2\lim_{(x,y)\to(0,2)}x^2+\lim_{(x,y)\to(0,2)}y^2+3\lim_{(x,y)\to(0,2)}xy$$
$$=2\cdot 0+2^2+3\cdot 0\cdot 2=4.$$

(2) 由于当 $(x,y)\to(0,2)$ 时，$xy\to 0$，$\tan xy\sim xy$，从而

$$\lim_{(x,y)\to(0,2)}\frac{\tan xy}{x}=\lim_{(x,y)\to(0,2)}\frac{\tan xy}{xy}\cdot y=1\cdot 2=2.$$

(3) 由分母有理化，可知

$$\lim_{(x,y)\to(0,0)}\frac{x^2+y^2}{\sqrt{1+x^2+y^2}-1}=\lim_{(x,y)\to(0,0)}\frac{(x^2+y^2)(\sqrt{1+x^2+y^2}+1)}{x^2+y^2}$$
$$=\lim_{(x,y)\to(0,0)}(\sqrt{1+x^2+y^2}+1)=1+1=2.$$

(4) 由于当 $(x,y)\to(0,0)$ 时，x^2+y^2 为无穷小量，$\cos\dfrac{1}{x^2+y^2}$ 为有界变量，由无穷小量与有界变量之积为无穷小量，可知

$$\lim_{(x,y)\to(0,0)}(x^2+y^2)\cos\frac{1}{x^2+y^2}=0.$$

(5) 由于

$$0\leqslant\frac{x^2+y^2}{|x|+|y|}=\frac{x^2}{|x|+|y|}+\frac{y^2}{|x|+|y|}\leqslant\frac{x^2}{|x|}+\frac{y^2}{|y|}=|x|+|y|,$$

又 $\lim\limits_{(x,y)\to(0,0)}(|x|+|y|)=0$,所以由夹逼定理可知

$$\lim_{(x,y)\to(0,0)}\frac{x^2+y^2}{|x|+|y|}=0.$$

(6) 由于

$$\left|\frac{y^2}{x^2+y^2}\right|\leqslant 1,$$

而当$(x,y)\to(0,0)$时,有$x\to 0$,所以由有界变量与无穷小量之积为无穷小量,可知

$$\lim_{(x,y)\to(0,0)}\frac{xy^2}{x^2+y^2}=0.$$

(7) 点(x,y)沿着特殊路径$y=kx$趋于点$(0,0)$时,有

$$\lim_{\substack{(x,y)\to(0,0)\\ y=kx}}\frac{xy}{x^2+y^2}=\lim_{\substack{(x,y)\to(0,0)\\ y=kx}}\frac{kx^2}{x^2+k^2x^2}=\frac{k}{1+k^2},$$

可见,随着k取值的不同,极限结果将不同,因此函数$\dfrac{xy}{x^2+y^2}$在点$(0,0)$处极限不存在.

(8) 点(x,y)沿着特殊路径$y=kx^3$趋于点$(0,0)$时,有

$$\lim_{\substack{(x,y)\to(0,0)\\ y=kx^3}}\frac{x^3y}{x^6+y^2}=\lim_{\substack{(x,y)\to(0,0)\\ y=kx}}\frac{kx^6}{x^6+k^2x^6}=\frac{k}{1+k^2},$$

可见,随着k取值的不同,极限结果将不同,因此函数$\dfrac{x^3y}{x^6+y^2}$在点$(0,0)$处极限不存在.

分析 本题考察二元函数极限的求解.多元函数的极限运算法则与一元函数类似,二元函数的极限也具有局部有界性、局部保号性、多元初等函数在定义域内连续等性质;在运算中,夹逼定理、无穷小量与有界变量的乘积为无穷小量、等价无穷小量代换等方法也适用于多元函数的极限求解问题.

例3 讨论下列二元函数的连续性:

(1) $f(x,y)=\begin{cases}\dfrac{xy}{x^2+y^2}, & x^2+y^2\neq 0\\ 0, & x^2+y^2=0\end{cases}$;　　(2) $f(x,y)=\begin{cases}\dfrac{xy^2}{x^2+y^2}, & x^2+y^2\neq 0\\ 0, & x^2+y^2=0\end{cases}$.

解 (1) 当$x^2+y^2\neq 0$时,$f(x,y)=\dfrac{xy}{x^2+y^2}$为二元初等函数,因此函数在点$x^2+y^2\neq 0$处均连续;当$x^2+y^2=0$时,在点$(0,0)$,由于

$$\lim_{(x,y)\to(0,0)} f(x,y)=\lim_{(x,y)\to(0,0)} \frac{xy}{x^2+y^2},$$

由例 2(7) 可知，上述极限不存在，从而 $f(x,y)$ 在点(0,0) 处不连续，即点(0,0) 为 $f(x,y)$ 的间断点.

(2) 当 $x^2+y^2\neq 0$ 时，$f(x,y)=\dfrac{xy^2}{x^2+y^2}$ 为二元初等函数，因此函数在点 $x^2+y^2\neq 0$ 处均连续；当 $x^2+y^2=0$ 时，在点(0,0)，由例 2(6) 可知

$$\lim_{(x,y)\to(0,0)} f(x,y)=\lim_{(x,y)\to(0,0)} \frac{xy^2}{x^2+y^2}=0=f(0,0),$$

从而 $f(x,y)$ 在点(0,0) 处连续，故函数 $f(x,y)$ 在定义域内连续.

分析 本题讨论多元分段函数的连续性. 首先，多元初等函数在其定义域内均连续；进而，对于分段点，根据连续的定义，求解函数在该点的极限值，并判断该极限值是否等于该点的函数值，从而完成对多元分段函数连续性的讨论.

二、偏导数与全微分

例 4 求下列函数的偏导数：

(1) $u=xy+yz+xz$；

(2) $u=\sin(x^2+y^2+z^2)$；

(3) $z=e^{xy}+\ln xy^2$；

(4) $u=x^y+y^z+z^x$；

(5) $z=\arctan\dfrac{x-y}{x+y}$；

(6) $u=\sqrt{x^2+y^2+z^2}$；

(7) $z=\dfrac{2xy}{\sqrt{x^2+y^2}}$；

(8) $z=\ln(1+\sqrt{x}+\sqrt{y})$；

(9) $z=(1+\sin x^2)^y$；

(10) $z=\sin\dfrac{y}{x}+\cos\dfrac{x}{y}$.

解 (1) $\dfrac{\partial u}{\partial x}=y+z,\quad \dfrac{\partial u}{\partial y}=x+z,\quad \dfrac{\partial u}{\partial z}=y+x.$

(2) $$\frac{\partial u}{\partial x}=\cos(x^2+y^2+z^2)\cdot(x^2+y^2+z^2)'_x=2x\cos(x^2+y^2+z^2),$$

$$\frac{\partial u}{\partial y}=\cos(x^2+y^2+z^2)\cdot(x^2+y^2+z^2)'_y=2y\cos(x^2+y^2+z^2),$$

$$\frac{\partial u}{\partial z}=\cos(x^2+y^2+z^2)\cdot(x^2+y^2+z^2)'_z=2z\cos(x^2+y^2+z^2).$$

(3) $\dfrac{\partial z}{\partial x}=ye^{xy}+\dfrac{1}{xy^2}\cdot y^2=ye^{xy}+\dfrac{1}{x},\quad \dfrac{\partial z}{\partial y}=xe^{xy}+\dfrac{1}{xy^2}\cdot 2xy=xe^{xy}+\dfrac{2}{y}.$

(4) $\dfrac{\partial u}{\partial x}=yx^{y-1}+z^x\ln z,\quad \dfrac{\partial u}{\partial y}=x^y\ln x+zy^{z-1},\quad \dfrac{\partial u}{\partial z}=y^z\ln y+xz^{x-1}.$

(5) $$\frac{\partial z}{\partial x}=\frac{1}{1+\left(\frac{x-y}{x+y}\right)^2}\cdot\left(\frac{x-y}{x+y}\right)'_x=\frac{(x+y)^2}{2(x^2+y^2)}\cdot\frac{(x+y)-(x-y)}{(x+y)^2}=\frac{y}{x^2+y^2},$$

$$\frac{\partial z}{\partial y}=\frac{1}{1+\left(\frac{x-y}{x+y}\right)^2}\cdot\left(\frac{x-y}{x+y}\right)'_y=\frac{(x+y)^2}{2(x^2+y^2)}\cdot\frac{-(x+y)-(x-y)}{(x+y)^2}=\frac{-x}{x^2+y^2}.$$

(6) $\frac{\partial u}{\partial x}=\frac{x}{\sqrt{x^2+y^2+z^2}}$, $\frac{\partial u}{\partial y}=\frac{y}{\sqrt{x^2+y^2+z^2}}$, $\frac{\partial u}{\partial z}=\frac{z}{\sqrt{x^2+y^2+z^2}}$.

(7) $$\frac{\partial z}{\partial x}=\frac{2y\sqrt{x^2+y^2}-2xy\cdot\frac{x}{\sqrt{x^2+y^2}}}{x^2+y^2}=\frac{2y^3}{\sqrt{x^2+y^2}(x^2+y^2)},$$

$$\frac{\partial z}{\partial y}=\frac{2x\sqrt{x^2+y^2}-2xy\cdot\frac{y}{\sqrt{x^2+y^2}}}{x^2+y^2}=\frac{2x^3}{\sqrt{x^2+y^2}(x^2+y^2)}.$$

(8) $$\frac{\partial z}{\partial x}=\frac{1}{1+\sqrt{x}+\sqrt{y}}\cdot(1+\sqrt{x}+\sqrt{y})'_x=\frac{1}{1+\sqrt{x}+\sqrt{y}}\cdot\frac{1}{2\sqrt{x}}=\frac{1}{2x+2\sqrt{x}+2\sqrt{xy}},$$

$$\frac{\partial z}{\partial y}=\frac{1}{1+\sqrt{x}+\sqrt{y}}\cdot(1+\sqrt{x}+\sqrt{y})'_y=\frac{1}{1+\sqrt{x}+\sqrt{y}}\cdot\frac{1}{2\sqrt{y}}=\frac{1}{2y+2\sqrt{y}+2\sqrt{xy}}.$$

(9) $$\frac{\partial z}{\partial x}=y(1+\sin x^2)^{y-1}\cdot(1+\sin x^2)'=2xy\cos x^2(1+\sin x^2)^{y-1},$$

$$\frac{\partial z}{\partial y}=(1+\sin x^2)^y\cdot\ln(1+\sin x^2).$$

(10) $$\frac{\partial z}{\partial x}=\cos\frac{y}{x}\cdot\left(\frac{y}{x}\right)'_x-\sin\frac{x}{y}\cdot\left(\frac{x}{y}\right)'_x=-\frac{y}{x^2}\cdot\cos\frac{y}{x}-\frac{1}{y}\cdot\sin\frac{x}{y},$$

$$\frac{\partial z}{\partial y}=\cos\frac{y}{x}\cdot\left(\frac{y}{x}\right)'_y-\sin\frac{x}{y}\cdot\left(\frac{x}{y}\right)'_y=\frac{1}{x}\cdot\cos\frac{y}{x}+\frac{x}{y^2}\cdot\sin\frac{x}{y}.$$

例5 求下列函数在给定点的偏导数：

(1) $z=e^{-x}\sin(x+2y)$，求 $z'_x\left(0,\frac{\pi}{4}\right)$，$z'_y\left(0,\frac{\pi}{4}\right)$；

(2) $z=(x^2+y^2)e^{2xy}$，求 $z'_x(0,1)$，$z'_y(1,0)$；

(3) $z=xy\ln(x^2+y^2)$，求 $z'_x(1,-1)$，$z'_y(1,-1)$；

(4) $z=2xy^2+\cos(2x^2y)$，求 $z'_x(-1,1)$，$z'_y(-1,1)$；

(5) $z=(x+y)^{xy}$，求 $z'_x(1,1)$，$z'_y(1,1)$；

(6) $u=\ln(xy+xz+yz)$，求 $u'_x(0,1,2)$，$u'_y(0,1,2)$ 以及 $u'_z(0,1,2)$.

解 (1) $\frac{\partial z}{\partial x}=-e^{-x}\sin(x+2y)+e^{-x}\cos(x+2y)$，$\frac{\partial z}{\partial y}=2e^{-x}\cos(x+2y)$，从而

$$z'_x\left(0,\frac{\pi}{4}\right)=-\sin\frac{\pi}{2}+\cos\frac{\pi}{2}=-1,$$

$$z'_y\left(0,\frac{\pi}{4}\right)=2\cos\frac{\pi}{2}=0.$$

(2) $\frac{\partial z}{\partial x}=2x\mathrm{e}^{2xy}+2y(x^2+y^2)\mathrm{e}^{2xy}$，$\frac{\partial z}{\partial y}=2y\mathrm{e}^{2xy}+2x(x^2+y^2)\mathrm{e}^{2xy}$，从而

$$z_x'(0,1)=z_y'(1,0)=2.$$

(3) $\frac{\partial z}{\partial x}=y\ln(x^2+y^2)+xy\cdot\frac{2x}{x^2+y^2}$，$\frac{\partial z}{\partial y}=x\ln(x^2+y^2)+xy\cdot\frac{2y}{x^2+y^2}$，从而

$$z_x'(1,-1)=-\ln2-1,z_y'(1,-1)=\ln2+1.$$

(4) $\frac{\partial z}{\partial x}=2y^2-4xy\sin(2x^2y)$，$\frac{\partial z}{\partial y}=4xy-2x^2\sin(2x^2y)$，从而

$$z_x'(-1,1)=2+4\sin2.$$
$$z_y'(-1,1)=-4-2\sin2.$$

(5) $z=(x+y)^{xy}$ 为幂指函数，首先化为复合的指数函数，即 $z=\mathrm{e}^{xy\ln(x+y)}$，

$$\frac{\partial z}{\partial x}=\mathrm{e}^{xy\ln(x+y)}\left[y\ln(x+y)+\frac{xy}{x+y}\right],\frac{\partial z}{\partial y}=\mathrm{e}^{xy\ln(x+y)}\left[x\ln(x+y)+\frac{xy}{x+y}\right],$$

从而

$$z_x'(1,1)=z_y'(1,1)=2\ln2+1.$$

(6) $\frac{\partial u}{\partial x}=\frac{y+z}{xy+xz+yz}$，$\frac{\partial u}{\partial y}=\frac{x+z}{xy+xz+yz}$，$\frac{\partial u}{\partial z}=\frac{x+y}{xy+xz+yz}$，从而

$$u_x'(0,1,2)=\frac{3}{2},u_y'(0,1,2)=1,u_z'(0,1,2)=\frac{1}{2}.$$

分析 例4和例5都是对多元函数求偏导，根据偏导数的定义，关于哪个自变量求偏导，其余变量均被视为“常量”，然后根据一元复合函数求导法则及一元函数导数的四则运算法则进行求解，有几个自变量，多元函数就有几个相应的偏导数. 特别地，对于多元幂指函数(如例5(5))，需要先将幂指函数化为复合的指数函数，然后求偏导数.

例6 求下列函数的高阶偏导数：

(1) $z=2x^2y+3xy^2$，求$\frac{\partial^2 z}{\partial x^2}$，$\frac{\partial^2 z}{\partial y^2}$以及$\frac{\partial^2 z}{\partial x\partial y}$和$\frac{\partial^2 z}{\partial y\partial x}$；

(2) $z=x^2\sin(xy)+y^2\cos(xy)$，求$\frac{\partial^2 z}{\partial x^2}$，$\frac{\partial^2 z}{\partial y^2}$以及$\frac{\partial^2 z}{\partial x\partial y}$；

(3) $z=x^{\sin y}+y^{\sin x}$，求$\frac{\partial^2 z}{\partial x^2}$，$\frac{\partial^2 z}{\partial y^2}$以及$\frac{\partial^2 z}{\partial x\partial y}$；

(4) $z=(x+2y)\mathrm{e}^{x^2+y^2}$，求$\frac{\partial^2 z}{\partial x^2}$，$\frac{\partial^2 z}{\partial y^2}$以及$\frac{\partial^2 z}{\partial x\partial y}$.

解 (1) 由于$\frac{\partial z}{\partial x}=4xy+3y^2$，$\frac{\partial z}{\partial y}=2x^2+6xy$，所以

$$\frac{\partial^2 z}{\partial x^2}=4y,\frac{\partial^2 z}{\partial y^2}=6x,\frac{\partial^2 z}{\partial x\partial y}=4x+6y,\frac{\partial^2 z}{\partial y\partial x}=4x+6y.$$

(2) 由于

$$\frac{\partial z}{\partial x}=2x\sin(xy)+x^2y\cos(xy)-y^3\sin(xy),$$

$$\frac{\partial z}{\partial y}=x^3\cos(xy)+2y\cos(xy)-xy^2\sin(xy),$$

所以

$$\frac{\partial^2 z}{\partial x^2}=2\sin(xy)+4xy\cos(xy)-x^2y^2\sin(xy)-y^4\cos(xy),$$

$$\frac{\partial^2 z}{\partial y^2}=-x^4\sin(xy)+2\cos(xy)-4xy\sin(xy)-x^2y^2\cos(xy),$$

$$\frac{\partial^2 z}{\partial x\partial y}=3x^2\cos(xy)-x^3y\sin(xy)-3y^2\sin(xy)-xy^3\cos(xy).$$

(3) 由于

$$\frac{\partial z}{\partial x}=\sin y\cdot x^{\sin y-1}+y^{\sin x}\ln y\cdot\cos x,$$

$$\frac{\partial z}{\partial y}=\cos y\cdot x^{\sin y}\ln x+\sin x\cdot y^{\sin x-1},$$

所以

$$\frac{\partial^2 z}{\partial x^2}=\sin y(\sin y-1)x^{\sin y-2}+\ln y(\cos^2 x\cdot y^{\sin x}\ln y-y^{\sin x}\sin x),$$

$$\frac{\partial^2 z}{\partial y^2}=\ln x(\cos^2 y\cdot x^{\sin y}\ln x-\sin y\cdot x^{\sin y})+\sin x(\sin x-1)\cdot y^{\sin x-2},$$

$$\frac{\partial^2 z}{\partial x\partial y}=\frac{1}{x}(\cos y\cdot x^{\sin y}+\sin y\cos y x^{\sin y}\ln x)+\cos x y^{\sin x-1}(\sin x\ln y+1).$$

(4) 由于

$$\frac{\partial z}{\partial x}=e^{x^2+y^2}+(2x^2+4xy)e^{x^2+y^2}=(1+2x^2+4xy)e^{x^2+y^2},$$

$$\frac{\partial z}{\partial y}=2e^{x^2+y^2}+(2xy+4y^2)e^{x^2+y^2}=(2+2xy+4y^2)e^{x^2+y^2},$$

所以

$$\frac{\partial^2 z}{\partial x^2}=(6x+4y+4x^3+8x^2y)e^{x^2+y^2},$$

$$\frac{\partial^2 z}{\partial y^2}=(12y+2x+4xy^2+8y^3)e^{x^2+y^2},$$

$$\frac{\partial^2 z}{\partial x \partial y}=(2y+4x+4x^2y+8xy^2)e^{x^2+y^2}.$$

分析 在一阶偏导数的基础上，对于多元函数继续求偏导，便得到高阶偏导数. 需要注意的是，对于二元函数 $f(x,y)$ 的两个混合偏导数 $f''_{xy}(x,y)$ 和 $f''_{yx}(x,y)$，如果它们都在某个区域内连续，那么有 $f''_{xy}(x,y)=f''_{yx}(x,y)$，即在混合偏导数连续的情况下，求解结果与偏导次序无关(见本题(1)).

例 7 求下列复合函数的偏导数：

(1) $z=u^2\sin v$，其中 $u=x+y, v=xy$，求 $\frac{\partial z}{\partial x},\frac{\partial z}{\partial y}$；

(2) $z=\ln(u+v)$，其中 $u=x\sin y, v=x^2$，求 $\frac{\partial z}{\partial x},\frac{\partial z}{\partial y}$；

(3) $z=2u+v^2$，其中 $u=x^y, v=e^x$，求 $\frac{\partial z}{\partial x},\frac{\partial z}{\partial y}$；

(4) $z=\ln(x^2+y^2+u)$，其中 $u=\sin(xy)$，求 $\frac{\partial z}{\partial x},\frac{\partial z}{\partial y}$；

(5) $z=\sin(u+v), u=x^2, v=e^y$，求 $\frac{\partial z}{\partial x},\frac{\partial z}{\partial y}$.

解 (1)（方法一） 由复合函数求偏导的链式法则可知

$$\begin{aligned}\frac{\partial z}{\partial x}&=\frac{\partial z}{\partial u}\cdot\frac{\partial u}{\partial x}+\frac{\partial z}{\partial v}\cdot\frac{\partial v}{\partial x}=2u\sin v\cdot 1+u^2\cos v\cdot y\\&=2(x+y)\sin(xy)+y(x+y)^2\cos(xy),\end{aligned}$$

和

$$\begin{aligned}\frac{\partial z}{\partial y}&=\frac{\partial z}{\partial u}\cdot\frac{\partial u}{\partial y}+\frac{\partial z}{\partial v}\cdot\frac{\partial v}{\partial y}=2u\sin v\cdot 1+u^2\cos v\cdot x\\&=2(x+y)\sin(xy)+x(x+y)^2\cos(xy).\end{aligned}$$

（方法二） 将 $u=x+y, v=xy$ 代入 $z=u^2\sin v$，得 $z=(x+y)^2\sin(xy)$，从而

$$\frac{\partial z}{\partial x}=2(x+y)\sin(xy)+y(x+y)^2\cos(xy),$$

$$\frac{\partial z}{\partial y}=2(x+y)\sin(xy)+x(x+y)^2\cos(xy).$$

(2)（方法一） 由复合函数求偏导的链式法则可知

$$\frac{\partial z}{\partial x}=\frac{\partial z}{\partial u}\cdot\frac{\partial u}{\partial x}+\frac{\partial z}{\partial v}\cdot\frac{dv}{dx}=\frac{1}{u+v}\cdot\sin y+\frac{1}{u+v}\cdot 2x=\frac{\sin y+2x}{x\sin y+x^2},$$

和

$$\frac{\partial z}{\partial y}=\frac{\partial z}{\partial u}\cdot\frac{\partial u}{\partial y}=\frac{1}{u+v}x\cos y=\frac{x\cos y}{x\sin y+x^2}.$$

(方法二) 将 $u=x\sin y, v=x^2$ 代入 $z=\ln(u+v)$，得 $z=\ln(x\sin y+x^2)$，从而

$$\frac{\partial z}{\partial x}=\frac{\sin y+2x}{x\sin y+x^2}, \frac{\partial z}{\partial y}=\frac{x\cos y}{x\sin y+x^2}.$$

(3)(方法一) 由复合函数求偏导的链式法则可知

$$\frac{\partial z}{\partial x}=\frac{\partial z}{\partial u}\cdot\frac{\partial u}{\partial x}+\frac{\partial z}{\partial v}\cdot\frac{\mathrm{d}v}{\mathrm{d}x}=2\cdot yx^{y-1}+2v\cdot \mathrm{e}^x=2yx^{y-1}+2\mathrm{e}^{2x},$$

和

$$\frac{\partial z}{\partial y}=\frac{\partial z}{\partial u}\cdot\frac{\partial u}{\partial y}=2\cdot x^y\ln x=2x^y\ln x.$$

(方法二) 将 $u=x^y, v=\mathrm{e}^x$ 代入 $z=2u+v^2$，得 $z=2x^y+\mathrm{e}^{2x}$，从而

$$\frac{\partial z}{\partial x}=2yx^{y-1}+2\mathrm{e}^{2x}, \frac{\partial z}{\partial y}=2x^y\ln x.$$

(4)(方法一) 令 $z=\ln(x^2+y^2+u)=f(x,y,u)$，由复合函数求偏导的链式法则可知

$$\frac{\partial z}{\partial x}=\frac{\partial f}{\partial x}+\frac{\partial f}{\partial u}\cdot\frac{\partial u}{\partial x}=\frac{2x}{x^2+y^2+u}+\frac{1}{x^2+y^2+u}\cdot y\cos(xy)=\frac{2x+y\cos(xy)}{x^2+y^2+\sin(xy)},$$

和

$$\frac{\partial z}{\partial y}=\frac{\partial f}{\partial y}+\frac{\partial f}{\partial u}\cdot\frac{\partial u}{\partial y}=\frac{2y}{x^2+y^2+u}+\frac{1}{x^2+y^2+u}x\cos(xy)=\frac{2y+x\cos(xy)}{x^2+y^2+\sin(xy)}.$$

(方法二) 将 $u=\sin(xy)$ 代入 $z=\ln(x^2+y^2+u)$，得 $z=\ln[x^2+y^2+\sin(xy)]$，从而

$$\frac{\partial z}{\partial x}=\frac{2x+y\cos(xy)}{x^2+y^2+\sin(xy)}, \frac{\partial z}{\partial y}=\frac{2y+x\cos(xy)}{x^2+y^2+\sin(xy)}.$$

(5)(方法一) 由复合函数求偏导的链式法则可知

$$\frac{\partial z}{\partial x}=\frac{\partial z}{\partial u}\cdot\frac{\mathrm{d}u}{\mathrm{d}x}=\cos(u+v)\cdot 2x=2x\cos(x^2+\mathrm{e}^y),$$

和

$$\frac{\partial z}{\partial y}=\frac{\partial z}{\partial v}\cdot\frac{\mathrm{d}v}{\mathrm{d}y}=\cos(u+v)\cdot \mathrm{e}^y=\mathrm{e}^y\cos(x^2+\mathrm{e}^y).$$

(方法二) 将 $u=x^2, v=\mathrm{e}^y$ 代入 $z=\sin(u+v)$，得 $z=\sin(x^2+\mathrm{e}^y)$，从而

$$\frac{\partial z}{\partial x}=2x\cos(x^2+\mathrm{e}^y), \frac{\partial z}{\partial y}=\mathrm{e}^y\cos(x^2+\mathrm{e}^y).$$

分析 多元复合函数求偏导数有两种方法："链式法则"和"代入法". 在链式法则中，链式法则的公式可以通过画链式关系图给出，以本题(3)为例，因变量z与自变量x和y之间的关系如图7.16所示，链式法则的公式为：

$$\frac{\partial z}{\partial x}=\frac{\partial z}{\partial u}\cdot\frac{\partial u}{\partial x}+\frac{\partial z}{\partial v}\cdot\frac{\mathrm{d}v}{\mathrm{d}x},\quad \frac{\partial z}{\partial y}=\frac{\partial z}{\partial u}\cdot\frac{\partial u}{\partial y}.$$

可见，链式法则的公式有以下规律：因变量到自变量有几条"路径"，链式法则公式中就有几部分加和，路径内部有几个"阶段"，各阶段之间以乘号相连.

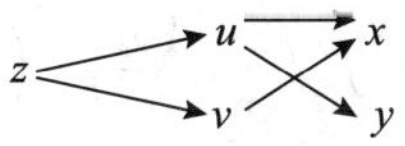

图 7.16

对于代入法，则将$u=u(x,y)$，$v=v(x,y)$直接代入外层函数$z=f(u,v)$中，得到函数$z=f[u(x,y),v(x,y)]$，进而根据偏导数的方法求解，对某个变量求偏导时，将其余变量视为常数，按照一元复合函数求导的链式法则和四则运算进行求解即可.

例 8 求下列抽象函数的偏导数和高阶偏导数：

(1) 设$z=f(u,v)$可微，求$z=f(2xy,\mathrm{e}^{x+y})$的偏导数$\frac{\partial z}{\partial x},\frac{\partial z}{\partial y}$；

(2) 设$z=f(u)$可微，且$u=x^2\ln(x+2y)$，求偏导数$\frac{\partial z}{\partial x},\frac{\partial z}{\partial y}$；

(3) 设$z=x^2f(\sin x,2x+y)$，其中$f(u,v)$可微，求偏导数$\frac{\partial z}{\partial x},\frac{\partial z}{\partial y}$；

(4) 设$z=f(u,v)$可微且有二阶连续偏导数，求$z=f\left(\frac{2y}{x},\frac{2x}{y}\right)$的偏导数$\frac{\partial^2 z}{\partial x^2},\frac{\partial^2 z}{\partial y^2}$以及$\frac{\partial^2 z}{\partial x\partial y}$.

解 (1) 由多元复合函数求偏导的链式法则可知，

$$\frac{\partial z}{\partial x}=f'_1(2xy,\mathrm{e}^{x+y})\cdot 2y+f'_2(2xy,\mathrm{e}^{x+y})\mathrm{e}^{x+y}=2yf'_1+\mathrm{e}^{x+y}f'_2,$$

$$\frac{\partial z}{\partial y}=f'_1(2xy,\mathrm{e}^{x+y})\cdot 2x+f'_2(2xy,\mathrm{e}^{x+y})\mathrm{e}^{x+y}=2xf'_1+\mathrm{e}^{x+y}f'_2.$$

(2) 由多元复合函数求偏导的链式法则可知，

$$\frac{\partial z}{\partial x}=f'(u)\cdot\frac{\partial u}{\partial x}=f'[x^2\ln(x+2y)]\left[2x\ln(x+2y)+\frac{x^2}{x+2y}\right],$$

$$\frac{\partial z}{\partial y}=f'(u)\cdot\frac{\partial u}{\partial y}=f'[x^2\ln(x+2y)]\left(\frac{2x^2}{x+2y}\right).$$

(3) 由多元复合函数求偏导的链式法则可知，

$$\frac{\partial z}{\partial x}=2xf(\sin x,2x+y)+x^2[f'_1(\sin x,2x+y)\cos x+2f'_2(\sin x,2x+y)]$$
$$=2xf+x^2(f'_1\cos x+2f'_2),$$
$$\frac{\partial z}{\partial y}=x^2f'_2(\sin x,2x+y)=x^2f'_2.$$

(4) 由多元复合函数求偏导的链式法则可知，

$$\frac{\partial z}{\partial x}=f'_1\left(\frac{2y}{x},\frac{2x}{y}\right)\cdot\left(-\frac{2y}{x^2}\right)+f'_2\left(\frac{2y}{x},\frac{2x}{y}\right)\cdot\frac{2}{y}=-\frac{2y}{x^2}f'_1+\frac{2}{y}f'_2,$$
$$\frac{\partial z}{\partial y}=f'_1\left(\frac{2y}{x},\frac{2x}{y}\right)\cdot\frac{2}{x}+f'_2\left(\frac{2y}{x},\frac{2x}{y}\right)\cdot\left(-\frac{2x}{y^2}\right)=\frac{2}{x}f'_1-\frac{2x}{y^2}f'_2,$$

从而

$$\frac{\partial^2 z}{\partial x^2}=\frac{4y}{x^3}f'_1-\frac{2y}{x^2}\left[f''_{11}\cdot\left(-\frac{2y}{x^2}\right)+f''_{12}\cdot\frac{2}{y}\right]+\frac{2}{y}\left[f''_{21}\cdot\left(-\frac{2y}{x^2}\right)+f''_{22}\cdot\frac{2}{y}\right].$$

由于 $z=f(u,v)$ 有二阶连续偏导数，因此 $f''_{12}=f''_{21}$，故

$$\frac{\partial^2 z}{\partial x^2}=\frac{4y}{x^3}f'_1+\frac{4y^2}{x^4}f''_{11}-\frac{8}{x^2}f''_{12}+\frac{4}{y^2}f''_{22}.$$

同理可得

$$\frac{\partial^2 z}{\partial y^2}=\frac{4}{x^2}f''_{11}-\frac{8}{y^2}f''_{12}+\frac{4x}{y^3}f'_2+\frac{4x^2}{y^4}f''_{22},$$

以及

$$\frac{\partial^2 z}{\partial x\partial y}=-\frac{2}{x^2}f'_1-\frac{4y}{x^3}f''_{11}+\frac{8}{xy}f''_{12}-\frac{2}{y^2}f'_2-\frac{4x}{y^3}f''_{22}.$$

分析 本题考察多元抽象函数的偏导数以及高阶偏导数.根据复合函数的链式法则，以本题(4)为例，$z=f\left(\frac{2y}{x},\frac{2x}{y}\right)$ 在求偏导数和高阶偏导数时，$f'_1\left(\frac{2y}{x},\frac{2x}{y}\right)$ 表示 $f(u,v)$ 中关于第一个变量 u 求偏导数，$f''_{11}\left(\frac{2y}{x},\frac{2x}{y}\right)$ 表示 $f'_1(u,v)$ 中关于第一个变量 u 求偏导数，其余偏导数和二阶偏导数都有类似含义.通常为书写方便，将 $f'_1\left(\frac{2y}{x},\frac{2x}{y}\right)$ 直接写为 f'_1，同理 f'_2，f''_{11} 和 f''_{22} 也是相应的简写形式.特别地，当 $z=f(u,v)$ 可微且有二阶连续偏导数时，意味着 $f''_{12}=f''_{21}$，因此可以合并同类项，进而简化最终结果.

例 9 求下列函数的全微分：

(1) $z=e^{\frac{y}{x}}$；　　(2) $z=\arctan(2x+y)$；

(3) $z=\arcsin\sqrt{xy}$；　　(4) $u=xy^2+yz^2+zx^2$；

(5) 已知 $z=\frac{y}{x}, x=2, y=3, \Delta x=0.1, \Delta y=-0.1$，求 $\mathrm{d}z$；

(6) 已知 $z=\sin(xy)+x\mathrm{e}^{-xy}$，求 $\mathrm{d}z\big|_{x=1,y=-1}$.

解 (1)（方法一，一阶全微分形式不变性） 根据 $\mathrm{d}z=\frac{\partial z}{\partial x}\mathrm{d}x+\frac{\partial z}{\partial y}\mathrm{d}y$，又

$$\frac{\partial z}{\partial x}=-\frac{y}{x^2}\mathrm{e}^{\frac{y}{x}},\quad \frac{\partial z}{\partial y}=\frac{1}{x}\mathrm{e}^{\frac{y}{x}},$$

从而

$$\mathrm{d}z=-\frac{y}{x^2}\mathrm{e}^{\frac{y}{x}}\mathrm{d}x+\frac{1}{x}\mathrm{e}^{\frac{y}{x}}\mathrm{d}y.$$

（方法二，微分的四则运算） $\mathrm{d}z=\mathrm{d}(\mathrm{e}^{\frac{y}{x}})=\mathrm{e}^{\frac{y}{x}}\mathrm{d}\left(\frac{y}{x}\right)$，又

$$\mathrm{d}\left(\frac{y}{x}\right)=\frac{x\mathrm{d}y-y\mathrm{d}x}{x^2}=-\frac{y}{x^2}\mathrm{d}x+\frac{1}{x}\mathrm{d}y,$$

从而

$$\mathrm{d}z=-\frac{y}{x^2}\mathrm{e}^{\frac{y}{x}}\mathrm{d}x+\frac{1}{x}\mathrm{e}^{\frac{y}{x}}\mathrm{d}y.$$

(2)（方法一，一阶全微分形式不变性） 根据 $\mathrm{d}z=\frac{\partial z}{\partial x}\mathrm{d}x+\frac{\partial z}{\partial y}\mathrm{d}y$，又

$$\frac{\partial z}{\partial x}=\frac{2}{1+(2x+y)^2},\quad \frac{\partial z}{\partial y}=\frac{1}{1+(2x+y)^2},$$

从而

$$\mathrm{d}z=\frac{2}{1+(2x+y)^2}\mathrm{d}x+\frac{1}{1+(2x+y)^2}\mathrm{d}y.$$

（方法二，微分的四则运算） $\mathrm{d}z=\mathrm{d}[\arctan(2x+y)]=\frac{1}{1+(2x+y)^2}\mathrm{d}(2x+y)$，又

$$\mathrm{d}(2x+y)=2\mathrm{d}x+\mathrm{d}y,$$

从而

$$\mathrm{d}z=\frac{2}{1+(2x+y)^2}\mathrm{d}x+\frac{1}{1+(2x+y)^2}\mathrm{d}y.$$

(3)（方法一，一阶全微分形式不变性） 根据 $\mathrm{d}z=\frac{\partial z}{\partial x}\mathrm{d}x+\frac{\partial z}{\partial y}\mathrm{d}y$，又

$$\frac{\partial z}{\partial x}=\frac{\sqrt{y}\cdot\frac{1}{2\sqrt{x}}}{\sqrt{1-xy}}=\frac{\sqrt{y}}{2\sqrt{x-x^2y}},\quad \frac{\partial z}{\partial y}=\frac{\sqrt{x}\cdot\frac{1}{2\sqrt{y}}}{\sqrt{1-xy}}=\frac{\sqrt{x}}{2\sqrt{y-xy^2}},$$

从而

$$\mathrm{d}z=\frac{\sqrt{y}}{2\sqrt{x-x^2y}}\mathrm{d}x+\frac{\sqrt{x}}{2\sqrt{y-xy^2}}\mathrm{d}y.$$

（方法二，微分的四则运算） $\mathrm{d}z=\mathrm{d}(\arcsin\sqrt{xy})=\frac{1}{\sqrt{1-xy}}\mathrm{d}(\sqrt{xy})$，又

$$\mathrm{d}(\sqrt{xy})=\sqrt{y}\,\mathrm{d}(\sqrt{x})+\sqrt{x}\,\mathrm{d}(\sqrt{y})=\frac{\sqrt{y}}{2\sqrt{x}}\mathrm{d}x+\frac{\sqrt{x}}{2\sqrt{y}}\mathrm{d}y,$$

从而

$$\mathrm{d}z=\frac{\sqrt{y}}{2\sqrt{x-x^2y}}\mathrm{d}x+\frac{\sqrt{x}}{2\sqrt{y-xy^2}}\mathrm{d}y.$$

(4)（方法一，一阶全微分形式不变性） 根据 $\mathrm{d}u=\frac{\partial u}{\partial x}\mathrm{d}x+\frac{\partial u}{\partial y}\mathrm{d}y+\frac{\partial u}{\partial z}\mathrm{d}z$，又

$$\frac{\partial u}{\partial x}=y^2+2xz,\quad \frac{\partial u}{\partial y}=2xy+z^2,\quad \frac{\partial u}{\partial z}=2yz+x^2,$$

从而

$$\mathrm{d}u=(y^2+2xz)\mathrm{d}x+(2xy+z^2)\mathrm{d}y+(2yz+x^2)\mathrm{d}z.$$

（方法二，微分的四则运算） 由于

$$\begin{aligned}\mathrm{d}u&=\mathrm{d}(xy^2)+\mathrm{d}(yz^2)+\mathrm{d}(zx^2)\\&=y^2\mathrm{d}x+x\,\mathrm{d}(y^2)+z^2\mathrm{d}y+y\,\mathrm{d}(z^2)+x^2\mathrm{d}z+z\,\mathrm{d}(x^2)\\&=y^2\mathrm{d}x+2xy\mathrm{d}y+z^2\mathrm{d}y+2yz\mathrm{d}z+x^2\mathrm{d}z+2xz\mathrm{d}x,\end{aligned}$$

所以

$$\mathrm{d}u=(y^2+2xz)\mathrm{d}x+(2xy+z^2)\mathrm{d}y+(2yz+x^2)\mathrm{d}z.$$

(5) 由于 $\mathrm{d}z=\frac{\partial z}{\partial x}\mathrm{d}x+\frac{\partial z}{\partial y}\mathrm{d}y=\frac{\partial z}{\partial x}\Delta x+\frac{\partial z}{\partial y}\Delta y$，又

$$\frac{\partial z}{\partial x}=-\frac{y}{x^2},\quad \frac{\partial z}{\partial y}=\frac{1}{x},$$

所以

$$\mathrm{d}z=-\frac{y}{x^2}\Delta x+\frac{1}{x}\Delta y=-\frac{3}{4}\times 0.1+\frac{1}{2}\times(-0.1)=-0.125.$$

(6) 由于

$$\begin{aligned}dz&=d[\sin(xy)+xe^{-xy}]=\cos(xy)d(xy)+e^{-xy}dx+xd(e^{-xy})\\&=\cos(xy)(ydx+xdy)+e^{-xy}dx+xe^{-xy}d(-xy)\\&=\cos(xy)(ydx+xdy)+e^{-xy}dx-xe^{-xy}(ydx+xdy)\\&=[y\cos(xy)+e^{-xy}-xye^{-xy}]dx+[x\cos(xy)-x^2e^{-xy}]dy,\end{aligned}$$

所以当 $x=1,y=-1$ 时,有

$$dz\,|_{x=1,y=-1}=(2e-\cos1)dx+(\cos1-e)dy.$$

分析 本题考察全微分的求解.计算全微分有两种方法:一种是"公式法",以二元函数 $z=f(x,y)$ 为例,由于 $dz=\frac{\partial z}{\partial x}dx+\frac{\partial z}{\partial y}dy$,因此可以通过求偏导数 $\frac{\partial z}{\partial x}$ 和 $\frac{\partial z}{\partial y}$ 来得到全微分 dz;另一种方法是根据"一阶全微分形式不变性",直接求 dz,此时需要根据微分的四则运算进行求解.在给定 x,y 的具体取值以及自变量的改变量 Δx 和 Δy 的取值时,可以具体得到全微分 dz 的数值(如本题(5)),在仅有 x,y 的具体取值时,可以得到 dz 关于 dx 和 dy 的表达式(如本题(6)).

例10 求下列隐函数的导数、偏导数及高阶偏导数:

(1) 设由方程 $\sin y=xy^2-e^x$ 确定的隐函数为 $y=f(x)$,求 $\frac{dy}{dx}$;

(2) 设 $y=f(x)$ 由方程 $x^y=y^x(x>0,y>0)$ 所确定,求 $\frac{dy}{dx}$;

(3) 设由方程 $x+2y+z=e^{x-y-z}$ 确定的隐函数为 $z=f(x,y)$,求 $\frac{\partial z}{\partial x},\frac{\partial z}{\partial y}$;

(4) 设 $z=f(x,y)$ 由方程 $z=\int_0^{\sqrt{xy}}e^{-t^2}dt$ 所确定,求 $\frac{\partial z}{\partial x},\frac{\partial z}{\partial y}$;

(5) 设由方程 $\frac{x}{z}=\ln\frac{z}{y}$ 确定的隐函数为 $z=f(x,y)$,求 $\frac{\partial^2 z}{\partial x\partial y}$;

(6) 设 $z=f(x,y)$ 由方程 $2z+y^2=\int_0^{x+y-z}\cos t^2dt$ 所确定,求 $\frac{\partial^2 z}{\partial x^2}$.

解 (1)(方法一,公式法) 设 $F(x,y)=\sin y-xy^2+e^x$,由于 $\frac{\partial F}{\partial x}=-y^2+e^x$,$\frac{\partial F}{\partial y}=\cos y-2xy$,因此

$$\frac{dy}{dx}=-\frac{\frac{\partial F}{\partial x}}{\frac{\partial F}{\partial y}}=\frac{y^2-e^x}{\cos y-2xy}.$$

(方法二,直接法) 对方程 $\sin y=xy^2-e^x$ 左右两边关于 x 求导,得

$$y'\cos y=y^2+2xyy'-e^x,$$

从而

$$\frac{dy}{dx}=y'=\frac{y^2-e^x}{\cos y-2xy}.$$

（方法三，微分法） 根据微分的四则运算，对方程两边求微分，得

$$d(\sin y)=d(xy^2)-d(e^x),$$

即

$$\cos y\,dy=y^2dx+xd(y^2)-de^x=y^2dx+x\cdot 2ydy-e^xdx.$$

从而

$$\frac{dy}{dx}=\frac{y^2-e^x}{\cos y-2xy}.$$

(2)（方法一，公式法） 设$F(x,y)=x^y-y^x$，由于$\frac{\partial F}{\partial x}=yx^{y-1}-y^x\ln y$，$\frac{\partial F}{\partial y}=x^y\ln x-xy^{x-1}$，所以

$$\frac{dy}{dx}=-\frac{\frac{\partial F}{\partial x}}{\frac{\partial F}{\partial y}}=\frac{y^x\ln y-yx^{y-1}}{x^y\ln x-xy^{x-1}}=\frac{xy\ln y-y^2}{xy\ln x-x^2}.$$

（方法二，直接法） 对$x^y=y^x$左右两边取对数，得方程$y\ln x=x\ln y$，对方程关于x求导，得

$$y'\ln x+\frac{y}{x}=\ln y+x\frac{y'}{y},$$

从而

$$\frac{dy}{dx}=y'=\frac{xy\ln y-y^2}{xy\ln x-x^2}.$$

（方法三，微分法） 对$x^y=y^x$左右两边取对数，得方程$y\ln x=x\ln y$，根据微分的四则运算，对方程两边求微分，得

$$d(y\ln x)=d(x\ln y),$$

即

$$\ln x\,dy+yd(\ln x)=\ln y\,dx+xd(\ln y),$$

进一步地，有

$$\ln x\,dy+\frac{y}{x}dx=\ln y\,dx+\frac{x}{y}dy,$$

从而

$$\frac{\mathrm{d}y}{\mathrm{d}x}=\frac{xy\ln y-y^2}{xy\ln x-x^2}.$$

(3)(方法一,公式法) 设$F(x,y,z)=x+2y+z-\mathrm{e}^{x-y-z}$,由于$\frac{\partial F}{\partial x}=1-\mathrm{e}^{x-y-z}$, $\frac{\partial F}{\partial y}=2+\mathrm{e}^{x-y-z}$,$\frac{\partial F}{\partial z}=1+\mathrm{e}^{x-y-z}$,所以

$$\frac{\partial z}{\partial x}=-\frac{\frac{\partial F}{\partial x}}{\frac{\partial F}{\partial z}}=\frac{\mathrm{e}^{x-y-z}-1}{1+\mathrm{e}^{x-y-z}},$$

$$\frac{\partial z}{\partial y}=-\frac{\frac{\partial F}{\partial y}}{\frac{\partial F}{\partial z}}=-\frac{\mathrm{e}^{x-y-z}+2}{1+\mathrm{e}^{x-y-z}}.$$

(方法二,直接法) 对方程$x+2y+z=\mathrm{e}^{x-y-z}$左右两边分别关于$x$和$y$求偏导,其中$z$是$x,y$的函数.

关于x求偏导,得

$$1+\frac{\partial z}{\partial x}=\mathrm{e}^{x-y-z}\left(1-\frac{\partial z}{\partial x}\right),$$

从而

$$\frac{\partial z}{\partial x}=\frac{\mathrm{e}^{x-y-z}-1}{1+\mathrm{e}^{x-y-z}},$$

关于y求偏导,得

$$2+\frac{\partial z}{\partial y}=\mathrm{e}^{x-y-z}\left(-1-\frac{\partial z}{\partial y}\right),$$

从而

$$\frac{\partial z}{\partial y}=-\frac{\mathrm{e}^{x-y-z}+2}{1+\mathrm{e}^{x-y-z}}.$$

(方法三,微分法) 根据微分的四则运算,对方程$x+2y+z=\mathrm{e}^{x-y-z}$两边求微分,得

$$\mathrm{d}x+2\mathrm{d}y+\mathrm{d}z=\mathrm{e}^{x-y-z}\mathrm{d}(x-y-z),$$

即

$$\mathrm{d}z=\frac{\mathrm{e}^{x-y-z}-1}{1+\mathrm{e}^{x-y-z}}\mathrm{d}x-\frac{\mathrm{e}^{x-y-z}+2}{1+\mathrm{e}^{x-y-z}}\mathrm{d}y,$$

由一阶全微分形式不变性可知

$$\frac{\partial z}{\partial x}=\frac{e^{x-y-z}-1}{1+e^{x-y-z}},\quad \frac{\partial z}{\partial y}=-\frac{e^{x-y-z}+2}{1+e^{x-y-z}}.$$

(4)(方法一,公式法) 设 $F(x,y,z)=z-\int_0^{\sqrt{xy}}e^{-t^2}dt$,由变限积分的求导公式可知,

$$\frac{\partial F}{\partial x}=-e^{-xy}\cdot(\sqrt{xy})'_x=-e^{-xy}\cdot\frac{\sqrt{y}}{2\sqrt{x}},$$

$$\frac{\partial F}{\partial y}=-e^{-xy}\cdot(\sqrt{xy})'_y=-e^{-xy}\cdot\frac{\sqrt{x}}{2\sqrt{y}},\quad \frac{\partial F}{\partial z}=1,$$

从而

$$\frac{\partial z}{\partial x}=-\frac{\frac{\partial F}{\partial x}}{\frac{\partial F}{\partial z}}=e^{-xy}\cdot\frac{\sqrt{y}}{2\sqrt{x}},$$

$$\frac{\partial z}{\partial y}=-\frac{\frac{\partial F}{\partial y}}{\frac{\partial F}{\partial z}}=e^{-xy}\cdot\frac{\sqrt{x}}{2\sqrt{y}}.$$

(方法二,直接法) 对方程 $z=\int_0^{\sqrt{xy}}e^{-t^2}dt$ 左右两边分别关于 x 和 y 求偏导,其中 z 是 x,y 的函数.

关于 x 求偏导,得

$$\frac{\partial z}{\partial x}=e^{-xy}\cdot(\sqrt{xy})'_x=e^{-xy}\cdot\frac{\sqrt{y}}{2\sqrt{x}},$$

关于 y 求偏导,得

$$\frac{\partial z}{\partial y}=e^{-xy}\cdot(\sqrt{xy})'_y=e^{-xy}\cdot\frac{\sqrt{x}}{2\sqrt{y}}.$$

(方法三,微分法) 根据微分的四则运算,对方程 $z=\int_0^{\sqrt{xy}}e^{-t^2}dt$ 两边求微分,得

$$dz=d\left(\int_0^{\sqrt{xy}}e^{-t^2}dt\right)=e^{-xy}d(\sqrt{xy}),$$

即

$$dz=e^{-xy}[\sqrt{y}\,d(\sqrt{x})+\sqrt{x}\,d(\sqrt{y})]=e^{-xy}\frac{\sqrt{y}}{2\sqrt{x}}dx+e^{-xy}\cdot\frac{\sqrt{x}}{2\sqrt{y}}dy.$$

由一阶全微分形式不变性可知

$$\frac{\partial z}{\partial x}=\mathrm{e}^{-xy}\cdot\frac{\sqrt{y}}{2\sqrt{x}},\quad \frac{\partial z}{\partial y}=\mathrm{e}^{-xy}\cdot\frac{\sqrt{x}}{2\sqrt{y}}.$$

(5)(方法一,公式法) 设 $F(x,y,z)=\frac{x}{z}-\ln\frac{z}{y}=\frac{x}{z}-\ln z+\ln y$,因$\frac{\partial F}{\partial x}=\frac{1}{z}$, $\frac{\partial F}{\partial y}=\frac{1}{y}$, $\frac{\partial F}{\partial z}=-\frac{x}{z^2}-\frac{1}{z}$,故

$$\frac{\partial z}{\partial x}=-\frac{\frac{\partial F}{\partial x}}{\frac{\partial F}{\partial z}}=\frac{z}{x+z},$$

$$\frac{\partial z}{\partial y}=-\frac{\frac{\partial F}{\partial y}}{\frac{\partial F}{\partial z}}=\frac{z^2}{xy+yz},$$

进一步地,根据导数的四则运算法则,有

$$\frac{\partial^2 z}{\partial x\partial y}=\frac{\frac{\partial z}{\partial y}(x+z)-z\cdot\frac{\partial z}{\partial y}}{(x+z)^2}=\frac{xz^2}{y(x+z)^3}.$$

(方法二,直接法) 对方程$\frac{x}{z}=\ln\frac{z}{y}$左右两边分别关于$x$和$y$求偏导,其中$z$是$x$,$y$的函数.

关于 x 求偏导,得

$$\frac{1}{z}-\frac{x}{z^2}\cdot\frac{\partial z}{\partial x}=\frac{1}{z}\cdot\frac{\partial z}{\partial x},$$

从而

$$\frac{\partial z}{\partial x}=\frac{z}{x+z}.$$

关于 y 求偏导,得

$$-\frac{x}{z^2}\cdot\frac{\partial z}{\partial y}=\frac{1}{z}\cdot\frac{\partial z}{\partial y}-\frac{1}{y},$$

从而

$$\frac{\partial z}{\partial y}=\frac{z^2}{xy+yz}.$$

进一步地,根据导数的四则运算法则,有

$$\frac{\partial^2 z}{\partial x \partial y}=\frac{\frac{\partial z}{\partial y}(x+z)-z \cdot \frac{\partial z}{\partial y}}{(x+z)^2}=\frac{x z^2}{y(x+z)^3}.$$

（方法三，微分法） 根据微分的四则运算，对方程$\frac{x}{z}=\ln \frac{z}{y}$两边求微分，得

$$\mathrm{d}\left(\frac{x}{z}\right)=\mathrm{d}(\ln z-\ln y),$$

即

$$\frac{1}{z} \mathrm{d} x+x \mathrm{d}\left(\frac{1}{z}\right)=\frac{1}{z} \mathrm{d} z-\frac{1}{y} \mathrm{d} y, \quad \frac{1}{z} \mathrm{d} x-\frac{x}{z^2} \mathrm{d} z=\frac{1}{z} \mathrm{d} z-\frac{1}{y} \mathrm{d} y,$$

从而

$$\mathrm{d} z=\frac{z}{x+z} \mathrm{d} x+\frac{z^2}{x y+y z} \mathrm{d} y.$$

由一阶全微分形式不变性可知

$$\frac{\partial z}{\partial x}=\frac{z}{x+z}, \quad \frac{\partial z}{\partial y}=\frac{z^2}{x y+y z}.$$

进一步地，由导数的四则运算法则，有

$$\frac{\partial^2 z}{\partial x \partial y}=\frac{\frac{\partial z}{\partial y}(x+z)-z \cdot \frac{\partial z}{\partial y}}{(x+z)^2}=\frac{x z^2}{y(x+z)^3}.$$

(6)（方法一，公式法） 设$F(x, y, z)=2 z+y^2-\int_0^{x+y-z} \cos t^2 \mathrm{d} t$，由变限积分的求导公式可知

$$\frac{\partial F}{\partial x}=-\cos(x+y-z)^2 \cdot(x+y-z)_x'=-\cos(x+y-z)^2,$$
$$\frac{\partial F}{\partial z}=2-\cos(x+y-z)^2 \cdot(x+y-z)_z'=2+\cos(x+y-z)^2,$$

从而

$$\frac{\partial z}{\partial x}=-\frac{\frac{\partial F}{\partial x}}{\frac{\partial F}{\partial z}}=\frac{\cos(x+y-z)^2}{2+\cos(x+y-z)^2}=1-\frac{2}{2+\cos(x+y-z)^2}.$$

进一步地，根据导数的四则运算法则，有

$$\frac{\partial^2 z}{\partial x^2}=\frac{-4(x+y-z)\sin(x+y-z)^2 \cdot\left(1-\frac{\partial z}{\partial x}\right)}{\left[2+\cos(x+y-z)^2\right]^2}$$

$$=\frac{-8(x+y-z)\sin(x+y-z)^2}{[2+\cos(x+y-z)^2]^3}.$$

（方法二，直接法） 对方程 $2z+y^2=\int_0^{x+y-z}\cos t^2\,\mathrm{d}t$ 左右两边关于 x 求导，其中 z 是 x，y 的函数，得

$$2\frac{\partial z}{\partial x}=\cos(x+y-z)^2\cdot\left(1-\frac{\partial z}{\partial x}\right),$$

从而

$$\frac{\partial z}{\partial x}=1-\frac{2}{2+\cos(x+y-z)^2}.$$

进一步地，根据导数的四则运算法则，有

$$\frac{\partial^2 z}{\partial x^2}=\frac{-8(x+y-z)\sin(x+y-z)^2}{[2+\cos(x+y-z)^2]^3}.$$

（方法三，微分法） 根据微分的四则运算，对方程 $2z+y^2=\int_0^{x+y-z}\cos t^2\,\mathrm{d}t$ 两边求微分，得

$$2\mathrm{d}z+2y\mathrm{d}y=\cos(x+y-z)^2\mathrm{d}(x+y-z),$$

即

$$\mathrm{d}z=\left[1-\frac{2}{2+\cos(x+y-z)^2}\right]\mathrm{d}x+\frac{\cos(x+y-z)^2-2y}{2+\cos(x+y-z)^2}\mathrm{d}y,$$

由一阶全微分形式不变性可知

$$\frac{\partial z}{\partial x}=1-\frac{2}{2+\cos(x+y-z)^2},$$

进一步地，根据导数的四则运算法则，有

$$\frac{\partial^2 z}{\partial x^2}=\frac{-8(x+y-z)\sin(x+y-z)^2}{[2+\cos(x+y-z)^2]^3}.$$

分析 本题为隐函数求导、偏导数问题，对此我们给出了三种方法：公式法、直接法和微分法. 在使用这三种方法时，需要注意如下几方面：

（Ⅰ）使用公式法时，首先将方程写为 $F(x,y,z)=0$（以本题(3)为例），利用公式 $\frac{\partial z}{\partial x}=-\frac{\frac{\partial F}{\partial x}}{\frac{\partial F}{\partial z}}$，$\frac{\partial z}{\partial y}=-\frac{\frac{\partial F}{\partial y}}{\frac{\partial F}{\partial z}}$，在求解 $\frac{\partial F}{\partial x}$，$\frac{\partial F}{\partial y}$，$\frac{\partial F}{\partial z}$ 时 x，y，z 之间彼此独立，即计算 $\frac{\partial F}{\partial x}$ 时，将 y，z 视为常

数，同理计算$\frac{\partial F}{\partial y}$和$\frac{\partial F}{\partial z}$时，将其余两个变量视为常数.

（Ⅱ）在采用直接法时，对方程等式左右两边分别关于x和y求偏导，此时，自变量x,y之间是相互独立的，但z是x,y的函数，用类似于一元函数隐函数的求导方法，求解$\frac{\partial z}{\partial x}$和$\frac{\partial z}{\partial y}$.

（Ⅲ）使用微分法进行求解时，在方程等式两边同时求微分，根据一阶微分形式不变性和微分的四则运算公式（以本题(3)为例）求解$\mathrm{d}z$，此时$\mathrm{d}x$和$\mathrm{d}y$的系数即为$\frac{\partial z}{\partial x}$和$\frac{\partial z}{\partial y}$.

此外，本题还涉及变限积分求导（本题(4)和(6)）以及高阶偏导数的求解. 要求熟练掌握变限积分的求导公式，并明确高阶偏导数是在一阶偏导数的基础上，根据导数的四则运算公式进行的计算.

例 11 计算下列各式的近似值：

(1) $\sqrt{1.01^2+0.99^2}$；　　(2) $1.02^{1.99}$；

(3) $5.01\mathrm{e}^{1.02}$；　　(4) $\sqrt{1.01^{0.99}+\ln 1.02}$.

解 (1) 设$f(x,y)=\sqrt{x^2+y^2}$，令$x=1,\Delta x=0.01,y=1,\Delta y=-0.01$，由

$$f(x+\Delta x,y+\Delta y)\approx f(x,y)+\frac{\partial f}{\partial x}\Delta x+\frac{\partial f}{\partial y}\Delta y=\sqrt{x^2+y^2}+\frac{x}{\sqrt{x^2+y^2}}\Delta x+\frac{y}{\sqrt{x^2+y^2}}\Delta y$$

可知

$$\sqrt{1.01^2+0.99^2}\approx\sqrt{1^2+1^2}+\frac{1}{\sqrt{1^2+1^2}}\times 0.01+\frac{1}{\sqrt{1^2+1^2}}\times(-0.01)=\sqrt{2}.$$

(2) 设$f(x,y)=x^y$，令$x=1,\Delta x=0.02,y=2,\Delta y=-0.01$，由

$$f(x+\Delta x,y+\Delta y)\approx f(x,y)+\frac{\partial f}{\partial x}\Delta x+\frac{\partial f}{\partial y}\Delta y=x^y+yx^{y-1}\Delta x+x^y\ln x\,\Delta y$$

可知

$$1.02^{1.99}\approx 1^2+2\times 1^1\times 0.02+1^2\times\ln 1\times(-0.01)=1.04.$$

(3) 设$f(x,y)=x\mathrm{e}^y$，令$x=5,\Delta x=0.01,y=1,\Delta y=0.02$，由

$$f(x+\Delta x,y+\Delta y)\approx f(x,y)+\frac{\partial f}{\partial x}\Delta x+\frac{\partial f}{\partial y}\Delta y=x\mathrm{e}^y+\mathrm{e}^y\Delta x+x\mathrm{e}^y\Delta y$$

可知

$$5.01\mathrm{e}^{1.02}\approx 5\mathrm{e}^1+\mathrm{e}^1\times 0.01+5\mathrm{e}^1\times 0.02=5.11\mathrm{e}\approx 13.89.$$

(4) 设$f(x,y,z)=\sqrt{x^y+\ln z}$，令$x=1,\Delta x=0.01,y=1,\Delta y=-0.01,z=1,\Delta z=0.02$，由

$$f(x+\Delta x,y+\Delta y,z+\Delta z)$$

$$\approx f(x,y,z)+\frac{\partial f}{\partial x}\Delta x+\frac{\partial f}{\partial y}\Delta y+\frac{\partial f}{\partial z}\Delta z$$

$$=\sqrt{x^y+\ln z}+\frac{yx^{y-1}}{2\sqrt{x^y+\ln z}}\Delta x+\frac{x^y\ln x}{2\sqrt{x^y+\ln z}}\Delta y+\frac{1}{2z\sqrt{x^y+\ln z}}\Delta z$$

可知

$$\sqrt{1.01^{0.99}+\ln 1.02}\approx\sqrt{1^1+\ln 1}+\frac{1}{2\sqrt{1^1+\ln 1}}\times 0.01+\frac{\ln 1}{2\sqrt{1^1+\ln 1}}\times(-0.01)$$

$$+\frac{1}{2\times 1\times\sqrt{1^1+\ln 1}}\times 0.02=1.015.$$

分析 本题考察全微分在近似计算中的应用.利用全微分做近似计算时,需要先写出函数的具体表达式,然后根据近似计算公式(以二元函数为例)

$$f(x+\Delta x,y+\Delta y)\approx f(x,y)+\frac{\partial f}{\partial x}\Delta x+\frac{\partial f}{\partial y}\Delta y$$

求解相应的偏导数$\frac{\partial f}{\partial x}$和$\frac{\partial f}{\partial y}$,最后代入$x$,$y$以及$\Delta x$和$\Delta y$的具体数值,计算相应结果.此外,本题(4)给出了三元函数的近似计算方法.

例 12 证明下列各题:

(1) 设$z=\frac{y^2}{3x}+f(xy)$,其中$f(u)$可导,证明:$x^2\frac{\partial z}{\partial x}+y^2=xy\frac{\partial z}{\partial y}$;

(2) 设$z=f(x,y)$由方程$x-az=f(y-bz)$所确定,其中$f(u)$具有连续导数,a,b是不全为零的常数,证明:$a\frac{\partial z}{\partial x}+b\frac{\partial z}{\partial y}=1$;

(3) 设$z=f(x,y)$由方程$f\left(\frac{y}{z},\frac{z}{x}\right)=0$所确定,$f$具有连续偏导数,并且$f'_v(u,v)\neq 0$,证明:$x\frac{\partial z}{\partial x}+y\frac{\partial z}{\partial y}=z$.

证明 (1) 由$z=\frac{y^2}{3x}+f(xy)$可知,$\frac{\partial z}{\partial x}=-\frac{y^2}{3x^2}+yf'(xy)$,$\frac{\partial z}{\partial y}=\frac{2y}{3x}+xf'(xy)$,从而等式左边

$$x^2\frac{\partial z}{\partial x}+y^2=x^2\left[-\frac{y^2}{3x^2}+yf'(xy)\right]+y^2=-\frac{y^2}{3}+x^2yf'(xy)+y^2=\frac{2y^2}{3}+x^2yf'(xy),$$

等式右边

$$xy\frac{\partial z}{\partial y}=xy\left[\frac{2y}{3x}+xf'(xy)\right]=\frac{2y^2}{3}+x^2yf'(xy),$$

因此等式得证.

(2) 令 $F(x,y,z)=x-az-f(y-bz)$,则$\frac{\partial F}{\partial x}=1,\frac{\partial F}{\partial y}=-f'(y-bz),\frac{\partial F}{\partial z}=-a+bf'(y-bz)$,从而

$$\frac{\partial z}{\partial x}=-\frac{\frac{\partial F}{\partial x}}{\frac{\partial F}{\partial z}}=\frac{1}{a-bf'(y-bz)},\quad \frac{\partial z}{\partial y}=-\frac{\frac{\partial F}{\partial y}}{\frac{\partial F}{\partial z}}=\frac{-f'(y-bz)}{a-bf'(y-bz)},$$

故

$$a\frac{\partial z}{\partial x}+b\frac{\partial z}{\partial y}=\frac{a}{a-bf'(y-bz)}+\frac{-bf'(y-bz)}{a-bf'(y-bz)}=1,$$

因此等式得证.

(3) 由方程 $f\left(\frac{y}{z},\frac{z}{x}\right)=0$ 且$f'_v(u,v)\neq 0$ 可知,

$$\frac{\partial f}{\partial x}=f'_2\left(\frac{y}{z},\frac{z}{x}\right)\cdot\left(-\frac{z}{x^2}\right),$$

$$\frac{\partial f}{\partial y}=f'_1\left(\frac{y}{z},\frac{z}{x}\right)\cdot\left(\frac{1}{z}\right),$$

$$\frac{\partial f}{\partial z}=f'_1\left(\frac{y}{z},\frac{z}{x}\right)\cdot\left(-\frac{y}{z^2}\right)+f'_2\left(\frac{y}{z},\frac{z}{x}\right)\cdot\frac{1}{x},$$

从而

$$\frac{\partial z}{\partial x}=-\frac{\frac{\partial f}{\partial x}}{\frac{\partial f}{\partial z}}=-\frac{f'_2\left(\frac{y}{z},\frac{z}{x}\right)\cdot\left(-\frac{z}{x^2}\right)}{f'_1\left(\frac{y}{z},\frac{z}{x}\right)\cdot\left(-\frac{y}{z^2}\right)+f'_2\left(\frac{y}{z},\frac{z}{x}\right)\cdot\frac{1}{x}}=\frac{f'_2\cdot\left(\frac{z}{x^2}\right)}{f'_1\cdot\left(-\frac{y}{z^2}\right)+f'_2\cdot\frac{1}{x}},$$

$$\frac{\partial z}{\partial y}=-\frac{\frac{\partial f}{\partial y}}{\frac{\partial f}{\partial z}}=-\frac{f'_1\left(\frac{y}{z},\frac{z}{x}\right)\cdot\left(\frac{1}{z}\right)}{f'_1\left(\frac{y}{z},\frac{z}{x}\right)\cdot\left(-\frac{y}{z^2}\right)+f'_2\left(\frac{y}{z},\frac{z}{x}\right)\cdot\frac{1}{x}}=-\frac{f'_1\cdot\left(\frac{1}{z}\right)}{f'_1\cdot\left(-\frac{y}{z^2}\right)+f'_2\cdot\frac{1}{x}},$$

故

$$x\frac{\partial z}{\partial x}+y\frac{\partial z}{\partial y}=\frac{x\cdot f'_2\cdot\left(\frac{z}{x^2}\right)-y\cdot f'_1\cdot\left(\frac{1}{z}\right)}{f'_1\cdot\left(-\frac{y}{z^2}\right)+f'_2\cdot\frac{1}{x}}=\frac{z\left[f'_1\left(-\frac{y}{z^2}\right)+f'_z\cdot\frac{1}{x}\right]}{f'_1\cdot\left(-\frac{y}{x^2}\right)+f'_2\cdot\frac{1}{x}}=z,$$

因此等式得证.

分析 本题以证明的形式考察偏导数的求解.由于要证明相应的等式成立,因此可以等式两边同时求解并化简(如本题(1)),也可以由复杂的一边向简单的一边进行推导(如本题(2),(3)).

三、极值与最值

例 13 求下列函数的极值，并判断是极大值还是极小值.

(1) $f(x,y)=x^3-y^3+3x^2+3y^2+9y-5$；

(2) $f(x,y)=e^{2x}(x+y^2+2y)$.

解 (1) 令 $f'_x(x,y)=3x^2+6x=0$，$f'_y(x,y)=-3y^2+6y+9=0$，解得 $x=0$ 或 -2，$y=3$ 或 -1，从而有四个驻点 $(0,3)$，$(0,-1)$，$(-2,3)$，$(-2,-1)$. 又

$$A=f''_{xx}(x,y)=6x+6, B=f''_{xy}(x,y)=0, C=f''_{yy}(x,y)=-6y+6.$$

对于驻点 $(0,3)$，$A=6$，$B=0$，$C=-12$，$B^2-AC=72>0$，故点 $(0,3)$ 不是函数 $f(x,y)$ 的极值点.

对于驻点 $(0,-1)$，$A=6$，$B=0$，$C=12$，$B^2-AC=-72<0$，又 $A>0$，故点 $(0,-1)$ 是函数 $f(x,y)$ 的极小值点，极小值 $f(0,-1)=-10$.

对于驻点 $(-2,3)$，$A=-6$，$B=0$，$C=-12$，$B^2-AC=-72<0$，又 $A<0$，故点 $(-2,3)$ 是函数 $f(x,y)$ 的极大值点，极大值 $f(-2,3)=26$.

对于驻点 $(-2,-1)$，$A=-6$，$B=0$，$C=12$，$B^2-AC=72>0$，故点 $(-2,-1)$ 不是函数 $f(x,y)$ 的极值点.

综上可知，$f(x,y)$ 在点 $(0,-1)$ 取极小值，且极小值为 -10；在点 $(-2,3)$ 取极大值，且极大值为 26.

(2) 令 $f'_x(x,y)=e^{2x}(2x+2y^2+4y+1)=0$，$f'_y(x,y)=e^{2x}(2y+2)=0$，解得 $x=\frac{1}{2}$，$y=-1$，从而有一个驻点 $\left(\frac{1}{2},-1\right)$. 又

$A=f''_{xx}(x,y)=4e^{2x}(x+y^2+2y+1)$，$B=f''_{xy}(x,y)=4e^{2x}(y+1)$，$C=f''_{yy}(x,y)=2e^{2x}$.

对于驻点 $\left(\frac{1}{2},-1\right)$，$A=2e$，$B=0$，$C=2e$，$B^2-AC=-4e^2<0$，又 $A>0$，故点 $\left(\frac{1}{2},-1\right)$ 是函数 $f(x,y)$ 的极小值点，极小值 $f\left(\frac{1}{2},-1\right)=-\frac{1}{2}e$.

综上可知，$f(x,y)$ 在点 $\left(\frac{1}{2},-1\right)$ 取极小值，且极小值为 $-\frac{1}{2}e$，无极大值.

分析 对于二元函数 $f(x,y)$ 求无条件极值时，其求解步骤如下：

(Ⅰ) 根据求极值的必要条件，解方程组

$$\begin{cases} f'_x(x,y)=0 \\ f'_y(x,y)=0 \end{cases},$$

得 $f(x,y)$ 的驻点，并得到使得一阶偏导数 $f'_x(x,y)$ 和 $f'_y(x,y)$ 不存在的点，这些点为函数 $f(x,y)$ 可能的极值点.

(Ⅱ) 根据极值存在的充分条件，对每一个可能的极值点 (x_0,y_0) 进行判别，首先求二阶偏导数 $f''_{xx}(x,y)$，$f''_{xy}(x,y)$ 以及 $f''_{yy}(x,y)$，记

$$A=f''_{xx}(x_0,y_0),B=f''_{xy}(x_0,y_0),C=f''_{yy}(x_0,y_0).$$

当 $B^2-AC<0$ 时，(x_0,y_0) 为函数 $f(x,y)$ 的极值点，且当 $A>0$ 时 (x_0,y_0) 为函数 $f(x,y)$ 的极小值点，当 $A<0$ 时 (x_0,y_0) 为函数 $f(x,y)$ 的极大值点.

当 $B^2-AC>0$ 时，(x_0,y_0) 不为函数 $f(x,y)$ 的极值点.

当 $B^2-AC=0$ 时，无法确定 (x_0,y_0) 是否为函数 $f(x,y)$ 的极值点.

例 14 求下列最值：

(1) $f(x,y)=x+xy-x^2-y^2$ 在由直线 $y=4x$，$x=1$，x 轴所围成的有界闭区域 D 上的最大值和最小值.

(2) $f(x,y)=x^2+y^2-2x+2y$ 在有界闭区域 $D=\{(x,y)\mid x^2+y^2\leqslant 4\}$ 上的最大值和最小值.

解 (1) 有界闭区域 D 如图 7.17 所示：

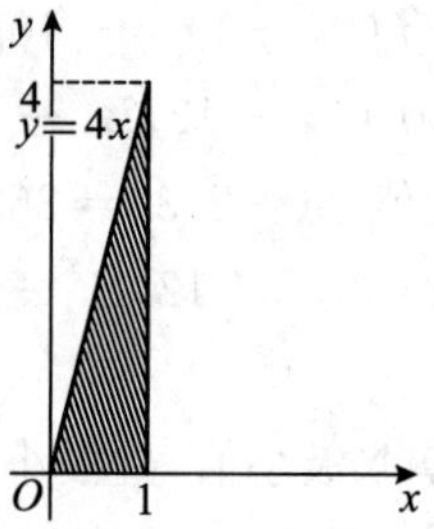

图 7.17

对于函数 $f(x,y)=x+xy-x^2-y^2$，令 $f'_x(x,y)=1+y-2x=0$，$f'_y(x,y)=x-2y=0$，解得 $x=\frac{2}{3}$，$y=\frac{1}{3}$，从而有一个驻点 $P_1\left(\frac{2}{3},\frac{1}{3}\right)$，且该驻点位于区域 D 内部. 进一步地，讨论函数在区域边界上的驻点.

在 x 轴上，有 $y=0$，此时 $f(x,0)=x-x^2$，令 $\frac{\mathrm{d}f(x,0)}{\mathrm{d}x}=1-2x=0$，有 $x=\frac{1}{2}$，$y=0$，得驻点 $P_2\left(\frac{1}{2},0\right)$.

在直线 $x=1$ 上，此时 $f(1,y)=y-y^2$，令 $\frac{\mathrm{d}f(1,y)}{\mathrm{d}y}=1-2y=0$，有 $x=1$，$y=\frac{1}{2}$，得驻点 $P_3\left(1,\frac{1}{2}\right)$.

在直线 $y=4x$ 上，此时 $f(x,4x)=x-13x^2$，令 $\frac{\mathrm{d}f(x,4x)}{\mathrm{d}x}=1-26x=0$，有 $x=\frac{1}{26}$，$y=\frac{2}{13}$，得驻点 $P_4\left(\frac{1}{26},\frac{2}{13}\right)$.

此外区域 D 的三个端点记为 $P_5(0,0)$，$P_6(1,0)$，$P_7(1,4)$.

$f(P_1)=f\left(\frac{2}{3},\frac{1}{3}\right)=\frac{1}{3}$，$f(P_2)=f\left(\frac{1}{2},0\right)=\frac{1}{4}$，$f(P_3)=f\left(1,\frac{1}{2}\right)=\frac{1}{4}$，$f(P_4)=$

$f\left(\frac{1}{26},\frac{2}{13}\right)=\frac{1}{52}, f(P_5)=f(0,0)=0, f(P_6)=f(1,0)=0, f(P_7)=f(1,4)=-12.$

综上可知，函数 $f(x,y)=x+xy-x^2-y^2$ 在有界闭区域 D 上的最大值为 $\frac{1}{3}$，最小值为 -12.

(2) 有界闭区域 D 如图 7.18 所示：

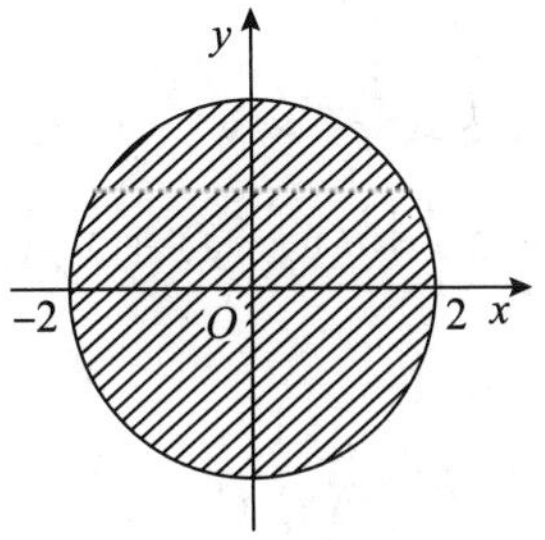

图 7.18

对于函数 $f(x,y)=x^2+y^2-2x+2y$，令 $f_x'(x,y)=2x-2=0, f_y'(x,y)=2y+2=0$，解得 $x=1, y=-1$，从而有一个驻点 $P_1(1,-1)$，且该驻点位于区域 D 的内部. 进一步地，讨论函数在区域边界上的驻点. 在区域 D 的边界上，有 $x^2+y^2=4$，此时构造拉格朗日函数，有

$$L(x,y,\lambda)=x^2+y^2-2x+2y+\lambda(x^2+y^2-4),$$

令

$$\begin{cases}\dfrac{\partial L(x,y,\lambda)}{\partial x}=2x-2+2\lambda x=0\\ \dfrac{\partial L(x,y,\lambda)}{\partial y}=2y+2+2\lambda y=0,\\ \dfrac{\partial L(x,y,\lambda)}{\partial \lambda}=x^2+y^2-4=0\end{cases}$$

有 $x=-y$，代入 $x^2+y^2-4=0$，得驻点 $P_2(\sqrt{2},-\sqrt{2}), P_3(-\sqrt{2},\sqrt{2})$.

$f(P_1)=f(1,-1)=-2, f(P_2)=f(\sqrt{2},-\sqrt{2})=4-4\sqrt{2}, f(P_3)=f(-\sqrt{2},\sqrt{2})=4+4\sqrt{2}$.

综上可知，函数 $f(x,y)=x^2+y^2-2x+2y$ 在有界闭区域 D 上的最大值为 $4+4\sqrt{2}$，最小值为 -2.

分析 本题考察二元函数在有界闭区域上最值的求解. 对于二元函数 $z=f(x,y)$ 在有界闭区域 D 上的最值，其求解步骤如下：

(Ⅰ) 对二元函数 $z=f(x,y)$，令

$$\begin{cases}f_x'(x,y)=0\\ f_y'(x,y)=0\end{cases},$$

得 $f(x,y)$ 的驻点，保留落在有界闭区域 D 内部的驻点，舍去落在有界闭区域 D 外部的驻点.

（Ⅱ）求二元函数 $z=f(x,y)$ 在有界闭区域边界上的驻点，此时有两种方法.

(a) 代入法. 如果由边界表达式可以直接得出自变量 x 与 y 之间的函数关系，比如 $y=g(x)$，那么将 $y=g(x)$ 代入 $z=f(x,y)$，二元函数化为一元函数 $z=f(x,g(x))$，令 $\frac{dz}{dx}=0$，求得驻点.

(b) 拉格朗日乘子法. 当边界表达式 $\varphi(x,y)=0$ 较为复杂时，可构造拉格朗日函数

$$L(x,y,\lambda)=f(x,y)+\lambda\varphi(x,y).$$

令

$$\begin{cases}\frac{\partial L(x,y,\lambda)}{\partial x}=0\\ \frac{\partial L(x,y,\lambda)}{\partial y}=0,\\ \frac{\partial L(x,y,\lambda)}{\partial \lambda}=0\end{cases}$$

解得相应驻点.

（Ⅲ）计算上述（Ⅰ）和（Ⅱ）中解得的驻点以及特殊边界（如果边界由折线围成，如本例中的(1)）的“角点”处的函数值，比较这些函数值的大小，最大的即为函数在闭区域 D 上的最大值，最小的即为函数在闭区域 D 上的最小值.

例 15 某公司投资甲、乙两个项目，已知收益 R 与投资额之间的关系为：

$$R=-x^2-2y^2-2xy+12x+16y+5,$$

其中 x 和 y（单位：百万元）分别是对甲、乙两个项目的投资额，求：

(1) 在资金总额不限的情况下的最优投资策略；

(2) 在资金总额不超过 5 百万元的情况下的最优投资策略.

解 (1) 令

$$\frac{\partial R}{\partial x}=-2x-2y+12=0,\quad \frac{\partial R}{\partial y}=-4y-2x+16=0,$$

解得 $x=4$，$y=2$，从而驻点为(4,2).

由于驻点唯一，故由问题的实际意义可知，当对甲、乙两个项目的投资额分别为 4 百万元和 2 百万元时，收益达到最大，且最大收益为 45 百万万元，即 4.5 千万元.

(2) 当投资总金额不超过 5 百万元时，最优投资策略为约束条件下的最值问题，即

$$R=-x^2-2y^2-2xy+12x+16y+5,$$

约束条件为

$$x+y\leqslant 5,x\geqslant 0,y\geqslant 0.$$

由(1) 可知,无约束的情况下的驻点(4,2) 不在上述约束集合的范围内.

当 $x=0$ 时,$R=-2y^2+16y+5$,令$\frac{\mathrm{d}R}{\mathrm{d}y}=-4y+16=0$,解得 $y=4$,得驻点(0,4).

当 $y=0$ 时,$R=-x^2+12x+5$,令$\frac{\mathrm{d}R}{\mathrm{d}x}=-2x+12=0$,解得 $x=6$,得驻点(6,0),该驻点不在约束集合内,从而舍去.

在直线 $x+y=5$ 上,可构造拉格朗日函数

$$L(x,y,\lambda)=-x^2-2y^2-2xy+12x+16y+5+\lambda(x+y-5),$$

令

$$\begin{cases}\dfrac{\partial L(x,y,\lambda)}{\partial x}=-2x-2y+12+\lambda=0\\ \dfrac{\partial L(x,y,\lambda)}{\partial y}=-4y-2x+16+\lambda=0,\\ \dfrac{\partial L(x,y,\lambda)}{\partial \lambda}=x+y-5=0\end{cases}$$

解得 $x=3,y=2$,从而驻点为(3,2).

进一步地,$R(0,4)=37,R(3,2)=44$,并且$R(0,5)=35,R(5,0)=40,R(0,0)=5$,从而可知在资金总额不超过 5 百万元的情况下,当对甲、乙两个项目的投资额分别为 3 百万元和 2 百万元时,收益达到最大,且最大收益为 44 百万元,即 4.4 千万元.

分析 例 15 为有实际应用背景的多元函数最值的求解.在无界范围内求最值时,根据驻点唯一,由问题的实际意义可知,所求驻点即为相应的最值点,如例 15(1);在有界闭区域内求最值时,可利用例 14 的方法进行求解,如例 15(2).

四、二重积分

例16 在直角坐标系下,将二重积分$\iint\limits_D f(x,y)\mathrm{d}x\mathrm{d}y$ 化为累次积分(写出两种积分次序),积分区域 D 分别如下:

(1) D 是由 $y=2x,y=2$ 以及 y 轴围成的区域;

(2) D 是由 $y=x,x=3$ 以及 x 轴围成的区域;

(3) D 是由 $y=\ln x,x=\mathrm{e}$ 以及 x 轴围成的区域;

(4) D 是由 $x^2+y^2-4x=0,x+y=4$ 以及 x 轴围成的区域.

解 (1) 积分区域 D 如图 7.19 所示:

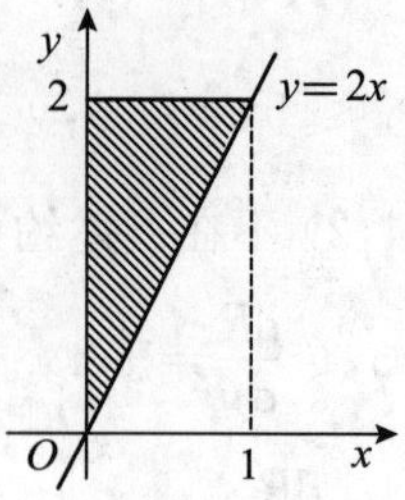

图 7.19

先对 y 后对 x 积分，即 X-型累次积分为

$$\iint\limits_D f(x,y)\,\mathrm{d}x\,\mathrm{d}y=\int_0^1\mathrm{d}x\int_{2x}^{2}f(x,y)\,\mathrm{d}y.$$

先对 x 后对 y 积分，即 Y-型累次积分为

$$\iint\limits_D f(x,y)\,\mathrm{d}x\,\mathrm{d}y=\int_0^2\mathrm{d}y\int_0^{\frac{y}{2}}f(x,y)\,\mathrm{d}x.$$

(2) 积分区域 D 如图 7.20 所示：

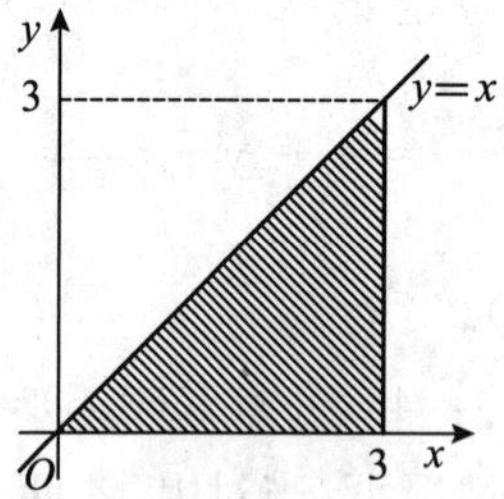

图 7.20

先对 y 后对 x 积分，即 X-型累次积分为

$$\iint\limits_D f(x,y)\,\mathrm{d}x\,\mathrm{d}y=\int_0^3\mathrm{d}x\int_0^{x}f(x,y)\,\mathrm{d}y.$$

先对 x 后对 y 积分，即 Y-型累次积分为

$$\iint\limits_D f(x,y)\,\mathrm{d}x\,\mathrm{d}y=\int_0^3\mathrm{d}y\int_y^{3}f(x,y)\,\mathrm{d}x.$$

(3) 积分区域 D 如图 7.21 所示：

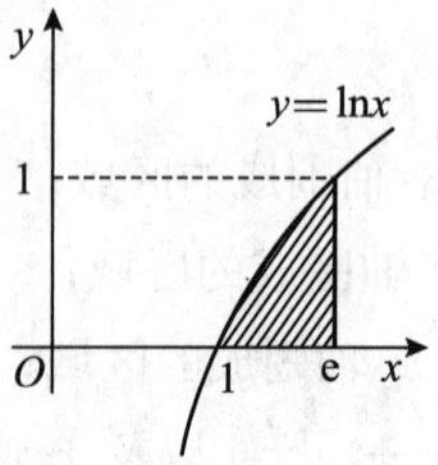

图 7.21

先对 y 后对 x 积分,即 X -型累次积分为

$$\iint\limits_D f(x,y)\mathrm{d}x\mathrm{d}y=\int_1^{\mathrm{e}}\mathrm{d}x\int_0^{\ln x}f(x,y)\mathrm{d}y.$$

先对 x 后对 y 积分,即 Y -型累次积分为

$$\iint\limits_D f(x,y)\mathrm{d}x\mathrm{d}y=\int_0^1\mathrm{d}y\int_{\mathrm{e}^y}^{\mathrm{e}}f(x,y)\mathrm{d}x.$$

(4) 积分区域 D 如图 7.22 所示:

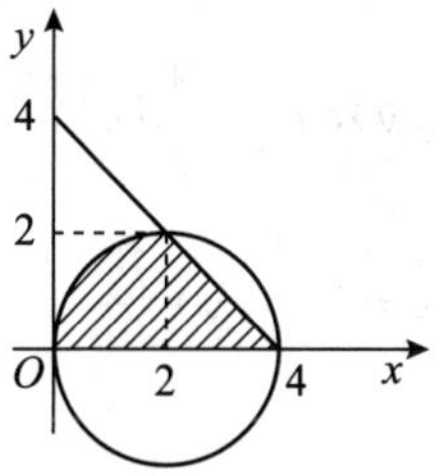

图 7.22

先对 y,后对 x 积分,即 X -型累次积分为

$$\iint\limits_D f(x,y)\mathrm{d}x\mathrm{d}y=\int_0^2\mathrm{d}x\int_0^{\sqrt{-x^2+4x}}f(x,y)\mathrm{d}y+\int_2^4\mathrm{d}x\int_0^{4-x}f(x,y)\mathrm{d}y.$$

先对 x 后对 y 积分,即 Y -型累次积分为

$$\iint\limits_D f(x,y)\mathrm{d}x\mathrm{d}y=\int_0^2\mathrm{d}y\int_{2-\sqrt{4-y^2}}^{4-y}f(x,y)\mathrm{d}x.$$

例 17 交换下列积分次序:

(1) $\int_0^2\mathrm{d}y\int_{\frac{y^2}{2}}^{y}f(x,y)\mathrm{d}x$;

(2) $\int_{-\frac{1}{2}}^{\frac{1}{2}}\mathrm{d}x\int_0^{\sqrt{1-x^2}}f(x,y)\mathrm{d}y$;

(3) $\int_0^1\mathrm{d}y\int_0^{y}f(x,y)\mathrm{d}x+\int_1^2\mathrm{d}y\int_0^{2-y}f(x,y)\mathrm{d}x$;

(4) $\int_0^1\mathrm{d}x\int_0^{x^2}f(x,y)\mathrm{d}y+\int_1^2\mathrm{d}x\int_0^{2-x}f(x,y)\mathrm{d}y$.

解 (1) 由累次积分可知积分区域 $D=\left\{(x,y)\mid 0\leqslant y\leqslant 2,\frac{y^2}{2}\leqslant x\leqslant y\right\}$ 如图 7.23 所示:

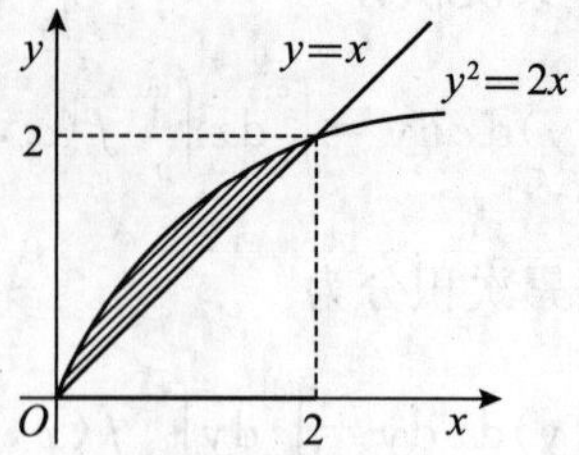

图 7.23

交换积分次序，得

$$\int_0^2 dy\int_{\frac{y^2}{2}}^{y} f(x,y)dx=\int_0^2 dx\int_x^{\sqrt{2x}} f(x,y)dy.$$

(2) 由累次积分可知积分区域 $D=\{(x,y)\mid -\frac{1}{2}\leqslant x\leqslant \frac{1}{2},0\leqslant y\leqslant \sqrt{1-x^2}\}$ 如图 7.24 所示：

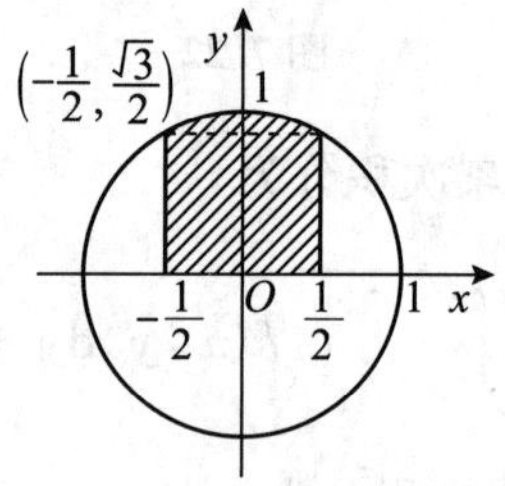

图 7.24

交换积分次序，得

$$\int_{-\frac{1}{2}}^{\frac{1}{2}} dx\int_0^{\sqrt{1-x^2}} f(x,y)dy=\int_0^{\frac{\sqrt{3}}{2}} dy\int_{-\frac{1}{2}}^{\frac{1}{2}} f(x,y)dx+\int_{\frac{\sqrt{3}}{2}}^{1} dy\int_{-\sqrt{1-y^2}}^{\sqrt{1-y^2}} f(x,y)dx.$$

(3) 由累次积分可知积分区域 D 包括两个部分 D_1 和 D_2，其中

$D_1=\{(x,y)\mid 0\leqslant y\leqslant 1,0\leqslant x\leqslant y\}$，$D_2=\{(x,y)\mid 1\leqslant y\leqslant 2,0\leqslant x\leqslant 2-y\}$，如图 7.25 所示：

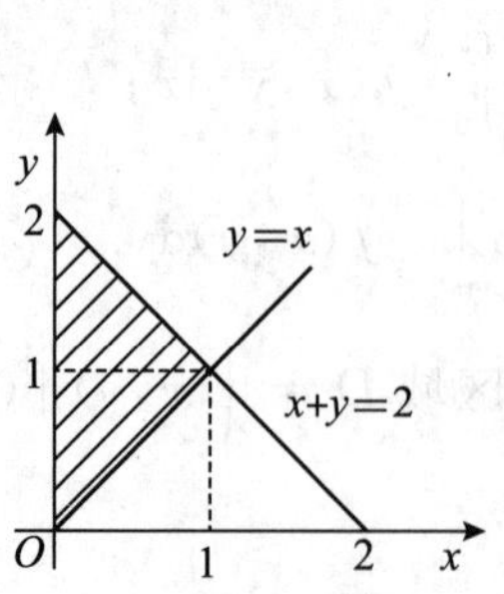

图 7.25

交换积分次序，得

$$\int_0^1 dy\int_0^y f(x,y)dx+\int_1^2 dy\int_0^{2-y} f(x,y)dx=\int_0^1 dx\int_x^{2-x} f(x,y)dy.$$

(4) 由累次积分可知积分区域 D 包括两个部分D_1 和D_2，其中

$D_1=\{(x,y)\mid 0\leqslant x\leqslant 1,0\leqslant y\leqslant x^2\}$，$D_2=\{(x,y)\mid 1\leqslant x\leqslant 2,0\leqslant y\leqslant 2-x\}$，如图 7.26 所示：

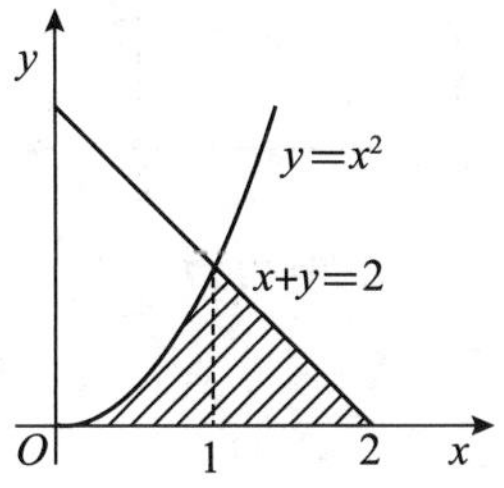

图 7.26

交换积分次序，得

$$\int_0^1 dx\int_0^{x^2} f(x,y)dy+\int_1^2 dx\int_0^{2-x} f(x,y)dy=\int_0^1 dy\int_{\sqrt{y}}^{2-y} f(x,y)dx.$$

分析 在直角坐标系下，例 16 为了给出二重积分的积分区域 D 的表达式，通过作图，将二重积分分别表述为 X-型累次积分和 Y-型累次积分；例 17 则是给出累次积分的形式，通过积分上下限，得到积分区域 D 的表达式，画出积分区域的图形，进而完成积分次序的交换，即 X-型累次积分化为 Y-型累次积分(如例 17(2)，(4)) 或 Y-型累次积分化为 X-型累次积分(如例 17(1)，(3))。通过这两个例题可以看出，根据积分区域的不同，有的二重积分用 X-型累次积分表述较为简便，有的则用 Y-型累次积分表述较为简便.

例 18 计算下列二重积分：

(1) $\iint\limits_D y e^{xy}\,dx\,dy$，$D=\{(x,y)\mid 0\leqslant x\leqslant 2,1\leqslant y\leqslant 3\}$；

(2) $\iint\limits_D e^{x^2}\,dx\,dy$，$D$ 是由 $y=x$，$y=x^3$ 所围成的区域在第一象限的部分；

(3) $\iint\limits_D (2x+5y)\,dx\,dy$，$D$ 是由 $y=x$，$y=2x$ 以及 $x=4$ 所围成的区域；

(4) $\iint\limits_D \frac{\sin x}{x}\,dx\,dy$，$D$ 是由 $y=x$，$y=x^2$ 所围成的区域；

(5) $\iint\limits_D \arctan\left(\frac{y}{x}\right)dx\,dy$，$D=\{(x,y)\mid 1\leqslant x^2+y^2\leqslant 4\}$；

(6) $\iint\limits_D \sin\sqrt{x^2+y^2}\,dx\,dy$，$D=\{(x,y)\mid \pi^2\leqslant x^2+y^2\leqslant 9\pi^2\}$.

解 (1) 积分区域 D 如图 7.27 所示：

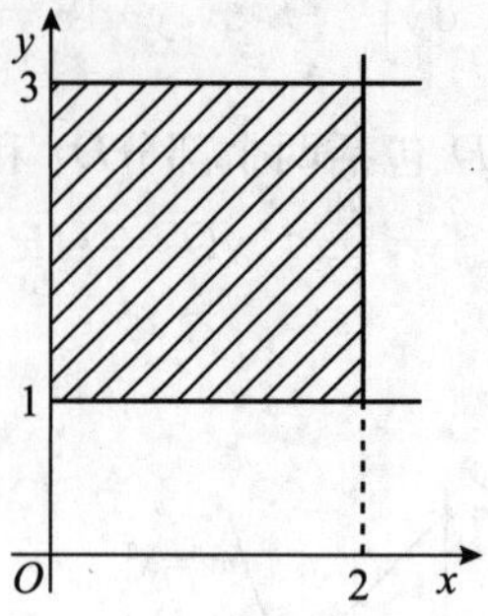

图 7.27

将二重积分化为 Y-型累次积分，有

$$\iint_D y e^{xy} dx dy = \int_1^3 dy \int_0^2 y e^{xy} dx = \int_1^3 \left[\int_0^2 e^{xy} d(xy) \right] dy$$

$$= \int_1^3 [e^{xy} \Big|_0^2] dy = \int_1^3 (e^{2y} - 1) dy = \frac{1}{2}(e^6 - e^2) - 2.$$

(2) 积分区域 D 如图 7.28 所示：

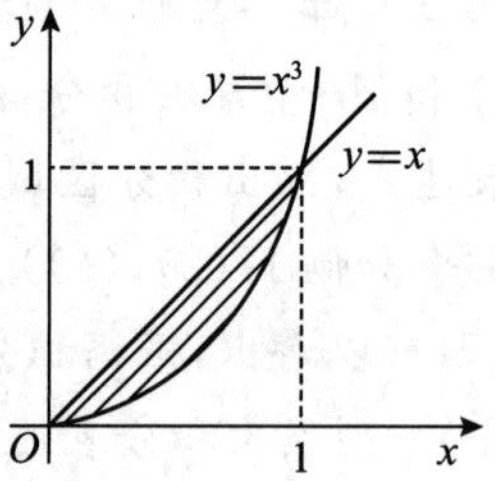

图 7.28

将二重积分化为 X-型累次积分，有

$$\iint_D e^{x^2} dx dy = \int_0^1 dx \int_{x^3}^{x} e^{x^2} dy = \int_0^1 (x e^{x^2} - x^3 e^{x^2}) dx$$

$$= \frac{1}{2}\int_0^1 e^{x^2} dx^2 - \frac{1}{2}\int_0^1 x^2 e^{x^2} dx^2$$

$$= \frac{1}{2} e^{x^2} \Big|_0^1 - \frac{1}{2}\int_0^1 t e^t dt$$

$$= \frac{1}{2}(e - 1) - \frac{1}{2} = \frac{e}{2} - 1.$$

(3) 积分区域 D 如图 7.29 所示：

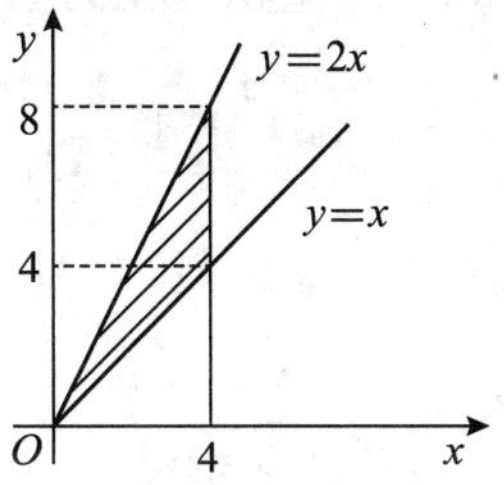

图 7.29

将二重积分化为 X -型累次积分，有

$$\begin{aligned}&\iint_D(2x+5y)\,\mathrm{d}x\,\mathrm{d}y\\&=\int_0^4\mathrm{d}x\int_x^{2x}(2x+5y)\,\mathrm{d}y=\int_0^4\left[\left(2xy+\frac{5}{2}y^2\right)\Big|_x^{2x}\right]\mathrm{d}x\\&=\int_0^4\frac{19}{2}x^2\,\mathrm{d}x=\frac{608}{3}.\end{aligned}$$

(4) 积分区域 D 如图 7.30 所示：

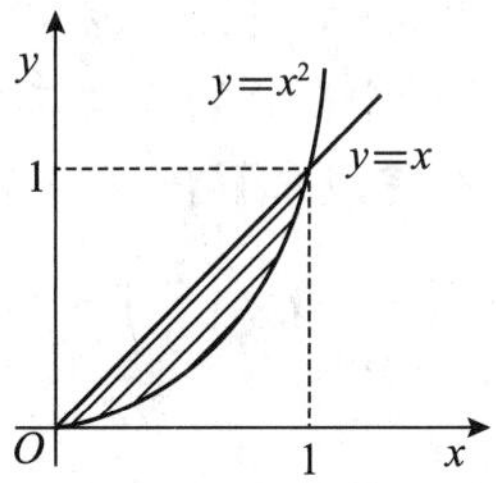

图 7.30

将二重积分化为 X -型累次积分，有

$$\iint_D\frac{\sin x}{x}\mathrm{d}x\,\mathrm{d}y=\int_0^1\mathrm{d}x\int_{x^2}^{x}\frac{\sin x}{x}\mathrm{d}y=\int_0^1(\sin x-x\sin x)\,\mathrm{d}x=1-\sin 1.$$

(5) 积分区域 D 如图 7.31 所示：

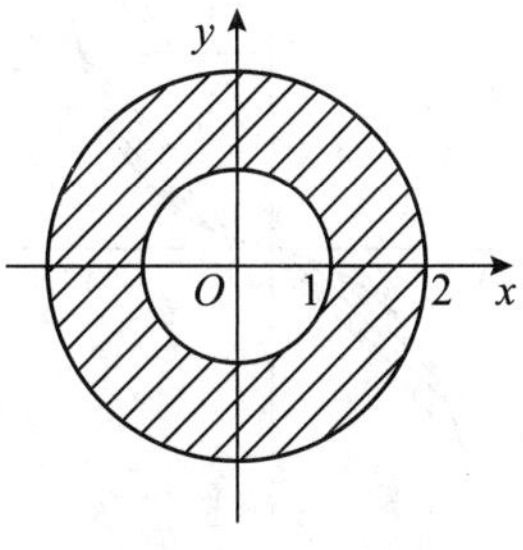

图 7.31

在极坐标系下，令 $x=r\cos\theta$，$y=r\sin\theta$，二重积分化为累次积分，有

$$\iint\limits_D \arctan\left(\frac{y}{x}\right)\mathrm{d}x\,\mathrm{d}y=\int_0^{2\pi}\mathrm{d}\theta\int_1^2 r\theta\,\mathrm{d}r=\int_0^{2\pi}\theta\,\mathrm{d}\theta\int_1^2 r\,\mathrm{d}r=3\pi^2.$$

(6) 积分区域 D 如图 7.32 所示：

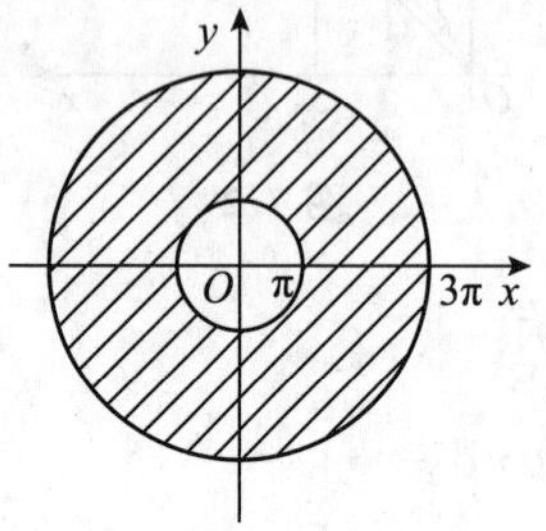

图 7.32

在极坐标系下，令 $x=r\cos\theta$，$y=r\sin\theta$，二重积分化为累次积分，有

$$\iint\limits_D \sin\sqrt{x^2+y^2}\,\mathrm{d}x\,\mathrm{d}y=\int_0^{2\pi}\mathrm{d}\theta\int_\pi^{3\pi} r\sin r\,\mathrm{d}r=-2\pi\int_\pi^{3\pi} r\,\mathrm{d}\cos r=4\pi^2.$$

分析 本题考察二重积分的计算.(1) 至(4) 为直角坐标系下二重积分的计算，在直角坐标系下，有些二重积分的计算既可化为 X-型累次积分也可化为 Y-型累次积分，如(1) 和(3)(读者可交换积分次序再次计算这两个题目)；有些二重积分由于被积函数找不到初等形式的原函数，从而只能用一种累次积分完成求解，如(2) 和(4).当积分区域 D 为圆或圆的一部分，而被积函数具有 $f(x^2+y^2)$，$f\left(\frac{y}{x}\right)$ 或 $f\left(\frac{x}{y}\right)$ 等形式时，应考虑用极坐标系进行二重积分的计算，如(5) 和(6).

例 19 用二重积分求由下列曲线所围成的平面区域的面积：

(1) 由 $y=x$ 和 $y=x^3$ 所围成的区域；

(2) 由 $y=\sin x$ 和 $y=\cos x$ 以及 y 轴 $\left(0\leqslant x\leqslant\frac{\pi}{4}\right)$ 所围成的区域；

(3) 由 $x^2+y^2=1$ 和 $x+y\geqslant 1$ 所围成的区域.

解 (1) 由 $y=x$ 和 $y=x^3$ 所围成的区域 D 如图 7.33 所示：

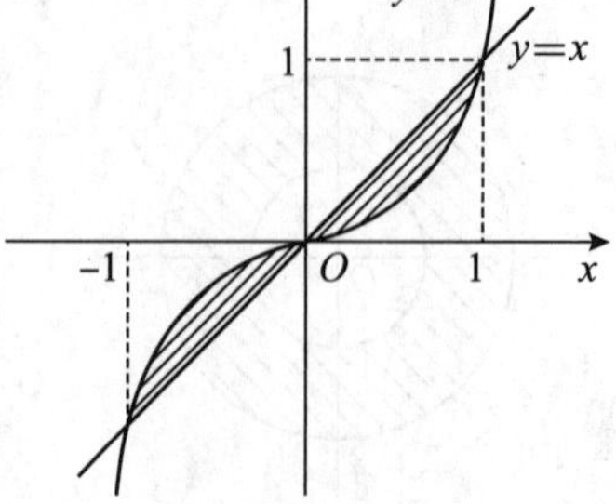

图 7.33

由于对称性，所求面积为

$$S=\iint_D \mathrm{d}\sigma=2\int_0^1 \mathrm{d}x\int_{x^3}^{x}\mathrm{d}y=2\int_0^1(x-x^3)\mathrm{d}x=\frac{1}{2}.$$

(2) 由 $y=\sin x$ 和 $y=\cos x$ 以及 y 轴 $\left(0\leqslant x\leqslant\frac{\pi}{4}\right)$ 所围成的区域 D 如图 7.34 所示：

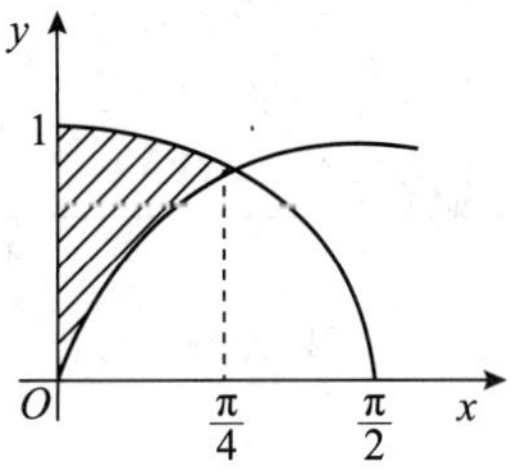

图 7.34

所求面积为

$$S=\iint_D \mathrm{d}\sigma=\int_0^{\frac{\pi}{4}}\mathrm{d}x\int_{\sin x}^{\cos x}\mathrm{d}y=\int_0^{\frac{\pi}{4}}(\cos x-\sin x)\mathrm{d}x=\sqrt{2}-1.$$

(3) 由 $x^2+y^2=1$ 和 $x+y\geqslant 1$ 所围成的区域 D 如图 7.35 所示：

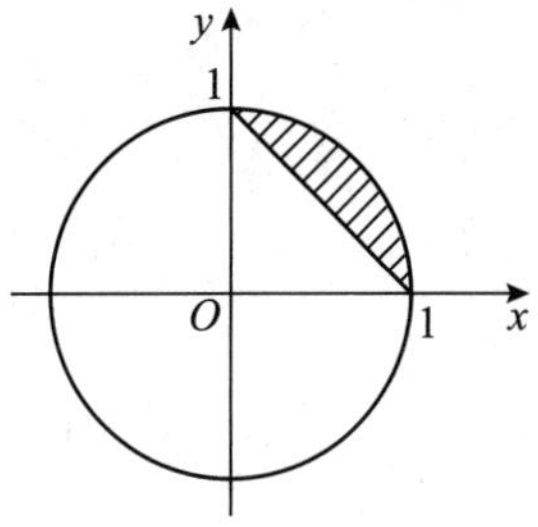

图 7.35

所求面积为

$$\begin{aligned}S&=\iint_D \mathrm{d}\sigma=\int_0^1\mathrm{d}x\int_{1-x}^{\sqrt{1-x^2}}\mathrm{d}y=\int_0^1(\sqrt{1-x^2}-1+x)\mathrm{d}x\\&=\int_0^1\sqrt{1-x^2}\,\mathrm{d}x+\int_0^1(x-1)\mathrm{d}x=\frac{\pi}{4}-\frac{1}{2}.\end{aligned}$$

分析 基于二重积分的性质：如果在区域 D 上 $f(x,y)=1$，σ 为区域 D 的面积，则 $\iint_D \mathrm{d}\sigma=\sigma$，二重积分可以用来求平面图形的面积.

例20 计算下列曲面所围立体的体积：

(1) $x=y^2$，$y=x^2$，$z=0$ 以及 $z=6+2y-x^2$；

(2) $x^2+y^2=1, x+y+z=2, z=0$.

解 (1) 各曲面围成的立体是以曲面 $z=6+2y-x^2$ 为顶，以积分区域 D(如图 7.36 所示) 为底的曲顶柱体：

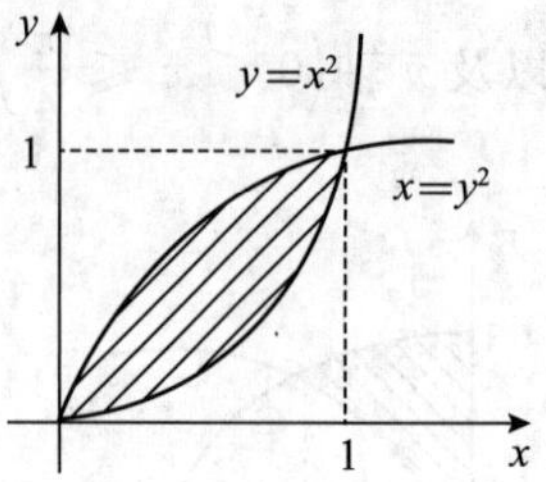

图 7.36

故所求体积为

$$
\begin{aligned}
V &= \iint_D (6+2y-x^2)\,dx\,dy \\
&= \int_0^1 dx \int_{x^2}^{\sqrt{x}} (6+2y-x^2)\,dy \\
&= \int_0^1 \left[(6y+y^2-x^2 y) \Big|_{x^2}^{\sqrt{x}} \right] dx \\
&= \int_0^1 (6\sqrt{x}+x-x^2\sqrt{x}-6x^2)\,dx \\
&= \left(4x^{\frac{3}{2}}+\frac{1}{2}x^2-\frac{2}{7}x^{\frac{7}{2}}-2x^3 \right) \Big|_0^1 \\
&= \frac{31}{14}.
\end{aligned}
$$

(2) 各曲面围成的立体是以曲面 $z=2-x-y$ 为顶，以积分区域 D(如图 7.37 所示) 为底的曲顶柱体：

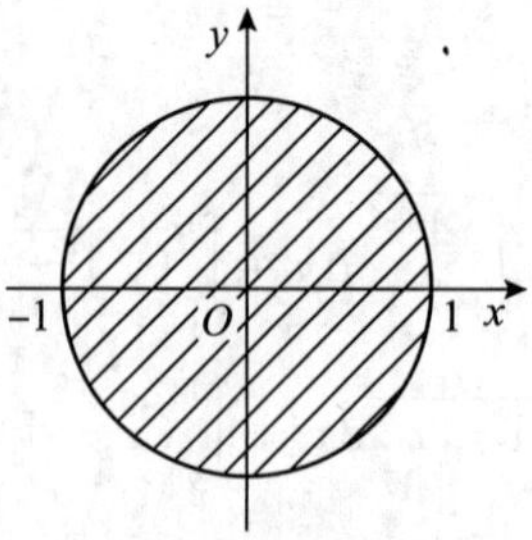

图 7.37

故所求体积为

$$\begin{aligned}V&=\iint_D(2-x-y)\mathrm{d}x\mathrm{d}y\\&=\int_{-1}^{1}\mathrm{d}x\int_{-\sqrt{1-x^2}}^{\sqrt{1-x^2}}(2-x-y)\mathrm{d}y\\&=\int_{-1}^{1}\left[\left(2y-xy-\frac{1}{2}y^2\right)\Big|_{-\sqrt{1-x^2}}^{\sqrt{1-x^2}}\right]\mathrm{d}x\\&=\int_{-1}^{1}(4\sqrt{1-x^2}-2x\sqrt{1-x^2})\mathrm{d}x\\&=8\int_0^1\sqrt{1-x^2}\mathrm{d}x=2\pi.\end{aligned}$$

分析 根据二重积分的几何意义，当 $f(x,y)\geqslant 0$ 时，二重积分 $\iint\limits_D f(x,y)\mathrm{d}x\mathrm{d}y$ 表示以 $z=f(x,y)$ 为顶，以区域 D 为底，母线平行于 z 轴的曲顶柱体. 因此，利用二重积分求体积时，需要确定被积函数 $f(x,y)$ 和位于 xOy 平面上的积分区域 D，进而有 $V=\iint\limits_D f(x,y)\mathrm{d}x\mathrm{d}y$.

模块五 考研真题举一反三

例21【2022 年数三】设函数 $f(t)$ 连续，令 $F(x,y)=\int_0^{x-y}(x-y-t)f(t)\mathrm{d}t$，则(　　).

(A) $\dfrac{\partial F}{\partial x}=\dfrac{\partial F}{\partial y}$，$\dfrac{\partial^2 F}{\partial x^2}=\dfrac{\partial^2 F}{\partial y^2}$　　(B) $\dfrac{\partial F}{\partial x}=\dfrac{\partial F}{\partial y}$，$\dfrac{\partial^2 F}{\partial x^2}=-\dfrac{\partial^2 F}{\partial y^2}$

(C) $\dfrac{\partial F}{\partial x}=-\dfrac{\partial F}{\partial y}$，$\dfrac{\partial^2 F}{\partial x^2}=\dfrac{\partial^2 F}{\partial y^2}$　　(D) $\dfrac{\partial F}{\partial x}=-\dfrac{\partial F}{\partial y}$，$\dfrac{\partial^2 F}{\partial x^2}=-\dfrac{\partial^2 F}{\partial y^2}$

答案：(C).

解 由于

$$F(x,y)=\int_0^{x-y}(x-y-t)f(t)\mathrm{d}t=(x-y)\int_0^{x-y}f(t)\mathrm{d}t-\int_0^{x-y}tf(t)\mathrm{d}t,$$

故

$$\frac{\partial F}{\partial x}=\int_0^{x-y}f(t)\mathrm{d}t+(x-y)f(x-y)-(x-y)f(x-y)=\int_0^{x-y}f(t)\mathrm{d}t,$$

$$\frac{\partial F}{\partial y}=-\int_0^{x-y}f(t)\mathrm{d}t-(x-y)f(x-y)+(x-y)f(x-y)=-\int_0^{x-y}f(t)\mathrm{d}t,$$

因此，$\dfrac{\partial F}{\partial x}=-\dfrac{\partial F}{\partial y}$. 进一步地，

$$\frac{\partial^2 F}{\partial x^2}=f(x-y),\frac{\partial^2 F}{\partial y^2}=f(x-y).$$

因此，$\frac{\partial^2 F}{\partial x^2}=\frac{\partial^2 F}{\partial y^2}$. 故答案选(C).

分析 本题为变限积分求导与多元函数偏导数求解相结合的题目，需要熟练掌握变限积分求导公式

$$\left[\int_{\alpha(x)}^{\beta(x)} f(t)\mathrm{d}t\right]'=f[\beta(x)]\beta'(x)-f[\alpha(x)]\alpha'(x),$$

并明确使用该公式前，需要将被积函数中的自变量提到积分符号外面，即被积函数只能是关于积分变量 t 的函数. 因此，本题首先将 $F(x,y)=\int_0^{x-y}(x-y-t)f(t)\mathrm{d}t$ 转化为 $(x-y)\int_0^{x-y}f(t)\mathrm{d}t-\int_0^{x-y}tf(t)\mathrm{d}t$，进而才能用变限积分的求导公式进行运算.

在对多元函数求偏导时，关于哪个自变量求偏导，就将其余变量视为常数. 因此，在 $\frac{\partial F}{\partial x}$ 的求解过程中，将变量 y 视为常数；同理，在 $\frac{\partial F}{\partial y}$ 的求解过程中，将变量 x 视为常数.

例22 【举一反三】设函数 $f(t)$ 可微，令 $F(x,y,z)=\int_0^{2x-y+3z}(x+y-z)f(t)\mathrm{d}t$，求 $\frac{\partial F}{\partial x}$，$\frac{\partial F}{\partial y}$，$\frac{\partial F}{\partial z}$ 以及 $\frac{\partial^2 F}{\partial x\partial y}$.

解 $F(x,y,z)=\int_0^{2x-y+3z}(x+y-z)f(t)\mathrm{d}t=(x+y-z)\int_0^{2x-y+3z}f(t)\mathrm{d}t$，从而

$$\frac{\partial F}{\partial x}=\int_0^{2x-y+3z}f(t)\mathrm{d}t+2(x+y-z)f(2x-y+3z),$$

$$\frac{\partial F}{\partial y}=\int_0^{2x-y+3z}f(t)\mathrm{d}t-(x+y-z)f(2x-y+3z),$$

$$\frac{\partial F}{\partial z}=-\int_0^{2x-y+3z}f(t)\mathrm{d}t+3(x+y-z)f(2x-y+3z),$$

进一步地，

$$\begin{aligned}\frac{\partial^2 F}{\partial x\partial y}&=-f(2x-y+3z)+2f(2x-y+3z)-2(x+y-z)f'(2x-y+3z)\\&=f(2x-y+3z)-2(x+y-z)f'(2x-y+3z).\end{aligned}$$

例23 【2022年数三】已知函数 $f(x)=\begin{cases}\mathrm{e}^x, & 0\leqslant x\leqslant 1\\0, & 其他\end{cases}$，则 $\int_{-\infty}^{+\infty}\mathrm{d}x\int_{-\infty}^{+\infty}f(x)f(y-x)\mathrm{d}y=$________.

答案： $(\mathrm{e}-1)^2$.

解 由于 $f(x)$ 为分段函数，且当 x 不在闭区间 $[0,1]$ 时，$f(x)=0$，因此二重积分的积分区域

$$D=\{(x,y)\mid 0\leqslant x\leqslant 1,0\leqslant y-x\leqslant 1\},$$

从而有

$$\begin{aligned}&\int_{-\infty}^{+\infty}\mathrm{d}x\int_{-\infty}^{+\infty}f(x)f(y-x)\mathrm{d}y\\&=\iint\limits_{D}\mathrm{e}^{x}\cdot \mathrm{e}^{y-x}\mathrm{d}x\mathrm{d}y=\int_{0}^{1}\left(\int_{x}^{1+x}\mathrm{e}^{y}\mathrm{d}y\right)\mathrm{d}x\\&=\int_{0}^{1}(\mathrm{e}^{1+x}-\mathrm{e}^{x})\mathrm{d}x=\int_{0}^{1}\mathrm{e}^{x}(\mathrm{e}-1)\mathrm{d}x\\&=(\mathrm{e}-1)\int_{0}^{1}\mathrm{e}^{x}\mathrm{d}x=(\mathrm{e}-1)^{2}.\end{aligned}$$

分析 本题考察二重积分的计算，但是在计算之前需要先确定被积函数的表达式. 根据分段函数 $f(x)$ 的描述，当 x 不在 $[0,1]$ 上时，函数 $f(x)=0$，因此确定被积函数 $f(x)$ 和 $f(y-x)$ 的表达式，同时也得到了二重积分的"有效"积分区域 D 的范围. 进而，根据二重积分在直角坐标系下的计算方法，得到该二重积分的值.

例24【举一反三】已知函数 $f(x)=\begin{cases}x, & 2\leqslant x\leqslant 4\\0, & 其他\end{cases}$，求 $\int_{-\infty}^{+\infty}\mathrm{d}x\int_{-\infty}^{+\infty}f(x)f(y)\mathrm{d}y$ 的值.

解 由分段函数 $f(x)$ 的表达式可知，二重积分的积分区域

$$D=\{(x,y)\mid 2\leqslant x\leqslant 4,2\leqslant y\leqslant 4\},$$

从而有

$$\int_{-\infty}^{+\infty}\mathrm{d}x\int_{-\infty}^{+\infty}f(x)f(y)\mathrm{d}y=\iint\limits_{D}xy\mathrm{d}x\mathrm{d}y=\int_{2}^{4}x\mathrm{d}x\int_{2}^{4}y\mathrm{d}y=36.$$

例25【2022 年数三】设某产品的产量 Q 由资本投入量 x 和劳动投入量 y 决定，生产函数为 $Q=12x^{\frac{1}{2}}y^{\frac{1}{6}}$，该产品的销售单价 P 与 Q 的关系为 $P=1\ 160-1.5Q$，若单位资本投入量和单位劳动投入量的价格分别为 6 和 8，求利润最大时的产量.

解 由题意可知，利润函数为

$$\begin{aligned}L&=PQ-6x-8y=(1\ 160-1.5Q)Q-6x-8y\\&=13\ 920x^{\frac{1}{2}}y^{\frac{1}{6}}-216xy^{\frac{1}{3}}-6x-8y,\end{aligned}$$

令

$$\begin{cases}L_x'=6\ 960x^{-\frac{1}{2}}y^{\frac{1}{6}}-216y^{\frac{1}{3}}-6=3y^{\frac{1}{3}}(2\ 320x^{-\frac{1}{2}}y^{-\frac{1}{6}}-72)-6=0\\L_y'=2\ 320x^{\frac{1}{2}}y^{-\frac{5}{6}}-72xy^{-\frac{2}{3}}-8=xy^{-\frac{2}{3}}(2\ 320x^{-\frac{1}{2}}y^{-\frac{1}{6}}-72)-8=0\end{cases},$$

得到驻点 $(256,64)$.

此时，$Q=12\cdot\sqrt{256}\cdot\sqrt[6]{64}=384$. 由于驻点唯一，故由问题的实际意义可知，当产量为

384 时，利润最大.

分析 本题考察多元函数的最值问题. 首先根据题意列出多元函数的表达式，通过偏导数得到驻点. 进而根据驻点的唯一性，且由问题的实际意义可知最大利润一定存在，从而该驻点即为利润最大化问题的最优解.

例26 【举一反三】某工厂生产甲、乙两种商品的总成本函数为 $C(x,y)=2x^2+xy+4y^2$，其中 x,y 分别为甲、乙两种商品的产量，假设商品供不应求，两种商品的市场价格函数分别为 $P_1=20-2x+y$，$P_2=12-y+2x$，求两种商品分别生产多少时工厂利润最大.

解 由题意可知，利润函数为

$$\begin{aligned}L=P_1x+P_2y-C(x,y)&=20x-2x^2+xy+12y-y^2+2xy-2x^2-xy-4y^2\\&=20x-4x^2+2xy+12y-5y^2,\end{aligned}$$

令

$$\begin{cases}L_x'=20-8x+2y=0\\L_y'=2x+12-10y=0\end{cases},$$

得到驻点 $\left(\frac{56}{19},\frac{34}{19}\right)$.

由于驻点唯一，故由问题的实际意义可知，当甲、乙商品的产量分别为 $\frac{56}{19}$，$\frac{34}{19}$ 时，工厂利润最大.

例27 【2022 年数三】已知平面区域 $D=\left\{(x,y)\mid y-2\leqslant x\leqslant\sqrt{4-y^2},0\leqslant y\leqslant 2\right\}$，计算

$$I=\iint_D\frac{(x-y)^2}{x^2+y^2}\mathrm{d}x\,\mathrm{d}y.$$

解 由题意可知积分区域如图 7.38 所示：

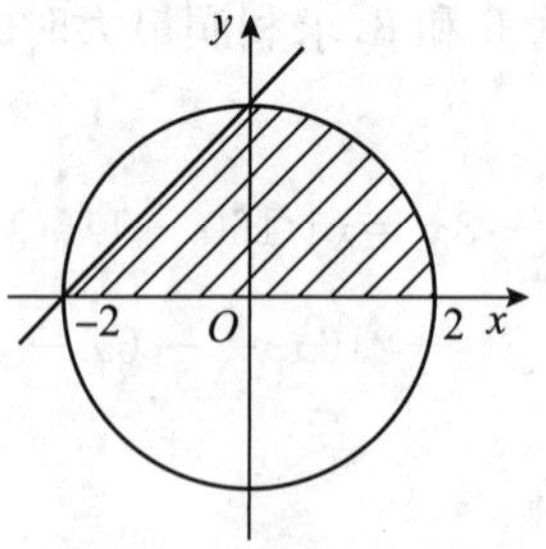

图 7.38

在极坐标系下，二重积分可写成如下形式

$$I=\iint_D\frac{(x-y)^2}{x^2+y^2}\mathrm{d}x\,\mathrm{d}y=\int_0^{\frac{\pi}{2}}(\cos\theta-\sin\theta)^2\mathrm{d}\theta\int_0^2 r\,\mathrm{d}r+\int_{\frac{\pi}{2}}^{\pi}(\cos\theta-\sin\theta)^2\mathrm{d}\theta\int_0^{\frac{2}{\sin\theta-\cos\theta}}r\,\mathrm{d}r$$

$$=2\int_0^{\frac{\pi}{2}}(1-2\sin\theta\cos\theta)\mathrm{d}\theta+2\int_{\frac{\pi}{2}}^{\pi}\mathrm{d}\theta=2(\theta-\sin^2\theta)\Big|_0^{\frac{\pi}{2}}+\pi=2\left(\frac{\pi}{2}-1\right)+\pi=2\pi-2.$$

分析 本题考察二重积分在极坐标系下的计算问题. 由于积分区域 D 为圆的一部分，被积函数含有 x^2+y^2，因此该二重积分在极坐标系下计算更为简便.

例28 【举一反三】已知平面区域 $D=D_1\cup D_2=\left\{(x,y)\middle|-\frac{\sqrt{2}}{2}\leqslant x\leqslant 0,-x\leqslant y\leqslant\sqrt{1-x^2}\right\}\cup\left\{(x,y)\middle|0\leqslant x\leqslant 1,0\leqslant y\leqslant\sqrt{1-x^2}\right\}$，计算

$$I=\iint_D\sin(x^2+y^2)\mathrm{d}x\mathrm{d}y.$$

解 由题意可知积分区域如图 7.39 所示：

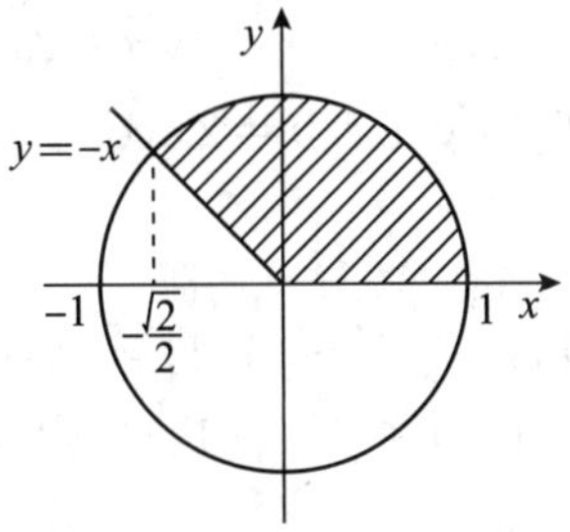

图 7.39

在极坐标系下，二重积分可写成如下形式

$$\begin{aligned}I&=\iint_D\sin(x^2+y^2)\mathrm{d}x\mathrm{d}y=\int_0^{\frac{3\pi}{4}}\mathrm{d}\theta\int_0^1\sin r^2\cdot r\mathrm{d}r\\&=\frac{3\pi}{8}\int_0^1\sin r^2\mathrm{d}r^2=-\frac{3\pi}{8}\cdot\cos r^2\Big|_0^1\\&=\frac{3\pi}{8}(1-\cos1).\end{aligned}$$

例29 【2021 年数三】设函数 $f(x,y)$ 可微，且 $f(x+1,\mathrm{e}^x)=x(x+1)^2$，$f(x,x^2)=2x^2\ln x$，则 $\mathrm{d}f(1,1)=(\quad)$.

(A) $\mathrm{d}x+\mathrm{d}y$　　(B) $\mathrm{d}x-\mathrm{d}y$　　(C) $\mathrm{d}y$　　(D) $-\mathrm{d}y$

答案:(C).

解 对等式 $f(x+1,\mathrm{e}^x)=x(x+1)^2$ 和 $f(x,x^2)=2x^2\ln x$ 左右两边分别关于 x 求导，得

$$f_1'(x+1,\mathrm{e}^x)+\mathrm{e}^xf_2'(x+1,\mathrm{e}^x)=(x+1)^2+2x(x+1),$$
$$f_1'(x,x^2)+2xf_2'(x,x^2)=4x\ln x+2x.$$

在第一个等式中令 $x=0$，得

$$f'_1(1,1)+f'_2(1,1)=1.$$

在第二个等式中令 $x=1$,得

$$f'_1(1,1)+2f'_2(1,1)=2.$$

从而可以解得 $f'_1(1,1)=0, f'_2(1,1)=1$,故

$$\mathrm{d}f(1,1)=f'_1(1,1)\mathrm{d}x+f'_2(1,1)\mathrm{d}y=\mathrm{d}y.$$

分析 本题考察二元函数在某一点处的全微分,根据全微分的公式以及多元复合函数求偏导的链式法则,通过特殊点代入的方式,联立解方程得到相应结果.

例30【举一反三】 设函数 $f(u,v)$ 可微,且 $f(xy,\mathrm{e}^{x+y})=\sin(2xy)+xy\mathrm{e}^{x+y}$,求 $f'_1(-1,1)$ 和 $f'_2(-1,1)$.

解 对函数 $f(xy,\mathrm{e}^{x+y})=\sin(2xy)+xy\mathrm{e}^{x+y}$ 左右两边关于 x 和 y 分别求偏导,有

$$f'_1(xy,\mathrm{e}^{x+y})y+\mathrm{e}^{x+y}f'_2(xy,\mathrm{e}^{x+y})=2y\cos(2xy)+y\mathrm{e}^{x+y}+xy\mathrm{e}^{x+y},$$
$$f'_1(xy,\mathrm{e}^{x+y})x+\mathrm{e}^{x+y}f'_2(xy,\mathrm{e}^{x+y})=2x\cos(2xy)+x\mathrm{e}^{x+y}+xy\mathrm{e}^{x+y},$$

令 $x=1,y=-1$,得

$$-f'_1(-1,1)+f'_2(-1,1)=-2\cos2-2,$$
$$f'_1(-1,1)+f'_2(-1,1)=2\cos2,$$

从而解得

$$f'_1(-1,1)=2\cos2+1,\ f'_2(-1,1)=-1.$$

例31【举一反三】 设函数 $f(u,v,w)$ 可微,且 $f(x+y,y+z,x+z)=z(x+y)^2+x(y+z)^2-y\ln(x+z)$,求 $\mathrm{d}f(2,2,2)$.

解 对函数 $f(x+y,y+z,x+z)=z(x+y)^2+x(y+z)^2-y\ln(x+z)$ 左右两边关于 x,y 和 z 分别求偏导,有

$$f'_1+f'_3=2z(x+y)+(y+z)^2-\frac{y}{x+z},$$
$$f'_1+f'_2=2z(x+y)+2x(y+z)-\ln(x+z),$$
$$f'_2+f'_3=(x+y)^2+2x(y+z)-\frac{y}{x+z},$$

令 $x=1,y=1,z=1$,得

$$f'_1(2,2,2)+f'_3(2,2,2)=\frac{15}{2},$$
$$f'_1(2,2,2)+f'_2(2,2,2)=8-\ln2,$$
$$f'_2(2,2,2)+f'_3(2,2,2)=\frac{15}{2},$$

从而解得

$$f'_1(2,2,2)=\frac{8-\ln2}{2},f'_2(2,2,2)=\frac{8-\ln2}{2},f'_3(2,2,2)=\frac{7+\ln2}{2},$$

因此

$$\mathrm{d}f(2,2,2)=\frac{8-\ln2}{2}\mathrm{d}x+\frac{8-\ln2}{2}\mathrm{d}y+\frac{7+\ln2}{2}\mathrm{d}z.$$

例32【2021年数三】求函数 $f(x,y)=2\ln|x|+\dfrac{(x-1)^2+y^2}{2x^2}$ 的极值.

解 令

$$f'_x(x,y)=\frac{2x^2+x-1-y^2}{x^3}=0,$$

$$f'_y(x,y)=\frac{y}{x^2}=0,$$

从而解得驻点为$(-1,0)$和$\left(\dfrac{1}{2},0\right)$.进一步地,

$$A=f''_{xx}(x,y)=\frac{-2x^2-2x+3+3y^2}{x^4},B=f''_{xy}(x,y)=\frac{-2y}{x^3},C=f''_{yy}(x,y)=\frac{1}{x^2}.$$

对于驻点$(-1,0)$,有 $A=3,B=0,C=1,B^2-AC=-3<0,A>0$,从而 $f(x,y)$ 在点$(-1,0)$处取得极小值,且极小值为 $f(-1,0)=2$;对于驻点$\left(\dfrac{1}{2},0\right)$,有 $A=24,B=0,C=4,B^2-AC=-96<0,A>0$,从而 $f(x,y)$ 在点$\left(\dfrac{1}{2},0\right)$处取得极小值,且极小值为 $f\left(\dfrac{1}{2},0\right)=\dfrac{1}{2}-2\ln2.$

例33【举一反三】求函数 $f(x,y)=\mathrm{e}^{x+y}(x^2-2y^2)$ 的极值.

解 令

$$f'_x(x,y)=\mathrm{e}^{x+y}(x^2-2y^2+2x)=0,$$
$$f'_y(x,y)=\mathrm{e}^{x+y}(x^2-2y^2-4y)=0,$$

从而 $x=-2y$,由于 $x^2-2y^2+2x=0$,解得驻点为$(0,0)$,$(-4,2)$.进一步地,

$$A=f''_{xx}(x,y)=\mathrm{e}^{x+y}(x^2-2y^2+4x+2),$$
$$B=f''_{xy}(x,y)=\mathrm{e}^{x+y}(x^2-2y^2+2x-4y),$$
$$C=f''_{yy}(x,y)=\mathrm{e}^{x+y}(x^2-2y^2-8y-4).$$

对于驻点$(0,0)$,有 $A=2,B=0,C=-4,B^2-AC=8>0$,从而点$(0,0)$不是 $f(x,y)$ 的极值点;对于驻点$(-4,2)$,有 $A=-6\mathrm{e}^{-2},B=-8\mathrm{e}^{-2},C=-12\mathrm{e}^{-2},B^2-AC=-8\mathrm{e}^{-4}<0,A<0$,从而 $f(x,y)$ 在点$(-4,2)$处取得极大值,且极大值为 $f(-4,2)=8\mathrm{e}^{-2}$.

例34【2021年数三】设有界区域 D 是 $x^2+y^2=1$ 和直线 $y=x$ 及 x 轴在第一象限围

成的部分,计算二重积分 $I=\iint\limits_D e^{(x+y)^2}(x^2-y^2)\mathrm{d}x\mathrm{d}y$.

解 积分区域 D 如图 7.40 所示:

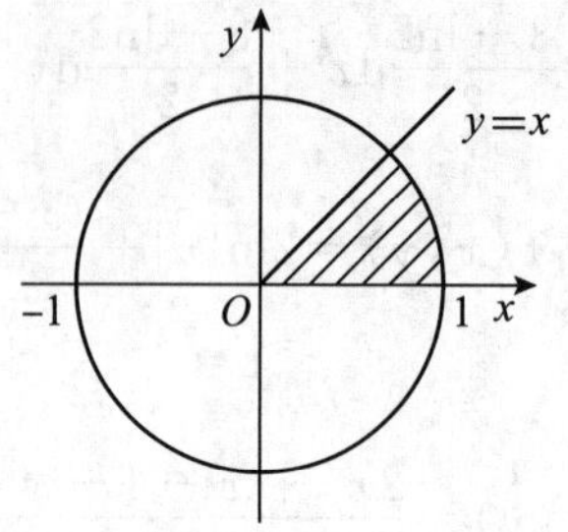

图 7.40

在极坐标系下,将该二重积分转化为累次积分,令 $x=r\cos\theta$, $y=r\sin\theta$, $0\leqslant\theta\leqslant\frac{\pi}{4}$, $0\leqslant r\leqslant 1$,有

$$
\begin{aligned}
I&=\int_0^{\frac{\pi}{4}}\mathrm{d}\theta\int_0^1 e^{r^2(1+\sin2\theta)}r^3\cos2\theta\,\mathrm{d}r\\
&=\frac{1}{2}\int_0^{\frac{\pi}{4}}\frac{\cos2\theta}{(1+\sin2\theta)^2}\mathrm{d}\theta\int_0^1 e^{r^2(1+\sin2\theta)}r^2(1+\sin2\theta)\mathrm{d}((1+\sin2\theta)r^2)\\
&=\frac{1}{2}\int_0^{\frac{\pi}{4}}\frac{\cos2\theta}{(1+\sin2\theta)^2}\left[e^{r^2(1+\sin2\theta)}(r^2(1+\sin2\theta)-1)\Big|_0^1\right]\mathrm{d}\theta\\
&=\frac{1}{2}\int_0^{\frac{\pi}{4}}\frac{\cos2\theta(e^{1+\sin2\theta}\sin2\theta+1)}{(1+\sin2\theta)^2}\mathrm{d}\theta\\
&=\frac{1}{4}\int_0^{\frac{\pi}{4}}\frac{e^{1+\sin2\theta}\sin2\theta+1}{(1+\sin2\theta)^2}\mathrm{d}\sin2\theta(\text{令 }\sin2\theta=t)\\
&=\frac{1}{4}\int_0^1\frac{te^{1+t}+1}{(1+t)^2}\mathrm{d}t=\frac{e}{4}\int_0^1\frac{te^t}{(1+t)^2}\mathrm{d}t+\frac{1}{4}\int_0^1\frac{1}{(1+t)^2}\mathrm{d}t\\
&=\frac{e}{4}\int_0^1 te^t\,\mathrm{d}\left(-\frac{1}{1+t}\right)+\frac{1}{4}\int_0^1\mathrm{d}\left(-\frac{1}{1+t}\right)\\
&=\frac{e}{4}\left(-\frac{te^t}{1+t}\Big|_0^1+\int_0^1 e^t\,\mathrm{d}t\right)+\frac{1}{4}\int_0^1\mathrm{d}\left(-\frac{1}{1+t}\right)\\
&=\frac{e}{4}\left(\frac{e}{2}-1\right)+\frac{1}{4}\left(-\frac{1}{2}+1\right)=\frac{e^2}{8}-\frac{e}{4}+\frac{1}{8}.
\end{aligned}
$$

分析 本题在计算二重积分时,由于积分区域是圆的一部分,因此考虑在极坐标系下进行求解.

例35 【举一反三】设有界区域 D 由 $(x-1)^2+y^2=1$ 内且不在圆 $x^2+y^2=1$ 内的部分围成(如图 7.41 所示),计算二重积分 $I=\iint\limits_D\sqrt{x^2+y^2}\,\mathrm{d}x\mathrm{d}y$.

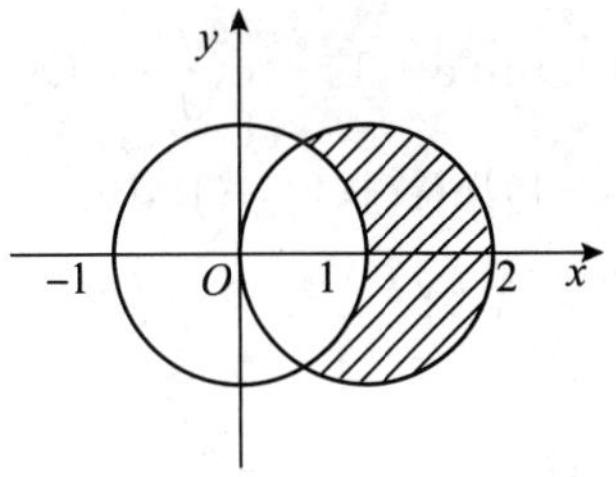

图 7.41

解 在极坐标系下，将该二重积分转化为累次积分，令 $x=r\cos\theta$，$y=r\sin\theta$，圆 $(x-1)^2+y^2=1$ 的极坐标方程为 $r=2\cos\theta$，圆 $x^2+y^2=1$ 的极坐标方程为 $r=1$，联立 $\begin{cases} r=2\cos\theta \\ r=1 \end{cases}$，得 $\theta=\pm\frac{\pi}{3}$，有

$$I=\int_{-\frac{\pi}{3}}^{\frac{\pi}{3}}\mathrm{d}\theta\int_{1}^{2\cos\theta}r^2\mathrm{d}r=\frac{1}{3}\int_{-\frac{\pi}{3}}^{\frac{\pi}{3}}(8\cos^3\theta-1)\mathrm{d}\theta$$

$$=\frac{8}{3}\int_{-\frac{\pi}{3}}^{\frac{\pi}{3}}\cos^3\theta\,\mathrm{d}\theta-\frac{2\pi}{9}=\frac{8}{3}\int_{-\frac{\pi}{3}}^{\frac{\pi}{3}}(1-\sin^2\theta)\mathrm{d}\sin\theta-\frac{2\pi}{9}$$

$$=2\sqrt{3}-\frac{2\pi}{9}.$$

例 36 【2020 年数三】设 $z=\arctan[xy+\sin(x+y)]$，求 $\mathrm{d}z|_{(0,\pi)}$.

解 因为

$$\frac{\partial z}{\partial x}=\frac{y+\cos(x+y)}{1+[xy+\sin(x+y)]^2},$$

$$\frac{\partial z}{\partial y}=\frac{x+\cos(x+y)}{1+[xy+\sin(x+y)]^2},$$

所以当 $x=0$，$y=\pi$ 时，$\frac{\partial z}{\partial x}=\pi-1$，$\frac{\partial z}{\partial y}=-1$，从而 $\mathrm{d}z|_{(0,\pi)}=(\pi-1)\mathrm{d}x-\mathrm{d}y$.

分析 求二元函数 $z=f(x,y)$ 在一点 (x_0,y_0) 的全微分，可以根据一阶全微分形式不变性，求偏导数 $\frac{\partial z}{\partial x}$ 和 $\frac{\partial z}{\partial y}$，利用 $\mathrm{d}z=\frac{\partial z}{\partial x}\mathrm{d}x+\frac{\partial z}{\partial y}\mathrm{d}y$，将点 (x_0,y_0) 代入偏导数 $\frac{\partial z}{\partial x}$ 和 $\frac{\partial z}{\partial y}$ 的表达式，求得相应结果；也可以根据微分的四则运算进行相应求解，参见例 9.

例 37 【举一反三】设 $z=(e^x+y)^{xy}$ 可微，求 $\mathrm{d}z|_{(1,1)}$.

解 将幂指函数化为复合的指数函数，有 $z=e^{xy\ln(e^x+y)}$，从而

$$\frac{\partial z}{\partial x}=e^{xy\ln(e^x+y)}\cdot\left[y\ln(e^x+y)+xy\frac{e^x}{e^x+y}\right],$$

$$\frac{\partial z}{\partial y}=e^{xy\ln(e^x+y)}\left[x\ln(e^x+y)+xy\frac{1}{e^x+y}\right],$$

所以当 $x=1,y=1$ 时，$\frac{\partial z}{\partial x}=(\mathrm{e}+1)\ln(\mathrm{e}+1)+\mathrm{e}$，$\frac{\partial z}{\partial y}=(\mathrm{e}+1)\ln(\mathrm{e}+1)+1$，从而 $\mathrm{d}z\big|_{(1,1)}=[(\mathrm{e}+1)\ln(\mathrm{e}+1)+\mathrm{e}]\mathrm{d}x+[(\mathrm{e}+1)\ln(\mathrm{e}+1)+1]\mathrm{d}y$.

例38 【2020 年数三】求函数 $f(x,y)=x^3+8y^3-xy$ 的极值.

解 令

$$f'_x(x,y)=3x^2-y=0,$$
$$f'_y(x,y)=24y^2-x=0,$$

解得驻点为 $(0,0)$，$\left(\frac{1}{6},\frac{1}{12}\right)$. 进一步地，

$$A=f''_{xx}(x,y)=6x, B=f''_{xy}(x,y)=-1, C=f''_{yy}(x,y)=48y.$$

对于驻点 $(0,0)$，有 $A=0,B=-1,C=0,B^2-AC=1>0$，从而点 $(0,0)$ 不是 $f(x,y)$ 的极值点；对于驻点 $\left(\frac{1}{6},\frac{1}{12}\right)$，有 $A=1,B=-1,C=4,B^2-AC=-3<0,A>0$，从而 $f(x,y)$ 在点 $\left(\frac{1}{6},\frac{1}{12}\right)$ 处取得极小值，且极小值为 $f\left(\frac{1}{6},\frac{1}{12}\right)=-\frac{1}{216}$.

例39 【举一反三】求函数 $f(x,y)=xy(t-x-y)(t\neq 0)$ 的极值.

解 令 $f'_x(x,y)=y(t-2x-y)=0$，$f'_y(x,y)=x(t-x-2y)=0$，解得四个驻点 $(0,0)$，$(t,0)$，$(0,t)$，$\left(\frac{t}{3},\frac{t}{3}\right)$. 又

$$A=f''_{xx}(x,y)=-2y, B=f''_{xy}(x,y)=t-2x-2y, C=f''_{yy}(x,y)=-2x.$$

对于驻点 $(0,0)$，$A=0,B=t,C=0,B^2-AC=t^2>0$，故点 $(0,0)$ 不是函数 $f(x,y)$ 的极值点.

对于驻点 $(t,0)$，$A=0,B=-t,C=-2t,B^2-AC=t^2>0$，故点 $(t,0)$ 不是函数 $f(x,y)$ 的极值点.

同理可知驻点 $(0,t)$ 也不是函数 $f(x,y)$ 的极值点.

对于驻点 $\left(\frac{t}{3},\frac{t}{3}\right)$，$A=-\frac{2}{3}t,B=-\frac{1}{3}t,C=-\frac{2}{3}t,B^2-AC=-\frac{1}{3}t^2<0$，故：

当 $t>0$ 时，$A=-\frac{2}{3}t<0$，此时驻点 $\left(\frac{t}{3},\frac{t}{3}\right)$ 为极大值点，且极大值为 $f\left(\frac{t}{3},\frac{t}{3}\right)=\frac{t^3}{27}$；

当 $t<0$ 时，$A=-\frac{2}{3}t>0$，此时驻点 $\left(\frac{t}{3},\frac{t}{3}\right)$ 为极小值点，且极小值为 $f\left(\frac{t}{3},\frac{t}{3}\right)=\frac{t^3}{27}$.

例40 【2020 年数三】设区域 $D=\{(x,y)\mid x^2+y^2\leqslant 1,y\geqslant 0\}$，连续函数 $f(x,y)$ 满足

$$f(x,y)=y\sqrt{1-x^2}+x\iint\limits_D f(x,y)\mathrm{d}x\mathrm{d}y,$$

计算$\iint\limits_D xf(x,y)\mathrm{d}x\mathrm{d}y$.

解 令$\iint\limits_D f(x,y)\mathrm{d}x\mathrm{d}y=A$,则 $f(x,y)=y\sqrt{1-x^2}+Ax$,从而有

$$A=\iint\limits_D f(x,y)\mathrm{d}x\mathrm{d}y=\iint\limits_D y\sqrt{1-x^2}\,\mathrm{d}x\mathrm{d}y+\iint\limits_D Ax\,\mathrm{d}x\mathrm{d}y.$$

由于 $D=\{(x,y)\mid x^2+y^2\leqslant 1,y\geqslant 0\}$ 关于 y 轴对称,从而$\iint\limits_D Ax\,\mathrm{d}x\mathrm{d}y=0$. 进一步地,

$$\begin{aligned}\iint\limits_D y\sqrt{1-x^2}\,\mathrm{d}x\mathrm{d}y&=2\int_0^1\mathrm{d}x\int_0^{\sqrt{1-x^2}}y\sqrt{1-x^2}\,\mathrm{d}y=2\int_0^1\sqrt{1-x^2}\,\mathrm{d}x\int_0^{\sqrt{1-x^2}}y\mathrm{d}y\\&=\int_0^1(1-x^2)^{\frac{3}{2}}\mathrm{d}x\ (\text{令 } x=\sin t)\\&=\int_0^{\frac{\pi}{2}}\cos^4 t\,\mathrm{d}t=\frac{3\pi}{16}.\end{aligned}$$

于是,$f(x,y)=y\sqrt{1-x^2}+\dfrac{3\pi}{16}x$,从而

$$\iint\limits_D xf(x,y)\mathrm{d}x\mathrm{d}y=\iint\limits_D x\left(y\sqrt{1-x^2}+\frac{3\pi}{16}x\right)\mathrm{d}x\mathrm{d}y.$$

由于 D 关于 y 轴对称,被积函数 $xy\sqrt{1-x^2}$ 关于 x 是奇函数,故$\iint\limits_D xy\sqrt{1-x^2}\,\mathrm{d}x\mathrm{d}y=0$,因此

$$\begin{aligned}\iint\limits_D xf(x,y)\mathrm{d}x\mathrm{d}y&=\frac{3\pi}{16}\iint\limits_D x^2\mathrm{d}x\mathrm{d}y=\frac{3\pi}{16}\cdot\frac{1}{2}\iint\limits_D(x^2+y^2)\mathrm{d}x\mathrm{d}y\\&=\frac{3\pi}{32}\int_0^{\pi}\mathrm{d}\theta\int_0^1 r^2\cdot r\mathrm{d}r=\frac{3\pi^2}{32}\cdot\frac{1}{4}=\frac{3\pi^2}{128}.\end{aligned}$$

分析 本题使用了积分区间的对称性和被积函数的奇偶性来简化二重积分的计算.

例41 【举一反三】设区域 $D=\{(x,y)\mid x^2+y^2\leqslant 1,y\geqslant 0,-y\leqslant x\leqslant y\}$,连续函数 $f(x,y)$ 满足

$$f(x,y)=x\sin x^2y+\sqrt{1+x^2+y^2}+x^2\iint\limits_D f(x,y)\mathrm{d}x\mathrm{d}y,$$

计算二重积分$\iint\limits_D f(x,y)\mathrm{d}x\mathrm{d}y$.

解 积分区域 D 如图 7.42 所示:

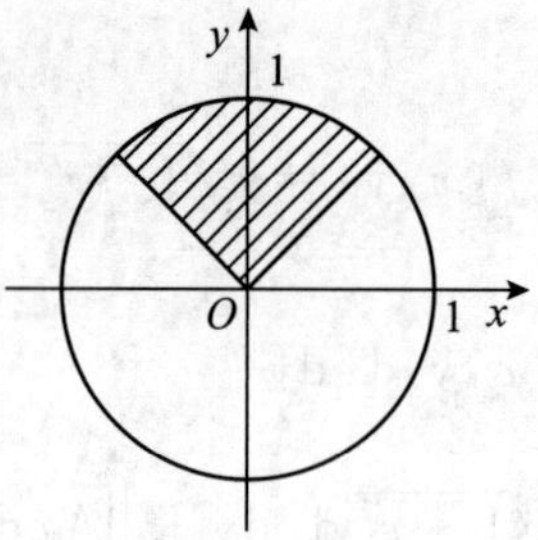

图 7.42

令$\iint\limits_D f(x,y)\mathrm{d}x\mathrm{d}y=A$，则 $f(x,y)=x\sin x^2y+\sqrt{1+x^2+y^2}+Ax^2$，从而有

$$A=\iint\limits_D f(x,y)\mathrm{d}x\mathrm{d}y=\iint\limits_D x\sin x^2y\mathrm{d}x\mathrm{d}y+\iint\limits_D\sqrt{1+x^2+y^2}\mathrm{d}x\mathrm{d}y+A\iint\limits_D x^2\mathrm{d}x\mathrm{d}y.$$

由于积分区域 $D=\{(x,y)\mid x^2+y^2\leqslant 1,y\geqslant 0,-y\leqslant x\leqslant y\}$ 关于 y 轴对称，又被积函数 $x\sin x^2y$ 关于 x 是奇函数，因而 $\iint\limits_D x\sin x^2y\mathrm{d}x\mathrm{d}y=0$. 进一步地，将二重积分 $\iint\limits_D\sqrt{1+x^2+y^2}\mathrm{d}x\mathrm{d}y$ 在极坐标系下转化为累次积分，有

$$\begin{aligned}\iint\limits_D\sqrt{1+x^2+y^2}\mathrm{d}x\mathrm{d}y&=\int_{\frac{\pi}{4}}^{\frac{3\pi}{4}}\mathrm{d}\theta\int_0^1\sqrt{1+r^2}\,r\mathrm{d}r\\&=\frac{\pi}{4}\int_0^1\sqrt{1+r^2}\,\mathrm{d}(1+r^2)\\&=\frac{\pi}{6}(1+r^2)^{\frac{3}{2}}\Big|_0^1=\frac{\sqrt{2}\pi}{3}-\frac{\pi}{6}.\end{aligned}$$

进一步地，由于积分区域 D 关于 y 轴对称，又被积函数 x^2 关于 x 是偶函数，从而

$$\iint\limits_D x^2\mathrm{d}x\mathrm{d}y=2\int_0^{\frac{\sqrt{2}}{2}}\mathrm{d}x\int_x^{\sqrt{1-x^2}}x^2\mathrm{d}y=2\int_0^{\frac{\sqrt{2}}{2}}x^2\sqrt{1-x^2}\,\mathrm{d}x-2\int_0^{\frac{\sqrt{2}}{2}}x^3\mathrm{d}x=\frac{\pi}{16}-\frac{1}{8},$$

因此，

$$A=\frac{\sqrt{2}\pi}{3}-\frac{\pi}{6}+\left(\frac{\pi}{16}-\frac{1}{8}\right)A,$$

解得

$$\iint\limits_D f(x,y)\mathrm{d}x\mathrm{d}y=A=\frac{\dfrac{\sqrt{2}\pi}{3}-\dfrac{\pi}{6}}{\dfrac{9}{8}-\dfrac{\pi}{16}}.$$

例 42【2019 年数三】设 A,B 两种商品的价格分别为P_A,P_B,需求函数为

$$Q_A=500-P_A^2-P_AP_B+2P_B^2,P_A=10,P_B=20,$$

则 A 商品对自身价格的需求弹性$\eta_{AA}=$________($\eta_{AA}>0$).

答案:$\frac{2}{5}$.

解 由需求价格弹性公式,得

$$\eta_{AA}-\left|\frac{\partial Q_A}{\partial P_A}\cdot\frac{P_A}{Q_A}\right|-\left|\frac{P_A}{Q_A}(-2P_A-P_B)\right|=\left|\frac{P_A(2P_A+P_B)}{500-P_A^2-P_AP_B+2P_B^2}\right|,$$

将$P_A=10,P_B=20$代入上式,可得$\eta_{AA}=\frac{2}{5}$.

分析 本题考察需求价格弹性的概念和偏导数的求解.首先需要明确,需求函数Q_A为二元函数,也就是市场对 A 商品的需求量既与自身价格P_A有关,又与 B 商品的价格P_B有关,在计算 A 商品对自身价格的需求弹性η_{AA}时,根据需求价格弹性的概念,要计算$\left|\frac{\partial Q_A}{\partial P_A}\cdot\frac{P_A}{Q_A}\right|$,注意此处是$Q_A$关于$P_A$的偏导数.

例 43【举一反三】设 A,B 两种商品的价格分别为P_A,P_B,需求函数为

$$Q_B=100-2P_B^2-P_AP_B+5P_A^2,P_A=4,P_B=5,$$

求商品 B 关于商品 A 价格的交叉需求弹性η_{BA},并解释其经济含义.

解 商品 B 关于商品 A 价格的交叉需求弹性体现了商品 A 价格的变动对商品 B 需求量的影响程度.

由需求价格弹性公式,得

$$\eta_{BA}=\frac{\partial Q_B}{\partial P_A}\cdot\frac{P_A}{Q_B}=\frac{P_A}{Q_B}(10P_A-P_B)=\frac{P_A(10P_A-P_B)}{100-2P_B^2-P_AP_B+5P_A^2},$$

将$P_A=4,P_B=5$代入上式,可得$\eta_{BA}=\frac{14}{11}\approx 1.27$.

交叉需求弹性$\eta_{BA}\approx 1.27$的经济含义为:在商品 A 的当前价格($P_A=4$)的基础上,商品 A 价格上涨 1% 会使得商品 B 的需求量上升约 1.27%.

例 44【2019 年数三】已知 $f(u,v)$ 具有二阶连续偏导数,且

$$g(x,y)=xy-f(x+y,x-y),$$

求$\frac{\partial^2 g}{\partial x^2}+\frac{\partial^2 g}{\partial x\partial y}+\frac{\partial^2 g}{\partial y^2}$.

解 由复合函数求导法则和四则运算法则,得

$$\frac{\partial g}{\partial x}=y-f'_1(x+y,x-y)-f'_2(x+y,x-y),$$

$$\frac{\partial^2 g}{\partial x^2}=-f''_{11}-2f''_{12}-f''_{22},\quad \frac{\partial^2 g}{\partial x\partial y}=1-f''_{11}+f''_{22},$$

$$\frac{\partial g}{\partial y}=x-f'_1(x+y,x-y)+f'_2(x+y,x-y),$$

$$\frac{\partial^2 g}{\partial y^2}=-f''_{11}+2f''_{12}-f''_{22},$$

将上述结果代入,得

$$\begin{aligned}\frac{\partial^2 g}{\partial x^2}+\frac{\partial^2 g}{\partial x\partial y}+\frac{\partial^2 g}{\partial y^2}&=-f''_{11}-2f''_{12}-f''_{22}+1-f''_{11}+f''_{22}-f''_{11}+2f''_{12}-f''_{22}\\&=1-3f''_{11}-f''_{22}.\end{aligned}$$

例45 【举一反三】设 $u=f(x+y+z,xyz)$ 可微且有二阶连续偏导数,求$\frac{\partial^2 u}{\partial x^2}$,$\frac{\partial^2 u}{\partial y^2}$ 以及$\frac{\partial^2 u}{\partial z^2}$.

解 由多元复合函数求偏导的链式法则可知,

$$\frac{\partial u}{\partial x}=f'_1(x+y+z,xyz)+f'_2(x+y+z,xyz)\cdot yz=f'_1+yzf'_2,$$

$$\frac{\partial u}{\partial y}=f'_1(x+y+z,xyz)+f'_2(x+y+z,xyz)\cdot xz=f'_1+xzf'_2,$$

$$\frac{\partial u}{\partial z}=f'_1(x+y+z,xyz)+f'_2(x+y+z,xyz)\cdot xy=f'_1+xyf'_2,$$

从而

$$\frac{\partial^2 u}{\partial x^2}=f''_{11}+yzf''_{12}+yz(f''_{21}+f''_{22}yz).$$

由于 $u=f(x+y+z,xyz)$ 可微且有二阶连续偏导数,因此 $f''_{12}=f''_{21}$,故

$$\frac{\partial^2 u}{\partial x^2}=f''_{11}+2yzf''_{12}+y^2z^2f''_{22}.$$

同理可得

$$\frac{\partial^2 u}{\partial y^2}=f''_{11}+2xzf''_{12}+x^2z^2f''_{22},$$

以及

$$\frac{\partial^2 u}{\partial z^2}=f''_{11}+2xyf''_{12}+x^2y^2f''_{22}.$$

例46 【2018年数三】求$\iint\limits_{D} x^2\mathrm{d}x\mathrm{d}y$，其中$D$由$y=\sqrt{3(1-x^2)}$与$y=\sqrt{3}x$和$y$轴围成.

解 由题意可知，积分区域D如图7.43所示：

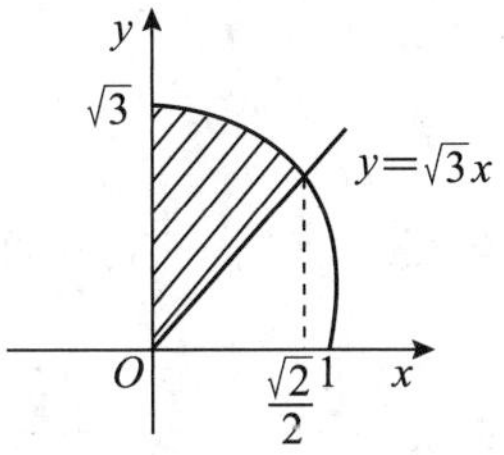

图7.43

将积分区域D视为X-型区域，令$\sqrt{3(1-x^2)}=\sqrt{3}x$，得交点横坐标为$x=\frac{\sqrt{2}}{2}$，从而可知

$$\iint\limits_{D} x^2\mathrm{d}x\mathrm{d}y=\int_0^{\frac{\sqrt{2}}{2}} x^2\mathrm{d}x\int_{\sqrt{3}x}^{\sqrt{3(1-x^2)}}\mathrm{d}y=\sqrt{3}\int_0^{\frac{\sqrt{2}}{2}}(\sqrt{1-x^2}-x)x^2\mathrm{d}x$$
$$=\sqrt{3}\int_0^{\frac{\sqrt{2}}{2}} x^2\sqrt{1-x^2}\mathrm{d}x-\sqrt{3}\int_0^{\frac{\sqrt{2}}{2}} x^3\mathrm{d}x.$$

对第一个定积分，令$x=\sin t$，则$\mathrm{d}x=\cos t\mathrm{d}t$，从而

$$\int_0^{\frac{\sqrt{2}}{2}} x^2\sqrt{1-x^2}\mathrm{d}x=\int_0^{\frac{\pi}{4}}\sin^2 t\cdot\cos^2 t\mathrm{d}t=\frac{1}{4}\int_0^{\frac{\pi}{4}}\sin^2 2t\mathrm{d}t=\frac{1}{4}\int_0^{\frac{\pi}{4}}\frac{1-\cos 4t}{2}\mathrm{d}t=\frac{\pi}{32}.$$

又$\int_0^{\frac{\sqrt{2}}{2}} x^3\mathrm{d}x=\frac{x^4}{4}\Big|_0^{\frac{\sqrt{2}}{2}}=\frac{1}{16}$，从而

$$\iint\limits_{D} x^2\mathrm{d}x\mathrm{d}y=\frac{\sqrt{3}\pi}{32}-\frac{\sqrt{3}}{16}.$$

例47 【2018年数三】将长为2m的铁丝分成三段，分别围成圆、正方形与正三角形，三个图形的面积之和是否存在最小值？如果存在，求出最小值.

解 设圆的半径为x，正方形的边长为y，正三角形的边长为z，则根据面积的计算公式，有

$$S=\pi x^2+y^2+\frac{1}{2}z\cdot z\sin\frac{\pi}{3}=\pi x^2+y^2+\frac{\sqrt{3}}{4}z^2.$$

约束条件为$2\pi x+4y+3z=2$. 根据拉格朗日乘子法，构造拉格朗日函数

$$L(x,y,z,\lambda)=\pi x^2+y^2+\frac{\sqrt{3}}{4}z^2+\lambda(2\pi x+4y+3z-2),$$

进而令

$$\begin{cases}\dfrac{\partial L}{\partial x}=2\pi x+2\pi\lambda=0\\ \dfrac{\partial L}{\partial y}=2y+4\lambda=0\\ \dfrac{\partial L}{\partial z}=\dfrac{\sqrt{3}}{2}z+3\lambda=0\\ \dfrac{\partial L}{\partial \lambda}=2\pi x+4y+3z-2=0\end{cases},$$

解得 $x=-\lambda, y=-2\lambda, z=-2\sqrt{3}\lambda, \lambda=\dfrac{1}{-\pi-4-3\sqrt{3}}$.

由于驻点唯一，且根据实际问题可知，面积的最小值一定存在，从而当

$$x=\frac{1}{\pi+4+3\sqrt{3}}, y=\frac{2}{\pi+4+3\sqrt{3}}, z=\frac{2\sqrt{3}}{\pi+4+3\sqrt{3}}$$

时，面积和的最小值为 $S_{\min}=\dfrac{1}{\pi+4+3\sqrt{3}}$.

例48【举一反三】做一个容积为8立方米的有盖长方体，长方体的长、宽、高分别为多少时才能使长方体的表面积达到最小？

解 设长方体的长、宽、高分别为 x, y, z（单位：米），则长方体的表面积为

$$S=2(xy+yz+xz),$$

约束条件为

$$xyz=8.$$

构造拉格朗日函数

$$L(x,y,z,\lambda)=2(xy+yz+xz)+\lambda(xyz-8),$$

令

$$\begin{cases}\dfrac{\partial L(x,y,z,\lambda)}{\partial x}=2(y+z)+\lambda yz=0\\ \dfrac{\partial L(x,y,z,\lambda)}{\partial y}=2(x+z)+\lambda xz=0\\ \dfrac{\partial L(x,y,z,\lambda)}{\partial z}=2(x+y)+\lambda xy=0\\ \dfrac{\partial L(x,y,z,\lambda)}{\partial \lambda}=xyz-8=0\end{cases},$$

解得 $x=y=z=2$，从而驻点为 $(2,2,2)$.

由于驻点唯一，故由问题的实际意义可知表面积的最小值存在，即当 $x=y=z=2$ 时，表面积的最小值为 24 平方米.

例49 【2017年数三】二元函数 $z=xy(3-x-y)$ 的极值点为(　　).

(A) (0,0)　　(B) (0,3)　　(C) (3,0)　　(D) (1,1)

答案:(D).

解 令

$$\frac{\partial z}{\partial x}=y(3-x-y)-xy=0,\frac{\partial z}{\partial y}=x(3-x-y)-xy=0,$$

解得四个驻点(0,0),(1,1),(3,0)和(0,3).进一步地,

$$A=\frac{\partial^2 z}{\partial x^2}=-2y,B=\frac{\partial^2 z}{\partial x\partial y}=3-2x-2y,C=\frac{\partial^2 z}{\partial y^2}=-2x.$$

对于驻点(0,0),$A=0,B=3,C=0,B^2-AC=9>0$,从而点(0,0)不是极值点,同理可证点(3,0),(0,3)也不是极值点;对于驻点(1,1),$A=-2,B=-1,C=-2,B^2-AC=-3<0$,又 $A<0$,所以函数在点(1,1)取极大值.

例50 【2017年数三】设函数 $f(x,y)$ 具有一阶连续偏导数,且

$$\mathrm{d}f(x,y)=y\mathrm{e}^y\mathrm{d}x+x(1+y)\mathrm{e}^y\mathrm{d}y,f(0,0)=0,$$

则 $f(x,y)=$________.

答案:$xy\mathrm{e}^y$.

解 (方法一)　由全微分表达式可得

$$\frac{\partial f(x,y)}{\partial x}=y\mathrm{e}^y,\quad \frac{\partial f(x,y)}{\partial y}=x(1+y)\mathrm{e}^y,$$

对第一个式子两端关于 x 求不定积分,则有

$$f(x,y)=\int\frac{\partial f(x,y)}{\partial x}\mathrm{d}x=\int y\mathrm{e}^y\mathrm{d}x=xy\mathrm{e}^y+C.$$

由于 $f(0,0)=0$,代入上式,可得 $C=0$,因而 $f(x,y)=xy\mathrm{e}^y$.

(方法二)　$\mathrm{d}f(x,y)=y\mathrm{e}^y\mathrm{d}x+x(1+y)\mathrm{e}^y\mathrm{d}y=y\mathrm{e}^y\mathrm{d}x+x\mathrm{d}(y\mathrm{e}^y)=\mathrm{d}(xy\mathrm{e}^y)$,所以 $f(x,y)=xy\mathrm{e}^y+C$,由于 $f(0,0)=0$,代入可得 $C=0$,因而 $f(x,y)=xy\mathrm{e}^y$.

分析 本题是通过偏导数求解原函数的问题.根据偏导数的含义,例如在 $\frac{\partial f(x,y)}{\partial x}$ 中 x 为变量,y 被视为常数,因此在用不定积分求原函数时 x 为积分变量,即 $f(x,y)=\int\frac{\partial f(x,y)}{\partial x}\mathrm{d}x$.

例51 【举一反三】设函数 $f(x,y)$ 具有一阶连续偏导数,且

$$\mathrm{d}f(x,y)=[x\mathrm{e}^{xy}(2+xy)+2xy]\mathrm{d}x+x^2(x\mathrm{e}^{xy}+1)\mathrm{d}y,f(1,0)=1,$$

求 $f(x,y)$ 的表达式.

解 由全微分表达式可得

$$\frac{\partial f(x,y)}{\partial x}=x\mathrm{e}^{xy}(2+xy)+2xy,\quad \frac{\partial f(x,y)}{\partial y}=x^2(x\mathrm{e}^{xy}+1),$$

对第二个式子两端关于 y 求不定积分，此时 x 被视为常数，则有

$$\begin{aligned}f(x,y)&=\int\frac{\partial f(x,y)}{\partial y}\mathrm{d}y=\int x^2(x\mathrm{e}^{xy}+1)\mathrm{d}y=x^3\int\mathrm{e}^{xy}\mathrm{d}y+\int x^2\mathrm{d}y\\&=x^2\int\mathrm{e}^{xy}\mathrm{d}(xy)+x^2y=x^2(\mathrm{e}^{xy}+y)+C.\end{aligned}$$

由于 $f(1,0)=1$，代入上式，可得 $C=0$，从而 $f(x,y)=x^2(\mathrm{e}^{xy}+y)$.

例52【2017 年数三】计算积分 $\iint\limits_D\frac{y^3}{(1+x^2+y^4)^2}\mathrm{d}x\mathrm{d}y$，其中 D 是第一象限中曲线 $y=\sqrt{x}$ 与 x 轴边界的无界区域.

解 由题意知

$$\begin{aligned}\iint\limits_D\frac{y^3}{(1+x^2+y^4)^2}\mathrm{d}x\mathrm{d}y&=\int_0^{+\infty}\mathrm{d}x\int_0^{\sqrt{x}}\frac{y^3}{(1+x^2+y^4)^2}\mathrm{d}y=\frac{1}{4}\int_0^{+\infty}\left[\left(\frac{-1}{1+x^2+y^4}\right)\Big|_0^{\sqrt{x}}\right]\mathrm{d}x\\&=\frac{1}{4}\int_0^{+\infty}\left(\frac{1}{1+x^2}-\frac{1}{1+2x^2}\right)\mathrm{d}x\\&=\frac{1}{4}\left(\arctan x-\frac{\sqrt{2}}{2}\arctan\sqrt{2}x\right)\Big|_0^{+\infty}\\&=\frac{1}{4}\left(\lim_{x\to+\infty}\arctan x-\frac{\sqrt{2}}{2}\lim_{x\to+\infty}\arctan\sqrt{2}x\right)-0\\&=\frac{1}{4}\left(\frac{\pi}{2}-\frac{\sqrt{2}}{2}\times\frac{\pi}{2}\right)\\&=\frac{2-\sqrt{2}}{16}\pi.\end{aligned}$$

分析 本题考察无界区域上的反常二重积分的求解. 将二重积分化为累次积分，进而根据无穷限积分的求解方式(即先求解常规定积分再取极限)，完成相应计算.

例53【举一反三】计算二重积分 $\iint\limits_D\mathrm{e}^{-(x^2+y^2)}\mathrm{d}x\mathrm{d}y$，其中 $D=\{(x,y)\mid x^2+y^2\leqslant R^2\}$，并利用计算结果求解无穷限积分 $\int_{-\infty}^{+\infty}\mathrm{e}^{-x^2}\mathrm{d}x$.

解 令 $x=r\cos\theta, y=r\sin\theta, 0\leqslant\theta\leqslant 2\pi, 0<r<R$，在极坐标系下，二重积分

$$\iint\limits_D\mathrm{e}^{-(x^2+y^2)}\mathrm{d}x\mathrm{d}y=\int_0^{2\pi}\mathrm{d}\theta\int_0^R\mathrm{e}^{-r^2}r\mathrm{d}r=-\pi\int_0^R\mathrm{e}^{-r^2}\mathrm{d}(-r^2)=\pi(1-\mathrm{e}^{-R^2}),$$

进一步地，当 $R\to+\infty$ 时，有

$$\iint\limits_D\mathrm{e}^{-(x^2+y^2)}\mathrm{d}x\mathrm{d}y=\pi.$$

此时积分区域 $D=\{(x,y)\mid -\infty<x<+\infty,-\infty<y<+\infty\}$.

因此,在直角坐标系下,有

$$\iint_D e^{-(x^2+y^2)}\,dx\,dy=\int_{-\infty}^{+\infty}dx\int_{-\infty}^{+\infty}e^{-x^2-y^2}\,dy=\left(\int_{-\infty}^{+\infty}e^{-x^2}\,dx\right)\left(\int_{-\infty}^{+\infty}e^{-y^2}\,dy\right)$$

$$=\left(\int_{-\infty}^{+\infty}e^{-x^2}\,dx\right)^2,$$

从而

$$\left(\int_{-\infty}^{+\infty}e^{-x^2}\,dx\right)^2=\pi.$$

又 $e^{-x^2}>0$,则$\int_{-\infty}^{+\infty}e^{-x^2}\,dx>0$,从而$\int_{-\infty}^{+\infty}e^{-x^2}\,dx=\sqrt{\pi}$.

模块六 自测试题

自测试题(一)

一、判断题(共 10 道小题)

1. 如果函数 $z=f(x,y)$ 在区域 D 内连续,那么函数在 D 内一定有最大值和最小值.(　　)

2. 如果函数 $z=f(x,y)$ 在点(x_0,y_0)处偏导数存在,那么一定在该点有定义.(　　)

3. $f'_x(x_0,y_0)$ 表示曲面 $z=f(x,y)$ 与平面$y=y_0$ 的交线在空间中的点 $P(x_0,y_0,f(x_0,y_0))$ 处切线的斜率.(　　)

4. 二元函数 $z=f(x,y)$ 偏导数存在,若$\frac{\partial z}{\partial x}>0$,则说明当 y 保持不变时,函数 $f(x,y)$ 随 x 的增加而增加.(　　)

5. 如果函数 $z=f(x,y)$ 在点(x_0,y_0)处关于 y 的偏导数存在,则 $f(x_0,y)$ 在点 $y=y_0$ 处连续.(　　)

6. 如果函数 $z=f(x,y)$ 在点(x_0,y_0)处可微,那么 $z=f(x,y)$ 在该点处一定连续.(　　)

7. 如果函数 $z=f(x,y)$ 在点(x_0,y_0)处可微,那么 $z=f(x,y)$ 在该点的偏导数一定存在.(　　)

8. 对于函数 $f(x,y)$,$f'_x(x_0,y_0)=0$,$f'_y(x_0,y_0)=0$,那么点(x_0,y_0)一定是 $f(x,y)$ 的极值点.(　　)

9. 若 $f(x,y)$ 在有界闭区域 D 上可积,那么 $f(x,y)$ 在 D 上必有界.(　　)

10. 若 $f(x,y)$ 在有界闭区域 D 上可积,且 $f(x,y)\leqslant 0$,那么二重积分$\iint\limits_D f(x,y)\,dx\,dy$

表示以曲面 $z=f(x,y)$ 为曲顶、以区域 D 为底、母线平行于 z 轴的曲顶柱体的体积.（　　）

二、填空题(共 10 道小题)

1. 设 $z=f(x,y)$ 在点(x_0,y_0)处存在偏导数，则 $\lim\limits_{\Delta x\to 0}\dfrac{f(x_0-4\Delta x,y_0)-f(x_0+\Delta x,y_0)}{3\Delta x}=$ ________.

2. 若 $f(x,y)=x^2y+xy^2$，则 $\dfrac{\partial f(x,y)}{\partial x}-\dfrac{\partial f(x,y)}{\partial y}=$ ________.

3. 设函数 $z=\sin(x^2-y^2)$，$dz|_{(1,1)}=$ ________.

4. 设函数 $z=f(xy^2,2x+y)$ 可微且具有二阶连续偏导数，则 $\dfrac{\partial^2 z}{\partial x\partial y}\Big|_{(0,1)}=$ ________.

5. 设 $x^2+y^2+z^2=3xyz$ 确定了隐函数 $z=f(x,y)$，则 $\dfrac{\partial z}{\partial x}=$ ________.

6. 设函数 $f(x,y)=\int_0^{x^2y^2}xy\cos\sqrt{t}\,dt\ (x>0,y>0)$，则 $\dfrac{\partial^2 f}{\partial y^2}=$ ________.

7. 设 $f(x,y)$ 可微，已知 $f(2,1)=2$，$f'_1(2,1)=1$，$f'_2(2,1)=2$，$g(x)=f[f(4x,2x),2x]$，则 $g'\left(\dfrac{1}{2}\right)=$ ________.

8. 已知二元函数 $f(x,y)=3(x+y)-x^3-y^3$，则 $f(x,y)$ 的极大值点为________，极小值点为________.

9. 设积分区域 D 的面积为 3，则二重积分 $\iint\limits_D 2d\sigma=$ ________.

10. 设积分区域 D 由 $y=x$，$y=-x$ 及 $x=1$ 围成，则二重积分 $\iint\limits_D(x^2y+x\sin y)dxdy=$ ________.

三、单项选择题(共 10 道小题)

1. 二元函数 $f(x,y)=\dfrac{1}{\sqrt{x^2-y^2}}+\arcsin(x^2-y^2)$ 的定义域为（　　）.

(A) $\{(x,y)\mid -1<x^2-y^2\leqslant 1\}$　　(B) $\{(x,y)\mid 0<x^2-y^2\leqslant 1\}$

(C) $\{(x,y)\mid x^2<y^2\leqslant 1\}$　　(D) $\{(x,y)\mid 0<x^2-y^2\}$

2. 下列说法错误的是（　　）.

(A) 二元函数 $z=\sqrt{1-x^2-y^2}$ 表示以坐标原点为球心、半径为 1、位于 xOy 平面上方的球面

(B) 二元函数 $z=f(x,y)$ 表示定义域位于 xOy 平面上的一张空间曲面

(C) 二元函数 $z=f(x,y)$ 的定义域即二元函数所对应的空间曲面在 xOy 平面上的投影区域

(D) 在三维空间中，方程 $x^2+y^2=1$ 表示以坐标原点为圆心、半径为 1 的圆

3. 二元函数 $f(x,y)=\begin{cases}\dfrac{x^2y^2}{x^6+y^3}, & (x,y)\neq(0,0)\\ 0, & (x,y)=(0,0)\end{cases}$ 在点(0,0)处(　　).

(A) 极限存在且等于0　　(B) 连续

(C) 极限不存在　　(D) 不确定

4. 设 $z=(x+y^2)e^{x^2y}$，则 $\left.\dfrac{\partial z}{\partial x}\right|_{\substack{x=1\\y=1}}=$(　　).

(A) 1　　(B) e　　(C) 3e　　(D) 5e

5. 设函数 $z=z(x,y)$ 由方程 $F(x+y,y+z)=0$ 确定，其中 F 为可微函数，且 $F_2'\neq 0$，则 $\dfrac{\partial z}{\partial x}-\dfrac{\partial z}{\partial y}=$(　　).

(A) 0　　(B) 1　　(C) xy　　(D) yz

6. 设 $u=f(x+2y,2y-3z,3z-x)$，且 f 可微，则 $\dfrac{\partial u}{\partial x}+\dfrac{\partial u}{\partial y}+\dfrac{\partial u}{\partial z}=$(　　).

(A) $3f_1'-f_2'+2f_3'$　　(B) $f_1'-3f_2'+2f_3'$

(C) $2f_1'-2f_2'-f_3'$　　(D) $2f_1'+f_2'-3f_3'$

7. 方程 $z=(2x+\sin x^2y)^{xy}$，$\left.dz\right|_{\substack{x=1\\y=0}}=$(　　).

(A) $dx+2dy$　　(B) $\ln 2dy$　　(C) $\ln 2dx$　　(D) $2dx+\ln 2dy$

8. 设二元函数 $f(x,y)=x^2+4y^2-2x-4y$，则二元函数的极值为(　　).

(A) 无极值　　(B) 有极大值2　　(C) 有极小值 -2　　(D) 有极大值 -2

9. 以 $f(x,y)=x^2+y^2$ 为曲顶，以 $D=\{(x,y)\mid -1\leqslant x\leqslant 1,-2\leqslant y\leqslant 2\}$ 为底的曲顶柱体的平均高度为(　　).

(A) $\dfrac{2}{3}$　　(B) 1　　(C) $\dfrac{5}{3}$　　(D) 2

10. 若 $\iint\limits_D f(x,y)dxdy=\int_{-\frac{\sqrt2}{2}}^{0}dx\int_{-x}^{\sqrt{1-x^2}}f(x,y)dy+\int_{0}^{\frac{\sqrt2}{2}}dx\int_{x}^{\sqrt{1-x^2}}f(x,y)dy$，交换积分次序后为(　　).

(A) $\int_0^1 dy\int_{-y}^{y}f(x,y)dx$

(B) $\int_0^{\frac{\sqrt2}{2}}dy\int_{-y}^{y}f(x,y)dx+\int_{\frac{\sqrt2}{2}}^{1}dy\int_{-\sqrt{1-y^2}}^{\sqrt{1-y^2}}f(x,y)dx$

(C) $\int_0^1 dy\int_{-y}^{y}f(x,y)dx+\int_0^1 dy\int_{-\sqrt{1-y^2}}^{\sqrt{1-y^2}}f(x,y)dx$

(D) $\int_0^1 dy\int_{-\sqrt{1-y^2}}^{\sqrt{1-y^2}}f(x,y)dx$

四、多项选择题(共5道小题)

1. 下列说法正确的是(　　).

(A) 若二元函数 $z=f(x,y)$ 在点 (x_0,y_0) 处连续，那么动点 (x,y) 在 xOy 平面上以任

何方式趋于点(x_0,y_0)时，函数极限都存在且等于$f(x_0,y_0)$

(B) 若二元函数$z=f(x,y)$在有界闭区域D上连续，那么$f(x,y)$在D上有最大值和最小值

(C) 如果二元函数$z=f(x,y)$在点(x_0,y_0)处不连续，那么在该点极限一定不存在

(D) 若二元函数$z=f(x,y)$在有界闭区域D上连续，那么$f(x,y)$在D上必有界

(E) 如果二元函数$z=f(x,y)$在点(x_0,y_0)处不连续，那么点(x_0,y_0)一定不在函数$f(x,y)$的定义域内

2. 设函数$z=\dfrac{2xy}{x^2+y^2}$，则下列正确的是(　　).

(A) $\dfrac{\partial z}{\partial x}=\dfrac{x(y^2-x^2)}{(x^2+y^2)^2}$　　(B) $\dfrac{\partial z}{\partial x}=\dfrac{2y(y^2-x^2)}{(x^2+y^2)^2}$　　(C) $\dfrac{\partial z}{\partial y}=\dfrac{2x(y^2-x^2)}{(x^2+y^2)^2}$

(D) $\dfrac{\partial z}{\partial y}=\dfrac{2x(x^2-y^2)}{(x^2+y^2)^2}$　　(E) $\dfrac{\partial z}{\partial y}=\dfrac{2y(x^2-y^2)}{(x^2+y^2)^2}$

3. 关于二元函数$z=f(x,y)$，下列说法正确的是(　　).

(A) 若$z=f(x,y)$在点(x_0,y_0)处偏导数存在，且$f'_x(x_0,y_0)>0$，那么对于在点(x_0,y_0)的某一邻域内的两点(a,y_0)与(b,y_0)，一定有$f(a,y_0)>f(b,y_0)$，其中$a>b$

(B) 若$z=f(x,y)$在点(x_0,y_0)处偏导数存在，且$f'_x(x_0,y_0)>0$，那么对于在点(x_0,y_0)的某一邻域内的两点(a,y_0)与(b,y_0)，一定有$f(a,y_0)<f(b,y_0)$，其中$a>b$

(C) 若$z=f(x,y)$在点(x_0,y_0)处偏导数存在，且$f'_x(x_0,y_0)<0$，那么对于在点(x_0,y_0)的某一邻域内的两点(a,y_0)与(b,y_0)，一定有$f(a,y_0)<f(b,y_0)$，其中$a>b$

(D) 若$z=f(x,y)$在点(x_0,y_0)处偏导数存在，且$f'_y(x_0,y_0)>0$，那么对于在点(x_0,y_0)的某一邻域内的两点(x_0,a)与(x_0,b)，一定有$f(x_0,a)>f(x_0,b)$，其中$a>b$

(E) 若$z=f(x,y)$在点(x_0,y_0)处偏导数存在，且$f'_y(x_0,y_0)<0$，那么对于在点(x_0,y_0)的某一邻域内的两点(x_0,a)与(x_0,b)，一定有$f(x_0,a)>f(x_0,b)$，其中$a>b$

4. 设$u=f(x-2y,y-2z,z-2x)$，则下列正确的是(　　).

(A) $\dfrac{\partial u}{\partial x}=f'_1-2f'_3$　　(B) $\dfrac{\partial u}{\partial x}=f'_1+2f'_2$　　(C) $\dfrac{\partial u}{\partial y}=-2f'_1+f'_2$

(D) $\dfrac{\partial u}{\partial z}=-2f'_2+f'_3$　　(E) $\dfrac{\partial u}{\partial z}=f'_1+f'_2+f'_3$

5. 关于二重积分，下列说法正确的是(　　).

(A) 若$z=f(x,y)$在有界闭区域D上有界，则$f(x,y)$在D上可积

(B) 若$z=f(x,y)$在有界闭区域D上连续，则$f(x,y)$在D上可积

(C) 若$z=f(x,y)$在有界闭区域D上可积，则$f(x,y)$在D上有界

(D) 若$z=f(x,y)$在有界闭区域D上可积，则$f(x,y)$在D上连续

(E) 若$z=f(x,y)$在有界闭区域D上可积，则$f(x,y)$在D上可微

五、解答题(共5道小题)

1. 函数 $z=z(x,y)$ 由方程 $e^{xyz}=f(x+y,2y-z,2z-x)$ 所确定，其中 f 具有连续一阶偏导数，求 $\frac{\partial z}{\partial x}$，$\frac{\partial z}{\partial y}$.

2. 设 $u=x^2+y^2+z^2$，其中 $z=z(x,y)$ 是由方程 $F(x+3z,4z-2y)=0$ 所确定的可微函数，求 $\frac{\partial u}{\partial x}$，$\frac{\partial u}{\partial y}$.

3. 求函数 $f(x,y)=x^3-\frac{7}{2}x^2+2xy-y^2$ 的极值.

4. 计算二重积分 $\int_{\frac{1}{9}}^{\frac{1}{3}}\mathrm{d}y\int_{\frac{1}{3}}^{\sqrt{y}}e^{\frac{y}{x}}\mathrm{d}x+\int_{\frac{1}{3}}^{1}\mathrm{d}y\int_{y}^{\sqrt{y}}e^{\frac{y}{x}}\mathrm{d}x$.

5. 计算二重积分 $I=\iint\limits_{D}y(1+xe^{x^2+y^2})\mathrm{d}x\mathrm{d}y$，其中 $D=\{(x,y)\mid -2\leqslant x\leqslant 2,x\leqslant y\leqslant 2\}$.

自测试题（二）

一、判断题(共10道小题)

1. 如果函数 $z=f(x,y)$ 在点 (x_0,y_0) 处连续，那么点 (x_0,y_0) 一定位于函数 $z=f(x,y)$ 的定义域内.（　　）

2. 如果函数 $z=f(x,y)$ 在点 (x_0,y_0) 处偏导数存在，那么一定在该点连续.（　　）

3. $f_y'(x_0,y_0)$ 表示曲面 $z=f(x,y)$ 与平面 $x=x_0$ 的交线在空间中的点 $P(x_0,y_0,f(x_0,y_0))$ 处切线的斜率.（　　）

4. 二元函数 $z=f(x,y)$ 偏导数存在，若 $\frac{\partial z}{\partial y}<0$，说明当 x 保持不变时，函数 $f(x,y)$ 随 y 的增加而减少.（　　）

5. 如果函数 $z=f(x,y)$ 在 (x_0,y_0) 处关于 x 的偏导数存在，则 $f(x,y_0)$ 在点 $x=x_0$ 处连续.（　　）

6. 如果函数 $z=f(x,y)$ 的偏导数 $f'_x(x,y)$，$f'_y(x,y)$ 在点 (x_0,y_0) 处连续，则 $f(x,y)$ 一定在点 (x_0,y_0) 处可微.（　　）

7. 如果函数 $z=f(x,y)$ 的偏导数 $f'_x(x,y)$，$f'_y(x,y)$ 在点 (x_0,y_0) 处连续，则 $f(x,y)$ 一定也在点 (x_0,y_0) 处连续.（　　）

8. 对于函数 $f(x,y)$，点 (x_0,y_0) 满足 $f'_x(x_0,y_0)=0$，$f'_y(x_0,y_0)=0$，那么 (x_0,y_0) 一定是 $f(x,y)$ 的极小值点.（　　）

9. 若 $f(x,y)$ 在有界闭区域 D 上可积，那么 $f(x,y)$ 在 D 上必连续.（　　）

10. 设 $f(x,y)$ 和 $g(x,y)$ 在有界闭区域 D 上可积，且 $f(x,y)\leqslant g(x,y)$，$(x,y)\in D$，那么 $\iint\limits_{D}f(x,y)\mathrm{d}x\mathrm{d}y\leqslant\iint\limits_{D}g(x,y)\mathrm{d}x\mathrm{d}y$.（　　）

二、填空题(共10道小题)

1. 设函数 $z=f(x,y)$ 在点 (x_0,y_0) 处有偏导数,则 $\lim\limits_{\Delta y\to 0}\dfrac{f(x_0,y_0+3\Delta y)-f(x_0,y_0-\Delta y)}{2\Delta y}=$ ________.

2. 若 $z=f(2x+3y)$,则 $3\dfrac{\partial z}{\partial x}-2\dfrac{\partial z}{\partial y}=$ ________.

3. 设函数 $z=(x^2-y^2)e^{xy}$,$dz|_{(1,1)}=$ ________.

4. 设函数 $z=x^2yf(x+2y,2x+y)$ 可微且 f 具有二阶连续偏导数,则 $\left.\dfrac{\partial^2 z}{\partial x\partial y}\right|_{(1,0)}=$ ________.

5. 设 $xyz=e^z-e+1$ 确定了隐函数 $z=f(x,y)$,则 $\left.\dfrac{\partial z}{\partial y}\right|_{(1,1,1)}=$ ________.

6. 设函数 $f(x,y)=\int_0^{xy}\dfrac{\sin t}{1+t^2}dt$,则 $\left.\dfrac{\partial^2 f}{\partial x^2}\right|_{(0,1)}=$ ________.

7. 设 $f(x,y)$ 可微,已知 $f(2,1)=1,f'_1(2,1)=2,f'_2(2,1)=4,g(x)=f[2xf(2x,x),f^2(2x,x)]$,则 $g'(1)=$ ________.

8. 已知二元函数 $f(x,y)=x^3+3xy^2-15x-12y$,则 $f(x,y)$ 的极小值点为 ________;极大值点为 ________.

9. 以 $f(x,y)=-x^2y^2$ 为顶、区域 D 为底、母线平行于 z 轴的曲顶柱体的体积用二重积分表示为 ________.

10. 设积分区域 $D=\{(x,y)\mid |x|\leqslant 1,|y|\leqslant 1\}$,则二重积分 $\iint\limits_D(x^2\sin x+xy^3)dxdy=$ ________.

三、单项选择题(共10道小题)

1. 设 $f\left(xy,\dfrac{x}{y}\right)=(x+y)^2,(x>0,y>0)$,则 $f(x,y)=($ $)$.

(A) $\sqrt{\dfrac{x}{y}}(1+x)^2$ (B) $\dfrac{x}{y}(1+y)^2$ (C) $\sqrt{\dfrac{y}{x}}(1+x)^2$ (D) $\dfrac{y}{x}(1+y)^2$

2. 关于二元函数的极限,下列说法正确的是( ).

(A) 二元函数 $z=f(x,y)$ 在 $(x,y)\to(x_0,y_0)$ 过程下求极限的前提是函数 $z=f(x,y)$ 在点 (x_0,y_0) 处有定义

(B) 若动点 (x,y) 以某种方式趋于 (x_0,y_0) 时,$z=f(x,y)$ 无限趋于常数 A,则称常数 A 为 $z=f(x,y)$ 在 $(x,y)\to(x_0,y_0)$ 过程下的极限

(C) 二元函数 $z=f(x,y)$ 在点 (x_0,y_0) 处的极限与动点 (x,y) 趋近点 (x_0,y_0) 的方式有关,趋近的路径不同,极限就不同,故函数 $f(x,y)$ 在点 (x_0,y_0) 处的极限可以有不同数值

(D) 若二元函数 $z=f(x,y)$ 是初等函数，(x_0,y_0) 是其定义域内的点，则 $\lim\limits_{(x,y)\to(x_0,y_0)} f(x,y)=f(x_0,y_0)$

3. 关于极限 $\lim\limits_{(x,y)\to(0,0)} \dfrac{x^2y}{x^3+y^3}$ 下列正确的是(　　).

(A) 极限存在且等于0　　(B) 极限存在且等于-1

(C) 极限存在且等于1　　(D) 极限不存在

4. 设 $z=x^y\sin\dfrac{\pi}{2y}$,则(　　).

(A) $\left.\dfrac{\partial z}{\partial x}\right|_{\substack{x=1\\y=1}}=1,\left.\dfrac{\partial z}{\partial y}\right|_{\substack{x=1\\y=1}}=1$　　(B) $\left.\dfrac{\partial z}{\partial x}\right|_{\substack{x=1\\y=1}}=1,\left.\dfrac{\partial z}{\partial y}\right|_{\substack{x=1\\y=1}}=0$

(C) $\left.\dfrac{\partial z}{\partial x}\right|_{\substack{x=1\\y=1}}=0,\left.\dfrac{\partial z}{\partial y}\right|_{\substack{x=1\\y=1}}=1$　　(D) $\left.\dfrac{\partial z}{\partial x}\right|_{\substack{x=1\\y=1}}=1,\left.\dfrac{\partial z}{\partial y}\right|_{\substack{x=1\\y=1}}=-1$

5. 设函数 $z=z(x,y)$ 由方程 $F\left(\dfrac{z}{x},\dfrac{z}{y}\right)=0$ 确定,其中 F 为可微函数,且 $yF'_1+xF'_2\neq 0$,则 $x\dfrac{\partial z}{\partial x}+y\dfrac{\partial z}{\partial y}=$(　　).

(A) y　　(B) x　　(C) xy　　(D) z

6. 已知函数 $f(x,y)=2\,020^{\sqrt{x^{2\,020}+y^{2\,020}}}$,则下列结论正确的是(　　).

(A) $f'_x(0,0),f'_y(0,0)$ 都存在且相等

(B) $f'_x(0,0),f'_y(0,0)$ 都不存在

(C) $f'_x(0,0)$ 不存在,$f'_y(0,0)$ 存在

(D) $f'_x(0,0)$ 存在,$f'_y(0,0)$ 不存在

7. 设 $z=z(x,y)$ 由方程 $e^z-xy^2z^3=1$ 确定,则 $\left.\dfrac{\partial^2 z}{\partial x\partial y}\right|_{\substack{x=1\\y=1\\z=0}}=$(　　).

(A) 0　　(B) 1　　(C) 2　　(D) -1

8. 某商店卖甲、乙两种牌子的冰激凌,甲牌冰激凌每支进价1元,乙牌冰激凌每支进价1.2元,已有的市场数据显示,若甲牌冰激凌每支售价是 x 元,乙牌冰激凌每支售价是 y 元,则每天可卖出 $10-3x+2y$ 支甲牌冰激凌,$20+3x-4y$ 支乙牌冰激凌.若店主期望获得最大利润,则两种牌子的冰激凌售价应为(　　)(保留小数点后两位).

(A) $x=6.28$ 元,$y=8.99$ 元

(B) $x=7.99$ 元,$y=8.22$ 元

(C) $x=8.22$ 元,$y=6.99$ 元

(D) $x=8.22$ 元,$y=7.99$ 元

9. 用极坐标计算的二重积分 $\iint\limits_D \sqrt{x^2+y^2}\,dx\,dy$,$D$:$x^2+y^2\leqslant 2x$ 的值为(　　).

(A) $\dfrac{32}{9}$　　(B) $\dfrac{23}{9}$　　(C) $\dfrac{14}{9}$　　(D) $\dfrac{1}{9}$

10. 设$D=\{(x,y)\mid 1\leqslant x^2+y^2\leqslant 4,x>0,-\sqrt{2}\leqslant y\leqslant\sqrt{2}\}$，则当$\iint\limits_D\left[\left(\arctan\dfrac{y}{x}\right)^2+y\sin x^2\right]\mathrm{d}x\,\mathrm{d}y=$（　　）.

(A) 0　　(B) π^3　　(C) $\dfrac{1}{32}\pi^3$　　(D) $\dfrac{1}{64}\pi^3$

四、多项选择题(共5道小题)

1. 函数$z=f(x,y)$在点(x_0,y_0)处可微，则$z=f(x,y)$在点(x_0,y_0)处（　　）.

(A) 有定义　　(B) 极限存在　　(C) 连续
(D) 偏导数均存在　　(E) 偏导数存在且偏导数连续

2. 设函数$f(x,y)=\arctan\sqrt{\dfrac{x}{y}}$，则下列正确的是（　　）.

(A) $f'_x(1,1)=\dfrac{1}{4}$　　(B) $f'_x(1,1)=-\dfrac{1}{4}$　　(C) $f'_y(1,1)=\dfrac{1}{4}$

(D) $f'_y(1,1)=-\dfrac{1}{4}$　　(E) $f'_y(4,1)=-\dfrac{1}{5}$

3. 关于二元函数$z=f(x,y)$的极值，下列说法错误的是（　　）.

(A) 若$z=f(x,y)$是可微函数，则极值点是驻点或使得一阶偏导数不存在的点
(B) 若$z=f(x,y)$是可微函数，则驻点一定是极值点
(C) $z=f(x,y)$的极值点一定是最值点
(D) 若对于函数$z=f(x,y)$，有使得一阶偏导数不存在的点，那么这些点可能是极值点
(E) 若对于函数$z=f(x,y)$，有使得一阶偏导数不存在的点，那么这些点可能是最值点

4. 设$f(x,y)$具有一阶偏导数，且对于任意的(x,y)均有$\dfrac{\partial f(x,y)}{\partial x}>0$，$\dfrac{\partial f(x,y)}{\partial y}>0$，则下列正确的是（　　）.

(A) $f(1,2)<f(1,3)<f(2,3)$　　(B) $f(1,3)<f(1,2)<f(2,3)$
(C) $f(2,3)<f(1,2)<f(1,3)$　　(D) $f(2,1)<f(2,2)<f(3,2)$
(E) $f(2,2)<f(3,2)<f(3,1)$

5. 下列说法正确的是（　　）.

(A) 若$f(x,y)\geqslant 0$，那么二重积分$\iint\limits_D f(x,y)\mathrm{d}\sigma$表示以平面区域$D$为底，以曲面$z=f(x,y)$为顶的曲顶柱体的体积$V$

(B) 若$f(x,y)\leqslant 0$，那么二重积分$\iint\limits_D f(x,y)\mathrm{d}\sigma$表示以平面区域$D$为底，以曲面$z=f(x,y)$为顶的曲顶柱体的体积$V$

(C) 若$f(x,y)\geqslant 0$，那么二重积分$\iint\limits_D f(x,y)\mathrm{d}\sigma$表示以平面区域$D$为底，以曲面$z=f(x,y)$为顶的曲顶柱体的体积$V$的相反数$-V$

(D) 若 $f(x,y)\leqslant 0$，那么二重积分 $\iint\limits_D f(x,y)\mathrm{d}\sigma$ 表示以平面区域 D 为底，以曲面 $z=f(x,y)$ 为顶的曲顶柱体的体积 V 的相反数 $-V$

(E) 二重积分 $\iint\limits_D f(x,y)\mathrm{d}\sigma$ 表示以平面区域 D 为底，以曲面 $z=f(x,y)$ 为顶的曲顶柱体体积的代数和

五、解答题(共5道小题)

1. 设 $z=(x+y)^{2xy}+xyf(x+y,x-y)$，其中 f 是可微函数，求 $\frac{\partial z}{\partial x},\frac{\partial z}{\partial y}$.

2. 设 $y=f(x,t)$，$t=t(x)$ 由方程 $F(x,t)=0$ 确定，且 $F'_2\neq 0$，其中 f 和 F 均可微，求 $\frac{\mathrm{d}y}{\mathrm{d}x}$.

3. 求$(x,y)=x^3-4x^2+2xy-y^2$ 在有界闭区域 $D=\{(x,y)\mid -1\leqslant x\leqslant 2,0\leqslant y\leqslant 1\}$ 上的最大值和最小值.

4. 计算二重积分 $I=\iint\limits_D \mathrm{e}^{-(x^2+y^2)}\mathrm{d}x\mathrm{d}y$，其中 $D=\{(x,y)\mid -x\leqslant y\leqslant\sqrt{8-x^2},-2\leqslant x\leqslant 0\}$.

5. 计算二重积分 $I=\iint\limits_D (2+x-y)^2\mathrm{d}x\mathrm{d}y$，其中 $D=\{(x,y)\mid x^2+y^2\leqslant 4\}$.

第八章 无穷级数

模块一 本章框架图

无穷级数包括常数项级数和函数项级数，它们分别作为特殊数列和函数列的极限形式，在表达函数、研究函数性质以及进行数值计算等方面有着重要的应用. 本章主要包括常数项级数的概念、性质及敛散性的判别方法；函数项级数特别是幂级数的性质及应用.

本章内容框架图如下：

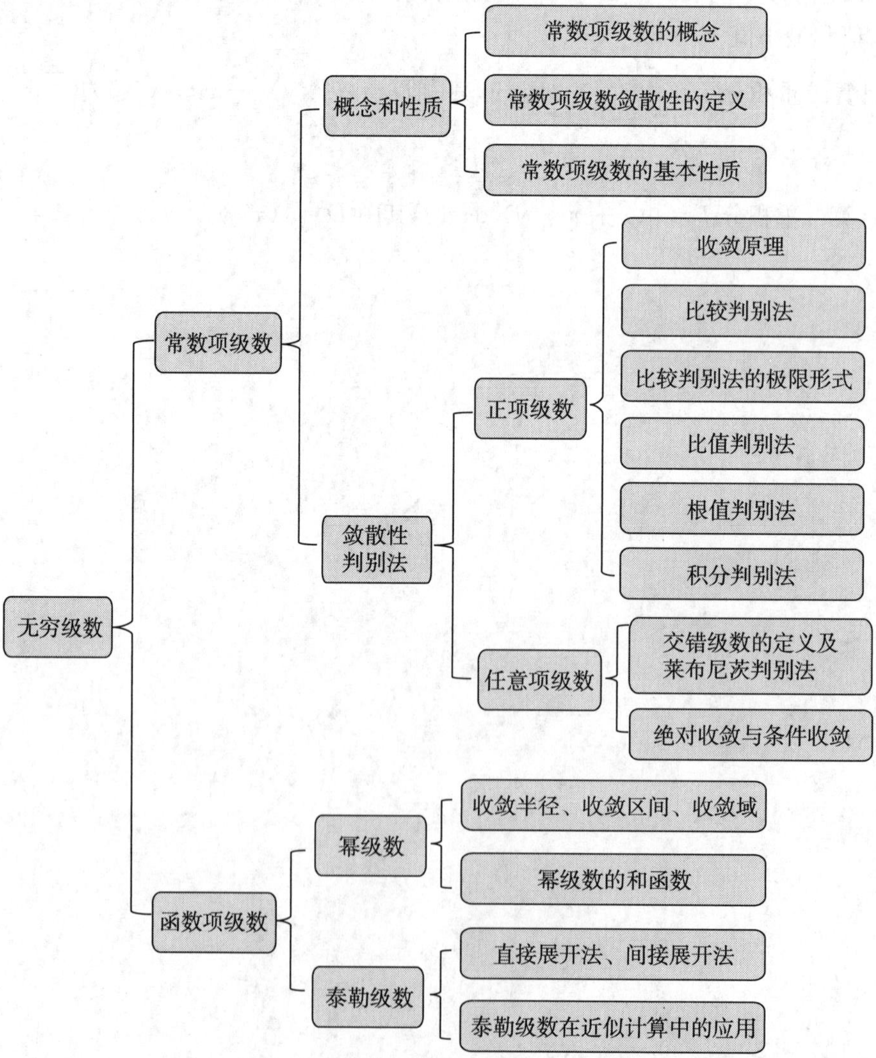

模块二 知识点梳理

一、基本概念

1. 常数项级数的定义

对于数列$\{u_n\}$,即

$$u_1, u_2, \cdots, u_n, \cdots,$$

将上述各项依次相加,得

$$\sum_{n=1}^{\infty} u_n = u_1 + u_2 + \cdots + u_n + \cdots,$$

则称$\sum\limits_{n=1}^{\infty} u_n$ 为**常数项级数**,简称**级数**,其中 u_n 称为级数的**一般项**或**通项**.

2. 部分和与部分和数列

设级数$\sum\limits_{n=1}^{\infty} u_n$ 的前 n 项和为 S_n,即

$$S_n = u_1 + u_2 + \cdots + u_n \text{ 或 } \quad S_n = \sum_{k=1}^{n} u_k,$$

称 S_n 为级数$\sum\limits_{n=1}^{\infty} u_n$ 的前 n 项**部分和**,数列$\{S_n\}$ 称为级数的**部分和数列**.

3. 收敛与发散

对于级数$\sum\limits_{n=1}^{\infty} u_n$,如果其部分和数列$\{S_n\}$ 极限存在,即

$$\lim_{n\to\infty} S_n = S \text{ 或} \lim_{n\to\infty} \sum_{k=1}^{n} u_k = S,$$

则称级数$\sum\limits_{n=1}^{\infty} u_n$ **收敛**,称 S 为$\sum\limits_{n=1}^{\infty} u_n$ 的和,记作

$$S = \sum_{n=1}^{\infty} u_n = u_1 + u_2 + \cdots + u_n + \cdots.$$

若部分和数列$\{S_n\}$ 的极限不存在,则称级数$\sum\limits_{n=1}^{\infty} u_n$ **发散**.

4. 余和

若级数$\sum\limits_{n=1}^{\infty} u_n$ 收敛,其和为 S,记 $r_n = S - S_n$,即

$$r_n = S - S_n = u_{n+1} + u_{n+2} + \cdots,$$

则称 r_n 为级数$\sum\limits_{n=1}^{\infty} u_n$ 的**余和**.

显然,若级数 $\sum_{n=1}^{\infty} u_n$ 收敛,则有下式成立

$$\lim_{n \to \infty} r_n = \lim_{n \to \infty} (S - S_n) = S - \lim_{n \to \infty} S_n = S - S = 0.$$

5. 几何级数

无穷级数

$$\sum_{n=1}^{\infty} aq^{n-1} = a + aq + \cdots + aq^{n-1} + \cdots$$

称为**等比级数**或**几何级数**,其中 $a \neq 0$,q 称为级数的公比.

6. 调和级数

无穷级数

$$\sum_{n=1}^{\infty} \frac{1}{n} = 1 + \frac{1}{2} + \frac{1}{3} + \cdots + \frac{1}{n} + \cdots$$

称为**调和级数**.

7. 正项级数

如果级数 $\sum_{n=1}^{\infty} u_n$ 的一般项 $u_n \geqslant 0 (n = 1, 2, 3, \cdots)$,则称级数 $\sum_{n=1}^{\infty} u_n$ 为**正项级数**.

8. 交错级数

设 $u_n > 0 (n = 1, 2, 3, \cdots)$,如果级数的各项正负交错,即有如下形式

$$\sum_{n=1}^{\infty} (-1)^{n-1} u_n = u_1 - u_2 + u_3 - u_4 + \cdots,$$

或

$$\sum_{n=1}^{\infty} (-1)^n u_n = -u_1 + u_2 - u_3 + u_4 - \cdots,$$

则称该级数为**交错级数**.

9. 任意项级数

对于常数项级数 $\sum_{n=1}^{\infty} u_n$,如果通项 u_n 可以任意地取正数、负数或零,那么这样的常数项级数称为**任意项级数**.

10. 绝对收敛与条件收敛

如果级数 $\sum_{n=1}^{\infty} |u_n|$ 收敛,则称 $\sum_{n=1}^{\infty} u_n$ **绝对收敛**;如果级数 $\sum_{n=1}^{\infty} u_n$ 收敛,而级数 $\sum_{n=1}^{\infty} |u_n|$ 发散,则称级数 $\sum_{n=1}^{\infty} u_n$ **条件收敛**.

11. 函数项级数

设函数列 $\{u_n(x)\} (n = 0, 1, 2, \cdots)$ 中的每个函数在实数集合 D 上均有定义,将它们依

次用加号连接起来，即

$$\sum_{n=0}^{\infty} u_n(x) = u_0(x) + u_1(x) + u_2(x) + \cdots + u_n(x) + \cdots,$$

则称级数 $\sum_{n=0}^{\infty} u_n(x)$ 为定义在集合 D 上的**函数项级数**.

12. 收敛点、发散点、收敛域、发散域

如果对于某点 $x_0 \in D$，常数项级数 $\sum_{n=0}^{\infty} u_n(x_0)$ 收敛，则称 x_0 为 $\sum_{n=0}^{\infty} u_n(x)$ 的**收敛点**；如果常数项级数 $\sum_{n=0}^{\infty} u_n(x_0)$ 发散，则称 x_0 为 $\sum_{n=0}^{\infty} u_n(x)$ 的**发散点**；函数项级数 $\sum_{n=0}^{\infty} u_n(x)$ 所有收敛点组成的集合，称为该函数项级数的**收敛域**；函数项级数 $\sum_{n=0}^{\infty} u_n(x)$ 所有发散点组成的集合，称为该函数项级数的**发散域**.

13. 和函数

对于收敛域中的每个 x，函数项级数 $\sum_{n=0}^{\infty} u_n(x)$ 都对应唯一确定的和，记为 $S(x)$，即

$$\sum_{n=0}^{\infty} u_n(x) = S(x),$$

称 $S(x)$ 为函数项级数 $\sum_{n=0}^{\infty} u_n(x)$ 的**和函数**.

称 $S_n(x) = u_0(x) + u_1(x) + u_2(x) + \cdots + u_{n-1}(x) = \sum_{k=0}^{n-1} u_k(x)$ 为函数项级数的**部分和**. 当 x 属于该函数项级数的收敛域时，有

$$\lim_{n \to \infty} S_n(x) = S(x).$$

14. 幂级数

形如

$$\sum_{n=0}^{\infty} a_n(x - x_0)^n = a_0 + a_1(x - x_0) + a_2(x - x_0)^2 + \cdots + a_n(x - x_0)^n + \cdots$$

的函数项级数，称为在点 x_0 处的**幂级数**，其中 $a_0, a_1, a_2, \cdots, a_n, \cdots$ 称为幂级数的系数.

当 $x_0 = 0$ 时，$\sum_{n=0}^{\infty} a_n x^n = a_0 + a_1 x + a_2 x^2 + \cdots + a_n x^n + \cdots$ 称为在点 $x_0 = 0$ 处的幂级数.

15. 收敛区间、收敛半径、收敛域

幂级数 $\sum_{n=0}^{\infty} a_n x^n$ 在一个以原点为中心的开区间 $(-R, R)$ 内绝对收敛，区间 $(-R, R)$ 称为幂级数 $\sum_{n=0}^{\infty} a_n x^n$ 的**收敛区间**，其中正数 R 为幂级数 $\sum_{n=0}^{\infty} a_n x^n$ 的**收敛半径**；由于在 $x = -R$

和 $x=R$ 处幂级数 $\sum\limits_{n=0}^{\infty}a_nx^n$ 可能收敛也可能发散，故在考虑区间端点 $x=\pm R$ 处的敛散性后，$(-R,R)$，$(-R,R]$，$[-R,R)$，$[-R,R]$ 称为幂级数 $\sum\limits_{n=0}^{\infty}a_nx^n$ 的**收敛域**.

对于特殊情况，有以下规定：

(1) 如果幂级数 $\sum\limits_{n=0}^{\infty}a_nx^n$ 仅在点 $x=0$ 处收敛，则它的收敛半径 $R=0$；

(2) 如果幂级数 $\sum\limits_{n=0}^{\infty}a_nx^n$ 在 $(-\infty,+\infty)$ 内收敛，则它的收敛半径 $R=+\infty$.

16. 幂级数展开式

如果函数 $f(x)$ 在点 x_0 的某个邻域内可以表示成

$$f(x)=\sum_{n=0}^{\infty}a_n(x-x_0)^n,$$

则称上式为 $f(x)$ 在点 x_0 处的**幂级数展开式**.

17. 泰勒级数

一般地，如果函数 $f(x)$ 在点 x_0 的某个邻域 (x_0-R,x_0+R) 内任意阶可导，那么幂级数 $\sum\limits_{n=0}^{\infty}\dfrac{f^{(n)}(x_0)}{n!}(x-x_0)^n$ 称为函数 $f(x)$ 在点 x_0 处的**泰勒级数**，其系数 $\dfrac{f^{(n)}(x_0)}{n!}$ 称为 $f(x)$ 在点 x_0 处的**泰勒系数**.

特别地，当 $x_0=0$ 时，称幂级数 $\sum\limits_{n=0}^{\infty}\dfrac{f^{(n)}(0)}{n!}x^n$ 为函数 $f(x)$ 的**麦克劳林级数**.

18. 常用初等函数的麦克劳林级数

(1) $e^x=1+x+\dfrac{1}{2!}x^2+\dfrac{1}{3!}x^3+\cdots+\dfrac{1}{n!}x^n+\cdots,x\in(-\infty,+\infty)$；

(2) $\sin x=x-\dfrac{1}{3!}x^3+\dfrac{1}{5!}x^5-\cdots+\dfrac{(-1)^{n-1}}{(2n-1)!}x^{2n-1}+\cdots,x\in(-\infty,+\infty)$；

(3) $\cos x=1-\dfrac{1}{2!}x^2+\dfrac{1}{4!}x^4-\cdots+\dfrac{(-1)^n}{(2n)!}x^{2n}+\cdots,x\in(-\infty,+\infty)$；

(4) $\ln(1+x)=x-\dfrac{1}{2}x^2+\dfrac{1}{3}x^3-\cdots+\dfrac{(-1)^n}{n+1}x^{n+1}+\cdots,x\in(-1,1]$；

(5) $\dfrac{1}{1-x}=1+x+x^2+\cdots+x^n+\cdots,x\in(-1,1)$；

(6) $\dfrac{1}{1+x}=1-x+x^2-\cdots+(-1)^nx^n+\cdots,x\in(-1,1)$.

二、基本性质

1. 级数的基本性质

(1) 级数收敛的必要条件：如果级数 $\sum\limits_{n=1}^{\infty}u_n$ 收敛，则它的一般项 u_n 趋于零，即

$$\lim_{n\to\infty}u_n=0.$$

注意： 由 $\lim\limits_{n\to\infty}u_n=0$ 不能判断级数 $\sum\limits_{n=1}^{\infty}u_n$ 的敛散性，比如几何级数 $\sum\limits_{n=1}^{\infty}\left(\frac{1}{2}\right)^n$ 收敛，而调和级数 $\sum\limits_{n=1}^{\infty}\frac{1}{n}$ 发散，尽管它们都满足 $\lim\limits_{n\to\infty}\left(\frac{1}{2}\right)^n=0$，$\lim\limits_{n\to\infty}\frac{1}{n}=0$，但是如果 $\lim\limits_{n\to\infty}u_n\neq 0$，则一定有级数 $\sum\limits_{n=1}^{\infty}u_n$ 发散.

(2) 设 c 为非零常数，若级数 $\sum\limits_{n=1}^{\infty}u_n$ 收敛，则级数 $\sum\limits_{n=1}^{\infty}cu_n$ 也收敛，且有

$$\sum_{n=1}^{\infty}cu_n=c\sum_{n=1}^{\infty}u_n.$$

(3) 如果级数 $\sum\limits_{n=1}^{\infty}u_n$ 和 $\sum\limits_{n=1}^{\infty}v_n$ 都收敛，且其和分别为 A 和 B，则级数 $\sum\limits_{n=1}^{\infty}(u_n\pm v_n)$ 也收敛，并且有

$$\sum_{n=1}^{\infty}(u_n\pm v_n)=\sum_{n=1}^{\infty}u_n\pm\sum_{n=1}^{\infty}v_n=A\pm B.$$

注意： (a) 对于级数 $\sum\limits_{n=1}^{\infty}u_n$ 和 $\sum\limits_{n=1}^{\infty}v_n$，以及任意常数 a，b，如果级数 $\sum\limits_{n=1}^{\infty}u_n$ 和 $\sum\limits_{n=1}^{\infty}v_n$ 都收敛，那么 $\sum\limits_{n=1}^{\infty}(au_n\pm bv_n)$ 也收敛，且有

$$\sum_{n=1}^{\infty}(au_n\pm bv_n)=a\sum_{n=1}^{\infty}u_n\pm b\sum_{n=1}^{\infty}v_n.$$

(b) 如果级数 $\sum\limits_{n=1}^{\infty}u_n$ 发散，$\sum\limits_{n=1}^{\infty}v_n$ 收敛，则必有 $\sum\limits_{n=1}^{\infty}(u_n\pm v_n)$ 发散；若 $\sum\limits_{n=1}^{\infty}u_n$ 发散，$\sum\limits_{n=1}^{\infty}v_n$ 也发散，则 $\sum\limits_{n=1}^{\infty}(u_n\pm v_n)$ 有可能收敛，也有可能发散.

(4) 设 k 为任意正整数，则级数 $\sum\limits_{n=1}^{\infty}u_n$ 和 $\sum\limits_{n=k+1}^{\infty}u_n$ 同时收敛或同时发散.

注意： 该性质说明在级数中去掉、增加或改变有限项，不会影响级数的敛散性. 在级数收敛时，在级数中去掉、增加或改变有限项一般来说"级数的和"会发生变化.

(5) 对于收敛的级数，若不改变每项的位置，按原有顺序对某些项加括号将其结合在一起，构成的新级数仍收敛，且其和不变.

注意：带括号的收敛级数去掉括号后不一定收敛，例如$(1-1)+(1-1)+\cdots+(1-1)+\cdots$收敛，但是$1-1+1-1+\cdots$发散；如果一个级数按照原有顺序对某些项加括号后得到的新级数发散，那么原级数必发散.

2. 正项级数收敛原理

正项级数$\sum\limits_{n=1}^{\infty}u_n$收敛的充分必要条件是它的部分和数列$\{S_n\}$有上界.

3. 绝对收敛与收敛

如果任意项级数

$$\sum_{n=1}^{\infty}u_n=u_1+u_2+\cdots+u_n+\cdots$$

的各项绝对值组成的级数

$$\sum_{n=1}^{\infty}|u_n|=|u_1|+|u_2|+\cdots+|u_n|+\cdots$$

收敛，则原级数$\sum\limits_{n=1}^{\infty}u_n$一定收敛，即任意项级数$\sum\limits_{n=1}^{\infty}u_n$绝对收敛，则$\sum\limits_{n=1}^{\infty}u_n$一定收敛.

4. 阿贝尔定理

如果幂级数$\sum\limits_{n=0}^{\infty}a_nx^n$在$x_0(x_0\neq 0)$处收敛，则$\sum\limits_{n=0}^{\infty}a_nx^n$在满足$|x|<|x_0|$的一切点$x$处都绝对收敛；如果幂级数$\sum\limits_{n=0}^{\infty}a_nx^n$在$x_0(x_0\neq 0)$处发散，则$\sum\limits_{n=0}^{\infty}a_nx^n$在满足$|x|>|x_0|$的一切点$x$处都发散.

阿贝尔定理的几何意义可由图 8.1 表示如下：

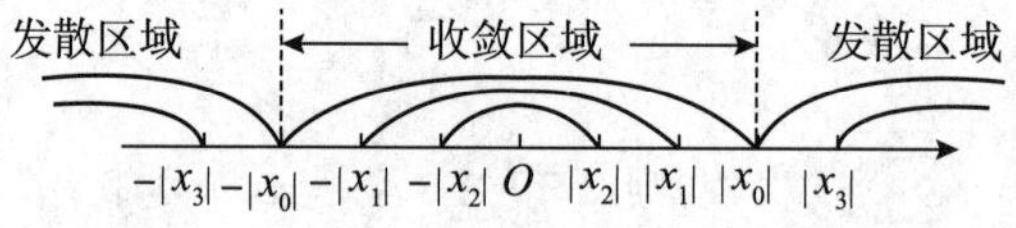

图 8.1

如图 8.1 所示，点x_1,x_2均为收敛点，x_3为发散点，x_0为收敛与发散的分界点，可见幂级数$\sum\limits_{n=0}^{\infty}a_nx^n$的收敛点与发散点在$x$轴上不能交错出现，并且收敛范围关于原点对称.

5. 幂级数收敛的半径

如果幂级数

$$\sum_{n=0}^{\infty}a_nx^n=a_0+a_1x+a_2x^2+\cdots+a_nx^n+\cdots$$

的系数满足条件

$$\lim_{n\to\infty}\left|\frac{a_{n+1}}{a_n}\right|=\rho,$$

则：

(1) 当 $0<\rho<+\infty$ 时，$R=\dfrac{1}{\rho}$；

(2) 当 $\rho=0$ 时，$R=+\infty$；

(3) 当 $\rho=+\infty$ 时，$R=0$.

6. 幂级数 $\sum\limits_{n=0}^{\infty}a_nx^n$ 的和函数的性质

(1)（连续性）幂级数 $\sum\limits_{n=0}^{\infty}a_nx^n$ 的收敛半径为 R，则其和函数 $S(x)$ 在收敛域上连续.

(2)（可导性）幂级数 $\sum\limits_{n=0}^{\infty}a_nx^n$ 在 $(-R,R)$ 内收敛于和函数 $S(x)$，则 $S(x)$ 在 $(-R,R)$ 内可导，并且有

$$S'(x)=\left(\sum_{n=0}^{\infty}a_nx^n\right)'=\sum_{n=0}^{\infty}(a_nx^n)'=\sum_{n=0}^{\infty}na_nx^{n-1}.$$

上述公式称为逐项求导公式，求导后幂级数 $\sum\limits_{n=0}^{\infty}na_nx^{n-1}$ 的收敛半径不变，仍为 R.

(3)（可积性）幂级数 $\sum\limits_{n=0}^{\infty}a_nx^n$ 在 $(-R,R)$ 内收敛于和函数 $S(x)$，则 $S(x)$ 在 $(-R,R)$ 内可积，并且有

$$\int_0^x S(t)\,\mathrm{d}t=\int_0^x\left(\sum_{n=0}^{\infty}a_nt^n\right)\mathrm{d}t=\sum_{n=0}^{\infty}\int_0^x a_nt^n\,\mathrm{d}t=\sum_{n=0}^{\infty}\frac{a_n}{n+1}x^{n+1}.$$

上述公式称为逐项积分公式，积分后幂级数 $\sum\limits_{n=0}^{\infty}\dfrac{a_n}{n+1}x^{n+1}$ 的收敛半径不变，仍为 R.

7. 能展开成泰勒级数的充要条件

若函数 $f(x)$ 在区间 (x_0-R,x_0+R) 内有任意阶导数，则 $f(x)$ 在该区间内能展开成泰勒级数的充分必要条件是 $f(x)$ 的泰勒公式的余项

$$R_n(x)=f(x)-\sum_{k=0}^{n}\frac{f^{(k)}(x_0)}{k!}(x-x_0)^k=\frac{f^{(n+1)}(\xi)}{(n+1)!}(x-x_0)^{n+1}\ (\xi\text{ 介于 }x\text{ 与 }x_0\text{ 之间})$$

满足 $\lim\limits_{n\to\infty}R_n(x)=0$.

三、判别方法

1. 比较判别法

设 $\sum\limits_{n=1}^{\infty}u_n$ 和 $\sum\limits_{n=1}^{\infty}v_n$ 都是正项级数，并且 $u_n\leqslant cv_n\ (n=1,2,\cdots)$，其中 c 为正常数，则

(1) 若 $\sum\limits_{n=1}^{\infty}v_n$ 收敛，则 $\sum\limits_{n=1}^{\infty}u_n$ 收敛；

(2) 若$\sum\limits_{n=1}^{\infty}u_n$发散,则$\sum\limits_{n=1}^{\infty}v_n$发散.

2. 比较判别法的极限形式

$\sum\limits_{n=1}^{\infty}u_n$和$\sum\limits_{n=1}^{\infty}v_n\ (v_n>0)$都是正项级数,且满足

$$\lim_{n\to\infty}\frac{u_n}{v_n}=l.$$

(1) 当$0<l<+\infty$时,$\sum\limits_{n=1}^{\infty}u_n$与$\sum\limits_{n=1}^{\infty}v_n$具有相同的敛散性;

(2) 当$l=0$时,$\sum\limits_{n=1}^{\infty}v_n$收敛,则$\sum\limits_{n=1}^{\infty}u_n$收敛;

(3) 当$l=+\infty$时,$\sum\limits_{n=1}^{\infty}v_n$发散,则$\sum\limits_{n=1}^{\infty}u_n$发散.

3. 比值判别法(又称达朗贝尔判别法)

设正项级数$\sum\limits_{n=1}^{\infty}u_n$满足

$$\lim_{n\to\infty}\frac{u_{n+1}}{u_n}=\rho,$$

则当$\rho<1$时$\sum\limits_{n=1}^{\infty}u_n$收敛,当$\rho>1$(或$\rho=+\infty$)时$\sum\limits_{n=1}^{\infty}u_n$发散,当$\rho=1$时$\sum\limits_{n=1}^{\infty}u_n$可能收敛也可能发散.

4. 根值判别法(又称柯西判别法)

设正项级数$\sum\limits_{n=1}^{\infty}u_n$满足

$$\lim_{n\to\infty}\sqrt[n]{u_n}=\rho,$$

则当$\rho<1$时$\sum\limits_{n=1}^{\infty}u_n$收敛,当$\rho>1$(或$\rho=+\infty$)时$\sum\limits_{n=1}^{\infty}u_n$发散,当$\rho=1$时$\sum\limits_{n=1}^{\infty}u_n$可能收敛也可能发散.

5. 积分判别法

设$f(x)$是$[1,+\infty)$上非负单调递减的连续函数,则$\sum\limits_{n=1}^{\infty}f(n)$与$\int_1^{+\infty}f(x)\mathrm{d}x$同时收敛或同时发散.

6. 莱布尼茨判别法

设交错级数$\sum\limits_{n=1}^{\infty}(-1)^{n-1}u_n\ (u_n>0)$满足

(1) $u_n\geqslant u_{n+1}\ (n=1,2,\cdots)$,

(2) $\lim\limits_{n\to\infty}u_n=0$，

则级数$\sum\limits_{n=1}^{\infty}(-1)^{n-1}u_n$收敛.

模块三 重难点及易错知识点问答

本章重点

1. 级数的基本性质；
2. 正项级数收敛的判别法；
3. 交错级数收敛的莱布尼茨判别法；
4. 幂级数的收敛半径、收敛区间以及收敛域；
5. 幂级数的和函数；
6. 间接展开法将函数展开成幂级数形式.

本章难点

1. 正项级数敛散性的判别；
2. 任意项级数绝对收敛、条件收敛、发散的判别；
3. 幂级数收敛域以及和函数的求解；
4. 利用已知函数的幂级数展开式求幂级数的和函数.

易错知识点问答

问题 1 级数$\sum\limits_{n=1}^{\infty}u_n$和$\sum\limits_{n=1}^{\infty}v_n$一个收敛、一个发散，那么$\sum\limits_{n=1}^{\infty}(u_n\pm v_n)$一定发散吗?

答 一定发散. 可以通过反证法得到结论. 设级数$\sum\limits_{n=1}^{\infty}v_n$收敛，级数$\sum\limits_{n=1}^{\infty}u_n$发散，如果$\sum\limits_{n=1}^{\infty}(u_n\pm v_n)$收敛，则

$$\sum_{n=1}^{\infty}u_n=\sum_{n=1}^{\infty}[(u_n\pm v_n)\mp v_n].$$

由于级数$\sum\limits_{n=1}^{\infty}(u_n\pm v_n)$收敛，$\sum\limits_{n=1}^{\infty}v_n$收敛，那么由级数的基本性质，可知$\sum\limits_{n=1}^{\infty}u_n$也收敛，这与题设矛盾，从而可知$\sum\limits_{n=1}^{\infty}(u_n\pm v_n)$一定发散.

问题 2 级数$\sum\limits_{n=1}^{\infty}u_n$和$\sum\limits_{n=1}^{\infty}v_n$均发散，那么$\sum\limits_{n=1}^{\infty}(u_n\pm v_n)$一定发散吗?

答 不一定. 如果级数$\sum\limits_{n=1}^{\infty}u_n$和$\sum\limits_{n=1}^{\infty}v_n$均发散，那么$\sum\limits_{n=1}^{\infty}(u_n\pm v_n)$有可能收敛，也有可能发散. 例如，$\sum\limits_{n=1}^{\infty}\dfrac{1}{n}$与$\sum\limits_{n=1}^{\infty}\dfrac{2}{n}$均发散，$\sum\limits_{n=1}^{\infty}\left(\dfrac{1}{n}+\dfrac{2}{n}\right)=\sum\limits_{n=1}^{\infty}\dfrac{3}{n}$发散；$\sum\limits_{n=1}^{\infty}\dfrac{1}{n}$与$\sum\limits_{n=1}^{\infty}\left(-\dfrac{1}{n}\right)$均发散，$\sum\limits_{n=1}^{\infty}\left(\dfrac{1}{n}-\dfrac{1}{n}\right)=0$收敛.

问题 3 如果正项级数 $\sum\limits_{n=1}^{\infty}u_n$ 发散,必有 $\lim\limits_{n\to\infty}u_n=+\infty$ 吗?

答 不一定. 对于正项级数 $\sum\limits_{n=1}^{\infty}u_n$,如果 $\lim\limits_{n\to\infty}u_n=+\infty$,那么一定有 $\sum\limits_{n=1}^{\infty}u_n$ 发散. 但是反之,如果正项级数 $\sum\limits_{n=1}^{\infty}u_n$ 发散,则不一定有 $\lim\limits_{n\to\infty}u_n=+\infty$. 例如,调和级数 $\sum\limits_{n=1}^{\infty}\frac{1}{n}$ 发散,但是通项满足 $\lim\limits_{n\to\infty}\frac{1}{n}=0$.

问题 4 对于正项级数 $\sum\limits_{n=1}^{\infty}u_n$,如果该级数收敛,是否一定有 $\lim\limits_{n\to\infty}\frac{u_{n+1}}{u_n}<1$?

答 不一定. 对于正项级数,由比值判别法可知,如果 $\lim\limits_{n\to\infty}\frac{u_{n+1}}{u_n}<1$,那么正项级数 $\sum\limits_{n=1}^{\infty}u_n$ 收敛,但这个判别条件为充分非必要的,即正项级数 $\sum\limits_{n=1}^{\infty}u_n$ 收敛,不一定有 $\lim\limits_{n\to\infty}\frac{u_{n+1}}{u_n}<1$. 例如,正项级数 $\sum\limits_{n=1}^{\infty}\frac{1}{n^2}$ 收敛,但是 $\lim\limits_{n\to\infty}\frac{u_{n+1}}{u_n}=\lim\limits_{n\to\infty}\frac{n^2}{(n+1)^2}=1$.

同理可知,由正项级数 $\sum\limits_{n=1}^{\infty}u_n$ 发散不能推出 $\lim\limits_{n\to\infty}\frac{u_{n+1}}{u_n}>1$.

类似地,根值判别法的条件也是充分非必要的,也就是,正项级数 $\sum\limits_{n=1}^{\infty}u_n$ 收敛,不一定有 $\lim\limits_{n\to\infty}\sqrt[n]{u_n}<1$;正项级数 $\sum\limits_{n=1}^{\infty}u_n$ 发散,也不一定有 $\lim\limits_{n\to\infty}\sqrt[n]{u_n}>1$.

问题 5 如果级数 $\sum\limits_{n=1}^{\infty}u_n^2\,(u_n\neq 0)$ 收敛,则 $\sum\limits_{n=1}^{\infty}u_n^3$ 一定绝对收敛吗?

答 一定绝对收敛. 由于 $u_n\neq 0$,故级数 $\sum\limits_{n=1}^{\infty}u_n^3$ 为任意项级数. 如果级数 $\sum\limits_{n=1}^{\infty}u_n^2\,(u_n\neq 0)$ 收敛,则有 $\lim\limits_{n\to\infty}u_n=0$. 进一步地,

$$\lim_{n\to\infty}\frac{|u_n^3|}{u_n^2}=\lim_{n\to\infty}|u_n|=0,$$

根据正项级数比较判别法的极限形式以及绝对收敛的定义可知,$\sum\limits_{n=1}^{\infty}u_n^3$ 绝对收敛.

问题 6 对于任意项级数 $\sum\limits_{n=1}^{\infty}u_n$,如果 $\sum\limits_{n=1}^{\infty}|u_n|$ 发散,则级数 $\sum\limits_{n=1}^{\infty}u_n$ 一定发散吗?

答 不一定. 对于任意项级数 $\sum\limits_{n=1}^{\infty}u_n$,如果用正项级数的比值判别法或根值判别法判别出 $\sum\limits_{n=1}^{\infty}|u_n|$ 发散,那么原来的级数 $\sum\limits_{n=1}^{\infty}u_n$ 一定发散. 因为用这两种判别方法得到 $\sum\limits_{n=1}^{\infty}|u_n|$ 发散,必有 $\lim\limits_{n\to\infty}u_n\neq 0$,因此级数 $\sum\limits_{n=1}^{\infty}u_n$ 一定发散. 但是,如果用其他正项级数的判别法判别出

$\sum_{n=1}^{\infty}|u_n|$ 发散，只能得到级数 $\sum_{n=1}^{\infty}u_n$ 非绝对收敛，不能保证 $\sum_{n=1}^{\infty}u_n$ 一定发散. 例如，$\sum_{n=1}^{\infty}\frac{(-1)^n}{n}$.

问题 7 如果级数 $\sum_{n=1}^{\infty}u_n$ 条件收敛，$\sum_{n=1}^{\infty}v_n$ 绝对收敛，则级数 $\sum_{n=1}^{\infty}(u_n \pm v_n)$ 是条件收敛的吗?

答 是条件收敛的．对于这个结论，可以通过反证法证明. 假设级数 $\sum_{n=1}^{\infty}(u_n \pm v_n)$ 绝对收敛，即级数 $\sum_{n=1}^{\infty}|u_n \pm v_n|$ 收敛，那么

$$|u_n| = |u_n \pm v_n \mp v_n| \leqslant |u_n \pm v_n| + |v_n|.$$

由于 $\sum_{n=1}^{\infty}|u_n \pm v_n|$ 和 $\sum_{n=1}^{\infty}|v_n|$ 收敛，根据正项级数的比较判别法可知，$\sum_{n=1}^{\infty}|u_n|$ 收敛，即 $\sum_{n=1}^{\infty}u_n$ 绝对收敛，与前提条件矛盾. 从而 $\sum_{n=1}^{\infty}(u_n \pm v_n)$ 条件收敛.

问题 8 对于幂级数 $\sum_{n=0}^{\infty}a_n x^{2n}$，是否也可以用“标准”幂级数 $\sum_{n=0}^{\infty}a_n x^n$ 的收敛半径的求法求其收敛半径，即幂级数 $\sum_{n=0}^{\infty}a_n x^{2n}$ 的收敛半径 $R=\frac{1}{\rho}$，其中 $\rho=\lim\limits_{n\to\infty}\left|\frac{a_{n+1}}{a_n}\right|$？

答 不可以. 幂级数 $\sum_{n=0}^{\infty}a_n x^n$ 的收敛半径的公式不适用于幂级数 $\sum_{n=0}^{\infty}a_n x^{2n}$，原因在于在幂级数 $\sum_{n=0}^{\infty}a_n x^{2n}$ 中，x 只有偶次幂没有奇次幂，因此幂级数的收敛半径不能用 $R=\frac{1}{\rho}$，其中 $\rho=\lim\limits_{n\to\infty}\left|\frac{a_{n+1}}{a_n}\right|$ 来计算.

对于非标准幂级数 $\sum_{n=0}^{\infty}a_n x^{2n}$ 可以根据正项级数的比值判别法或根值判别法，直接求收敛区间，进而得到收敛半径；也可以通过变量替换的方式，令 $t=x^2$，将非标准幂级数化成标准幂级数 $\sum_{n=0}^{\infty}a_n t^n$，然后根据公式 $R=\lim\limits_{n\to\infty}\left|\frac{a_n}{a_{n+1}}\right|$ 得到 $\sum_{n=0}^{\infty}a_n t^n$ 的收敛半径，进而解得幂级数 $\sum_{n=0}^{\infty}a_n x^{2n}$ 的收敛半径.

注意: 对于非标准幂级数，如 $\sum_{n=0}^{\infty}a_n x^{2n+1}$，$\sum_{n=1}^{\infty}a_n x^{2n-1}$ 等，都可以根据上述两种方法求收敛半径.

问题 9 对于幂级数 $\sum_{n=0}^{\infty}a_n(x-x_0)^n$，如果 R 为幂级数 $\sum_{n=0}^{\infty}a_n x^n$ 的收敛半径，那么幂级数 $\sum_{n=0}^{\infty}a_n(x-x_0)^n$ 的收敛区间为 (x_0-R, x_0+R) 吗?

答 是的.幂级数$\sum_{n=0}^{\infty} a_n(x-x_0)^n$与标准幂级数$\sum_{n=0}^{\infty} a_n x^n$的收敛半径相同,但是收敛区间的中心点不同,标准幂级数$\sum_{n=0}^{\infty} a_n x^n$的收敛区间中心为$x=0$,而幂级数$\sum_{n=0}^{\infty} a_n(x-x_0)^n$的收敛区间以$x=x_0$为中心,因此其收敛区间为$(x_0-R,x_0+R)$.

模块四 典型题解析

一、数项级数的定义与性质

例1 已知级数部分和如下,求级数$\sum_{n=1}^{\infty} u_n$的通项u_n,并判断级数的敛散性.

(1) $S_n=\dfrac{n}{2n-1}$; (2) $S_n=1-\dfrac{n^2}{3n-2}$.

解 (1) $u_n=S_n-S_{n-1}=\dfrac{n}{2n-1}-\dfrac{n-1}{2(n-1)-1}=\dfrac{n(2n-3)-(n-1)(2n-1)}{(2n-1)(2n-3)}$

$$=\frac{-1}{4n^2-8n+3}.$$

进一步地,由于$\lim\limits_{n\to\infty}S_n=\lim\limits_{n\to\infty}\dfrac{n}{2n-1}=\dfrac{1}{2}$,故由级数收敛的定义可知,该级数收敛.

(2) $u_n=S_n-S_{n-1}=-\dfrac{n^2}{3n-2}+\dfrac{(n-1)^2}{3(n-1)-2}=-\dfrac{3n^2-7n+2}{9n^2-21n+10}$.

进一步地,由于$\lim\limits_{n\to\infty}S_n=-\infty$,因而该级数发散.

分析 本题考察级数的基本定义,根据前n项和的概念可知,级数的通项,即第n项$u_n=S_n-S_{n-1}$.由级数收敛的定义可知:如果$\lim\limits_{n\to\infty}S_n$存在,则级数收敛;如果$\lim\limits_{n\to\infty}S_n$不存在,则级数发散.

例2 判断下列级数的敛散性,如果收敛,求其和.

(1) $\sum\limits_{n=1}^{\infty}\dfrac{2}{n(n+1)}$; (2) $\sum\limits_{n=1}^{\infty}\ln\dfrac{n+1}{n}$;

(3) $\sum\limits_{n=1}^{\infty}\dfrac{1}{(2n+1)(2n-1)}$; (4) $\sum\limits_{n=1}^{\infty}(\sqrt{n}-\sqrt{n-1})$.

解 (1) 由于

$$\sum_{n=1}^{\infty}\frac{2}{n(n+1)}=2\sum_{n=1}^{\infty}\frac{1}{n(n+1)}=2\sum_{n=1}^{\infty}\left(\frac{1}{n}-\frac{1}{n+1}\right),$$

因而可知该级数的前n项和

$$S_n=2\left(1-\frac{1}{2}+\frac{1}{2}-\frac{1}{3}+\cdots+\frac{1}{n}-\frac{1}{n+1}\right)=2\left(1-\frac{1}{n+1}\right).$$

又因为

$$\lim_{n\to\infty}S_n=\lim_{n\to\infty}2\left(1-\frac{1}{n+1}\right)=2,$$

因此级数收敛,且其和为 2.

(2) 由于

$$\sum_{n=1}^{\infty}\ln\frac{n+1}{n}=\sum_{n=1}^{\infty}[\ln(n+1)-\ln n],$$

因而可知该级数的前 n 项和

$$S_n=\ln2-\ln1+\ln3-\ln2+\cdots+\ln(n+1)-\ln n=\ln(n+1).$$

又因为

$$\lim_{n\to\infty}S_n=\lim_{n\to\infty}\ln(n+1)=\infty,$$

因此级数发散.

(3) 由于

$$\sum_{n=1}^{\infty}\frac{1}{(2n+1)(2n-1)}=\frac{1}{2}\sum_{n=1}^{\infty}\left(\frac{1}{2n-1}-\frac{1}{2n+1}\right),$$

因而可知该级数的前 n 项和

$$S_n=\frac{1}{2}\left(1-\frac{1}{3}+\frac{1}{3}-\frac{1}{5}+\cdots+\frac{1}{2n-1}-\frac{1}{2n+1}\right)=\frac{1}{2}\left(1-\frac{1}{2n+1}\right).$$

又因为

$$\lim_{n\to\infty}S_n=\lim_{n\to\infty}\frac{1}{2}\left(1-\frac{1}{2n+1}\right)=\frac{1}{2},$$

因此级数收敛,且其和为$\frac{1}{2}$.

(4) 由于级数的前 n 项和

$$S_n=1-0+\sqrt{2}-1+\sqrt{3}-\sqrt{2}+\cdots+\sqrt{n}-\sqrt{n-1}=\sqrt{n},$$

又

$$\lim_{n\to\infty}S_n=\lim_{n\to\infty}\sqrt{n}=+\infty,$$

因此级数发散.

分析 本题根据级数收敛和发散的定义判断级数的敛散性.由于前 n 项和 S_n 在展开时满足前后项相互抵消的关系,从而可以得到 S_n 的表达式,因此通过求解当 $n\to\infty$ 时 S_n 的极限值可判断级数的敛散性.

例 3 判断下列级数的敛散性.

(1) $\sum\limits_{n=1}^{\infty}\left(\dfrac{2}{3^n}+\dfrac{5}{n}\right)$；　　(2) $\sum\limits_{n=1}^{\infty}\dfrac{2^n}{n^2}$；

(3) $\sum\limits_{n=1}^{\infty}n^2\tan\dfrac{1}{n^2}$；　　(4) $\sin\dfrac{\pi}{3}+\sin^2\dfrac{\pi}{3}+\cdots+\sin^n\dfrac{\pi}{3}+\cdots$.

解 (1) $\sum\limits_{n=1}^{\infty}\dfrac{2}{3^n}=2\sum\limits_{n=1}^{\infty}\dfrac{1}{3^n}$，又$\sum\limits_{n=1}^{\infty}\dfrac{1}{3^n}$是公比$q=\dfrac{1}{3}<1$的几何级数，由几何级数的敛散性可知$\sum\limits_{n=1}^{\infty}\dfrac{1}{3^n}$收敛，因此$\sum\limits_{n=1}^{\infty}\dfrac{2}{3^n}$收敛；进一步地，$\sum\limits_{n=1}^{\infty}\dfrac{5}{n}=5\sum\limits_{n=1}^{\infty}\dfrac{1}{n}$，而$\sum\limits_{n=1}^{\infty}\dfrac{1}{n}$为调和级数，发散，从而$\sum\limits_{n=1}^{\infty}\dfrac{5}{n}$发散. 根据级数的基本性质：若$\sum\limits_{n=1}^{\infty}u_n$收敛，$\sum\limits_{n=1}^{\infty}v_n$发散，则$\sum\limits_{n=1}^{\infty}(u_n\pm v_n)$一定发散，故$\sum\limits_{n=1}^{\infty}\left(\dfrac{2}{3^n}+\dfrac{5}{n}\right)$发散.

(2) 级数$\sum\limits_{n=1}^{\infty}\dfrac{2^n}{n^2}$的通项$u_n=\dfrac{2^n}{n^2}$，从而$\lim\limits_{n\to\infty}\dfrac{2^n}{n^2}=+\infty$. 根据“若$\sum\limits_{n=1}^{\infty}u_n$收敛，则$\lim\limits_{n\to\infty}u_n=0$”的逆否命题“若$\lim\limits_{n\to\infty}u_n\neq 0$，则级数$\sum\limits_{n=1}^{\infty}u_n$必发散”，可知级数$\sum\limits_{n=1}^{\infty}\dfrac{2^n}{n^2}$发散.

(3) 级数$\sum\limits_{n=1}^{\infty}n^2\tan\dfrac{1}{n^2}$的通项$u_n=n^2\tan\dfrac{1}{n^2}$，$\lim\limits_{n\to\infty}n^2\tan\dfrac{1}{n^2}=\lim\limits_{n\to\infty}\dfrac{\tan\dfrac{1}{n^2}}{\dfrac{1}{n^2}}=1$，$\lim\limits_{n\to\infty}u_n\neq 0$，因而可知级数$\sum\limits_{n=1}^{\infty}n^2\tan\dfrac{1}{n^2}$发散.

(4) 级数$\sin\dfrac{\pi}{3}+\sin^2\dfrac{\pi}{3}+\cdots+\sin^n\dfrac{\pi}{3}+\cdots=\sum\limits_{n=1}^{\infty}\sin^n\dfrac{\pi}{3}$，故该级数为公比$q=\sin\dfrac{\pi}{3}=\dfrac{\sqrt{3}}{2}<1$的几何级数，由几何级数的敛散性可知$\sum\limits_{n=1}^{\infty}\sin^n\dfrac{\pi}{3}$收敛.

分析 本题考察级数基本性质的应用. 在判断级数的敛散性时，有些级数的敛散性可作为结论直接使用. 例如，调和级数$\sum\limits_{n=1}^{\infty}\dfrac{1}{n}$发散；几何级数$\sum\limits_{n=1}^{\infty}q^n$，当公比$0<|q|<1$时级数收敛，当$|q|\geqslant 1$时级数发散.

二、正项级数敛散性的判别

例 4 利用比较判别法判断下列级数的敛散性.

(1) $\sum\limits_{n=1}^{\infty}\dfrac{1}{2n+1}$；　　(2) $\sum\limits_{n=3}^{\infty}\dfrac{1}{\sqrt{n^2-2n}}$；

(3) $\sum\limits_{n=1}^{\infty}\left(\dfrac{3n}{4n+3}\right)^n$；　　(4) $\sum\limits_{n=1}^{\infty}\dfrac{3n+2}{n^2-n-1}$；

(5) $\sum\limits_{n=1}^{\infty}\frac{1}{n\sqrt{n+2}}$；　　　　(6) $\sum\limits_{n=1}^{\infty}\frac{1}{2^n}\cos\frac{3n-2}{n^2}$.

解 (1) 由于级数的通项 $u_n=\frac{1}{2n+1}>\frac{1}{2}\cdot\frac{1}{n+1}(n\geqslant 1)$，又

$$\sum_{n=1}^{\infty}\frac{1}{n+1}=\sum_{n=1}^{\infty}\frac{1}{n}-1,$$

而 $\sum\limits_{n=1}^{\infty}\frac{1}{n}$ 为调和级数，发散，故因此级数 $\sum\limits_{n=1}^{\infty}\frac{1}{2}\cdot\frac{1}{n+1}$ 发散. 由比较判别法知，原级数 $\sum\limits_{n=1}^{\infty}\frac{1}{2n+1}$ 发散.

(2) 由于级数的通项 $u_n=\frac{1}{\sqrt{n^2-2n}}>\frac{1}{\sqrt{n^2}}=\frac{1}{n}(n\geqslant 3)$，又 $\sum\limits_{n=1}^{\infty}\frac{1}{n}$ 为调和级数，发散，故由比较判别法知，原级数 $\sum\limits_{n=3}^{\infty}\frac{1}{\sqrt{n^2-2n}}$ 发散.

(3) 由于级数的通项 $u_n=\left(\frac{3n}{4n+3}\right)^n<\left(\frac{3n}{4n}\right)^n=\left(\frac{3}{4}\right)^n(n\geqslant 1)$，而级数 $\sum\limits_{n=1}^{\infty}\left(\frac{3}{4}\right)^n$ 是公比 $q=\frac{3}{4}<1$ 的几何级数，因而 $\sum\limits_{n=1}^{\infty}\left(\frac{3}{4}\right)^n$ 收敛. 由比较判别法可知，原级数 $\sum\limits_{n=1}^{\infty}\left(\frac{3n}{4n+3}\right)^n$ 收敛.

(4) 由于级数的通项 $u_n=\frac{3n+2}{n^2-n-1}>\frac{3n}{n^2}=\frac{3}{n}$，又 $\sum\limits_{n=1}^{\infty}\frac{3}{n}$ 发散，因而原级数 $\sum\limits_{n=1}^{\infty}\frac{3n+2}{n^2-n-1}$ 发散.

(5) 由于级数的通项 $u_n=\frac{1}{n\sqrt{n+2}}<\frac{1}{n\cdot\sqrt{n}}=\frac{1}{n^{\frac{3}{2}}}$，又级数 $\sum\limits_{n=1}^{\infty}\frac{1}{n^{\frac{3}{2}}}$ 为 p-级数，$p=\frac{3}{2}>1$，收敛，故由比较判别法可知，原级数 $\sum\limits_{n=1}^{\infty}\frac{1}{n\sqrt{n+2}}$ 收敛.

(6) 由于 $0<\cos\frac{3n-2}{n^2}<1$，因此级数的通项 $u_n=\frac{1}{2^n}\cos\frac{3n-2}{n^2}<\frac{1}{2^n}$，又 $\sum\limits_{n=1}^{\infty}\frac{1}{2^n}$ 为公比 $q=\frac{1}{2}<1$ 的几何级数，从而 $\sum\limits_{n=1}^{\infty}\frac{1}{2^n}$ 收敛，故由比较判别法可知，原级数 $\sum\limits_{n=1}^{\infty}\frac{1}{2^n}\cos\frac{3n-2}{n^2}$ 收敛.

分析 利用比较判别法对正项级数 $\sum\limits_{n=1}^{\infty}u_n$ 进行敛散性的判别时，需要对正项级数的通项 u_n 进行“放缩”：

如果 $u_n\leqslant v_n$，$\sum\limits_{n=1}^{\infty}v_n$ 收敛，则级数 $\sum\limits_{n=1}^{\infty}u_n$ 收敛；

如果 $u_n \geqslant v_n$，$\sum\limits_{n=1}^{\infty} v_n$ 发散，则级数 $\sum\limits_{n=1}^{\infty} u_n$ 发散.

因此，比较判别法可以简记为“大收敛则小收敛，小发散则大发散”. 放缩后的级数 $\sum\limits_{n=1}^{\infty} v_n$ 称为“参考级数”，它的敛散性已知，参考级数通常为几何级数或 p-级数.

在使用比较判别法时，需要注意“放缩适度”. 如果放大后，$u_n \leqslant v_n$，但 $\sum\limits_{n=1}^{\infty} v_n$ 发散，则无法判断原级数 $\sum\limits_{n=1}^{\infty} u_n$ 的敛散性；同理，如果缩小之后，$u_n \geqslant v_n$，但 $\sum\limits_{n=1}^{\infty} v_n$ 收敛，则同样无法判别原级数 $\sum\limits_{n=1}^{\infty} u_n$ 的敛散性. 因此，在使用比较判别法时，恰当放缩通项十分关键.

例 5 利用比较判别法的极限形式判断下列级数的敛散性.

(1) $\sum\limits_{n=1}^{\infty} n\sin\dfrac{1}{n^2}$；　　(2) $\sum\limits_{n=1}^{\infty} 2^n\tan\dfrac{1}{3^n}$；

(3) $\sum\limits_{n=1}^{\infty} \dfrac{1}{n}\ln\left(1+\dfrac{1}{\sqrt{n}}\right)$；　　(4) $\sum\limits_{n=1}^{\infty}\left(\sqrt{1+\dfrac{1}{n}}-1\right)$；

(5) $\sum\limits_{n=1}^{\infty} \dfrac{\ln n}{\sqrt{n}}$；　　(6) $\sum\limits_{n=1}^{\infty}(\sqrt{n+1}-\sqrt{n-1})$.

解 (1) 由于当 $n\to\infty$ 时，$\sin\dfrac{1}{n^2}\sim\dfrac{1}{n^2}$，从而级数的通项 $u_n=n\sin\dfrac{1}{n^2}\sim\dfrac{1}{n}(n\to\infty)$. 又 $\sum\limits_{n=1}^{\infty}\dfrac{1}{n}$ 为调和级数，发散. 故原级数 $\sum\limits_{n=1}^{\infty} n\sin\dfrac{1}{n^2}$ 发散.

(2) 由于当 $n\to\infty$ 时，$\tan\dfrac{1}{3^n}\sim\dfrac{1}{3^n}$，因而级数的通项 $u_n = 2^n\tan\dfrac{1}{3^n}\sim\left(\dfrac{2}{3}\right)^n(n\to\infty)$. 又级数 $\sum\limits_{n=1}^{\infty}\left(\dfrac{2}{3}\right)^n$ 为公比 $q=\dfrac{2}{3}<1$ 的几何级数，因而 $\sum\limits_{n=1}^{\infty}\left(\dfrac{2}{3}\right)^n$ 收敛. 故原级数 $\sum\limits_{n=1}^{\infty} 2^n\tan\dfrac{1}{3^n}$ 收敛.

(3) 由于当 $n\to\infty$ 时，$\ln\left(1+\dfrac{1}{\sqrt{n}}\right)\sim\dfrac{1}{\sqrt{n}}$，因而级数的通项 $u_n=\dfrac{1}{n}\ln\left(1+\dfrac{1}{\sqrt{n}}\right)\sim\dfrac{1}{n^{\frac{3}{2}}}(n\to\infty)$. 又级数 $\sum\limits_{n=1}^{\infty}\dfrac{1}{n^{\frac{3}{2}}}$ 为 p-级数，$p=\dfrac{3}{2}>1$，收敛. 故原级数 $\sum\limits_{n=1}^{\infty}\dfrac{1}{n}\ln\left(1+\dfrac{1}{\sqrt{n}}\right)$ 收敛.

(4) 由于当 $n\to\infty$ 时，$\sqrt{1+\dfrac{1}{n}}-1\sim\dfrac{1}{2n}$，即级数的通项 $u_n=\sqrt{1+\dfrac{1}{n}}-1\sim\dfrac{1}{2n}(n\to\infty)$. 又级数 $\sum\limits_{n=1}^{\infty}\dfrac{1}{2n}$ 发散，故原级数 $\sum\limits_{n=1}^{\infty}\left(\sqrt{1+\dfrac{1}{n}}-1\right)$ 发散.

(5) 由于

$$\lim_{n\to\infty}\frac{\dfrac{\ln n}{\sqrt{n}}}{\dfrac{1}{\sqrt{n}}}=\lim_{n\to\infty}\ln n=+\infty,$$

级数$\sum_{n=1}^{\infty}\frac{1}{\sqrt{n}}$为$p$-级数，$p=\frac{1}{2}<1$，因此，$\sum_{n=1}^{\infty}\frac{1}{\sqrt{n}}$发散，故由比较判别法的极限形式可知，原级数$\sum_{n=1}^{\infty}\frac{\ln n}{\sqrt{n}}$发散.

(6) 对级数通项分子有理化，有

$$u_n=\sqrt{n+1}-\sqrt{n-1}=\frac{2}{\sqrt{n+1}+\sqrt{n-1}},$$

由于

$$\lim_{n\to\infty}\frac{u_n}{\frac{1}{\sqrt{n}}}=\lim_{n\to\infty}\frac{2\sqrt{n}}{\sqrt{n+1}+\sqrt{n-1}}=\lim_{n\to\infty}\frac{2}{\sqrt{1+\frac{1}{n}}+\sqrt{1-\frac{1}{n}}}=1,$$

又级数$\sum_{n=1}^{\infty}\frac{1}{\sqrt{n}}$为$p$-级数，$p=\frac{1}{2}<1$，发散，故由比较判别法的极限形式可知，原级数$\sum_{n=1}^{\infty}(\sqrt{n+1}-\sqrt{n-1})$发散.

分析 使用比较判别法的极限形式判别正项级数的敛散性时，可以通过等价无穷小量代换，将级数通项转化为与之等价的简便形式，以便判别敛散性(如本题(1)至(4)).

也可以对通项与参考级数(几何级数、p-级数)的通项进行比较并取极限，从而判断原级数的敛散性(如本题(5)和(6)). 与比较判别法要“放缩适度”类似，在使用比较判别法的极限形式时，要选择合适的参考级数，否则无法得到准确结果. 例如，判别级数$\sum_{n=1}^{\infty}u_n$的敛散性，参考级数为$\sum_{n=1}^{\infty}v_n$，当$\lim_{n\to\infty}\frac{u_n}{v_n}=0$时，若$\sum_{n=1}^{\infty}v_n$发散，则无法判别原级数$\sum_{n=1}^{\infty}u_n$的敛散性；同理，若$\lim_{n\to\infty}\frac{u_n}{v_n}=+\infty$，而$\sum_{n=1}^{\infty}v_n$收敛，同样也无法判别原级数$\sum_{n=1}^{\infty}u_n$的敛散性.

例 6 利用比值判别法判断下列级数的敛散性.

(1) $\sum_{n=1}^{\infty}\frac{2^n}{n!}$；　(2) $\sum_{n=1}^{\infty}\frac{(n!)^2}{(2n+1)!}$；

(3) $\sum_{n=2}^{\infty}\frac{n(n-1)}{2^n}$；　(4) $\sum_{n=1}^{\infty}\frac{n^n}{n!}$.

解 (1) 级数的通项$u_n=\frac{2^n}{n!}>0(n=1,2,\cdots)$，又

$$\lim_{n\to\infty}\frac{u_{n+1}}{u_n}=\lim_{n\to\infty}\frac{\frac{2^{n+1}}{(n+1)!}}{\frac{2^n}{n!}}=\lim_{n\to\infty}\frac{2}{n+1}=0<1,$$

由比值判别法知,原级数$\sum\limits_{n=1}^{\infty}\dfrac{2^n}{n!}$收敛.

(2) 级数的通项$u_n=\dfrac{(n!)^2}{(2n+1)!}>0(n=1,2,\cdots)$,又

$$\lim_{n\to\infty}\frac{u_{n+1}}{u_n}=\lim_{n\to\infty}\frac{\dfrac{[(n+1)!]^2}{(2n+3)!}}{\dfrac{(n!)^2}{(2n+1)!}}=\lim_{n\to\infty}\left[\frac{(n+1)!}{n!}\right]^2\cdot\frac{1}{(2n+2)(2n+3)}$$

$$=\lim_{n\to\infty}\frac{(n+1)^2}{(2n+2)(2n+3)}=\frac{1}{4}<1,$$

由比值判别法知,原级数$\sum\limits_{n=1}^{\infty}\dfrac{(n!)^2}{(2n+1)!}$收敛.

(3) 级数的通项$u_n=\dfrac{n(n-1)}{2^n}>0(n=2,3,\cdots)$,又

$$\lim_{n\to\infty}\frac{u_{n+1}}{u_n}=\lim_{n\to\infty}\frac{\dfrac{n(n+1)}{2^{n+1}}}{\dfrac{n(n-1)}{2^n}}=\lim_{n\to\infty}\frac{n+1}{2(n-1)}=\frac{1}{2}<1,$$

由比值判别法知,原级数$\sum\limits_{n=1}^{\infty}\dfrac{n(n-1)}{2^n}$收敛.

(4) 级数的通项$u_n=\dfrac{n^n}{n!}>0(n=1,2,\cdots)$,又

$$\lim_{n\to\infty}\frac{u_{n+1}}{u_n}=\lim_{n\to\infty}\frac{\dfrac{(n+1)^{n+1}}{(n+1)!}}{\dfrac{n^n}{n!}}=\lim_{n\to\infty}\frac{(n+1)^{n+1}}{n^n}\cdot\frac{n!}{(n+1)!}$$

$$=\lim_{n\to\infty}\left(1+\frac{1}{n}\right)^n=\mathrm{e}>1,$$

由比值判别法知,原级数$\sum\limits_{n=1}^{\infty}\dfrac{n^n}{n!}$发散.

分析 比值判别法考察极限$\lim\limits_{n\to\infty}\dfrac{u_{n+1}}{u_n}$与1的大小关系.如果$\lim\limits_{n\to\infty}\dfrac{u_{n+1}}{u_n}<1$,则级数$\sum\limits_{n=1}^{\infty}u_n$收敛;如果$\lim\limits_{n\to\infty}\dfrac{u_{n+1}}{u_n}>1$,则级数$\sum\limits_{n=1}^{\infty}u_n$发散.该判别法非常适合通项中含有阶乘的正项级数敛散性的判别(如本题(1)、(2)、(4)).

需要特别注意的是,若使用比值判别法得到正项级数$\sum\limits_{n=1}^{\infty}u_n$发散,则一定有$\lim\limits_{n\to\infty}u_n\neq 0$.例如,本题(4),级数$\sum\limits_{n=1}^{\infty}\dfrac{n^n}{n!}$发散,其通项

$$u_n=\frac{n^n}{n!}=\frac{n\cdot n\cdot\cdots\cdot n}{n\cdot(n-1)\cdot\cdots\cdot 1}>\frac{n^n}{n^n}=1$$

可见，$\lim\limits_{n\to\infty}u_n\neq 0$.

例 7 利用根值判别法判断下列级数的敛散性：

(1) $\sum\limits_{n=1}^{\infty}\frac{1}{4^n}\left(1+\frac{1}{n}\right)^{2n}$； (2) $\sum\limits_{n=1}^{\infty}\frac{1}{(\arctan n)^n}$；

(3) $\sum\limits_{n=1}^{\infty}\left(\frac{3n-2}{2n+1}\right)^n$； (4) $\sum\limits_{n=2}^{\infty}\frac{(\ln n)^n}{n^2}$.

解 (1) 级数通项 $u_n=\frac{1}{4^n}\left(1+\frac{1}{n}\right)^{2n}>0(n=1,2,\cdots)$，因为

$$\lim_{n\to\infty}\sqrt[n]{u_n}=\lim_{n\to\infty}\sqrt[n]{\frac{1}{4^n}\left(1+\frac{1}{n}\right)^{2n}}=\lim_{n\to\infty}\frac{1}{4}\left(1+\frac{1}{n}\right)^2=\frac{1}{4}<1,$$

故由正项级数的根值判别法可知，原级数 $\sum\limits_{n=1}^{\infty}\frac{1}{4^n}\left(1+\frac{1}{n}\right)^{2n}$ 收敛.

(2) 级数通项 $\frac{1}{(\arctan n)^n}>0(n=1,2,\cdots)$，因为

$$\lim_{n\to\infty}\sqrt[n]{u_n}=\lim_{n\to\infty}\sqrt[n]{\frac{1}{(\arctan n)^n}}=\lim_{n\to\infty}\frac{1}{\arctan n}=\frac{2}{\pi}<1,$$

故由正项级数的根值判别法可知，原级数 $\sum\limits_{n=1}^{\infty}\frac{1}{(\arctan n)^n}$ 收敛.

(3) 级数通项 $\left(\frac{3n-2}{2n+1}\right)^n>0(n=1,2,\cdots)$，因为

$$\lim_{n\to\infty}\sqrt[n]{u_n}=\lim_{n\to\infty}\sqrt[n]{\left(\frac{3n-2}{2n+1}\right)^n}=\lim_{n\to\infty}\frac{3n-2}{2n+1}=\frac{3}{2}>1,$$

故由正项级数的根值判别法可知，原级数 $\sum\limits_{n=1}^{\infty}\left(\frac{3n-2}{2n+1}\right)^n$ 发散.

(4) 级数通项 $\frac{(\ln n)^n}{n^2}>0(n=2,3,\cdots)$，因为

$$\lim_{n\to\infty}\sqrt[n]{u_n}=\lim_{n\to\infty}\sqrt[n]{\frac{(\ln n)^n}{n^2}}=\lim_{n\to\infty}\frac{\ln n}{\sqrt[n]{n^2}}=+\infty>1,$$

故由正项级数的根值判别法可知，原级数 $\sum\limits_{n=1}^{\infty}\frac{(\ln n)^n}{n^2}$ 发散.

分析 根值判别法考察极限 $\lim\limits_{n\to\infty}\sqrt[n]{u_n}$ 与 1 的大小关系. 若 $\lim\limits_{n\to\infty}\sqrt[n]{u_n}<1$，则级数收敛；若 $\lim\limits_{n\to\infty}\sqrt[n]{u_n}>1$，则级数发散. 该判别方法对于通项为 n 次幂的正项级数非常适用. 与比值判别

法类似，若使用根值判别法得到正项级数$\sum\limits_{n=1}^{\infty}u_n$发散，则一定有$\lim\limits_{n\to\infty}u_n\neq 0$. 例如，本题(4)，由于$x\to+\infty$时，指数函数$e^{x\ln(\ln x)}$趋于$+\infty$的速度快于幂函数$x^2$，从而$\lim\limits_{x\to+\infty}\dfrac{e^{x\ln(\ln x)}}{x^2}=+\infty$.

$$\lim_{n\to\infty}u_n=\lim_{n\to\infty}\frac{(\ln n)^n}{n^2}=\lim_{x\to+\infty}\frac{(\ln x)^x}{x^2}=\lim_{x\to+\infty}\frac{e^{x\ln(\ln x)}}{x^2}=+\infty,$$

可见，$\lim\limits_{n\to\infty}u_n\neq 0$.

例 8 设级数$\sum\limits_{n=1}^{\infty}u_n^2$收敛，证明：$\sum\limits_{n=1}^{\infty}\dfrac{|u_n|}{\sqrt{n^2+2}}$收敛.

证明 当$n\to\infty$时，有$\dfrac{|u_n|}{\sqrt{n^2+2}}\sim\dfrac{|u_n|}{n}$. 又

$$\frac{|u_n|}{n}\leqslant\frac{1}{2}\left(\frac{1}{n^2}+u_n^2\right),$$

由于$\sum\limits_{n=1}^{\infty}\dfrac{1}{n^2}$收敛，$\sum\limits_{n=1}^{\infty}u_n^2$收敛，因而$\sum\limits_{n=1}^{\infty}\dfrac{1}{2}\left(\dfrac{1}{n^2}+u_n^2\right)$收敛. 因此由比较判别法可知，级数$\sum\limits_{n=1}^{\infty}\dfrac{|u_n|}{\sqrt{n^2+2}}$收敛.

三、任意项级数敛散性的判别

例 9 判断下列级数是否收敛，如果收敛，判断是绝对收敛还是条件收敛.

(1) $\sum\limits_{n=1}^{\infty}\dfrac{(-1)^n}{n+\sqrt{n}}$；

(2) $\sum\limits_{n=1}^{\infty}\dfrac{(-e)^n}{n!}$；

(3) $\sum\limits_{n=1}^{\infty}(-1)^n\left(\dfrac{2n-1}{n+1}\right)^n$；

(4) $\sum\limits_{n=1}^{\infty}\dfrac{\sin na}{(\ln 3)^n}$（$a$为非零常数）.

解 (1) 该级数为交错级数，记$u_n=\left|\dfrac{(-1)^n}{n+\sqrt{n}}\right|=\dfrac{1}{n+\sqrt{n}}$，由比较判别法的极限形式可知，

$$\lim_{n\to\infty}\frac{\dfrac{1}{n+\sqrt{n}}}{\dfrac{1}{n}}=1,$$

由于调和级数$\sum\limits_{n=1}^{\infty}\dfrac{1}{n}$发散，故$\sum\limits_{n=1}^{\infty}\dfrac{1}{n+\sqrt{n}}$发散，因此原级数非绝对收敛.

进一步地，由于$u_n\geqslant u_{n+1}$且$\lim\limits_{n\to\infty}u_n=0$，由莱布尼茨判别法知，级数$\sum\limits_{n=1}^{\infty}\dfrac{1}{n+\sqrt{n}}$收敛. 因

此，原级数$\sum_{n=1}^{\infty}\frac{1}{n+\sqrt{n}}$条件收敛.

(2) 该级数为交错级数，记$u_n=\left|\frac{(-\mathrm{e})^n}{n!}\right|=\frac{\mathrm{e}^n}{n!}$，由比值判别法可知，

$$\lim_{n\to\infty}\frac{u_{n+1}}{u_n}=\lim_{n\to\infty}\frac{\dfrac{\mathrm{e}^{n+1}}{(n+1)!}}{\dfrac{\mathrm{e}^n}{n!}}=\lim_{n\to\infty}\frac{\mathrm{e}}{n+1}=0<1,$$

故原级数$\sum_{n=1}^{\infty}\frac{(-\mathrm{e})^n}{n!}$绝对收敛.

(3) 该级数为交错级数，记$u_n=\left|(-1)^n\left(\frac{2n-1}{n+1}\right)^n\right|=\left(\frac{2n-1}{n+1}\right)^n$，由根值判别法可知，

$$\lim_{n\to\infty}\sqrt[n]{u_n}=\lim_{n\to\infty}\frac{2n-1}{n+1}=2>1,$$

因此，$\lim\limits_{n\to\infty}u_n\neq0$，从而原级数$\sum_{n=1}^{\infty}(-1)^n\left(\frac{2n-1}{n+1}\right)^n$发散.

(4) 该级数为任意项级数，由于

$$\left|\frac{\sin na}{(\ln3)^n}\right|\leqslant\frac{1}{(\ln3)^n},$$

根据正项级数的根值判别法，由于

$$\lim_{n\to\infty}\sqrt[n]{\frac{1}{(\ln3)^n}}=\frac{1}{\ln3}<1,$$

因此级数$\sum_{n=1}^{\infty}\frac{1}{(\ln3)^n}$收敛，由正项级数的比较判别法可知，原级数$\sum_{n=1}^{\infty}\frac{\sin na}{(\ln3)^n}$绝对收敛.

分析 本题为任意项级数$\sum_{n=1}^{\infty}u_n$敛散性的判别，判别步骤如下：

(1) 首先判定$n\to\infty$时，u_n的极限是否为0，若$\lim\limits_{n\to\infty}u_n\neq0$，则级数发散；若$\lim\limits_{n\to\infty}u_n=0$，则进入第(2)步.

(2) 任意项级数的通项取绝对值，将其变为正项级数$\sum_{n=1}^{\infty}|u_n|$.

(3) 利用正项级数敛散性的判别方法判断$\sum_{n=1}^{\infty}|u_n|$的敛散性. 若$\sum_{n=1}^{\infty}|u_n|$收敛，则原级数绝对收敛；若$\sum_{n=1}^{\infty}|u_n|$发散，则用其他方式再判别原级数的敛散性. 特别地，对于交错级数，用莱布尼茨判别法判别，若收敛，则原级数条件收敛.

例10 判断级数$\sum_{n=2}^{\infty}\frac{(-1)^{n-1}}{\sqrt{n+(-1)^n}}$的敛散性.

解 该级数为交错级数,令 $u_n=\left|\frac{(-1)^{n-1}}{\sqrt{n+(-1)^n}}\right|=\frac{1}{\sqrt{n+(-1)^n}}$,根据比较判别法的极限形式,有

$$\lim_{n\to\infty}\frac{\frac{1}{\sqrt{n+(-1)^n}}}{\frac{1}{\sqrt{n}}}=\lim_{n\to\infty}\frac{\sqrt{n}}{\sqrt{n+(-1)^n}}=1,$$

由于 $\sum_{n=1}^{\infty}\frac{1}{\sqrt{n}}$ 发散,因而级数 $\sum_{n=2}^{\infty}\frac{1}{\sqrt{n+(-1)^n}}$ 发散,即原级数非绝对收敛.

进一步地,

$$\sum_{n=2}^{\infty}\frac{(-1)^{n-1}}{\sqrt{n+(-1)^n}}=-\frac{1}{\sqrt{3}}+\frac{1}{\sqrt{2}}-\frac{1}{\sqrt{5}}+\frac{1}{\sqrt{4}}-\cdots,$$

虽然 $\lim\limits_{n\to\infty}u_n=\lim\limits_{n\to\infty}\frac{1}{\sqrt{n+(-1)^n}}=0$,但是不满足 $u_n>u_{n+1}(n=2,3,\cdots)$,因此莱布尼茨判别法失效. 接下来,用级数收敛的定义完成级数敛散性的判别.

设级数 $\sum_{n=2}^{\infty}\frac{(-1)^{n-1}}{\sqrt{n+(-1)^n}}$ 的前 $2n$ 项和为 S_{2n},则

$$\begin{aligned}S_{2n}&=-\frac{1}{\sqrt{3}}+\frac{1}{\sqrt{2}}-\frac{1}{\sqrt{5}}+\frac{1}{\sqrt{4}}-\cdots-\frac{1}{\sqrt{2n+1}}+\frac{1}{\sqrt{2n}}\\&=\left(\frac{1}{\sqrt{2}}-\frac{1}{\sqrt{3}}\right)+\left(\frac{1}{\sqrt{4}}-\frac{1}{\sqrt{5}}\right)+\cdots+\left(\frac{1}{\sqrt{2n}}-\frac{1}{\sqrt{2n+1}}\right),\end{aligned}$$

由于 $\frac{1}{\sqrt{2k}}-\frac{1}{\sqrt{2k+1}}>0(k=1,2,\cdots,n)$,因而 S_{2n} 单调递增. 又因为

$$S_{2n}<\left(\frac{1}{\sqrt{2}}-\frac{1}{\sqrt{4}}\right)+\left(\frac{1}{\sqrt{4}}-\frac{1}{\sqrt{6}}\right)+\cdots+\left(\frac{1}{\sqrt{2n}}-\frac{1}{\sqrt{2n+2}}\right)=\frac{1}{\sqrt{2}}-\frac{1}{\sqrt{2n+2}}<\frac{1}{\sqrt{2}},$$

因此,S_{2n} 为单调递增有上界的数列,从而极限存在. 记 $\lim\limits_{n\to\infty}S_{2n}=S$,又 $\lim\limits_{n\to\infty}u_{2n+1}=0$,因而

$$\lim_{n\to\infty}S_{2n+1}=\lim_{n\to\infty}(S_{2n}+u_{2n+1})=S,$$

由此可知 $\lim\limits_{n\to\infty}S_n=S$,即原级数 $\sum_{n=2}^{\infty}\frac{(-1)^{n-1}}{\sqrt{n+(-1)^n}}$ 收敛,且条件收敛.

分析 本题为莱布尼茨判别法判别交错级数收敛失效的情形. 由本题可知,当莱布尼茨判别法的第一个条件 $u_n>u_{n+1}$ 不满足时,级数也可能收敛. 但需要注意,当莱布尼茨判别法的第二个条件 $\lim\limits_{n\to\infty}u_n=0$ 不满足时,级数一定发散. 因此,莱布尼茨判别法的条件是充分非必要的.

四、函数项级数

例11 求下列幂级数的收敛半径和收敛域.

(1) $\sum_{n=1}^{\infty}\frac{4^n}{n}x^n$；　　(2) $\sum_{n=1}^{\infty}\frac{2^n+(-1)^n}{n}x^n$；

(3) $\sum_{n=1}^{\infty}\frac{1}{n^2}(x-1)^n$；　　(4) $\sum_{n=1}^{\infty}\frac{1}{\sqrt{n}}(2x-3)^n$；

(5) $\sum_{n=1}^{\infty}\frac{1}{2^n}x^{2n}$；　　(6) $\sum_{n=1}^{\infty}4^n(2x+1)^{2n+1}$.

解 (1) 由于

$$\lim_{n\to\infty}\left|\frac{a_{n+1}}{a_n}\right|=\lim_{n\to\infty}\frac{\frac{4^{n+1}}{n+1}}{\frac{4^n}{n}}=4\lim_{n\to\infty}\frac{n}{n+1}=4,$$

所以级数的收敛半径 $R=\frac{1}{4}$.

当 $x=\frac{1}{4}$ 时，级数为$\sum_{n=1}^{\infty}\frac{1}{n}$，发散；当 $x=-\frac{1}{4}$ 时，级数为$\sum_{n=1}^{\infty}\frac{(-1)^n}{n}$，条件收敛.

所以收敛域为$\left[-\frac{1}{4},\frac{1}{4}\right)$.

(2) 由于

$$\lim_{n\to\infty}\left|\frac{a_{n+1}}{a_n}\right|=\lim_{n\to\infty}\frac{2^{n+1}+(-1)^{n+1}}{n+1}\cdot\frac{n}{2^n+(-1)^n}=\lim_{n\to\infty}\frac{n}{n+1}\cdot\frac{2-\left(-\frac{1}{2}\right)^n}{1+\left(-\frac{1}{2}\right)^n}=2,$$

所以级数的收敛半径 $R=\frac{1}{2}$.

当 $x=\frac{1}{2}$ 时，级数为$\sum_{n=1}^{\infty}\frac{1+\left(-\frac{1}{2}\right)^n}{n}$，由于$\sum_{n=1}^{\infty}\frac{1}{n}$为调和级数，发散，又对于级数$\sum_{n=1}^{\infty}\frac{(-1)^n}{n\cdot 2^n}$，令 $u_n=\left|\frac{(-1)^n}{n\cdot 2^n}\right|=\frac{1}{n\cdot 2^n}$，由正项级数的比值判别法

$$\lim_{n\to\infty}\frac{\frac{1}{(n+1)\cdot 2^{n+1}}}{\frac{1}{n\cdot 2^n}}=\frac{1}{2}\lim_{n\to\infty}\frac{n}{n+1}=\frac{1}{2}<1,$$

可知$\sum_{n=1}^{\infty}\frac{(-1)^n}{n\cdot 2^n}$绝对收敛，因此级数$\sum_{n=1}^{\infty}\frac{1+\left(-\frac{1}{2}\right)^n}{n}$发散.

当 $x=-\frac{1}{2}$ 时，级数为 $\sum\limits_{n=1}^{\infty}\frac{(-1)^n+\frac{1}{2^n}}{n}$，由于 $\sum\limits_{n=1}^{\infty}\frac{(-1)^n}{n}$ 条件收敛，$\sum\limits_{n=1}^{\infty}\frac{1}{n\cdot 2^n}$ 收敛，因此级数 $\sum\limits_{n=1}^{\infty}\frac{(-1)^n+\frac{1}{2^n}}{n}$ 收敛.

综上可知，该级数的收敛域为 $\left[-\frac{1}{2},\frac{1}{2}\right)$.

(3) 令 $t=x-1$，则 $\sum\limits_{n=1}^{\infty}\frac{1}{n^2}(x-1)^n=\sum\limits_{n=1}^{\infty}\frac{1}{n^2}t^n$，由于

$$\lim_{n\to\infty}\left|\frac{a_{n+1}}{a_n}\right|=\lim_{n\to\infty}\frac{n^2}{(n+1)^2}=1,$$

所以 $\sum\limits_{n=1}^{\infty}\frac{1}{n^2}t^n$ 的收敛半径为 $\tilde{R}=1$.

当 $t=1$ 时，级数 $\sum\limits_{n=1}^{\infty}\frac{1}{n^2}$ 收敛；当 $t=-1$ 时，级数 $\sum\limits_{n=1}^{\infty}\frac{(-1)^n}{n^2}$ 收敛.

因此，$\sum\limits_{n=1}^{\infty}\frac{1}{n^2}t^n$ 的收敛域为 $[-1,1]$，即当 $-1\leqslant x-1\leqslant 1$ 时原级数收敛. 所以，该级数的收敛半径为 $R=1$，收敛域为 $[0,2]$.

(4)（方法一） 令 $t=2x-3$，将原级数化为标准幂级数 $\sum\limits_{n=1}^{\infty}\frac{1}{\sqrt{n}}(2x-3)^n=\sum\limits_{n=1}^{\infty}\frac{1}{\sqrt{n}}t^n$. 由于

$$\lim_{n\to\infty}\left|\frac{a_{n+1}}{a_n}\right|=\lim_{n\to\infty}\frac{\sqrt{n}}{\sqrt{n+1}}=1,$$

所以 $\sum\limits_{n=1}^{\infty}\frac{1}{\sqrt{n}}t^n$ 的收敛半径 $\tilde{R}=1$. 又当 $t=1$ 时，级数为 $\sum\limits_{n=1}^{\infty}\frac{1}{\sqrt{n}}$，该级数为 p-级数，$p=\frac{1}{2}<1$，发散；当 $t=-1$ 时，级数为 $\sum\limits_{n=1}^{\infty}\frac{(-1)^n}{\sqrt{n}}$，由莱布尼茨判别法知，该级数条件收敛.

因此，级数 $\sum\limits_{n=1}^{\infty}\frac{1}{\sqrt{n}}t^n$ 的收敛域为 $[-1,1)$. 从而可知，当 $-1\leqslant 2x-3<1$，即 $1\leqslant x<2$ 时原级数收敛. 故原级数的收敛半径为 $R=\frac{1}{2}$，收敛域为 $[1,2)$.

（方法二） 记 $u_n=\frac{1}{\sqrt{n}}(2x-3)^n$，根据正项级数的比值判别法，有

$$\lim_{n\to\infty}\left|\frac{u_{n+1}}{u_n}\right|=\lim_{n\to\infty}\frac{\sqrt{n}}{\sqrt{n+1}}\mid 2x-3\mid=\mid 2x-3\mid.$$

当 $|2x-3|<1$,即 $1<x<2$ 时,级数绝对收敛;当 $|2x-3|>1$,即 $x<1$ 或 $x>2$ 时,级数发散. 故级数的收敛半径 $R=\frac{1}{2}$.

当 $2x-3=1$,即 $x=2$ 时,原级数为 $\sum\limits_{n=1}^{\infty}\frac{1}{\sqrt{n}}$,级数发散;

当 $2x-3=-1$,即 $x=1$ 时,原级数为 $\sum\limits_{n=1}^{\infty}\frac{(-1)^n}{\sqrt{n}}$,级数条件收敛.

所以级数的收敛域为$[1,2)$.

(5)(方法一) 令 $t=x^2$,将原级数化为标准幂级数 $\sum\limits_{n=1}^{\infty}\frac{1}{2^n}x^{2n}=\sum\limits_{n=1}^{\infty}\frac{1}{2^n}t^n$. 由于

$$\lim_{n\to\infty}\left|\frac{a_{n+1}}{a_n}\right|=\lim_{n\to\infty}\frac{2^n}{2^{n+1}}=\frac{1}{2},$$

所以 $\sum\limits_{n=1}^{\infty}\frac{1}{2^n}t^n$ 的收敛半径 $\widetilde{R}=2$.

当 $t=2$ 时,级数为 $\sum\limits_{n=1}^{\infty}\frac{1}{2^n}t^n=\sum\limits_{n=1}^{\infty}1^n$,该级数发散;当 $t=-2$ 时,级数为 $\sum\limits_{n=1}^{\infty}\frac{1}{2^n}t^n=\sum\limits_{n=1}^{\infty}(-1)^n$,该级数发散.

因此,级数 $\sum\limits_{n=1}^{\infty}\frac{1}{2^n}t^n$ 的收敛域为$(-2,2)$. 从而可知,当 $-2<x^2<2$,即 $-\sqrt{2}<x<\sqrt{2}$ 时原级数收敛. 故原级数的收敛半径为 $R=\sqrt{2}$,收敛域为$(-\sqrt{2},\sqrt{2})$.

(方法二) 记 $u_n=\frac{1}{2^n}x^{2n}$,根据正项级数的根值判别法,有

$$\lim_{n\to\infty}\sqrt[n]{|u_n|}=\lim_{n\to\infty}\sqrt[n]{\left|\frac{1}{2^n}x^{2n}\right|}=\frac{x^2}{2}.$$

当 $\frac{x^2}{2}<1$,即 $-\sqrt{2}<x<\sqrt{2}$ 时,级数绝对收敛;当 $\frac{x^2}{2}>1$,即 $x<-\sqrt{2}$ 或 $x>\sqrt{2}$ 时,级数发散. 故级数的收敛半径 $R=\sqrt{2}$.

当 $\frac{x^2}{2}=1$,即 $x=\sqrt{2}$ 时,原级数为 $\sum\limits_{n=1}^{\infty}1^n$,级数发散;当 $x=-\sqrt{2}$ 时,原级数为 $\sum\limits_{n=1}^{\infty}(-1)^n$,级数也发散. 所以级数的收敛域为$(-\sqrt{2},\sqrt{2})$.

(6)(方法一) $\sum\limits_{n=1}^{\infty}4^n(2x+1)^{2n+1}=(2x+1)\sum\limits_{n=1}^{\infty}4^n(2x+1)^{2n}$.

令 $t=(2x+1)^2$,则级数 $\sum\limits_{n=1}^{\infty}4^n(2x+1)^{2n}=\sum\limits_{n=1}^{\infty}4^nt^n$. 由于

$$\lim_{n\to\infty}\left|\frac{a_{n+1}}{a_n}\right|=\lim_{n\to\infty}\left|\frac{4^{n+1}}{4^n}\right|=4,$$

所以$\sum_{n=1}^{\infty}4^nt^n$ 的收敛半径$\widetilde{R}=\frac{1}{4}$.

当$t=\frac{1}{4}$时，级数$\sum_{n=1}^{\infty}4^nt^n=\sum_{n=1}^{\infty}1^n$，发散；当$t=-\frac{1}{4}$时，级数$\sum_{n=1}^{\infty}4^nt^n=\sum_{n=1}^{\infty}(-1)^n$，发散.

因此，级数$\sum_{n=1}^{\infty}4^nt^n$ 的收敛域为$\left(-\frac{1}{4},\frac{1}{4}\right)$. 从而可知，当$(2x+1)^2<\frac{1}{4}$，即$-\frac{3}{4}<x<-\frac{1}{4}$时，原级数收敛. 故原级数的收敛半径为$R=\frac{1}{4}$，收敛域为$\left(-\frac{3}{4},-\frac{1}{4}\right)$.

（方法二） 记$u_n=4^n(2x+1)^{2n+1}$，根据正项级数的比值判别法，有

$$\lim_{n\to\infty}\left|\frac{u_{n+1}}{u_n}\right|=\lim_{n\to\infty}\left|\frac{4^{n+1}(2x+1)^{2n+3}}{4^n(2x+1)^{2n+1}}\right|=4(2x+1)^2.$$

当$4(2x+1)^2<1$，即$-\frac{3}{4}<x<-\frac{1}{4}$时，级数绝对收敛；当$4(2x+1)^2>1$，即$x<-\frac{3}{4}$或$x>-\frac{1}{4}$时，级数发散. 故级数的收敛半径$R=\frac{1}{4}$.

当$x=-\frac{3}{4}$时，原级数为$\sum_{n=1}^{\infty}\frac{(-1)^{2n+1}}{2}$，级数发散；当$x=-\frac{1}{4}$时，原级数为$\sum_{n=1}^{\infty}\frac{(-1)^{2n}}{2}$，级数也发散. 所以级数的收敛域为$\left(-\frac{3}{4},-\frac{1}{4}\right)$.

分析 求幂级数的收敛半径和收敛域时，需要区分幂级数是否为“标准型”.

(1) 如果为标准幂级数$\sum_{n=1}^{\infty}a_nx^n$，则收敛半径和收敛域的求解步骤如下：

(a) 计算极限$\lim_{n\to\infty}\left|\frac{a_{n+1}}{a_n}\right|=\rho$.

当$0<\rho<+\infty$时，收敛半径$R=\frac{1}{\rho}$；当$\rho=0$时，收敛半径$R=+\infty$；当$\rho=+\infty$时，收敛半径$R=0$.

(b) 当$0<\rho<+\infty$时，进一步计算收敛域.

判断在$x=\pm R$处级数的敛散性，得到收敛域为$(-R,R)$，$[-R,R)$，$(-R,R]$，$[-R,R]$中的一种(如本题(1)和(2)).

特别地，对于点x_0处的幂级数$\sum_{n=1}^{\infty}a_n(x-x_0)^n$，其收敛半径的求解步骤同(a)，收敛域则以$x=x_0$为中心，即$(x_0-R,x_0+R)$，$[x_0-R,x_0+R)$，$(x_0-R,x_0+R]$，$[x_0-R,x_0+R]$中的一种(如本题(3)).

(2) 如果为非标准幂级数(如本题(4)、(5)、(6))，可用两种方法求解.

(a) 做变量替换，将非标准幂级数转化为标准幂级数，然后按照(1)中的步骤进行求解(见本题(4)、(5)、(6)方法一).

(b) 将通项取绝对值，直接使用比值判别法或根值判别法，求级数的收敛半径和收敛域

(见本题(4)、(5)、(6) 方法二).

例12 求下列幂级数的和函数.

(1) $\sum_{n=1}^{\infty} nx^{n-1}$;　　(2) $\sum_{n=0}^{\infty} \frac{1}{n+1}x^{n+1}$;

(3) $\sum_{n=1}^{\infty} n(n+1)x^{n}$;　　(4) $\sum_{n=1}^{\infty} \frac{(3x)^n}{n}$.

解 (1) 记 $u_n(x)=nx^{n-1}$,由于

$$\lim_{n\to\infty}\left|\frac{u_{n+1}(x)}{u_n(x)}\right|=\lim_{n\to\infty}\left|\frac{(n+1)x^n}{nx^{n-1}}\right|=|x|,$$

因此当 $|x|<1$ 时级数收敛.

当 $x=1$ 时,级数 $\sum_{n=1}^{\infty} nx^{n-1}=\sum_{n=1}^{\infty} n$,发散;当 $x=-1$ 时,级数 $\sum_{n=1}^{\infty} nx^{n-1}=\sum_{n=1}^{\infty} n(-1)^{n-1}$,发散.从而幂级数 $\sum_{n=1}^{\infty} nx^{n-1}$ 的收敛域为$(-1,1)$.

设幂级数 $\sum_{n=1}^{\infty} nx^{n-1}$ 的和函数为 $S(x)$,即

$$S(x)=\sum_{n=1}^{\infty} nx^{n-1},x\in(-1,1),$$

由于

$$\int_0^x S(t)\mathrm{d}t=\int_0^x\left(\sum_{n=1}^{\infty} nt^{n-1}\right)\mathrm{d}t=\sum_{n=1}^{\infty}\int_0^x nt^{n-1}\mathrm{d}t=\sum_{n=1}^{\infty} x^n=\frac{x}{1-x},x\in(-1,1),$$

因此,和函数为

$$S(x)=\left(\int_0^x S(t)\mathrm{d}t\right)'=\left(\frac{x}{1-x}\right)'=\frac{1}{(1-x)^2},x\in(-1,1).$$

(2) 因为

$$\lim_{n\to\infty}\left|\frac{a_{n+1}}{a_n}\right|=\lim_{n\to\infty}\frac{n+1}{n+2}=1,$$

所以幂级数的收敛区间为$(-1,1)$. 又当 $x=1$ 时级数 $\sum_{n=0}^{\infty} \frac{1}{n+1}x^{n+1}=\sum_{n=0}^{\infty} \frac{1}{n+1}$,发散;当 $x=-1$ 时级数 $\sum_{n=0}^{\infty} \frac{1}{n+1}x^{n+1}=\sum_{n=0}^{\infty} \frac{(-1)^{n+1}}{n+1}$,条件收敛. 因此幂级数的收敛域为$[-1,1)$.

设幂级数 $\sum_{n=1}^{\infty} \frac{1}{n+1}x^{n+1}$ 的和函数为 $S(x)$,即

$$S(x)=\sum_{n=0}^{\infty} \frac{1}{n+1}x^{n+1},x\in[-1,1),$$

则

$$S'(x)=\left(\sum_{n=0}^{\infty}\frac{1}{n+1}x^{n+1}\right)'=\sum_{n=0}^{\infty}\left(\frac{1}{n+1}x^{n+1}\right)'=\sum_{n=0}^{\infty}x^{n}=\frac{1}{1-x},x\in[-1,1),$$

从而

$$S(x)=\int_{0}^{x}S'(t)\mathrm{d}t+S(0)=\int_{0}^{x}\frac{1}{1-t}\mathrm{d}t=-\ln(1-x),$$

即幂级数 $\sum\limits_{n=0}^{\infty}\frac{1}{n+1}x^{n+1}$ 的和函数为 $S(x)=-\ln(1-x),x\in[-1,1)$.

(3) 因为

$$\lim_{n\to\infty}\left|\frac{a_{n+1}}{a_n}\right|=\lim_{n\to\infty}\frac{(n+1)(n+2)}{n(n+1)}=1,$$

所以幂级数的收敛区间为$(-1,1)$. 又当 $x=1$ 时级数 $\sum\limits_{n=1}^{\infty}n(n+1)x^{n}=\sum\limits_{n=1}^{\infty}n(n+1)$ 发散;当 $x=-1$ 时级数 $\sum\limits_{n=1}^{\infty}n(n+1)x^{n}=\sum\limits_{n=1}^{\infty}n(n+1)(-1)^{n}$ 发散. 因此幂级数的收敛域为$(-1,1)$.

设幂级数 $\sum\limits_{n=1}^{\infty}n(n+1)x^{n}$ 的和函数为 $S(x)$,即

$$S(x)=\sum_{n=1}^{\infty}n(n+1)x^{n},x\in(-1,1),$$

那么,$S(x)=x\sum\limits_{n=1}^{\infty}n(n+1)x^{n-1}=x\left(\sum\limits_{n=1}^{\infty}x^{n+1}\right)''$.

令 $g(x)=\sum\limits_{n=1}^{\infty}x^{n+1},x\in(-1,1)$,则

$$g(x)=\lim_{n\to\infty}\frac{x^{2}(1-x^{n})}{1-x}=\frac{x^{2}}{1-x},x\in(-1,1),$$

从而

$$S(x)=xg''(x)=\frac{2x}{(1-x)^{3}},x\in(-1,1).$$

即幂级数 $\sum\limits_{n=1}^{\infty}n(n+1)x^{n}$ 的和函数为 $S(x)=\frac{2x}{(1-x)^{3}},x\in(-1,1)$.

(4) 由 $\sum\limits_{n=1}^{\infty}\frac{(3x)^{n}}{n}=\sum\limits_{n=1}^{\infty}\frac{3^{n}}{n}x^{n}$,得

$$\lim_{n\to\infty}\left|\frac{a_{n+1}}{a_n}\right|=\lim_{n\to\infty}\left|\frac{\frac{3^{n+1}}{n+1}}{\frac{3^{n}}{n}}\right|=\lim_{n\to\infty}\left|\frac{3n}{n+1}\right|=3,$$

故级数$\sum\limits_{n=1}^{\infty}\frac{(3x)^n}{n}$的收敛区间为$\left(-\frac{1}{3},\frac{1}{3}\right)$. 进一步地,当$x=\frac{1}{3}$时,级数$\sum\limits_{n=1}^{\infty}\frac{(3x)^n}{n}=\sum\limits_{n=1}^{\infty}\frac{1}{n}$,发散;当$x=-\frac{1}{3}$时,级数$\sum\limits_{n=1}^{\infty}\frac{(3x)^n}{n}=\sum\limits_{n=1}^{\infty}\frac{(-1)^n}{n}$,条件收敛. 因此级数的收敛域为$\left[-\frac{1}{3},\frac{1}{3}\right)$.

设幂级数$\sum\limits_{n=1}^{\infty}\frac{(3x)^n}{n}$的和函数为$S(x)$,即

$$S(x)=\sum_{n=1}^{\infty}\frac{(3x)^n}{n},x\in\left[-\frac{1}{3},\frac{1}{3}\right),$$

那么,

$$S'(x)=\left(\sum_{n=1}^{\infty}\frac{(3x)^n}{n}\right)'=\sum_{n=1}^{\infty}\left[\frac{(3x)^n}{n}\right]'=\sum_{n=1}^{\infty}\frac{n(3x)^{n-1}\cdot 3}{n}=3\sum_{n=1}^{\infty}(3x)^{n-1}=\frac{3}{1-3x},$$

从而

$$S(x)-S(0)=\int_0^x S'(t)\mathrm{d}t=\int_0^x\frac{3}{1-3t}\mathrm{d}t=-\ln(1-3x),$$

又$S(0)=0$,因此幂级数$\sum\limits_{n=1}^{\infty}\frac{(3x)^n}{n}$的和函数为$S(x)=-\ln(1-3x),x\in\left[-\frac{1}{3},\frac{1}{3}\right)$.

分析 幂级数的和函数的求解主要是基于和函数的连续性、可微性和可积性,利用逐项求导、逐项求积分公式来完成计算. 在幂级数和函数的求解过程中,首先需要确定幂级数的收敛域,和函数的定义域即为收敛域;其次,通过逐项求导或逐项求积分将幂级数通项中的系数消去,使得幂级数化简为几何级数,从而得到几何级数的和函数;最后,通过逆运算,解得幂级数的和函数.

例13 计算级数$\sum\limits_{n=1}^{\infty}\frac{(-1)^n n}{4^n}$的和.

解 该级数的和可视为幂级数$\sum\limits_{n=1}^{\infty}nx^n$的和函数在$x=-\frac{1}{4}$处的函数值,即$\sum\limits_{n=1}^{\infty}\frac{(-1)^n n}{4^n}=\sum\limits_{n=1}^{\infty}n\cdot\left(-\frac{1}{4}\right)^n$.

首先,对于幂级数$\sum\limits_{n=1}^{\infty}nx^n$,由

$$\lim_{n\to\infty}\left|\frac{a_{n+1}}{a_n}\right|=\lim_{n\to\infty}\left|\frac{n+1}{n}\right|=1$$

可知,幂级数的收敛区间为$(-1,1)$. 进一步地,当$x=\pm 1$时,级数发散,因此该幂级数的收敛域为$(-1,1)$.

令$S(x)=\sum\limits_{n=1}^{\infty}nx^n,x\in(-1,1)$,则

$$\sum_{n=1}^{\infty} nx^n = x\sum_{n=1}^{\infty} nx^{n-1} = x\sum_{n=1}^{\infty}(x^n)' = x\left(\sum_{n=1}^{\infty} x^n\right)' = x\left(\frac{x}{1-x}\right)' = \frac{x}{(1-x)^2}, x \in (-1,1),$$

因此,有

$$S\left(-\frac{1}{4}\right) = -\frac{4}{25},$$

即级数$\sum_{n=1}^{\infty}\frac{(-1)^n n}{4^n}$的和为$-\frac{4}{25}$.

分析 本题求级数的和,考察的是幂级数的和函数在一点的取值问题.首先需要观察级数对应的幂级数形式以及相应的取值点,然后求幂级数的和函数,进而得到和函数在具体点处的函数值.

五、泰勒级数

例 14 将函数 $f(x)=\frac{1}{x^2-2x-3}$ 展开成 x 的幂级数.

解 因为

$$\begin{aligned} f(x) &= \frac{1}{x^2-2x-3} = \frac{1}{(x+1)(x-3)} = \frac{1}{4}\left(\frac{1}{x-3}-\frac{1}{x+1}\right) \\ &= -\frac{1}{4}\left(\frac{1}{x+1}+\frac{1}{3}\cdot\frac{1}{1-\frac{x}{3}}\right) = -\frac{1}{4}\cdot\frac{1}{1+x}-\frac{1}{12}\cdot\frac{1}{1-\frac{x}{3}}, \end{aligned}$$

又

$$\frac{1}{x+1} = \sum_{n=0}^{\infty}(-x)^n, x \in (-1,1),$$

$$\frac{1}{1-\frac{x}{3}} = \sum_{n=0}^{\infty}\left(\frac{x}{3}\right)^n, x \in (-3,3),$$

因此,

$$f(x) = -\frac{1}{4}\cdot\sum_{n=0}^{\infty}(-x)^n - \frac{1}{12}\sum_{n=0}^{\infty}\left(\frac{x}{3}\right)^n = -\frac{1}{4}\sum_{n=0}^{\infty}\left[(-x)^n+\frac{x^n}{3^{n+1}}\right], x \in (-1,1).$$

例 15 在 $x=1$ 处将 $f(x)=\frac{2}{x^2-8x+15}$ 展开成泰勒级数.

解 由于

$$\frac{2}{x^2-8x+15} = \frac{2}{(3-x)(5-x)} = \frac{1}{3-x}-\frac{1}{5-x},$$

又

$$\frac{1}{3-x}=\frac{1}{2-(x-1)}=\frac{1}{2}\cdot\frac{1}{1-\frac{x-1}{2}}=\frac{1}{2}\sum_{n=0}^{\infty}\left(\frac{x-1}{2}\right)^n,x\in(-1,3),$$

$$\frac{1}{5-x}=\frac{1}{4-(x-1)}=\frac{1}{4}\cdot\frac{1}{1-\frac{x-1}{4}}=\frac{1}{4}\sum_{n=0}^{\infty}\left(\frac{x-1}{4}\right)^n,x\in(-3,5),$$

因而

$$f(x)=\frac{1}{2}\sum_{n=0}^{\infty}\left(\frac{x-1}{2}\right)^n-\frac{1}{4}\sum_{n=0}^{\infty}\left(\frac{x-1}{4}\right)^n=\sum_{n=0}^{\infty}\left(\frac{1}{2^{n+1}}-\frac{1}{4^{n+1}}\right)(x-1)^n,x\in(-1,3).$$

分析 例 14 和例 15 均为将一个函数在一点 x_0 处展开成泰勒级数. 首先,将函数的表达式整理出$(x-x_0)$的形式,然后将$(x-x_0)$视为整体,根据常用初等函数的麦克劳林公式,写出函数相应的泰勒级数.

例 16 将函数 $f(x)=\frac{x-1}{2-x}$ 在 $x=1$ 处展开成泰勒级数,并求$f^{(2\,022)}(1)$.

解 因为

$$\frac{x-1}{2-x}=(x-1)\frac{1}{1-(x-1)},$$

又

$$\frac{1}{1-(x-1)}=\sum_{n=0}^{\infty}(x-1)^n,x\in(0,2),$$

所以

$$f(x)=\frac{x-1}{2-x}=\sum_{n=1}^{\infty}(x-1)^n,x\in(0,2).$$

进一步地,$\frac{f^{(n)}(1)}{n!}=1$,从而$f^{(2\,022)}(1)=2\,022!$.

分析 本题首先求函数在一点 x_0 处的泰勒级数,然后求函数在该点的高阶导数值. 求函数在一点的泰勒级数与例 14、例 15 类似. 基于泰勒展开式,利用泰勒级数的定义,可知$\frac{f^{(n)}(x_0)}{n!}$的值,从而得到$f^{(n)}(x_0)$. 此外,对于给定函数 $f(x)$,直接求该函数在点 x_0 处的高阶导数,与本题属于同一类型,需要先求函数在该点处的泰勒级数,然后根据泰勒级数的定义,通过系数的对应关系,得到$f^{(n)}(x_0)$.

例 17 求$\sum_{n=0}^{\infty}\frac{2^n}{n!}x^{n+1}$的和函数以及级数$\sum_{n=0}^{\infty}\frac{2^n}{n!}$的值.

解 由于

$$\sum_{n=0}^{\infty}\frac{2^n}{n!}x^{n+1}=x\sum_{n=0}^{\infty}\frac{1}{n!}(2x)^n,$$

又

$$e^x=1+x+\frac{1}{2!}x^2+\frac{1}{3!}x^3+\cdots+\frac{1}{n!}x^n+\cdots, x\in(-\infty,+\infty),$$

从而

$$\sum_{n=0}^{\infty}\frac{2^n}{n!}x^{n+1}=x e^{2x},$$

因此，当 $x=1$ 时，有 $\sum_{n=0}^{\infty}\frac{2^n}{n!}=e^2$.

分析 本题为求和函数，并在此基础上计算数项级数的和. 由于级数的系数含有阶乘，因此无法通过逐项求导或逐项求积分来得到和函数. 故本题基于常用初等函数的麦克劳林级数，得到相应的和函数，进而通过取特殊值，得到数项级数的和.

例18 计算 e 的近似值，要求误差不超过 10^{-5}.

解 由 $e^x=1+x+\frac{1}{2!}x^2+\frac{1}{3!}x^3+\cdots+\frac{1}{n!}x^n+\cdots, x\in(-\infty,+\infty)$ 可知，当取 $x=1$ 时，有

$$e=1+1+\frac{1}{2!}+\frac{1}{3!}+\cdots+\frac{1}{n!}+\cdots,$$

取前 $n+1$ 项的和作为 e 的近似值，即

$$e\approx 1+1+\frac{1}{2!}+\frac{1}{3!}+\cdots+\frac{1}{n!}.$$

此时，误差为

$$\begin{aligned}R_n&=\frac{1}{(n+1)!}+\frac{1}{(n+2)!}+\frac{1}{(n+3)!}+\cdots\\&=\frac{1}{(n+1)!}\left[1+\frac{1}{n+2}+\frac{1}{(n+2)(n+3)}+\cdots\right]\\&\leqslant\frac{1}{(n+1)!}\left[1+\frac{1}{n+1}+\frac{1}{(n+1)^2}+\cdots\right]\\&=\frac{1}{(n+1)!}\cdot\frac{1}{1-\frac{1}{n+1}}=\frac{1}{n\cdot n!}.\end{aligned}$$

要使误差不超过 10^{-5}，只需 $\frac{1}{n\cdot n!}\leqslant 10^{-5}$，即 $n\cdot n!\geqslant 10^5$. 由于 $7\cdot 7!=35\ 280<10^5$，$8\cdot 8!=322\ 560>10^5$，因此取 $n=8$，则

$$e\approx 1+1+\frac{1}{2!}+\frac{1}{3!}+\cdots+\frac{1}{8!}\approx 2.718\ 28.$$

例 19 计算定积分$\int_0^1 \frac{\sin x}{x}\mathrm{d}x$ 的近似值,精确到10^{-4}.

解 由于$\frac{\sin x}{x}$ 没有初等形式的原函数,因此无法通过求解原函数来计算该定积分.根据常用初等函数的麦克劳林展开式,有

$$\sin x = x - \frac{1}{3!}x^3 + \frac{1}{5!}x^5 - \cdots + \frac{(-1)^{n-1}}{(2n-1)!}x^{2n-1} + \cdots, x \in (-\infty, +\infty),$$

从而

$$\frac{\sin x}{x} = 1 - \frac{1}{3!}x^2 + \frac{1}{5!}x^4 - \frac{1}{7!}x^6 + \cdots,$$

所以

$$\int_0^1 \frac{\sin x}{x}\mathrm{d}x = 1 - \frac{1}{3\cdot 3!} + \frac{1}{5\cdot 5!} - \frac{1}{7\cdot 7!} + \cdots.$$

由于

$$\frac{1}{7\cdot 7!} < \frac{1}{10\ 000} = 10^{-4},$$

故

$$\int_0^1 \frac{\sin x}{x}\mathrm{d}x \approx 1 - \frac{1}{3\cdot 3!} + \frac{1}{5\cdot 5!} \approx 0.946\ 1.$$

分析 例 18 和例 19 为泰勒级数的应用.利用泰勒展开式,在满足一定误差或一定精确度的要求下,求近似值.

模块五 考研真题举一反三

例 20【2022 年数三】求幂级数$\sum_{n=0}^{\infty}\frac{(-4)^n+1}{4^n(2n+1)}x^{2n}$ 的收敛域及和函数$S(x)$.

解 令$u_n(x) - \frac{(-4)^n+1}{4^n(2n+1)}x^{2n}$,则

$$\lim_{n\to\infty}\left|\frac{u_{n+1}(x)}{u_n(x)}\right| = \lim_{n\to\infty}\left|\frac{\frac{(-4)^{n+1}+1}{4^{n+1}(2n+3)}x^{2n+2}}{\frac{(-4)^n+1}{4^n(2n+1)}x^{2n}}\right| = x^2.$$

因此,当$x^2<1$时级数收敛,故收敛区间为$(-1,1)$. 又当$x=\pm 1$时,级数$\sum_{n=0}^{\infty}\frac{(-4)^n+1}{4^n(2n+1)} = \sum_{n=0}^{\infty}\frac{(-1)^n}{2n+1} + \sum_{n=0}^{\infty}\frac{1}{4^n(2n+1)}$,级数$\sum_{n=0}^{\infty}\frac{(-1)^n}{2n+1}$条件收敛,级数$\sum_{n=0}^{\infty}\frac{1}{4^n(2n+1)}$收敛. 因此,级

数$\sum\limits_{n=0}^{\infty}\dfrac{(-4)^n+1}{4^n(2n+1)}$收敛. 从而可知该级数的收敛域为$[-1,1]$.

当$x\in[-1,1]$时,令$S(x)=\sum\limits_{n=0}^{\infty}\dfrac{(-4)^n+1}{4^n(2n+1)}x^{2n}=\sum\limits_{n=0}^{\infty}\dfrac{(-1)^n}{2n+1}x^{2n}+\sum\limits_{n=0}^{\infty}\dfrac{x^{2n}}{4^n(2n+1)}$.

当$x\neq 0$时,记$S_1(x)=\sum\limits_{n=0}^{\infty}\dfrac{(-1)^n}{2n+1}x^{2n}=\dfrac{1}{x}\sum\limits_{n=0}^{\infty}\dfrac{(-1)^n}{2n+1}x^{2n+1}$,此时

$$\left(\sum_{n=0}^{\infty}\frac{(-1)^n}{2n+1}x^{2n+1}\right)'=\sum_{n=0}^{\infty}(-1)^n x^{2n}=\frac{1}{1+x^2},$$

所以

$$\sum_{n=0}^{\infty}\frac{(-1)^n}{2n+1}x^{2n+1}=\int_0^x\frac{1}{1+t^2}\mathrm{d}t=\arctan x,$$

从而可知,当$x\neq 0$时,$S_1(x)=\dfrac{1}{x}\arctan x$.

当$x\neq 0$时,记$S_2(x)=\sum\limits_{n=0}^{\infty}\dfrac{x^{2n}}{4^n(2n+1)}=\dfrac{1}{x}\sum\limits_{n=0}^{\infty}\dfrac{x^{2n+1}}{4^n(2n+1)}$,此时

$$\left(\sum_{n=0}^{\infty}\frac{x^{2n+1}}{4^n(2n+1)}\right)'=\sum_{n=0}^{\infty}\frac{x^{2n}}{4^n}=\frac{1}{1-\frac{x^2}{4}}=\frac{4}{4-x^2},$$

所以

$$\sum_{n=0}^{\infty}\frac{x^{2n+1}}{4^n(2n+1)}=\int_0^x\frac{4}{4-t^2}\mathrm{d}t=\ln\frac{2+x}{2-x},$$

从而可知,当$x\neq 0$时,$S_2(x)=\dfrac{1}{x}\ln\dfrac{2+x}{2-x}$.

当$x=0$时,$S(0)=2$. 综上可知,当$x\in[-1,1]$时,

$$S(x)=\begin{cases}\dfrac{1}{x}\arctan x+\dfrac{1}{x}\ln\dfrac{2+x}{2-x}, & x\in[-1,0)\cup(0,1]\\ 2, & x=0\end{cases}.$$

分析 本题考察幂函数的收敛域及和函数问题. 由于幂级数的系数无法通过逐项求导或逐项积分直接消去,因此将幂级数拆为两部分,在$x\neq 0$的情形下提取x^{-1},从而可以通过逐项求导,将每一部分转化为几何级数,进而得到两部分的相应和函数的形式. 最后,计算和函数在$x=0$处的函数值,得出和函数的分段表达式.

例21【举一反三】 求幂级数$\sum\limits_{n=2}^{\infty}\dfrac{(-2)^n+1}{2^n(n-1)}x^n$的收敛域及和函数$S(x)$.

解 令$u_n(x)=\dfrac{(-2)^n+1}{2^n(n-1)}x^n$,则

$$\lim_{n\to\infty}\left|\frac{u_{n+1}(x)}{u_n(x)}\right|=\lim_{n\to\infty}\left|\frac{\frac{(-2)^{n+1}+1}{2^{n+1}n}x^{n+1}}{\frac{(-2)^n+1}{2^n(n-1)}x^n}\right|=|x|.$$

因此，当 $|x|<1$ 时级数收敛，故收敛区间为$(-1,1)$. 又当 $x=1$ 时，级数$\sum_{n=2}^{\infty}\frac{(-2)^n+1}{2^n(n-1)}=\sum_{n=2}^{\infty}\frac{(-1)^n}{n-1}+\sum_{n=2}^{\infty}\frac{1}{2^n(n-1)}$，级数$\sum_{n=2}^{\infty}\frac{(-1)^n}{n-1}$条件收敛，级数$\sum_{n=2}^{\infty}\frac{1}{2^n(n-1)}$收敛. 因此，级数$\sum_{n=2}^{\infty}\frac{(-2)^n+1}{2^n(n-1)}$收敛. 当 $x=-1$ 时，级数$\sum_{n=2}^{\infty}\frac{2^n+(-1)^n}{2^n(n-1)}=\sum_{n=2}^{\infty}\frac{1}{n-1}+\sum_{n=2}^{\infty}\frac{(-1)^n}{2^n(n-1)}$，级数$\sum_{n=2}^{\infty}\frac{1}{n-1}$发散，级数$\sum_{n=2}^{\infty}\frac{(-1)^n}{2^n(n-1)}$绝对收敛，因此$\sum_{n=2}^{\infty}\frac{2^n+(-1)^n}{2^n(n-1)}$发散. 从而可知该级数的收敛域为$(-1,1]$.

当 $x\in(-1,1]$ 时，令 $S(x)=\sum_{n=2}^{\infty}\frac{(-2)^n+1}{2^n(n-1)}x^n=\sum_{n=2}^{\infty}\frac{(-1)^n}{n-1}x^n+\sum_{n=2}^{\infty}\frac{x^n}{2^n(n-1)}$.

记 $S_1(x)=\sum_{n=2}^{\infty}\frac{(-1)^n}{n-1}x^n=x\sum_{n=2}^{\infty}\frac{(-1)^n}{n-1}x^{n-1}$，此时

$$\left(\sum_{n=2}^{\infty}\frac{(-1)^n}{n-1}x^{n-1}\right)'=\sum_{n=2}^{\infty}(-1)^n x^{n-2}=\frac{1}{1+x},$$

所以

$$\sum_{n=2}^{\infty}\frac{(-1)^n}{n-1}x^{n-1}=\int_0^x\frac{1}{1+t}\mathrm{d}t=\ln(1+x),$$

从而可知，$S_1(x)=x\ln(1+x)$.

记 $S_2(x)=\sum_{n=2}^{\infty}\frac{x^n}{2^n(n-1)}=\frac{x}{2}\sum_{n=2}^{\infty}\frac{1}{n-1}\left(\frac{x}{2}\right)^{n-1}$，此时

$$\left(\sum_{n=2}^{\infty}\frac{1}{n-1}\left(\frac{x}{2}\right)^{n-1}\right)'=\frac{1}{2}\sum_{n=2}^{\infty}\left(\frac{x}{2}\right)^{n-2}=\frac{1}{2}\cdot\frac{1}{1-\frac{x}{2}}=\frac{1}{2-x},$$

所以

$$\sum_{n=2}^{\infty}\frac{1}{n-1}\left(\frac{x}{2}\right)^{n-1}=\int_0^x\frac{1}{2-t}\mathrm{d}t=\ln2-\ln(2-x),$$

从而可知，$S_2(x)=\frac{x}{2}\ln2-\frac{x}{2}\ln(2-x)$.

综上可知，当 $x\in(-1,1]$ 时，$S(x)=x\ln(1+x)+\frac{x}{2}\ln2-\frac{x}{2}\ln(2-x)$.

例22【2021年数三】求级数$\sum\limits_{n=1}^{\infty} y_n(x)=\sum\limits_{n=1}^{\infty}\frac{1}{n(n+1)}x^{n+1}$的收敛域及和函数.

解 由$\sum\limits_{n=1}^{\infty}\frac{1}{n(n+1)}x^{n+1}=x\sum\limits_{n=1}^{\infty}\frac{1}{n(n+1)}x^{n}$,

$$\lim_{n\to\infty}\left|\frac{a_{n+1}}{a_n}\right|=\lim_{n\to\infty}\frac{n(n+1)}{(n+1)(n+2)}=\lim_{n\to\infty}\frac{n}{n+2}=1$$

可知,幂级数的收敛区间为$(-1,1)$.进一步地,当$x=\pm1$时,级数收敛,因此该幂级数的收敛域为$[-1,1]$.

令$S(x)=\sum\limits_{n=1}^{\infty}\frac{1}{n(n+1)}x^{n+1},x\in[-1,1]$,则

$$S''(x)=\sum_{n=1}^{\infty}x^{n-1}=\frac{1}{1-x},x\in(-1,1),$$

所以

$$S'(x)=\int_0^x S''(t)\mathrm{d}t+S'(0)=-\ln(1-x),x\in(-1,1),$$

从而

$$S(x)=\int_0^x S'(t)\mathrm{d}t+S(0)=(1-x)\ln(1-x)+x.$$

由于$S(x)$在收敛域$[-1,1]$内连续,因此$S(1)=\lim\limits_{x\to1^-}S(x)=1$,于是和函数为

$$S(x)=\begin{cases}(1-x)\ln(1-x)+x, & x\in[-1,1)\\ 1, & x=1\end{cases}.$$

分析 本题的和函数为分段函数形式,由于和函数在收敛域中连续,因此,在具体点处的和函数值需要通过求单侧极限来得到.

例23【举一反三】求幂级数$\sum\limits_{n=0}^{\infty}\frac{(-1)^n}{n+1}x^n$的和函数.

解 由

$$\lim_{n\to\infty}\left|\frac{a_{n+1}}{a_n}\right|=\lim_{n\to\infty}\left|\frac{(-1)^{n+1}}{n+2}\cdot\frac{n+1}{(-1)^n}\right|=1$$

可知,幂级数的收敛区间为$(-1,1)$.进一步地,当$x=-1$时,级数发散,当$x=1$时,级数收敛,因此该幂级数的收敛域为$(-1,1]$.

令$S(x)=\sum\limits_{n=0}^{\infty}\frac{(-1)^n}{n+1}x^n,x\in(-1,1]$,则当$x\neq0$时,$S(x)=\frac{1}{x}\sum\limits_{n=0}^{\infty}\frac{(-1)^n}{n+1}x^{n+1}$,设$G(x)=\sum\limits_{n=0}^{\infty}\frac{(-1)^n}{n+1}x^{n+1}$,那么

$$G'(x)=\sum_{n=0}^{\infty}(-x)^n=\frac{1}{1+x},$$

因此，

$$G(x)=\int_0^x\frac{1}{1+t}dt+G(0)=\ln(1+x),$$

所以

$$S(x)=\frac{1}{x}\ln(1+x).$$

由于 $S(x)$ 在收敛域$(-1,1]$内连续，因此 $S(0)=\lim\limits_{x\to0}S(x)=1$，于是和函数为

$$S(x)=\begin{cases}\frac{1}{x}\ln(1+x), & x\in(-1,0)\cup(0,1]\\ 1, & x=0\end{cases}.$$

例24【2020年数三】已知幂级数$\sum\limits_{n=1}^{\infty}na_n(x-2)^n$ 的收敛区间为$(-2,6)$，则$\sum\limits_{n=1}^{\infty}a_n(x+1)^{2n}$ 的收敛区间为（　　）.

(A) $(-2,6)$　　(B) $(-3,1)$　　(C) $(-5,3)$　　(D) $(-17,15)$

答案：(B).

解 由已知可得幂级数$\sum\limits_{n=1}^{\infty}na_n(x-2)^n$ 的收敛半径为4，即

$$\lim_{n\to\infty}\left|\frac{(n+1)a_{n+1}}{na_n}\right|=\frac{1}{4},$$

从而

$$\lim_{n\to\infty}\left|\frac{a_{n+1}}{a_n}\right|=\frac{1}{4}.$$

令$t=(x+1)^2$，级数$\sum\limits_{n=1}^{\infty}a_n(x+1)^{2n}=\sum\limits_{n=1}^{\infty}a_nt^n$，因此级数$\sum\limits_{n=1}^{\infty}a_nt^n$ 的收敛半径为4，即$(x+1)^2<4$ 时级数收敛，从而级数$\sum\limits_{n=1}^{\infty}a_n(x+1)^{2n}$ 的收敛区间为$(-3,1)$，故答案为(B).

分析 本题考察幂级数收敛区间的求解. 由于已知幂级数的系数与要求解的幂级数系数之间存在关联，因此，根据已知幂级数的收敛区间，得到相应的收敛半径，从而解得需要求解的幂级数的收敛半径，并最终得出该级数的收敛区间.

例25【举一反三】已知幂级数$\sum\limits_{n=1}^{\infty}a_nx^n$ 的收敛区间为$(-9,9)$，求幂级数$\sum\limits_{n=1}^{\infty}\frac{a_n}{\sqrt{n}}(x-3)^{2n}$ 的收敛区间.

解 由于幂级数$\sum_{n=1}^{\infty}a_nx^n$的收敛区间为$(-9,9)$，因此其收敛半径为9，即

$$\lim_{n\to\infty}\left|\frac{a_{n+1}}{a_n}\right|=\frac{1}{9},$$

又

$$\lim_{n\to\infty}\left|\frac{\frac{a_{n+1}}{\sqrt{n+1}}}{\frac{a_n}{\sqrt{n}}}\right|=\lim_{n\to\infty}\left|\frac{a_{n+1}}{a_n}\cdot\frac{\sqrt{n}}{\sqrt{n+1}}\right|=\frac{1}{9},$$

令$t=(x-3)^2$，级数$\sum_{n=1}^{\infty}\frac{a_n}{\sqrt{n}}(x-3)^{2n}=\sum_{n=1}^{\infty}\frac{a_n}{\sqrt{n}}t^n$，因此级数$\sum_{n=1}^{\infty}\frac{a_n}{\sqrt{n}}t^n$的收敛半径为9，即$(x-3)^2<9$时级数收敛，从而级数$\sum_{n=1}^{\infty}\frac{a_n}{\sqrt{n}}(x-3)^{2n}$的收敛区间为$(0,6)$.

例26【举一反三】已知幂级数$\sum_{n=1}^{\infty}2^na_nx^{2n}$的收敛区间为$(-2,2)$，求幂级数$\sum_{n=1}^{\infty}4^na_n(x-1)^n$的收敛区间.

解 令$t=x^2$，则$\sum_{n=1}^{\infty}2^na_nx^{2n}=\sum_{n=1}^{\infty}2^na_nt^n$，由幂级数$\sum_{n=1}^{\infty}2^na_nx^{2n}$的收敛区间为$(-2,2)$，知其收敛半径为2，因此级数$\sum_{n=1}^{\infty}2^na_nt^n$的收敛半径为4，即

$$\lim_{n\to\infty}\left|\frac{2^{n+1}a_{n+1}}{2^na_n}\right|=\frac{1}{4},$$

从而

$$\lim_{n\to\infty}\left|\frac{4^{n+1}a_{n+1}}{4^na_n}\right|=\frac{1}{2},$$

可知，级数$\sum_{n=1}^{\infty}4^na_n(x-1)^n$的收敛半径为2，从而收敛区间为$(-1,3)$.

例27【2019年数三】若$\sum_{n=1}^{\infty}nu_n$绝对收敛，$\sum_{n=1}^{\infty}\frac{v_n}{n}$条件收敛，则(　　).

(A) $\sum_{n=1}^{\infty}u_nv_n$条件收敛　　(B) $\sum_{n=1}^{\infty}u_nv_n$绝对收敛

(C) $\sum_{n=1}^{\infty}(u_n\pm v_n)$收敛　　(D) $\sum_{n=1}^{\infty}(u_n\pm v_n)$发散

答案：(B).

解 由于$\sum_{n=1}^{\infty}\frac{v_n}{n}$条件收敛，因而$\lim_{n\to\infty}\frac{v_n}{n}=0$，因此当$n$充分大时，有$\left|\frac{v_n}{n}\right|<1$，所以

$$|u_n v_n| = \left| nu_n \cdot \frac{v_n}{n} \right| < |nu_n|.$$

由$\sum_{n=1}^{\infty} nu_n$绝对收敛可知，$\sum_{n=1}^{\infty} u_n v_n$绝对收敛. 故本题正确选项为(B).

对于选项(A)和(C)，有反例：取$u_n = \frac{1}{n^3}$，$v_n = (-1)^n$，显然满足$\sum_{n=1}^{\infty} nu_n = \sum_{n=1}^{\infty} \frac{1}{n^2}$绝对收敛，$\sum_{n=1}^{\infty} \frac{v_n}{n} = \sum_{n=1}^{\infty} \frac{(-1)^n}{n}$条件收敛，但是$\sum_{n=1}^{\infty} u_n v_n = \sum_{n=1}^{\infty} \frac{(-1)^n}{n^3}$绝对收敛，$\sum_{n=1}^{\infty} (u_n \pm v_n) = \sum_{n=1}^{\infty} \left[\frac{1}{n^3} + (-1)^n \right]$发散；对于选项(D)，有反例：取$u_n = \frac{1}{n^3}$，$v_n = (-1)^n \frac{1}{\ln n}$，显然$\sum_{n=1}^{\infty} \frac{v_n}{n} = \sum_{n=1}^{\infty} \frac{(-1)^n}{n \ln n}$条件收敛，但是$\sum_{n=1}^{\infty} (u_n \pm v_n) = \sum_{n=1}^{\infty} \left[\frac{1}{n^3} + (-1)^n \frac{1}{\ln n} \right]$收敛.

例28【举一反三】 若$\sum_{n=1}^{\infty} u_n^2$和$\sum_{n=1}^{\infty} v_n^2$都收敛，证明$\sum_{n=1}^{\infty} u_n v_n$和$\sum_{n=1}^{\infty} (u_n + v_n)^2$收敛.

证明 由于

$$|u_n v_n| \leqslant \frac{1}{2}(u_n^2 + v_n^2)(n = 1, 2, \cdots),$$

而且$\sum_{n=1}^{\infty} u_n^2$和$\sum_{n=1}^{\infty} v_n^2$都收敛，所以$\sum_{n=1}^{\infty} (u_n^2 + v_n^2)$收敛，因此$\sum_{n=1}^{\infty} u_n v_n$绝对收敛.

又$(u_n + v_n)^2 \leqslant (|u_n| + |v_n|)^2 = u_n^2 + 2|u_n v_n| + v_n^2$，由于$\sum_{n=1}^{\infty} (u_n^2 + v_n^2)$收敛，$\sum_{n=1}^{\infty} |u_n v_n|$收敛，从而$\sum_{n=1}^{\infty} (u_n + v_n)^2$收敛.

例29【举一反三】 若级数$\sum_{n=1}^{\infty} (-a)^n u_n (a > 1)$收敛，则级数$\sum_{n=1}^{\infty} u_n$(　　).

(A) 绝对收敛　　(B) 条件收敛　　(C) 发散　　(D) 敛散性不确定

答案：(A).

解 由于级数$\sum_{n=1}^{\infty} (-a)^n u_n (a > 1)$收敛，从而

$$\lim_{n \to \infty} a^n u_n = 0,$$

因此，存在正数M和正整数N，当$n > N$时，有$|a^n u_n| < M$，从而$|u_n| < \frac{M}{a^n}$.

因为$a > 1$，所以级数$\sum_{n=1}^{\infty} \frac{M}{a^n}$收敛，故$\sum_{n=1}^{\infty} |u_n|$收敛，即$\sum_{n=1}^{\infty} u_n$绝对收敛.

例30【2018年数三】 已知$\cos 2x - \frac{1}{(1+x)^2} = \sum_{n=0}^{\infty} a_n x^n (-1 < x < 1)$，求$a_n$.

解 由于

$$\cos x=\sum_{n=0}^{\infty}(-1)^n\frac{1}{(2n)!}(x)^{2n},$$

所以

$$\cos 2x=\sum_{n=0}^{\infty}(-1)^n\frac{1}{(2n)!}(2x)^{2n}=\sum_{n=1}^{\infty}(-1)^n\frac{2^{2n}}{(2n)!}x^{2n}.$$

进一步地，$\frac{1}{1+x}=\sum_{n=0}^{\infty}(-1)^n x^n(-1<x<1)$，该等式两边求导，有

$$-\frac{1}{(1+x)^2}=\sum_{n=0}^{\infty}[(-1)^n x^n]'=\sum_{n=1}^{\infty}(-1)^n n x^{n-1}.$$

因此，$\cos 2x-\frac{1}{(1+x)^2}=\sum_{n=1}^{\infty}(-1)^n\frac{2^{2n}}{(2n)!}x^{2n}+\sum_{n=1}^{\infty}(-1)^n n x^{n-1}=\sum_{n=0}^{\infty}a_n x^n$.

根据展开式的唯一性可知

$$a_n=\begin{cases}2k, & n=2k-1\\ \frac{(-1)^k 2^{2k}}{(2k)!}-(2k+1), & n=2k\end{cases}.$$

分析 本题是对常用初等函数的麦克劳林公式的考察. 将 $\cos x$ 和 $\frac{1}{1+x}$ 在点 $x=0$ 处展开成幂级数，根据展开式的唯一性，找出对应系数 a_n 的表达式. 本题的一般形式为：$f(x)+g(x)=\sum_{n=0}^{\infty}a_n(x-x_0)^n$，求 a_n，也就是将函数 $f(x)$ 和 $g(x)$ 分别在点 $x=x_0$ 处展开成幂级数的形式，然后根据展开式的唯一性，得到相应系数 a_n.

例31【举一反三】已知 $e^x+\frac{1}{2-x}=\sum_{n=0}^{\infty}a_n(x-1)^n(0<x<2)$，求 a_n.

解 将 e^x 在点 $x=1$ 处展开成幂级数. 由于 $e^x=\sum_{n=0}^{\infty}\frac{x^n}{n!}$，$x\in(-\infty,+\infty)$，因而有

$$e^x=e^{1+x-1}=e\cdot e^{x-1}=e\sum_{n=0}^{\infty}\frac{(x-1)^n}{n!},x\in(-\infty,+\infty).$$

进一步地，由于 $\frac{1}{1-x}=\sum_{n=0}^{\infty}x^n$，$x\in(-1,1)$，从而有

$$\frac{1}{2-x}=\frac{1}{1-(x-1)}=\sum_{n=0}^{\infty}(x-1)^n,x\in(0,2),$$

因此，

$$e^x+\frac{1}{2-x}=e\sum_{n=0}^{\infty}\frac{(x-1)^n}{n!}+\sum_{n=0}^{\infty}(x-1)^n=\sum_{n=0}^{\infty}\left(\frac{e}{n!}+1\right)(x-1)^n,x\in(0,2),$$

由展开式的唯一性可知，$a_n=\dfrac{\mathrm{e}}{n!}+1$.

例32【2016 年数三】若级数 $\sum\limits_{n=1}^{\infty}\left(\dfrac{1}{\sqrt{n}}-\dfrac{1}{\sqrt{n+1}}\right)\sin(n+k)$（$k$ 为常数），则该级数（　　）.

(A) 绝对收敛　　(B) 条件收敛　　(C) 发散　　(D) 收敛性与 k 有关

答案:(A).

解 由于

$$\left|\left(\frac{1}{\sqrt{n}}-\frac{1}{\sqrt{n+1}}\right)\sin(n+k)\right|\leqslant\frac{1}{\sqrt{n}}-\frac{1}{\sqrt{n+1}}=\frac{\sqrt{n+1}-\sqrt{n}}{\sqrt{n^2+n}}$$
$$=\frac{1}{\sqrt{n^2+n}(\sqrt{n+1}+\sqrt{n})},$$

当 $n\to\infty$ 时，$\dfrac{1}{\sqrt{n^2+n}(\sqrt{n+1}+\sqrt{n})}\sim\dfrac{1}{n^{\frac{3}{2}}}$，由 p-级数的敛散性可知，$\sum\limits_{n=1}^{\infty}\dfrac{1}{n^{\frac{3}{2}}}$ 收敛，所以原级数绝对收敛. 故答案选(A).

分析 本题是对任意项级数敛散性的判别. 首先，观察通项在 $n\to\infty$ 时极限是否为 0，如果极限不为 0，则级数发散；如果极限为 0，则对通项加绝对值，将任意项级数转化为正项级数，通过正项级数的判别法判别级数是否绝对收敛.

例33【举一反三】判断级数 $\sum\limits_{n=1}^{\infty}\dfrac{(-2)^n}{n!}\cos(n-a)$（$a$ 为常数）的敛散性，如果收敛，说明是绝对收敛还是条件收敛.

解 由于

$$\left|\frac{(-2)^n}{n!}\cos(n-a)\right|\leqslant\frac{2^n}{n!},$$

根据正项级数的比值判别法，

$$\lim_{n\to\infty}\frac{u_{n+1}}{u_n}=\lim_{n\to\infty}\frac{\dfrac{2^{n+1}}{(n+1)!}}{\dfrac{2^n}{n!}}=\lim_{n\to\infty}\frac{2}{n+1}=0<1,$$

因而可知原级数 $\sum\limits_{n=1}^{\infty}\dfrac{(-2)^n}{n!}\cos(n-a)$ 绝对收敛.

例34【2016 年数三】求幂级数 $\sum\limits_{n=0}^{\infty}\dfrac{x^{2n+2}}{(n+1)(2n+1)}$ 的收敛域及和函数.

解 令 $u_n(x)=\dfrac{x^{2n+2}}{(n+1)(2n+1)}$，则

$$\lim_{n\to\infty}\left|\frac{u_{n+1}(x)}{u_n(x)}\right|=\lim_{n\to\infty}\left|\frac{\dfrac{x^{2n+4}}{(n+2)(2n+3)}}{\dfrac{x^{2n+2}}{(n+1)(2n+1)}}\right|=x^2.$$

由正项级数的比值判别法可知，当 $x^2<1$ 时，级数收敛，因此该幂级数的收敛区间为 $(-1,1)$. 当 $x=\pm1$ 时，级数收敛，因此收敛域为 $[-1,1]$.

令 $S(x)=\sum_{n=0}^{\infty}\frac{x^{2n+2}}{(n+1)(2n+1)}$，则当 $x\in(-1,1)$ 时，对等式两边关于 x 求导，有

$$S'(x)=\sum_{n=0}^{\infty}\left(\frac{x^{2n+2}}{(n+1)(2n+1)}\right)'=2\sum_{n=0}^{\infty}\frac{x^{2n+1}}{2n+1},$$

进一步地，对上式两边继续关于 x 求导，得

$$S''(x)=2\sum_{n=0}^{\infty}\left(\frac{x^{2n+1}}{2n+1}\right)'=2\sum_{n=0}^{\infty}x^{2n}=\frac{2}{1-x^2},$$

从而

$$S'(x)=\int_0^x S''(t)\mathrm{d}t+S'(0)=\ln(1+x)-\ln(1-x),$$

$$S(x)=\int_0^x S'(t)\mathrm{d}t+S(0)=(1+x)\ln(1+x)+(1-x)\ln(1-x).$$

由于和函数在收敛域内连续，所以有

$$\lim_{x\to1}S(x)=\lim_{x\to1}[(1+x)\ln(1+x)+(1-x)\ln(1-x)]=2\ln2,$$
$$\lim_{x\to-1}S(x)=\lim_{x\to-1}[(1+x)\ln(1+x)+(1-x)\ln(1-x)]=2\ln2,$$

因此，和函数为

$$S(x)=\begin{cases}(1+x)\ln(1+x)+(1-x)\ln(1-x), & x\in(-1,1)\\ 2\ln2, & x=\pm1\end{cases}.$$

分析 本题考察幂级数和函数的求解问题. 幂级数求解和函数时可以通过逐项求导或逐项求积分的方法，将幂级数化为几何级数，然后利用逆运算求解相应的和函数. 本题与例 22 (2021 年数三) 属于同一类型，可对照参考.

模块六 自测试题

自测试题（一）

一、判断题(共 10 道小题)

1. 如果 $\lim_{n\to\infty}u_n=0$，则数项级数 $\sum_{n=0}^{\infty}u_n$ 必收敛.（　）

2. 如果$\sum_{n=0}^{\infty}u_n$收敛，$\sum_{n=0}^{\infty}v_n$收敛，则级数$\sum_{n=0}^{\infty}(u_n-2v_n)$必收敛.（　　）

3. 如果级数$\sum_{n=0}^{\infty}u_n$发散，则级数$\sum_{n=100}^{\infty}u_n$一定也发散.（　　）

4. 收敛的级数加括号后形成的级数仍然是收敛级数.（　　）

5. 如果级数$\sum_{n=0}^{\infty}(u_n\pm v_n)$收敛，那么级数$\sum_{n=1}^{\infty}u_n$和$\sum_{n=1}^{\infty}v_n$一定都收敛或都发散.（　　）

6. 如果级数$\sum_{n=0}^{\infty}(u_n\pm v_n)$收敛，则必有$\lim\limits_{n\to\infty}u_n=0$和$\lim\limits_{n\to\infty}v_n=0$.（　　）

7. 如果正项级数$\sum_{n=1}^{\infty}u_n$收敛，记$S_n=\sum_{k=1}^{n}u_k$，则数列$\{S_n\}$必有上界.（　　）

8. 对于正项级数$\sum_{n=1}^{\infty}u_n$，若$\lim\limits_{n\to\infty}\dfrac{u_{n+1}}{u_n}=l>1$，则必有$\lim\limits_{n\to\infty}u_n\neq 0$.（　　）

9. 如果级数$\sum_{n=1}^{\infty}u_n^2(u_n\neq 0)$收敛，则$\sum_{n=1}^{\infty}u_n^3$必绝对收敛.（　　）

10. 设幂级数$\sum_{n=0}^{\infty}a_n(x-1)^n$的收敛半径为$R$，那么$\sum_{n=0}^{\infty}3a_n(x-2)^n$的收敛区间为$\left(2-\dfrac{R}{3},2+\dfrac{R}{3}\right)$.（　　）

二、填空题(共10道小题)

1. 极限$\lim\limits_{n\to\infty}\dfrac{n^n}{(n!)^2}=$________.

2. 如果几何级数$\sum_{n=0}^{\infty}2q^n(q\neq 0)$收敛，则公比$q$的取值范围是________.

3. 级数$\sum_{n=1}^{\infty}\dfrac{1}{(n+1)(n+2)}$的和是________.

4. 如果级数$\sum_{n=1}^{\infty}(u_n+3)$收敛，则极限$\lim\limits_{n\to\infty}u_n=$________.

5. 已知级数$\sum_{n=1}^{\infty}u_n=2$，则级数$\sum_{n=1}^{\infty}\left(\dfrac{3}{2^n}-2u_n\right)=$________.

6. 幂级数$\sum_{n=1}^{\infty}\dfrac{2^n+3^n}{n}x^n$的收敛半径$R=$________.

7. 幂级数$\sum_{n=1}^{\infty}\dfrac{(-1)^n}{n^2}(x-1)^n$的收敛区间为________.

8. 设幂级数$\sum_{n=1}^{\infty}a_nx^n$的收敛半径为1，则级数$\sum_{n=1}^{\infty}2^na_n(x-2)^n$的收敛区间为________.

9. 幂级数$1-\dfrac{x^2}{2!}+\dfrac{x^4}{4!}-\dfrac{x^6}{6!}+\cdots+\dfrac{(-1)^n}{(2n)!}x^{2n}+\cdots$在$(-\infty,+\infty)$上的和函数

为 ________.

10. 极限$\lim\limits_{n\to\infty}\left(\sum\limits_{k=0}^{n}\dfrac{1}{k!}\right)=$ ________.

三、单项选择题(共 10 道小题)

1. 常数项级数$\sum\limits_{n=1}^{\infty}\left[\dfrac{2}{3^n}+\dfrac{1}{n(n+1)}\right]$的和 $S=$( ).

(A) $S=1$ (B) $S=2$ (C) $S=3$ (D) $S=4$

2. 若$\sum\limits_{n=1}^{\infty}\dfrac{x}{(a-1)^n}(x\neq 0,a\neq 1)$收敛,则有( ).

(A) $a<1$ 或 $a>2$ (B) $a<0$ 或 $a>2$

(C) $0<a<2$ (D) $0<a<1$

3. 下列正项级数收敛的是( ).

(A) $\sum\limits_{n=1}^{\infty}\cos\sqrt[n]{2}$ (B) $\sum\limits_{n=1}^{\infty}\arcsin\dfrac{1}{3^n}$

(C) $\sum\limits_{n=1}^{\infty}\ln\left(1+\dfrac{1}{\sqrt{n}}\right)$ (D) $\sum\limits_{n=1}^{\infty}\left(1-\cos\dfrac{1}{\sqrt[4]{n}}\right)$

4. 交错级数$\sum\limits_{n=1}^{\infty}(-1)^{n+1}\left(\sqrt{2n^2+1}-\sqrt{2n^2}\right)$( ).

(A) 发散 (B) 条件收敛 (C) 绝对收敛 (D) 无法确定

5. 幂级数$\sum\limits_{n=1}^{\infty}(-1)^n\dfrac{x^{n+1}}{4n^2}$的收敛域为( ).

(A) $(-1,1)$ (B) $[-1,1]$ (C) $[-1,1)$ (D) $(-1,1]$

6. 级数 $1+\dfrac{x}{2}+\dfrac{1}{2!}\left(\dfrac{x}{2}\right)^2+\dfrac{1}{3!}\left(\dfrac{x}{2}\right)^3+\cdots+\dfrac{1}{n!}\left(\dfrac{x}{2}\right)^n+\cdots=$( ).

(A) e^x (B) $\dfrac{e^x}{2}$ (C) $e^{\frac{x}{2}}$ (D) $\dfrac{1}{2}e^{\frac{x}{2}}$

7. 下列级数绝对收敛的是( ).

(A) $\sum\limits_{n=1}^{\infty}\dfrac{(-1)^n}{\sqrt{n+1}}$ (B) $\sum\limits_{n=1}^{\infty}(-1)^n\sin\dfrac{\pi}{\sqrt{n}}$

(C) $\sum\limits_{n=1}^{\infty}\dfrac{1}{4^n}\sin\dfrac{n\pi}{3}$ (D) $\sum\limits_{n=1}^{\infty}\dfrac{(-1)^n3^n}{n^3}$

8. 幂级数$\sum\limits_{n=1}^{\infty}\dfrac{1}{(-4)^n+9^n}x^{2n}$的收敛半径为( ).

(A) $\dfrac{1}{2}$ (B) $\dfrac{1}{3}$ (C) 2 (D) 3

9. 数项级数$\sum\limits_{n=0}^{\infty}\dfrac{2^n(n+1)}{3^n}=$( ).

(A) 9 (B) 8 (C) 7 (D) 6

10. 积分$\int_0^1 x(1-x+x^2-x^3+\cdots)\mathrm{d}x=($　　$)$.

(A) $-1-\ln2$　　(B) $1-\ln2$　　(C) $-1+\ln2$　　(D) $1+\ln2$

四、多项选择题(共5道小题)

1. 设常数项级数$\sum\limits_{n=1}^{\infty}u_n$的前$n$项和为$S_n$,则下列说法正确的是(　　).

(A) 如果该级数收敛,那么S_n极限存在,即$\lim\limits_{n\to\infty}S_n=S$(有限常数)

(B) 如果该级数收敛,且$\lim\limits_{n\to\infty}S_n=S$,则有$S=\sum\limits_{n=1}^{\infty}u_n$

(C) 如果该级数收敛,则一定有$\lim\limits_{n\to\infty}S_n\neq0$

(D) 如果该级数收敛,则必有$\lim\limits_{n\to\infty}S_{2n}=\lim\limits_{n\to\infty}S_{2n+1}$

(E) 如果该级数收敛,则必有$\lim\limits_{n\to\infty}(S-S_{2n})=0$

2. 关于级数$1+\left(\frac{1}{2}\right)^a+\left(\frac{1}{3}\right)^a+\left(\frac{1}{4}\right)^a+\cdots$($a$为常数),下列说法正确的是(　　).

(A) 该级数为几何级数

(B) 该级数为p-级数

(C) 该级数为调和级数

(D) 该级数一定收敛

(E) 该级数当$a>1$时收敛,当$a\leqslant1$时发散

3. 关于数项级数,下列说法正确的是(　　).

(A) 若级数$\sum\limits_{n=1}^{\infty}u_n$收敛,则级数$\sum\limits_{n=1}^{\infty}u_{n+k}(k\in N)$也一定收敛

(B) 若级数$\sum\limits_{n=1}^{\infty}u_n$收敛,级数$\sum\limits_{n=1}^{\infty}v_n$发散,则级数$\sum\limits_{n=1}^{\infty}(u_n+v_n)$收敛

(C) 若级数$\sum\limits_{n=1}^{\infty}u_n$发散,则级数$\sum\limits_{n=1}^{\infty}cu_n$也发散($c$为任意常数)

(D) 若级数$\sum\limits_{n=1}^{\infty}u_n$收敛,则级数$\sum\limits_{n=1}^{\infty}cu_n$也收敛($c$为任意常数)

(E) 若级数$\sum\limits_{n=1}^{\infty}u_n$发散,级数$\sum\limits_{n=1}^{\infty}v_n$发散,则级数$\sum\limits_{n=1}^{\infty}(u_n+v_n)$也发散

4. 下列说法正确的是(　　).

(A) 对于交错级数$\sum\limits_{n=1}^{\infty}(-1)^{n-1}u_n(u_n>0)$,如果莱布尼茨条件的第一条不满足,即$u_n<u_{n+1}$,那么级数$\sum\limits_{n=1}^{\infty}(-1)^{n-1}u_n(u_n>0)$一定发散

(B) 对于交错级数$\sum\limits_{n=1}^{\infty}(-1)^{n-1}u_n(u_n>0)$,如果莱布尼茨条件的第二条不满足,即$\lim\limits_{n\to\infty}u_n\neq$

0,那么级数 $\sum\limits_{n=1}^{\infty}(-1)^{n-1}u_n(u_n>0)$ 一定发散

(C) 如果任意项级数 $\sum\limits_{n=1}^{\infty}u_n(u_n\neq 0)$ 绝对收敛,则 $\sum\limits_{n=1}^{\infty}u_n^3$ 也一定绝对收敛

(D) 如果任意项级数 $\sum\limits_{n=1}^{\infty}u_n(u_n\neq 0)$ 条件收敛,则级数 $\sum\limits_{n=1}^{\infty}\sqrt{|u_n|}$ 一定发散

(E) 如果任意项级数 $\sum\limits_{n=1}^{\infty}u_n$ 条件收敛,任意项级数 $\sum\limits_{n=1}^{\infty}v_n$ 绝对收敛,那么 $\sum\limits_{n=1}^{\infty}(u_n+v_n)$ 一定绝对收敛

5. 已知幂级数 $\sum\limits_{n=1}^{\infty}a_nx^n$ 的收敛半径为 2,则下列说法正确的是(　　).

(A) 幂级数 $\sum\limits_{n=1}^{\infty}2^na_nx^n$ 的收敛半径为 1

(B) 幂级数 $\sum\limits_{n=1}^{\infty}\sqrt{n}a_nx^n$ 的收敛半径为 1

(C) 幂级数 $\sum\limits_{n=1}^{\infty}a_nx^n$ 的收敛区间为(−2,2)

(D) 幂级数 $\sum\limits_{n=1}^{\infty}2^na_n(x-1)^n$ 的收敛区间为(−1,1)

(E) 幂级数 $\sum\limits_{n=1}^{\infty}\sqrt{n}a_n(x-1)^n$ 的收敛区间为(−1,3)

五、解答题(共 4 道小题)

1. 判断级数 $\sum\limits_{n=1}^{\infty}\dfrac{n^2[1+(-1)^n]}{2^n}$ 的敛散性.

2. 判断级数 $\sum\limits_{n=1}^{\infty}\dfrac{(-1)^n}{na^n}(a>0)$ 的敛散性,如果收敛,说明是绝对收敛还是条件收敛.

3. 求幂级数 $\sum\limits_{n=1}^{\infty}\dfrac{4^nx^{2n+1}}{n}$ 的和函数.

4. 将函数 $f(x)=\dfrac{3}{x^2-x-2}$ 展开成 $(x+2)$ 的幂级数,并求 $f^{(2\,022)}(-2)$.

自测试题(二)

一、判断题(共 10 道小题)

1. 如果 $\lim\limits_{n\to\infty}u_n\neq 0$,则数项级数 $\sum\limits_{n=0}^{\infty}u_n$ 必发散.(　　)

2. 如果 $\sum\limits_{n=0}^{\infty}u_n$ 收敛,$\sum\limits_{n=0}^{\infty}v_n$ 发散,则级数 $\sum\limits_{n=0}^{\infty}(2u_n-v_n)$ 必发散.(　　)

3. 如果级数 $\sum_{n=688}^{\infty} u_n$ 收敛,则 $\sum_{n=1}^{\infty} u_n$ 也收敛.(　　)

4. 发散级数加括号后形成的级数仍然是发散级数.(　　)

5. 如果级数 $\sum_{n=0}^{\infty}(u_n \pm v_n)$ 发散,那么级数 $\sum_{n=1}^{\infty} u_n$ 和 $\sum_{n=1}^{\infty} v_n$ 一定都发散.(　　)

6. 如果 $\lim\limits_{n\to\infty} u_n \neq 0$ 和 $\lim\limits_{n\to\infty} v_n \neq 0$,则级数 $\sum_{n=0}^{\infty}(u_n \pm v_n)$ 必发散.(　　)

7. 如果正项级数 $\sum_{n=1}^{\infty} u_n$ 发散,记 $S_n = \sum_{k=1}^{n} u_k$,则数列 $\{S_n\}$ 必为无界数列.(　　)

8. 对于正项级数 $\sum_{n=1}^{\infty} u_n$,若 $\lim\limits_{n\to\infty} \sqrt[n]{u_n} = l < 1$,则必有 $\lim\limits_{n\to\infty} u_n \neq 0$.(　　)

9. 如果级数 $\sum_{n=1}^{\infty} u_n^2$ 发散,则级数 $\sum_{n=1}^{\infty} u_n$ 必发散.(　　)

10. 设幂级数 $\sum_{n=0}^{\infty} a_n x^n$ 的收敛半径为 R,则 $\sum_{n=0}^{\infty} a_n x^{2n+1}$ 的收敛半径为 $\sqrt{R}$.(　　)

二、填空题(共 10 道小题)

1. 极限 $\lim\limits_{n\to\infty} \frac{5^n}{(2n)!} =$ ________.

2. 如果级数 $\sum_{n=1}^{\infty} \frac{5}{n^{p-3}}$ 发散,则 p 的取值范围是 ________.

3. 级数 $\sum_{n=1}^{\infty} \frac{2}{(2n+1)(2n+3)}$ 的和是 ________.

4. 已知 $\lim\limits_{n\to\infty} u_n = -7$,级数 $\sum_{n=1}^{\infty}(u_n + v_n)$ 收敛,则 $\lim\limits_{n\to\infty} v_n =$ ________.

5. 级数 $\sum_{n=1}^{\infty} \frac{n}{(n+1)!} =$ ________.

6. 幂级数 $\sum_{n=1}^{\infty} \frac{n}{4^n} x^{2n+1}$ 的收敛半径 $R =$ ________.

7. 幂级数 $\sum_{n=1}^{\infty} \frac{2n+1}{4^n}(x-2)^n$ 的收敛区间为 ________.

8. 设幂级数 $\sum_{n=1}^{\infty} a_n x^n$ 的收敛半径为 1,则级数 $\sum_{n=1}^{\infty} n a_n (x+1)^{2n}$ 的收敛区间为 ________.

9. 幂级数 $x - \frac{x^3}{3!} + \frac{x^5}{5!} - \frac{x^7}{7!} + \cdots + \frac{(-1)^{n-1}}{(2n-1)!} x^{2n-1} + \cdots$ 在 $(-\infty, +\infty)$ 上的和函数为 ________.

10. 极限 $\lim\limits_{n\to\infty}\left(\sum_{k=1}^{n} \frac{(-1)^k}{k!}\right) =$ ________.

三、单项选择题(共10道小题)

1. 常数项级数$\sum\limits_{n=1}^{\infty}\left[\frac{4}{5^n}+\frac{1}{(3n+1)(3n+4)}\right]$的和$S=$(　　).

(A) $S=1$　　(B) $S=\frac{4}{3}$　　(C) $S=\frac{13}{12}$　　(D) $S=2$

2. 若$\sum\limits_{n=1}^{\infty}\frac{1}{n^{p-2}x}(x\neq 0)$发散,则有(　　).

(A) $p\leqslant 3$　　(B) $p\geqslant 3$　　(C) $p<3$　　(D) $p>3$

3. 下列正项级数发散的是(　　).

(A) $\sum\limits_{n=1}^{\infty}\left(2^{\frac{1}{\sqrt{n^3}}}-1\right)$　　(B) $\sum\limits_{n=1}^{\infty}\frac{\sin\frac{\pi}{\sqrt[3]{n}}}{3^n}$

(C) $\sum\limits_{n=1}^{\infty}\sin\frac{\pi}{(2n)!}$　　(D) $\sum\limits_{n=1}^{\infty}\frac{(n+2)^n}{(n+1)!}$

4. 幂级数$\sum\limits_{n=1}^{\infty}\frac{2^n}{(n+1)!}x^{2n+1}$的收敛域为(　　).

(A) $x=0$　　(B) $(-\infty,+\infty)$　　(C) $(-2,2)$　　(D) $(-2,2]$

5. 极限$\lim\limits_{n\to\infty}\left[1-\frac{1}{3!}+\frac{1}{5!}-\frac{1}{7!}+\cdots+(-1)^n\frac{1}{(2n+1)!}\right]=$(　　).

(A) e　　(B) cos1　　(C) sin1　　(D) ln2

6. 设幂级数$\sum\limits_{n=1}^{\infty}a_n(x-3)^n$在$x=-3$处收敛,则该级数在$x=7$处(　　).

(A) 条件收敛　　(B) 绝对收敛　　(C) 发散　　(D) 无法确定

7. 下列级数收敛的是(　　).

(A) $\sum\limits_{n=1}^{\infty}(-1)^{2n-1}\frac{2}{n}$　　(B) $\sum\limits_{n=1}^{\infty}(-1)^{2n-1}\frac{3}{n+5}$

(C) $\sum\limits_{n=1}^{\infty}\left(\frac{3}{n^3}+\frac{1}{2^n}\right)$　　(D) $\sum\limits_{n=1}^{\infty}\left(\frac{3}{n^3}-1\right)$

8. 设幂级数$\sum\limits_{n=1}^{\infty}a_nx^n$在$x=2$处收敛,则该级数在$x=-3$处(　　).

(A) 条件收敛　　(B) 绝对收敛　　(C) 发散　　(D) 无法确定

9. 已知$f(x)=\frac{1}{x^2+x-2}$,则$f^{(2\,021)}(0)=$(　　).

(A) $\frac{2\,021!}{3}\left(\frac{1}{2^{2\,021}}-1\right)$　　(B) $\frac{2\,021!}{3}\left(\frac{1}{2^{2\,022}}+1\right)$

(C) $\frac{2\,021!}{3}\left(\frac{1}{2^{2\,022}}-1\right)$　　(D) $\frac{2\,022!}{3}\left(\frac{1}{2^{2\,021}}-1\right)$

10. 数项级数$\sum\limits_{n=0}^{\infty}\frac{(-1)^{n+1}}{n+1}=$(　　).

(A) ln2　　(B) $-\ln 2$　　(C) ln3　　(D) $-\ln 3$

四、多项选择题(共 5 道小题)

1. 设常数项级数 $\sum_{n=1}^{\infty} u_n$ 的前 n 项和为 S_n，则下列说法正确的是(　　).

(A) 如果该级数发散，则 $\lim_{n\to\infty} S_n = \infty$

(B) 如果该级数发散，则必有 $\lim_{n\to\infty} S_{2n}$ 不存在

(C) 如果该级数发散，则一定有 $\lim_{n\to\infty} S_n \neq 0$

(D) 如果该级数发散，$\lim_{n\to\infty} S_{2n}$ 与 $\lim_{n\to\infty} S_{2n+1}$ 均存在，则必有 $\lim_{n\to\infty} S_{2n} \neq \lim_{n\to\infty} S_{2n+1}$

(E) 如果该级数发散，则 $\lim_{n\to\infty} u_n \neq 0$

2. 关于常数项级数，下列说法正确的是(　　).

(A) 若级数 $\sum_{n=1}^{\infty} u_n$ 收敛，则加括号后所成的级数也收敛，且与原级数有相同的和

(B) 若级数 $\sum_{n=1}^{\infty} u_n$ 发散，那么加括号后一定发散

(C) 若加括号后级数收敛，则原级数一定收敛

(D) 收敛的级数去括号后未必收敛

(E) 对于正项级数 $\sum_{n=1}^{\infty} u_n (u_n \geqslant 0)$，加括号后的级数与原级数的敛散性相同

3. 对于正项级数 $\sum_{n=1}^{\infty} u_n$ 下列说法正确的是(　　).

(A) 如果极限 $\lim_{n\to\infty} \frac{u_n}{u_{n+1}} = 0$，那么正项级数 $\sum_{n=1}^{\infty} u_n$ 一定收敛

(B) 如果极限 $\lim_{n\to\infty} \frac{u_n}{u_{n+1}} = \infty$，那么正项级数 $\sum_{n=1}^{\infty} u_n$ 一定发散

(C) 如果极限 $\lim_{n\to\infty} \sqrt[n]{u_n} = 1$，那么正项级数 $\sum_{n=1}^{\infty} u_n$ 不一定收敛

(D) 如果极限 $\lim_{n\to\infty} \frac{u_n}{u_{n+1}} = 1$，那么正项级数 $\sum_{n=1}^{\infty} u_n$ 一定发散

(E) 如果极限 $\lim_{n\to\infty} \sqrt[n]{u_n} = 2$，那么正项级数 $\sum_{n=1}^{\infty} u_n$ 一定发散且有 $\lim_{n\to\infty} u_n \neq 0$

4. 关于正项级数 $\sum_{n=1}^{\infty} u_n$ 和 $\sum_{n=1}^{\infty} v_n$ 下列说法正确的是(　　).

(A) 如果 $u_n \leqslant v_n (n=1,2,\cdots)$，那么 $\sum_{n=1}^{\infty} u_n$ 收敛，则 $\sum_{n=1}^{\infty} v_n$ 一定收敛

(B) 如果 $u_n \leqslant v_n (n=1,2,\cdots)$，那么 $\sum_{n=1}^{\infty} v_n$ 收敛，则 $\sum_{n=1}^{\infty} u_n$ 一定收敛

(C) 如果 $u_n \leqslant v_n (n=1,2,\cdots)$，那么 $\sum_{n=1}^{\infty} u_n$ 发散，则 $\sum_{n=1}^{\infty} v_n$ 一定发散

(D) 如果 $u_n \leqslant v_n(n=1,2,\cdots)$,那么 $\sum_{n=1}^{\infty} v_n$ 发散,则 $\sum_{n=1}^{\infty} u_n$ 一定发散

(E) 如果 $n \to \infty$ 时 u_n 与 v_n 是等价无穷小量,那么 $\sum_{n=1}^{\infty} u_n$ 与 $\sum_{n=1}^{\infty} v_n$ 的敛散性相同

5. 已知幂级数 $\sum_{n=1}^{\infty} a_n^2 x^n$ 的收敛区间为 $(-4,4)$,则下列说法正确的是(　　).

(A) 幂级数 $\sum_{n=1}^{\infty} a_n x^{2n}$ 的收敛半径为 2

(B) 幂级数 $\sum_{n=1}^{\infty} a_n^2 x^{2n}$ 的收敛半径为 2

(C) 幂级数 $\sum_{n=1}^{\infty} 2^n a_n x^{2n}$ 的收敛半径为 1

(D) 幂级数 $\sum_{n=1}^{\infty} \sqrt{n} a_n^2 x^{2n}$ 的收敛半径为 2

(E) 幂级数 $\sum_{n=1}^{\infty} \sqrt{n} a_n (x-1)^{2n}$ 的收敛半径为 1

五、解答题(共 4 道小题)

1. 判断级数 $\sum_{n=1}^{\infty} \frac{n^2[1-(-1)^n]}{n!}$ 的敛散性.

2. 判断级数 $\sum_{n=1}^{\infty} \frac{(-1)^n \sqrt{n}}{n+1} x^n$ 的敛散性,如果收敛,说明是绝对收敛还是条件收敛.

3. 求级数 $\sum_{n=2}^{\infty} \frac{1}{(n^2-1)3^n}$ 的和.

4. 将函数 $f(x)=\frac{5}{2x^2+x-3}$ 展开成 x 的幂级数,并求 $f^{(2\,022)}(0)$.

第九章 微分方程与差分方程初步

模块一 本章框架图

通常，描述比较复杂的变化过程时，很难直接得到变量之间的函数关系，往往需要建立变量与其导数或微分之间的关系. 这种包含导数或微分的方程即为微分方程. 本章介绍微分方程的基本概念，以及几种常见微分方程的解法；差分方程的基本概念以及一阶、二阶差分方程的求解.

本章内容框架图如下：

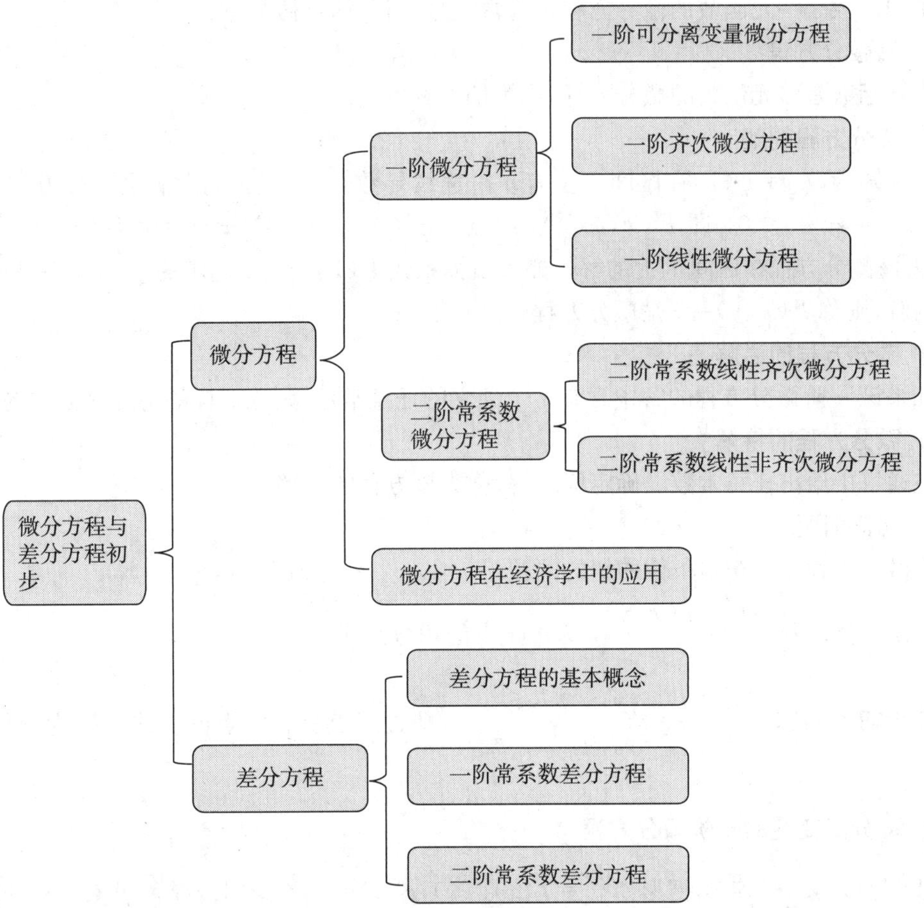

模块二 知识点梳理

一、概念与性质

1. 微分方程的定义

含有自变量、未知函数以及未知函数导数(或者微分)的方程称为**微分方程**.

通常 n 阶常微分方程的一般表达式为 $F(x,y,y',y'',\cdots,y^{(n)})=0$. 其中 x 是自变量,y 是未知的待定函数,$y',y'',\cdots,y^{(n)}$ 是关于自变量 x 的各阶导函数.

注意: 微分方程的实质是自变量、函数以及函数的某些导数或者微分之间的关系式.

2. 微分方程的阶

微分方程中未知函数的导数的最高阶数称为微分方程的阶.

3. 常微分方程

未知函数是一元函数的微分方程称为常微分方程,简称微分方程.

4. 偏微分方程

未知函数是多元函数的微分方程,称为偏微分方程.

5. 微分方程的解

设未知函数 $y=\varphi(x)$ 在区间 I 上有 n 阶连续导数,且在该区间上满足微分方程 $F(x,y,y',y'',\cdots,y^{(n)})=0$, 即 $F(x,\varphi(x),\varphi'(x),\varphi''(x),\cdots,\varphi^{(n)}(x))=0$,我们称函数 $y=\varphi(x)$ 为该微分方程在区间 I 上的解。如果由关系式 $F(x,y)=0$ 确定的 $y=\varphi(x)$ 是该微分方程的解,则称 $F(x,y)=0$ 是微分方程的隐式解.

6. 微分方程的通解

如果该 n 阶微分方程的解中含有 n 个独立的任意常数,则称这样的解为该方程的通解.

7. 微分方程的特解

在通解中给出任意常数以确定值的解,称为该方程的特解.

8. 初值问题

求微分方程满足初始条件的解的问题.

一阶初值问题: $\begin{cases} y'=f(x,y) \\ y|_{x=x_0}=y_0 \end{cases}$, 即过定点的积分曲线.

二阶初值问题: $\begin{cases} y'=f(x,y,y') \\ y|_{x=x_0}=y_0,y'|_{x=x_0}=y_0' \end{cases}$,即过定点且在定点的切线斜率为定值的积分曲线.

9. 可分离变量的一阶微分方程

已知 $f(x),g(y)$ 连续,把形如 $\dfrac{\mathrm{d}y}{\mathrm{d}x}=f(x)g(y)$, $g(y)\mathrm{d}y=f(x)\mathrm{d}x$,或者 $f_1(x)g_1(y)\mathrm{d}y+f_2(x)g_2(y)\mathrm{d}x=0$ 的微分方程称为可分离变量的微分方程.

10. 一阶齐次微分方程

形如$\frac{dy}{dx}=f\left(\frac{y}{x}\right)$的微分方程称为一阶齐次微分方程.

11. 一阶线性微分方程

形如$\frac{dy}{dx}+P(x)y=Q(x)$的微分方程称为一阶线性微分方程. $Q(x)=0$ 时称为一阶线性齐次微分方程;$Q(x)\neq 0$ 时称为一阶线性非齐次微分方程.

12. 二阶常系数线性齐次微分方程

形如$\frac{d^2y}{dx^2}+P(x)\frac{dy}{dx}+Q(x)y-0$ 的微分方程称为二阶线性微分方程. 其中如果 $P(x)$,$Q(x)$为常数,则 $\frac{d^2y}{dx^2}+P\frac{dy}{dx}+Qy=0$ 称为二阶常系数线性齐次微分方程.

13. 函数线性相关(无关)

设函数 $y_1(x)$,$y_2(x)$为定义在区间 I 上的两个函数,如果存在非零常数 k,使得 $y_1(x)=ky_2(x)$, 则称 $y_1(x)$,$y_2(x)$在区间 I 上线性相关;否则,如果对于任意的非零常数 k,都有 $y_1(x)\neq ky_2(x)$, 则称 $y_1(x)$,$y_2(x)$在区间 I 上线性无关.

14. 通解

设 $y_1(x)$,$y_2(x)$为方程$\frac{d^2y}{dx^2}+P\frac{dy}{dx}+Qy=0$ 的解,则 $y_1(x)$,$y_2(x)$的任意线性组合 $C_1y_1(x)+C_2y_2(x)$ 也是该方程的解,当 $y_1(x)$,$y_2(x)$线性无关时,$C_1y_1(x)+C_2y_2(x)$构成方程$\frac{d^2y}{dx^2}+P\frac{dy}{dx}+Qy=0$ 的通解.

15. 二阶常系数线性非齐次微分方程

形如$\frac{d^2y}{dx^2}+P(x)\frac{dy}{dx}+Q(x)y=f(x)(f(x)\neq 0)$的微分方程称为二阶线性非齐次微分方程. 同样,如果 $P(x)$,$Q(x)$为常数,则$\frac{d^2y}{dx^2}+P\frac{dy}{dx}+Qy=f(x)$称为二阶常系数线性非齐次微分方程.

16. 差分的定义

记某个定义在整数集上的函数为 $y_n=f(n),n\in\mathbf{Z}$, 则称

$$\Delta y_n=y_{n+1}-y_n=f(n+1)-f(n)$$

为函数 $y_n=f(n),n\in\mathbf{Z}$ 在 n 时刻的**一阶差分**. 称

$$\Delta^2 y_n=\Delta(\Delta y_n)=\Delta(y_{n+1}-y_n)=y_{n+2}-y_{n+1}-(y_{n+1}-y_n)=y_{n+2}-2y_{n+1}+y_n$$

为函数 $y_n=f(n),n\in\mathbf{Z}$ 在 n 时刻的**二阶差分**.

17. 差分方程

定义 1 含有自变量 n、未知函数 y_n 以及 y_n 的差分 Δy_n,$\Delta^2 y_n$,…的方程称为常差分方程, 简称差分方程. 差分方程中差分的最高阶数,称为差分方程的阶. k 阶差分方程的一般

形式为：

$$F(n,y_n,\Delta y_n,\Delta^2 y_n,\cdots,\Delta^k y_n)=0.$$

定义 2　含有自变量 n、未知函数的两个或两个以上的函数值 $y_n,y_{n+1}\cdots$ 的方程称为常差分方程. 未知函数下标的最大差称为差分方程的阶. k 阶差分方程的一般形式为：$F(n,y_n,y_{n+1},y_{n+2},\cdots,y_{n+k})=0$.

注意： 我们一般按照定义 2 来讨论差分方程.

18. 差分方程的解

如果将 $y_n=\varphi(n)$ 代入方程 $F(n,y_n,y_{n+1},y_{n+2},\cdots,y_{n+k})=0$，使其对 $n=0,1,2\cdots$ 都成立，则称 $y_n=\varphi(n)$ 为差分方程 $F(n,y_n,y_{n+1},y_{n+2},\cdots,y_{n+k})=0$ 的解.

19. 差分方程的通解

如果解中含有 k 个独立的常数，则这样的解称为差分方程的通解.

20. 差分方程的特解

通解中给任意常数以确定的值，得到的解为差分方程的特解.

21. k 阶线性差分方程

形如 $y_{n+k}+a_1(n)y_{n+k-1}+\cdots+a_{k-1}y_{n+1}+a_k(n)y_n=f(n)$ 的差分方程称为 k 阶线性差分方程. 如果 $f(n)=0$，则称 $y_{n+k}+a_1(n)y_{n+k-1}+\cdots+a_{k-1}y_{n+1}+a_k(n)y_n=0$ 为 **k 阶线性齐次差分方程**；如果 $f(n)\neq 0$，则称 $y_{n+k}+a_1(n)y_{n+k-1}+\cdots+a_{k-1}y_{n+1}+a_k(n)y_n=f(n)$ 称为 **k 阶线性非齐次差分方程**.

22. 差分方程解的性质

性质 1　如果 $y_1(n),y_2(n),\cdots,y_m(n)$ 均为 k 阶线性齐次差分方程 $y_{n+k}+a_1(n)y_{n+k-1}+\cdots+a_{k-1}y_{n+1}+a_k(n)y_n=0$ 的解，则 $C_1y_1(n)+C_2y_2(n)+\cdots+C_my_m(n),C_1,\cdots,C_m\in\mathbf{R}$ 也是 k 阶线性齐次差分方程的解.

性质 2　如果 $y_1(n),y_2(n),\cdots,y_m(n)$ 为 k 阶线性齐次差分方程 $y_{n+k}+a_1(n)y_{n+k-1}+\cdots+a_{k-1}y_{n+1}+a_k(n)y_n=0$ 的 k 个线性无关的解，那么 $C_1y_1(n)+C_2y_2(n)+\cdots+C_my_m(n),C_1,\cdots,C_m\in\mathbf{R}$ 是 k 阶线性齐次差分方程的通解.

性质 3　如果 $y_1(n),y_2(n),\cdots,y_m(n)$ 为 k 阶线性齐次差分方程 $y_{n+k}+a_1(n)y_{n+k-1}+\cdots+a_{k-1}y_{n+1}+a_k(n)y_n=0$ 的 k 个线性无关的解，$y^*(n)$ 是 k 阶线性非齐次差分方程 $y_{n+k}+a_1(n)y_{n+k-1}+\cdots+a_{k-1}y_{n+1}+a_k(n)y_n=f(n)$ 的一个特解，则 $C_1y_1(n)+C_2y_2(n)+\cdots+C_my_m(n)+y^*(n),C_1,\cdots,C_m\in\mathbf{R}$ 是 k 阶线性非齐次差分方程的通解.

性质 4　如果 $y_1^*(n)$ 是 k 阶线性非齐次差分方程 $y_{n+k}+a_1(n)y_{n+k-1}+\cdots+a_{k-1}y_{n+1}+a_k(n)y_n=f_1(n)$ 的一个特解，$y_2^*(n)$ 是 k 阶线性非齐次差分方程 $y_{n+k}+a_1(n)y_{n+k-1}+\cdots+a_{k-1}y_{n+1}+a_k(n)y_n=f_2(n)$ 的一个特解，$C_1y_1(n)+C_2y_2(n)+\cdots+C_my_m(n),C_1,\cdots,C_m\in\mathbf{R}$ 是对应的 k 阶线性齐次差分方程的通解，则

$$C_1y_1(n)+C_2y_2(n)+\cdots+C_my_m(n)+y_1^*(n)+y_2^*(n),C_1,\cdots,C_m\in\mathbf{R}$$

是线性非齐次差分方程 $y_{n+k}+a_1(n)y_{n+k-1}+\cdots+a_{k-1}y_{n+1}+a_k(n)y_n=f_1(n)+f_2(n)$ 的通解.

23. 一阶常系数线性差分方程

形如 $y_{n+1}+ay_n=0, n=0,1,2\cdots$ 的方程称为一阶常系数**线性齐次差分方程**;形如 $y_{n+1}+ay_n=f(n), n=0,1,2\cdots, f(n)\neq 0$ 的方程称为**一阶常系数线性非齐次差分方程**.

24. 二阶常系数线性齐次差分方程

形如 $y_{n+2}+py_{n+1}+qy_n=0(n=0,1,2,\cdots,p,q$ 为常数)的方程称为二阶常系数线性齐次差分方程.

二、求解方法

1. 一阶微分方程的求解方法

(1) 可分离变量的一阶微分方程.

此类微分方程可统一改写为 $g(y)\mathrm{d}y=f(x)\mathrm{d}x$.

求解方法:积分法.

对分离变量后的微分方程 $g(y)\mathrm{d}y=f(x)\mathrm{d}x$ 两边求积分:

$$\int g(y)\mathrm{d}y=\int f(x)\mathrm{d}x.$$

设 $G(y),F(x)$ 分别是 $g(y),f(x)$ 的原函数,则微分方程的通解为:

$$G(y)=F(x)+C.$$

故求解可分离变量的微分方程的一般步骤是:

第一步:分离变量;

第二步:两边积分;

第三步:化简整理通解.

(2) 一阶齐次微分方程.

一阶齐次微分方程 $\frac{\mathrm{d}y}{\mathrm{d}x}=f\left(\frac{y}{x}\right)$ 的求解方法如下.

做变量替换 $u=\frac{y}{x}$,则 $y=xu, \frac{\mathrm{d}y}{\mathrm{d}x}=u+x\frac{\mathrm{d}u}{\mathrm{d}x}$, 代入原式

$$u+x\frac{\mathrm{d}u}{\mathrm{d}x}=f(u),$$

可分离变量:

$$\frac{\mathrm{d}u}{\mathrm{d}x}=\frac{f(u)-u}{x}.$$

(i) 当 $f(u)-u\neq 0$ 时,整理,得 $\frac{\mathrm{d}u}{f(u)-u}=\frac{\mathrm{d}x}{x}$,两边取积分,得

$$\int \frac{\mathrm{d}u}{f(u)-u}=\int \frac{\mathrm{d}x}{x}=\ln|x|+C=\ln|C_1x|.$$

将 $u=\dfrac{y}{x}$ 代入上式即得通解.

(ⅱ) 若 $f(u)-u=0$,寻找 u_0 使得 $f(u_0)-u_0=0$,则 $u=u_0$ 是解,代回原方程得到原微分方程的解 $y=u_0x$.

求一阶齐次微分方程通解的一般步骤是:

第一步:做变量替换;

第二步:分离变量;

第三步:两边求积分,给出通解;

第四步:将变量代回.

(3) 一阶线性微分方程.

(ⅰ) 一阶线性齐次微分方程 $\dfrac{\mathrm{d}y}{\mathrm{d}x}+P(x)y=0$ 的求解方法.

将

$$\frac{\mathrm{d}y}{\mathrm{d}x}+P(x)y=0$$

分离变量,得

$$\frac{\mathrm{d}y}{\mathrm{d}x}=-P(x)y,$$

$$\frac{\mathrm{d}y}{y}=-P(x)\mathrm{d}x,$$

两边取积分,得

$$\int \frac{\mathrm{d}y}{y}=-\int P(x)\mathrm{d}x,$$

$$\ln|y|=-\int P(x)\mathrm{d}x+\ln C.$$

通解为

$$y=C\mathrm{e}^{-\int P(x)\mathrm{d}x}.$$

(ⅱ) 一阶线性非齐次微分方程 $\dfrac{\mathrm{d}y}{\mathrm{d}x}+P(x)y=Q(x)$ 的求解方法——常数变异法.

在一阶线性齐次微分方程的通解中,令 $C=u(x)$,即 $y=u(x)\mathrm{e}^{-\int P(x)\mathrm{d}x}$,则

$$y'=u'(x)\mathrm{e}^{-\int P(x)\mathrm{d}x}+u(x)[-P(x)]\mathrm{e}^{-\int P(x)\mathrm{d}x},$$

将 y,y' 代入方程 $\dfrac{\mathrm{d}y}{\mathrm{d}x}+P(x)y=Q(x)$,得

$$u'(x)e^{-\int P(x)dx}+u(x)[-P(x)]e^{-\int P(x)dx}+P(x)u(x)e^{-\int P(x)dx}=Q(x),$$

整理,得
$$u'(x)e^{-\int P(x)dx}=Q(x),$$

即
$$u'(x)=Q(x)e^{\int P(x)dx},$$

两边积分,得
$$u(x)=\int Q(x)e^{\int P(x)dx}dx+C,$$

所以通解为

$$y=u(x)e^{-\int P(x)dx}=\left[\int Q(x)e^{\int P(x)dx}dx+C\right]e^{-\int P(x)dx}$$
$$=\underbrace{Ce^{-\int P(x)dx}}_{\text{对应齐次方程的通解}}+\underbrace{e^{-\int P(x)dx}\int Q(x)e^{\int P(x)dx}dx}_{\text{非齐次方程的特解}}.$$

求解一阶线性微分方程通解的一般步骤是:

第一步:确定 $P(x)$,$Q(x)$;

第二步:若 $Q(x)=0$,代通解公式 $y=Ce^{-\int P(x)dx}$,计算出通解;若 $Q(x)\neq 0$,代通解公式 $y=\left[\int Q(x)e^{\int P(x)dx}dx+C\right]e^{-\int P(x)dx}$,计算出通解.

2. 二阶微分方程的求解方法

(1) 二阶常系数线性齐次微分方程 $\frac{d^2y}{dx^2}+P\frac{dy}{dx}+Qy=0$.

二阶常系数线性齐次微分方程的通解:

对于方程$\frac{d^2y}{dx^2}+p\frac{dy}{dx}+qy=0$,猜测 e^{rx} 为方程的解,代入该方程

$$r^2e^{rx}+rpe^{rx}+qe^{rx}=0,$$

约去 e^{rx},得

$$r^2+pr+q=0 \text{ (该方程称为特征方程)}.$$

(ⅰ) 若方程 $r^2+pr+q=0$ 的判别式 $\Delta>0$,则方程有两个不同的实根 r_2,r_2,故通解为

$$C_1e^{r_1x}+C_2e^{r_2x}\qquad(C_1,C_2\in\mathbf{R}).$$

(ⅱ) 若方程 $r^2+pr+q=0$ 的判别式 $\Delta<0$,则方程有两个不同的复根 $\lambda+\mu i$,$\lambda-\mu i$,故通解为

$$C_1e^{\lambda x}\cos\mu x+C_2e^{\lambda x}\sin\mu x\qquad(C_1,C_2\in\mathbf{R}).$$

(ⅲ) 若方程 $r^2+pr+q=0$ 的判别式 $\Delta=0$,则方程有两个相同的实根 r,故通解为

$$C_1e^{rx}+C_2xe^{rx}\qquad(C_1,C_2\in\mathbf{R}).$$

(2) 二阶常系数线性非齐次微分方程$\frac{d^2y}{dx^2}+P\frac{dy}{dx}+Qy=f(x)$.

二阶常系数线性非齐次微分方程的通解：

如果知道方程$\frac{d^2y}{dx^2}+P\frac{dy}{dx}+Qy=0$的一个特解为$y^*(x)$，$\frac{d^2y}{dx^2}+P\frac{dy}{dx}+Qy=0$的通解为$C_1y_1(x)+C_2y_2(x)$，则非齐次方程$\frac{d^2y}{dx^2}+P\frac{dy}{dx}+Qy=f(x)$的通解为：

$$C_1y_1(x)+C_2y_2(x)+y^*(x)\qquad (C_1,C_2\in\mathbf{R}).$$

求二阶常系数线性微分方程通解的一般步骤：

第一步：若$f(x)=0$，则方程为线性齐次微分方程，确定特征方程$r^2+pr+q=0$；

第二步：根据特征方程的根的情形确定线性齐次微分方程的通解；

第三步：若$f(x)\neq 0$，则根据$f(x)$的函数形式设出特解；

第四步：将设的特解代入原微分方程，获得特解的系数值，从而确定特解；

第五步：上面齐次微分方程的通解加上第四步的特解即得原微分方程的通解.

3. 一阶常系数线性差分方程

(1) 一阶常系数线性齐次差分方程$y_{n+1}+ay_n=0,n=0,1,2,\cdots$的通解.

由$y_{n+1}+ay_n=0$得$y_{n+1}=-ay_n$，由等比数列通项公式，得

$$y_{n+1}=(-a)^n y_0,n=0,1,2,\cdots,$$

所以通解为：

$$y_n=C(-a)^n,n=0,1,2,\cdots,C\in\mathbf{R}.$$

(2) 一阶常系数线性非齐次差分方程$y_{n+1}+ay_n=f(n),n=0,1,2\cdots,f(n)\neq 0$的通解：

$$y_n=C(-a)^n+y^*(n),n=0,1,2\cdots,C\in\mathbf{R},$$

其中$y^*(n)$是$y_{n+1}+ay_n=f(n),n=0,1,2\cdots,f(n)\neq 0$的一个特解.

4. 二阶常系数线性齐次差分方程

二阶常系数线性齐次差分方程$y_{n+2}+py_{n+1}+qy_n=0$($n=0,1,2,\cdots,p,q$为常数)的特征方程设为$\lambda^2+p\lambda+q=0$，λ_1,λ_2是特征方程的两个根，则

(ⅰ) 当λ_1,λ_2是两个不同的实根时，差分方程$y_{n+2}+py_{n+1}+qy_n=0$的通解为

$$y_n=C_1\lambda_1^n+C_2\lambda_2^n,C_1,C_2\in\mathbf{R}.$$

(ⅱ) 当$\lambda_1=\lambda_2$是两个相同的实根时，差分方程$y_{n+2}+py_{n+1}+qy_n=0$的通解为

$$y_n=(C_1+C_2n)\lambda^n,C_1,C_2\in\mathbf{R}.$$

(ⅲ) 当$\lambda_1=a+bi,\lambda_2=a-bi$是两个不同的复根时，差分方程$y_{n+2}+py_{n+1}+qy_n=0$的通解为

$$y_n=r^n(C_1\cos n\theta+C_2\sin n\theta),C_1,C_2\in\mathbf{R},$$

其中 $r=\sqrt{a^2+b^2}$，$\theta\in\left(-\frac{\pi}{2},\frac{\pi}{2}\right)$，满足当 $a\neq0$ 时 $\tan\theta=\frac{b}{a}$，当 $a=0$ 时 $\theta=\frac{\pi}{2}$.

模块三 重难点及易错知识点问答

本章重点

1. 微分方程以及微分方程通解的概念；
2. 一阶以及二阶微分方程的求解方法；
3. 微分方程的应用；
4. 差分的基本定义以及通解、特解的定义；
5. 一阶常系数线性差分方程的求解方法；
6. 二阶常系数线性齐次差分方程求解方法.

本章难点

1. 求一阶线性非齐次微分方程的通解；
2. 求二阶线性非齐次微分方程的通解；
3. 求一阶常系数线性差分方程的通解；
4. 求二阶常系数线性齐次差分方程的通解.

易错知识点问答

问题1 微分方程的通解都能写出具体表达式吗？

答 有的不能，有些通解是由一个隐函数方程确定的.

问题2 微分方程的通解表达式唯一吗？

答 不唯一，例如有的方程通解写为 $\ln|y|=p(x)+C$，也可以写为

$$y=e^{p(x)+C}\text{ 或者 }y=Ce^{p(x)}.$$

问题3 满足初值问题的微分方程的解的本质是什么？

答 一阶微分方程若满足某个初值条件，它的解实质是一条经过定点的积分曲线.

二阶微分方程若满足初值问题，它的解实质上是一条经过定点且在定点处的切线斜率为定值的积分曲线.

问题4 任何函数都可以定义差分吗？

答 不是，只有定义在某个区间上的离散函数 $f(n)$，$n\in\mathbf{Z}$ 才能定义差分以及差分方程.

问题5 差分方程的两个定义等价吗？

答 不完全等价，例如 $\Delta^2y_n-y_n=0$ 按照定义1是二阶差分方程，但是 $\Delta^2y_n-y_n=y_{n+2}-2y_{n+1}+y_n-y_n=y_{n+2}-2y_{n+1}=0$，按照定义2是一阶差分方程.

模块四 典型题解析

一、一阶微分方程

例1 求微分方程 $\frac{dy}{dx}=(x+2\,025)^{2\,025}(y-2\,024)$ 的通解.

解 由

$$\frac{\mathrm{d}y}{\mathrm{d}x}=(x+2\,025)^{2\,025}(y-2\,024),$$

分离变量,得

$$\frac{\mathrm{d}y}{y-2\,024}=(x+2\,025)^{2\,025}\mathrm{d}x,$$

两边积分,得

$$\int\frac{\mathrm{d}y}{y-2\,024}=\int(x+2\,025)^{2\,025}\mathrm{d}x,$$

$$\ln|y-2\,024|=\frac{1}{2\,026}(x+2\,025)^{2\,026}+\ln C,$$

得到通解

$$y=2\,024+Ce^{\frac{1}{2\,026}(x+2\,025)^{2\,026}}.$$

例 2 求微分方程 $y^{2\,022}\mathrm{d}x+x\mathrm{d}y=0$ 通解.

解 由

$$y^{2\,022}\mathrm{d}x+x\mathrm{d}y=0,$$

分离变量,得

$$\frac{\mathrm{d}x}{x}=-\frac{\mathrm{d}y}{y^{2\,022}},$$

两边积分,得

$$\int\frac{\mathrm{d}x}{x}=-\int\frac{\mathrm{d}y}{y^{2\,022}},$$

通解为

$$\ln|x|=\frac{1}{2\,021}y^{-2\,021}+\ln C,$$

或者

$$x=Ce^{\frac{1}{2\,021}y^{-2\,021}}.$$

说明 例 1 和例 2 为可分离变量的一阶微分方程. 按照可分离变量一阶微分方程的求解步骤,将 x 与 y 分别放在等号左右两侧,然后通过求解不定积分,得到方程的通解.

例 3 求微分方程 $\left(x-y\sin\frac{y}{x}\right)\mathrm{d}x+x\sin\frac{y}{x}\mathrm{d}y=0$ 的通解.

解 方程两边同除以 x,得

$$\left(1-\frac{y}{x}\sin\frac{y}{x}\right)dx+\sin\frac{y}{x}dy=0.$$

令 $u=\frac{y}{x}$，则 $y=ux$，$dy=udx+xdu$，代入上式,得

$$(1-u\sin u)dx+\sin u(udx+xdu)=0,$$
$$dx+x\sin u du=0,$$
$$-\sin u du=\frac{dx}{x},$$

积分,得 $$\cos u=\ln|x|+C,$$

故通解为 $$\cos\frac{y}{x}=\ln|x|+C.$$

例 4 求微分方程 $\frac{dx}{x^2+xy+y^2}=\frac{dy}{y^2+xy}$ 的通解.

解 整理方程,得

$$\frac{dy}{dx}=\frac{y^2+xy}{x^2+xy+y^2},$$

分子和分母同除以 x^2,得

$$\frac{dy}{dx}=\frac{\frac{y^2}{x^2}+\frac{y}{x}}{1+\frac{y}{x}+\frac{y^2}{x^2}}.$$

令 $u=\frac{y}{x}$，则 $y=ux$，$\frac{dy}{dx}=u+x\frac{du}{dx}$，代入上式,得

$$u+x\frac{du}{dx}=\frac{dy}{dx}=\frac{\frac{y^2}{x^2}+\frac{y}{x}}{1+\frac{y}{x}+\frac{y^2}{x^2}}=\frac{u^2+u}{1+u+u^2},$$

整理,得 $$x\frac{du}{dx}=\frac{-u^3}{1+u+u^2},$$

分离变量,得 $$-\frac{(1+u+u^2)du}{u^3}=\frac{dx}{x},$$

整理,得 $$\left[-\frac{1}{u^3}-\frac{1}{u^2}-\frac{1}{u}\right]du=\frac{dx}{x},$$

两边积分,得 $$\int\left[-\frac{1}{u^3}-\frac{1}{u^2}-\frac{1}{u}\right]du=\int\frac{dx}{x},$$

$$\frac{1}{2}u^{-2}+\frac{1}{u}-\ln|u|=\ln|x|+C,$$

通解由方程

$$\frac{1}{2}\frac{x^2}{y^2}+\frac{x}{y}-\ln\left|\frac{y}{x}\right|=\ln|x|+C$$

确定.

说明 例3和例4为一阶齐次微分方程.根据一阶齐次微分方程的求解步骤,求得方程的通解.

例5 求微分方程$\frac{\mathrm{d}y}{\mathrm{d}x}+y=\mathrm{e}^x$的通解.

解 显然,这是一阶线性非齐次微分方程,$p(x)=1,Q(x)=\mathrm{e}^x$,代入一阶线性非齐次微分方程的通解公式,得

$$\begin{aligned}y&=\left[\int Q(x)\mathrm{e}^{\int P(x)\mathrm{d}x}\mathrm{d}x+C\right]\mathrm{e}^{-\int P(x)\mathrm{d}x}\\&=\left[\int \mathrm{e}^x\mathrm{e}^{\int 1\mathrm{d}x}\mathrm{d}x+C\right]\mathrm{e}^{-\int 1\mathrm{d}x}\\&=\left[\int \mathrm{e}^x\mathrm{e}^x\mathrm{d}x+C\right]\mathrm{e}^{-x}\\&=\frac{1}{2}\mathrm{e}^x+C\mathrm{e}^{-x}.\end{aligned}$$

例6 求微分方程$\frac{\mathrm{d}y}{\mathrm{d}x}=\frac{y}{x-y^3}$的通解.

解 本题直接求解不易,故两边取倒数并移项,得

$$\frac{\mathrm{d}x}{\mathrm{d}y}-\frac{x}{y}=-y^2.$$

显然是一阶线性非齐次微分方程$\frac{\mathrm{d}x}{\mathrm{d}y}+P(y)x=Q(y)$的形式,其中,$P(y)=-\frac{1}{y},Q(y)=-y^2$,代入通解公式,得

$$\begin{aligned}x&=\left[\int Q(y)\mathrm{e}^{\int P(y)\mathrm{d}y}\mathrm{d}y+C\right]\mathrm{e}^{-\int P(y)\mathrm{d}y}\\&=\left[\int(-y^2)\mathrm{e}^{-\int\frac{1}{y}\mathrm{d}y}\mathrm{d}y+C\right]\mathrm{e}^{\int\frac{1}{y}\mathrm{d}y}\\&=\left[\int(-y^2)\mathrm{e}^{-\ln|y|}\mathrm{d}y+C\right]\mathrm{e}^{\ln|y|}\\&=\left[\int -y\mathrm{d}y+C\right]y\\&=-\frac{y^3}{2}+Cy.\end{aligned}$$

说明 例 5 和例 6 为一阶线性微分方程. 根据一阶线性微分方程的通解公式,即可解得通解.

例 7 (有两个不同解)求微分方程 $y''-y'-2y=0$ 的通解.

解 这是二阶线性齐次微分方程,对应的特征方程为 $r^2-r-2=0$, 显然 $\Delta=9>0$, 方程有两个不同的根 $r_1=2,r_2=-1$, 所以微分方程的通解为

$$C_1e^{r_1x}+C_2e^{r_2x}=C_1e^{2x}+C_2e^{-x},C_1,C_2\in\mathbf{R}.$$

例 8 (有两个不同复根)求微分方程 $y''-y'+2y=0$ 的通解.

解 该微分方程对应的特征方程为 $r^2-r+2=0$, 显然 $\Delta=-7<0$, 方程有两个不同的复根 $r_1=\frac{1}{2}+\frac{\sqrt{7}}{2}\mathrm{i},r_2=\frac{1}{2}-\frac{\sqrt{7}}{2}\mathrm{i}$, 所以微分方程的通解为

$$C_1e^{rx}\cos ux+C_2e^{rx}\sin ux=C_1e^{\frac{1}{2}x}\cos\frac{\sqrt{7}}{2}x+C_2e^{\frac{1}{2}x}\sin\frac{\sqrt{7}}{2}x,C_1,C_2\in\mathbf{R}.$$

例 9 (有两个相同的实根)求微分方程 $y''-4y'+4y=0$ 的通解.

解 该微分方程对应的特征方程为 $r^2-4r+4=0$, 显然 $\Delta=0$, 方程有两个相同的根 $r_1=r_2=2$, 所以微分方程的通解为

$$C_1e^{rx}+C_2xe^{rx}=C_1e^{2x}+C_2xe^{2x},C_1,C_2\in\mathbf{R}.$$

例 10 求微分方程 $y''-y'-2y=x^2$ 的通解.

解 这是二阶线性非齐次微分方程,其齐次方程对应的特征方程为 $r^2-r-2=0$, 显然 $\Delta=9>0$, 方程有两个不同的根 $r_1=2,r_2=-1$, 所以二阶线性齐次微分方程的通解为

$$C_1e^{r_1x}+C_2e^{r_2x}=C_1e^{2x}+C_2e^{-x},C_1,C_2\in\mathbf{R}.$$

由于非齐次项为 x^2,故猜测 ax^2+bx+c 为非齐次方程的特解,把 ax^2+bx+c 代入原方程 $y''-y'-2y=x^2$,得

$$2a-2ax-b-2(ax^2+bx+c)=x^2,$$

整理,得

$$-2ax^2-(2a+2b)x+2a-b-2c=x^2,$$

根据多项式相等的充分必要条件是对应项系数相等,得到

$$\begin{cases}-2a=1\\2a+2b=0\\2a-b-2c=0\end{cases},\text{解得 } a=-\frac{1}{2},b=\frac{1}{2},c=-\frac{3}{4},$$

所以特解为

$$y^*(x)=-\frac{1}{2}x^2+\frac{1}{2}x-\frac{3}{4},$$

故微分方程 $y''-y'-2y=x^2$ 的特解为 $C_1e^{2x}+C_2e^{-x}-\frac{1}{2}x^2+\frac{1}{2}x-\frac{3}{4}, C_1, C_2\in\mathbf{R}$.

例 11 求微分方程 $y''+4y=\sin 2x$ 的通解.

解 该微分方程对应的特征方程为 $r^2+4=0$，显然 $\Delta=-16<0$，方程有两个复根 $r_1=2i, r_2=-2i, r=0$，所以微分方程的通解为

$$C_1e^{rx}\cos ux+C_2e^{rx}\sin ux=C_1\cos 2x+C_2\sin 2x, C_1, C_2\in\mathbf{R}.$$

因为非齐次项为 $\sin 2x$，故猜测 $x(a\cos 2x+b\sin 2x)$ 为非齐次方程 $y''+4y=\sin 2x$ 的特解，把解 $x(a\cos 2x+b\sin 2x)$ 代入 $y''+4y=\sin 2x$，得

$$4b\cos 2x-4a\sin 2x+x(-4a\cos 2x-4b\sin 2x)+4(x(a\cos 2x+b\sin 2x))=\sin 2x,$$

整理，得
$$4b\cos 2x-4a\sin 2x=\sin 2x,$$

显然 $a=-\frac{1}{4}, b=0$，故特解为 $-\frac{1}{4}x\cos 2x$.

所以方程 $y''+4y=\sin 2x$ 的通解为：$C_1\cos 2x+C_2\sin 2x-\frac{1}{4}x\cos 2x, C_1, C_2\in\mathbf{R}$.

说明 上述例 7 至例 11 为二阶常系数线性微分方程.

例 12 设某种商品的价格服从市场供求规律，若已知供给函数为 $S(p)=a+bp(a,b>0)$，需求函数为 $D(p)=c-dp(c、d>0)$，其中 p 为价格. 当供给和需求相等时，市场达到均衡，此时的价格 $p^*=\frac{c-a}{d+b}$ 称为均衡价格. 当商品供不应求时，商品的价格会上涨；当供大于求时，价格会下降. 因此，我们假定价格 p 是时间 t 的函数 $p(t)$. 假设 $p(t)$ 的变化率与超额需求量成正比，则

$$\begin{aligned}\frac{dp(t)}{dt}&=k[D(p)-S(p)]=k(c-dp-a-bp)=k[c-a-(b+d)p]\\&=k(b+d)\left(\frac{c-a}{b+d}-p\right)=k(b+d)[p^*-p]=\lambda(p^*-p),\end{aligned}$$

其中 $k>0$ 反映的是价格调整系数，$\lambda=k(b+d)>0$.

求解微分方程
$$\frac{dp(t)}{dt}=\lambda(p^*-p),$$

整理，得
$$\frac{dp(t)}{dt}+\lambda p=\lambda p^*,$$

这是一个一阶线性非齐次微分方程，代入求解公式，得

$$\begin{aligned}p(t)&=\left[\int\lambda p^*e^{\int\lambda dt}dt+C\right]e^{-\int\lambda dt}\\&=\left[\int\lambda p^*e^{\lambda t}dt+C\right]e^{-\lambda t}\\&=\left[p^*\int e^{\lambda t}d(\lambda t)+C\right]e^{-\lambda t}\end{aligned}$$

$$=[p^* e^{\lambda t}+C]e^{-\lambda t}$$
$$=p^*+Ce^{-\lambda t}.$$

若假设初始价格为 $p(0)=p_0$，代入上面的公式得到 $C=p_0-p^*$，所以满足初值条件的解为

$$p(t)=p^*+(p_0-p^*)e^{-\lambda t}.$$

显然，当 $p_0>p^*$ 时，$(p_0-p^*)>0$，又 $\lambda>0$，故 $p'(t)=-\lambda(p_0-p^*)e^{-\lambda t}<0$，即价格函数 $p(t)$ 单调递减，又因 $\lim\limits_{t\to+\infty}p(t)=\lim\limits_{t\to+\infty}(p^*+(p_0-p^*)e^{-\lambda t})=p^*$，说明当初始价格 $p_0>p^*$ 时，价格 $p(t)$ 会随着时间的推移单调递减，并逐渐趋于稳定价格 p^*，同理可证，当 $p_0<p^*$ 时，价格 $p(t)$ 会随着时间的推移单调递增，并逐渐趋于稳定价格 p^*.

例 13 某款手机的价格服从市场供求规律，现在已知该款手机的供给函数为 $D(p)=4\,000+\frac{1}{4}p$，需求函数为 $D(p)=6\,000-\frac{1}{5}p$，则均衡价格为 $p^*=\dfrac{6\,000-4\,000}{\frac{1}{4}+\frac{1}{5}}=\dfrac{40\,000}{9}\approx 4\,444$.

设调整系数 $k=0.1$，则 $\lambda=k(b+d)=0.1\times\left(\frac{1}{4}+\frac{1}{5}\right)=\frac{9}{200}$，故微分方程为

$$\frac{dp(t)}{dt}=\lambda(p^*-p)=\frac{9}{200}\left(\frac{40\,000}{9}-p\right)=200-\frac{9}{200}p,$$

通解为
$$p(t)=p^*+(p_0-p^*)e^{-\lambda t}=\frac{40\,000}{9}+\left(p_0-\frac{40\,000}{9}\right)e^{-\frac{9}{200}t},$$

然后根据给定的初始价格 p_0 与 $p^*=\dfrac{40\,000}{9}$ 的关系，可以观察价格的变化情况. 当这款手机的初始价格高于 $\dfrac{40\,000}{9}$ 时，价格会递减并趋于均衡价格 $\dfrac{40\,000}{9}$；反之，当初始定价低于 $\dfrac{40\,000}{9}$ 时，价格会递增并趋于 $\dfrac{40\,000}{9}$.

说明 例 13 和例 14 为常微分方程在经济学中的应用问题.

二、一阶常系数线性差分方程

例 14 求差分方程 $y_{n+1}-y_n=n+1$ 的通解.

解 这是一阶常系数线性差分方程 $y_{n+1}+ay_n=f(n)$，$n=0,1,2,\cdots$ 的形式，显然 $a=-1$，对应的齐次方程 $y_{n+1}+ay_n=0$ 的通解为 $y_n=C\times(-a)^n=C\times 1^n=C$.

设 $y^*(n)=bn^2+cn$，代入方程 $y_{n+1}-y_n=n+1$，得

$$b(n+1)^2+c(n+1)-bn^2-cn=n+1,$$

整理得
$$2bn+b+c=n+1,$$

由对应项相等推出
$$b=\frac{1}{2},c=\frac{1}{2}.$$

所以特解为 $y^*(n)=\frac{1}{2}n^2+\frac{1}{2}n$，原方程的通解为：

$$C\times(-a)^n+y^*(n)=C+\frac{1}{2}n^2+\frac{1}{2}n,C\in\mathbf{R}.$$

例15 求差分方程 $y_{n+1}-2y_n=2n^2+1$ 的通解.

解 这是一阶常系数线性差分方程 $y_{n+1}+ay_n=f(n)$，$n=0,1,2,\cdots$的形式，显然 $a=-2$，对应的齐次方程 $y_{n+1}+ay_n=0$ 的通解为 $y_n=C\cdot 2^n$.

设 $y^*(n)=bn^2+cn+d$，代入方程 $y_{n+1}-2y_n=2n^2+1$，得

$$b(n+1)^2+c(n+1)+d-2bn^2-2cn-2d=2n^2+1,$$

整理，得 $$-bn^2+(2b-c)n+b+c-d=2n^2+1,$$

由对应项相等推出 $$b=-2,c=-4,d=-7.$$

所以特解为 $y^*(n)=-2n^2-4n-7$，原方程的通解为：

$$C\cdot(-a)^n+y^*(n)=C\cdot 2^n-2n^2-4n-7,C\in\mathbf{R}.$$

说明 例 14 和例 15 为求解一阶常系数线性差分方程的通解问题.

例16 求差分方程 $y_{n+2}+4y_{n+1}-5y_n=0$ 的通解.

解 特征方程为 $\lambda^2+4\lambda-5=0$，特征方程有两个实根 $\lambda_1=1,\lambda_2=-5$，故通解为

$$y_n=C_1\lambda_1^n+C_2\lambda_2^n=C_1+C_2(-5)^n,C_1,C_2\in\mathbf{R}.$$

例17 求差分方程 $y_{n+2}-2y_{n+1}+5y_n=0$ 的通解.

解 特征方程为 $\lambda^2-2\lambda+5=0$，特征方程有两个复根 $\lambda_1=1+2\mathrm{i},\lambda_2=1-2\mathrm{i}$，$r=\sqrt{1+4}=\sqrt{5}$，故通解为

$$y_n=r^n(C_1\cos n\theta+C_2\sin n\theta)=(\sqrt{5})^n(C_1\cos n\theta+C_2\sin n\theta),C_1,C_2\in\mathbf{R},$$

其中 $\theta=\arctan 2$.

说明 例 16 和例 17 考察的是二阶常系数齐次线性差分方程的通解问题.

模块五 考研真题举一反三

例18【2022 年数三】已知 $y=y(x)$ 满足 $y'+\frac{1}{2\sqrt{x}}y=2+\sqrt{x}$，$y(1)=3$，求 $y=y(x)$ 的渐近线.

解 显然这是一阶线性微分方程，$P(x)=\frac{1}{2\sqrt{x}}$，$Q(x)=2+\sqrt{x}$，代入通解公式，得

$$y=\mathrm{e}^{-\int P(x)\mathrm{d}x}\left[\int Q(x)\mathrm{e}^{\int P(x)\mathrm{d}x}\mathrm{d}x+C\right]$$

$$=e^{-\int\frac{1}{2\sqrt{x}}dx}\left[\int\left(2+\sqrt{x}\right)e^{\int\frac{1}{2\sqrt{x}}dx}dx+C\right]$$
$$=e^{-\sqrt{x}}\left[\int\left(2+\sqrt{x}\right)e^{\sqrt{x}}dx+C\right],$$

其中

$$\int\left(2+\sqrt{x}\right)e^{\sqrt{x}}dx=\int(2+t)e^{t}\cdot 2t\,dt\text{（令 }x=t^{2}\text{）}$$
$$=\int 4te^{t}dt+\int 2t^{2}e^{t}dt$$
$$=\int 4te^{t}dt+2t^{2}e^{t}-\int 4te^{t}dt$$
$$=2t^{2}e^{t}+C=2xe^{\sqrt{x}}+C.$$

因此

$$y=e^{-\sqrt{x}}\left[2xe^{\sqrt{x}}+C\right],$$

又因为 $y(1)=3$，代入，得 $$C=e,$$

因此 $$y=e^{-\sqrt{x}}\left[2xe^{\sqrt{x}}+e\right]=2x+e^{1-\sqrt{x}},$$

设 $y=y(x)$ 的渐近线为 $y=kx+b$，显然

$$k=\lim_{x\to\infty}\frac{y(x)}{x}=\lim_{x\to\infty}\frac{2x+e^{1-\sqrt{x}}}{x}=2,$$
$$b=\lim_{x\to\infty}(y(x)-2x)=\lim_{x\to\infty}(2x+e^{1-\sqrt{x}}-2x)=0,$$

所以渐近线为 $y=2x$.

例19 【举一反三】已知 $y=y(x)$满足 $y'+\frac{1}{2\sqrt{x}}y=2+\sqrt{x}$，$y(1)=3$，求 $y=y(x)$在点(1,3)处的切线方程和法线方程.

解 由例 18 可知 $y=2x+e^{1-\sqrt{x}}$，所以 $y'=2+e^{1-\sqrt{x}}\left(-\frac{1}{2\sqrt{x}}\right)$，在点 $x=1$ 处的导数为 $y'(1)=\frac{3}{2}$，故在点(1,3)处的切线方程为

$$y-3=\frac{3}{2}(x-1),$$

法线方程为 $$y-3=-\frac{2}{3}(x-1).$$

例20 【2021 年数三】求差分方程 $\Delta y_t=t$ 的通解.

解 因为 $\Delta y_t=y_{t+1}-y_t=t$，这是一个以 t 为自变量的一阶线性非齐次差分方程，$a=-1$，所以对应的齐次差分方程 $y_{t+1}-y_t=0$ 的通解为 $y_t=C(1)^t=C$，设特解为 $y^*(t)=$

bt^2+ct，代入方程 $y_{t+1}-y_t=t$，得

$$b(t+1)^2+c(t+1)-bt^2-ct=t,$$

整理，得 $$2bt+b+c=t,$$

由对应项相等推出 $$b=\frac{1}{2},c=-\frac{1}{2},$$

所以特解为 $y^*(t)=\frac{1}{2}t^2-\frac{1}{2}t$，原方程的通解为：

$$C\cdot(-a)^n+y^*(n)=C+\frac{1}{2}t^2-\frac{1}{2}t,C\in\mathbf{R}.$$

例21 【举一反三】求差分方程 $\Delta y_t=kt+l$ 的通解.

解 同例 20 可得 $y_{t+1}-y_t=0$ 的通解为 $y_t=C(1)^t=C$，设特解为 $y^*(t)=bt^2+ct$，代入方程 $y_{t+1}-y_t=kt+l$，得

$$b(t+1)^2+c(t+1)-bt^2-ct=kt+l,$$

整理，得 $$2bt+b+c=kt+l,$$

由对应项相等推出 $$b=\frac{k}{2},c=l-\frac{k}{2},$$

所以特解为 $y^*(t)=\frac{k}{2}t^2+\left(l-\frac{k}{2}\right)t$，原方程的通解为：

$$C\times(-a)^n+y^*(n)=C+\frac{k}{2}t^2+\left(l-\frac{k}{2}\right)t,C\in\mathbf{R}.$$

例22 【举一反三】若差分方程 $\Delta y_t=kt$ 的通解为 t^2+ct，求 k,c 的值.

解 将 t^2+ct 代入差分方程 $\Delta y_t=y_{t+1}-y_t=kt$，得

$$(t+1)^2+c(t+1)-t^2-ct=kt,$$

即 $$2t+1+c=kt,$$

解得 $$k=2,c=-1.$$

例23 【2020 年数三】设函数 $y=f(x)$ 满足

$$y''+2y'+5y=0$$

且满足 $f(0)=1,f'(0)=-1$. (1) 求 $f(x)$；(2) 设 $a_n=\int_{n\pi}^{+\infty}f(x)\mathrm{d}x$，求 $\sum_{n=1}^{\infty}a_n$.

解 (1) 这是二阶线性齐次微分方程，特征方程为 $r^2+2r+5=0$，特征方程的两个复根为 $r_1=-1+2\mathrm{i},r_2=-1-2\mathrm{i}$，所以通解为

$$y=\mathrm{e}^{rx}(C_1\cos ux+C_2\sin ux)=\mathrm{e}^{-x}(C_1\cos 2x+C_2\sin 2x).$$

代入初值 $f(0)=1,f'(0)=-1$，得 $C_1=1,C_2=0$，所以 $f(x)=\mathrm{e}^{-x}\cos 2x$.

$$(2)\ a_n=\int_{n\pi}^{+\infty}f(x)\mathrm{d}x=\int_{n\pi}^{+\infty}\mathrm{e}^{-x}\cos2x\,\mathrm{d}x$$
$$=-\int_{n\pi}^{+\infty}\cos2x\,\mathrm{d}\mathrm{e}^{-x}$$
$$=-\mathrm{e}^{-x}\cos2x\,\Big|_{n\pi}^{+\infty}-2\int_{n\pi}^{+\infty}\mathrm{e}^{-x}\sin2x\,\mathrm{d}x$$
$$=-\mathrm{e}^{-x}\cos2x\,\Big|_{n\pi}^{+\infty}+2\int_{n\pi}^{+\infty}\sin2x\,\mathrm{d}\mathrm{e}^{-x}$$
$$=-\mathrm{e}^{-x}\cos2x\,\Big|_{n\pi}^{+\infty}+2\mathrm{e}^{-x}\sin2x\,\Big|_{n\pi}^{+\infty}-4\int_{n\pi}^{+\infty}\mathrm{e}^{-x}\cos2x\,\mathrm{d}x,$$

移项,得

$$\int_{n\pi}^{+\infty}\mathrm{e}^{-x}\cos2x\,\mathrm{d}x=\frac{1}{5}\left[-\mathrm{e}^{-x}\cos2x\,\Big|_{n\pi}^{+\infty}+2\mathrm{e}^{-x}\sin2x\,\Big|_{n\pi}^{+\infty}\right]=\frac{1}{5}\mathrm{e}^{-n\pi},$$

所以$\sum\limits_{n=1}^{\infty}a_n=\sum\limits_{n=1}^{\infty}\frac{1}{5}\mathrm{e}^{-n\pi}=\frac{1}{5}\frac{1}{\mathrm{e}^{\pi}-1}$.

例24【举一反三】设函数 $y=f(x)$ 满足 $y''+2y'+5y=0$,且满足 $f(0)=\frac{1}{2}$,$f'(0)=-\frac{1}{2}$.(1) 求 $f(x)$;(2) 设 $a_n=\int_{n\pi}^{+\infty}f(x)\mathrm{d}x$,求$\sum\limits_{n=1}^{\infty}a_n$.

解 同例23得到通解

$$y=\mathrm{e}^{rx}(C_1\cos ux+C_2\sin ux)=\mathrm{e}^{-x}(C_1\cos2x+C_2\sin2x).$$

代入初值 $f(0)=\frac{1}{2}$,$f'(0)=-\frac{1}{2}$,得$C_1=\frac{1}{2}$,$C_2=0$,所以 $f(x)=\frac{1}{2}\mathrm{e}^{-x}\cos2x$.则

$$a_n=\int_{n\pi}^{+\infty}f(x)\mathrm{d}x=\frac{1}{2}\int_{n\pi}^{+\infty}\mathrm{e}^{-x}\cos2x\,\mathrm{d}x=\frac{1}{10}\mathrm{e}^{-n\pi},$$
$$\sum_{n=1}^{\infty}a_n=\sum_{n=1}^{\infty}\frac{1}{10}\mathrm{e}^{-n\pi}=\frac{1}{10}\frac{1}{\mathrm{e}^{\pi}-1}.$$

例25【2019年数三】已知微分方程 $y''+ay'+by=c\mathrm{e}^x$ 的通解为 $y=(C_1+C_2x)\mathrm{e}^{-x}+\mathrm{e}^x$,求 a,b,c 的值.

解 由方程知特征方程为 $r^2+ar+b=0$,而通解为$(C_1+C_2x)\mathrm{e}^{-x}+\mathrm{e}^x$,显然非齐次方程 $y''+ay'+by=c\mathrm{e}^x$ 的一个特解为 e^x,对应的齐次方程 $y''+ay'+by=0$ 的通解为$(C_1+C_2x)\mathrm{e}^{-x}=C_1\mathrm{e}^{-x}+C_2x\mathrm{e}^{-x}$,说明特征方程 $r^2+ar+b=0$ 有两个相同的实根 $r=-1$,故

$$r^2+ar+b=(r+1)^2=r^2+2r+1,$$

比较两侧知 $a=2,b=1$. 故二阶线性齐次微分方程为 $y''+2y'+y=0$.

又 e^x 是非齐次微分方程 $y''+ay'+by=c\mathrm{e}^x$ 的一个特解,代入 e^x 以及$a=2,b=1$,得

$$\mathrm{e}^x+2\mathrm{e}^x+\mathrm{e}^x=c\mathrm{e}^x,$$

从而得 $c=4$,所以 $a=2,b=1,c=4$.

例26【举一反三】已知微分方程 $y''+ay'+by=ce^x$ 的通解为 $y=(C_1+C_2x)e^{-x}+ke^x+m$，且 $a+b+c=10$，求 a,b,c,k,m 的值.

解 因为 $y''+ay'+by=ce^x$ 是二阶线性非齐次微分方程，通解为 $y=(C_1+C_2x)e^{-x}+ke^x+m$，说明对应的二阶线性齐次微分方程 $y''+ay'+by=0$ 的通解为$(C_1+C_2x)e^{-x}$，这表明特征方程 $r^2+ar+b=0$ 有两个相同的实根 $r=-1$，故

$$r^2+ar+b=(r+1)^2=r^2+2r+1,$$

比较两侧知 $a=2,b=1$. 故二阶线性齐次微分方程为 $y''+2y'+y=0$. 又因为 $a+b+c=10$，所以 $c=7$.

又 ke^x+m 是非齐次微分方程 $y''+ay'+by=ce^x$ 的一个特解，代入 ke^x+m 以及 $a=2$，$b=1$，得

$$4ke^x+m=ce^x,$$

$k=\frac{c}{4}=\frac{7}{4}$，$m=0$，故 $a=2,b=1,c=7,k=\frac{7}{4},m=0$.

例27【2018 年数三】求差分方程$\Delta^2 y_x-y_x=5$ 的通解.

解 这是二阶线性非齐次微分方程，

$$\begin{aligned}\Delta^2 y_x-y_x&=\Delta(\Delta y_x)-y_x=\Delta y_{x+1}-\Delta y_x-y_x\\&=(y_{x+2}-y_{x+1})-(y_{x+1}-y_x)-y_x\\&=y_{x+2}-2y_{x+1}=5.\end{aligned}$$

齐次差分方程 $y_{x+2}-2y_{x+1}=0$ 的 $a=-2$，通解为 $y_x=C\cdot 2^x$.

因为右侧是常数，故设非齐次差分方程的特解为 $y_x^*=A$，代入 $y_{x+2}-2y_{x+1}=5$ 得 $A-2A=5$，所以 $A=-5$，故 $y_{x+2}-2y_{x+1}=5$ 的通解为 $y_x=C\cdot 2^x-5,C\in\mathbf{R}$，即原差分方程 $\Delta^2 y_x-y_x=5$ 的通解为 $y_x=C\cdot 2^x-5,C\in\mathbf{R}$.

例28【举一反三】已知差分方程$\Delta^2 y_x-y_x=kx+l$ 的一个特解为 bx，则求 k,l 与 b 应满足的关系式.

解 如果差分方程的一个特解为 bx，则将其代入$\Delta^2 y_x-y_x=y_{x+2}-2y_{x+1}=kx+l$，得

$$b(x+2)-2b(x+1)=kx+l,$$

解得 $k=-b,l=0$.

例29【2017 年数三】求差分方程 $y_{t+1}-2y_t=2^t$ 的通解.

解 这是一阶线性非齐次差分方程，$a=-2$，故齐次差分方程 $y_{t+1}-2y_t=0$ 的通解为 $y_t=C\cdot 2^t$，由于右侧是 2^t，故设 $y_t=At2^t$ 为特解，代入 $y_{t+1}-2y_t=2^t$，得

$$A(t+1)2^{t+1}-2At2^t=2^t,$$

解得 $A=\frac{1}{2}$，所以特解为 $y_t=At2^t=\frac{1}{2}t2^t=t2^{t-1}$，因此差分方程 $y_{t+1}-2y_t=2^t$ 的通解为

$$y_t=C\cdot 2^t+t2^{t-1},C\in\mathbf{R}.$$

例30【2015年数三】设函数 $y=y(x)$ 是微分方程 $y''+y'-2y=0$ 的解，且 $y(x)$ 在 $x=0$ 处取得极值3，求 $y(x)$.

解 微分方程为二阶线性齐次微分方程，其特征方程为 $r^2+r-2=0$，特征值为 $r_1=-2, r_2=1$，所以原微分方程的通解为 $y=C_1e^{-2x}+C_2e^x, C_1, C_2\in\mathbf{R}$.

因为 $y(x)$ 在 $x=0$ 处取得极值3，故 $y(0)=3, y'(0)=0$，代入上面的通解，得

$$\begin{cases}C_1+C_2=3\\-2C_1+C_2=0\end{cases},$$

解得 $C_1=1, C_2=2$，所以 $y(x)=e^{-2x}+2e^x$.

例31【2013年数三】求微分方程 $y''-y'+\frac{1}{4}y=0$ 的通解.

解 微分方程的特征方程为 $r^2-r+\frac{1}{4}=0$，解得 $r_1=r_2=\frac{1}{2}$，所以通解为

$$C_1e^{\frac{1}{2}x}+C_2xe^{\frac{1}{2}x}, C_1, C_2\in\mathbf{R}.$$

例32【举一反三】求微分方程 $y''-y'+\frac{1}{4}y=0$ 的通解，并求在 $x=2$ 处取极值 e 的特解.

解 由例31可知通解为

$$y(x)=C_1e^{\frac{1}{2}x}+C_2xe^{\frac{1}{2}x}, C_1, C_2\in\mathbf{R},$$

在 $x=2$ 处取极值 e，意味着 $y(2)=e, y'(2)=0$，代入 $\begin{cases}C_1e+2C_2e=e\\\frac{1}{2}C_1e+2C_2e=0\end{cases}$，解得 $C_1=2, C_2=-\frac{1}{2}$，故特解为

$$y(x)=2e^{\frac{1}{2}x}-\frac{1}{2}xe^{\frac{1}{2}x}.$$

总结 通过对近几年考研数三试题的考察不难发现，几乎每年都有一道微分方程或者差分方程的考题，且微分方程和差分方程呈现交替出现的规律. 无论是微分方程还是差分方程的考研真题，都是对基本方程类型的考察. 因此，对于本部分内容，只要掌握了微分方程和差分方程的基本理论和求解方法，便可以以不变应万变.

模块六 自测试题

一、单项选择题(共10道小题)

1. 微分方程 $ydy=2xdx$ 的通解为(　　).

(A) $y=x^2+C$　　(B) $y^2=x^2+C$　　(C) $y^2=2x^2+C$　　(D) $y=2x+C$

2. 微分方程 $dy=2(x-1)^2(1+y^2)dx$ 的通解为(　　).

(A) $\arctan y=\frac{2}{3}(x-1)^3+C$　　(B) $\arcsin y=\frac{2}{3}(x-1)^3+C$

(C) $\operatorname{arccot} y=\frac{1}{3}(x-1)^3+C$　　(D) $\arccos y=\frac{1}{3}(x-1)^3+C$

3. 微分方程 $y\sqrt{1+x^2}\,dy=-x\sqrt{1+y^2}\,dx$ 满足初值 $y(0)=0$ 的特解为(　　).

(A) $\sqrt{1+x^2}+\sqrt{1+y^2}=1$　　(B) $\sqrt{1+x^2}+\sqrt{1+y^2}=2$

(C) $\sqrt{1+x^2}+\sqrt{1+y^2}=3$　　(D) $\sqrt{1+x^2}+\sqrt{1+y^2}=4$

4. 微分方程 $\cos x\sin y\,dy=\cos y\sin x\,dx$ 满足初值 $y(0)=\frac{\pi}{4}$ 的特解为(　　).

(A) $\sqrt{2}\cos y+\cos x=0$　　(B) $\cos y+\sqrt{2}\cos x=0$

(C) $\cos y-\sqrt{2}\cos x=0$　　(D) $\sqrt{2}\cos y-\cos x=0$

5. 微分方程 $y'=\frac{y}{x}+\tan\frac{y}{x}$ 的通解为(　　).

(A) $\sin\frac{y}{x}=Cx$　　(B) $\cos\frac{y}{x}=Cx$

(C) $\sin\frac{y}{x}=C+x$　　(D) $\cos\frac{y}{x}=C+x$

6. 微分方程 $x^2y'+xy=1$ 的通解为(　　).

(A) $\frac{y}{x}=\ln|x|+C$　　(B) $xy=\ln|x|+C$

(C) $y=x\ln|x|+C$　　(D) $y=\ln|x|+C$

7. 微分方程 $y''+y'+y=0$ 的通解为(　　).

(A) $C_1e^{\frac{1}{2}x}\cos\frac{\sqrt{3}}{2}x+C_2e^{\frac{1}{2}x}\sin\frac{\sqrt{3}}{2}x, C_1, C_2\in\mathbf{R}$

(B) $C_1e^{-\frac{1}{2}x}\cos\frac{\sqrt{3}}{2}x-C_2e^{-\frac{1}{2}x}\sin\frac{\sqrt{3}}{2}x, C_1, C_2\in\mathbf{R}$

(C) $C_1e^{\frac{1}{2}x}\cos\frac{\sqrt{3}}{2}x-C_2e^{\frac{1}{2}x}\sin\frac{\sqrt{3}}{2}x, C_1, C_2\in\mathbf{R}$

(D) $C_1e^{-\frac{1}{2}x}\cos\frac{\sqrt{3}}{2}x+C_2e^{-\frac{1}{2}x}\sin\frac{\sqrt{3}}{2}x, C_1, C_2\in\mathbf{R}$

8. 微分方程 $y''+4y=2\cos 2x$ 的通解为(　　).

(A) $C_1\cos 2x+C_2\sin 2x+\frac{1}{2}x\sin 2x, C_1, C_2\in\mathbf{R}$

(B) $2C_1\cos 2x+2C_2\sin 2x-2x\sin 2x, C_1, C_2\in\mathbf{R}$

(C) $C_1\cos 2x+C_2\sin 2x+x\sin 2x, C_1, C_2\in\mathbf{R}$

(D) $C_1\cos 2x+C_2\sin 2x-\frac{1}{2}x\sin 2x, C_1, C_2\in\mathbf{R}$

9. 差分方程 $y_{n+1}+2y_n=32^n$ 满足初始条件 $y_0=4$ 的特解为(　　).

(A) $y_n=-\frac{2^n}{4}[3+(-1)^n 13]$　　(B) $y_n=\frac{2^n}{4}[-3+(-1)^n 13]$

(C) $y_n=\frac{2^n}{4}[3+(-1)^n 13]$　　(D) $y_n=\frac{2^n}{4}[3+(-1)^{n+1} 13]$

10. 差分方程 $y_{n+2}-4y_{n+1}+4y_n=0$ 的通解为(　　).

(A) $(C_1+C_2)2^n, C_1, C_2\in\mathbf{R}$　　(B) $(C_1+C_2 n)2^n, C_1, C_2\in\mathbf{R}$

(C) $(C_1-C_2)2^n, C_1, C_2\in\mathbf{R}$　　(D) $C2^n, C\in\mathbf{R}$

二、计算题(共 4 道小题)

1. 求微分方程 $y'=\frac{\cos y}{\cos y\sin 2y-x\sin y}$ 的通解.
2. 求微分方程 $y''+y'-2y=x$ 的通解.
3. 求差分方程 $y_{n+1}-3y_n=4n+2^n$ 的通解.
4. 求差分方程 $y_{n+2}+4y_n=0$ 的通解.

图书在版编目（CIP）数据

微积分学习指导 / 张倩伟，胡长英编著. --北京 ：
中国人民大学出版社，2022.10
（经济应用数学基础）
ISBN 978-7-300-30978-1

Ⅰ.①微… Ⅱ.①张… ②胡… Ⅲ.①微积分－高等
学校－教学参考资料 Ⅳ.①O172

中国版本图书馆 CIP 数据核字（2022）第 166619 号

经济应用数学基础
微积分学习指导
张倩伟　胡长英　编著
Weijifen Xuexi Zhidao

出版发行	中国人民大学出版社		
社　址	北京中关村大街 31 号	**邮政编码**	100080
电　话	010－62511242（总编室）		010－62511770（质管部）
	010－82501766（邮购部）		010－62514148（门市部）
	010－62515195（发行公司）		010－62515275（盗版举报）
网　址	http://www. crup. com. cn		
经　销	新华书店		
印　刷	天津鑫丰华印务有限公司		
规　格	185 mm×260 mm　16 开本	**版　次**	2022 年 10 月第 1 版
印　张	27.5	**印　次**	2022 年 10 月第 1 次印刷
字　数	629 000	**定　价**	65.00 元